HISTOIRE NATURELLE

DE LA

SANTÉ ET DE LA MALADIE

CHEZ LES VÉGÉTAUX

ET CHEZ LES ANIMAUX EN GÉNÉRAL,

ET EN PARTICULIER

CHEZ L'HOMME;

SUIVIE

DU FORMULAIRE POUR LA NOUVELLE MÉTHODE DE TRAITEMENT HYGIÉNIQUE ET CURATIF

PAR

F.-V. RASPAIL

Avec des figures sur bois dans le texte et dix-neuf planches gravées sur acier, d'après les dessins originaux et les premières gravures de son fils, F.-BENJ. RASPAIL.

*Scatuit caro mea vermibus et furfu-
ribus scabiei.*
JOB, 7, v. 5, version de Watable.
.... Sans un petit grain de sable.....
PASCAL. *Pensées,* XXIV, 14.

TROISIÈME ÉDITION CONSIDÉRABLEMENT AUGMENTÉE.

TOME DEUXIÈME

PARIS
CHEZ L'ÉDITEUR DES OUVRAGES DE M. RASPAIL
14, rue du Temple, 14
(PRÈS DE L'HÔTEL DE VILLE)

BRUXELLES
A L'OFFICE DE PUBLICITÉ
LIBRAIRIE NOUVELLE
46, rue de la Madeleine, 46

HISTOIRE NATURELLE

DE

LA SANTÉ ET DE LA MALADIE

AVIS IMPORTANT

Dans le cours de cet ouvrage, les chiffres entre parenthèses renvoient, non aux pages, mais aux alinéas. Le 2ᵉ volume commence à l'alinéa (469), et le troisième à l'alinéa (1115). Les dix-neuf planches sur acier doivent être réunies à la fin du premier volume.

En vertu des traités internationaux sur la propriété littéraire, l'auteur et l'éditeur se réservent le droit de reproduction et de traduction.

Il est défendu d'appliquer aucun carton ou annonce sur la couverture de ce livre.

Tout exemplaire de cet ouvrage, ainsi que de tous les autres ouvrages de M. Raspail, qui désormais ne porterait pas la signature de l'auteur, doit être réputé contrefait.

Paris. — Imp. Vᵉ P. Laroussa et Cⁱᵉ, rue Montparnasse, 19.

TABLE

DES MATIÈRES

CONTENUES DANS LE SECOND VOLUME.

FIN DE LA TABLE DU SECOND VOLUME.

HISTOIRE NATURELLE

DE LA

SANTÉ ET DE LA MALADIE

CHEZ LES VÉGÉTAUX

ET CHEZ LES ANIMAUX EN GÉNÉRAL,

ET EN PARTICULIER

CHEZ L'HOMME.

———————————⊙———————————

469. Lorsque nous voulons **sortir** de nos habitudes d'intérieur et du cercle de nos idées d'économie domestique, pour nous rendre compte de ce qui se passe dans ce monde qui se meut autour de nous, cette application de notre esprit à un nouvel ordre d'intérêts et de raisonnements ne saurait avoir lieu sans une de ces révolutions qui portent avec elles la confusion et le désordre. Car il y a tout un abîme à franchir entre nos anciennes et nos nouvelles idées ; et pour ne pas reculer dès le premier abord, il faut bien de l'audace, et encore de l'audace. C'est surtout quand on cherche à supputer ce que la nature a dû faire pour nous exclusivement, et non pas pour un tout autre usage ; c'est quand nous nous demandons si c'est bien en pensant à nous qu'elle a créé toutes ces provisions dont nous nous servons tous, c'est alors qu'à force de trouver partout la preuve du contraire, nous sentons notre orgueil comme se résoudre en fumée, et notre suffisance s'abîmer dans le néant. Nous qui semblions avoir un certain poids dans la balance de la société, que devenons-nous dans la balance où se pèse toute chose? Qu'a fait pour

nous la nature, de plus que pour les autres? Où sont nos priviléges du droit d'aînesse, nous qui nous prétendons les fils aînés de la création? Où sont renfermées nos provisions, à nous qui avons besoin de vivre et de dévorer les fruits de la terre, même alors que la terre n'en produit plus Où sont les greniers d'abondance de la nature, les silos qu'elle a appro visionnés tout exprès pour nous? Sans le bienfait de la supériorité de notre intelligence, que deviendrions-nous? Nous serions les plus impar- faits, les moins bien partagés de tous les autres animaux. Car, si l'instinct de l'association, en nous rapprochant et nous soutenant les uns par les autres, ne centuplait nos forces, nous sommes si faibles et si vulnérables, depuis l'instant de notre naissance jusqu'à celui de notre mort, que depuis longtemps notre race se serait éteinte faute d'aliments, ou serait tombée en ruines sous les coups qu'on lui porte de toutes parts.

Eh quoi! me disais-je les premiers jours que, dans ma jeunesse, je voulus aborder les notions préliminaires de l'anatomie végétale et animale : cette chair dont je me repais sous tant de formes culinaires, c'était un muscle qui servait aux mouvements d'un animal qu'on a assommé tout exprès pour moi? Ce pain, qui à lui seul suffirait pour me sustenter, est pétri avec les molécules d'une farine qui, dans la graine, servait d'aliment à la germination de l'embryon et à la reproduction de l'espèce; c'est encore là un individu, que dis-je? des milliers d'individus vivants, que j'ai détruits pour fournir à mon existence! Je ne vis donc que par la destruction et par le ravage; les mets que l'on me sert sont une conquête, et la place que j'occupe au soleil est une usurpation. Roi de l'univers, ne puis-je donc régner qu'à la condition de dévorer mes sujets, qui eux-mêmes ne sauraient vivre qu'à la condition de se dévorer entre eux, et moi-même le premier, au premier instant où ils me trouve- ront sans défense? La vie n'est donc qu'une lutte acharnée, et qu'un combat à outrance et à mort! Vainqueurs ou victimes, telle est notre alternative, à tous les instants de notre développement. Nous nous défendons contre la force des colosses, pour succomber sous les ruses d'un ciron : la piqûre d'un atome venge sur nous le bœuf que notre massue assomme et terrasse. Avant de porter un coup, il faut en parer mille! Le monde est donc une grande arène où tout se heurte, se choque, s'acharne; où le vainqueur dévore le vaincu; où de la mort partielle naît la vie générale; où la combinaison résulte de la décomposition! Car rien ne venant de rien, pour que l'organisation continue ses phases, il faut bien que ce soit aux dépens de ce qui est? Avec quoi aurait lieu la com- binaison, si ce n'est avec les éléments de la décomposition? Comment un nouvel être pourrait-il prendre rang parmi les autres, si ce n'est après en avoir déplacé quelques-uns? Grande et éternelle création, sans commencement et sans fin, comme un cercle dont les limites s'étendent à mesure que nous changeons de point de vue, pour aller se perdre dans cet infini qui échappe à nos regards, mais que la pensée retrouve au bout de toutes ses séries et de ses progressions! Vie générale, dont toutes les existences particulières ne sont que la pâture et les éléments! où la vie est une mort continuelle, où la mort est une incessante résurrection; où l'homme, enfin, celui de tous les êtres créés qui est le plus capable de refléter, par ses œuvres et par l'expression de ses pensées, la sublimité du spectacle de cet univers, l'homme, qui sacrifie tant de choses à sa dévorante faim, se voit à son tour forcé de disputer à chaque instant son existence, encore plus souvent à des ennemis infiniment petits qu'à des animaux de sa taille (*). Quand il jouit, c'est qu'il est vainqueur; quand il souffre, c'est qu'il est victime; le siége de sa défaite lui est indiqué par une douleur. Nous jouissons en détruisant; nos souffrances résultent de la jouissance d'un destructeur parasite, toutes les fois qu'elles ne sont pas les effets d'un de ces accidents dont nous nous sommes occupé dans les chapitres qui précèdent.

DEUXIÈME EMBRANCHEMENT. — *Causes morbipares animées, et qui agissent, non seulement par leur développement, mais encore par l'action mécanique et destructive de leur nutrition.*

Il nous reste à étudier, dans les chapitres suivants, la vie aux prises avec la vie, la nature animée en lutte avec elle-même; et les êtres vivants se livrant, sur tous les points de la surface du globe, un de ces combats de caste à caste, qui semblerait devoir finir par l'extermination de l'une ou de l'autre, si la fécondité inépuisable de la nature n'était pas là pour réparer toutes les pertes, et remplacer à l'instant même tous ceux qui tombent dans les rangs. La voix de Dieu féconde de son souffle notre puissante mère, et compense ses larmes par ses joies, son veuvage par ses nouvelles amours, ses mille et mille deuils par mille et mille fêtes. Mère immortelle d'enfants voués, dès leur naissance, à une si éphémère viabilité, elle porte au front l'empreinte solennelle de la résignation, qui est la connaissance raisonnée des causes, et du dévouement, qui est le sacrifice raisonné des effets; et quand ses enfants pleurent leurs frères

_____

(*) « Il me semble, dit Nic. Hartsoeker, que tous les animaux ayant été faits pour se servir de nourriture les uns aux autres, les grands mangent les petits et en sont mangés. » (*Lettre à Andry : de la Génération des vers,* t. 2; p. 716, édition de 1744.) Cette phrase, brève, et jetée là comme une boutade, pressentait tout ce que nous développons ici.

morts, elle les console, en leur apprenant que la mort n'est que le prélude à une vie nouvelle.

470. En un mot, tous les êtres organisés sont tour à tour parasites et
pâture; ils ne vivent presque que des débris les uns des autres. Le végétal
s'implante sur les détritus des tissus des animaux; les animaux à leur
tour se nourrissent, les uns de végétaux, et les autres de telle ou telle
espèce animale, pour servir plus tard de proie et de nourriture à telle ou
telle autre. Le vainqueur dévore le vaincu; c'est son droit de nature, un
droit que le besoin et la nécessité de vivre étendent même aux vaincus
de la même espèce : révoltante nécessité, que la civilisation, cette chaste
fille de l'ordre et de la prévoyance, a fini par réduire déjà, pour la race
humaine, au nombre des monstruosités historiques ou des cas horriblement exceptionnels.

471. Que de siècles, peut-être, n'a-t-il pas fallu à la philosophie
humaine pour que les **hommes ne se mangent plus entre eux** (*)? Que de

---

(*) On dit que les tigres **ne se mangent pas** entre eux; on a tort; il ne faut pas faire
les animaux meilleurs que les **hommes**, pas même les chiens, quoi'qu'en ait dit Cicéron
(*ô tempora, ô mores, canes meliores hominibus* : ô temps, ô mœurs, les chiens sont
meilleurs que les hommes); on pardonne de tels mouvements oratoires aux avocats,
mais, aux yeux des sages, les animaux ont les mêmes vices et les mêmes vertus que les
hommes; ils ne sont ni meilleurs ni plus mauvais entre eux; il est fâcheux seulement
pour notre espèce que nous leur ressemblions tant encore en ce qu'ils ont de mauvais.

Les animaux carnivores se dévorent entre eux comme les anthropophages; l'a-
mour, la jalousie, l'insulte, le moindre coup d'œil de travers les porte à des duels à mort,
aussi souvent que nos plus élégants fashionables, qui se couperaient la gorge pour
avoir été traités d'animaux. Les tribus de la même espèce se déclarent la guerre pour
se spolier, se voler, ou pour se disputer la maraude, et ils sont impitoyables envers le faible et l'affligé de leur race : Qu'un daim tombe malade ou blessé, le premier daim qui
l'apercevra couché par terre l'achèvera d'un coup de son bois. Qu'un chien de la meute
soit estropié, tous les chiens du chenil se jettent sur lui pour en faire curée; et s'ils
sont affamés ils s'en prennent au veneur lui-même. Les poissons sont aux aguets pour
dévorer celui de leur espèce qui aura été atteint par le harpon. Qu'un corbeau ait seulement l'aile ou la patte cassée, il se verra déchiré à coups de bec par tous les cor-
beaux de la bande; l'*étairophagie* chez les animaux est, comme l'*anthropophagie*, la
dernière ressource de la faim. J'ai vu un faisan dépecer de jalousie la faisane sa belle-
sœur. Dès qu'une mésange tombe malade, ses compatriotes lui brisent le crâne à coups
de bec et lui dévorent le cerveau. Les essaims d'abeilles se font souvent une guerre
d'extermination. Deux fourmillières se livrent des batailles d'après toutes les règles
de la tactique militaire et avec tous les incidents mentionnés dans nos livres de *Conquêtes et victoires*. Les baleines volent à de gigantesques duels, et ce n'est pas pour se
dévorer ensuite : presque toujours les deux sont mises à la fois hors de combat;
c'est sans doute parce que l'une consomme plus que l'autre et prend trop aux provisions de la mer, et que ces parages ne sont pas assez riches pour fournir assez de
coquillages à ces deux gouffres de consommation à la fois.

Mais enfin si l'animal ne vaut pas mieux que l'homme, il est triste, que l'homme se

siècles ne faudra-t-il pas encore pour les amener à ne plus s'entr'égorger dans le but de se disputer quelques pouces de terrain, ou de se venger de quelques sons que le vent emporte? Mais ces siècles, si longs à notre impatience, ne sont que des points imperceptibles dans le mouvement du grand œuvre de l'univers; et. les prévisions de la philosophie nous annoncent assez haut qu'ils vont bientôt faire place à un nouvel ordre de‑ siècles (*), où l'homme, n'ayant plus rien à craindre du côté de l'homme, ne s'occupera plus que du soin de défendre sa race contre les atteintes des races grandes ou petites, qui, à chaque instant de la vie, conspirent contre lui.

472. La civilisation, en nous réunissant en société, nous a mis à l'abri de la gueule du tigre et du lion, de la griffe de l'ours, des étreintes du boa. En nous armant d'un levier, nous multiplions notre force; en maî- trisant le feu du ciel, nous suppléons par la foudre à notre faiblesse musculaire. Nous tenons l'ennemi à distance, par la terreur de nos appa- reils; ou nous le terrassons, s'il approche, par la précision de notre discipline; nous savons écraser tout ce que notre œil distingue.

glorifie de ce qui le fait ressembler à l'animal, et qu'il mette son amour-propre à égor- ger, comme le font, et de la même manière, les plus stupides des oisons:

Poge Florentin parle, dans ses *facéties*, d'un combat livré, en 1451, entre les pies et les geais, et selon toutes les règles de l'art.

Trente-sept ans plus tard (1488), la veille même du combat qui eut lieu entre les Français et les Bretons, à St-Aubin du Cormier (Bretagne), une nuée de pies s'avançait, côte à côte d'une nuée de geais, dans la direction du couchant; et les deux armées vin- rent le soir se rabattre les pies d'un côté et les geais de l'autre, comme pour être prêts à combattre dès la pointe du jour. *Ils étaient*, dit Rabelais (ancien prologue du livr. IV de *Pantagruel*) *en nombre si multiplié que par leur vol ils tollissaient la clarté du soleil aux terres subjacentes.* On vit un geai apprivoisé depuis longtemps rompre les barreaux de sa cage, pour aller se ranger à côté de ses frères et assister à la bataille qui eut lieu le lendemain près la croix de Malchara. Les pies furent vaincues et laissèrent sur le car- reau des milliers de cadavres; le geai privé revint après la victoire se reconstituer pri- sonnier; il s'était couvert de gloire; car, ajoute Rabelais, il retourna *hallebrené et fas- ché de ces guerres, ayant un œil poché.* Que d'actes de bravoure ont dû avoir lieu dans cette bataille muette; que de héros parmi les morts et les survivants!

Le lendemain les troupes de Charles VIII, commandées par la Trémouille, furent les geais; et les troupes du duc de Bretagne commandées par le duc d'Orléans, qui devint Louis XII, furent les pies, et le duc d'Orléans lui-même y fut croqué et fait prisonnier.

Or laquelle est la plus belle de cette page de l'histoire des geais ou de cette page de l'histoire de France! Dieu seul le sait. Pauvres humains qui sommes tous si glorieux de la gloire des bêtes furieuses, que ne les imitons-nous plutôt dans tout ce qu'elles ont d'affectueux? car leur affection est plus sincère et plus durable que la nôtre; c'est une circonstance atténuante de leur férocité.

(*) *Novus sæclorum nascitur ordo.* Virg.

C'est à la philosophie, c'est à l'histoire de la nature, à nous apprendre à deviner l'ennemi qui échappe à notre vue, et à nous indiquer les moyens de le détruire, dans la profondeur de nos tissus qu'il dévore, alors que nous ne pouvons pas l'y saisir. La médecine n'a cessé d'être une science de mots et de conjectures que du jour où elle est entrée hardiment dans cette veine d'études nouvelles, et qu'elle s'est armée du flambeau qui porte la lumière sur les traces des infiniment petits.

473. C'est assez dire que, dans les chapitres qui vont suivre, nous n'avons pas à nous occuper des maux qui nous viennent par les coups des animaux de grande taille; ce sont là des cas de médecine opératoire, qui se réparent à l'aide des mains, et qui entrent dans la catégorie des blessures (398). Notre tâche se borne à étudier ce qui s'infiltre dans nos tissus par voie chimique, ou ce qui s'y insinue par voie mécanique, mais à notre insu, et d'une manière inaccessible à notre vue.

474. Les êtres vivants qui nous infiltrent la maladie, et déposent dans nos tissus le germe de la désorganisation et de la mort, procèdent à cette œuvre, soit pour se défendre et pour se venger, soit pour se repaître et pour se propager. L'abeille et la vipère ne nous blessent qu'afin de repousser nos attaques, et se venger de nos poursuites. La mite fouit nos chairs, dans le but de s'en repaître, et de déposer çà et là ses œufs à l'abri de toute atteinte. Nous pourrions adopter ce cadre de classification systématique, pour établir nos divisions; mais nous serions exposé à réunir ainsi les êtres les plus disparates, et à séparer les êtres les plus ressemblants.

La nature de notre sujet étant de décrire les effets morbides d'une cause de désordres, il serait peut-être plus conforme à la méthode de classer ces causes par les caractères de leur mécanisme et de leur mode d'action; car ce mode d'action varie selon la structure de l'appareil du jeu duquel résulte la maladie. Mais la structure de ces appareils échappe souvent à nos recherches les plus délicates, ce qui nous obligerait à recourir à l'arbitraire de la classification.

Classerions-nous ces parasites par le règne qu'ils affectionnent? nous nous exposerions à des déplacements et à des doubles emplois; car tel parasite du végétal devient, si l'occasion en est favorable, parasite de l'animal; ou bien les deux parasites sont de race et d'action entièrement congénères.

Mais comme, dans un ouvrage de cette nature et de cette nouveauté, il est utile de s'aider des connaissances que l'on possède déjà, pour arriver plus facilement à celles qui nous manquent, nous croyons devoir suivre, dans l'exposition de nos idées, la classification usitée en zoologie, et grouper les animaux morbipares par leurs caractères plutôt que par la nature de leurs effets. Nous admettrons donc, sous le rapport qui nous occupe, sept divisions principales de causes morbipares prises parmi les animaux : 1° les mammifères, les oiseaux et les poissons; 2° les reptiles et batraciens; 3° les mollusques; 4° les crustacés; 5° les arachnides; 6° les insectes; 7° les annélides et les helminthes.

L'ordre dans lequel nous les rangeons nous permettra de passer, par des transitions non interrompues, des causes moins fréquentes aux causes habituelles; des accidents aux cas maladifs; des êtres qui ne nous sont qu'hostiles à ceux qui sont nos parasites sans cesse renaissants, et qui, même en mourant, semblent, par leurs innombrables œufs, se survivre à eux-mêmes. Après avoir pris nos grandes coupes dans la nature des caractères zoologiques des causes morbipares, nous tirerons ensuite nos subdivisions de la différence des effets produits par le mécanisme de leur action. Dans notre classification, la zoologie nous conduira donc, comme par la main, à la nosologie, et lui servira, pour ainsi dire, de prolégomène et de *proœmium*.

PREMIÈRE CLASSE DE CAUSES MORBIPARES ANIMÉES.

1. MAMMIFÈRES.

475. Nous ne devrions réellement, dans cet ouvrage, nous occuper des mammifères que sous le rapport des maladies qu'ils peuvent communiquer ou inoculer à l'homme. Nous pensons cependant que ce point de vue est trop restreint; car tout danger que court l'homme est assimilable à une cause de maladie, qu'il s'agit de signaler et de définir. Et que de dangers ne courons-nous pas de la part des mammifères, qui nous servent, et qui nous amusent ou dont la petitesse de la taille ne nous permet pas toujours de nous méfier :

Le taureau entre en fureur à la vue de tout objet rouge qui fait partie de la toilette de l'homme.

Le bœuf, cet eunuque sans passion, et la vache, cette bonne nourrice, ne laissent pas, si le taon les pique à la peau ou l'idée au cerveau, que d'entrer dans une fureur d'autant plus dangereuse qu'on s'en méfie moins.

Le cheval, capable de braver la mort pour parer le coup qui s'adresse à son maître, lorsqu'il l'aime, se venge d'un maître méchant en lui déchirant les chairs et le foulant aux pieds; il obéit aux guides, il se révolte souvent contre le fouet.

J'ai vu des chiens dociles à la voix de leurs maîtres, qui se seraient jetés sur eux à la moindre menace de coups. Le cheval et le chien, nobles amis, sont dévoués jusqu'à l'insulte et aux mauvais traitements; soyez leur maître, ils vous aimeront; soyez leur tyran, mais méfiez-vous-en, dès qu'ils pourront redevenir libres.

Méfiez-vous surtout des animaux domestiques carnivores; les animaux qui vivent de chair sont de la nature des anthropophages, ils se mangent entre eux; donc ils ne respecteront pas mieux leurs maîtres. Que de fois, dans la pauvre chaumière, l'enfant n'a-t-il pas été dévoré par les porcs! Que de fois le porcher lui-même n'a-t-il pas couru le même danger!

Gardez-vous de laisser l'enfant qui dort dans son berceau en compagnie du furet, même rentré dans sa cage. Ce cruel animal ne tarde pas à briser ses barreaux pour aller se jeter sur le pauvre enfant, lui dévorer les lèvres, le nez et les yeux et en sucer le sang. La mère qui perd un instant de vue son enfant risque d'être complice de bien des malheurs.

Règle générale : Accourez au plus vite, dès qu'un enfant pousse le moindre cri.

Si apprivoisés qu'ils soient, les chiens et les chats, par suite de l'habitude qu'ils ont de monter sur les lits, ont causé souvent la mort aux enfants au berceau, et de terribles cauchemars aux adultes.

Les taupes et les mulots sont le fléau des champs, les mulots en dévorant les racines et les grains, les taupes en fauchant les racines, pour se pratiquer des issues dans la chasse qu'elles font aux larves d'insectes et autres genres de vers. La pullulation des mulots a amené souvent la famine dans certaines contrées, où ils ont dévoré des moissons entières.

Les souris sont les fléaux des maisons, maraudeuses de toutes les provisions plutôt que dangereuses pour les personnes.

Il n'en est pas de même des rats, qui pullulent avec une si effrayante fécondité qu'ils ont forcé en certain temps des peuplades entières à leur céder le terrain et à déserter leur patrie. Au berceau des temps historiques, l'homme s'est senti si impuissant à conjurer ce fléau qu'il a pensé qu'un dieu seul pourrait être en état de lui rendre ce service, qui égalait à ses yeux le plus éminent; et l'un des plus beaux titres qu'il ait cru devoir donner à Apollon, c'est celui de *Smintheus*, dompteur et exterminateur des rats. On ne dit pas comment le Dieu s'y est pris pour accomplir ce grand œuvre, si c'est avec les flèches du tueur de serpents ou avec les divins ingrédients de sa médecine; mais enfin, on ne le représentait pas moins avec un rat à ses pieds, comme saint Antoine avec son cochon.

Pline (*), d'après Théophraste, rapporte que les peuples de la Troade et de l'île Gyare dans l'Archipel avaient été forcés de déserter la contrée devant la multitude de rats qui infestaient ces régions.

Dans toutes les îles de l'archipel des Indes, les rats se sont tellement multipliés depuis l'arrivée des Européens, qu'ils sont devenus le fléau de la contrée. On prétend que les Hollandais, en 1712, n'abandonnèrent l'île Maurice qu'à cause de la multiplication incalculable des rats que leurs vaisseaux y avaient importés.

En mai 1851, le conseil municipal de *Sacramento* (Californie) a décidé qu'à l'avenir les condamnés à la chaîne seraient employés à détruire les innombrables légions de rats qui infestaient la ville.

Paris serait menacé d'une telle peste, si la ville n'entretenait pas un corps de ratiers pour conjurer le fléau. A la voirie de Montfaucon, de mon temps, on voyait les rats sourdre de terre par milliers pour se jeter dans les immondices et sur les débris en putréfaction des chevaux abattus; si l'on abandonnait un cheval mort pendant les fortes gelées, les rats s'établissaient dans l'intérieur du corps comme dans un grenier d'abondance: ils y dévoraient muscles, viscères et os même, ne respectant que la peau, comme pour se ménager un abri et contre le froid et contre l'œil des surveillants. Je trouve dans mes notes que le nombre de rats détruits à Paris, en 1850-1851, et dont les queues avaient été alors dépo-sées à l'hôtel de ville, s'élevait à 114,331; et que tous ces rats étaient de l'espèce du rat de Norwége ou RAT A POIL, qui, arrivé à Paris en 1815 dans les fourgons des puissances alliées, a fini par en déloger, après de rudes combats, toute l'ancienne race de l'espèce de rat d'Orient ou à POIL RAS (**). Il paraîtrait enfin, qu'à cette époque on pouvait évaluer le nombre des *rats à poil* qui restaient à détruire à près d'un million, et celui des *rats d'Orient* à 50,000; un rat par habitant environ.

Les habitants de Paramaribo, chef-lieu de la colonie hollandaise de la Guyane, se seraient vus forcés de déserter les lieux, s'ils n'avaient pas eu leur Apollon Sminthée dans la fourmi, que Linné désigne sous le nom de *Formica cephalotes*, et qui vient chaque année en procession purger le pays de rats et de tout insecte parasite ou venimeux. Il n'est pas, dit-on, de si gros rat qui soit capable de se soustraire aux mandibules

(*) Lib. VIII, cap. 29 et 57; lib. XI, cap. 65.

(**) *Si misceantur alienigenæ... interire dimicando.* Plin., lib. VIII, cap. 57. « S'il arrive en un endroit une race étrangère de rats, elle ne se mêle pas à l'ancienne; mais il faut que l'une ou l'autre reste sur le champ de bataille. » — En 1854, on vit arriver en Moravie, au moins dans les environs de Hohenmauth, une quantité immense de rats d'une espèce inconnue, qui se logèrent dans les granges, jusqu'aux gelées, époque à laquelle ils disparurent. On s'aperçut alors que les rats et les souris du pays ne reparaissaient plus : ils avaient été la proie des rats conquérants de cette terre.

de ces fourmis vengeresses; ils ont beau fuir, elles s'élancent sur eux au passage; et en quelques instants l'animal est dévoré aussi vite qu'il dévore lui-même les charognes. A l'approche de ces fourmis, les habitants sortent de leurs maisons, après avoir ouvert grandement leurs armoires et laissé leurs confitures en collation à la disposition de ces insectes libérateurs.

Les journaux de mars 1845 avaient rapporté un fait analogue, comme s'étant passé, le 17 de ce mois, dans un hameau dépendant de la commune de Fontaine-la-Guyon (Eure-et-Loir); ils assuraient que ce jour-là on avait vu sur presque toutes les portes cet écriteau : « C'est aujourd'hui Sainte-Gertrude, délogez, » ces braves gens ayant la superstition de croire qu'en délogeant ils feraient déloger les rats et les souris. Mais, disait-on, les rats et les souris avaient été moins superstitieux que les habitants, et ils étaient restés au domicile. Je transcrivis le fait dans la 2ᵉ édition de cet ouvrage. Mais je reçus, en 1855, une lettre de M. Pépin, géomètre, demeurant à Orsay (Seine-et-Oise), qui déclarait, lui natif de Fontaine-la-Guyon, n'avoir jamais entendu rapporter rien de semblable. C'est à ceux qui sont sur les lieux à nous éclairer sur ce dissentiment : L'entrefilet est de sa nature un peu hâbleur, quand il a trop d'espace.

Mais quant à la superstition qu'on impute à ces braves gens, nous en retrouvons des traces dans d'autres pays, et il serait possible d'en soupçonner l'origine dans une autre sorte de croyance qui remonte à la plus haute antiquité. En effet, 1° Walter Scott nous a transmis une vieille chanson où figure *sainte Bride avec son rat* et *sainte Colme avec son chat (Guy Mannering,* chap. III); 2° Cicéron, Arrien et Pline nous apprennent que de leur temps on était persuadé que, lorsqu'une maison doit tomber en ruine, les rats en ont le pressentiment et en sortent en foule (*); leur fuite serait ainsi un présage de malheur et une invitation à l'éviter sur leur exemple.

On conçoit que des animaux qui dévorent tout ce qui se présente, viande fraîche comme viande pourrie, n'aient pas la dent très-saine. Le gourmet qui vient de manger de la venaison bien et dûment faisandée aurait la dent tout aussi venimeuse que celle d'un rat d'égout ou d'abattoir, s'il lui arrivait de mordre jusqu'au sang; aussi avons-nous vu qu'entre les mains de la médecine scolastique, la morsure d'un rat, qui

---

(*) Cicéron, *litteræ ad Atticum.* — Plin., lib. VIII, cap. 28. — « Vous ne coucheriez pas volontiers dans une vieille maison d'où les rats s'enfuient par légions, parce que vous savez que ce phénomène a toujours annoncé la chute prochaine du bâtiment. » (Charles Nodier, tom. V, pag. 248, de ses OEuvres.) Ni Charles Nodier, ni La Mettrie, à qui Charles Nodier prête ce langage, ne semblent s'être doutés que cette superstition remontait jusqu'aux Romains et même aux Grecs.

s'était aventuré en fuyant dans le pantalon d'un individu, a nécessité l'amputation de la cuisse. La piqûre de la pointe du scalpel, si peu avant qu'elle entre dans les chairs, ne cause-t-elle pas, chaque année, dans nos salles de dissection, plus d'un sinistre de ce genre ? La simple piqûre du buisson que l'on frôle en passant serait tout aussi mortelle, si quelque cadavre d'animal avait séjourné accroché en cet endroit.

La bave d'un animal enragé n'est pas autrement venimeuse ; il faut que la morsure ait pénétré dans la chair, et que la bave se soit mêlée au sang. Ce sont là des exemples de poisons qui seraient inoffensifs dans les intestins, et qui ne sont poisons qu'en pénétrant immédiatement dans le système circulatoire ; ce sont les poisons non de la digestion, mais de la circulation.

Mais les rats sont autant à craindre par leur voracité que par leurs moyens de défense. Lorsque la rage de la faim les prend, ils dévorent, dit Pline, jusqu'au fer des guerriers : A plus forte raison, ils n'épargneraient pas au besoin la chair et les os des héros. Rien n'est plus fréquent que d'apprendre que dans les masures voisines d'un cours d'eau ou d'un égout, les pauvres enfants abandonnés dans leur berceau ont été dévorés par des rats : Je vous le répète, l'enfant qui crie appelle à son secours ; ne tardez jamais d'une minute d'accourir ; nous entendions, un jour, un de nos enfants s'agiter, tout endormi dans son berceau ; nous en délogeâmes une souris, qui s'était introduite dans les langes, et qui n'avait pas eu le temps de faire d'autre mal ; car les souris ne sont pas toujours exclusivement granivores.

On prétend que dans l'Amérique intertropicale, les rats (*) ont le talent d'émousser, par leur souffle, la sensibilité, tout en déchirant les chairs ; et qu'à la faveur de ce privilège, ils dévorent pendant son sommeil la plante des pieds du nègre, dont la chair leur agrée beaucoup plus que celle de leurs compatriotes les blancs.

Les rats qui ont obligé des populations entières à émigrer, comme nous l'avons dit, ont dû être réduits à cette extrémité par la famine de toute autre denrée et alors qu'après avoir dévoré tout ce qui était à leur portée, il ne leur restait plus rien à dévorer que l'homme.

« Est-il possible, s'écrie Voltaire, qu'on trouve, dans les *tablettes chronologiques de l'histoire universelle*, un archevêque de Mayence mangé par des rats (**) ? »

Si l'histoire le rapporte d'un archevêque, prince de l'Empire, le doyen

---

(*) C'est encore là un des tristes présents que les vaisseaux européens ont faits au nouveau monde où, avant leur conquête, le *rat à poil* était inconnu : Aujourd'hui il y domine.

(**) *Histoire de l'Empire*, § IX.

de tout le corps des électeurs impériaux, cela doit être ; car l'histoire y regarde à deux fois avant de médire de ces personnages-là.

L'histoire de Hatton II, surnommé Bonose, auquel se rapporte le fait révoqué en doute par Voltaire, a·été recueillie par Trithème dans ses *Chroniques*, et par Camérarius dans ses *Méditations*. Ce Hatton, archevêque de Mayence et prince électeur doyen du saint-Empire, était un méchant scélérat (il n'y a pas, au calendrier, un seul saint parmi ces princes évêques ; les scélérats n'y manquent pas ; c'est l'histoire qui le dit) : Dans un temps de famine, il fit assembler quantité de pauvres gens dans une grange, où on les brûla pour diminuer d'autant le nombre des consommateurs affamés : « C'était, disait-il, une vermine inutile et qui ne servait qu'à manger le pain nécessaire aux autres. » Un pareil misérable, tout mitré et crossé qu'il fût, ne devait pas aimer à coucher dans une chambre accessible à tout le monde ; il dut donc se voir, un jour, forcé de se réfugier dans une vieille tour qui s'appelle encore aujourd'hui la *Tour des Rats* ; on la voit encore dans une île du Rhin, près de Mayence. Il y fut dévoré pendant son sommeil, sans doute, par les rats affamés ; cette justice des rats se passait en 927 ; il faut dire qu'en cela les rats ne crurent rien moins que faire justice, et qu'ils auraient dévoré un saint personnage par le même motif et dans les mêmes conditions qu'ils dévorèrent ce mécréant.

Calvisius rapporte qu'en 1013 un soldat avait été également dévoré par les rats.

Vers l'an 1074, d'après le *Fasciculus temporum*, Poppiel II, roi de Pologne, surnommé le Sardanapale polonais, sa femme et ses enfants furent littéralement rongés par les rats.

Ce Poppiel avait empoisonné ses oncles, princes polonais, et avait fait jeter leur corps à la voirie. Un pareil tyran doit se voir souvent réduit à n'avoir plus personne pour le servir, et à manquer de tout, crainte de s'exposer à pire ; il arrive un instant, en ce cas, où l'on tombe d'inanition, et où les rats s'accommodent d'un corps qui n'a pas la force de bouger, comme ils se seraient accommodés d'un cadavre. L'histoire dit qu'il fut dévoré par les rats qui avaient pullulé sur les cadavres de ses oncles.

La MUSARAIGNE (*mygale* Diosc., *mus araneus*, nom emprunté par Linné à Pline et aux auteurs anciens d'agriculture), a, d'après Pline, la morsure venimeuse en Italie (*) et à l'époque des jours caniculaires ; elle devient inoffensive dans le Tyrol, dans le pays de Trente, et partout où il fait froid, d'après Matthiole (**) ; et cette réflexion s'applique

(*) Lib. VIII, cap. 58.
(**). Matthiole, *sur Dioscoride*, livr. VI, ch. 46, édit. des Valgrises.

à tous les animaux venimeux; leur venin est d'autant plus actif que la température est plus élevée. Dans le pays où observait Dioscoride, la morsure de la musaraigne déterminait une aréole enflammée, au centre de laquelle se formait une pustule noire purulente et brûlante; dès que la pustule crevait, la plaie gagnait et s'étendait, comme en rongeant les chairs : c'était la gangrène; le malade éprouvait des épreintes, des ardeurs d'uriner et des frissons. Matthiole assure que c'est principalement aux testicules des animaux et surtout de l'homme que s'attaque la musaraigne; et chacun comprendra les affreuses conséquences d'une morsure de ce genre, si elles ont leur siége dans cette région. Nous le répétons, jusqu'à ce jour, jamais rien de tel n'a été observé dans nos parages, d'abord parce que la température manque au venin, et ensuite que nos vêtements protégent les parties; tandis qu'en Italie le paysan laboure à demi nu.

La description nosologique de Dioscoride se rapporte tout à fait à ce que nous appelons la *pustule maligne* et le *charbon* (*).

La CHAUVE-SOURIS ou rat volant le soir (*Vespertilio*) est une espèce de rat qui vole, mais qui n'a que cela de commun avec les animaux qui ont des ailes ; en place d'ailes, elle a un parachute dont les baleines ne sont autres que les os de ses deux membres antérieurs : Une large membrane qui part de son coccyx s'étend de chaque côté jusqu'à l'extrémité de ses trois longs doigts, le pouce restant libre en forme de crochet. C'est en étendant ou repliant ce vaste parachute que ce rat voyage dans les airs, comme s'il avait des ailes. L'homme qui voudra parvenir à voler dans les airs n'aura qu'à s'organiser un appareil mécanique entièrement semblable à celui de la chauve-souris : Icare ne fût pas tombé s'il avait pris une chauve-souris et non une maquette pour modèle. On doit se faire à ce sujet un parachute articulé, et capable d'obéir à tous les mouvements que décrit la chauve-souris pour fendre les airs, s'abattre, s'élever et prendre toutes les directions possibles ; et comme les jambes de l'homme sont trop développées pour cet équilibre, il faudra que la membrane s'attache non-seulement au coccyx, mais encore le long des jambes. Tout le mécanisme du mouvement consistera ensuite à battre l'air pour s'élever; à s'abandonner à son propre poids, le parachute étendu, pour se diriger ; à replier plus ou moins ses ailes pour descendre plus ou moins vite ; à les ployer un peu d'un côté pour tourner de l'autre, etc. Nous avons expliqué ailleurs plus longuement la théorie du vol des oiseaux (**), nous y renvoyons

---

(*) Buffon regarde, comme un préjugé du vulgaire, l'idée que la musaraigne soit un animal venimeux. Ce vulgaire porte les noms de Pline, de Théophraste, de Dioscoride, de Matthiole, etc., et mérite qu'on s'arrête un peu à son opinion. Mais du temps de Buffon, on était plus qu'arriéré sur des questions semblables.

(**) Voyez *Revue complémentaire*, livr. de mars 1857, tom. III, pag. 232.

nos lecteurs : Nous n'avons ici à nous occuper que des effets nosologiques qui résultent de l'hostilité de ces hideux spectres de l'air.

Nos chauves-souris ne vivent que d'insectes, de papillons, de cousins qu'elles attrapent au vol ; elles sont si voraces et digèrent si vite qu'on trouve des fragments entiers d'ailes de papillon et d'élytres de coléoptères nocturnes dans leurs excréments. Je ne connais point de fait qui établisse que la chauve-souris de nos climats s'attaque à l'homme, quoiqu'elle entre souvent dans les appartements ; mais l'espèce qui porte, à la Guyane, le nom de *Spectre,* s'attache comme un vampire à la tempe de l'homme et des animaux qu'elle surprend endormis, et leur suce le sang avec la vie sans les éveiller.

Quant à l'espèce de nos parages, si insectivore qu'elle soit, je ne voudrais cependant pas tenter de m'endormir dans les cavernes qu'elle habite, à l'instant où elle s'éveille pour aller marauder dans les airs. Le dégoût que cette monstruosité nous inspire à la simple vue n'est peut-être que le pressentiment du danger que nous aurions à en courir.

LA CHAIR de tous ces petits mammifères ne participe en rien du venin de leurs dents ; car ce venin n'est qu'accidentel, c'est un venin de malpropreté. Dans bien des villes assiégées, on a paré à la famine au moyen de la chasse aux rats et aux souris, dont le prix a toujours fini par devenir fort cher en ces circonstances :

Au siége de Mayence, en 1793, où le prix d'un chat mort s'élevait à 6 fr. et la chair du cheval valait 2 fr. la livre, le général Aubert-Dubayet, qui commandait la place, invita un jour à dîner plusieurs officiers supérieurs pour *manger un beau chat entouré d'un cordon de souris.*

Strabon, Pline, Frontin et Valère-Maxime (*) rapportent que durant le siége de *Casilinum* (**) par Annibal, il se trouva un assiégé qui ne consentit à céder un rat qu'il avait attrapé qu'au prix de deux cents deniers, d'après les deux derniers auteurs, et de deux cents écus romains au dire de Pline. Mais mal en prit au vendeur : il mourut de faim comme un féroce avare ; et l'acheteur ne fit pas un mauvais marché ; car ce peu de chair lui sauva la vie, en lui donnant la force d'attendre la levée du siége, qui heureusement ne tarda pas (***).

Dans les pays d'étangs, le paysan se montre très-friand de la chair du rat d'eau, qui ne vit que de poissons ou de coquillages. Je crois même que

---

(*) Strabon, liv. V.—Pline, liv. VIII, chap. 57.—Valère-Maxime, liv. VII, chap. 6.

(**) Aujourd'hui *Castellucio* sur le Volturne, dans la terre de Labour.

(***) Les Prénestins qui soutenaient le siége s'étaient vus réduits à vivre de ce que nous nommerions aujourd'hui la gélatine : Car ils faisaient bouillir dans l'eau les courroies en cuir et le cuir de leurs boucliers et de leurs ceintures, jusqu'à complète dissolution. (*Voyez* Valère-Maxime, *loc. cit.*)

certains moines classaient le rat d'eau, comme la macreuse, au nombre des aliments maigres et qu'on a droit de manger les jours de jeûne et les vendredis et samedis. Il ne s'agit que de s'entendre en fait de pieuses distinctions : ce qui ne vit que de poissons ne peut être autrement considéré que comme chair de poisson ; la foi sauve le corps avant l'âme, c'est rationnel.

La seule objection que je trouve à l'introduction de la souris, du mulot, du rat d'eau, voire même du rat à poil, dans les trésors de la *Cuisinière bourgeoise*, ce *Codex coquinarius*, c'est que ce gibier a plus de peau que de chair, et qu'on viderait quatre lapins dans le temps qu'on emploierait à écorcher un gros rat. Sans cette difficulté, je mettrais à la mode la chair des rats, des souris et des mulots ; ce serait le meilleur moyen pour en purger nos maisons et nos campagnes.

II. OISEAUX.

476. Si parmi les oiseaux il en est quelques-uns dont les coups de bec ou de griffes occasionnent des plaies envenimées, c'est que, ainsi que nous l'avons remarqué pour la classe précédente d'animaux, leur bec ou leurs griffes auront trempé préalablement dans quelque vénéneuse saleté.

Cependant le coup de pointe de l'*ergot* du coq ne ressemble en rien à celui de toute autre pointe ; aussi est-ce l'arme dont les coqs font le plus puissant usage, dans les combats qu'ils se livrent entre eux, pour se disputer la prééminence dans le sérail. Il n'est pas rare de voir le vaincu mourir de ce coup de pointe sans offrir de lésion dans les gros vaisseaux ; c'est là leur dard empoisonné. Leur second moyen de combat, c'est le coup de bec appliqué sur la crête de l'adversaire ; la crête en devient noire, et souvent dès le premier coup le blessé est mis hors de combat.

J'ai raconté ailleurs (*) l'histoire curieuse et édifiante d'un coq de petite taille, qui, ayant été couvé par des pigeons, en avait contracté les affectueuses habitudes pour les jeunes de son espèce. Ce pauvre roi David avait pour fils un Chinois d'Absalon, qu'il avait élevé avec la plus touchante sollicitude. Il s'en vit assailli, un jour, du bec et des griffes ; il se contentait de parer les coups en bon père et d'épargner son fils, qui, à ce jeu, aurait fini par le mettre en lambeaux, si l'on n'était venu à son secours, alors qu'il avait déjà un œil crevé et la peau du crâne, y compris sa crête, pendante sur le bec. A la suite de ces coups de bec ; et

(*) *Revue élémentaire de médecine et de pharmacie*, tom. II, pag. 362, livr. des 15 avril et 15 mai 1849.

quoique la peau se fût parfaitement recollée, il lui survint sur le cou et sur toute la peau du crâne une éruption cutanée, une espèce d'ichthyose ou d'éléphantiasis, qui dénotait évidemment un empoisonnement traumatique par les coups d'éperon de son parricide adversaire.

III. POISSONS.

477. La torpille électrise par le simple contact, et ses décharges égalent celles de la machine électrique; elles semblent quelquefois foudroyantes.

Nous connaissons deux espèces de poissons, l'une bien petite et l'autre bien grande, dont les aiguillons sont venimeux par leur piqûre; car ces deux poissons vivent de préférence dans la vase, où ils empoisonnent leurs dards, arme redoutable qui les met à l'abri des poursuites de leurs ennemis.

L'épinoche *(Gasterosteus pungitius)* est redouté des pêcheurs d'eau douce; ils en ont pour un jour de souffrance, s'ils s'en laissent piquer; c'est ce qui fait que les épinoches pullulent tant dans les rivières.

La raie pastenague *(Raia pastinaca)* porte, sur le milieu de sa queue en panais, un à trois longs aiguillons hérissés de piquants à rebrousse-poil, qui donnent à ces organes, en tenant compte des dimensions, l'aspect de l'aiguillon microscopique de la tique du chien *(acarus reduvius)* tel que nous l'avons représenté sur la planche 6, fig. 12, de cet ouvrage.

Cet aiguillon de la pastenague a joué un grand rôle dans toutes les légendes de l'antiquité; la perfide Circé en avait fait cadeau d'un à son fils Telegon, qu'elle avait eu de ses amours avec Ulysse; Telegon eut l'idée de fixer ce dard en guise de fer au bout de la belle lance que lui avait forgée Vulcain; et c'est avec cette arme terrible qu'il fut parricide, à son insu; il en blessa son père Ulysse, qu'il rencontra sur son chemin sans le reconnaître.

Les chasse-marée ont grand soin d'arracher ces dards empoisonnés, avant de porter ces sortes de raies au marché aux poissons. D'après Pline, on tue un arbre rien qu'en lui enfonçant un de ces dards dans le tronc.

Je ne sache pourtant pas que depuis lors personne ait tenté de nouveau cette expérience; et je crois qu'il faut beaucoup rabattre de tout ce qu'on en dit; on a trop généralisé des cas particuliers qui tenaient à la qualité de la vase d'où la raie venait de se dégager avant d'être prise. Gesner, en effet, a eu à traiter un individu qui, ayant volé une pastenague au marché, l'avait fourrée sous son habit, sans prendre la précaution d'en enlever préalablement les aiguillons, qui lui entrèrent dans les chairs. Gesner se hâta de cautériser la plaie avec le fer rouge, de la bassiner avec des herbes aromatiques, et d'y appliquer le foie même de ce poisson ; et le blessé en fut quitte pour la peur (*).

La chair d'aucune espèce connue de poisson n'a été jusqu'à ce jour reconnue comme étant vénéneuse. Les œufs seuls de barbeau *(Cyprinus barbus,* Lin.) sont sujets à occasionner des effets morbides très-graves et qui se rapprochent par fois de l'urticaire, mais le plus souvent des symptômes du choléra : météorisation, épreintes, superpurgations et vomissements, défaillance, pâleur et frissons avec crampes. Bien des auteurs anciens (**) ont cru remarquer que les œufs du barbeau ne causent de tels accidents qu'à l'époque de la floraison des saules, et ils ont été portés à croire que c'est en se nourrissant des fleurs, qui pleuvent de ces arbres sur la surface des rivières, que ces poissons contractent cette mauvaise qualité. Rondelet objecte à cela que la chair devrait être, en ce cas, aussi vénéneuse que les œufs, tandis que rien de tel n'arrive si l'on a soin d'accommoder le poisson après en avoir rejeté les œufs. Nos auteurs modernes d'ichthyologie se sont peu occupés de cette face de la question, qui intéresse cependant autant la physiologie que la toxicologie. Car il serait utile de connaître comment il se fait que ces œufs soient en certaines saisons plus malfaisants qu'en certaines autres ; et si cela provient des aliments du poisson, comment il se fait que le venin aille se fixer exclusivement dans les ovaires, sans altérer la vitalité des œufs, sans s'arrêter dans les chairs et sans incommoder le moins du monde le poisson lui-même. Nous doutons que le pollen du saule ou son chaton mâle puisse communiquer ainsi des qualités malfaisantes à un appareil d'organes sans communication avec le canal alimentaire. Seulement, nous ferons observer que les inondations sont dans le cas d'infester les cours d'eau de bien des graines vénéneuses, dont certains poissons se montrent assez friands ; chacun sait même que les braconniers d'eau douce se procurent des pêches faciles, en jetant dans les cours d'eau des graines stupéfiantes, telles que celles de la coque du Levant, de sorte qu'en quelques instants les poissons arrivent à la surface et se laissent prendre avec la main. Le hasard pourrait bien apporter en abondance des graines indigènes d'un effet analogue, et qui auraient la propriété de rendre tel organe vénéneux plutôt que tel autre ; comme l'arsenic finit par se porter de préférence dans le foie et dans les reins.

Ainsi que l'épinoche et la pastenague, le barbeau se plaît dans la vase ; il se creuse des trous assez profonds sous les bords des cours d'eau : c'est là que, d'après les pêcheurs, il protége et couve pour ainsi dire son frai ;

(*) Gesner, *De aqualilibus,* lib. IV, pag. 801.
(**) Gesner, *ibid.*, pag. 145.

qu'il se tapit enfin pendant l'hiver comme pour se défendre du froid. C'est là aussi qu'en creusant pour faire sa niche ou pour s'administrer de ces condiments que recherchent avec avidité tous les poissons, le barbeau est exposé à se gorger des extrémités radiculaires de plantes vénéneuses, qui ne sont pas rares dans les lieux humides et sur les bords de l'eau : telles sont la ciguë aquatique (*cicuta virosa*), l'œnanthe safranée (*œnanthe crocata*), le colchique (*colchicum autumnale*), la belladone (*atropa belladona*), la pomme épineuse (*Datura stramonium*), etc., toutes plantes dont les propriétés vénéneuses peuvent se concentrer inoffensivement et comme sommeiller dans les organes de la génération du poisson plutôt que dans certains autres de ses organes, pour ne se réveiller que dans les entrailles de l'ennemi qui en aurait fait sa proie.

Cette qualité vénéneuse, qui résiste à l'action de la cuisson dans la friture, serait-elle pour ce poisson de son vivant un moyen de défense dont il aurait la conscience, et de protection pour son frai, qu'il semble surveiller de si près dans le repaire qu'il lui a creusé? Toutes ces faces de la question ne paraîtront puériles qu'aux yeux de ces esprits à grandes dimensions, pour qui tout est petit de ce qui n'a pas un mètre 45 centimètres de haut, y compris le talon des bottes.

DEUXIÈME CLASSE DE CAUSES MORBIPARES ANIMÉES.

REPTILES ET BATRACIENS (*).

478. Parmi les vertébrés, les reptiles et batraciens, c'est-à-dire les batraciens apodes, et les reptiles pédiculés ou quadrupèdes, sont la principale classe qui fournisse des espèces ou genres capables, non-

(*) Nous n'avons pas ici à donner à nos lecteurs une classification des divers groupes d'animaux, parmi lesquels nous avons à en faire connaître qui peuvent devenir accidentellement des causes morbipares. Cependant il ne nous paraît pas tout à fait étranger à notre sujet d'indiquer par quelle filière de modifications la nature a passé, pour déduire un type d'un autre, dans la grande classe des sauriens. Chez toutes les espèces d'animaux, les organes appendiculaires de la locomotion ne se forment que longtemps après les organes essentiels à la vie. 1° Les têtards des crapauds, grenouilles et salamandres aquatiques n'acquièrent des membres thoraciques et pelviens que successivement, et longtemps après qu'ils vivent et se meuvent comme des poissons dans les étangs et les mares. 2° Nous avons déjà assez fait comprendre comment les extrémités papillaires des ramifications nerveuses peuvent se transformer en tissus cornés de

seulement de nous faire des blessures, mais encore de nous infiltrer un poison et de nous causer des maladies, moins encore par leurs attaques violentes que par la contagion de leur venin. Les autres animaux nous blessent, ceux-ci nous empoisonnent; les autres nous dévorent, ceux-ci nous fascinent et nous asphyxient. Le venin des poissons est encore fort problématique; quand il se présente à notre observation, il ne prend jamais que les caractères d'un empoisonnement que l'animal a reçu, et qu'il nous transmet; le poisson, en un mot, n'est venimeux que parce qu'il est empoisonné, de même que pourrait l'être, dans les mêmes circonstances, le lait de la vache ou de la chèvre; et cette observation s'applique aux chiens enragés, du venin desquels nous aurons à nous occuper en son lieu d'une manière toute spéciale. Mais chez les reptiles, le poison est élaboré par l'animal lui-même; il est une de ses sécrétions et de ses excrétions; ils ont des glandes pour le produire, des appareils pour le transmettre; c'est pour eux un moyen d'attaque ou un moyen de défense; c'est l'arme du lâche, avec laquelle le faible dompte sans danger l'ennemi le plus robuste, en le plongeant d'abord dans l'apathie et le sommeil; ou bien c'est une ruse de guerre pour protéger la retraite, par le dégoût que le fuyard inspire à son persécuteur. Race hideuse à voir, et que redoutent toutes les autres races; emblème, aussi antique que le monde, de la bassesse et de la trahison : les uns rampent pour mieux vous enlacer; les autres glissent, masses informes et disproportionnées, sous l'herbe qu'ils infectent de leur bave; et si l'une de leurs espèces devient hardie et noblement conquérante, c'est en prenant des proportions qui la rapprochent des formes supérieures et lui communiquent la conscience de sa force par l'harmonie des mouvements : Le crocodile

diverses formes, poils, écailles et cornes. Ces deux données nous suffiront pour concevoir, que les serpents seraient des sauriens, si les deux paires de membres n'étaient pas restées à l'état rudimentaire vers le thorax et vers le bassin. Le *cannelé* de Lacépède, qui vit à Mexico, nous paraîtra dès lors un orvet chez qui la paire de membres thoraciques s'est développée seule; c'est un serpent bipède par devant. Le Bipède que Pallas a fait connaître sous le nom de Sheltopusik, et qui vit en Russie, sera un orvet chez qui la paire de membres pelviens seule se sera développée; ce sera un reptile bipède par derrière. Les *seps* et *chalcides* (*Lacerta seps* et *chalcis* Lin.), seront des orvets quadrupèdes, mais dont les paires de pattes sont si distantes que l'animal se voit forcé de progresser tout autant en rampant qu'en marchant. Le *lézard* est un serpent, un seps, à paires de pattes plus rapprochées. La tortue est un lézard chez lequel les papilles cutanées, en se transformant en écailles cornées, ont acquis de telles dimensions que l'animal en est cuirassé. Les salamandres sont des lézards sans écailles cornées, et dont les extrémités papillaires des nerfs ont conservé leur consistance épidermique. Les grenouilles et les crapauds enfin sont des salamandres, dont la queue s'est détachée, une fois que les deux paires de pattes ont acquis assez de développement pour leur permettre de marcher tout autant que de nager.

est le lion de cette race , dont la vipère est le scorpion, et le crapaud le
spectre.

4° SERPENTS MORBIPARES.

479. Les naturalistes de cabinet, les jeunes pédants échappés à peine
des bancs de l'école, les médecins des grandes villes eux-mêmes qui, à
force de courir la clientèle, ont si peu le temps de lire et encore moins
celui d'observer, les érudits qui en fait de livres n'en oublient qu'un
seul, celui de la nature; tous ces esprits enfin, plus contemplatifs que
méditatifs, sont portés à reléguer dans les contes de bonne femme
tout ce que ne relatent pas les livres qu'ils ont appris par cœur et que le
philosophe se hâte si vite de désapprendre. A leurs yeux, il n'y a de
croyable que ce que nos académies ont permis de croire; et ils ont en
cela de singuliers régulateurs de leur foi! Il arrive de là qu'ils sont obli-
gés, tous les dix ans, de bouleverser le symbole entier de leur croyance,
et de remettre au rang des vérités les mieux démontrées ce que l'aréo-
page savant avait jusque-là relégué dans les erreurs de la *plèbe igno-
rante* des champs, de ces gros-jean qui en remontrent si souvent à leurs
curés.

Pour préparer mes lecteurs aux déductions sur lesquelles se base le
nouveau système, je vais énumérer quelques-uns de ces préjugés populaires qui ont fini par prendre rang parmi les vérités.

480. I. Qui n'aurait ri, il n'y a pas encore une dizaine d'années, à
l'idée que les serpents, si froids de leur nature (*frigidus anguis*), eussent
jamais eu l'instinct de couver leurs œufs? En certains pays, cependant, les
paysans avaient surpris ces reptiles dans ces fonctions d'incubation; et
jamais ces couveuses à replis tortueux ne sont plus irascibles et plus
promptes à donner la chasse aux importuns : Je me rappelle que dans ma
jeunesse, quand le hasard nous amenait contre un mur d'enclos exposé
au soleil, et dans les trous duquel quelque grosse couleuvre avait établi sa
couvée, un sifflement aigu nous avertissait suffisamment d'avoir soin de
jouer des jambes, car autrement la couleuvre ne tardait pas à s'élancer
hors de son trou, à s'enrouler sur elle-même la tête haute, pour se dé-
bander comme un arc et s'élancer comme une flèche à la poursuite de
l'importun. Ce fait a été nié par les naturalistes pendant bien longtemps :
aujourd'hui, on montre au Muséum les *Boas* couvant leurs œufs et développant, dans cette fonction, une chaleur égale au moins à celle que déga-
gent les poules couveuses.

481. II. Nous avions dit, dans la première édition de cet ouvrage, en
parlant des serpents : « On en a vu traire les vaches. » La sottise, tou-

jours pédante, s'est récriée contre cette assertion comme étant opposée
à tout le peu de physiologie qu'elle a pu apprendre à l'école ; or, rien
n'est plus avéré que ce fait aux yeux de l'observateur des champs.

Et d'abord, s'il est un fait démontré dans les mœurs des serpents, c'est
qu'ainsi que l'homme ils sont aussi friands de lait que de vin.

« . L'histoire rapporte que vers 1641, la jeune Françoise d'Aubigné (plus
tard Mme de Maintenon, veuve de Scarron et de Louis XIV) s'était un
jour assise sur le gazon à côté de sa mère et s'apprêtait à manger une
jatte de lait, lorsqu'elle entendit tout près d'elle un frôlement d'herbes
accompagné d'un sifflement aigu. C'était un serpent qui s'avançait la tête
haute et les yeux flamboyants, attiré par l'odeur du laitage ; Mme d'Aubigné entraîna sa fille au plus vite, et le serpent, au lieu de les poursuivre, s'arrêta autour de la jatte, en but le lait comme d'un trait, et se retira comme il était venu, en cédant la place à ces dames.

C'est du reste en les alléchant ainsi que les *chasseurs de vipères* (*)
réussissent à en attraper en un instant de quoi remplir leur besace. On
voit en Bretagne les pauvres pourvoyeurs de la thériaque, chaussés,
culottés, vêtus et encapuchonnés de cuir, se rendre dans les déserts où
abondent les vipères : là ils placent sur un feu de broussailles une jatte
de lait, autour de laquelle accourent de tous côtés les vipères, alléchées
par l'odeur du laitage ; elles se laissent alors empoigner et embariller,
tant la soif du lait les distrait et les aveugle (**).

En certains pays, quand on veut débarrasser quelqu'un d'une vipère
qui lui enveloppe le bras ou la jambe, au lieu d'employer la violence,
ce qui exposerait le patient à une piqûre envenimée, on se contente de

---

(*) La chair de la vipère rentre dans la composition de la thériaque, cette pharma-
copée mise tout entière au pilon, et qui comptait du temps de Pline jusqu'à 50 drogues
que *les médecins*, dit-il, *ne connaissaient pas eux-mêmes*. C'est l'antidote de mithridate, le *remède à tous maux* dont on ne connaissait pas la cause, dans lequel Asclépiade
introduisit pour la première fois la chair de vipère, d'où est venu le nom de la drogue
composée ; parce que, suivant l'opinion commune, Asclépiade pensait que la chair de la
vipère guérissait de la morsure de la vipère, ou de tout autre animal venimeux
(*theria*).

Ne serait-ce pas à cette manière de *chasser la vipère*, qui doit entrer dans la composition de la thériaque, que fait allusion l'allégorie gravée au revers de bien des médailles
d'empereurs romains ? Une déesse tend d'une main une patère à un serpent que
l'odeur attire, et tient de l'autre une verge prête à le tuer ou à rompre son charme et à
couper le courant de sa fascination. On lit sur l'exergue, ou SALUS PUBLICA, ou bien
SALUS AUGUSTI ; ce qui signifierait au besoin : THÉRIAQUE, *emblème de la santé d'Auguste*
ou du *Salut public*. La couleuvre d'Esculape s'abreuvant à une patère est devenue l'enseigne de la pharmacie ; cette allégorie doit remonter bien haut et peut-être jusqu'aux
mythes égyptiens.

(**) Voyez les journaux du 26 au 28 octobre 1856.

placer sous les yeux de la vipère une jatte de lait, et l'on voit aussitôt, le reptile se dérouler, ramper vers la jatte, où l'on peut le tuer ou le prendre sans danger (*).

S'il suffit pour les attirer de l'odeur dégagée du laitage, les émanations du pis de la vache, de la chèvre et autres bestiaux femelles, ne doivent pas laisser les couleuvres ou vipères indifférentes. Aussi n'est-il pas rare d'en trouver embouchant le pis des vaches et des chèvres et l'épuisant de lait. « Il n'est pas rare, a dit Voltaire, de voir des serpents qui tettent les vaches (**), » et Voltaire, qui vivait à la campagne, était aussi bon observateur qu'habile agronome.

Pline avait écrit que le serpent *Boa* tirait son nom de ce qu'il aimait à se nourrir du lait de la vache (βους) (***); or, comment s'en nourrirait-il dans les déserts, sans le traire lui-même à la bête?

La *Revue complémentaire des sciences appliquées* (****) a publié, à l'appui de ce fait, le témoignage de l'un de ses abonnés les plus dignes de foi, et qui est en mesure de corroborer son assertion par celle de bien d'autres témoins oculaires; il a vu et parfaitement vu un serpent traire fort tranquillement une vache.

Gesner (*****) cite un grand nombre d'auteurs qui certifient avoir eu sous les yeux des serpents s'enroulant autour des jambes des vaches, et se mettant à sucer les mamelles qu'ils finissaient par épuiser.

Or, par une piquante coïncidence avec l'état de la question que nous traitons, c'est ce qu'a reproduit, en 1851, un jeune peintre béarnais, Jules Gélibert, dans un tableau qu'il a envoyé en 1853 à l'exposition de Bruxelles, et dont nous avons fait l'acquisition plus tard. Rien n'est plus évident que le jeune peintre a pris la nature sur le fait dans les montagnes du Béarn, sans se douter qu'il se rencontrait ainsi avec une foule de naturalistes recommandables, et en opposition avec quelques sots dénégateurs.

Au milieu des vastes pacages de la montagne et sous un ciel plus vaste encore, une vache remplit l'air de ses beuglements d'épouvante et d'horreur; le veau accourt tout effaré aux cris de sa mère. A droite, et dans le lointain, un troupeau de moutons est pris de panique et comme du tournis en entendant ces beuglements effrayants; à gauche, deux vaches se re-

---

(*) Voyez-en un exemple, dans le *Siècle* du 8 février 1856; le fait se passait à la *Croix-Rousse*, à Lyon.

(**) Dict. philosophique, art. *Enchantement*. Vous pourrez lire le récit d'un cas semblable dans les *Comptes-rendus de l'Académie des sciences*, tom. XIV, pag. 623, 1842.)

(***) *Aluntur primo bubuli lactis succo, undè nomen traxére* (Plin., lib. VIII, c. XIV).

(****) Livraison de novembre 1857, tom. IV, pag. 110.

(*****) Abrégé de son grand ouvrage; *lib. V, de serpentibus.*

dressent comme pour prendre la fuite. C'est qu'une vipère vient de s'enrouler autour de la jambe droite de la vache, et s'apprête à se venger de l'obstacle que les mouvements convulsifs de l'animal apportent à son désir de s'abreuver de lait.

C'est là de la poésie des Géorgiques daguerréotypée par le pinceau d'un jeune et habile observateur, à qui il ne manque que bien peu de chose pour prendre une place des plus distinguées parmi les peintres d'animaux en mouvement.

β. Que les serpents soient également attirés par l'odeur du vin, et qu'ils s'en gorgent jusqu'à en rester ivres-morts, cela est attesté par tous les naturalistes anciens et modernes, depuis Hippocrate jusqu'à nous; et dans les pays chauds, on en trouve fréquemment de noyés dans des tonneaux de Malaga ou de Malvoisie : bienheureux sort envié par maître Adam le chansonnier; bachique cercueil que légua par testament à son propre cadavre un lord Anglais d'excentrique mémoire.

482. III. Les anciens, et Pline qui en a résumé les opinions et les témoignages, ont tous parlé, avec la même assurance, de l'influence (*incantatio*, enchantement) qu'exerce la musique sur les serpents et sur bien d'autres animaux, dans les pays fortunés où la température douce et la nature souriante prédisposent aux suaves émotions. La fable d'Orphée, dont la voix apprivoisait des tigres, ne serait dès lors une fable que parce qu'elle est relatée au milieu des fables.

Jean Hugo, que je cite d'après Aldrovande (*), rapporte que chez les Indiens de l'Amérique intertropicale, les serpents se montrent avides d'entendre les sons d'un instrument : « On rencontre, dit-il, des bateleurs qui, s'arrêtant au milieu d'un place publique, se mettent à tirer du panier les serpents les plus venimeux, sans paraître avoir rien à en craindre, et puis les électrisent et les amènent à exécuter comme une danse tumultueuse, aux sons d'instruments de musique. » Préjugé, tour de jongleur, bonhomie du narrateur! vont s'écrier sans doute des dénégateurs patentés pour tout croire, excepté ce qui se peut démontrer. Or, ces braves croyants incrédules ne récuseront certainement pas le témoignage d'un des plus éloquents défenseurs de leur croyance, Chateaubriand, qui assure avoir rencontré, en 1790, aux bords de la Genesée, un serpent à sonnettes qui se laissait enchanter par les sons d'une flûte dont s'amusait à jouer un Canadien (**).

483. IV. Que dire de la puissance qu'avaient les Psylles d'apaiser les serpents, de les dompter au seul son de leur voix, par un seul de leurs gestes, par la parole ou par le signe? Pour nous, habitants des pays

(*) *Serpentium et draconum historia*, pag. 106.
(**) *Mémoires d'Outre-Tombe*, 2ᵉ avril, partie écrite d'avril à septembre 1822.

froids et humides, plus habitués à voir grouiller des grenouilles et des crapauds que se replier des serpents, le fait pourrait paraître étrange ; il ne l'est nullement aux yeux de notre population de l'Algérie : L'*Akbar*, journal publié à Alger, racontait, dans un de ses numéros d'avril 1851, que le dimanche 6 avril, au marché arabe, une foule nombreuse se pressait autour d'un *Aïssa-Aoua*, un de ces Arabes qui font profession d'apprivoiser les serpents, et qui venait d'en étaler de toutes sortes, des grands, des petits, des venimeux ou d'inoffensifs. Il se faisait mordre ou piquer impunément par les uns et par les autres, lorsqu'un de ces reptiles tenta de se donner la clef des champs et prit pour monture un pauvre petit chien en s'enroulant autour de son corps. Aux cris du chien accourut l'*Aïssa-Aoua*, qui n'eut besoin que de marmotter quelques paroles, pour que le serpent, docile à sa voix, se mît à dérouler sa spirale et s'étendît par terre, se laissant prendre par son maître comme l'aurait fait le plus docile des chiens.

Je le demande, qu'y a-t-il d'extraordinaire que les soins de l'éducation prêtent à l'homme un si grand ascendant sur les reptiles, quand de nos jours nous voyons le roi de l'univers exercer la puissance de sa fascination, je dirais de sa civilisation, sur les lions, les tigres et les panthères ?

Le serpent est susceptible de s'apprivoiser comme toute autre espèce animale : La *couleuvre des dames* est la favorite des dames sur la côte du Malabar ; elle se prête à leurs caresses, elle s'enroule autour de leurs bras ; les dames la réchauffent dans leur sein (*).

La *couleuvre verte et jaune* ou *couleuvre commune* de nos climats tempérés, la *couleuvre à collier* ou *anguille des haies* dans la Corse, se plaisent à recevoir les caresses même des enfants, à s'enrouler autour de leurs bras ; elles accourent à la voix de ceux qui les ont apprivoisées.

Valmont de Bomare (**) a vu une *couleuvre verte et jaune,* qu'il désigne sous le nom de *serpent ordinaire de France*, tellement affectionnée à la dame qui l'avait élevée, qu'elle se cachait sous ses vêtements, s'enroulait autour de ses bras pour aller lui demander une caresse, se reposait sur son sein, accourait à sa voix ; enfin elle savait en tout comprendre ses ordres. Se promenant un jour en bateau sur la rivière, cette dame jeta son serpent familier à l'eau, et la couleuvre suivit le bateau comme l'aurait fait un chien caniche. Cette dame aurait pu servir de modèle pour la statue de la magicienne, avec cette douce couleuvre enroulée autour du bras ; la vérité eût posé ainsi admirablement bien devant la fiction.

484. V. Arrivons au *Grand serpent de mer* qui a fait, un an durant, la

(*) Seba mus., 2, tab. 54, fig. 1.
(**) Dict. d'Hist. nat., art. *Serpent familier.*

fortune de l'entrefilet des journaux politiques, et l'objet des lazzi à l'adresse du *gros et gras Constitutionnel* : l'injure n'est pas de moi. Il est permis de s'amuser d'une mystification ; mais une mystification n'est en général qu'un fait vraisemblable argué de faux.

L'antiquité est pleine de témoignages en faveur de la faculté qu'ont certains serpents de voguer sur l'eau, en se faisant une nacelle de leurs replis, un gouvernail de leur queue, des rames de leurs écailles ventrales, et comme une voile de leur tête redressée et aspirant l'air qu'ils fendent comme un trait. Ne confondez pas le fait avec l'interprétation que la superstition antique a pu se charger de donner, lorsque deux serpents enroulés entre eux, la queue servant d'hélice et les deux têtes hautes en guise de voile, arrivèrent de l'île de Ténédos jusque sur le rivage de Troie, pour enlacer, et broyer avec leurs nœuds mouvants, le grand prêtre Laocoon et ses deux fils en bas âge, et qu'ensuite, effrayés eux-mêmes par les cris de terreur de la foule, et du reste suffisamment gorgés de chair et de sang, ils allèrent se réfugier vers le temple voisin et jusque sous le bouclier de Minerve. Virgile (*), en reproduisant cette scène d'horreur, n'a sans doute été qu'un peintre d'histoire : il a copié la nature avec le coloris de l'imagination.

L'épisode repose sur deux circonstances qui, pour nous habitants de ces pays du Nord si riches en crapauds et en salamandres et si pauvres en serpents, pourraient avoir un double reflet de merveilleux : Qu'à l'aide du pressoir de leurs anneaux, les serpents aient tordu, moulu, pétri les trois héros de cette scène horrible, c'est là un des points les plus avérés de l'histoire du serpent boa (*serpens constrictor*, Lin.). Ensuite que deux serpents, associés et liés entre eux pour un commun voyage, aient pu traverser les flots de la mer, en glissant à la surface, et faisant force de voiles par leur tête dressée au vent, cela est tout aussi facile à établir ; car les serpents de grand calibre, surtout quand ils multiplient leurs forces par l'association, sont en état d'accomplir des voyages bien plus longs que la traversée du bras de mer qui sépare Ténédos de la Troade, et presque des voyages de long cours.

Nous avons déjà cité l'exemple de la *couleuvre verte et jaune* qui suivait la barque de sa maîtresse (483), sans quitter la ligne du sillage. Il n'y a pas deux ans que j'ai eu l'occasion de voir ici une petite couleuvre multirayée (**), arriver du bord d'un large étang jusqu'au bord où nous nous

---

(*) *Æn.*, lib. II, vers. 203 et seq.

(**) La seule espèce à laquelle on puisse rapporter cette couleuvre, c'est la *couleuvre quadrirayée*, telle que l'a figurée, non pas Daubenton (*Encycl. méth.*), ni Lacépède (*Hist. des serpents*), mais bien Desmarest (dans le fragment d'ouvrage qui a paru de lui dans la *Faune francaise*). Seulement la nôtre portait sur le dos cinq et même sept

trouvions, et glisser sur l'eau comme une barque, sans avoir l'air de
faire attention au groupe des trois Laocoons, qui l'attendaient, de pied
ferme sur le rivage, en s'exclamant de joie dans l'espoir de l'attraper.

Pline, qui vivait longtemps après Virgile, et Solin, l'abréviateur de
Pline ou plutôt des auteurs que Pline a compilés, parlent tous les deux
des longs voyages que certains serpents entreprennent sur les mers qui
mouillent les côtes de l'Ethiopie. « On rapporte, dit Pline, que les dragons qu'engendre l'Ethiopie, qui atteignent la longueur de vingt coudées
· (10 mètres environ) et que les habitants nomment *asachées*, se réunissent
par quatre ou cinq pour accomplir un même voyage maritime, et que
tressant leurs corps ensemble en forme d'une claie d'osier, au-dessus de
laquelle ils redressent leurs têtes, ils font voile de la sorte vers des contrées lointaines où ils s'attendent à trouver un peu plus de provende (*). »

« Ces serpents, ajoute Solin, pénètrent dans l'océan Indien aussi loin
que possible, et dans le but de faire meilleure chasse, ils savent atteindre
les îles éloignées du continent à des distances fabuleuses (**). »

Les voyageurs modernes font mention de très-longs serpents qui se
traînent sous l'eau et chassent sur le rivage au moyen de leur longue
queue.

Le serpent à sonnettes s'élance du rivage à la poursuite des pêcheurs et
ne se fatigue nullement à cette course sur l'eau.

Donc, le serpent de mer n'est ni un mythe, ni une mystification ; c'est
un trait de mœurs des reptiles qui n'a besoin que de certaines circonstances accidentelles pour qu'il se réalise sous les yeux du premier voyageur
venu ; seulement, il ne faut pas attendre que ce qui se passe sur les parages des mers ou terres équinoxiales se reproduise de la même manière
sur le cours d'eau qui passe à Paris, sous les fenêtres du *Constitutionnel*
ou de tout autre journal d'une foi aussi banale.

485. VI. Il est un dernier préjugé, devenu aujourd'hui une vérité démon-
trée, et que pendant bien longtemps tous les observateurs de cabinets
d'histoire naturelle se sont ingéniés à placer au rang de fables ou à expliquer par mille raisons de leur façon; je veux parler de cette propriété
de fascination que les observateurs oculaires ont de tout temps attribuée

---

raies parallèles et longitudinales qui s'étendaient de la tête à la queue, tandis que l'espèce décrite par les trois auteurs ci-dessus ne devrait en avoir que quatre. On trouve
dans Aldrovande la figure d'une couleuvre analogue qui n'a que trois raies : ce qui
porterait à croire que ce caractère spécifique n'a pas plus de fixité chez les serpents
que bien d'autres qui nous servent à distinguer les espèces animales et végétales les
unes des autres.

(*) Plin., *lib.* VIII, *cap.* 13.
(**) C. Julius Solinus Polyhistor, *cap.* 55.

aux serpents de grande espèce, et au moyen de laquelle ces reptiles peuvent attirer jusques dans leur gueule les oiseaux et les petits quadrupèdes grimpants, qu'ils ne sauraient atteindre à la course. A cela les observateurs de cabinet répondaient que les serpents n'attiraient ainsi des oiseaux dans leur gueule qu'en faisant vibrer leur langue bifide, que l'oiseau alléché aurait prise pour un ver. Une telle explication tenait peu devant cette simple pensée, qu'on a vu ainsi descendre dans le piége des oiseaux essentiellement granivores qui passent, sans y toucher, auprès des vers les plus succulents, et même des petits quadrupèdes, tels que les écureuils, qui sont tout aussi granivores que les oiseaux, enfin des lapins qui sont les plus exclusivement herbivores des quadrupèdes.

Par suite d'une enquête poursuivie avec persévérance, j'ai acquis la conviction que la puissance de fascination attribuée aux serpents, vipères ou couleuvres, n'est rien moins qu'une fable : rien ne se présente plus fréquemment à l'observation des personnes qui voyagent dans les bois pendant les jours caniculaires ; on voit de pauvres petits oiseaux descendre en piaulant de branche en branche, entraînés comme par un filet invisible, attirés comme par une puissance occulte, et puis tomber dans la gueule d'un serpent caché dans les branchages, comme des victimes dociles au geste du bourreau. Or, on est sûr de couper le fil de ce charme par le coup d'une simple baguette qui fouette l'air et tranche l'effluve magnétique, en frappant de terreur à son tour le magnétiseur('); car le serpent a la conscience que ce coup de baguette appliqué sur son dos l'étourdirait sur place. « Les Indiens, dit Lacépède, racontent qu'on voit souvent le *serpent à sonnettes* entortillé autour d'un arbre, lançant des regards terribles contre un écureuil qui, après avoir manifesté sa frayeur par ses cris et son agitation, tombe au pied de l'arbre où le serpent le happe. Ce reptile répand une haleine empestée (**): » M. Castelnau (***) confirme ce témoignage, qu'il paraît avoir ignoré. Voyageant dans l'Amérique du Nord, sur les frontières de la Georgie, en automne 1836, il fut attiré par le caquetage d'un assez grand nombre d'oiseaux qui se groupaient autour d'un écureuil perché sur une branche, à environ vingt pieds de terre, lequel semblait immobile et cloué sur place, la queue redressée au dessus de la tête. Notre voyageur le vit bientôt descendre en sautant de branche en branche, suivi d'une escorte d'oiseaux qui l'accompagnaient de leurs chants plaintifs. Étonné de cette singulière ma-

---

(*) Tous les magiciens, depuis Moïse et Médée jusqu'à nous, sont représentés armés d'une baguette ; le caducée de Mercure est une baguette qu'enlacent deux serpents. Le fait dont nous parlons serait-il l'origine de ce symbole?

(**) *Hist. nat. des serpents,* pag. 409.

(***) *Comptes-rendus de l'Académie des sciences* tom. 14, 1842, pag. 492.

nœuvre, il s'approcha sans bruit du lieu de la scène, et découvrit à travers le feuillage un serpent boa (*coluber constrictor*) roulé en spirale, la tête droite dans la direction de sa victime, laquelle ne tarda pas à tomber aux pieds de son immobile bourreau. M. Castelnau déchargea son fusil sur le serpent, qui en fut mis en pièces ; les oiseaux s'envolèrent ; l'écureuil resta dix minutes à revenir de sa frayeur, et il s'élança ensuite sur l'arbre.

On dirait que les serpents peuvent avoir à leur disposition deux genres de poisons : l'un qui infecte le sang à l'aide de l'inoculation, et l'autre qui jette le trouble dans les esprits animaux, et se reporte, comme la strychnine, sur la moelle épinière, par une infection miasmatique, effet de cette haleine empestée que ces serpents répandent autour d'eux ; cette haleine narcotique et stupéfiante paralyse les mouvements des victimes et les frappe comme de paraplégie, livrant l'animal à l'entraînement de son propre poids, sans qu'aucun effort musculaire puisse le porter à droite ou à gauche pour le soustraire au danger.

Cette puissance de fascination s'arrête aux animaux de petite taille, et il n'y a pas d'exemple que l'homme ou les grands quadrupèdes y aient été pris. Mais enfin ce fait en lui-même, attesté par les auteurs que cite Pline (*), était, il y a quelque vingt ans encore, relégué dans les fables par les naturalistes classiques.

N. B. De tels préjugés populaires une fois réhabilités et mis au nombre des vérités scientifiques, nous allons en déduire théoriquement les conséquences nosologiques, et en corroborer en même temps la vérité par des exemples tant anciens que modernes.

Les serpents sont des causes morbipares par le poison qu'ils inoculent, ou par leur introduction dans les organes ; tous les serpents ne sont pas venimeux, mais tous les serpents peuvent être accidentellement très-dangereux. On donne le nom de couleuvres aux serpents non venimeux.

A. *Serpents morbipares par leur venin.*

486. Les serpents venimeux se distinguent des couleuvres, sous le rapport qui nous occupe, par la présence de deux et quelquefois trois ou quatre dents mobiles, qui s'appliquent contre le palais quand l'animal

(*) *Metrodorus ait circà Rhyndacum amnem in Ponto, ut supervolantes quamvis altè perniciterque alites haustu raptas absorbeant.* (Plin., lib. VIII, cap. 14.) Métrodore rapporte que sur les bords du fleuve Rhyndacus, qui se jette dans la mer Noire, on voit des serpents qui ont la propriété d'attirer dans leur gueule les oiseaux qui passent au-dessus d'eux, si haut et si rapide que soit leur vol.

n'a pas à se défendre, et qui se redressent quand il veut piquer ; ce sont des dents creusées d'un canal qui s'ouvre à leur pointe, et qui communique par la base avec un réservoir, organe salivaire sécréteur du poison. La contraction du muscle crotaphite, en pressant cette vésicule, fait éjaculer le poison dans la piqûre, d'où il s'infiltre souvent avec la rapidité de l'éclair dans le torrent de la circulation.

Ce poison est d'autant plus actif que la température est plus élevée ; il en est de même du venin de tout autre animal; de là vient que la piqûre du *serpent à sonnettes* est mille fois plus terrible que celle de la vipère de nos climats ; de là vient que la piqûre de l'une de nos vipères engourdie par le froid passerait aussi inaperçue qu'une piqûre d'épine, tandis que pendant les jours caniculaires les ravages de ce poison sont si effrayants · Nous herborisions, un jour de chaleur étouffante, il y a de cela bien près de 35 ans, dans la forêt de Montmorency, à travers une garenne couverte de broussailles, lorsqu'un de nos condisciples, à qui un pharmacien avait recommandé de lui apporter des couleuvres, croit en apercevoir une qui se glissait sous les herbes. Il la prend et la relâche, puis la reprend ne se croyant que mordu ; mais il se hâte de la relâcher une seconde fois, convaincu enfin qu'il était piqué par une vipère et non mordu par une couleuvre. Au bout de quelques instants, il tombe comme en défaillance et il commence à enfler. Nous n'avions pas d'ammoniaque avec nous ; on le transporte à Montmorency, dont nous étions assez loin ; le mal faisait des progrès rapides ; enfin on fut assez heureux pour que les premiers soins lui fussent administrés à temps ; il en fut quitte pour un mois d'une maladie qui ne laissa pas que d'inspirer des craintes sérieuses pendant les premiers jours.

Dans le midi de la France, cette maladie eût été promptement mortelle ; et même dans les parages brûlants et sablonneux de la forêt de Fontainebleau, on a vu des personnes ne pas survivre plus d'un jour à la piqûre.

Lorsque, dans sa rage contre un animal, la vipère a épuisé toute sa vésicule de poison, sa piqûre est inoffensive; car la sécrétion de cette salive demande un certain temps pour se renouveler. Les jongleurs qui manient impunément les vipères et se donnent ainsi l'air de psylles et d'enchanteurs, n'ont pas d'autre secret que d'agacer les vipères, quelques instants avant la séance, et de leur faire mordre dans leur rage le bord d'un feutre ou d'un tout autre tissu absorbant.

487. La vipère commune (*coluber berus*, Lin.) (*), atteint jusqu'à deux

___

(**) *Vipera* vient de *vivipara*, vivipare ; et c'est un des caractères qui en général appartient aux serpents venimeux, à l'exclusion des couleuvres qui sont ovipares.

pieds de longueur; elle est reconnaissable à l'étranglement de son cou, au profil horizontal de sa tête, qui est celui d'une poire ou d'un cœur non échancré; aux petites écailles qui lui recouvrent le front; enfin à une raie noire en zigzag, qui, en arrivant vers la queue, se décompose en deux séries de taches. Chez une variété très-commune dans les régions septentrionales de l'Europe, ces taches et raies noires, s'étendant et se rapprochant, et, devenant comme confluentes, finissent par former presque la couleur générale du corps; on appelle cette variété *vipère noire (Coluber prester*, LIN.). Chez une autre espèce, l'*aspic (Coluber aspis*, Lin.), ces taches s'isolent de manière qu'il ne reste plus de traces de la raie en zigzag.

Nous avons encore en Europe la vipère *chersea (Coluber chersea*, Lin.) qui est très-commune en Prusse, distincte par un autre genre de décomposition de la raie noire. Mais dans nos climats tempérés et dans les régions plus méridionales de l'Europe, c'est la vipère commune qu'il faut s'attendre à rencontrer plus fréquemment.

Le *céraste* ou vipère cornue de l'Égypte, le *serpent à sonnettes* ou *naja* des Indes orientales, du Pérou et du Brésil, l'*atroce* de Ceylan, la *vipère fer-de-lance* de la Martinique, le *serpent à sonnettes* ou *boiquira* ou *crotale* des régions intertropicales, ne sont si terribles par leur piqûre que parce qu'ils mûrissent leur venin dans les climats brûlants, où tous les poisons acquièrent une plus grande énergie que dans nos régions septentrionales.

Les symptômes de l'infection, dans nos contrées, varient selon la saison, l'état du ciel, les constitutions individuelles et la durée du jeûne que la vipère a pu subir pendant son hibernation.

Mais la nature de ce poison étant acide, ce que démontre la nature de son antidote qui est l'ammoniaque, il est facile de tracer la marche de l'empoisonnement, de manière que les différences que peuvent présenter les divers cas observés ne soient que des différences accidentelles du même cas morbide. Chaque piqûre prendra un caractère inflammatoire, s'entourera quelquefois de petites phlyctènes et de vésicules pleines d'eau. L'enflure de la région atteinte se communiquera de proche en proche et de région en région, jusqu'à produire l'étouffement par la compression exercée sur les poumons; le vomissement par le refoulement des viscères et de la panse stomacale; la défaillance, le vertige, le délire et la syncope par les congestions cérébrales; la perte de la vue, de la parole et de la sensibilité par suite de la même cause; la fièvre cérébrale et la fièvre générale d'abord par l'action de l'acidité infiltrée dans le sang; l'abaissement du pouls ensuite; le *coma* et le refroidissement des membres; et la mort par la décomposition du sang et la cessation de toutes les fonctions faute de l'alimentation circulatoire des organes.

Nous l'avons déjà fait observer, on voit souvent les malheureux blessés enfler en peu d'instants comme une outre, et tomber en syncope comme asphyxiés.

N. B. En certains pays, ces reptiles venimeux se multiplient avec une si effrayante fécondité, qu'on est obligé de donner des primes assez fortes pour encourager à les détruire, et qu'on y vénère la cigogne à cause des services qu'elle rend par la guerre qu'elle fait à ces hôtes dangereux.

488. Les couleuvres se distinguent, avons-nous dit, sous le rapport qui nous occupe, par l'absence des dents mobiles qui, chez la vipère, sont les organes conducteurs et incubateurs du venin. A l'extérieur leurs seuls caractères distinctifs consistent dans la livrée et dans la grandeur des écailles qui couvrent leur front : distinctions qui ne sont ni si frappantes ni si constantes qu'elles ne puissent donner lieu quelquefois à des méprises, si habile connaisseur que l'on soit. Car nous avons la couleuvre dite *vipérine*, qui ressemble par la livrée à la vipère commune, et ne s'en distingue presque que par l'absence des dents mobiles. Or, qui pourrait assurer que la vipère commune avec ses dents mobiles ne soit pas en état de revêtir la livrée d'une couleuvre quelconque? ou que, chez la couleuvre commune, la nature ne soit pas en état de transformer la seconde rangée de ses dents fixes en dents mobiles et venimeuses? Les circonstances qui président à la fécondation ou qui en troublent l'accomplissement, créent chaque jour, sous nos yeux, chez les plantes et les animaux, des variations de caractères bien plus notables.

On peut donc dire, de la distinction des serpents, ce que nous avons déjà dit de celle des champignons comestibles ou vénéneux : il peut bien arriver un jour au connaisseur le plus habile de s'y tromper, non par sa faute, mais par celle de la nature.

B. *Serpents morbipares par leur introduction dans un organe.*

489. Cette face de la question a paru tout d'abord tenir du merveilleux, tant les faits nombreux recueillis par la tradition et par l'histoire avaient passé inaperçus aux yeux du médecin, tout absorbé qu'il était dans ses féeriques entités scolastiques et dans les causes occultes des maladies : on est si à son aise quand on est dispensé, de par le principe d'autorité, de rien voir avec les yeux du corps! on est tenté alors de nier tout ce que les autres voient.

La tâche aujourd'hui nous sera rendue plus facile : L'habitude de nous lire ou de nous attaquer ayant fini par faire passer ces hypothèses dans le langage ordinaire, les faits, qui semblaient si merveilleux à l'apparition de la 1ʳᵉ édition de cet ouvrage, ont fini par donner l'éveil à la *presse périodique*, qui depuis lors a eu fréquemment l'occasion d'en consigner dans ses colonnes de semblables à l'appui.

Les serpents, venimeux ou non, étant attirés par l'odeur du laitage et du vin, dont ils sont si friands, ne font pas sans doute une distinction entre les milieux d'où cette odeur se dégage; et ils trairaient tout aussi bien la mamelle des femmes que celle des chèvres; ils plongeraient au besoin tout aussi bien leur tête dans la bouche d'un enfant qui vient de quitter le sein, ou d'une ivrogne assoupi, que dans une jatte de lait que l'on vient de traire et de placer sur le feu, ou dans un tonneau dont a soulevé la bonde. Soyons logiques comme l'instinct de l'appétit, et ne nions pas ses conséquences.

Du reste, les témoignages ne vont pas nous manquer en faveur des applications : On a vu, dans les pays du Nord, des vipères mêmes se glisser dans les berceaux où reposaient des enfants à la mamelle, leur entourer le cou sans chercher à leur nuire, se réchauffant même et se contentant de humer l'odeur du laitage qu'elles n'avaient pas la facilité de soutirer d'une autre manière; or dans ce cas les mères se gardent bien d'effrayer la vipère, crainte de lui donner l'idée de s'en venger sur l'enfant. D'autres fois, et sous l'influence de la faim qui les dévore, elles plongent la tête et pénètrent par l'œsophage jusques dans la panse de l'estomac de l'enfant, elles l'étouffent ainsi par contre-coup et au moyen de la compression de la trachée-artère?

Le journal *la Presse*, dans son numéro du 1ᵉʳ août 1855, entre autres faits à l'appui des révélations du nouveau système, cite le cas suivant qui se rattache plus spécialement à la thèse présente : « A Menaggio (Lombardie), sur les bords du lac de Côme, un cultivateur était allé aux champs pour la moisson, accompagné de sa femme qui avait un enfant à la mamelle; l'enfant fut déposé sur l'herbe. Au bout d'un moment, on l'entendait gémir; le mari dit alors à la femme de prendre garde à l'enfant, ce que celle-ci tarda un peu trop à faire, occupée qu'elle était d'achever sa tâche. Mais de nouveaux gémissements s'étant fait entendre, elle accourut au secours de l'enfant, qu'elle trouva ayant dans la bouche une vipère dont la queue seule ressortait au dehors; l'enfant était étouffé! Le mari, aveuglé par le désespoir, tua sur le coup sa malheureuse femme. »

Hippocrate (*) rapporte le cas d'un jeune homme qui, dans un état complet d'ivresse, s'était étendu sur le dos dans son habitation; un serpent, qu'il désigne sous le nom d'*argès*, s'introduisit dans l'œsophage.

(*) *Épidémiques,* liv. 5, 32; édit. de Vanderlinden; — Tragus, lib. V; Olaus Magnus, lib. 13; Horstius, *Epist. med.*, sect. 6, rapportent des cas semblables d'introduction de serpents dans la bouche.

Dès que le malade eut conscience du fait et qu'il voulut serrer les dents, il ne fit que forcer le serpent à se glisser plus avant encore, et à produire une asphyxie convulsive qui amena la mort.

On trouve dans Matthiole (*) un cas analogue, dont la présence d'esprit d'un médecin de son temps, Marcus Gattinaria, homme d'un mérite peu ordinaire, ajoute-t-il, triompha complétement. « Il est reconnu, dit-il, que la fumée des vieilles savates est un moyen efficace pour chasser les serpents, non-seulement des maisons, mais même du corps des hommes dans lequel les reptiles s'introduisent l'été, pendant que ces imprudents s'assoupissent dans les champs et ronflent la bouche béante. C'est ce que rapporte Marcus Gattinaria, médecin contemporain d'un mérite non ordinaire, en parlant d'un homme qu'il eut à traiter pour un cas semblable. Ayant en vain épuisé contre cet accident les remèdes reconnus comme les plus efficaces, il en vint définitivement à bout en introduisant dans la bouche de cet homme de la fumée de savates, au moyen d'une sonde adaptée à un soufflet. Dès que le serpent eut senti l'odeur de cette fumée, il se hâta de sortir par l'anus, au grand ébahissement des nombreux assistants ; c'était une vipère d'une assez belle taille (**). »

Les *Éphémérides des curieux de la nature* (centur. 6., obs. 72, an 1717) décrivent la maladie d'une jeune fille de six ans, tourmentée de douleurs lancinantes dans l'estomac, d'une insomnie continuelle, et d'une congestion cérébrale qui lui faisait perdre la vue ; elle se trouva débarrassée de toutes ses tortures, dès l'instant qu'elle eut vomi un serpent. Le *Times* du mois de mai 1844 rapporte un fait absolument semblable, qu'a reproduit l'*Estafette* du 5 mai 1844.

491. Si les vipères ou couleuvres peuvent s'introduire aussi facilement par la bouche, pourquoi ne pourraient-elles pas également s'introduire sinon dans l'anus, dont l'odeur des matières fécales les repousserait, mais dans l'organe sexuel de la femme endormie ? Rien n'est plus fréquent, dans les pays chauds, au Brésil surtout et en Afrique, ainsi que dans les appartements situés au rez-de-chaussée, quant aux pays froids, que de rencontrer des serpents qui se sont glissés entre deux draps et sont venus dormir à côté de leurs hôtes : d'où on peut comprendre que la présence du serpent dans le lit de la mère d'Alexandre n'a de fabuleux que le rôle que la flatterie lui a fait jouer dans l'histoire.

L'orvet(***), ce petit serpent court, presque cylindrique, à écailles si fines,

(*) *Commentarii in sex libr. Dioscoridis ;* edit. Valgrisiana, 1565, pag. 346, lib. 2, cap. 42.

(**) Aldrovande (*De serpentibus,* 1640, pag. 33) et J. Liebault (*Maison rustique,* 1582, liv. I, ch. 12) rapportent le même fait, et ne paraissent pas l'avoir emprunté à Matthiole.

(***) *Orvet* vient de (*oculis*) *orbatus,* privé d'yeux : à cause qu'on a eu de trèsà la queue si obtuse, pourrait se nicher tout entier dans la partie sans que la femme en fût tirée de son sommeil. Mais dès qu'à son réveil elle viendrait à faire le moindre mouvement, le serpent effrayé et se hâtant de sortir de son repaire, la femme croirait avoir accouché d'un serpent.

Or l'histoire est pleine de ces sortes d'accouchements fabuleux : Pline parle (*) d'une servante qui, au commencement de la guerre marcique accoucha d'un serpent. Sous le consulat de L. Scipion et de C. Norbanus, une femme de la Toscane accoucha d'un serpent vivant que les aruspices firent jeter dans le fleuve, dont on le vit fendre les flots en remontant le courant. D'après Trallien (lib. *de miraculis*), une femme de Trente, sous le consulat de Domitien et de Périlius Rufus, accoucha également d'un groupe de serpents qui s'entrelaçaient en une espèce de boule. Appien rapporte que de son temps une mule et une femme rendirent également un serpent par la vulve.

Dans tous ces faits, l'interprétation seule est absurde; et tout le merveilleux du phénomène tient à ce qu'on voit sortir ce qu'on n'a pas vu entrer.

Mais le merveilleux une fois réduit à la dimension d'un phénomène ordinaire d'histoire naturelle, on peut évaluer d'avance combien un tel accident ainsi fortuit est en état d'engendrer d'accidents morbipares; et à combien d'affections utérines, ce cas de simple hibernation simulant l'incubation, peut donner lieu, si la petitesse du reptile lui permet de s'introduire dans la matrice par l'ouverture du *museau de tanche*, et de se glisser, par suite d'une dilatation consécutive des organes, jusque dans une des trompes de Fallope et ailleurs. Qui soupçonnera alors l'auteur, à travers les symptômes déterminés par ses ravages de toutes sortes : tuméfactions, érosions, inflammations, ulcérations ; écoulements fétides et sanieux, sanguinolents ou roussâtres et puis verdâtres; développements de tissus parasites, indurés, squirrheux ; de poches hydatiformes ou kystiformes, etc.?

Tout cela est possible et réalisable, ne dépendant que d'un cas fortuit d'introduction de la cause animée ; et c'est peut-être dans cette catégorie d'accidents qu'il faut placer les cas qui suivent :

---

mauvais yeux pour distinguer les petits yeux de ce reptile. C'est de cette façon que la taupe a passé longtemps pour être aveugle : *Talpæ oculis captæ*, Virg., Les taupes privées d'yeux. Le dicton : *Ah! si le basilic ou si l'orvet vous voyait!* est peut-être une simple plaisanterie fondée sur cette erreur d'anatomie ; comme on dit : *ah! si le ciel tombait!*

(*) Lib. 7, cap. 3. Voyez aussi, sur le même sujet, *Ephem. cur. nat.*, dec. 1, ann. 6 et 7, 1673, obs. 190, quoique ce dernier fait puisse se rapporter à la sortie de quelque gros lomb

« Lycostènes, dit Ambroise Paré (*) escrit que l'an 1494, une femme
de Cracovie enfanta un enfant mort qui avoit un serpent vif attaché à
son dos, et qui rongeoit cette petite créature morte, comme tu vois par
ceste figure. » On concevrait difficilement qu'un serpent, si jeune qu'il
ait été, ait pu se faire jour jusqu'au fœtus en perforant les membranes de l'œuf (*chorion* et *amnios*), sans avoir provoqué instantanément
l'avortement, et c'est sans doute un avortement provoqué de la sorte
qui fait le sujet de l'observation présente.

Ambroise Paré (**) cite un autre cas de parturition ophidienne qu'il emprunte à Levinius ; mais la figure qu'il donne du serpent est trop informe
pour qu'on puisse en reconnaître le genre ; elle se rapporterait plutôt à
la salamandre terrestre. Nous serions également tenté de rapporter à
quelque têtard de salamandre la figure que, d'après Cornelius Gemma,
il donne d'une espèce d'anguille, rendue, dans les excréments, par une
jeune fille ; et à la salamandre adulte, le ver qu'il donne plus loin pour
avoir été rendu par le vomissement. Nous aurons à revenir, un peu plus
bas, sur ce genre de causes animées.

Quoi qu'il en soit, si l'on admet, ce qui n'est pas susceptible de dénégation, que les serpents, attirés par l'odeur du lait ou du vin, puissent s'introduire dans le canal alimentaire, on ne saurait ne pas admettre qu'ils
puissent s'introduire dans le vagin. Opposerait-on qu'en ces sortes de
cas le parasite ne trouverait pas assez d'air pour y rester longtemps ?
Qu'importe qu'il se trompât dans son instinct et sa prévision, si l'introduction en est possible ? Mais ensuite, qui ne sait combien il faut peu
d'air au reptile pour respirer et peu de nourriture pour s'alimenter ? on
peut en garder six mois de suite vivants, dans une fiole, sans qu'ils y aient
rien à manger. Quant à l'air, en trouvent-ils beaucoup dans les creux de
la terre où ils hibernent, et cela à de très-grandes profondeurs ?

Il est fort possible que dans le nombre de ces cas de parturition mer-
veilleuse, beaucoup soient des jongleries et des mystifications ayant quelque intérêt caché sous jeu, et que les femmes ophiopares dont l'histoire
parle aient été grandement complices de l'introduction du reptile. On en a
vu introduire dans cet organe des animaux d'un plus gros volume, et les
remettre au monde avec toutes les apparences d'un accouchement naturel. En 1726, il y avait à Londres un chirurgien assez célèbre, du nom de
Saint-André, qui soutenait, dans ses thèses, qu'il y avait des générations
fortuites, tellement que, d'après lui, une sole aurait pu enfanter une
grenouille. Une de ses voisines, pauvre et hardie, résolut d'exploiter la

(*) *De la petite vérole et de la lèpre*, liv. 20, pag. 733, éd. de 1628.
(**) *Ibid.*, pag. 733 et 734.

crédulité du chirurgien. Elle alla donc lui faire la confidence qu'elle était accouchée d'un lapereau ; mais que d'un côté la honte l'avait forcée de se défaire de son enfant, et que de l'autre sa tendresse de mère l'avait empêchée de le manger. Au bout de huit jours, cette femme fait prier Saint-André de venir l'accoucher dans son galetas, vu qu'elle ressentait tous les symptômes avant-coureurs de l'accouchement. Saint-André se met à l'œuvre, convaincu qu'il avait affaire à une superfétation ; il la délivre selon toutes les règles de l'art, en présence de deux témoins : l'enfant était un petit lapin encore en vie... C'était là un sujet précieux pour la thèse de l'Esculape et un excellent métier pour l'accouchée qui, tous les huit jours, depuis lors, mit au monde un tout petit lapin. Mais la justice se mêla du soin de cette intéressante famille ; on tint la mère aux lapins enfermée ; on la surveilla avec le plus grand soin, et on la surprit au moment où, ayant fait venir un lapereau, elle l'introduisait, dit Voltaire, dans un orifice qui n'était pas fait pour lui (*).

Il est donc fort possible que, pour les besoins de la superstition, certaines des femmes dont nous avons parlé plus haut n'aient pas accouché d'un serpent par un autre stratagème ; mais admettre la fourbe à l'égard de toutes, ce ne serait pas encore amoindrir la possibilité de l'introduction fortuite et sans aucune complicité.

Il peut se faire encore que la paresse ou la préoccupation de l'observateur, que son peu de connaissance en *histoire naturelle*, n'aient pas peu dénaturé le fait en quelques cas semblables ; mais parmi ces observateurs se remarquent des auteurs de la plus grande circonspection, et qui sont plutôt enclins au doute qu'à la crédulité. Du reste, ce qui semble tenir du merveilleux, dans les cas qu'ils rapportent n'est tel qu'à cause de l'oubli de quelque circonstance accessoire. Lorsque l'histoire naturelle sera définitivement acceptée comme une des principales clefs de la nosologie, on s'éloignera autant des explications hétéroclites du docteur Andry (**) que de l'incrédulité absolue des sceptiques par ignorance ; et l'on expliquera de la manière la plus naturelle les cas surnaturels rapportés par Wierus (lib. 4, c. 16, *De præstig. dæmon.*) ; Monardus (lib. 3, *De simplic. med. ex nov. orbe delatis*) ; Benivenius (*De abditis*, c. 2.) ; Rhodius (cent. 3, obs. 19) ; Panarolus (*Pentecost.* 5, obs. 13) ; Marc Donatus (*Hist. univ.*, lib. 4, c. 16) ; Gesner (*lib. epist.* p. 94) ; Dodonæus (*annot.* ad cap. 58) ; Hollier (lib. 1. *de Morb.*, sect. 1) ; *Aldrovande* (p. 764

(*) Voltaire, *Des singularités de la nature*, chap. 24.

(**) « Les vers qui s'engendrent dans le corps de l'homme, dit Andry, prennent souvent en vieillissant des figures extraordinaires ; les uns deviennent des grenouilles, les autres comme des scorpions, les autres comme des lézards. (*De la génération des vers dans le corps de l'homme*, tom. Ier, pag. 281, éd. de 1741.)

de insectis); Borelli ; le docteur d'Yorck (*Collect. philosophique*, n° 6, art. 1er, mars 1682); etc.

Il est des reptiles qui dépassent peu les dimensions d'une sangsue, ou même celles d'un lombric, et qui seraient en état de se glisser dans les organes les plus étroits du corps humain, pendant le sommeil surtout. sans donner signe de leur présence :

Tels sont : 1° l'Ibiare d'Amérique (*Cæcilia tentaculata*, Lin.), qui ressemble à une grosse sangsue ratatinée, et qui arrive à peine à un pied (32 centimètres) de longueur, sur 2 centimètres de diamètre, quand elle est ratatinée ; 2° la Visqueuse (*Cæcilia glutinosa*, Lin.), serpent gluant des Indes ; 3° le Lombric de l'île de Chypre et des Indes (*Anguis lumbricalis*, Lin.), dont les plus gros connus dépassent peu 24 centimètres de long sur 5 millimètres de diamètre, et que l'on désigne dans les Indes sous le nom de *serpent d'oreille*, parce que les plus petits peuvent s'insinuer dans l'oreille et s'y blottir bien mieux que les forficules.

Les habitants des contrées méridionales accepteront les inductions de ce paragraphe beaucoup plus facilement que ceux des contrées septentrionales, et les paysans de tous pays beaucoup plus facilement que les citadins et les médecins de grandes villes :

Car, sous les tropiques, il est des serpents qui sont si familiers qu'ils entrent dans les maisons et en sortent sans presque qu'on y fasse attention ; il n'est pas rare que les plus venimeux se glissent un peu partout, dans les lits mêmes, et piquent quand ils se sentent contrariés. La pullulation de cette peste a été quelquefois si grande, que des peuplades se sont vues forcées de déserter leur patrie : Dans le désert, les Hébreux sentirent faillir leur courage et leur foi devant ce fléau, que Moïse conjura, dit-on, par la méthode homœopathique, en érigeant, pour chasser et conjurer les serpents en vie, un serpent d'airain, d'où sans doute se dégageait quelque fumée anguifuge.

D'après Pline, la ville d'Amycla, en Italie, fut dépeuplée par les serpents.

Dans le Scinde (péninsule du Gange), les décès par les morsures des serpents étaient devenus si nombreux en 1855, que le gouvernement avait pris le parti d'ordonner des battues.

Dans la Côte-d'Or, en 1853 et 1854, les vipères s'étaient tellement multipliées, que l'administration accordait une prime de 25 c. pour chaque vipère tuée.

D'après le *Journal des Débats* du 26 juillet 1853, le garde Huot, dans la forêt de Salbert près de Belfort (Haut-Rhin), s'étant endormi dans sa baraque, pendant la nuit du 19 au 20 juillet, à côté d'un feu à demi éteint, il s'éveilla assailli par toute une tribu de couleuvres, qui s'entortillaient autour de ses bras et de ses jambes, et dont il ne put se débarrasser qu'en les assommant à coups de bâton. La plupart de ces reptiles pesaient jusqu'à un kilogramme et avaient un mètre de long.

D'après l'*Estafette* du 20 septembre de la même année, un boulanger d'Angoulême, en faisant démolir un vieux four, vit sortir des décombres jusqu'à 200 serpents vivants, d'une longueur moyenne de 15 à 25 centimètres, et près de là 400 œufs prêts à éclore; car lorsqu'on les écrasait il en sortait des serpenteaux.

Dans les fossés de la citadelle de Doullens, du temps où j'étais prisonnier d'État, l'orvet s'était tellement multiplié qu'on en trouvait des paquets grouillant sous chaque touffe d'herbes presque, quoique les effraies, les cresserelles et autres oiseaux de nuit en fissent leurs franches lippées.

N. B. Si nous savions secouer un peu nos répugnances culinaires, ce garde forestier, ce boulanger et la garnison de la citadelle auraient pu offrir à leurs amis une matelotte des plus succulentes; car la vipère elle-même n'a plus de poison une fois passée à la casserole; et l'on trouverait plus de profit et d'agrément à se la faire servir sur la table qu'à la prendre dénaturée en médicament. On a de tout temps connu des peuplades dont la chair des serpents a fait la nourriture habituelle; toute une zone de l'Arabie en avait pris le nom de pays des *Ophiophages*, ou mangeurs de serpents. Aujourd'hui les habitants de Java, les nègres de la côte d'Or et une foule d'autres peuplades des mêmes latitudes, trouvent un goût exquis à la chair du serpent *boa*, dont un seul est en état de nourrir plusieurs jours toute une famille.

Il serait donc d'une bonne économie d'apprendre aux populations à ne pas dédaigner ce qui peut augmenter à si peu de frais la somme des substances alimentaires. Dépeuplez le pays de tout animal dangereux pour l'homme; mais mangez-en, s'il est bon; il y a double profit à le faire : on encourage par là à les tuer, et l'on économise et son argent et sa poudre; car le bâton seul suffit souvent pour ces sortes d'expéditions.

2° LÉZARDS (*LACERTÆ*) (*) MORBIPARES.

Les lézards, avons-nous dit, sont des serpents à quatre pattes; les serpents sont des lézards chez qui les quatre pattes sont restées à un état

---

(*) *Lacerta* ou *Lacertus*, ainsi nommé par les latins, à cause de l'espèce d'analogie qui semble exister entre l'aspect général du dessous de son corps et le gras ou mollet de notre avant-bras (*lacertus*). Les naturalistes ont adopté le féminin *lacerta* pour éviter l'amphibologie

rudimentaire, dont l'anatomie peut seule retrouver les moignons avortés sur les côtés du thorax et des os du bassin.

492. Les lézards européens sont aussi peu hostiles à l'homme que dépourvus de venin. Bien des peuples mangent la chair du lézard vert (*Lacerta viridis*, Lin.), qui est si commun dans le midi de l'Europe. Les crocodiles et caïmans de la zone torride sont parmi les lézards ce que le serpent boa est parmi les reptiles ; ils chassent, mais n'empoisonnent pas.

On ne connaît de venimeux que deux espèces de lézards : le *lézard cracheur (Lacerta sputator)*, de Saint-Domingue et des contrées chaudes de l'Amérique ; et le *gecko (Lacerta gecko*, Lin.), aussi commun en Égypte et en Arabie qu'à Java, à Siam et autres contrées analogues.

Le *lézard cracheur* atteint à peine trois pouces (8 centimètres) de long ; neuf bandes transversales noires se remarquent, à égale distance les unes des autres, sur le fond gris de son corps. Il court sur les murs, se glisse dans les maisons, sous les vieilles charpentes, et ne fait aucun mal, s'il n'est pas inquiété. Mais si on l'irrite, il s'approche de son ennemi, le fixe comme pour en mesurer la distance, et lui crache au visage une bave noire qui produit enflure partout où elle tombe.

Le *gecko* ou *tokaie (Lacerta gecko)* tire son nom de la manière dont se traduit le cri qu'il fait entendre ; tout semble être poison chez lui, jusqu'à son toucher. Il se tient dans les creux des arbres, dans les lieux humides, se glisse dans les maisons où il inspire la terreur. Les sauvages de Java empoisonnent leurs flèches avec sa bave ou avec son sang. Le sel de cuisine devient poison, si le gecko a rampé sur la salière. L'empreinte de ses pieds fait pousser des ampoules et produit une espèce d'urticaire ; sa morsure est mortelle, si on ne se hâte de brûler la blessure. Cet animal maudit parvient à la longueur de plus de 30 centimètres ; il perdrait beaucoup de son venin, s'il était transporté dans nos régions froides et humides.

3° TORTUES (*TESTUDINES*) MORDIPARES.

493. Les tortues, dont la chair est si hygiénique et si recherchée des matelots, peuvent contracter des qualités malfaisantes, si elles viennent à se nourrir de végétaux vénéneux et de *vellèles* ou *orties de mer*. Elles transmettent ainsi une intoxication qui ne se reporte pas sur elles (*) ; car elles mangent impunément des plantes qui nous seraient nuisibles, ainsi que j'ai eu souvent l'occasion de le remarquer sur une petite tortue

(*) Voy. *Revue complémentaire des sciences appliquées*, tom. Ier, pag. 491, 1855.

grecque ou tortue terrestre (*Testudo græca*, Lin.), que je laissais se promener dans le petit jardin de ma prison de Doullens.

Dans certains parages, mais surtout entre les îles Sambales et Porto-
bello (côte est de l'isthme de Panama), d'après Guill. Dampier (*), la
chair de la tortue appelée *bec-à-faucon* (*Testudo caretta*, Catesby et Sloane,
Test. imbricata, Lin.) devient quelquefois malsaine ; elle purge et occasionne des vomissements à ceux qui en mangent même modérément.

4° SALAMANDRES (SALAMANDRÆ) MORBIPARES.

494. La salamandre est un lézard sans écailles. Nous en avons en Europe deux espèces : 1° la salamandre aquatique, qui est sans venin, le
séjour des eaux étant un bain constant de propreté qui purifierait même
la vipère ; 2° la salamandre terrestre (**) (*Lacerta salamandra*, Lin.), qui
aime à se cacher dans les caves, sous les décombres, dans les fossés
profonds, et dont la démarche rampante, la couleur noire et tachetée de
jaune, l'aspect gluant, l'odeur fétide inspirent une répugnance instinctive, qui n'est que trop bien justifiée par les accidents qu'elle a occasionnés dans les contrées méridionales. Car dans les pays du Nord il paraîtrait, d'après les expériences de Maupertuis et de Laurenti, qu'en
certaines saisons au moins, ni sa morsure, ni l'humeur qui suinte de tout
son corps n'ont produit le moindre effet toxique sur des lapins et
des poulets ; cependant Laurenti a vu mourir des lézards qu'il avait
forcés de mordre des salamandres, ou à qui il avait fait avaler du suc
qu'elles exsudent par tous les pores de leur corps. Ce liquide exalté par
l'influence de la chaleur pourrait donc devenir, même dans nos contrées,
un énergique poison.

Tous les auteurs qui ont écrit dans les régions méridionales sont
unanimes sur les qualités malfaisantes de ce reptile :

« La salamandre, dit Dioscoride, a un venin corrosif, inflammatoire
et septique... Si l'on boit un liquide infecté par la salamandre, la langue

(*) *Nouveau Voyage autour du Monde*, tom. Ier, pag. 135, édit. de Rouen.
(**) En certaines contrées de la France, on désigne la salamandre terrestre sous le
nom de *Sourd*, mot qui vient, d'après Gesner, du latin *Saurus;* de son temps, on l'appelait *bland*, à Narbonne, à cause de la lenteur de sa marche, et en Provence *alebrè-
nou* (animal nuisible) ou *arrassadou*. Aujourd'hui les Provençaux donnent exclusivement au lézard vert (*Lacerta viridis*) le nom de *rassadou*. Cette espèce de
communauté de nom a rendu le lézard faussement solidaire de la mauvaise réputation des salamandres; car sous ce rapport les lézards vert ou gris sont aussi inoffensifs
que la couleuvre.

vous brûle et s'empâte, la parole devient difficile, la pensée se trouble, on est pris d'un frisson et d'un tremblement convulsif, suivi d'une impression de terreur (*). »

« De tous les animaux venimeux, dit Pline, le plus scélérat est, sans contredit, la salamandre : les autres ne frappent qu'un homme à la fois...; la salamandre est capable de porter la mort dans toute une population imprévoyante. Car pour peu qu'elle rampe sur les rameaux d'un arbre, qu'elle infecte les fruits de sa bave, malheur à qui les mangera ! ce poison est pire que l'aconit, etc. (**). »

Dioscoride et Pline regardent comme les plus puissants des épilatoires les onguents imprégnés de la bave de la salamandre.

« Les morsures des salamandres, qui sont communes aux environs de Trente et au val d'Ananie, dit Matthiole, sont venimeuses comme celles des serpents; même elles empoisonnent de leur bave et de leur transsudation les herbes et les fruits; et ce, au dommage de ceux qui en mangent, dont se sont trouvés plusieurs qui en sont morts (***). »

Gesner rapporte que de son temps le venin de ce reptile passait pour être tellement mortel, dans les contrées méridionales de la France, que les paysans en disaient en proverbe patois :

> *Sè mourdu t'a una rassadou,*
> *Prèn toon linçoou et ta flessadou* (****).
> (Si la rassade t'a mordu,
> Prends ton linceul : car t'es perdu).

Dans le nord de la France, la salamandre terrestre paraît être moins à craindre; car, nous ne cesserons de le répéter, les poisons organiques ne s'élaborent bien que dans les climats brûlants et par les saisons chaudes. La salamandre terrestre est vivipare, ainsi que les serpents à dents venimeuses, tandis que la salamandre aquatique est ovipare, comme les couleuvres.

Du reste, la salamandre terrestre devient de plus en plus rare dans les villes populeuses de nos pays; je n'en ai jamais rencontré une seule, même dans les caves, à Paris. En Normandie, au contraire, à la Chapelle du Bourgay, où on les désigne sous le nom de MOURONS, je les voyais, au printemps et en automne, surtout par les jours pluvieux, traverser lentement la route, pour se rendre d'un fossé à l'autre, à la chasse des

(*) Liv. 2e, chap. 62, et livr. 6e, chap. 4.
(**) Liv. 29e, chap. 4.
(***) Édit. des Valgrises, liv. 2e, chap. 56, pag. 360.
(****) Conradi Gesneri lib. II, *De quadrupedibus oviparis*, 1554, pag. 83. Gesner avait mal orthographié ce proverbe.

II. 4

vers de terre et des colimaçons ; et, remarque curieuse que j'ai eu
fréquemment l'occasion de faire à l'égard des animaux rampants et lents
dans leur marche, tels que la salamandre et les limaces, on rencontre
rarement de ces animaux écrasés par les piétons, les chevaux ou les
roues de voitures ; on dirait que ces êtres ont l'instinct des probabilités
sur la dimension des pas et la distance des essieux.

494. Les salamandres, au moindre danger qui les effraye, et par suite de
la contraction musculaire qu'opère la peur, exsudent de tout leur corps une
bave capable d'éteindre en partie la combustion, ce qui leur permet de
marcher impunément à travers un ou deux charbons allumés ; de là est
venue la fable que la salamandre brave le feu et qu'elle peut éteindre un
incendie. La devise de François Ier était fondée sur ce préjugé antique ;
c'était une salamandre couchée sur des charbons ardents, avec cet
exergue : *Nutrisco et extinguo.* (Je l'entretiens et je l'éteins.)

Quelques auteurs avaient voulu voir dans cette allégorie une allusion
aux galanteries de ce royal lovelace ; le président Hénault fait remarquer qu'en ce cas son libertinage l'aurait presque pris au sortir du
berceau ; car la légende susdite date de 1504 (à cette époque le comte
d'Angoulême, depuis François Ier, n'avait que 10 ans). C'était au contraire
une leçon parlante que lui donna son précepteur, en lui faisant entendre,
par cette allégorie, que l'étude *nourrit la pensée* et *éteint les passions.*

Si François Ier avait eu la sotte prétention de travestir plus tard le sens
de cette allégorie, et de se faire passer comme incombustible au milieu
des flammes qu'il attisait *de ses beaux escus d'or*, sa dernière maladie eût
été un terrible démenti à sa devise ; je reviens à mon sujet.

Si dans le nord de l'Europe, les salamandres offrent peu de danger sous
le rapport de l'intoxication, elles ne laissent pas que de pouvoir produire des
accidents morbipares par leur introduction dans nos organes ; et c'est la
salamandre aquatique qui a fourni le plus de cas de ces genres d'accidents :

Thomas Reinesius (*) a décrit le cas d'une fille âgée de 30 ans, qui
buvant d'habitude des eaux d'une mare, rendit pendant 5 ans des
grenouilles, des crapauds et des salamandres, dont elle avalait sans
doute le frai.

D'après André Fackhius (**), un paysan s'étant abreuvé à l'eau d'un
fossé qu'il était en train de curer, et qui était plein de frai de grenouilles
et d'œufs d'insectes, se sentit au bout de quelque temps déchirer les
entrailles par un corps étranger qui rampait comme sous la peau du
ventre, douleur qu'il n'apaisait qu'à force de manger. Les vermifuges à

(*) *Ephem. cur. nat. appendix ad annum* 5, decad. 2, 1687, pag. 34.
(**) *Ephem. cur. nat. centur.* 5, ann. 1717, obs. 73.

haute dose finirent par lui faire rendre vivant, et cela en présence de nombreux témoins, un animal qui, d'après la description donnée par l'auteur, ne
saurait se rapporter qu'à la salamandre aquatique ou petite salamandre.

En 1801, le docteur Cantu, médecin à Carignano, fut appelé auprès
d'une femme du nom de Marie Malacorne, âgée de 25 ans, d'un tempérament sanguin, bien réglée du reste, qui était depuis quelque temps en
proie à une dyspepsie et à des vomissements continuels. Quel ne fut pas
l'étonnement du médecin en voyant de très-petites espèces de salamandres *(Lacertole)* s'échapper avec agilité des matières que vomissait la
malade! La gravité du docteur commençait à voir une mystification
injurieuse à son caractère dans ce fait; il fit donc vomir la malade
devant lui, dans un vase dont il eut soin de vérifier la propreté; et il
trouva dans le vase cinq petites salamandres alertes et pleines de vie;
de plus, la matière du vomissement contenait une grande quantité de
frai ou œufs de ces reptiles. La pauvre Marie passait pour ensorcelée,
dans ce pays aux superstitions, et voyait fuir de peur devant elle tous ses
voisins; avant la révolution, elle eût été brûlée, ni plus ni moins,
comme coupable d'être en proie aux prestiges du démon *(prestigiis
Dæmonum)*, aux yeux de quelque successeur de l'inquisiteur Jean Wier
Gravianus. Le docteur Cantu appela en témoignage beaucoup de ses
confrères, médecins et chirurgiens, ainsi que des hommes instruits;
l'autorité elle-même se livra à une enquête qui ne fit que confirmer
l'assertion. On apprit alors que la pauvre Marie prenait son eau à boire
dans la citerne voisine (*); on soumit cette eau à l'étude des gens de l'art,
qui y trouvèrent un grand nombre de salamandres aquatiques de tous
les âges, absolument semblables à celles qu'on avait trouvées dans les
matières du vomissement. On s'appliqua dès lors à débarrasser la possédée
de tous ces démons, en lui faisant prendre par le haut et par le bas,
d'instant en instant et par cuillerée, une infusion de tabac, ce qui provoqua de fréquents vomissements à la suite desquels la malade se trouva
entièrement remise de ses souffrances (**).

L'éveil ayant été donné sur ces sortes d'observations, par la publication
de l'*Histoire naturelle de la santé et de la maladie*, des révélations de ce genre

(*) *Citernas medici confitentur inutiles, alvo duritias facientes, faucibusque; etiam
limi non alias plus inesse, aut animalium qui faciunt tædium, confitendum habent.*
'Plin., lib. 31, cap. 3.

« Tous les médecins, dit Pline, confessent que les eaux de citerne ne sont bonnes
à rien, qu'elles sont lourdes à l'estomac, mauvaises à boire, et qu'il en est peu qui
renferment autant de vase et d'espèces dégoûtantes d'animaux. »
La crudité de ces eaux venait du plomb qu'on employait pour les encaisser (367).

(**) Le D. Cantu a publié, en 1840, cette observation dans les *Annali universali di
medicina*, journal officiel de la Société médicale de Turin.

n'ont pas manqué d'apparaître dans les feuilles publiques, même dans les journaux de médecine.

La *Correspondance Havas* transmit aux journaux, le 16 octobre 1850, un cas analogue au précédent; le fait venait de se passer dans l'Eure, et il avait eu pour témoins les hommes les plus dignes de foi : Une femme Hoc, née Bélier, habitant Saint-Étienne-l'Allier, canton de Saint-Georges-Devièvre, arrondissement de Pont-Audemer, souffrait depuis quelques années de douleurs de côté qui ressemblaient à quelque chose qui se mouvait en grattant et déchirant, surtout par les changements de temps et à l'approche des orages. Le médecin avait diagnostiqué un cancer et prédit au mari la fin prochaine de sa femme. Le dimanche 6 octobre, la patiente éprouva comme d'habitude de violents vomissements; mais cette fois-ci elle rendit dans les matières une salamandre morte, de la longueur du petit doigt, n'ayant que trois pattes complètes et le moignon de la quatrième, mais absolument semblable à la salamandre que l'on nomme *mouron* en Normandie. « Ce fait, dit le correspondant, a attiré un grand nombre de curieux. J'ai été moi-même visiter la femme en question que j'ai trouvée entièrement guérie. »

Nous démontrerons la possibilité de ces sortes de cas dans le paragraphe qui va suivre.

5° BATRACIENS (GRENOUILLES ET CRAPAUDS) (*RANÆ*).

495. Entre la grenouille et le crapaud, il y a la même différence qu'entre l'élégance et la difformité, entre la propreté et la crasserie, entre la légèreté et la lourderie, entre la finesse et l'obésité. La grenouille, c'est le crapaud à la taille bien prise, à la peau satinée et proprette; le crapaud c'est la grenouille pansue et à la peau maladive et pustuleuse : la grenouille se purifie dans les étangs, le crapaud s'infecte dans les décombres; la grenouille s'élance, le crapaud se traîne. Leur histoire et leurs mœurs sont presque les mêmes; leurs habitudes diffèrent du tout au tout : la grenouille s'accouple et pond dans l'eau; le crapaud s'accouple et peut pondre sur la terre, dans les caves, dans les tas d'ordures des lieux sombres et humides, où ses têtards n'ont souvent pour se nourrir que la glu qui enchatonnait leurs œufs. Les amateurs se font des plats délicieux avec les cuisses de grenouilles; les nègres d'Amérique seuls mangent la chair de l'énorme et dégoûtant crapaud *pipa* : dégoûtant, le pauvre diable, parce qu'il porte sa progéniture tout entière incrustée sur son dos, ce qui lui donne l'air d'être atteint de la teigne

faveuse : il est des énormités de laideur en faveur desquelles l'extrême piété maternelle même ne saurait obtenir grâce!

La répugnance qu'inspire le crapaud est instinctive : Le chantre sublime du siége de Troie a célébré aussi les combats des rats et des grenouilles ; il eût cru déroger à la noblesse de sa lyre, en jetant quelques vers à la face du crapaud. Jupiter vengeur, qui changea les paysans insolents en grenouilles, eût cru faire insulte au genre humain, issu comme lui de Saturne, en les affublant de la moins sale guenille du crapaud : la fable possède éminemment le sentiment exquis des convenances.

Nous avons à Boitsfort des artistes paysans qui, au moyen de peaux insufflées de grenouilles, représentent, avec une verve des plus drôlatiques, des scènes d'intérieur de cabaret, de cours d'assises, de batailles, etc., et qui se garderaient bien de prendre pour maquettes les peaux de nos énormes crapauds, qui ne sont rien moins que rares en ce pays sur les grands chemins même et dans les caves ; ils n'auraient pourtant qu'à les ramasser, tandis qu'il faut qu'ils pêchent la grenouille (*).

C'est que ce n'est pas seulement pour le citadin qui en voit pour la première fois que le crapaud est un objet d'horreur et un sujet de crainte ; le paysan aguerri contre tous les rebuts des champs n'oserait pas y toucher : or l'instinct de la peur est la révélation d'un danger.

496. La grenouille peut causer des accidents morbides par sa présence dans un organe ; mais le crapaud peut être cause d'empoisonnements, dans les climats chauds ou par les jours caniculaires. Il peut devenir venimeux par l'exsudation visqueuse de sa peau, comme par le liquide urinaire qu'il lance, quand on le poursuit ou qu'on l'irrite, à la face de son ennemi.

Comment cet être ne serait-il pas venimeux, lui qui se nourrit impunément de poison ; il broute la ciguë, que l'on a appelée le *persil des crapauds.*

L'abaissement de la température le purifie et le désarme ; car on peut, dans les pays du Nord et dans la saison froide, l'aborder et même le manier impunément :

Il nous arrivait souvent d'appeler en vain dans notre jardin à Boitsfort un petit chien Loulou assez vieux, et qui auparavant accourait au moindre coup de sifflet. Nous étions sûrs alors de le trouver accroupi et occupé à lécher le dos d'un énorme crapaud qui se prêtait de la manière

---

(*) On me dit que ce genre d'objets d'art batracien commence à faire fureur à Paris. Tout me porte à croire que l'importation en est due à nos grandes artistes dramatiques de Paris, qui n'allaient jamais dîner à Boitsfort, pendant leur séjour à Bruxelles, sans emporter quelques-unes de ces *charges* dont un simple paysan est le Dantan.

la plus tranquille à cette singulière friction ; ces deux êtres semblaient chaque jour se donner rendez-vous sous le même taillis, et ces rendez-vous ont duré plus d'un mois pendant l'été de 1855.

J'en ai vu avec ce chien de ces lourds reptiles, qui étaient aussi gros que les deux poings ; ils étaient si alourdis, qu'à peine pouvaient-ils se mouvoir pour se soustraire aux poursuites.

Thomas Pennant (*British Zoologic*, vol. 3) donne l'histoire d'un crapaud familier qui vécut plus de trente-six ans dans une maison de Londres ; il avait établi son domicile dans un trou de l'escalier, d'où il montrait la tête chaque soir dès qu'il voyait qu'on allumait les lampes ; on le transportait alors sur la table où on lui servait sa prébende d'insectes, de vers et de colimaçons.

497. Mais le CRAPAUD COMMUN n'est pas toujours aussi exempt de reproches, et la puanteur qu'il exhale avertit suffisamment qu'à un degré plus élevé de température, sa bave serait bien dans le cas de devenir putride et intoxicante.

On le redoute plus que chez nous à Carthagène, à Porto-Bello, au Mexique, où il devient si commun dans les champs, dans les rues, les jardins et les cours, par un temps pluvieux, que l'on y dit en plaisantant que chaque goutte de pluie se change en crapaud ; ce qui rend infiniment vraisemblable ce que rapporte Pline d'une ville des Gaules que désertèrent les habitants, à cause de l'innombrable quantité de crapauds qui l'infestaient. (Liv. 8, ch. 29.)

Le CRAPAUD VERT, commun aux environs de Vienne, répand, dans sa colère, une odeur des plus fétides qui est l'exagération de l'odeur de la morelle des boutiques (*Solanum nigrum*, Lin.), plante plus que suspecte.

Le CRAPAUD BRUN de la Russie méridionale (*Bufo fuscus*) se distingue par une forte odeur d'ail ou de poudre à canon brûlée, qui provoque les larmes.

Le CRAPAUD COULEUR DE FEU (*Bufo igneus*) qui vit dans les fentes de rocher, exhale, dès qu'on le ramène au jour, une odeur fétide, et éjacule par l'anus une bave spumescente.

498. Il n'y a pas d'opinion frisant le préjugé qui soit plus répandue parmi les carriers et les tailleurs de pierres, que celle de crapauds trouvés blottis dans le creux d'un rocher, et sans qu'on ait su découvrir la moindre perforation, la moindre fissure par laquelle son têtard même eût pu à aucun âge s'y introduire ; ils étaient là claquemurés depuis la formation de cette couche géologique, et la pâte en se pétrifiant s'était moulée pour ainsi dire sur leur corps. Tous les esprits forts se sont récriés contre cette idée qui a paru à leurs yeux impossible ; cependant une dénégation appuyée sur ce qu'on n'a jamais rien vu de tel ne saurait

en aucun cas contre-balancer le poids de tant de témoignages d'ouvriers sensés et peu crédules les uns envers les autres, qui ont pour le moins une vue aussi bonne que la nôtre, qui certifient tous avoir vu et vérifié le fait, et qui s'accordent tous admirablement, et presque dans les mêmes termes, sans avoir pu se concerter entre eux d'avance.

Mais établissons d'abord le fait, nous en démontrerons ensuite la possibilité : *ab actu ad possibile valet consecutio*, disait l'ergoterie scolastique; du fait on peut conclure au possible; cela est de la suprême évidence. C'est à l'espèce de crapaud dont nous venons de parler en dernier lieu, au *crapaud venimeux fossile*, comme il l'appelle, que Gesner, qui l'a décrit pour la première fois, rapporte l'anecdote qui nous occupe (*) : « Le crapaud que nos mineurs appellent *feuer kröt* (couleur de feu), à cause de la couleur de tout son corps, semble avoir été enfermé et enseveli à tout jamais dans la pâte des rochers... On le trouve à de grandes profondeurs, dans les filons, les fissures, les jointures des roches que l'on exploite; quelquefois dans le milieu d'un bloc sur lequel on n'a pu distinguer la moindre ouverture visible, avant de le briser ; c'est ce qu'on a eu occasion d'observer clairement à Sneberg et à Mannisfeld... On en a trouvé de tels à Toulouse dans une meulière rougeâtre, tachetée de blanc... Si le crapaud reste dans la pâte de la meule, la chaleur du frottement fait crever la croûte qui le recouvre, et la farine alors ne peut manquer d'être infectée de son venin. »

Encore aujourd'hui, ce crapaud porte le nom de *crapaud flamboyant* (feuer kröt) dans tous les dictionnaires allemands.

Laurenti en a retrouvé, sur les bords du Danube, un individu que les paysans ont reconnu pour être de la race du crapaud flamboyant.

Or voici ce qu'on lisait le 24 septembre 1855 dans la *Gazette de France* : « En creusant hier les fondations d'une maison à peu de distance de la tour Saint-Jacques, les ouvriers ont rencontré l'ancien pavé de Paris, le premier que Philippe-Auguste fit faire. En frappant avec un pic sur un des morceaux de grès mal taillés, quel n'a pas été l'étonnement de l'ouvrier de voir sortir d'une cavité formée au sein de ce bloc, un énorme CRAPAUD ROUGE, qui aveuglé par la lumière qu'il n'avait pas vue depuis des siècles, a jeté un cri plaintif et guttural. On l'a mis aussitôt dans une boîte et envoyé au jardin des plantes. »

Ni l'ouvrier dont parle cet entrefilet, ni ceux qui ont rédigé cette note, n'ont peut-être jamais entendu prononcer le nom du *crapaud flamboyant* des Allemands, et vous venez de voir qu'ils le désignent par le même caractère.

(*) Lib. II, de *Quadrupedidus oviparis*, pag. 74, edit. 1554.

Je ne pense pas avoir besoin de mentionner les divers et nombreux auteurs qui ont consigné les attestations de faits analogues. Je ferai seulement remarquer qu'on les a observés principalement dans les stratifications de grès et de meulières, c'est-à-dire dans les roches qui ont commencé par être sable et dans celles qui se sont formées par la précipitation gélatiniforme de la silice tenue en dissolution dans certaines eaux. On peut donc admettre que ce crapaud, qui recherche les profondeurs, aura été surpris, moulé en creux, à l'instant où les grains de sable se sont soudés en grès et à celui où la gelée de silice s'est solidifiée; je ne désespère pas d'apprendre un jour que ceux qui me lisent dans les Flandres n'aient à consigner l'existence de ce crapaud dans les seins des rognons de grès (qu'on appelle ici *pierres de sable*) (*) dont nous avons considéré la formation comme étant de date récente.

499. On demandera comment il se fait que le crapaud soit ainsi resté vivant pendant des siècles, sans nourriture, dans un milieu aussi imperméable à l'air extérieur. Nous répondrons par l'exemple des salamandres aquatiques qu'on a trouvées blotties pendant un hiver entier dans des blocs de glace, comme le *crapaud flamboyant* dans son bloc de rocher, et qui ont repris leur agilité et la vie, dès qu'elles ont eu récupéré l'air, la chaleur et la liberté. Il est démontré aujourd'hui qu'on peut conserver toute espèce de reptile sans nourriture et dans des bocaux hermétiquement fermés, jusques à dix-huit mois (**) consécutifs, à la température ordinaire de l'année, et à la lumière; il n'y a donc rien d'étonnant que, dans un milieu à l'abri de la chaleur, de la lumière et des variations de la température, mais perméable à l'air et à l'humidité par les mille pores de sa contexture arénacée, le crapaud puisse hiverner des siècles, comme il hiverne pendant tout un hiver. Le milieu ne variant pas, l'aptitude doit rester la même. Or, pendant tout l'hiver, le crapaud reste blotti sous un tas de pierres, sans manger et sans remuer; nous en avons trouvé souvent incrustés dans la terre que les inondations avaient infiltrée à travers les pierres, comme dans un bloc de grès; il fallait les réchauffer pour les obliger à remuer un tant soit peu pieds et pattes.

A l'aide de ces notions préliminaires, il nous sera facile de se rendre compte des effets morbides qui résultent de la présence des batraciens dans un organe et de l'action de leur venin.

500. 1° EFFETS MORBIPARES PRODUITS PAR LA PRÉSENCE SEULE DES BATRACIENS DANS UN ORGANE. Un paysan, d'après Ern. Goth. Struvius (***),

(*) Voyez *Revue complémentaire*, tom. III, juin 1857, pag. 340.
(**) Laurenti, *Specimen medicum*.
(***) *Ephem. cur. nat.*, centur. 5 ann. 1717, obs. 73.

s'étant endormi sur une meule de foin encore vert, s'éveilla étranglant, comme s'il avait eu une boule dans le gosier, ce qui cessa par les efforts qu'il fit pour l'avaler. Mais dès ce moment, douleurs atroces dans l'estomac ; suppression totale des urines ; le malade se croyait atteint du calcul. Struvius lui administra des poudres vomitives qui lui firent rejeter un crapaud vivant d'un assez fort volume, lequel s'était glissé dans son gosier pendant son sommeil.

George Segerus, médecin du roi de Pologne, quarante-six ans auparavant, avait déjà cité des cas où les malades s'étaient trouvés guéris en vomissant des crapauds (*).

Le *Mémorial Bordelais*, au commencement de mai 1853, rapportait que l'été précédent un facteur rural, depuis longues années au service de l'administration des postes, ayant voulu se désaltérer avec l'eau d'un fossé qui borde la route de Créon, se sentit pris dès ce moment de vives douleurs d'estomac, qui augmentaient de jour en jour d'intensité, en dépit des vomitifs qu'on lui faisait prendre. A certaines époques, la torture qu'il éprouvait était si violente qu'on craignait pour sa raison. Il se vit forcé de garder le lit. Quatre personnes le surveillaient, crainte qu'il n'attentât à sa vie. Une crise atroce survint ; on redoubla d'efforts pour maîtriser ses mouvements, lorsqu'à la suite d'un accès plus violent que les autres on le vit pencher la tête, comme s'il allait rendre l'âme ; mais au lieu de cela, il fut pris d'un vomissement et rendit avec les matières une grenouille vivante ; à partir de ce moment il se trouva complétement guéri.

Le *Standard*, vers le commencement d'août 1857, rapportait qu'un jeune garçon, âgé de neuf ans, nommé Jonathan Mickleshwalle, fils d'un fermier près de Wakefield (Yorkshire), avait rendu un crapaud vivant, d'un brun foncé, tacheté de noir. Depuis quelques semaines cet enfant dépérissait à vue d'œil, quoiqu'il eût une faim insatiable.

Il est peu de localités dans la campagne où quelque témoin oculaire n'ait à raconter des accidents de ce genre, et qui ne sont révoqués en doute par personne dans le pays ; et il ne faut qu'avoir un peu étudié l'histoire des batraciens, pour comprendre combien ces cas, extraordinaires aux yeux du citadin, sont possibles dans la vie de campagne.

501. En effet, le frai des grenouilles et des crapauds est si limpide qu'il est bien difficile de le distinguer de l'eau dans les lieux ombragés ; on peut donc en avaler en buvant. Le têtard qui en éclôt vit dans cette matière glaireuse et s'y développe en s'en nourrissant ; quand il en sort, au bout de quinze jours, il a déjà les linéaments de ses quatre pattes ;

(*) *Ephem. cur. nat.*, dec. 1, ann., 2, 1671, obs. 56.

au bout de deux mois le têtard se métamorphose en grenouille complète.

Le têtard peut donc éclore et se développer dans l'estomac, sans avoir besoin d'un autre suc nourricier que celui de son ovaire expulsé.

502. Mais, dira-t-on, dès que cette glaire sera épuisée, le petit animal se trouvera en contact avec le suc gastrique, qui ne manquera pas de le transformer en bol alimentaire. Cette objection est fondée sur l'idée fausse que nous nous sommes faite de la digestion :

Le suc gastrique, pour me servir d'une expression de l'école, n'est pas un acide corrosif; sans cela, il deviendrait poison en corrodant les parois stomacales. Il n'est point une cause, mais un effet de la décomposition; c'est le résultat d'une fermentation qui s'établit dans l'estomac, aux dépens des substances ingérées et broyées, c'est-à-dire frappées de mort, et à la faveur des conditions favorables d'exsudation et de chaleur que lui offre la panse stomacale. Or ce qui est vivant ne se prête pas à cette fermentation, échappe à toutes ses phases, et peut souvent continuer à vivre au milieu de tout ce qui fermente, que ce soit d'une manière acide ou d'une manière putride et ammoniacale :

J'avais fait creuser et briqueter, à Boitsfort, une fosse en plein air pour les vidanges; l'ouverture en était rez de terre. Il y tombait chaque jour des grenouilles et des crapauds qui semblaient se trouver à merveille dans ce bain d'excréments liquides; ils y nageaient, y faisaient des plongeons pendant plusieurs minutes, et nous n'en retrouvions pas un seul individu de mort, quoiqu'il leur fût impossible de reprendre terre : or la fétidité de ce trou devenait souvent insupportable. Qu'y a-t-il en cela d'étonnant?

503. La peau des batraciens est encore plus résistante que celle de l'estomac; elle est comme siliceuse; et ce n'est pas l'acidité du bol alimentaire ou l'alcalinité des matières fécales qui seraient en état de l'altérer.

Donc rien ne s'oppose à ce qu'ils puissent vivre dans le tube intestinal de l'homme jusqu'à ce qu'un effort de vomissement parvienne à les en expulser, ou qu'une nourriture épicée et salée achève de les empoisonner. Dans ce dernier cas, s'ils ne sont pas expulsés, ils fermenteront et seront digérés comme toute autre substance alimentaire. Car, nous le répétons, l'estomac ne dévore pas les substances, il en protège et régularise la fermentation. Il ne tue pas les animaux, il prête son action, pour maintenir, dans la phase de la fermentation alcoolique, la décomposition spontanée de leurs détritus, de leur pâte qui en plein air virerait peut-être à la fermentation putride. Les vers intestinaux sont un exemple banal de ce que nous avançons; tant qu'ils sont vivants, ils assistent à toutes les phases de l'élaboration intestinale; dès qu'ils sont morts, ils entrent, comme l'une des substances complémentaires, dans l'une ou l'autre des trois digestions, selon que la mort les surprend dans l'une ou l'autre des trois allonges intestinales.

504. L'éclosion de tout œuf ayant lieu d'autant plus vite que la température est plus élevée, il est évident qu'elle s'effectuera dans l'estomac beaucoup plus vite que dans les eaux courantes, et que la vie du têtard y abrégera la durée de toutes ses périodes ; en sorte que les douleurs déterminées par la présence de ces singuliers hôtes ne tarderont pas de suivre presque l'époque de leur ingestion. On a vu des cas d'éclosion plus singuliers que ceux des œufs de batraciens, dans la panse stomacale et dans les organes d'un autre genre de fonctions : Ch. Franç. Paullini (*) a connu le fou d'un prince, qui s'amusait à avaler des œufs de poule crus et sans en briser la coquille, et qui fut pris, au bout de quelques jours, de fortes douleurs d'estomac. On lui administra une infusion de tabac, qui lui fit rendre par le vomissement un poulet sans plumes et fort bien développé, lequel était mort, on le conçoit, en naissant ; les conditions qui concourent à l'incubation n'étant plus suffisantes pour la nutrition du poulet. Un cas analogue se présenta à son observation chez une jeune fille qui, pour s'opposer au rapprochement des lèvres ulcérées, avait introduit dans le vagin un œuf de poule ; l'œuf acheva dans ce milieu les phases de son incubation, en sorte que la jeune fille sembla un jour accoucher d'un poulet vivant.

505. Objecterait-on que, dans l'estomac, les œufs de batraciens et autres animaux analogues ne trouveraient pas assez d'air pour leur éclosion, ce qui ferait que les têtards seraient asphyxiés même avant de naître ? Ce serait, en principe général, une erreur ; car nous ingurgitons presque autant d'air que nous en aspirons ; nulle digestion n'est possible sans le renouvellement de l'air, vu que la digestion n'est au fond qu'une fermentation alcoolico-acide. Mais d'un autre côté les batraciens et autres animaux du bas de l'échelle ne réclament pas pour vivre un si grand volume d'air, eux qui vivent dans des trous profonds et sans issue, dans les fentes des rochers, et comme enterrés vivants, pendant tout l'hiver, sous les tas de pierres et de remblais amoncelés et cimentés par la terre délayée.

Les expériences de Bibiena, Thomas et Sorg (**), etc., celle de Boyle (***), d'Hughens et Papin (****) ont suffisamment démontré que les sangsues peuvent vivre longtemps et continuer à sucer le sang des animaux dans

---

(*) *Ephem. cur. nat. appendix ad annum* 5, decad. 2, 1687, pag. 34.

(**) F.-L.-A.-W. Sorg, *Disquis. phys. circà respirationem insect. vermium.*

(***) *Transact. philosoph.*, ann. 1670, n° 63, art. Ier, titre 20.

(****) *Ibid.*, ann. 1675-1676, n° 122, art. 3.

un air privé d'oxygène; que les insectes peuvent ressusciter après avoir passé jusqu'à 48 heures comme morts dans le vide.

J'ai tenu sous la cloche de ma machine pneumatique, après y avoir poussé le vide jusqu'à deux millimètres, des cantharides, des émeraudines et des *trombidium* (petits acares rouges), sans que ces insectes aient eu l'air de s'apercevoir qu'ils avaient changé de milieu aérien ; ils y étaient encore en vie au bout de 24 heures.

Tout le monde sait que les batraciens peuvent rester longtemps sous l'eau, sans respirer l'air atmosphérique, quoique leur appareil respiratoire soit exclusivement pulmonaire et nullement branchial.

Mais enfin si la phase acide de la digestion stomacale contrarie ces hôtes insolites, il ne leur en coûtera pas beaucoup d'attendre que le chyme ait passé dans le duodénum, pour se remettre à aspirer, la gueule béante, d'autant plus qu'ils auront eu le temps de se rassasier de vivres, dès les premiers instants de leur ingestion dans l'estomac, et alors que le bol alimentaire est encore neutre.

La présence de ces parasites dans les organes de la digestion n'a donc rien qui soit inconciliable avec leurs habitudes et avec l'histoire de leur développement.

506. Quant aux conséquences nosologiques d'un tel parasitisme, on ne sait plus, une fois qu'on est parti de cette idée, à quelles limites on devrait s'arrêter :

1° Dès les premiers moments de l'ingestion du frai, digestion embarrassée, sentiment de pesanteur dans l'estomac, cette matière gluante et non fermentescible s'interposant entre les parois de l'organe élaborant et la pâte élaborée;

2° Dès l'instant de l'éclosion, irritation intermittente de la muqueuse toutes les fois que le têtard s'échappera de sa matrice et frôlera la muqueuse de l'estomac ;

3° Crampes, crudités d'estomac, nausées et vomissements même, à mesure que le têtard, débarrassé de ses langes et muni des appendices de la locomotion, rampera sur les parois de l'estomac et les agacera du jeu de ses mâchoires, du mouvement de ses jambes et de l'application de ses doigts ;

4° Agacements nerveux prenant le caractère de convulsions plus ou moins violentes ;

5° Afflux du sang au cerveau engendrant toutes sortes de perturbations dans les idées et dans la volonté;

En faut-il davantage pour que la médecine scolastique ait tout le cortége des maladies intestinales et cérébrales à aligner sur le papier, jour par jour, heure par heure, si le hasard ou le régime anthelminthique ne vient pas, contrairement à l'ordonnance antiphlogistique, expulser de l'estomac le mot de cette singulière énigme?

507. 2°. BATRACIENS MORBIPARES PAR LEUR VENIN. Pour que le crapaud soit venimeux, il lui faut de la chaleur atmosphérique, ou le feu de la colère. C'est dans ses fureurs qu'il éjacule le venin, et qu'il le bave par tous les pores ; c'est alors le venin de la rage ; un jour, que j'en poursuivais un assez gros, je l'ai vu darder en fuyant son liquide verdâtre, jusqu'à la distance d'un mètre. La trop grande épouvante qui le rend perclus de tous ses membres, semble lui faire perdre l'idée d'élaborer son poison. Dans les duels que se livrent entre eux le crapaud, l'araignée et la vipère, le poison est l'arme commune. Érasme assure que le crapaud atteint par ses adversaires se hâte d'avoir recours au plantain (*Plantago major*), et qu'il revient dès lors au combat avec de nouvelles forces. J'ai souvent entendu des personnes assurant avoir assisté à un combat entre le crapaud et le loir ; le loir sautait sur le dos de son ennemi, mais il lâchait prise presque aussitôt pour aller se purifier en se frottant sur le plantain; on arracha une fois cette plante de place, pendant que le loir était revenu au combat, et dès ce moment, ne retrouvant plus son antidote, il creva dévoré par le poison. Or les personnes qui racontaient ce fait n'avaient jamais entendu parler d'Érasme ni de son colloque.

Les auteurs qui ont écrit dans la Grèce et dans l'Italie ont été, dès la plus haute antiquité, unanimes sur les effets du venin du crapaud. A la tête des êtres dégoûtants et dangereux qu'on trouve dans les trous de la terre, Virgile place le crapaud : *inventusque cavis bufo* (*Georg.* lib. 1. v. 184).

Dioscoride décrit, en ces termes, les effets de l'empoisonnement par le crapaud qu'il appelle *phrynos* ou *batrachos eleios* : « Si son venin, dit-il, s'est mêlé au breuvage, le corps enfle, le visage jaunit et prend la couleur du buis; on étouffe; l'haleine en devient fétide, on a le hoquet, et souvent les femmes en avortent. Hâtez-vous en ce cas de provoquer le vomissement, et de donner ensuite du vin pur en abondance, et puis une décoction de deux drachmes de racines de *calamus* ou de *cyperus*; forcez le malade à marcher à grands pas pour vaincre l'engourdissement qui le gagne aux jambes et donnez-lui un bain chaque jour. » (Lib. VI. chap. 31, édit de Goupyl.)

Dans la 36e nouvelle de son *Décameron*, Boccace raconte tout au long le procès qu'eut à subir une jeune fille du nom de Simone : Étant un jour à folâtrer, dans un jardin de Florence, avec son amant Pasquin, il lui vint l'idée saugrenue de faire une niche à son Janot, en lui frottant les dents avec une poignée de feuilles de sauge qu'elle venait d'arracher dans une allée (il n'y a rien de niais, passez-moi l'expression, j'allais dire

rien de bête, comme deux amoureux qui veulent se mêler de rire). Le
pauvre Pasquin tomba mort empoisonné par ce jeu innocent ; et la malheureuse fut traduite en justice comme coupable d'un empoisonnement
prémédité. Elle avait beau protester en pleurant de son innocence et de
son amour envers son amant, les juges n'en étaient que plus incrédules ;
elle demanda enfin qu'on la conduisît sur le lieu de l'événement, pour
montrer la plante dont elle avait fait un usage à ses yeux inoffensif ; là
joignant le geste au récit, elle en cueille une poignée dont elle se frotte
les dents devant ses juges ; et au même instant elle tombe également
foudroyée. L'étude à laquelle se livrèrent les gens de l'art démontra
qu'un crapaud, accroupi sans cette touffe de sauge, l'avait infectée de sa
bave et de ses éjaculations (*).

« Le crapaud, dit Matthiole, lorsqu'il veut infecter de sa bave les touffes
d'herbe que broute un animal qu'il redoute, se contracte et se gonfle,
afin de lancer plus loin son urine empestée et d'atteindre plus sûrement
son ennemi. Il n'y a donc rien d'étonnant, ajoute-t-il, que l'on voie tomber si souvent foudroyées les personnes qui se mettent à goûter aux fraises,
aux champignons et aux autres plantes qu'elles rencontrent dans les
champs. Car le crapaud, voulant en détourner ses ennemis, se plaît à infecter les plantes, sous lesquelles il se tapit, non-seulement de son urine,
mais encore de sa bave qui n'est pas moins mortelle que l'aconit. Son
sang tient même du venin de la vipère ; et Avicenne ajoute à tout ce
qu'en a dit Dioscoride, que la poudre de crapaud cautérise la gorge,
enflamme les yeux, et produit le vertige, les convulsions, la dyssen-
térie, le vomissement, les défaillances, le délire, la folie, et fait tomber
les dents à ceux qui en échappent (**). »

On dirait à ce dernier caractère, que le crapaud, en certains pays, a
été pétri avec de la boue et du mercure (369).

Gauth.-Chr. Schlammer (***) fait mention de feuilles de sauge infectées
du venin du crapaud, et qui reprennent leur innocuité quand on les lave.
Il rapporte le cas d'un enfant à qui on joua le mauvais tour de lui placer
un crapaud près de la bouche, pendant qu'il dormait ; le lendemain il
se manifesta sur tout son corps une éruption de boutons analogues à
ceux de la gale, une espèce d'urticaire que l'on dissipa par des lotions
avec des eaux aromatiques.

Nous avons eu à enregistrer des cas analogues d'empoisonnement par

---

(*) Ambroise Paré (*Traité des Venins*, liv. 24, ch. 31) et Mizauld (*Mem. ac jucund.
cent. I, aph. I*), n'ont nullement douté de l'authenticité de ce fait. On sait du reste que
Boccace est un fidèle narrateur d'historiettes.

(**) Sur Dioscoride, édition des Valgrises, pag. 4430.

(***) *Ephem. cur. nat.*, dec. 2, ann. 6, 4687, pag. 443.

les fraises et les feuilles d'oseille, dans la *Revue élémentaire*, tom. Ier, 1847 et 1848, pag. 117 et 341 ; nous y renvoyons nos lecteurs.

Dernièrement, en mai 1856, à Dantzick, un jeune officier de marine se trouvant avec sa fiancée (comme dans le conte de Boccace), près d'Ollwa, au milieu d'une réunion de dames, se mit à vouloir les effrayer en leur montrant ce qu'il prenait lui-même le premier pour une grenouille ; or, l'ayant rejetée, quand il en eut assez de cet amusement, il se caressa le menton, sans s'être donné la peine de se laver les mains. Il avait à la lèvre un bouton ulcéré, qui, dès le premier contact, s'enflamma avec des douleurs si violentes que le jeune homme se vit forcé de retourner en toute hâte à Dantzick pour s'y faire traiter. L'opération ne parvint pas à le préserver de la gangrène ; et l'infortuné expira, au bout de deux jours, au milieu de souffrances atroces, comme meurent, en tout aussi peu de temps, les prosecteurs qui se piquent du bout de leur scalpel (*).

D'après Christ.-Franç. Paullini (**), un homme étant parvenu à saisir un crapaud qu'il poursuivait à coups de pierre, ne tarda pas à voir sa main enfler et à en éprouver des douleurs atroces ; sa peau se couvrit de phlyctènes d'où s'échappait une sanie ichoreuse ; l'enflure gagna le bras et lui causa pendant deux semaines les plus vives souffrances ; au bout de trois ans et à l'époque anniversaire de l'accident, le mal le reprit avec les mêmes symptômes et les mêmes douleurs. Paullini cite encore, dans la même note, le cas d'un homme qui fut pris d'ardeur d'urine, pour avoir mangé du crapaud mêlé à un plat de grenouilles.

La *Presse bretonne*, vers la fin de janvier 1853, a rapporté un fait d'intoxication analogue qui venait de se passer dans les environs de Frévent : Deux voyageurs s'étant arrêtés pour se rafraîchir dans une maison où la maîtresse du logis était en train de battre du beurre, ils demandèrent qu'on leur servît du lait battu ; mais à peine en avaient-ils bu qu'on les vit faiblir et tomber ; ils étaient morts. L'autorité étant accourue, la malheureuse femme, pour montrer qu'elle n'avait rien servi que d'inoffensif, se mit à boire de ce lait battu, malgré tous les efforts que l'on fit pour l'en empêcher, et elle tomba morte comme les deux autres victimes ; on découvrit alors dans la baratte un crapaud qui avait été broyé avec le beurre ; la femme avait oublié de passer et de tamiser sa crème avant d'en faire usage.

Leeuwenhoek (***) parle d'un amateur de la pêche à la ligne qui avait l'habitude d'amorcer son hameçon avec de la chair de crapaud ou de grenouille, et qui gagna une violente opthalmie pour avoir reçu dans

(*) Voyez le feuilles publiques du 20 au 25 mai 1856.
(**) *Ephem. cur. nat.*, dec. 2. ann. 1680, append. pag. 29, obs. 47.
(***) *Epist. phys.*, Delph. 1719, pag. 90. — *Epist. 9^a.*, 24 oct. 1713.

l'œil le liquide éjaculé par un de ces crapauds; il parle également d'un chien qui ne pouvait pas attraper un crapaud sans tomber dans des accès de fureur et de rage. Nous avons dit plus haut que le nôtre, à Boitsfort, léchait impunément, des heures entières, un crapaud; sans doute ce crapaud traitait notre chien en ami et ne jouait pas du couteau contre lui avec son urine et sa bave : la bonne amitié en effet sait transformer le poison en antidote, elle ne distille que des esprits bienfaisants; au reste le méchant même n'est pas tel pour tout le monde.

TROISIÈME CLASSE DE CAUSES MORBIPARES ANIMÉES.

MOLLUSQUES MORBIPARES.

508. Nous comprendrons dans cette classe, d'une manière très-large, ce nombre incalculable d'animaux mous, terrestres, fluviatiles ou marins, à manteau en général transformé en coquille par l'incrustation de ses tissus au moyen du carbonate de chaux : êtres, qui à nos yeux, ont entre eux tout aussi peu de rapports immédiats et de classification qu'il peut en exister entre les poissons et les oiseaux. Quelle analogie anatomique existe-t-il en effet entre les bivalves et les univalves, entre la moule de nos rivières et le colimaçon de nos vignes? Ils ne se rapprochent que par leur transsudation calcaire et la solidification de leurs tissus externes; à part ce point de contact, il y a tout un monde entre eux sous le rapport des autres caractères. Mais du point de vue où nous nous plaçons dans cet ouvrage, nous n'avons pas à nous arrêter à ces considérations de haute philosophie.

Les mollusques peuvent devenir morbipares : 1° par leur introduction dans un organe quelconque en qualité de corps étrangers (433); 2° par leur venin; 3° par leur parasitisme; 4° par l'ingestion de leurs œufs (504).

1° *Coquilles devenant morbipares comme corps étrangers aventurés dans un organe.* Il est de ces coquilles térébrantes, hérissées de piquants en spirale, et qui à l'état jeune seraient bien dans le cas de produire, à notre insu, les ravages les plus irréparables, en pénétrant, par le jeu de la tarière, jusqu'au sein des organes les plus sacrés.

Le docteur Pierre Bath (*) ayant fait l'ouverture du corps d'une jeune

(*) *Transact. philos.*, ann. 1685, n° 171, art. 3.

femme morte presque subitement à la suite d'une fièvre des plus violentes, trouva, enchatonnée dans l'un des reins, une petite coquille turbinée, dont le mollusque peu différent du colimaçon était couleur de sang. La coquille faisait cinq tours de spire, et la surface en était travaillée en un échiquier dont les cases auraient été alternativement creuses et saillantes.

D'après les deux figures que l'auteur joint à son mémoire, cet univalve me paraît parfaitement bien se rapporter aux petites coquilles dont nos auteurs les plus récents ont fait le genre *Rissoa,* et spécialement à l'espèce que Peyraudeau a nommée *Rissoa Montagni* (*), espèces qui pourraient bien n'être que le jeune âge de certains buccins ou de certains pleurotomes. Car cette considération échappe toujours aux collecteurs de coquilles, et, en fait de coquilles de mer, la confusion des âges en espèces est peut-être plus grande qu'on ne pense ; on dirait, en lisant la description des coquilles les plus volumineuses, qu'elles sont sorties de l'œuf avec cette taille et cet aspect. Quoiqu'il en soit, et pour rentrer dans le sujet qui nous occupe, il suffit de jeter les yeux sur la disposition des aspérités en spirale qui couvrent ces sortes de petites coquilles, pour concevoir qu'une fois introduites dans l'estomac, elles puissent, en taraudant les viscères, arriver jusqu'aux reins, et y déterminer des accidents morbides que la plus violente colique néphrétique ne saurait égaler.

2° *Mollusques morbipares par leur venin.* La mer est infestée d'un certain ordre d'animaux informes, mous, glaireux, d'une transparence qui fatigue la vue à force de l'éblouir, et d'une phosphorence qui, la nuit, fait souvent paraître la mer toute en feu. Quelques-uns ont la forme d'un large parasol, du centre duquel pend comme un faisceau de bras aussi mous que le reste.

Or, tous ces êtres si délicats se rendent pourtant inattaquables, par la propriété qu'ils ont de piquer, comme des orties, quiconque se hasarde à les toucher (d'où leur est venu le nom d'*orties de mer*), et de faire vomir avec épreintes et évacuer par le bas qui les avale même cuits. Ils sont connus dès la plus haute antiquité.

La cuisson dépouille certaines espèces de leurs propriétés malfaisantes (**), et les matelots font ainsi leur régal de l'espèce que les Grecs nommaient *akaléphé* ou *ortie de mer,* que les naturalistes désignent aujourd'hui sous le nom de *vellèle,* et qui, à cause d'une certaine similitude, a pris le nom de *cul-d'âne* en Normandie, et de *cubassaou* à Bordeaux. Mais les matelots, qui recherchent cette espèce comme une frian-

---

(*) *Faune française,* coquilles, pl. 13 A, fig. 1. Voyez, en outre, l'ouvrage de Peyraudeau sur les coquilles de la Corse.

(**) Il en est de même de la plante (*urtica urens*) : les vaches et autres bestiaux, qui se détournent de la plante vivante, la mangent avec avidité quand elle est cuite.

dise, se garderaient bien de toucher à l'espèce que les Grecs nommaient *lagoos thalassios*, les Latins *lepus marinus* ou lièvre marin, les Languedociens *imbriago* (qui enivre), les naturalistes modernes *laplysie*, et, dont le contact seul produit, d'après Pline, le vomissement et la diarrhée (*).

On conçoit que la chair d'un poisson de mer ou d'une tortue, qui par hasard aurait eu l'occasion d'avaler de pareilles ordures, devienne malfaisante (493), en transmettant à ceux qui la mangent un venin dont le poisson aurait bien pu ne pas se ressentir; car les surmulets recherchent et mangent sans danger, d'après Rondelet, les plus vénéneuses de ces espèces.

Mais cet accident doit être bien plus fréquent chez les mollusques bivalves qui vivent attachés aux rochers, qui ne s'approvisionnent que de ce qui leur arrive, et qui happent sans voir tout ce qui passe, en ouvrant et fermant tout aussitôt leur coquille. Ce n'est sans doute pas par une autre cause qu'en certaines saisons, et principalement à la saison du frai et dans les jours caniculaires, les moules (*mytilus edulis*) produisent des accidents maladifs qui, en certaines circonstances et selon le traitement adopté, ont pu donner des craintes sérieuses. Le principal caractère de cette intoxication transmise, c'est une éruption cutanée en quelque sorte semblable à celle que détermine le frottement de l'ortie végétale (*urtica urens*); d'où est venu à ce mal la dénomination d'*urticaire*.

La peau est envahie de proche en proche, et avec la rapidité de l'éclair, par une rougeur papulaire, au milieu de laquelle s'élèvent souvent d'assez grosses papules indurées et comme cornées, qui transforment les peaux délicates en une *peau de chagrin*. Le derme durcit, le toucher s'émousse sur les surfaces envahies, la fièvre se déclare et monte jusqu'au cerveau, la bouche se dessèche, les glandes s'engorgent, la langue épaissit; le vomissement alterne avec les déjections alvines (**), et le malade tombe dans un triste état, si on tarde d'avoir recours soit aux ablutions avec l'eau sédative, soit aux bains sédatifs.

Le *Moniteur* du 20 juin 1849 rapportait, d'après le journal le *Quimperrois*, un empoisonnement produit par un coquillage connu dans ces parages sous le nom de *palourde*, mot générique qui s'applique à une foule de mollusques bivalves, et dont nous ne pouvons pas ici autrement déterminer l'espèce. Dix habitants d'une commune des bords de la mer, dans le voisinage de Pont-Labbé, ayant été cueillir à la côte une assez grande quantité de ces coquillages, et les ayant préparés à la manière ordinaire, furent pris, immédiatement après en avoir mangé, de symptômes

(*) Lib. 9, cap. 48.
(**) Cette circonstance indique suffisamment l'origine de l'intoxication ; c'est toujours là le principal effet de l'ingestion des vellèles (493, 508, 2°).

d'empoisonnement tellement violents que six d'entre eux succombèrent en quelques heures.

En août 1794, d'après le rapport du commandant du génie Dejean, sept mille hommes de la garnison française de l'Écluse (Flandre orientale) furent évacués dans les hôpitaux, pour avoir mangé des moules, qui se montrèrent très-vénéneuses cette année aux jours caniculaires.

Dans la dernière épidémie de dyssenterie qui s'est déclarée dans le département du Nord, dans les Flandres et en Hollande (*), on a soupçonné un instant les huîtres d'avoir contribué à ce fléau pour une certaine part. Mais aucun fait probant n'est venu à l'appui de cette assertion, et du reste je ne connais pas un seul accident auquel les huîtres aient jamais donné lieu, si ce n'est quand on les verdit avec le cuivre (370, II°).

Les escargots des vignes, qui de tout temps ont fait les délices des habitants du midi de la France (**), ne seraient pas toujours inoffensifs, si, avant de les préparer, on n'avait soin de les laisser jeûner et se vider plusieurs jours de suite, au fond d'un baquet, de tout ce qu'ils ont dans les entrailles : Car j'ai vu des colimaçons ronger les feuilles des plantes vénéneuses aussi impunément que celles des plantes usuelles; or il suffit d'examiner leurs excréments, pour se convaincre que la portion herbacée où réside le poison, n'a nullement été dénaturée par la fonction de leur organe digestif.

J'apprends que le goût de cette friandise vient d'être importé à Paris, et que la vente des escargots, qui arrivent de la Champagne, du Perche, de la Bourgogne et du Poitou, occupe tout un côté de la halle à la marée, en concurrence avec les écrevisses et les grenouilles; on en consomme déjà chaque année pour un million de francs; c'est autant de débarrassé pour les vignes et d'acquis à l'alimentation.

3° *Mollusques morbipares par leur parasitisme.* Les limaces et les coli-

(*) Voyez *Revue complémentaire,* tom. IV, 1857, livr. de novembre, pag. 103.

(**) On a soin de laver chaque jour la provision à grande eau, pour enlever au fur et à mesure les excréments que vide l'animal. Au bout de près d'une semaine, on fait bouillir les escargots dans une eau salée et aromatisée; on les tire ensuite de leurs coquilles avec la pointe d'une aiguille, et on les éparpille couche par couche dans un hachis d'épinards à l'huile qu'on envoie cuire au four dans une large terrine faite toute exprès. C'était, de mon temps, le plat traditionnel pour l'agape de la fête de Noël, le plat que les convives attendaient comme le Messie, et qu'ils attendaient souvent en vain, vu que quelque mauvais plaisant de gourmet avait eu soin de l'escamoter pour son propre usage à la porte du four. Un tel délit de vol ne tombait pas sous les coups de la loi, parce que chacun des lésés se sentait, par devers sa bouche, tout aussi capable de le commettre dans l'occasion. Les lazzaroni ne sont pas plus friands de leur *vermicelli* et de leur *cocomero* que les Vauclusiens le sont de leur *tian* ou de leur *cassolou;* deux noms que prend ce plat d'escargots dans ce département selon les localités.

maçons, qui sont le fléau des semis et des fruits, ne sont pas aussi exclusivement herbivores qu'ils en ont la réputation ; on trouve les grosses limaces attablées des journées entières autour des excréments de chien qu'elles rencontrent sur leur passage ou qu'elles ont flairées de loin. Leurs mandibules cornées, si profondément situées qu'elles soient, pourraient bien s'attaquer à la chair vive, comme à ces déjections alvines bien plus dures à mâcher que la chair.

Lorsqu'elles ont jeté leur dévolu sur un fruit, sur une pêche mûre, elles ne manquent pas de s'y rendre chaque soir à la fraîche, jusqu'à ce que tout en ait été consommé. Elles fauchent les semis d'une manière désespérante ; et, si petites qu'elles soient, elles compromettent les moissons tout entières, surtout par les temps humides. Le sel, la cendre, la chaux en poudre peuvent seuls leur fermer le passage et en préserver les carrés du potager, si l'on a soin de les entourer d'un cordon protecteur non interrompu. Toutes ces feuilles corrodées, criblées, festonnées qui flétrissent un jardin, et sur lesquelles vous n'apercevez, le jour, aucune espèce de parasites, venez les visiter le soir, et vous verrez à l'œuvre des légions de petites limaces grises qui ont fait la sieste pendant le jour et arrivent en masse à la curée dès la tombée de la nuit.

L'homme et les animaux sont peu exposés à avaler vivants de pareils parasites ; les plus petits ne sauraient échapper à l'action de la mastication. Mais quant aux mollusques de mer, et surtout à ceux d'eau douce, rien ne doit être plus fréquent que d'en avaler le frai ou les coquilles les plus jeunes, lorsqu'on s'abreuve ou qu'on se baigne dans la mer ou dans un cours d'eau.

J. G. Hoyer (*) eut à traiter un enfant de trois ans qui était en proie à des épreintes et des douleurs d'entrailles les plus violentes ; l'enfant en fut débarrassé en rendant par l'anus une, puis deux univalves, que l'auteur désigne sous le nom de *cochleæ domiportæ* (sans doute des lymnées ou des planorbes, coquilles d'eau douce), au milieu d'une assez grande quantité d'une substance analogue au frai des grenouilles que cet enfant avait dû avaler en se désaltérant à l'eau d'une mare.

Pour qui a pu observer au microscope les premiers âges des bivalves, et spécialement des anodontes et des moules de rivière, et avec quelle vivacité elles ouvrent et ferment leurs petites valves armées chacune d'un crochet aigu, il est facile de se faire une idée des accidents morbides que ces petits hôtes seraient en état de déterminer sur les parois des muqueuses intestinales ; et il est bien des cas d'affection scorbutique qui n'émanent peut-être pas, en mer, d'une autre cause ; l'air imprégné de sel

(*) *Ephem. cur. nat.,* centur. 7 et 8, 1719, obs. 77.

que le matelot respire, et les salaisons dont il se sustente, étant éminemment propres à favoriser, au moins momentanément, ce parasitisme des infiniment petits hôtes de la mer égarés dans la cavité buccale des hôtes du navire.

Qui oserait assurer que les tarets (*teredo navalis*) espèces de vers à coquilles qui rongent le bois des vaisseaux, des pieux et des digues des ports, éprouveraient une répugnance à se frayer à travers les chairs une route pour aller ronger les os; et qui se douterait du mauvais tour, alors que le vermisseau ne fait que de sortir de la coque de son œuf?

Dans certains ports, et spécialement dans celui de Sébastopol, l'œuvre des tarets vient à bout d'un vaisseau dans l'espace d'un à deux ans; les planches, si elles ne sont pas doublées de cuivre, se trouvent alors perforées dans tous les sens, en sorte que la coque du vaisseau peut se briser comme du verre, au moindre mouvement qu'on fait pour le remettre à la mer.

A Mindanao, une des îles Philippines, il ne fallait, du temps de Dampierre(*) pas plus de deux mois pour qu'un vaisseau fût miné par ces vers, et c'est sur cet accident que comptait le sultan du pays en vue de s'emparer des canons de ses visiteurs : il les retenait dans la rade par toutes sortes de perfides prévenances, afin de donner aux tarets le temps d'achever leur œuvre de destruction.

Les vaisseaux en fer ou les vaisseaux doublés de cuivre sont à l'abri des ravages de ces parasites. Mais on pourrait préserver également de leurs ravages les vaisseaux en bois, si on avait soin d'en soumettre toutes les pièces, au moins celles qui doivent former la carcasse, au procédé que j'ai décrit dans la *Physiologie végétale* et dans le *Nouveau système de Chimie organique*(**).

Ce procédé consiste à imprégner les pièces de bois d'une dissolution de sels de fer ou de cuivre, au moyen de la pompe foulante et aspirante; les tarets ou vermets seraient dans ce cas empoisonnés par le cuivre et se garderaient bien de toucher au fer.

D'après Lister(***), l'oscabrion (chiton), mollusque à coquille articulée et qui a l'aspect d'un gros cloporte, l'oscabrion s'attache comme un pou aux flancs des poissons et de la baleine et les incommode horriblement; ce doit être bien pire s'ils l'avalent entier. Les patelles et autres coquilles analogues qui vivent attachées aux rochers ne doivent pas plus faire de difficulté de s'appliquer, à tous les âges, contre des surfaces vivantes; je

(*) *Voyage autour du monde*, tom. II, pag. 47 et 48, édit. de Rouen.
(**) Tom. II, pag. 46, 2e édit., 1838.
(***) *Theolog. insectorum.*, pag. 229, not. 62. — Actes de Copenhague, ann. 1674, 1675, 1676, obs. 88.

vous laisse le soin de décrire les accidents qui pourraient résulter de l'ingestion de ces jeunes coquilles et de leur simple application contre les gencives, chez le marin ; et de quelles terribles épidémies ces infiniment jeunes parasites pourraient bien devenir les auteurs anonymes, alors que leur petitesse les déroberait à la vue du médecin chargé de déterminer la nature, l'origine du mal, et d'en spécifier le remède.

4° *Coquillages morbipares par l'ingestion de leurs œufs.* Nous en avons vu un exemple plus haut (p. 60) ; nous en avons touché un mot en divers endroits de ce paragraphe ; ce qu'il nous en reste à dire se réduit presque à une récapitulation. L'estomac ne digère que ce qui est mort, avons-nous déjà dit (502) ; bien des êtres animés peuvent vivre dans toute la longueur du tube intestinal, en bravant toutes les phases de la digestion ; car le tube intestinal est un appareil organisé qui favorise la fermentation, mais ne la détermine pas. Donc les jeunes coquillages pourront séjourner plus ou moins longtemps dans les intestins, si l'un des mille hasards de la vie vient à les y introduire. L'hypothèse étant admise, calculez à combien de maux de caractères apparents divers pourra donner lieu une seule et même de ces sortes de causes : Autant de sortes de maladies que le petit mollusque aura d'habitudes de vivre ; or les uns s'attachent et s'empâtent sur les surfaces ; les autres ont le pouvoir de tarauder et de perforer le bois et les pierres mêmes : que leur coûterait-il de perforer les chairs et de tarauder les os ? Pourquoi des êtres animés se priveraient-ils des ravages qu'un simple fétu de graminacée est capable de produire par sa puissance aveugle, et en n'obéissant qu'à la disposition matérielle des piquants à rebrousse-poil dont sa base conique est hérissée (438)?

5° *Animalcules dits infusoires ou mollusques microscopiques morbipares.* Le classificateur qui place la souris à côté de l'éléphant ne s'étonnera pas, comme d'une hardiesse exagérée, si nous plaçons une immense partie d'infusoires à côté des mollusques ; les rotifères, en effet, nous l'avons suffisamment démontré ailleurs (*), ne sont que des *céphalopodes*, des *poulpes* et *calmars* microscopiques, seulement dépourvus des organes qu'on est convenu d'appeler des bras. Or ces petits êtres qui pullulent dans les eaux stagnantes avec une incroyable fécondité, pourraient bien être plus féconds en ravages morbipares que ne semblerait l'indiquer leur petitesse. Leur agilité, leurs incessants déplacements, la rapidité avec laquelle ils fendent l'eau, ce qui les fait ressembler, sous le microscope, à des chauves-souris qui fendent l'air, tout indique que ce sont des animaux affamés et qui digèrent vite ; du reste, toutes les fois qu'ils se fixent au repos, on leur voit rendre des matières fécales. Ils dé-

_____

(*) Voyez *Nouveau système de Chimie organique*, 2ᵉ édit., tom. II, pag. 669, 1838.

peuplent les mares et eaux stagnantes de tout autre infusoire : nous avons,
sur la partie nord de la toiture de notre habitation à Stalle, une gouttière entre deux toits, sur laquelle donne une fenêtre du grenier, d'où
l'on peut observer avec la loupe cette mare suspendue. Vers le commencement de mai, la mare était remplie d'eau et formait un vaste océan
microscopique, mais un océan qui n'était habité que par trois espèces
d'animaux aquatiques, les larves de cousins sous leurs deux formes suc-
cessives, l'une de larve allongée et l'autre de puppe cabriolante et faisant
des voltiges de toute façon; puis des milliards de ces gros rotifères que
Lamarck désigne sous le nom de *furculaires auriculées (furcularia au-
rita, Encyc. méthod.*, pl. 21, fig. 17-19); enfin, en troisième lieu, on
voyait çà et là des larves rouges de sang d'une *phrygane* ou *teigne
d'eau*, lesquelles ne trouvant pas dans ce petit monde d'autres matériaux
pour s'en faire un fourreau, avaient pris le parti d'utiliser dans ce but les
millions de compatriotes microscopiques qui s'agitaient dans les eaux;
leur fourreau pyriforme semblait ainsi être tissu de velours. La larve
de ces phryganes ne rentrait dans son fourreau que de frayeur; autrement
elle dodinait au dehors comme une chenille arpenteuse, cherchant inces-
samment pâture là où les bouchées étaient si petites chaque fois.

On aurait pu croire que ces *rotifères* ou *furculaires* venaient d'eux-
mêmes s'implanter dans les mailles de ce tissu de velours animal, à côté
de leurs congénères, et cela quand ils avaient à mourir : car, ayant renfermé de cette eau ainsi animée dans un bocal de verre, le lendemain
matin je vis les parois du vase tapissées de myriades de rotifères disposés queue à queue en rosaces teintées de carmin.

Ces animaux ont la faculté de se fixer contre les surfaces, à l'aide
d'une queue trifurquée qui fait l'office d'un organe d'appréhension,
parce qu'il est organe d'aspiration.

On concevra, par suite de toutes ces indications, que la présence de
pareils hôtes dans l'eau potable pourrait bien n'être pas aussi inoffensive que leur petitesse porterait à le croire tout d'abord. Car avec des
infiniment petits on peut couvrir des surfaces assez grandes ; et des muqueuses hérissées de pareils atomes vivants, ou même morts, ne seraient
rien moins que propres aux fonctions spéciales de l'organe que ces parasites auraient envahi. Les vorticelles, rotifères fixes et ramifiés, sont
les moisissures vivantes des vers, mollusques ou larves aquatiques, qui
languissent à force d'en être assaillis, et finissent, si gros qu'ils soient,
par succomber sous le nombre.

Remarquez que la gouttière où s'agitaient ces larves et ces infusoires
est en zinc, que la boue qui en formait la vase était noire comme de
l'encre par le dépôt de l'hydrosulfure de zinc, et qu'ainsi ces infusoires

n'étaient pas plus difficiles que les larves d'insectes sur les qualités du milieu où ils vivaient.

———

QUATRIÈME CLASSE DES CAUSES MORBIPARES ANIMÉES.

ENTOMOSTRACÉS ET CRUSTACÉS.

509. Ces insectes se rapprochent, des arachnides par la forme et le nombre quelquefois indéfini de leurs pattes, par leurs yeux simples, par leurs organes branchiaux; et des insectes proprement dits par leurs longues antennes : la crevette et l'écrevisse en sont les types les plus familiers pour nous. Ces animaux sont tous carnassiers; or tout animal carnassier est féroce ou parasite; cela dépend uniquement de la taille des animaux de la chair desquels il est friand; qu'on me passe cette similitude hypothétique, l'homme serait le parasite du bœuf, s'il n'avait, par rapport au bœuf, que les proportions d'un taon ou d'une puce. De même, les crustacés qui vivent de coquillages ne sont que carnassiers, et ce sont ceux de la plus grande taille : ceux, au contraire, qui ont un goût prononcé pour la chair de gros poisson, ou pour celle de la baleine, et ce sont les plus petits, sont forcés de s'attacher à leur proie en parasites; on les trouve, comme des poux, sur la peau de la baleine, ou cramponnés après les branchies des poissons, le seul organe où le poisson n'offre point de boucliers qui le rendent invulnérable.

510. Les uns vivent dans les eaux douces (*écrevisse*, etc.); les autres dans la mer (*langouste, homard*, etc.); un de leurs derniers embranchements est terrestre (*cloporte*, etc.), mais il se rapproche des habitudes des deux autres, par l'humidité des milieux où il s'abrite.

511. Il sont tous ovipares, comme les arachnides; ils sortent de leurs œufs à l'état parfait, et sans passer par la double métamorphose des insectes; ils grandissent enfin sans rien perdre de leurs formes primitives.

512. Leurs pieds, à l'approche de l'orifice buccal, prennent successivement la forme et la destination de branchies et puis de mâchoires, organes d'appréhension labiale, qui amènent la proie sous la serre de deux mandibules cornées, où elle se broie; chez les espèces parasites, ces appareils sont moins distincts et plus rudimentaires. Chez les uns (*crabes*, etc.), la queue (ou nageoire caudale) est si peu apparente, que l'espèce semble n'être composée que d'un test dorsal ou carapace, et d'un plastron ventral, autour duquel s'insèrent les pattes. Chez les autres (*écrevisse, homard, langouste,* etc.), la queue prend autant de développement que le corps. Chez l'embranchement terrestre enfin (*cloporte,* etc.), le corps en est réduit à des dimensions si petites, que la queue semble, à elle seule, former tout le corps.

PREMIER ORDRE. — Entomostracés.

513. Les entomostracés sont des crustacés microscopiques; c'est là l'unique caractère qui les distingue à nos yeux des crustacés proprement dits. Les autres caractères sont tirés, en général, de doubles emplois et de certaines méprises que nous allons évaluer. J'ai déjà fixé l'attention des naturalistes sur le danger que l'on courait, au microscope, de prendre l'œuf pour un animal d'une autre espèce que l'adulte (*); je démontrerai plus bas que la même méprise a été commise à l'égard d'une espèce d'acaridiens (**). Quant aux entomostracés, tout me porte à croire que leur œuf a fourni trois ou quatre genres, par ses différentes phases d'éclosion : En effet, l'éclosion des animaux aquatiques, ayant lieu sous l'influence de la seule incubation par la température des eaux, ne s'opère pas avec la précision et l'instantanéité de l'éclosion des œufs mûris par l'incubation aérienne; le fœtus vit longtemps, comme attaché à sa coquille béante et mobile, et semble se débattre contre un obstacle, en ouvrant et fermant brusquement les valves presque articulées de son œuf. Or, supposez une écrevisse microscopique, observée à cet état de son développement, rentrant et sortant tout à coup ses antennes et sa queue dans sa coquille et les repliant sous son ventre afin de les mieux protéger: n'aurez-vous pas là, avant tout autre avertissement, le type d'un nouveau genre?

C'est précisément ce qui est arrivé à l'égard des entomostracés microscopiques, à l'aide de la transparence et de l'homogénéité apparente des tissus de la coquille et du fœtus; et nous sommes porté à croire que les *cypris,* les *cythérines,* les *daphnies,* les *lyncées,* ne sont que les divers âges de l'incubation des œufs des cyclopes, céphalocles, etc., qui peuplent nos étangs; que les cyclopes, enfin, ne sont que des *cypris,* etc., débarrassés des deux valves de la coquille de leur œuf. Représentez-vous une très-petite écrevisse, emprisonnée dans une coquille bivalve, dont elle pourrait faire sortir à volonté ses longues antennes et sa queue

_____

(*) *Nouv. syst. de Chim. organ.,* tom. 2, § 3085, éd. de 1838.
(**) *Voyez* pl. 3, fig. 5 et 8.

natatoire ; rentrant ces organes dans sa coquille, par des mouvements brusques et saccadés, ensuite les repliant à chaque fois sous le ventre, et s'empaquetant en boule, pour s'y loger tout à la fois : vous aurez, de la sorte, l'image la plus pittoresque de nos œufs à demi éclos et mobiles des crustacés microscopiques. Jamais je n'ai rien vu qui ressemble, soit à une copulation, soit à une gestation, chez nos *cypris* et nos *daphnies*.

Ce n'est pas une circonstance particulière à cette classe, que la structure articulée et bivalve de l'œuf ; l'œuf de la punaise (pl. 9, fig. 6) offre au sommet un opercule articulé, et qui permet à l'insecte d'établir avec le milieu ambiant une communication immédiate, avant même sa complète éclosion.

514. La femelle de ces insectes porte ses ovaires comme deux testi-cules pendants de chaque côté de la commissure du test et de la queue ; elle pond avant la conception, et ses œufs se développent par une pre-mière incubation extérieure. Le mâle les imprègne du fluide sperma-tique, à peu près comme chez les poissons et les batraciens, avec la différence que, chez les entomostracés, le frai reste recouvert des parois utérines et ne se sépare pas du corps.

515. APPLICATIONS PATHOLOGIQUES. Les eaux de nos fleuves, marais et étangs sont peuplées de ces insectes ; on ne peut en déposer une goutte sous le porte-objet du microscope, sans y en voir deux ou trois s'agiter (*). Nous devons donc être exposés à en avaler chaque jour et toutes les fois que nous nous désaltérons à ces sources. Que d'œufs nous devons alors avaler à notre insu ! que de parasites nous devons réchauffer et faire éclore dans nos organes ! Qu'on n'objecte pas que ces petits animaux ne sauraient vivre dans le liquide de la digestion ; car ils vivent dans les eaux saumâtres et bien autrement chargées de principes impurs que les produits de la digestion et de la défécation ; et il leur faut très-peu d'eau pour vivre : un peu d'humidité leur suffit. D'un autre côté, nous avons fait observer plus haut (506) que leur présence, en déterminant l'apparition de nouveaux désordres, appelle l'emploi d'une

(*) En entrant dans notre nouvelle habitation à Stalle, nous n'avons pas tardé à nous apercevoir que l'eau de notre citerne dont l'ouverture est presque hermétique-ment fermée, foisonnait d'entomostracés de gros calibre, quoique l'eau reposât sur une boue abondamment zinguée. J'ai fait nettoyer et laver à grande eau cet appareil ; nous avons ensuite couvert avec la main les murs et le pavé d'une couche de gou-dron liquide ; les entomostracés n'ont plus reparu de l'été ni de l'hiver, quoique la citerne soit à la profondeur de la cave ; elle ne peut recevoir un peu de jour que par le tuyau qui descend de la gouttière. On sait que dans le *Nouveau système de médi-cation,* l'eau zinguée et goudronnée joue un très-grand rôle comme moyen préventif et curatif.

médication antiphlogistique, toujours favorable à l'éclosion des œufs et à la vie de l'insecte.

516. Il est facile, dès que l'on admet l'introduction de ces insectes dans la capacité de nos organes, il est facile, dis-je, de prévoir et de décrire d'avance tous les genres d'accidents morbides et d'entités médicales auxquelles leur parasitisme et leur développement peuvent donner lieu. Carnassiers et parasites s'attachant aux grandes surfaces charnues, ils y produiront, par leur succion ou leur érosion, ainsi que par leurs mouvements brusques et saccadés, avec leurs queues et leurs antennes épineuses qu'ils agitent en fouettant, des irritations inflammatoires et nerveuses, qui changeront de nom et de symptômes selon le siége et le nom des organes envahis : BRONCHITE, toux, rhume, s'ils s'arrêtent à la base de la trachée et aux bronches; — INFLAMMATION DE POITRINE, s'ils pénètrent plus avant; quintes violentes, si, par leurs épines, ils adhèrent trop fortement aux tissus; aggravation des symptômes, petites ulcérations, et par conséquent tuberculisations, s'ils y séjournent et s'y propagent; — GASTRITE, s'ils pullulent dans l'estomac; — VAGINITE, *métrite, urétrite, inflammation de la vessie,* etc., s'ils se glissent dans l'intérieur des organes sexuels et de l'appareil urinaire; — prurits incommodes à l'anus; hémorrhoïdes, coryza, otite, etc., s'ils s'introduisent dans l'anus et le *rectum*, dans les sinus frontaux, dans le canal nasal, dans la trompe d'Eustache et dans le canal auditif, etc. On ne peut nier et révoquer en doute ces conséquences, une fois qu'on est amené à admettre la possibilité de l'introduction de ces petits insectes dans les diverses cavités du corps humain : si l'on admet la cause, il faut en admettre les effets.

517. On nous demandera peut-être comment les poissons pourraient résister à cette peste, à l'envahissement continu de ces myriades de crustacés microscopiques qu'ils doivent avaler à chaque gorgée, si les hommes sont exposés à en être si gravement victimes par un simple accident. Nous répondrons que, dans chaque milieu qu'il habite, l'animal trouve ses remèdes, ainsi que ses aliments; qu'à côté du poison, la nature a su placer pour eux l'antidote; et que l'instinct des animaux est plus sagace, à cet égard, que toute notre science : le nôtre s'est émoussé dans les raffinements de la civilisation. D'où il arrive que les animaux, surtout les aquatiques, se préservent, plus vite et plus sûrement que nous, des atteintes de leurs parasites.

DEUXIÈME ORDRE. — Crustacés fluviatiles et marins.

518. Les auteurs ont beaucoup étudié les crustacés à l'état adulte; ils se sont fort peu occupés de l'histoire de leur croissance, de leur développement, à dater de leur éclosion et de leur incubation, des modifications enfin qu'ils doivent subir, dans leur forme générale, en grandissant; et ce que nous avons dit des *cypris* et des *daphnies*, qui ne sont que l'œuf, plus ou moins éclos, des *cyclopes,* etc., me paraît devoir s'appliquer, avec une égale vérité, aux crustacés qui, par rapport aux premiers, atteignent une taille gigantesque; en sorte que, dans cet ordre comme dans l'autre, on a dû faire beaucoup de doubles emplois, surtout aux deux extrémités de leur vie.

519. Nous ne possédons que deux seules espèces fluviatiles de ces crustacés dans nos climats : l'asille (*Oniscus aquaticus* ou *Asellus*), puis l'argule (*monoculus argulus,* Fab.), qui fait la guerre aux petits coquillages, aux insectes aquatiques et même aux poissons d'eau douce, s'attache aux branchies des gastérostes et aux têtards de grenouilles.

La mer possède un assez grand nombre d'espèces de ce genre qui sont le fléau des poissons et des baleines mêmes :

Nous citerons 1° le pou de la baleine, le *cyame* (*oniscus ceti,* Pall. *Spicil.* 9, tab. IV, fig. 14), petit cloporte de 15 millimètres de long et à longues pattes, qui se cramponne aux nageoires, à la peau du ventre, aux parois buccales de la baleine, dont il corrode les tissus, comme si un oiseau les avait dépecés à coups de bec, et qui ne ferait pas faute de s'attacher aux gencives du marin, sans que le marin s'en doutât, si l'animal venait de sortir de la coquille de son œuf. 2° L'*Oniscus œstrum* et l'*Oniscus asilus* (Pall., *ibid.*, fig. 12 et 13), espèces d'œstre et de taon des poissons par leur âpreté, mais qui leur rongent les chairs comme le font les crabes; la terreur des poissons, le premier dans l'océan Atlantique, et le second dans la Méditerranée tout autant que dans les Indes. 3° L'*Oniscus entomon* (Pall., *ibid.*, tab. V, fig. 1-6), le géant de ces parasites, car il atteint jusqu'à 7 centimètres de long sur 3 dans sa plus grande largeur, que l'on rencontre fréquemment parmi les harengs et qui ronge les mailles des filets des pêcheurs de la mer du Nord et de la Baltique, etc. 4° Le pinnothère des moules qui s'introduit dans leurs coquilles pour les dévorer et leur communique peut-être les propriétés intoxicantes qu'il a contractées lui-même en se nourrissant d'*orties marines* (508). Qui sait, enfin, si tous ces crustacés, même les géants, comme les homards et les crabes, ne commencent pas leur existence par être les parasites des poissons ou des crustacés de grande taille?

520. Quoi qu'il en soit, et en arrivant aux applications pathologiques, n'est-il pas évident que la présence de ces parasites ne doit pas être inoffensive pour l'animal qui en est atteint? N'est-il pas encore évident que la présence en trop grand nombre de ces parasites déterminerait, chez le sujet, l'apparition de désordres assez graves pour constituer une maladie *sui generis*, s'il ne s'en débarrassait au plus vite? Tout parasite, en effet, absorbe, à son profit et à notre détriment, les produits élaborés par la vie pour entretenir la vie. Ils appauvriront donc d'autant la puissance d'une ultérieure élaboration; en outre, comme tout autant de sangsues, ils détourneront la circulation de son cours ordinaire, et ils seront dans le cas de produire tous les désordres qui se caractérisent par les irrégularités du pouls.

521. Demandons-nous maintenant si ces parasites des animaux fluviatiles et marins ne pourraient pas devenir également parasites des animaux terrestres et de l'homme, quand ces animaux et l'homme se rencontrent dans les conditions favorables à ce parasitisme, et alors que l'homme vit habituellement sur les bords des fleuves et sur la surface de l'Océan? Qui empêcherait les *caliges*, qui s'attachent aux branchies des poissons, de s'attacher également à nos parois buccales, à nos gencives, à nos poumons, alors que nos tissus, imprégnés de l'atmosphère salée et humide de la surface des mers, semblent se rapprocher, sous ce rapport, de la nature de la chair salée? Il suffit d'exprimer cette induction pour la rendre acceptable. Dès ce moment, si l'hypothèse de cette invasion se renouvelle, et que, grâce au milieu favorable, ces parasites se propagent, quels seront les caractères principaux du désordre apporté par leur présence à la santé générale, si ce n'est ceux du scorbut, dont les symptômes deviendront de plus en plus graves, en raison de l'accroissement des effets par la multiplication de la cause? Chez les poissons, ces effets seront moins morbides, parce que l'eau de la mer est toujours là pour laver la blessure et la débarrasser de ses produits purulents et baveux; pour fournir enfin, d'un autre côté, par une incessante absorption, aux tissus attaqués, le liquide dont les parasites le dépouillent. Chez l'homme et chez l'animal aérien, au contraire, les effets séjournant sur les effets et se décomposant à mesure, ne pourront qu'empoisonner la plaie, et ajouter un désordre de plus au désordre causé par la désorganisation du parasitisme; on verra les gencives enfler et s'ulcérer de plus en plus, les dents se déchausser ensuite, toute la cavité buccale se couvrir peu à peu d'ulcérations qui s'étendront vers les voies aériennes; à la suite de ces désordres apparents, viendra le cortège des consé-

quences moins évidentes, la-dyspnée, la toux sèche, puis humide, les
tuberculisations du poumon, la fièvre la plus brûlante, les transports au
cerveau, puis la mort, si un changement de nourriture ou de milieu ne
vient pas débarrasser le patient des parasites marins qui le dévorent.
Donnez au malade des légumes frais et non salés, déposez-le sur le
rivage, pour qu'il se réfugie dans les terres; plus il s'éloignera des
bords de la mer, plus la guérison fera des progrès rapides. Il semblera
que l'air des terres est le seul remède contre tant des maux inhérents à
l'atmosphère de la mer. Car pourquoi les parasites marins ne périraient-
ils pas dans l'atmosphère de la terre ferme, comme les poissons marins
périssent dans les eaux douces? Le malade les empoisonnera donc, par
cela seul qu'il respirera un air doux et non chargé de particules salines;
et il se sauvera en retournant à ses habitudes terrestres, si toutefois les
ravages qu'il a éprouvés, dans son exil maritime, ne sont pas devenus
irréparables par le retard.

Or, que de fois n'a-t-on pas vu le scorbut guérir spontanément de
cette manière? c'est même là la règle générale. La mort des malades,
quand elle arrive en dépit de ce favorable déplacement, date, non de
cette époque et de cette transition, mais du séjour antérieur sur le
vaisseau même; le malade dans ce cas était déjà à l'agonie, lorsqu'il a pu
mettre le pied sur le continent.

522. Comment ces œufs de crustacés parasites seront-ils arrivés à
l'homme qui vit à bord et n'y boit que des eaux douces? Il y a mille
voies à bord pour qu'ils puissent arriver à lui : Les vagues, en déferlant,
doivent en imprégner tous les agrès qu'on manie, tous les appuis sur
lesquels on applique la main; et à chaque instant, de la main on peut
en porter à la bouche. D'un autre côté, l'atmosphère marine, toujours
agitée par les vents, toujours imprégnée par les vagues, a aussi sa
poussière, comme l'atmosphère terrestre; atmosphère humide, d'une
densité bien plus grande que la nôtre, et qui, par conséquent, est en
état de rester plus longtemps dépositaire de ces œufs de crustacés et
autres, que notre atmosphère ne l'est de porter çà et là, confondus avec
la plus fine poussière, les œufs des ascarides vermiculaires, que les
vents propagent ensuite sous forme de contagion. Sur la mer, on sera
donc exposé à avaler ce poison organisé, en respirant l'air, et même par
le véhicule de tous les comestibles, surtout des comestibles crus, et non
purifiés par le feu (508, 2°).

523. Dans ces derniers temps on a attribué plus d'une fois à l'ingestion
des *crevettes de mer* des accidents qui, en certaines localités, tenaient
grandement des premiers symptômes du choléra. Je trouve dans mes
notes que, vers le 20 août 1854, toute la population de Brionne (Eure)

s'éveilla, une nuit, dans une espèce de consternation ; plus de cent personnes venaient au même instant d'être atteintes de coliques atroces qui
donnaient les plus vives inquiétudes et qu'on attribua à l'usage des
crevettes.

Le 26 septembre de cette année 1857 (*) les mêmes accidents se repré-
sentèrent pendant la nuit à Amiens, et on les attribua encore à l'usage
des crevettes, que l'on nomme *sauterelles* (*oniscus locusta*, Pall.) en
Picardie, et dont tous les malades avaient mangé la veille. En d'autres
endroits des accidents analogues furent attribués à l'usage des huîtres et
puis à l'emploi d'un assez grand nombre d'autres substances alimentaires.

Les crevettes et les huîtres dans ce cas n'étaient-elles que le véhicule
du poison des *vellèles* ou *orties de mer* (508,2°)? ou bien les crevettes qu'on
expédie toutes cuites, avaient-elles passé par quelque vase de cuivre mal
étamé ou mal recuré? Cette seconde explication est peut-être plus probable que la première : Lorsque j'étais sur les bancs de l'école, il nous
arriva une nuit de nous lever tous en sursaut (nous étions près de
quatre cents élèves), et de transformer en vases de nuit supplémentaires
tout ce que nous trouvions sous la main dans nos cellules ou nos dor-
toirs; nous avions tous été empoisonnés au souper par le même mets
préparé dans une chaudière malpropre et enduite de vert de gris. Nous
en fûmes quittes pour des coliques et une superpurgation qui nous dis-
pensa de jeûner le reste du jour, car l'accident était tombé à quelque
vigile et jeûne. Si le médecin de l'établissement n'avait pas été visiter
les vases à la cuisine et qu'on eût parlé alors de choléra, on n'aurait pas
manqué d'attribuer ces accidents simultanés dans une population aussi
nombreuse à une invasion du fléau asiatique.

TROISIÈME ORDRE. — Les cloportides (*Aselli, Onisci*).

524. Les cloportides sont des crustacés souvent fort petits, terrestres,
fluviatiles ou marins, dont chacun connaît très-bien l'espèce terrestre
domestique (*Oniscus asellus*, Lin.), que l'on désigne sous les noms de
cloportes (**), *mille-pieds, pourceaux* ou *porcelets de Saint-Antoine*. Nous
en avons une seconde espèce nommée *oniscus armadillo*, Lin., parce
qu'au moindre danger et si quelque chose le frôle, il se roule en boule

(*) Voyez *Revue complémentaire des Sc.*, livr. de nov. 1857, tom. IV, pag. 401.
(**) Anciennement *clouportes*, c'est-à-dire, *clous des portes*, à cause de la ressemblance qu'ils offrent, quand ils sont immobiles et tapis contre la lisière de la porte
qui se trouve dans l'obscurité, avec des têtes de clous qui seraient enfoncés dans le
bois.

comme l'*armadillo*; il est d'un gris brun luisant. Ces deux espèces de cloportes recherchent les lieux humides, les fentes et crevasses des vieux murs, le dessous des pierres, les solutions de continuité de l'écorce des arbres, tous les endroits enfin qui sont dans le cas de leur offrir une humidité propice à leurs appareils respiratoires, et un asile pour se préserver des poursuites de leurs ennemis et tendre impunément des piéges aux petits insectes dont ils sont très-friands. Ils pénètrent partout où leur corps peut être contenu et se glisser sans beaucoup d'effort; en sorte qu'il est telle cavité où on le trouve jeunes, et telle autre où ils s'abritent vieux; ils s'aplatissent pour y mieux pénétrer, et leurs anneaux se prêtent avec élasticité à cette introduction forcéé. Nous ne faisons bien attention à eux qu'à leur âge adulte; il est bien des personnes qui n'ont peut-être jamais eu occasion de les observer au premier âge de leur développement; et peut-être, à cet âge, les a-t-on souvent pris pour de petites punaises.

525. Qu'à l'âge au moins où ils viennent de sortir de la coquille de leurs œufs tous ces parasites soient en état de se glisser dans la plupart de nos organes, dans l'oreille, dans le nez, dans l'anus, dans l'urètre, dans la bouche, et de parvenir de la sorte soit dans la vessie et dans l'utérus, soit dans l'estomac et les poumons, cette hypothèse n'a rien que de conforme à leurs habitudes. Si leurs mœurs les portent à faire élection de domicile dans toutes les cavités étroites et humides, pour y vivre en carnivores, qui les empêcherait de pénétrer dans les cavités des animaux, qui peuvent leur servir en même temps et d'asile et de pâture, surtout si l'animal, endormi ou engourdi par suite d'un accident pathologique, est hors d'état d'avoir la sensation de l'invasion et de s'en défendre? La logique ne nous permet pas de tracer ainsi des limites infranchissables entre ce que nous avons observé et ce qui n'est pas encore tombé sous nos sens.

Or, si cela arrive, chacun est en état de pronostiquer ce qui peut résulter de leur présence, même passagère, dans nos organes.

526. Les cas de ce genre ne sont pas rares, et nous allons en énumérer quelques-uns :

Claude Binninger (*) rapporte qu'un malade cachectique en a rejeté par le vomissement.

Ambroise Paré (**) donne la figure ci-jointe du cloporte que M. Duret lui a affirmé avoir rejeté par la verge, après une longue maladie. « Beste vivante, dit-il, semblable à un

(*) Cent. 4, obs. 3.
(*) Liv. 20, *de la petite Vérole et de la Peste*, page 732, édit. de 1628.

clouporte que les Italiens appellent *porcelletti*, qui estoit de couleur rouge, comme tu vois par ce pourtraict. » La couleur rouge provenait sans doute, par transparence, du sang dont ce cloporte s'était repu ; à moins que Duret n'ait vu une couleur rouge dans la teinte légèrement purpurine que prennent souvent ces crustacés.

Tulpius (*) rapporte qu'un célèbre de ses confrères d'Amsterdam, atteint d'une fièvre tierce, rendit, en huit jours, dix-neuf petits insectes dont il donne la figure à la planche VII, fig. 1 et 2, et la description à la pag. 173 de sa 2ᵉ édit. Nous reproduisons ici (fig. 1 et 2) ses dessins faits l'un à l'œil nu et l'autre à la loupe ; on verra qu'il a raison de les rapporter aux mêmes genres d'insectes dont parle ci-dessus Ambroise Paré, c'est-à-dire aux *cloportes*. Le malade les rendit sans douleur, sans difficulté d'uriner ; seulement l'urine était sédimenteuse et fortement colorée.

A la suite de ce cas, Tulpius fait mention d'un autre genre de vèr

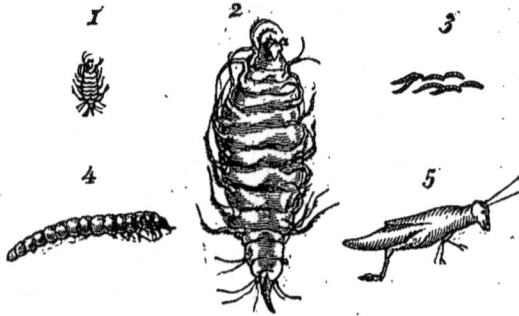

également rendu par les urines chez une femme de 50 ans, qui souffrait à la fois de coryza ou rhume de cerveau et d'incessantes douleurs de reins ;

(*) Nicolas Tulpius, professeur d'anatomie et bourgmestre d'Amsterdam a laissé un recueil *d'observations médicales et d'histoire naturelle* qui lui sont propres, et qui a été imprimé deux fois par les Elzevirs : en 1644 et 1672. C'est lui qui a donné la première description et la première bonne figure de l'orang-outang (2ᵐᵉ édit. pag. 270). Les amateurs prétendent tous que, dans sa *leçon d'anatomie*, c'est Tulpius que Rembrandt a voulu représenter sous les traits du professeur. (Tulpius était le beau-père du bourgmestre Six, ami intime de Rembrandt). Mais on a de la peine d'être de cet avis, quand on compare avec le personnage de la gravure de Rembrandt le beau portrait de Tulpius que les Elzevirs ont placé en tête de la deuxième édition de son ouvrage ; il est vrai qu'ici Tulpius est peint à l'âge de 79 aus ; mais c'était encore un beau vieillard, dont l'âge n'avait pas altéré les traits et qui ne paraissait pas avoir perdu une seule de ses dents ; c'était enfin un de ces savants que les consolations de l'étude, tout autant que les joies intimes de la famille, ont le pouvoir de rajeunir.

elle guérit, après avoir rendu chaque jour cinq ou six des larves que représentent, de grandeur naturelle, les petites figures 3 que nous avons décal-
quées sur les siennes (tab. VII, fig. 3). Tout nous porte à croire que le
ver de la fig. 4 du carré ci-dessus n'est que le grossissement de l'une des
petites larves de la fig. 3. Mais enfin Tulpius (liv. IV, chap. XII de cette
même édition) donne ce long ver comme ayant été rendu par le nez
chez la servante d'un chirurgien dont rien jusque-là n'avait pu calmer les
violents maux de tête ; c'est une larve de coléoptère, de ces larves qui
ne se métamorphosent que fort tard en insectes ailés. Nous ne mention-
nons ce fait en cet endroit que pour ne pas scinder la citation de l'observateur hollandais.

527. D'après Ambroise Paré (*), le comte Charles de Mansfeld, malade
d'une fièvre continue à l'hôtel de Guise, rendit avec les urines un insecte
dont nous avons copié ci-derrière l'image fig. 5, que nous avons également
ment calquée sur celle qu'en donne Ambroise Paré.

 Kerckring, que nous citons d'après Nicolas
Andry (**), donne la figure ci-jointe de cinq vers
qu'un homme rendit par l'oreille dans un bourg
nommé Quadjich, lesquels dit-il, étaient faits
comme des cloportes.

A une époque un peu plus avancée sous le rapport de l'application de
l'art du dessin et de la fine observation aux études d'histoire naturelle,
Paullini (***) dit avoir connu une femme en couches qui rendit, sans difficulté et sans douleur, avec ses lochies, une centaine environ de cloportes
vivants, quoiqu'elle n'eût éprouvé aucune douleur de ventre pendant
tout le cours de sa grossesse.

 528. Si l'on rencontrait jamais dans un cas maladif une forme
d'insecte qui eût quelques rapports avec la figure ci-jointe, il
serait fort possible qu'on eût affaire non à un cloporte, mais à la
jolie et méchante larve de l'*Anthrenus verbasci*, Lamk., *Byrrhus verbasci*, Lin. ; larve qui, par un double emploi, a pris successivement les
noms de *Iulus penicillatus* (de Geer, tom. 7, pag. 36, fig. 1-3), *Scolopendra lagura*, Lin. (scolopendre à pinceau, de Geoffroy (****). Cette larve,
que j'ai souvent rencontrée sur les tablettes de mes livres en 1838, et qui
ravage surtout les collections d'insectes, ne dépasse pas deux millimètres
de long ; elle a l'air, au premier coup d'œil, d'un très-petit cloporte ;
mais à la loupe rien n'est plus joli à voir, à cause des deux fraises de

(*) Liv. XX, ch. 3.
(**) *De la génération des vers*, tom. Ier, pag. 92, édit. de 1741.
(***) *Éphém. des cur. de la nat. Appendice à l'ann.* 5. déc. 2, 1686, pag. 24.
(****) *Hist. des Ins. des environs de Paris*, tom. II, pag. 677, pl. 22, fig. 4.

poils blancs et en entonnoir qui ornent latéralement chacun de ses douze anneaux, dont le pourtour antérieur est en outre bordé d'une rangée des mêmes poils blancs; cet insecte a deux pattes simples à chaque anneau, comme les iules; ce qui a donné le change aux auteurs.

Quoi qu'il en soit, je suis porté à croire que c'est encore cet insecte qui est le coupable du cas maladif suivant, que l'on trouve consigné dans le *Recueil des observations de médecine, chirurgie, pharmacie*, de Vandermondé, tome 9, page 231, 1738 : Un malade avait été pris d'une fièvre tierce, pour laquelle on lui avait administré un vomitif ; ce qui lui fit rendre des milliers de vers de deux lignes de longueur sur une de largeur, analogues à des cloportes, ayant le dos plat, la forme d'un carré long, le ventre garni de petites pattes courtes d'une seule articulation, n'ayant ni queue ni tête distinctes, et d'une couleur gris blanc. Ces évacuations débarrassèrent le malade de la fièvre ; car elles le débarrassèrent de l'auteur de ces intermittences.

529. On nous objectera que des figures aussi mauvaises ne méritent pas une grande confiance. Sans doute nous accepterions l'objection, si l'objet figuré était moins connu et moins vulgaire ; mais qui s'est jamais trompé sur la détermination d'un cloporte ? Qu'importe ensuite qu'on le figure mal, si on le désigne bien ? Parmi les dénégateurs de ce fait, il en est plus d'un qui ne dessineraient pas mieux un cloporte, si ce crustacé s'offrait jamais à leur observation médicale, et qu'ils n'eussent pas là de dessinateur sous la main ; croiraient-ils pour cela avoir démérité de la confiance de leurs lecteurs ? Qu'on se rappelle que l'insecte de la gale n'a jamais été mieux défiguré et rendu méconnaissable que par ceux qui l'ont les premiers et le mieux observé. Les hommes qui écrivent le résultat de leurs observations quotidiennes sont trop riches de faits pour aller s'amuser à en créer et à en dessiner d'imaginaires ; on n'est pas en droit de les accuser de menterie ou de duperie, sur un cas qui ne se rattache nullement à une idée préconçue, à un parti pris d'avance, quand, sur tous les autres qu'ils décrivent, ils se montrent aussi sévères dans la discussion que consciencieux dans l'historique.

Au reste qu'y a-t-il donc de si extraordinaire à admettre (527) que ces *asellides*, qui recherchent toutes les cavités humides, soient parvenus à se réfugier, par le *museau de tanche*, dans la cavité de l'utérus, s'insinuant entre le chorion et la surface utérine jusqu'autour du gâteau placentaire, où ils auraient chaque jour dévoré, pour s'alimenter, quelques-unes des fibrilles dont le placenta se compose et dont il peut se passer en les régénérant chaque jour ? Quelle douleur aurait éprouvée la femme enceinte de la perte de ces infiniment petits filaments vasculaires, de quelques-unes de ces branchies utérines qui pullulent par millions et se ramifient à l'infini? Tout ce qui pourrait s'ensuivre, ce seraient de légères hémorrhagies, qui, en mélangeant leurs produits, auraient passé sur le compte de ces pertes journalières auxquelles la femme enceinte fait si peu d'attention.

CINQUIÈME CLASSE DE CAUSES MORBIPARES ANIMÉES.

SCORPIONIDES.

530. Les scorpionides, dont le scorpion des régions chaudes est le type, forment le passage entre les crustacés dont nous venons de nous occuper, et les arachnides qui feront le sujet de la septième classe. Par leur queue et leurs bras chélifères, ils se rapprochent des premiers ; par leurs yeux et la structure de leurs poches branchiales, mais surtout par leurs propriétés venimeuses, ils ont encore plus de rapports avec les seconds.

531. Le scorpion, cet insecte si connu et si redouté dans les zones méridionales de l'Europe, y est fréquent sous les pierres, dans les lieux bas et humides, dans les fentes des vieux murs. On en ferait volontiers plusieurs espèces, si l'on s'arrêtait aux modifications que l'âge apporte à sa taille, et l'*habitat* à sa coloration. A l'époque de ses amours, cet insecte paraît rechercher le lit de l'homme ; le mâle et la femelle se glissent entre les deux draps ; et ce n'est pas sans une certaine impression de terreur que, dans mon enfance, je les ai rencontrés fort souvent tapis ensemble, en soulevant ma couverture pour me coucher ; cela m'arrivait surtout dans les temps humides. Le scorpion a son venin au bout de l'organe triangulaire qui termine sa queue ; et ce venin paraît être du genre de celui des serpents, car l'alcali volatil en est l'antidote ; s'il ne produit pas des effets aussi désastreux, c'est que la dose de chaque piqûre est trop petite ; car je n'ai jamais été témoin d'un cas mortel, du moins dans la lisière maritime de la Provence. Il en est sans doute autrement dans la Calabre, dans l'Afrique et sous les tropiques, le venin des animaux perdant de son intensité à mesure qu'on s'éloigne davantage de l'équateur. Tous les voyageurs rapportent que les scorpions africains tuent d'une seule piqûre le lion et le léopard. Le docteur Pagni avait envoyé à Redi (Voyez *Génér. des insectes*) de gros scorpions vivants de Barbarie, dont la piqûre, d'après ce médecin qui en avait été témoin oculaire, faisait périr tous les ans une foule de personnes chez les Bébères. Cet envoi fournit à Redi l'occasion d'une série d'expériences qui le convainquirent que le scorpion s'engourdit en hiver ; qu'il peut passer l'hiver sans manger, et

qu'alors il est inoffensif et que sa piqûre a peu de gravité ; mais qu'au printemps, et surtout à la canicule, ses piqûres deviennent mortelles ; que pourtant, à force de piquer, son venin s'épuise et que le scorpion met beaucoup de temps à s'en approvisionner. Aussitôt après en avoir subi la piqûre, les pigeons vacillent, étouffent, frissonnent et tournoient, comme s'ils avaient des vertiges ; ils tombent ensuite, et éprouvent des convulsions pendant trois heures avant de mourir. Redi confirme en même temps l'opinion de Pline, qui les dit inoffensifs en Italie où il les croyait à tort assez rares. « J'ai vu souvent, en effet, ajoute-t-il, les paysans qui les apportent en grande quantité à Florence, au temps de la canicule, pour la confection de l'huile contre les venins, les manier impunément et s'en laisser piquer sans aucune crainte et sans accident. » Les scorpions que l'on a trouvés tapis sous la face inférieure de l'obélisque de Louqsor, le jour qu'on a tiré ce monolithe de la cale, ne pensaient guère à faire usage de leur dard, quand ils se sont vus surpris ; et s'ils l'avaient fait, la blessure n'aurait certainement pas été aussi grave à Paris qu'en Égypte, leur pays natal, où ils s'étaient embarqués avec le monument (*).

532. Dans le Nord, nous avons des scorpionides, qui n'en sont pas moins venimeux pour être moins appréciables à la vue : 1° la pince cancroïde (*Chelifer cancroides*, Lamk.), qui se montre si souvent courant à reculons, dans les feuillets de nos vieux livres, de nos vieux amas de papiers, et dont le cheylète des livres (*Cheyletes eruditus*, Lamk.) que Lamarck, d'après Latreille, a conservé parmi les *acarus*, n'est peut-être que l'âge le plus jeune ; 2° la pince cimicoïde (*Chel. cimicoides*, Lamk.), etc., qui habite sous les écorces de l'Europe ; 3° les *Nymphon* et *Pycnogonum* des baleines, qui ont pour parage les mers glaciales, et qui s'attachent en parasites aux poissons et aux baleines ; 4° la galéode aranéoïde (*Galeodes araneoides*, Lamk.) si venimeuse au Cap et dans le Levant ; 5° la *Galéode fatale* du Bengale, etc., sont des êtres d'autant plus à craindre qu'ils sont plus petits, parce qu'en se glissant plus facilement, à cause de leur taille, dans les orifices les plus étroits de nos organes, ils peuvent nous donner plus de fois, et plus longtemps, le change sur la cause présumée de la maladie. Imaginez-vous un petit chélifère des livres, ou bien les jeunes des autres espèces de scorpionides,

(*) On m'a souvent rapporté, dans le midi de la France, que, lorsqu'on place un scorpion au centre d'un cercle composé de charbons incandescents, l'insecte cherche d'abord à trouver une issue, pour se sauver et se soustraire à la chaleur de cette couronne de feu, et que, désespéré de ne pas en rencontrer, et ne pouvant plus supporter cette chaleur qui le dessèche, il retrousse sa queue, et s'en implante le dard dans la tête, pour se suicider. J'ai répété cette expérience, sans obtenir ce résultat.

qui, pendant le sommeil, viennent s'introduire et se réfugier dans les fosses nasales, en portant çà et là, dans ces repaires impénétrables, le poison de leurs petites piqûres ; qu'ils pénètrent dans les intestins, dans les voies urinaires ; et la maladie, changeant de nom en changeant de place, prendra des caractères d'autant plus graves que l'organe envahi sera plus noble, et que le nombre des parasites sera plus grand.

533. « M. Houlier, dit Ambroise Paré (*), escrit en sa practique qu'il traitoit un Italien tourmenté d'une extrème douleur de teste, dont il mourut. Et l'ayant fait ouvrir, luy fut trouvé, en la substance du cerveau, un animal semblable à un scorpion, comme tu vois par cette figure. » Et la figure est véritablement celle d'un petit scorpion grossi sans doute à la loupe, peut-être le *Cheyletes* que nous classons dans les acares.

On sera peut-être porté à nier le fait, en se fondant sur ce que la région du cerveau n'est pas ouverte au premier insecte venu, et l'on nous demandera comment l'insecte aurait pu se frayer une route jusqu'à un organe si bien protégé, par la contiguïté des pièces de la boîte crânienne, contre toute invasion de ce genre. Nous répondrons que les larves des mouches peuvent y pénétrer et s'y frayer une voie, et que ces larves ont des organes moins propres à fouir les chairs que les scorpionides. Je conçois avec quelle facilité ces insectes de petite taille, et à l'état jeune, sont dans le cas de cheminer, en rongeant les chairs et les membranes, à travers les sutures du crâne, et par les divers trous de l'os ethmoïde et de l'os sphénoïde, qui donnent passage aux nerfs et aux vaisseaux sanguins. Le fait ne présente donc aucune impossibilité par lui-même, et il est appuyé sur le témoignage d'un auteur qui appartient à un siècle où l'on observait, en anatomie, avec autant d'exactitude que nous pouvons observer aujourd'hui (**). Nous aurons, du reste, plus d'une occasion dans le courant de cet ouvrage de citer des traits incontestables d'invasion du cerveau par des insectes de plus d'un genre ; et, pour n'en prendre qu'un par anticipation, nous rapprocherons de ce fait celui qu'Hermann et Lauth ont observé à l'égard d'un acaridien, qu'ils ont trouvé errant dans le voisinage de la glande pinéale ; nous le discuterons plus bas.

(*) Livre 20, pag. 731, édit. de Biron, 1628.

(**) L'absurdité de quelques-unes de leurs explications théoriques se concilie très-bien avec l'exactitude et la bonne foi de leurs observations pratiques. Que nous importe, en effet, qu'Ambroise Paré ajoute les paroles suivantes : « Lequel (scorpion), comme pense ledit Houlier, s'estoit engendré, pour avoir continuellement senti du basilic, ce qui est fort vray-semblable, veu que Chrysippus, Diophane et Pline ont escrit que, si le basilic est broyé entre deux pierres, et exposé au soleil, d'iceluy naistra un scorpion ? »

C'est ici une aberration de l'érudition crédule d'alors, et non un écart de l'observation directe. Redi n'avait pas encore fait justice de semblables opinions.

Rappelons-nous seulement que les scorpionides, quand ils sortent de l'œuf, ne sont pas plus gros que des mites, et que ces insectes n'ont pas besoin, pour vivre, d'être en contact immédiat avec l'air extérieur (505).

SIXIÈME CLASSE DE CAUSES MORBIPARES ANIMÉES.

MYRIAPODES.

534. La classe de myriapodes se rapproche des cloportes par le nombre considérable de leurs pieds, et par la forme allongée et homogène de leur corps, qui ne semble presque être qu'un long appendice caudal, divisé en autant d'anneaux qu'ils ont de paires de pattes : ce sont des vers à mille pieds, qui, ainsi que les crustacés, n'ont à subir aucune métamorphose, et sortent de l'œuf à l'état parfait ; mais leurs anneaux et par conséquent les paires de pattes augmentent en nombre avec l'âge des individus, en s'ajoutant bout à bout, ce qui expose à prendre les divers âges pour tout autant d'espèces. Les scolopendres offrent le type de cette classe.

535. Les scolopendres ont la morsure venimeuse ; mais, de même que nous l'avons fait observer à l'égard du scorpion, l'intensité de l'empoisonnement est en raison de l'élévation de la température. Les scolopendres les plus à craindre sont celles des pays chauds : Bien des soldats qui sont revenus d'Alger m'ont souvent raconté que lorsque le iule gigantesque (*Iulus maximus*) leur passait sur le corps, leur passage était marqué d'une égratignure enflammée.

Du reste les journaux algériens du commencement de juin 1855 nous dépeignent la répulsion qu'inspire à nos soldats la scolopendre ou *iule gigantesque*, qu'ils appellent le *centipède : Au cri de le centipède!!!* on voit toute la chambrée se lever d'un bond, et s'armer de bâtons, de fourchettes et de ciseaux pour aller à la chasse de ce mille-pattes de six pouces (16 centimètres) de long, et noir sur toutes ses parties, qui se promène sur le mur ou sur la toile de la tente. La morsure de cet insecte leur paraît devoir être extrêmement dangereuse; le soldat redoute moins une balle que l'hôpital; et puis le plus brave est comme honteux de se voir démonté par une mite.

536. Nous possédons, dans le Nord, une scopolendre qui a bien la taille de l'*Iulus maximus*, lequel atteint dans l'Amérique méridionale jusqu'à dix pouces de long; elle habite les décombres, et entre la nuit dans

nos habitations. J'ai eu l'occasion de l'observer, rampant sur le mur mi-
toyen de notre jardin à Mont-Rouge; il avait bien 10 centimètres de
long; nos auteurs classiques ne parlent pas de cette espèce comme
vivant dans nos parages. C'est l'espèce dont la morsure est, pour nous,
le plus à craindre; mais, sous le même rapport, nous ne devons pas
laisser que de nous méfier des autres espèces plus communes et plus
petites, surtout de celles qui se plaisent à ronger les fruits, et à se
tapir dans leur cavité, telle que l'iule des fraisiers (*Iulus fragarum*),
qui est très-friand des fraises mûres de nos jardins. En mangeant
imprudemment de ces fruits, on s'expose à enfermer le loup dans la
bergerie; car, alors même qu'on tuerait l'insecte sous la dent, on n'en
avalerait pas moins les œufs, qui ne manqueraient pas d'éclore dans
l'estomac et dans les autres cavités de nos organes.

On a appelé anciennement ces iules gigantesques *ophioctones*, parce
qu'avec leur morsure ils sont dans le cas de tuer les serpents. Pline (*)
rapporte, d'après Théophraste, que la multiplication des scolopendres
obligea les Trieriens d'abandonner leur pays; comme celle des rats avait
fait déserter une des îles Cyclades.

Ces insectes semblent avoir un centre de vitalité dans chacun
de leurs anneaux; car, lorsqu'on les coupe par morceaux, chaque
morceau se meut sur ses deux pattes, comme pour son propre compte;
et ce qui paraissait le plus surprenant aux anciens auteurs, quand ils
coupaient une scolopendre par le milieu, c'était de voir que les deux
moitiés marchaient en sens contraire l'une de l'autre, la moitié postérieure
allant à reculons, pendant que la moitié antérieure continuait d'avancer,
en sorte que l'animal semblait ainsi avoir deux têtes.

Des auteurs, dit Lamarck (**), ont prétendu que certaines espèces répandent une lumière phosphorique; et Linné et Fabricius ont dénommé une
de ces espèces *Scolopendra electrica* qui est terrestre, et une autre qui
est presque marine, *Scolopendra phosphorea*; Geoffroy fait remarquer que
la scolopendre électrique n'est pas toujours phosphorescente. Voici ce
que le hasard m'a mis à même d'observer à cet égard :

Le 27 avril 1842, à dix heures et demie du soir, je me promenais sous
un berceau de treilles, lorsque j'aperçus des traces lumineuses ondoyantes qui se dessinaient sur la terre comme des traits mobiles et phospho-
rescents; je m'empressai de saisir avec les mains cette poignée de terre
phosphorique, et je plaçai le tout sous un verre, où je reconnus que la
lumière provenait d'un certain nombre d'iules terrestres gris et de la

(*) Lib. 8, cap. 29.
(**) *Anim. sans vert.*, tom. 5, pag. 31.

taille des iules des fraisiers; quelques instants après, ces iules avaient perdu tout leur éclat, et ils ne le reprirent plus dans la nuit, ni le lendemain. Mais j'avais remarqué que, sous la tonnelle, mes traînées de feu laissaient souvent, sur leurs traces, surtout quand je les poursuivais du doigt, des petites boules également phosphorescentes, et je découvris, en y retournant, que ces boules n'étaient autres que des femelles de ver luisant (*Lampyris noctiluca*, Lin.), qui se pelotonnaient quand un de ces iules les mordait et cherchait à les dévorer. Il fut donc évident, à mes yeux, que la phosphorescence de ces iules était toute empruntée, et que la victime avait momentanément communiqué son auréole lumineuse à son bourreau. C'est, je crois, disais-je dans la 2ᵉ édition de cet ouvrage, un cas analogue qui se sera présenté à l'observation des naturalistes nos prédécesseurs.

Cependant il pourrait arriver aussi, aujourd'hui surtout que l'usage des allumettes chimiques s'est généralement répandu, il pourrait arriver qu'un insecte, en rampant sur un bout d'allumette récemment froissé, se couvrît d'un enduit phosphorescent assez persistant pour donner le change sur son origine.

Depuis la publication de la 2ᵉ édition de ce livre, nous avons rencontré la scolopendre que Linné a désignée sous le nom de *scolopendre électrique*, une fois parfaitement lumineuse (*), et l'autre fois tout à fait terne; ces deux fois-là elle s'était glissée entre les deux draps; on s'aperçut de la présence de cet hôte incommode au moment où l'on allait se mettre au lit.

Au reste, le phénomène de la phosphorescence se manifeste souvent même chez les animaux supérieurs, et c'est alors l'effet d'une surexcitation particulière ou d'une assez longue exposition à une température élevée (**). « On a remarqué, dit Lemery (***), chez plusieurs hommes, que

(*) Cette scolopendre ne devint électrique qu'à l'instant où on la coupa en deux avec les ciseaux pour la jeter dans le pot de nuit : Elle avait 4 centimètres de long, de l'extrémité de la tête à celle de l'anus ; le corps se composait de 50 anneaux et de tout autant de paires de pattes ; ses antennes moniliformes étaient formées de 14 articulations en godet ; chacune de ses pattes, d'une grande transparence, n'avait que 4 articulations ; le corps, d'une couleur marron, était marbré de points d'une couleur moins foncée. Nous étions alors au 7 septembre 1853.

Dans *Linné* la scolopendre électrique a 70 paires de pattes ; Geoffroy lui en assigne 60, 64, 66 et quelquefois 68 ; il lui donne une couleur fauve avec une bande noire au milieu du corps, et une longueur de 8 à 9 lignes (18 à 20 millimètres) : toutes différences qui dépendent de l'âge des individus et des diverses influences locales ; peut-être aussi que la phosphorescence peut survenir dans l'occasion à toutes les espèces de ce genre d'insectes.

(**) Voyez *Revue élémentaire*, liv. du 15 août 1848, tom. II, pag. 78.

(***) *Cours de chimie*, 2ᵉ édit. 1713, 217.

quand ils sont en colère ou dans une grande agitation d'esprit, leurs cheveux deviennent luisants comme du feu, » et cette circonstance doit être plus fréquente dans les régions chaudes que dans les climats tempérés; elle a sans doute donné lieu à l'auréole dont les peintres entourent la tête de leurs saints en extase. « On trouve quelquefois, ajoute Lemery, dans les boucheries, des morceaux de veau, de mouton, de bœuf qui luisent la nuit, quoiqu'ils soient nouvellement tués, et d'autres tués en même temps ne luisent pas. On a remarqué, cette année, à Orléans, que le même jour presque toute la viande s'est trouvée lumineuse la nuit chez certains bouchers, et nullement chez certains autres. »

La scolopendre que Linné désigne sous le nom de *scolopendra phosphorea* ou *à 14 anneaux*, est tombée un jour comme des nues, emportée par la tempête, sur un navire qui voguait à 100 milles du continent dans les parages de l'océan Indien; Linné en a fait une espèce particulière. Les marins durent la prendre, à une certaine distance, pour un *bolide* ou *étoile filante*.

537. Nous croyons superflu de rappeler que ces insectes peuvent se glisser à notre insu dans le conduit auditif, dans la cavité du nez, dans l'anus, etc., et que même, si nous dormions assez pour ne pas trop les déranger dans leur œuvre, ces insectes parviendraient facilement à se ménager, dans nos chairs, le repaire qu'ils savent si bien se ménager dans la substance des fraises et des fruits. Qui n'a appris à connaître ce dont ils sont capables (*), par l'histoire de cette pauvre négresse condamnée par son maître à vivre attachée contre le mur d'un ignoble cachot, et qui se sentait les pieds rongés par ces horribles bêtes, sans pouvoir se défendre et se garantir de leurs morsures? Or les petites espèces possèdent les mœurs et les habitudes des grandes.

Mais qu'arriverait-il si l'un de ces individus parvenait à se nicher dans nos chairs, comme ils se nichent dans la chair de nos fruits? N'aurions-nous pas devant les yeux, avant tout autre avertissement, le cas d'une tumeur, d'un apostème avec fistule, suppuration, et que sais-je? à la suite, peut-être, des douleurs ostéocopes et la carie des os? En tout cela, nous ne sommes jamais si bien trompés que lorsque le parasite est de petite taille.

538. Plutarque parle d'un citoyen d'Athènes qui rendit par les urines un insecte velu et armé d'une foule de pieds (*Sympos.*, lib. 8, quæst. 9); Tulpius (*Obs.*, lib. 2, obs. 49), Bartholin (*Hist. anat.*, cent. 4), Riverius (obs. 40), rapportent des cas analogues. *Voyez* aussi les *Actes de Copen-*

(*) Affaire Douillard de la Guadeloupe, devant le tribunal de la Pointe-à-Pitre. (*Gazette des Tribunaux*, mars 1841.)

hague, vol. 5. obs. 21, p. 83. Rhodius en a vu rendre plus de cinquante à un noble polonais.

539. Ambroise Paré (*) a publié la figure ci-jointe d'un insecte que

Jacques Guillemeau, chirurgien du roi, lui donna comme l'ayant tiré lui-même d'un *apostème* venu à la cuisse (partie externe) d'un jeune homme; Ambroise Paré le conserva, dans une fiole de verre, plus d'un mois sans manger. Cette figure se rapporte très-bien au *Iulus complana-tus* de Fabr., quoique Fabricius n'attribue à son espèce que trente paires de pattes; car nous avons déjà dit que les scolopendres acquièrent de nouveaux anneaux, et par conséquent de nouvelles paires de pattes, en grandissant.

Fernel (**) raconte qu'un soldat étant tombé malade, mourut le vingtième jour de sa maladie, après être devenu furieux ; on lui trouva

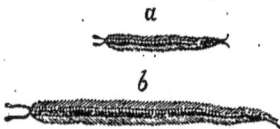

dans le nez deux vers velus et cornus, dit-il, dont il a donné la figure ci-jointe, qu'Aldrovande, Ambroise Paré, dans ses premières éditions, et Andry (***) lui ont empruntée. Évidemment encore ici, ce sont deux individus, de différents âges, de l'*Iulus sabulosus*, Fabr., ou de l'*Iulus terrestris*, Fabr., l'individu *a* étant plus jeune que l'individu *b*.

On pourrait objecter que les dissections nécroscopiques n'ayant lieu que quelque temps après la mort, ces deux iules ont pu s'introduire, depuis l'instant de la mort, dans les cavités nasales. Nous répondrons que ces insectes vivent de chair fraîche, et ne sont pas friands de chairs corrompues; qu'en conséquence, pour qu'on les ait trouvés dans le nez du cadavre, il faut que, ainsi qu'on en avait la permission alors, Fernel ait fait la dissection à une époque très-rapprochée de l'instant de la mort du monomane ; du reste, la présence de ces insectes explique si naturellement la furie accidentelle du malade, qu'on a de la peine à repousser cette explication. En un mot, quand des auteurs graves, et de ce bon temps de la probité littéraire, se hasardent à publier des faits qui s'écartent de la route vulgaire, il faut penser qu'ils ont pris d'avance toutes leurs précautions pour n'être pas dupes d'une illusion.

(*) Liv. 20, pag. 732, édit. de 1628.
(**) *Pathol.*, lib. 5, cap. 7.
(***) Andry, *De la Géner. des vers*, édit. de 1741, tom. Ier, pag. 75.

On reconnaît encore le fait des scolopendres dans ce que rapporte le *Journal des Savants* du lundi 17 mai 1666, d'après une lettre écrite de Chartres. Une jeune femme, accouchée depuis trois semaines, et qui nourrissait son enfant, était obligée, à cause de l'abondance de son lait, de se faire teter par son mari. Cet homme ayant un jour senti, dans sa bouche, quelque chose de solide, quitta le sein, et reconnut un ver qui sortait et qu'il tira avec les doigts. Cet insecte avait les mouvements ondulatoires du serpent; il était long environ de quatre pouces, et de la grosseur d'un ver à soie médiocre; la couleur en était bistre; il avait un double rang de pieds sous le ventre; le corps paraissait composé de petits anneaux contigus, depuis la tête jusqu'à la queue, qu'il portait relevée et fourchue à l'extrémité; il avait sur la tête deux cornes aussi fourchues, et faites comme les petites pattes d'un écrevisse; il s'agitait extrêmement quand on le touchait, et quoiqu'il eût un très-grand nombre de pieds, il ne marchait qu'en serpentant. Avant que le ver sortît, cette femme sentait des picotements qu'elle attribuait à la trop grande abondance de son lait.

540. Depuis que nous avons donné l'éveil sur l'importance de ces observations en médecine, les praticiens ont pris soin de faire enregistrer celles que leur pratique les met à même de recueillir. Le 28 octobre 1844, Decerfz, médecin à la Châtre, écrit à l'Académie des sciences une note sur une scolopendre qui a été rendue vivante par les fosses nasales d'une jeune femme. Cette personne, âgée de dix-neuf ans, douée d'une forte constitution, était en proie depuis deux ans à une céphalalgie sus-orbitaire de l'œil gauche qui, supportable d'abord, acquérait de jour en jour une plus grande intensité, et qui aurait fini, disait-elle, par la rendre folle, si une circonstance inattendue ne l'eût guérie. Après un violent éternument, provoqué sans doute par une prise de tabac, elle sentit remuer quelque chose dans la narine gauche, et bientôt un insecte en sortit précipitamment : c'était une scolopendre ayant 70 anneaux, et partant 140 pattes; couleur fauve, avec une ligne brune sur le dos; longueur 6 centimètres, largeur 3 millimètres. C'est la *Scolopendra electrica* ci-dessus. Une simple prise de tabac, comme on le voit, fut plus puissante que tout l'arsenal de la médecine.

Le *Salut public*, du 4 août 1855, rapportait qu'un ouvrier tisserand de la *Croix-Rousse* à Lyon, s'étant endormi dans les champs, fut pris, à son réveil, et en se remettant au travail, de douleurs lancinantes dans la tête qui le jetèrent dans une espèce de folie furieuse : un perce-oreille (est-ce un *iule* ou une *forficule?*) s'était introduit dans le tuyau auditif chez cet homme; il fut guéri dès qu'on eut fait l'extraction de l'insecte.

SEPTIÈME CLASSE DES CAUSES MORBIPARES ANIMÉES.

ARACHNIDES.

541. Les arachnides rappellent l'organisation des crustacés brachiures, dont ils diffèrent principalement par le nombre de leurs yeux et celui de leur pattes, qui sont toujours, à l'âge adulte, au nombre de huit; chez certaines espèces, les jeunes n'en ont que six. Ces insectes sortent de l'œuf, pour tout le reste, à l'état parfait. Leurs palpes sont les analogues des antennes des crustacés; elles ont, comme ces derniers, des mâchoi-res et deux grosses mandibules, qui sont, en général, munies à leur sommet d'un onglet mobile et perforé, pour donner passage au venin qu'elles distillent dans la plaie entamée par ces deux pinces. C'est avec cet appareil que ces insectes carnassiers saisissent leur proie, comme entre un étau et qu'ils lui font les premières piqûres, destinées à introduire le venin qu'ils distillent dans la plaie. Car toutes les espèces de ce genre ont à leur disposition un venin, pour assoupir leur proie et la maintenir sans défense; quelques-unes ont de plus l'art de tirer, de la partie posté-rieure de leur corps, une soie, pour envelopper leur victime comme dans un filet.

542. Les arachnides se divisent en deux groupes bien caractérisés par leurs habitudes et par leur taille : les *araignées* proprement dites, et les *acaridiens*.

PREMIER ORDRE. — Araignées (*Araneœ*).

543. L'araignée inspire une terreur involontaire, dont l'éducation a bien de la peine à nous débarrasser. C'est une terreur instinctive, une terreur innée et de prévoyance; tout animal apporte en naissant l'hor-reur de ce qui peut lui nuire. On a vu de braves officiérs pâlir à la vue de l'effigie en cire d'une araignée (535); et quand Lalande en avalait par une rodomontade d'esprit fort (*), il savait bien que l'araignée n'est funeste

(*) Lalande n'était pas friand que de ce seul légume animé; à défaut d'araignées, il s'accommodait fort bien d'un plat de chenilles : Quand il devait aller dîner chez son collègue à l'Académie des sciences, M. Quatremère d'Isjonval, Mme d'Isjonval avait soin la veille de faire une ample récolte de chenilles, pour joindre ce plat de friandise du cru au plat d'araignées que Lalande apportait chaque fois avec lui dans une large tabatière; il trouvait à l'araignée un goût de noisette et à la chenille un goût de fruit à noyau. M. Vallot nous écrivit, en 1844, de Dijon, qu'il avait connu un paysan qui trouvait aussi un goût de noisette à l'araignée de jardin (*aranea diadema*, Lin.), et qu'il en faisait ses délices. C'est cette araignée à ventre énorme qui porte un diadème d'or

que par sa piqûre, et il avait hâte de l'écraser sous la dent. Quant à sa
nièce, à qui l'astronome imposait de pareils passe-temps, sa déférence
aveugle entre dans le domaine des actes de foi, c'est-à-dire, des exceptions
à la règle; bien des gens prétendent qu'elle en escamotait plus qu'elle
n'en avalait.

544. L'araignée, cet être solitaire, rusé, lâche et féroce, qui ne tombe
sur son ennemi que lorsqu'elle est sûre de le trouver sans défense, qui
fuit à notre approche, et se tient en embuscade dans l'ombre, l'œil
ouvert, et toujours prête à fondre sur qui s'endort ou se laisse prendre
à ses filets; l'araignée porte l'empreinte de tous ses goûts dans sa
démarche rapide, effrayée et rampante, dans sa tête qui se cache tout en
observant, et dans cette vaste capacité abdominale qui semble former la
totalité de son corps. Insecte maudit de la nature, elle peut, ainsi que
le scorpion (531), vivre six mois sans manger; elle n'aime pas même
sans effroi : elle vole à ses amours, en tâtonnant de méfiance; elle
prévoit un bourreau dans son amant; elle recule de frayeur plus d'une
fois, avant de céder à l'aiguillon de la volupté qui l'entraîne hors de son
gîte; elle ne s'accouple enfin que quand le besoin qui la dévore est
devenu une fureur; son mariage est un acte de démence, et sa copulation un acte imprévoyant; elle redoute la puissance de sa morsure,
jusque dans le spasme d'un baiser. Qui n'aurait peur d'un être qui se
fait peur à lui-même (*)?

Cependant cet insecte féroce et hideux à voir s'apprivoise au son d'une
voix de femme, aux accords d'une douce harmonie. La harpe de David
ne calmait-elle pas la fureur de Saül? la lyre d'Orphée n'apaisait-elle pas
la rage du tigre? la musique militaire ne ramène-t-elle pas à des sentiments d'humanité le soldat encore ivre de la victoire? J'ai vu l'araignée
des jardins, qui avait filé sa toile contre la vitre d'une fenêtre, accourir
chaque fois à l'appel d'une fleuriste qui travaillait à cet endroit.
Beethoven s'était pris d'une touchante amitié pour une araignée qui ne
manquait jamais de se suspendre au-dessus de son violon, toutes les
fois qu'il se livrait à ses improvisations, au milieu de sa chambre; tellement qu'il brisa son violon de désespoir, le jour que sa mère, ignorant

---

gravé sur le dessus de sa bedaine, et que nos poules, qui en sont tout aussi friandes
que ces deux amateurs, se disputent en se les arrachant du bec. On pourra lire, dans
les *Éphémérides des curieux de la nature*, déc. 2, ann. 5, 1686, obs. 116, pag. 231,
plusieurs exemples d'individus qui avaient le goût des araignées. Quant à M. de Lalande, nous avons puisé les renseignements ci-dessus, les uns dans les *Mémoires d'un
pair de France, ex-membre du Sénat conservateur*, et les autres dans la *Flore des
insectophiles*, par Jacques Brez, pag. 129, in-8°, 1791.

(*) *Araneæ*, dit Scopoli, *meditabundæ, solitariæ, vigiles, famelicæ, exosæ, fecun-
ditate summâ, plurium calamitatum causæ.* (Entomol. carniolica, 1763, pag. 392.)

ses rapports d'amitié, et étant survenue derrière lui à pas de loup, de peur de lui faire perdre le fil de ses idées, enleva cet insecte pour l'écraser sur le champ. Madame de la Villegontier me parlait un jour, avec le plus tendre intérêt, d'une araignée qui venait se suspendre au-dessus de ses doigts, dès le moment que cette dame se mettait à son piano, et surtout quand la réminiscence ou l'improvisation ramenait un motif un peu plus suave que les autres. Tout le monde connaît l'histoire de l'araignée de Pelisson à la Bastille; l'araignée des cachots lui rendait, à sa manière, les soins affectueux de la fidélité dont il était martyr.

545. L'araignée se distingue des *acarus*, parce que le crochet mobile qui termine ses mandibules joue sur la surface interne de la mandibule, tandis que, chez les *acarus*, il joue sur la partie dorsale du même organe (cette dernière distinction était inconnue avant cette publication; nous la décrirons en son lieu). Elle s'en distingue encore par quatre ou six mamelons qu'elle porte à l'anus, comme tout autant de filières par où elle file la soie avec laquelle elle ourdit ses toiles, ses coques, ou bien dont elle se sert comme d'un suspensoir, pour monter et descendre à travers les airs.

546. Le venin de l'araignée est d'autant plus malfaisant, que son habitation est plus obscure et plus humide. Les araignées des caves, souterrains et lieux d'aisances sont célèbres dans les fastes de la toxicologie. L'humidité du lieu, autant que le jeûne de l'araignée, prête à l'élaboration de son poison une énergie nouvelle; les espèces qui vivent au soleil, moins affamées et d'une nature plus sèche, s'épuisent sur les insectes, et ont sans doute moins de poison liquide à dépenser. Le climat exerce sur la qualité du venin et les caractères de ses effets morbides la même influence que nous avons eu déjà l'occasion de faire remarquer à l'égard du venin du scorpion et de celui des vipères (486, 531).

Les effets de la morsure d'une araignée, toutes choses égales d'ailleurs, seraient bien plus à craindre sous le ciel de l'Amérique centrale, de la Calabre ou de la Provence, que sous les climats du Nord.

547. Latreille et Walckenaer avaient divisé le genre araignée en une foule de coupes, qu'ils érigeaient ensuite en genres, décorés de tout autant de noms nouveaux. Ce procédé, dont ces messieurs n'étaient pas avares, n'est propre qu'à jeter le désordre dans la mémoire et dans les idées, et ne peut servir qu'à donner au pédantisme un moyen facile et à bon marché de faire de l'érudition. De telles coupes génériques n'étant fondées que sur des différences spécifiques, on ne doit jamais se permettre d'adopter de pareilles innovations; le genre araignée est un des plus naturels et des mieux circonscrits que nous ayons, et son cadre se prête autant aux espèces exotiques qu'aux espèces indigènes.

548. L'ARAIGNÉE DES CAVES (*Aranea cellaria*, Lin.) est une des espèces les plus grosses et les plus hideuses que nous possédions dans le Nord. A l'âge adulte, elle a le corps gros comme un grain de raisin, brun noirâtre, et velu en dessus, grisâtre et lisse en dessous ; de longues pattes noires, velues, grisâtres vers l'extrémité ; les mandibules vertes. Cette grosse araignée, il ne faut pas le perdre de vue, a commencé par être fort petite ; en sorte qu'on peut la rencontrer sous toutes les dimensions intermédiaires, et qu'il serait imprudent de s'y fier, parce qu'elle n'aurait pas la taille de la description qu'ont l'habitude d'en donner les toxicographes ; car elle est malfaisante à tous les âges. Elle habite les caves, les fentes des vieux murs, et partant les lieux bas et humides, les lieux d'aisances, etc. ; je la trouvais jadis tous les ans dans le tuyau de ma cheminée, d'où la fumée la faisait tomber. On ne la rencontre jamais seule ; le mâle cohabite avec la femelle ; j'en ai surpris deux énormes derrière un herbier que j'avais abandonné sous les tuiles d'un grenier obscur. En décembre 1844, les murailles de nos communs, au fond du jardin, étaient tapissées de jeunes araignées de caves, qui s'y étaient réfugiées pour se garantir du froid extraordinaire d'alors.

549. Les symptômes de sa piqûre varient d'aspect, selon la taille de l'insecte, la constitution de l'individu qui en a été mordu, et le lieu d'élection, selon que le crochet aura intéressé plus ou moins les anastomoses nerveuses, en infiltrant son poison dans le sang ; enfin, selon que le venin aura atteint ou les capillaires, ou de plus gros vaisseau. La plaie prend quelquefois une couleur livide ; d'autres fois elle ne laisse presque pas de traces apparentes : cela dépend de la manière dont le crochet mobile est entré dans les chairs, en piquant en pointe ou en déchirant circulairement. Le malade éprouve bientôt du frisson, une certaine horripilation ; il est agité, puis assoupi ; et il présente ensuite tous les symptômes de l'infection qui découle d'une piqûre ; avec la différence qu'il n'enfle pas toujours comme par la piqûre de la vipère, quoique le venin de l'araignée paraisse être de la même nature que celui des serpents, puisqu'il cède aux mêmes antidotes.

550. 1° Les *Éphémérides des curieux de la nature* (cent. 1 et 2, append., obs. 35) rapportent qu'en Sardaigne, la piqûre de l'araignée des caves (*solifuga*), qu'on y appelle *bargia* ou *vargia*, faisait enfler tout le corps, avec inquiétude et convulsions suivies de mort en peu de temps. On s'en guérissait, en s'enfouissant dans le fumier le plus chaud, ou dans un four dès qu'on pouvait en supporter la chaleur.

2° Stalpart van der Wiel (*Obs.*, cent. posth., part. 1, obs. 2) parle d'araignées qui, s'étant introduites dans le tuyau auditif, y produisirent les symptomes généraux les plus graves.

3° On lit dans un journal américain (*) un cas de morsure de ce genre, qui présente une particularité intéressante, sous le rapport du lieu d'élection. Un habitant de Pensacola, étant aux privés le 7 août 1839, se sentit piquer au gland par une araignée. D'abord la douleur parut faible et insignifiante; mais elle ne tarda pas à prendre un caractère plus alarmant. Une heure après l'événement, le malade se tordait dans les convulsions les plus fortes, quoique la piqûre n'offrît ni inflammation ni enflure. Le malade vomissait avec de grands efforts, et sentait une douleur profonde dans l'abdomen; il étranglait, la suffocation lui injectait tous les vaisseaux de la gorge; il lui survint des douleurs dans tous les muscles du dos, dans les jambes. Mais l'antidote ammoniacal ayant été appliqué de bonne heure, ainsi que les liniments au camphre et à l'essence de térébenthine, les douleurs se calmèrent, et le surlendemain le malade se leva presque guéri.

4° Nous avons longuement décrit, dans la *Revue complémentaire* (**), un cas tout à fait analogue au précédent : Le 6 sept. 1856, M. Martin Verdier, âgé de 40 ans, et demeurant à Issoire (Puy-de-Dôme), se sentit piqué à la verge par une araignée, étant aux privés; il vit distinctement l'araignée s'échapper de la place mordue. Presque aussitôt la verge enfla, et la piqûre prit un aspect si suspect que le médecin appelé aussitôt s'obstina à n'y reconnaître que les symptômes d'une infection vénérienne, en dépit des affirmations contraires du malade, dont la conduite est des plus régulières et qui est marié. Ce docteur est un dévot et fervent adepte de l'antique médecine et un ennemi implacable de la nouvelle.

Les bains de siége, dits émollients, et le mercure, puis la diète, avaient amené M. Verdier à deux doigts du tombeau, lorsque M. le docteur Bravard, chirurgien à Jumeaux (même département), à qui le malade s'adressa en désespoir de cause, nous invita à lui formuler une prescription, qui fut exécutée religieusement, ce qui a fini par sauver le patient et de la piqûre de l'araignée et de la piqûre du médecin.

5° Une dame qu'a eue à soigner le docteur Antigone, à Milan, fut mordue par une araignée des caves, qui lui était tombée dans le sein. Comme on ne la traita que par la thériaque à l'intérieur, et par les scarifications à l'extérieur, l'endroit piqué grossit comme un œuf, et il y eut escarre gangréneuse; la dame n'en fut quitte qu'au bout de deux mois de souffrances de toute façon (***).

6° E. de Montmahon (****) dit avoir vu un homme piqué, à la paupière

(*) *The American Journal of the medical sciences*, 1839.
(**) Livr. de février 1857, tom. III, pag. 193.
(***) *Annali medico-chirurgici;* extrait dans l'expérience, 1er août 1844, t. 14.
(****) *Manuel des poisons*, page 223.

supérieure, par cette araignée, éprouver des accidents graves, et mourir
en moins de vingt-quatre heures, sans doute parce que les soins lui
furent mal administrés.

551. Les cas de morsure de cette araignée sont plus fréquents qu'on
ne se l'imagine ; car on ne se l'imagine jamais, quand on ne s'est pas
aperçu de la cause de la piqûre. Or que de fois peut-elle avoir lieu et passer inaperçue, surtout quand l'araignée nous pique endormis ! J'ai rencontré souvent des phlegmons ayant au centre un bouton purulent, qui
n'étaient à mes yeux que l'effet de piqûres de petites araignées, et qui en
offraient tous les accidents ; engourdissement et enflure de tout le membre, fièvre brûlante, angoisses, stupeur, inappétence, etc., symptômes
assez persistants et qui ne cédaient que difficilement aux soins, toujours trop tardifs, que, dans ce cas de piqûre inaperçue, le malade
réclame.

552. Les habitants de la campagne se gardent bien d'araigner leurs
écuries, et d'enlever les toiles d'araignée. Cela vient de deux manières de voir : la première, qui est que les araignées, en dévorant les mouches, taons, etc., délivrent les bestiaux des ennemis qui les fatiguent le
plus par leurs piqûres ; la seconde, qui est la crainte de les faire tomber
dans le foin, ce qui exposerait les bestiaux à les avaler en vie. Or on
conçoit combien la piqûre de l'araignée serait plus dangereuse, si l'insecte la pratiquait dans les cavités buccales, dans l'arrière-gorge, dans
l'œsophage ou la trachée ! Et ce dernier cas n'est pas rare, en dépit de
toutes les précautions. Nous sommes donc persuadé que la présence des
araignées dans les écuries, utile sous le premier rapport, est trop dangereuse sous l'autre, pour que le premier cas serve de compensation.
Donc, quand on aura à sa disposition deux écuries, on fera bien de parfaitement nettoyer l'une, de l'araigner et de là blanchir sur les murs, de
la laver au chlorure sur le pavé, pendant qu'on tiendra les bestiaux dans
l'autre : on aura tout à gagner à ces soins de propreté.

553. L'ARAIGNÉE TARENTULE, ou la tarentule (*Aranea tarentula*, Lin.),
qui tire son nom de Tarente, ville de la Pouille, aux environs de laquelle il paraît que les cas de morsure de cet insecte ont été plus fréquents à une certaine époque, est l'espèce qui présente le plus d'intérêt,
sous le rapport qui nous occupe. La tarentule est commune dans la Calabre, dans les environs de Sienne, dans la Romagne, etc., d'après
Matthiole (*), ce qui permet d'établir qu'elle est commune dans toute
l'Italie. C'est une grosse araignée qui habite sous terre, dans les trous
profonds, sous les pierres, et se jette de là sur sa proie ou sur les jambes
des moissonneurs. Son corps est gris cendré en dessus, noir en dessous,

(*) Sur *Dioscoride*, liv. 2ᵉ, chap. 57.

avec des taches noires et triangulaires sur le dos; les pattes sont maculées de noir (*).

554. On a souvent révoqué en doute certaines circonstances consécutives de la morsure de la tarentule. « Quant à la tarentule, dit Swammerdan (**), dont la piqûre se guérit, dit-on, par la musique, un homme très-curieux qui a voyagé en Italie m'assura il y a quelque temps que ce fait passait pour fabuleux, même dans la Pouille, et qu'il n'y avait que des gens de la lie du peuple, des vagabonds, qui, se disant piqués de cet insecte, paraissaient guérir par la danse et la musique et gagnaient leur vie au moyen de cette charlatanerie. » Les naturalistes modernes ont regardé l'opinion de Swammerdam comme définitive, et ils sont tous d'accord pour rejeter au nombre des fables tout ce que les auteurs qui en ont été témoins oculaires ont dit des terribles effets de la piqûre de la tarentule et des moyens qu'on emploie pour les combattre.

Feue Mme Lucien Bonaparte (princesse de Canino) m'a dit avoir été souvent témoin des effets de la tarentule, dans ses terres de Canino. On en meurt quelquefois, on éprouve des convulsions; mais à Canino on n'avait pas d'exemple de ce qu'on dit de la danse du malade et de sa guérison sous l'influence de la musique.

Cependant, bien des observateurs dignes de foi assurent avoir été témoins oculaires et du fait et de la médication; de ce nombre est Matthiole. « Ceux qui en sont piqués, dit-il, sont diversement tourmentés; car les uns chantent, les autres rient, les autres pleurent, les autres crient sans cesse, les autres dorment, les autres sont frappés d'insomnie.

(*) Elle a été figurée, comme on observait en ce temps-là, par Ferrant Imperati et par Aldrovande (De animalibus insectis, pag. 764), qui a copié Imperati; par Maximilien Misson (Voy. en Italie, 1691, tom. IV, pag. 236); Paul Boccone (Museo di fisica, osserv. 17ª, pag. 104, 1697) regarde la description et la figure de Misson comme très-exacte. Depuis lors, je ne sache pas une seule figure de cette araignée qui ait été faite d'après nature, et je ne suis pas sûr qu'on possède dans les collections du Muséum à Paris des individus authentiques de la tarentule de la Pouille. La figure que Meunier a dessinée et qu'a publiée Orfila (atlas. pl. 21 du Traité de médecine légale), pourrait se rapporter aux espèces d'araignées autant du genre Sparasse que de tout autre genre; ce à quoi ce dessin ressemble le moins, c'est à la tarentule des écrivains qui en ont parlé de visu.

Walckenaer (dans la Faune française et son Hist. nat. des aranéides, 1806) a figuré deux ou trois tarentules du littoral de la Méditerranée : la mygale de Gibraltar, la mygale fasciée et la tarentule de Narbonne, qu'avait figurée et décrite avant lui Marcorelle, baron d'Escalles, dans les Obs. de phys. de Rozier, tom. XVII, an. 1784, pag. 434-435, comme étant la même que la tarentule de la Pouille, d'après les indications mêmes d'Adanson qui l'avait surprise sortant de son trou dans les environs de Narbonne.

(**) Biblia naturæ, tom. I, pag. 56, trad. dans la coll académ., tom. 44, pag. 31.

Les uns vomissent, les autres sautent et dansent, les autres ont d'abon-
dantes sueurs, les autres sont en proie à de continuelles frayeurs; les autres
entrent dans des fureurs et éprouvent des accès de rage. Diversité de passions, qui ne proviennent que de la diversité du venin de l'insecte,
et de la diversité de la constitution et du caractère jovial ou mélancolique
du patient...

» J'ai vu plusieurs moissonneurs, qui avaient été mordus de ces araignées, et qui étaient tourmentés comme je viens de le dire, et cela, tant
dans les hôpitaux qu'en d'autres lieux. Mais ce qu'offre de plus curieux
ce cas, c'est que les patients sont soudain soulagés par la musique. Je
puis assurer que ceux qui sont atteints de cette affection semblent oublier
leurs douleurs, dès qu'ils entendent les sons d'un instrument de musique, et qu'ils se mettent à sauter et à danser aussi gaiement que s'ils
n'avaient point de mal. Aussi, dès que l'instrument cesse de se faire
entendre, ils tombent à terre, sans pouvoir se soutenir, et en reviennent
à leurs premières douleurs. Et pour cette cause, on leur tient des
instruments à gage, dont les joueurs se remplacent à mesure que l'un
se fatigue, de sorte que le malade, à force de sauter, danser et prendre
ses ébats, fasse sortir tout le venin de son corps par la sueur et la
transpiration forcée. Ce qui n'empêche pas qu'on leur administre parfois
la thériaque, le mithridate, et autres remèdes indiqués contre la morsure
des animaux venimeux (*). »

Maximilien Misson (**), pendant le séjour qu'il fit à Naples, s'informa de
ce que pensaient les hommes instruits du pays au sujet du *tarentulisme* ;
il s'adressa à cet effet, par l'intermédiaire d'un libraire français, homme
de lettres estimé, M. Bulifon, au docteur *Domenico Sangenito,* qui exerçait
à *Nocera de Sarazeni,* dans la *Capitanata* (royaume de Naples), trente à trente-
cinq lieues plus au nord-ouest que Tarente, pays classique de la tarentule.
Le docteur *Sangenito* lui fit parvenir par ce libraire une longue lettre et une
figure de la tarentule, et il lui cita deux cas de morsure par la tarentule
qui lui avaient présenté tous les symptômes et toutes les circonstances de
traitement décrits par les auteurs précédents ; il assurait que les *tarentulés*
ou *piqués de la tarentule (tarentolati* ou *tarentati)* éprouvent de meilleurs effets des sons de la guitare et du violon que de ceux de tout autre instrument.

Bulifon, dans ses *Lettere istoriche,* a reproduit la lettre et le dessin en-
voyés par le docteur *Sangenito,* et il y a joint de nouvelles particularités
qui lui étaient personnelles.

Georges Baglivi, professeur si célèbre d'anatomie à Rome (***), a publié

(*) Matthiole, sur *Dioscoride,* liv. 2e, ch. 57.
(**) *Voyage en Italie,* éd. d'Amsterdam, 1691, tom. IV, pag. 236.
(***) *Dissertatio de anatome, morsu et effectibus tarentolæ,* 1696, in-8°.

tout un long traité d'observations sur le *tarentulisme* et il y confirme tout ce que Matthiole et les auteurs nationaux en avaient dit avant lui. Il pose en principe : 1° que ces araignées, transportées loin de leur pays natal et pas plus loin qu'à Naples et à Rome, perdent, par le fait seul de cette émigration, leurs propriétés venimeuses ; 2° que la morsure du scorpion dans la Pouille produit les mêmes effets que celle de la tarentule, en sorte qu'on y traite les *scorpionati* de la même manière que les *tarentati*. Il assimile le venin de ces deux insectes à celui de la rage et au virus vénérien, qui ont des périodes d'incubation, d'intermittence et de recrudescence. Les *tarentati*, d'après Baglivi, éprouvent tantôt des angoisses, des difficultés de respirer, des oppressions, des mouvements désordonnés au cœur, tantôt des spasmes, des sueurs, un froid universel et des douleurs dans le bassin ; d'autres fois, des convulsions et de la diarrhée. Tous finissent, après les premiers accès dissipés, par tomber dans la plus profonde et morne mélancolie ; ils gardent le silence le plus obstiné, ils recherchent la solitude, et la vue d'un tombeau leur fait horreur. La musique est le remède le plus efficace pour tirer ces malades de cette torpeur, et les jeter dans le mouvement de la danse qui leur fait transsuder pour ainsi dire le poison et les soulage d'autant.

Les deux Boccone ont consacré trois longues dissertations dans leur *Musée de physique* (*) à décrire les effets : 1° de la morsure des araignées venimeuses ; 2° de deux *tarentules de la Corse* où on les nomme *malmignatti*, dont l'une mord et l'autre pique, disent-ils ; 3° enfin de la *tarentule de la Pouille* et la *tarentule de la Sardaigne* dite *solifuga*. Ils confirment tout ce qu'en a dit Baglivi, par des observations qui leur sont particulières. Les *tarentulés*, d'après eux, ont une prédilection marquée pour deux espèces de *sonate* (danse) connues sous les noms de *tarentella* et de *pastorella*. Les instruments dont les sons ont le plus d'efficacité sur eux sont la guitare, le violon, les cimbales, les clochettes de fer blanc ou de laiton que les Siciliens appellent *tamburelli*.

D'après eux, les femmes seraient plus sujettes à être mordues par la *tarentule* que les hommes, à cause de l'embarras de leurs jupes.

De mémoire d'homme, disent-ils ailleurs, dans les environs de Brindes et dans la province d'Otrante, on n'a jamais vu un Père de l'Observance de Saint-François mordu de la tarentule ; on a des exemples de capucins qui en ont été mordus. Cela est sans doute dû à la même cause qui préserve ces moines mendiants des pous et des puces, d'après l'auteur de la *Monachologie;* c'est-à-dire, à l'odeur infecte et à la malpropreté dont les règlements de leur ordre respectif font une

(*) *Museo di fisica e di esperienze*, Venise, 1697, pag. 92-121.

obligation pénitentiaire aux minimes encore plus qu'aux capucins.

Martin Kœhler, docteur médecin, a eu occasion d'étudier cette maladie dans la Pouille, en 1756 (*), et il la décrit à peu près avec les mêmes circonstances. C'est, d'après lui, un état mélancolique qui s'annonce par une humeur morose; ensuite viennent l'inappétence, la fatigue dans tous les membres, une pâleur extrême et des frayeurs de toute sorte; les *dents balancent*, le pouls est lent, l'urine abondante. Dès que *le mois de juin* arrive, les malades se mettent à danser souvent plus de deux heures dès qu'ils entendent la musique; au moindre passage en mode mineur, ils poussent des exclamations plaintives et se frappent la poitrine en donnant les signes de la plus vive affliction. Le malade danse en mesure, et il transpire beaucoup dès qu'il a fini de danser; on lui donne alors à boire de l'eau ou de l'eau rougie et on le laisse reposer; après quoi il en a pour un an à se bien porter, et le mal le reprend l'année suivante à la même époque. Quand la guérison approche, il leur vient, à *l'une ou l'autre de leurs articulations, une tumeur* que l'on fait aboutir en y appliquant des feuilles de coloquinte (*Cucumeris asinini*) (**).

En présence de tant de témoignages émanant d'hommes éminents qui ne se sont ni copiés ni concertés, et dont la plupart même n'ont jamais connu les assertions conformes de leurs devanciers, je trouve que nos modernes naturalistes montrent plus de fatuité que de bonne grâce à nier d'un bloc tout ce que nous venons d'écrire sur ce cas maladif, eux qui s'occupent plus de la livrée que des mœurs des insectes, plus de la classification en découpant les listes d'espèces en genres et les listes de genres en familles, que de l'observation et de l'histoire naturelle des animaux.

Messieurs les hauts et puissants seigneurs de l'exploitation scientifique rejettent avec un peu trop de mépris les traditions populaires sur des faits qui se sont passés de tout temps sous tous les yeux, sur la place publique, où ce que voient les jeunes est confirmé par ce qu'en ont déjà vu les vieux (***).

(*) *Actes de l'Académie royale de Stockholm*, vol. 19, pag. 29.
(**) Voyez, à l'appui de l'opinion affirmative soutenue par les auteurs que nous venons de citer, Lyonnet et Lesser (*Théologie des insectes*. Paris 1745, tom. II, pág. 268). — (Kirchmeier, *de araneis*). — John Muller (*de tarantulis*, 1676). — Christ. Andr. Schoengast (*de tarentulis*, 1668). — Lud. Valetta (*de phalangio apuleo*, Neap. 1706), — Hist. de l'Acad. roy. des sc., 1702, p. m. 21.
(***) Linné était moins sceptique que ces jeunes messieurs : *quàm multos homines*, dit-il, *araneæ et scorpiones necarint, et tarentulæ insaniâ affecerint, observationes medicorum testantur* (Syst. nat. éd. Paris, 1744, p. 103); ce qui signifie : « Il ne faut que consulter les observations des médecins, pour se faire une idée du nombre de victimes qui ont succombé à la piqûre des araignées et des scorpions, ou qui ont été frappées de folie par la piqûre de la tarentule. »

Or ces traditions remontent bien haut dans l'antiquité latine et grecque :
« On voit naître, dit Pline, sur les légumes, des petites bêtes qui vous
piquent aux mains, et dont la piqûre met la vie en danger tout autant que
le font les espèces de solifuges (liv. 22, ch. 25). »—Il ajoute ailleurs qu'une
« région tout entière dans le voisinage des Éthiopiens vivant du lait de
chiennes (*Cynamolgi*) avait été dépeuplée par les scorpions et les solifuges
(liv. 8, ch. 29).»

Solin (*Polyhistor*, ch. 10) est à cet égard beaucoup plus explicite, et
nous révèle en outre une particularité qui va nous servir pour interpréter
en partie au moins le phénomène : « La Sardaigne n'a pas de serpents, il
est vrai, dit-il ; mais elle a le *solifuge*, qui est le fléau des champs en Sardaigne, comme la vipère l'est ailleurs. C'est un animal très-petit et en
tout semblable aux araignées ; on l'y appelle *solifuge*, parce qu'elle fuit la
lumière du soleil. On la trouve fréquemment dans les mines d'argent;
car ce pays est riche en pareilles mines. Cette araignée se glisse dans
l'ombre, et inocule son poison terrible dans la chair de tout imprudent
qui s'assied dans le voisinage de son repaire. »

Remarquez que le peuple de Sardaigne désigne encore aujourd'hui la
tarentule sous le nom de *solifuga*, mot qui, dans d'autres contrées de
l'Italie méridionale, s'est transformé en ceux de *solofizzi* ou *solifizzi*. Or
le peuple n'a pas pris certainement ce mot dans les livres classiques,
mais bien dans les rapports héréditaires de la tradition ; et en histoire
naturelle la tradition n'est pas menteuse, car elle se retrempe tous les
ans dans de nouveaux exemples du fait dont il est question.

555. ANALYSE ET RÉCAPITULATION : 1° La tarentule de la Pouille et des
environs de Tarente spécialement est la même que la *solifuga* de Sardaigne, île dont la partie moyenne est sous la même latitude que Tarente.

2° La morsure de ces deux insectes est envenimée pendant les jours
caniculaires, personne ne le nie ; on ne se divise que sur les symptômes
de l'intoxication et sur le genre de médication qu'on y oppose.

3° Cette araignée se rapproche beaucoup de nos araignées des caves
par ses habitudes, son horreur de la lumière et sa configuration générale ; elle n'en diffère presque que par les dimensions et la grosseur, qui,
si on s'en rapporte à la figure qu'en a donnée Imperati, atteindrait six
centimètres de long de la tête à l'anus, l'abdomen ayant 3 centimètres de
long sur deux de large. Solin (*loc. cit.*) dit que ces vilaines bêtes sont
très-petites, sans doute parce que l'auteur à qui il emprunte ce récit ne
les aura observées que dans leur jeune âge ; cela prouverait qu'elles seraient, alors, tout aussi venimeuses jeunes que plus tard.

4° Les tarentulés qui survivent à la morsure de l'insecte ne tardent pas à être atteints d'une folie mélancolique, qui se traduit

tous les ans vers le solstice d'été (juin) en une folie chorégraphique, que la musique flatte et entretient en même temps. De ces sortes de folies périodiques et même héréditaires, on voit une foule d'exemples dans les contrées méridionales : J'y ai connu, dans toutes les classes, un grand nombre de ces familles affectées d'une telle folie qui les prenait tous les ans à la même époque et que la mère ou le père transmettait à ses enfants ; entre autres, une famille noble dont un des membres, pendant sa période lucide, avait fait construire une tour à murailles de citadelle et à fenêtres grillées, pour lui servir de loge, ainsi qu'à ses enfants, dès que la folie les prendrait. L'un de ses descendants, devenu capitaine de cavalerie sous l'empire, obtenait chaque année un congé pour venir cuver son atteinte dans son pays natal, d'où au bout de deux mois il repartait pour son régiment, avec la certitude que jusqu'à l'année suivante rien de tel ne viendrait interrompre son service. ·

5° La folie communiquée par la piqûre de la tarentule est convulsive, choréique, ayant de grands rapports avec l'ancienne *danse de Saint-Guy;* les malades sont affectés de *tremblements nerveux,* de *terreurs* sans objet, et d'une *torpeur mélancolique* qui succède à leur surexcitation maniaque.

6° Mais l'aspiration et l'inoculation du mercure produisent des phénomènes de folies analogues et de chorée, que les parents ne transmettent que trop souvent à leurs enfants ; on voit des victimes de traitements mercuriels en proie à une agitation continuelle, à des trismus, à des insomnies, à des attaques hystériques et névralgiques qui les portent alternativement à rire, à pleurer et qui se livrent de temps à autre, mais surtout à l'époque des solstices et des lunestices, à des mouvements désordonnés et presque chorégraphiques. Ils perdent les cheveux et la barbe, éprouvent des rages fréquentes de dents, ou leurs dents tombent par morceaux qui se détachent d'eux-mêmes ; enfin bien souvent il leur survient aux articulations des hydarthroses et des nodosités osseuses. Or les renseignements que Solin (*Polyhistor,* ch. X) nous a laissés sur les habitudes de l'araignée solifuge, nous porteraient à croire que l'intoxication qui résulte de la piqûre de ce maudit insecte pourrait bien être d'origine mercurielle ; « car c'est, dit-il, dans les mines argentifères que la solifuge est le plus à craindre; » et ces mines s'étendent sous la même latitude jusques dans la Pouille et dans la Dalmatie. On conçoit que les crochets cornés de l'araignée (instruments d'inoculation du venin aranéeux) puissent s'infecter de mercure, en grattant dans un sol hydrargyré, sans que l'araignée elle-même se mercurialise ; et je ne doute pas que la piqûre d'un instrument enduit de mercure ne soit capable de reproduire dans l'occasion tous les symptômes qu'on a observés chez les gens mordus par la tarentule (553, p. 94). N'oubliez pas que la piqûre des scorpions dans les mêmes parages, produit la maladie du *tarentulisme* tout aussi bien que celle de l'araignée même.

556. Nous avons parlé, plus haut (489), du pouvoir de fascination qu'exercent les serpents sur les pauvres petits oiseaux ; l'araignée semble posséder une puissance semblable sur les insectes même les plus forts. Le 8 août 1840, j'ai eu l'occasion d'en observer un exemple qui me parut très-curieux, chez une araignée domestique : elle venait de prendre dans sa toile horizontale un assez gros taupin (*Elater aterrimus*, Fabr.), et elle se tenait comme cramponnée du bout de ses pattes à sa proie, un peu au-dessous de l'abdomen. Je ne la voyais pas appliquer sa bouche contre l'insecte, ni lui faire aucune piqûre ; mais seulement s'approcher et s'éloigner alternativement, sans jamais aller jusqu'à le toucher, en exécutant, pour ainsi dire, des passes magnétiques. Or le pauvre taupin, encore plein de vie, était incapable de se débarrasser d'un filet qu'en temps ordinaire il aurait pu mettre en pièces d'un seul mouvement de ses tarses ; lui qui s'échappe si vigoureusement de la pression de nos doigts, il restait là paralysé entre le bout des pattes d'une faible araignée.

557. Nous terminerons ce sujet en faisant, à l'égard des araignées aquatiques, qui ourdissent leurs toiles à la surface des eaux, les mêmes observations que nous ont déjà suggérées les animaux aquatiques d'un autre genre (501, 508) (*) : c'est que nous pouvons avaler leurs œufs tout aussi bien que les œufs des salamandres, grenouilles, crustacés, etc., soit en bloc et dans leurs coques de soie, soit en détail et disséminés dans l'eau en lambeaux déchirés et mis en pièces par la dent de quelque animal ou par un accident quelconque. Ces œufs, qui sont très-nombreux dans la même coque, sont susceptibles d'éclore dans l'estomac et d'y prendre un certain développement, dont les diverses phases sont dans le cas de produire, sur l'économie, les désordres les plus variés et les influences les plus désastreuses. Qu'on s'imagine deux ou trois cents de ces petits parasites vagabonds errant sur les parois stomacales, quand ce ne serait que pour s'échapper au dehors, grattant et mordant çà et là par besoin ou par caprice, et qu'on évalue par analogie les effets morbides d'un pareil accident, d'un empoisonnement sur une aussi large surface, d'une inflammation qui propage, avec une telle célérité, le phlegmon, l'escarre et la désorganisation ; qui devinerait la cause, sous le voile de ces symptômes alarmants et de ces effets si prompts et si rapides ?

(*) Il ne faut pas les confondre avec les *hydrachne*, araignées qui vivent dans l'eau et qui doivent plutôt être classées parmi les *acares* dont nous entretiendrons nos lecteurs dans la division suivante.

A combien peu de signes se réduirait ce cas, si l'on en découvrait la cause? Quel magnifique cas d'observation, si l'on est condamné à ne pouvoir l'observer et le décrire que par ses effets! C'est toujours là le même dilemme médical.

DEUXIÈME ORDRE. — Acaridiens (*Acarus*).

558. Les naturalistes classificateurs ont tous très-peu étudié par eux-mêmes ce groupe si riche en particularités. Le classificateur a besoin d'avoir sous les yeux les insectes qu'il classe, afin de mieux saisir leurs ressemblances et leurs différences; or, quand ces êtres sont trop petits pour s'adapter à la vue simple, il se contente des figures qu'en ont données les micrographes; et malheureusement encore, sur ce point, les micrographes ayant moins eu en vue de composer une monographie complète que de dessiner ces petits insectes à mesure que le hasard les offrait à leur observation, il en est résulté qu'ils ont attaché plus d'importance aux dimensions et à des formes accidentelles ou passagères et fugitives, qu'à l'étude approfondie et comparative des caractères anatomiques et différentiels. De là sont venues des coupes génériques fondées sur des hypothèses et sur des caractères qu'on ne retrouve jamais plus. Linné, Fabricius, Hermann, Latreille et Lamarck, etc., n'ont pas procédé autrement; j'ai la conviction que Fabricius (*) et Latreille n'ont jamais étudié un seul acarus de leurs propres yeux, et qu'ils n'ont composé leur classification que sur les figures des auteurs qu'ils citent dans leur synonymie; et comme ils n'avaient ainsi à leur disposition que des figures grossières, et souvent informes, il leur était impossible d'éviter de tomber dans des méprises de tout genre et dans une foule de doubles emplois. Aussi tout le monde reconnaissait la nécessité de reprendre ce sujet, pour le mettre au niveau des autres parties de la science (**); mais personne n'en avait le courage ou n'en trouvait le temps.

(*) Fabricius en fait naïvement l'aveu en ces termes : « Il existe une foule d'infiniment petits insectes qu'on distingue à peine à l'œil nu et dont les caractères génériques sont presque inextricables ; et j'avoue ingénument que je n'ai pas peu vu de ces insectes qu'il m'eût été impossible de distinguer par des différences caractéristiques. » (*Spec. insect.*, præf., pag. 3.)

Latreille n'a jamais eu cette franchise, lui qui a établi tant de genres sur des caractères fort tranchés sous sa plume et qu'il n'avait jamais observés pas lui-même sur le porte-objet !

(**) « Il reste bien des choses à faire sur ce point et dont ceux qui viendront après nous auront à se charger, disait en 1770 Pallas, le grand observateur, et il est à désirer qu'à l'exemple du beau travail de Clerk sur les araignées d'Europe, il se trouve quel-

559. Comme les acaridiens occupent une large place dans les insectes morbipares, nous avons pris à tâche de les observer avec le plus grand soin; et nous nous sommes livré à leur étude anatomique, avec la patience et l'exactitude qu'on apporte à la dissection des êtres d'un plus grand calibre; ce qui nous a mis à même de rectifier la synonymie et de la débrouiller de ses doubles emplois, mais surtout de nous faire une idée juste des organes de ces insectes, et des petits appareils avec lesquels ils parviennent à nous causer de si grands maux. Le rôle que jouent en nosologie ces infiniment petits nous impose l'obligation de les décrire avec la plus minutieuse et la plus rigoureuse exactitude.

§ 1er. *Caractères anatomiques des acaridiens.*

560. Les acaridiens sont, comme les crustacés, les araignées et les scorpionides, etc., des insectes qui sortent complets de leur œuf, et ne subissent plus ensuite aucune métamorphose; seulement leur divers organes prennent du développement, et leur forme générale se modifie avec l'âge; la quatrième paire de pattes reste même si courte, pendant les premiers jours de leur existence, qu'on dirait alors qu'ils n'en ont que trois paires.

Nous allons prendre l'insecte parfait pour sujet de cette étude anatomique.

561. ACARUS A L'ÉTAT PARFAIT. Soit l'*acarus*, fig. 2, pl. 3, que nous avons dessiné au microscope simple, à un grossissement de quatre-vingts fois environ; la fig. 6 le représente vu par l'abdomen et dessiné à la loupe seulement. On y remarque tout d'abord huit pattes $p'p$, qui vont en diminuant de longueur, d'arrière en avant; en sorte que la cinquième paire, qui est la plus antérieure pl, pl, ne fait plus que l'office d'une paire de palpes ou organes du toucher. Ces palpes, avec le progrès de l'âge, perdent leurs deux articulations supérieures, et en sont alors réduites à une seule grande articulation qui s'élargit et s'arque en dehors comme un manche de couteau, pl. 6, fig. 12, pl, pl. Sur les organes ap-

qu'un qui prenne la peine de donner des figures exactes de la tribu presque invisible des acares, de refaire et de compléter tout le travail iconographique de Redi sur les poux. Nous courons après les papillons, dont la beauté est si peu du ressort de la science; et nous faisons fi de ces insectes aptères, d'autant plus dignes de nos études qu'ils sont plus nuisibles et à l'homme et aux bestiaux. » (*Spicilegia zoologica*, fasc. 8me, pag. 20).

Ce qui n'empêche pas que Pallas, oubliant de joindre l'exemple à la leçon, nous a laissé les plus mauvaises figures des acares dont il a tracé l'histoire; et ses reproches n'ont pas porté bonheur à la question, car nous l'avons reprise au point où il l'avait à peine ébauchée.

pendiculaires des crustacés, on observe quelque chose de ce genre. Entre
ces deux palpes se voit le bec, pl. 3, fig. 2, qui se confond avec la tète,
sur laquelle on distingue facilement six yeux sur deux rangs, le rang
postérieur n'en ayant que deux. La tète tient immédiatement à la
carapace cornée et réticulée *cr*, qui, à cet âge et dans cette situation,
semble former la totalité du corps de l'animal.

562. Quand on observe l'*acarus* par l'abdomen, pl. 3, fig. 1, on y
distingue un plastron corné *ps*, *ps*, que déborde la carapace *cr*, et que
nous diviserons en plusieurs régions marquées par tout autant de pièces
différentes : la postérieure ou pièce abdominale *ab*, qui couvre la
région de l'abdomen ; la médiane ou pièce stomacale *st*, qui recouvre la
région intermédiaire du corps ; et l'antérieure ou pièce thoracique, qui
recouvre la région du thorax, et autour de laquelle s'implantent, dans
tout autant d'échancrures cotylédoïdes *ct*, les huit pattes *pp* et les deux
palpes *pl*.

563. Entre la pièce thoracique et la pièce stomacale, on remarque
deux points symétriques, qui indiquent évidemment les deux ouvertures
des sacs branchiaux ou organes respiratoires qui sont particuliers à la
tribu des arachnides.

564. Nous venons d'étudier les diverses pièces du plastron *ps*, sur la
fig. 1, pl. 3, où l'animal est vu par transparence, et par transmission
des rayons lumineux. Si on l'observe, au contraire, par réflexion, et par
conséquent à un grossissement moindre, avec lequel sa partie postérieure a été dessinée fig. 7, pl. 3, ces diverses pièces, qui sont internes,
disparaissent derrière leur enveloppe externe, laquelle est la seule visible, puisqu'elle seule réfléchit les rayons lumineux ; on voit alors que ce
plastron *ps* est orné de bandes en relief, analogues à celles qui dessinent
la place de la pièce stomacale *st*, et divisent la région abdominale en six
segments comme articulés et concentriques à la région de l'anus *an*. La
carapace *cr* conserve, en débordant le plastron *ps*, toute sa transparence
habituelle. Nous nous sommes contenté d'indiquer, sur la fig. 7, l'échancrure cotyloïde *ct* et le fémur *f* de la paire postérieure de pattes.

565. Quand l'animal est petit ou qu'il a longtemps jeûné, tout son
corps se réduit à ce plastron et à cette carapace. Mais en grandissant
et faisant bonne chère, il acquiert peu à peu une obésité qui fait que ce
que nous venons de décrire de son corps finit par n'en plus former que
l'accessoire ; et que ses pattes, si longues dans le jeune âge, semblent se
raccourcir, par le seul fait de l'accroissement de l'abdomen. La carapace *cr* et le plastron *ps* ne sont plus alors qu'un appendice peu appréciable de la tète, qu'un faible et étroit corselet, qui disparaît souvent aux
regards, selon la position de l'insecte ; on le dirait alors sans tête et sans

pattes, traînant son lourd et immense abdomen à la manière des vers
apodes ; sa tête et ses pattes sont cachées sous son ventre ou elles le
dépassent à peine. Chez l'insecte de la fig. 1, pl. 4, on voit l'abdomen
ab commencer déjà à faire saillie au dehors, et à se couvrir de petites
bulles terminées par un poil.

566. Les PATTES se composent : 1° d'une première pièce écailleuse *f*,
fig. 1, pl. 3, qui varie quelquefois de forme, et que nous nommons la
cuisse ou *fémur ;* 2° d'un certain nombre d'articulations qui se prêtent à
tous les mouvements de progression, et dont le nombre paraît augmenter
avec l'âge, parce qu'elles se dessinent mieux par transparence en vieillissant ; j'en ai compté jusqu'à douze sur certains individus ; sur d'autres,
on n'en distingue que six à huit, les six dernières se confondant en une
seule ; 3° d'un appareil extrême, mobile, souvent articulé, *am*, fig. 2, et
qui n'est autre qu'un organe susceptible de s'appliquer, en faisant le
vide et à la manière des ventouses, contre les divers plans soit horizon-
taux soit verticaux sur lesquels rampe l'*acarus*. Cet organe, dont on
voit la cupule grossie, fig. 9, pl. 3, et que nous nommons *ambulacre*,
est l'analogue de pelotes visqueuses qui terminent les pattes des rainettes,
l'analogue des cupules d'appréhension qui bordent les bras tentaculaires
des céphalopodes, de la sèche et du calmar ; en un mot, et par une
analogie moins saillante et plus éloignée, mais tout aussi exacte, l'analogue des petites cupules d'appréhension qui guillochent nos surfaces
palmaires et plantaires (*). Sans avoir recours à une analogie même
rapprochée, ces ambulacres se retrouvent, avec des différences de forme
et de position, au bout des tarses de la plupart des diptères, ou mouches
à deux ailes ; la fig. 10, pl. 3, représente l'extrémité d'un tarse du diptère
connu dans nos catalogues sous le nom de *Bibio hortulana* (mouche de
Saint-Marc), avec les trois pelotes qui forment son ambulacre *am* ; on
voit ici que ces trois pelotes, en forme de trois palettes blanches et
charnues, sont insérées entre la commissure de deux crochets divergents,
qui ajoutent encore, en s'implantant dans les aspérités des plans de
position, à la force d'adhésion de l'ambulacre. L'ambulacre des acares
ne s'offre pas toujours au microscope avec le développement de la fig. 9,
pl. 3 ; la fig. 8, pl. 4, représente l'ambulacre articulé, que j'ai vu se
couder ainsi et se redresser alternativement au bout des pattes antérieures
de l'acare, fig. 1 de cette pl. 4. Chez un autre acare, fig. 4, pl. 5, l'ambulacre affectait la forme en massue, de la fig. 8, *a*, pendant l'inaction ;
et, quand l'insecte voulait l'appliquer contre le sol, on voyait sortir
de l'extrémité la massue *a*, la ventouse *b*, fig. 7, qui prenait la forme d'un

(*) Voyez *Nouv. Syst. de chim. organ*., tome 2, § 1635, édit. de 1838.

quadrilatère à bord antérieur sinueux, dès qu'elle s'étirait en s'appliquant
sur le plan de progression.

Par transparence, on découvre un canal longitudinal et vasculaire,
dans le centre de chaque patte; et ce canal *ca* s'étend de la base au
sommet, fig. 7, pl. 4.

567. Étudions maintenant, avec plus de soin qu'on ne l'avait fait
jusqu'à nous, les divers appareils de la tête. Sur la fig. 2, pl. 3, on
n'aperçoit qu'un bec triangulaire *r,* divisé longitudinalement en deux
parties égales, en deux autres angles aigus, et portant à la base les deux
rangs d'yeux dont nous avons parlé plus haut (561), comme si chacun de
ces deux triangles en avait deux rangs pour sa part; c'est là le rostre *r,*
avec lequel l'animal donne dans la peau comme un coup de lancette, pour
procéder à son œuvre de nutrition. Ce rostre ne paraît double qu'à cause
de sa grande transparence, qui permet de voir au travers un double
appareil, dont nous allons nous occuper. Ce double appareil se distingue
déjà, quoique d'une manière fort vague, caché sous ce rostre ou chaperon *r,* quand on observe l'insecte en dessous, fig. 1, pl. 3. Mais à un
grossissement plus fort, et surtout quand on a soin de recouvrir d'une
lame de verre la nappe d'eau dans laquelle on tient l'*acarus* plongé, on
voit bientôt s'élancer en avant, de dessous le chaperon *r,* deux lames
que nous allons décrire plus en détail : La fig. 3, pl. 3, représente ces
deux lames *mm* tout à fait sorties de leur gaîne *m'm'*, qui se dessine encore bien à travers jour. On distingue clairement, sur cette figure
obtenue à l'aide du procédé d'observation ci-dessus, les six yeux *oc,* qui
occupent la base du rostre, dont l'unité ne saurait être contestée.

Les deux palpes, ou pattes rudimentaires *pl,* sont insérées sur le devant
de la tête, et à la base du *rostrum* proprement dit ; elles sont munies à
leur extrémité d'une pièce mobile ou onglet, qui n'est qu'un ambulacre
dégénéré. En observant l'insecte de la fig. 4, pl. 5, j'ai vu s'étaler, au
bout de chaque palpe, une petite houppe ramifiée, fig. 5 *a,* et dont les
rameaux terminés en boutons lui donnaient l'aspect des ramifications du
lichen nommé *Cladonia rangiferina* (ou lichen des rennes). Était-ce là
l'analogue dégénéré de l'ambulacre, ou une éjaculation de l'extrémité de
la palpe? Je serais porté à embrasser ce dernier avis.

La première paire de pattes *pp,* fig. 3, pl. 3, ne semble être sur cet
individu qu'une paire de palpes dissimulées et un peu plus longues; car
elles sont dénuées entièrement d'*ambulacrum.*

On voit sur cette figure les deux pièces *mm,* que nous appellerons *mandibules,* sortir et rentrer dans leur fourreau *m'm'*, comme le feraient deux
lames de canif à coulisse. Quand elles sont tout à fait logées dans leur coulisse, le rostre paraît alors divisé, ainsi que nous l'avons dit, en deux por-

tions égales, par une ligne droite qui la couperait dans toute sa longueur. On observe que chacune de ces pièces est terminée par une pointe plus opaque et partant plus cornée; et l'on voit déjà sur la fig. 3, pl. 4, que la forme en est triquètre, avec des stries transversales, en sorte que, quand ces deux mandibules *mm* se rapprochent par leur face interne, elles forment entre elles un prisme à quatre pans, terminé par une pyramide à quatre faces par décroissement sur les faces.

Mais si l'on continue à observer les divers mouvements de cet organe, on ne tarde pas à apercevoir, vers le sommet de la mandibule *m*, un petit onglet *on*, fig. 4, 5, pl. 4, qui s'écarte et se rapproche d'un rainure *ra*, fig. 6, dans laquelle il se loge, et à la base de laquelle il s'insère et s'articule dans une cavité cotyloïde *b*, fig. 6. Cet onglet, jusqu'à ce jour, passé inaperçu, rappelle l'onglet mobile des mandibules des araignées (545); avec la différence que, chez les araignées, il est articulé sur la face antérieure de la mandibule et qu'il joue horizontalement ou du haut en bas, et qu'au contraire, chez les *acarus,* il s'insère sur la portion dorsale de l'extrémité de la mandibule, et qu'il joue de bas en haut.

On remarque en outre que, par leur surface interne, chacune de ces deux mandibules est creusée d'une rigole, d'où résulte un canal longitudinal *ca*, quand les deux mandibules sont appliquées l'une contre l'autre; on voit en *cn*, fig. 4, pl. 4, la coupe transversale de ce prisme à quatre pans, avec son canal central *ca*. Ce prisme, on le voit, est corné et opaque dans son dernier tiers; il est transparent dans ses deux autres tiers inférieurs, et laisse voir dans son intérieur le réseau d'un vrai tissu cellulaire. Du reste, les trois tiers sont séparés par deux lignes de démarcations transversales bien distinctes, qui indiquent tout autant d'entre-nœuds (*).

Lorsqu'on examine par transparence, au microscope, les mandibules des jeunes acares, pl. 4, fig. 3, *mm,* on les voit sillonnées de stries transversales, dont les bords font jouer la lumière, ainsi que le fait une petite crémaillère vue de loin par une vive lumière. C'est l'effet de dents en scie, encore trop fines pour être distinguées, mais qui, avec l'âge, acquerront les proportions et la forme que représente la fig. 12 de la pl. 6, *mm*. Chaque dent réfléchissant un rayon en haut et un rayon en bas, c'est-à-dire, par l'une et l'autre de ses deux surfaces opposées, il se forme ainsi un entre-croisement de rayons lumineux d'une grande régularité. Donc, par un fort grossissement, on distingue déjà à cet âge les

---

(*) On peut déduire de ces considérations, que la distinction des acarides et des phalangides de Lamarck est nulle, puisque les acarides ont des mandibules didactyles ou en pince, tout aussi bien que les phalangides.

mandibules dentées qu'on distingue avec une loupe simple sur l'acare ricin, *ibid.*, fig. 13.

Ces mandibules cornées sont, comme on le conçoit, organisées de manière qu'elles ne sauraient sortir de la chair dans laquelle elles ont été implantées, qu'à la suite de la décomposition et de la résolution même de cette chair ; ce qui fait qu'en tentant d'arracher l'acare de sa proie, on ne peut qu'en laisser le dard dans la plaie même, et que, par ce moyen, on envenime la plaie avant de la guérir.

568. Quelle est la destination et le mécanisme de cet appareil mandibulaire, et surtout des deux crochets *on,* fig. 4, pl. 4? Lorsque l'insecte a pratiqué, dans la peau de sa proie, une incision, avec la pointe de ce rostre qui lui sert de lancette, *r,* fig. 1 et 2, pl. 3, il darde par cette ouverture, dans les chairs, son double appareil mandibulaire, fig. 4, pl. 4, prismatiquement assemblé, les crochets *on* étant étroitement appliqués dans leur rainure *ra,* fig. 6, pl. 4. Avec cette espèce de trocart, il perfore les vaisseaux sanguins ou lymphatiques, dont il n'a, pour sucer le liquide, qu'à faire le vide dans le canal médian *ca* de cet appareil ; les deux mandibules réunies font ainsi l'office d'un suçoir et d'une trompe. Mais dès que la veine de nutrition s'appauvrit, il n'a qu'à écarter, de droite et de gauche, ses deux crochets mobiles *on,* pour faire affluer le liquide dans la plaie dont il vit, en imprimant aux tissus ambiants qui l'enveloppent un mouvement de systole et de diastole, un jeu de soufflet enfin et de pompe aspirante et foulante. Si un obstacle se présente, la pointe de l'onglet se met en train de le vaincre en déchirant les tissus qui le forment. Peut-être aussi que ces crochets sont destinés à ouvrir devant les yeux de l'insecte un champ d'observation, afin de reconnaître les gîtes favorables ou non à la nutrition : quand le sansonnet ou étourneau, *(sturnus vulgaris)* fouille le gazon, pour dénicher les larves d'insectes, il a soin d'écarter les brins d'herbes en ouvrant un large bec et éloignant les mandibules l'une de l'autre, afin d'explorer ce petit coin comme au moyen d'un *speculum.* Pour bien observer le jeu régulier de ces deux crochets, on n'a qu'à tenir l'insecte plongé dans une nappe d'eau et à le recouvrir d'une lame de verre ; on voit alors ces petits onglets lutter contre l'obstacle, et chercher à écarter les ondes de ce milieu qui l'étouffe, l'asphyxie et l'oppresse. Les mandibules sont susceptibles de s'éloigner l'une de l'autre, comme les deux crochets ; nos trois premières planches en donnent des exemples.

569. Mais l'analogie de ce crochet avec celui des mandibules des araignées nous indique déjà qu'il doit être perforé au sommet, et qu'il doit servir de véhicule au venin destiné à empoisonner la plaie, et à neutraliser les effets nerveux qui seraient dans le cas de provoquer la

résistance, en avertissant la victime du danger qui la menace, et qu'elle porte attaché à ses flancs. Or j'ai vu nettement le liquide sortir, en deux longues traînées *fl*, des deux mandibules *m*, chez l'acare, fig. 4, pl. 5, que j'avais déposé dans une nappe d'albumine liquide, et recouvert d'une lame de verre, pour le conserver dans ma collection; la différence de densité de ces deux traînées de liquide éjaculé, et du liquide ambiant, permettait de les distinguer parfaitement l'un de l'autre.

570. On concevra maintenant combien il est facile de se méprendre sur les caractères anatomiques de ces petits atomes animés, selon que le hasard les offrira à l'observation dans un âge plus ou moins avancé, dans un état de jeûne ou de réplétion, de repos ou d'action, etc., par transparence, enfin, ou par réflexion des rayons lumineux, plongés dans un milieu liquide ou agissant librement dans l'air atmosphérique; et combien de genres et même de familles on sera exposé à introduire dans la nomenclature systématique, quand on se contentera de procéder à la classification d'après les figures publiées par divers auteurs, quelques observations que l'on fait à la hâte et sans avoir préalablement fixé les généralités du sujet par une étude patiente et consciencieuse.

Si l'on prend la figure de l'acare à son plus grand état de réplétion, et à ce moment où le corps, débordant de toutes parts, ramène la carapace en dessous et le *rostrum* sous le ventre, où il reste caché et débordé par les tissus circonvoisins, on sera tenté d'en faire un genre curieux, à bouche pectorale, à six pattes courtes, à bec et appareil de la bouche non apparents. Latreille n'a pas manqué le piége, et de la mite parasite de de Geer, il a créé le genre *astoma* (mite sans bouche), c'est-à-dire, mite dont on ne peut voir, sur les figures de de Geer, t. 7, pl. 7, fig. 8, les appareils mandibulaires. Ce genre n'a qu'une seule espèce (car Latreille n'a composé ce genre que sur ladite figure).

571. Que si l'acare est au repos; que ses deux mandibules rétractiles *mm* soient rentrées dans le fourreau; que le rostrum *r* seul soit apparent, et qu'observé par réflexion de la lumière, on n'aperçoive pas, au travers du rostrum *r*, la ligne de séparation des deux mandibules que ce rostrum recouvre; qu'on ait enfin l'insecte dans la position de la fig. 2, pl. 3, le classificateur qui rédigera son genre sur la figure gravée lui donnera pour caractère un suçoir à découvert (*haustellum distinctum*), caractère du genre *argas* de Latreille, adopté par Lamarck; un bec avancé, cylindrique, plus grêle vers son sommet (*rostrum porrectum, cylindricum, versus apicem gracilius*), caractère du genre *smaris* de Latreille et Lamarck; une bouche ayant un bec avancé antérieurement (*os rostro anticè porrecto*), caractère du genre *leptus* des mêmes, fondé en outre sur l'absence de la quatrième paire de pattes, les deux pattes anté-

rieures et sans pelotes passant, aux yeux du classificateur, pour une seconde paire de palpes; en sorte que l'acare fig. 2 et 6, pl. 3, serait tout aussitôt rangé dans le genre *leptus,* sous le nom de *Leptus insectorum.*

572. Que si les deux mandibules se dessinent par transparence sous le bec, et que celui-ci paraisse sous la forme d'un triangle isocèle divisé en deux angles droits, fig. 2, pl. 3, l'acare aura un bec conique avancé, formé de deux mâchoires réunies (*os rostro conico, porrecto, è maxillis duabus coalitis composito*), caractère du genre *caris* de Latreille.

573. Que si, au contraire, les deux mandibules *mm* sont sorties de leur fourreau, et que le bec *r* échappe à la vue, l'acare sera décrit avec deux mandibules en pince (*mandibulæ duæ chelatæ*) et bouche terminale, caractère du genre *gamasus* de Latreille et Lamarck, du genre *oribates* des mêmes.

574. Si, au contraire, les deux mandibules *mm* ne sont qu'à demi sorties du fourreau, et que leur extrémité reste à la hauteur du bout du bec *r*, alors le genre sera caractérisé par ces mots : bouche ayant un bec terminal avancé, subulé, composé de trois lames (*os rostro terminali porrecto, subulato, trilamellato*), caractère du genre *bdella* de Latreille et Lamarck.

575. En un mot, la même espèce pourra passer d'un genre dans un autre, à la faveur d'un simple changement d'âge, de position et d'action, et selon que le dessinateur l'aura surprise dans l'une ou dans l'autre de ces circonstances; et c'est précisément ce qui est arrivé, à l'époque où l'on cherchait à imiter Linné le créateur des genres, plutôt que Linné le réformateur de la philosophie de l'histoire naturelle, dans tout ce commencement du dix-neuvième siècle, qui n'a été, sous le rapport de la science comme sous le rapport littéraire, que la mauvaise queue du siècle des Tournefort, des Linné, des Adanson, des Buffon, des Jean-Jacques et des Voltaire; cette mauvaise queue n'est pas encore coupée, seulement elle se redresse un peu moins. Fabricius a multiplié les espèces et confondu les plus disparates, pour séparer les plus identiques : le tout sans jamais peut-être avoir eu l'occasion ou le courage d'en observer une seule de ses propres yeux. Latreille alla plus loin; il multiplia les genres, et érigea les anciens genres en familles : c'était, à son époque, acquérir par là des droits au fauteuil académique : c'était là le cachet de ce temps. *Aliquid posteris relinquendum*, disait souvent Fabricius dans ses embarras de détermination : « il faut bien laisser quelque chose à faire à ceux qui viendront après nous; » mais il nous a plus laissé encore à défaire qu'à faire, il nous a laissé tout à refaire et à remanier.

576. Copulation des acares. Le mâle, toujours plus grêle que la femelle, et souvent d'une forme toute différente, s'accouple avec elle à la

mode des autres insectes, avec la particularité qu'il lui reste assez long-temps attaché, anus contre anus, rampant avec elle, entraîné ou entraî-nant, à la manière des chiens, et faisant tellement corps l'un avec l'autre, que l'on prendrait ce couple pour un animal rétrograde armé de huit pattes antérieures et de huit pattes postérieures. Nous les avons figurés dans cette attitude dans le *Nouveau Système de chimie orga-nique* (*); et en cet état on pourrait s'y m'éprendre, et faire de deux individus une espèce nouvelle (**).

577. Ponte des oeufs. Chaque espèce d'acare affecte des surfaces de prédilection, pour y déposer sa ponte; et j'ai découvert que ce n'est pas seulement en vue d'un abri ou du voisinage des aliments que recher-chera le petit acare, que sa mère choisit les endroits où elle dépose ses œufs; c'est une espèce d'incubation artificielle qu'elle leur ménage. Ces œufs séjournent sur une surface en parasites; ils y prennent même un certain développement, en s'y nourrissant comme par aspiration de ses sucs. Le papillon, qui dispose ses œufs en larges anneaux autour des branches des amygdalacées, a grand soin de choisir les rameaux encore verts et feuillus. Le papillon du ver à soie ne pond que sur des tissus plongés dans l'obscurité, sur du papier, du drap, etc. : espèces d'éponges qui, s'imprégnant de l'humidité de l'air, fournissent constamment à l'incubation spontanée de ces œufs les molécules aqueuses qu'elle ré-clame. De même on voit les *acarus* carnivores venir déposer leur œuf (car ils n'en pondent tous qu'un à la fois) dans la vésicule épidermique que leur piqûre détermine; l'*Acarus telarius* ou *socius* (grisette), pl. 5, fig. 9, 11 et 12, a soin de déposer son œuf, pl. 5, fig. 10, sur la page inférieure d'une feuille verte, sur la tige herbacée d'un jeune cep de vigne placé dans l'ombre, où l'œuf s'applique, comme par une surface placentaire, et mûrit en aspirant les sucs herbacés.

578. Sur certaines surfaces, ces œufs sont susceptibles de prendre un tel développement, qu'ils vont nous fournir une occasion et une veine de recherches fort intéressantes. L'*Acarus insectorum* femelle (*Leptus insec-torum*, Lamk.) s'attache aux insectes, non-seulement pour vivre à leurs dépens, mais encore pour souder ses œufs à leurs diverses jointures. J'ai

(*) Pl. 13, fig. 10.
(**) Les rédacteurs de la thèse inaugurale, 1835, de S.-F. Renucci, sur l'insecte de la gale, ont ajouté, aux nombreuses figures qu'il ont calquées sur nos planches, deux figures dont le fils de Bosc leur a transmis les dessins trouvés dans les cartons de son père. Ce sont évidemment des figures d'accouplement prises pour celles d'individus. La fig. 8, d'après eux, serait celle de l'acare du chat; la fig. 2, celle du cheval; outre qu'elles sont d'une défectuosité notable, il est évident que chacune d'elles représente le mâle et la femelle accouplés. Les travaux de simple compilation sont toujours expo-sés à de pareilles méprises.

rencontré souvent dans le crottin de mon jardin, à Montrouge, en mai 1840, des escarbots unicolores (*), pl. 3, fig. 4, dont les jointures étaient couvertes de petits boutons rouges *ac*, qui sont les œufs, ayant à peine un dixième de millimètre, puis d'insectes parfaits et d'autres à tous les âges; les plus petits dépassant à peine en grosseur un tiers de millimètre (l'animal adulte atteint un millimètre). Mais ces petits boutons ne restent pas toujours sessiles, pendant toute la durée de l'incubation; au contraire, on les voit croître chaque jour au bout d'un long pédicule, qui finirait, sans leur couleur rouge de brique, par les faire prendre pour des œufs pédiculés du lion des pucerons (*Hemerobius perla* Lin.); on les voit dans deux états différents de ce développement en *ac'*, *ac'*, fig. 4, pl. 3. A une certaine phase de l'incubation, l'œuf se fend circulairement, et par ses bords, en deux valves adhérentes, mais qui, de temps à autre, laissent passer les six pattes du vitellus, lesquelles semblent se jouer de l'observateur et lui faire la nique, comme le font ces arlequins de carton dont on met en mouvement les bras et les jambes en tirant une ficelle; sur la fig. 8, pl. 3, le pédicule *pd* ressemble à cette ficelle; on distingue dans son intérieur les tours de spire, comme tout autant de stries transversales (19); et l'on voit les six pattes *p* jouer de la sorte à travers la commissure des deux valves *vl*. A cet âge, l'œuf, sans son pédicule, et par son diamètre, est, à l'insecte parfait, dans le rapport de 4 à 10. Si on l'observe, par réfraction, à un grossissement assez fort, on distingue, à travers les deux valves de sa coquille *co*, l'insecte *ac* complet, avec ses pattes repliées contre l'abdomen, et tel que le représente la fig. 5, pl. 3. Cet insecte tient donc alors, par une espèce de cordon ombilical, à la paroi interne de sa coquille, comme nous l'avons dit des *cypris*, des *daphnies*, etc. (513). C'est pour l'avoir observé sous cette forme et à cette phase d'incubation, que de Geer en a fait une espèce distincte, sous le nom de *mite végétative* (**) (*Acarus veqetans*, de Geer, t. 7, pl. 7, fig. 15),

---

(*) *Scarabæus capitatus* de Geer, 4, pl. 10, fig. 6 ; *Scarabæus rufipes* L. ; *Scarabæus totus niger* Geoffr. ; *Hister unicolor* Lamk. Sur notre figure, les pattes sont à peine teintées, afin de donner un peu plus d'apparence aux petits œufs qui les avoisinent.

(**) De Geer a aussi observé que les œufs de la mite aquatique, tom. 3, pl. 18, fig. 14 et 15, tiennent par un pédicule au corps de la punaise d'eau, fig. 13. Mais, dans le tome 7, pag. 145, de Geer, revenant sur ce sujet, émet des réflexions pleines de sens, et qui auraient dû expliquer à ses yeux l'histoire de sa mite végétative, comme nous venons de l'expliquer en vertu de nos propres observations : « Les mites aqua-
» tiques (*Acarus aquaticus ruber*, pl. 9, fig. 7 et 8, et pl. 18, fig. 14-15, tom. 3) rouges,
» à corps sphérique, dit de Geer, pondent donc et attachent leurs œufs aux corps et
» aux pattes des autres insectes aquatiques plus grands (*dytiques* et *punaises d'eau*,
» fig. 13, pl. 18, tom. 3), auxquels ces œufs restent attachés jusqu'à ce que les petits

espèce que Latreille et, après lui, Lamarck n'ont pas dû hésiter, à cause de cette singularité, d'ériger en genre, sous le nom d'*Uropoda vegetans;* singulière espèce qui, d'après Lamarck, se fixerait sur le corps des coléoptères par son filet caudiforme, et chez laquelle Latreille présumait qu'il existe des *mandibules, quoique non aperçues. La bouche,* disent-ils, *s'ouvre* sous le bord *antérieur du corps,* DANS LE MILIEU; *le suçoir et les pattes n'étant point apparents; point d'yeux distincts!!!* Voilà bien comment on enrichit la science d'un genre! L'œuf dans un genre, et l'insecte adulte dans un autre!

Or, nous, qui avons suivi le développement de cet œuf jusqu'au bout sur nos escarbots pilulaires, nous avons vu cet uropode se détacher peu à peu de sa coquille, qui semble lui peser et le brûler comme le manteau de Déjanire (tant il montre d'impatience à s'en débarrasser par ses mouvements brusques et saccadés); et puis s'échapper sur le corps du pauvre escarbot, pour s'y attacher, non plus par son placenta pédiculé, dont il est enfin débarrassé, mais par l'appareil mandibulaire dont nous nous sommes assez longuement occupé plus haut (567).

L'acare dégagé de ses enveloppes a alors ou bien la forme de la fig. 1, pl. 4, qui est le mâle, ou bien la forme de la fig. 2, pl. 3, qui en est la femelle. Car sur cet escarbot (*Scarabœus rufipes*), outre les œufs à tous les états d'incubation, on rencontrait pêle-mêle les deux genres d'individus, l'un gros et trapu, à démarche lourde, et que nous avons figuré (pl. 3, fig. 2 et 6), qui revient au *leptus* des auteurs de l'ancienne nomenclature; et l'autre alerte, agile, peu ventru, monté haut sur ses huit longues pattes et que représente la fig. 1, pl. 4; évidemment ce dernier était le mâle et l'autre la femelle. C'est sur la paire antérieure des pattes

» en éclosent; et puisqu'on trouve de ces œufs de plusieurs grandeurs différentes, il
» est certain qu'ils croissent et augmentent en volume, sans doute par un certain suc
» nourricier qui passe du corps de l'insecte dans l'œuf; et c'est pourquoi j'ai vu aussi
» que les punaises d'eau très-chargées de ces œufs étaient faibles, languissantes,
» parce qu'elles se trouvaient obligées, malgré elles, à leur fournir de la nourriture
» aux dépens de leur propre substance... Il est bien singulier de voir des œufs croî-
» tre et pomper encore du suc nourricier du corps d'un autre animal vivant. C'est
» encore à peu près de la même manière que les œufs des mouches à scie croissent et
» tirent de la nourriture des branches d'arbres où ils ont été déposés, comme M. de
» Réaumur l'a découvert et démontré. »
Les œufs de la punaise grise (*Nepa cinerea,* L.), qui vit dans l'eau, présentent une particularité qui me semble avoir, avec la précédente une certaine analogie. Ils ne sont pas pédiculés, mais munis, à l'un des bouts, de cinq petits filaments de leur longueur, et qui sont, sans doute, sur l'ovule non fécondé, des stigmates conducteurs de la fécondation, et, sur l'œuf fécondé, et pondu, des branchies d'incubation, des conducteurs de respiration et de nutrition. *Voyez* de Geer, tom. 3, pl. 18, fig. 11, pag. 367, et Swammerdam, *Biblia nat.,* tom. 1, pl. 3, fig. 7-9, pag. 232.

de ce mâle que nous avons observé l'appareil si curieusement articulé que représente la fig. 8 *an* de la pl. 4. La ventouse *v*, en forme de soucoupe, termine un pédicule *an* qui se coude en *cu* par un mouvement de genou, pour que la ventouse puisse s'appliquer sur les divers accidents des surfaces à mesure qu'avance l'acare.

Le mâle a la carapace et le plastron d'un jaune rougeâtre, dont la nuance varie avec l'âge; c'est, sous cette forme, la *mite faucheur* de de Geer, tom. 7, pl. 8, fig. 7 et 8; l'*Erythrœus phalangioïdes* de Lamarck; l'*acarus Coleoptratorum* de Roesel, tom. 4, pl. 1, fig. 10, 11, qui l'a trouvé sur un nécrophore ou enterre-mort (*Sylpha vespillo*). La femelle a la carapace marbrée comme une belle écaille de tortue, quand on l'observe par réflexion; elle ne dépasse pas en longueur 2/3 de millimètre en tous sens. Sans se douter des rapports de sexe, Lamarck en a fait le *Leptus insectorum*, et de Geer l'*Acarus aphidis* (tom. 7, pl. 7, fig. 14); trois genres au moins fondés sur trois états différents de l'histoire de la même espèce!!! Car cette mite s'attache à toute espèce d'insectes, et l'on rencontre souvent de gros coléoptères et des papillons mêmes qui sont tellement infestés de cette vermine, que l'on n'aperçoit plus ni la forme ni la couleur de leur corps. On croirait alors avoir sous les yeux une boule de velours qui se meut sur des houppes.

N. B. Ces résultats anatomiques nous permettent de tracer, de la manière suivante, les caractères génériques des *acaridiens*.

§ 2. ACARUS Nob. (Comprenant, comme des doubles emplois fondés sur des erreurs d'observation, les genres : *Astoma, Leptus, Caris, Ixodes, Argas, Uropoda, Smaris, Bdella, Gamasus, Erythrœus, Trombidion, Hydrachne, Elaïs, Limnocharis*, de Latreille et de Lamarck.)

579. Insecte respirant, comme les araignées, par deux poches branchiales internes qui communiquent avec l'air extérieur par deux ouvertures placées au-dessous de la pièce thoracique du plastron; ayant six yeux symétriques sur la partie supérieure d'une tête qui se termine en un chaperon rostriforme, au-dessous duquel se logent en coulisse deux mandibules exsertiles, triquètres, terminées en pointe, et portant, vers l'extrémité, un onglet mobile inséré sur leur portion dorsale (mandibules chélifères); l'onglet est canaliculé et perforé au sommet comme celui des araignées;

Deux palpes quadriarticulés;

Huit pattes symétriques, armées, à l'extrémité de leur série variable d'articulations, d'une pelote ou ventouse, organe de progression, qui manque quelquefois à la première paire de pattes; ce qui donne à celles-ci l'aspect de simples palpes. Corps composé d'abord en apparence d'une carapace dorsale, et d'un plastron ventral divisé en trois pièces principales; laquelle carapace et lequel plastron finissent par ne plus jouer que le rôle d'un corselet, souvent peu visible, à cause du développement excessif de l'abdomen distendu par l'âge et par l'excès de nutrition. Sous une aussi lourde masse, les pattes et les palpes semblent se raccourcir, et les appareils de la tête et de la bouche, débordés par cet énorme embonpoint, cessent de faire saillie au dehors;

Anus terminal, et point d'appendice caudal;

Insectes parasites de la surface cutanée des plantes et des animaux de toutes les classes, et qui comprennent par conséquent des espèces terrestres et des espèces aquatiques; ils ne subissent aucune métamorphose, après être sortis de leur œuf;

OEuf parasite, comme l'insecte parfait, et se développant par sa propre incubation.

Ils diffèrent des scorpionides par l'absence de la queue; des crustacés, par la position et la nature de leurs branchies et le nombre de leurs yeux; des araignées, par la direction et la structure de leurs mandibules, qui jouent, *par opposition* et latéralement chez les araignées; *en coulisse* et d'arrière en avant chez les acaridiens. Les acaridiens sont toujours de très-petite taille; l'*Acarus holosericeus (Trombidium holoriseceum,* Fabric.), acare à livrée de velours rouge, en est le géant dans nos climats; il atteint jusqu'à trois millimètres; car l'*Acarus tinctorius* (*Trombidium tinctorium,* Fab.) de Guinée et de l'Algérie atteint la grosseur d'un pois; l'acare de la gale en est le pygmée, il ne dépasse pas un demi-millimètre. On étudie les premiers à l'œil nu et à l'aide d'une simple loupe; l'étude du troisième réclame le concours du microscope et d'un assez fort grossissement.

580. Les acares sont essentiellement morbipares, en raison de leur parasitisme; car ils ne piquent pas seulement pour se venger ou se défendre, mais pour vivre et se développer; et puisqu'ils ne vivent qu'aux dépens des autres êtres, ils sont dans le cas, par la durée de leur développement et par la multiplication de leur lignée, de causer à leur proie les souffrances les plus graves et les plus diverses. Leurs espèces sont ou herbivores et parasites uniquement des plantes, ou carnivores et parasites des animaux; et celles-ci sont ou aquatiques ou terrestres. Nous allons les décrire dans cet ordre, celui qui s'adapte le mieux à la nature de notre sujet, en nous permettant mieux d'expliquer les faits morbides compliqués, par les faits les plus simples, et les circonstances qui se dérobent à nos regards, par l'analogie de celles qui sont plus accessibles à la vue. Nous essayerons de donner la classification et la

synonymie, après avoir épuisé cette série d'études descriptives, sur l'organisation de chacune de ces causes morbipares, et sur la nature morbide de leurs effets.

Spec. 1. *Acarus foliorum*, Nob. Pl. 5, fig. 6, 9, 10, 11, 12. (Acare de feuilles.)

Syn. *Acarus telarius*, Lin.; *Trombidium cornutum, tiliarum, socium, celer, telarium*, Hermann, *Mém. aptérol.*, pl. 2, fig. 11-15 (variæ ejusdem speciei ætates); *Gamasus telarius*, Latreille et Lamarck; le *tisserand d'automne*, Geoffroi; la *grise* de nos jardiniers.

Habitat sub paginâ inferiori foliorum plantarum, præ siccitate aut umbrâ nimiâ, languescentium.

1. HISTOIRE ET DESCRIPTION.

581. Sur la page inférieure des feuilles d'automne, chez les framboisiers, les rosiers, les tilleuls, ormes, etc., et en toute saison chez les plantes herbacées qui languissent faute d'arrosage, et par conséquent pour lesquelles l'automne est précoce et arrive au printemps (*haricots, dahlia, volubilis*, etc.), on rencontre à la loupe des troupeaux de petits points mouvants et pédiculés, qui paissent là, pêle-mêle avec les pucerons, et parmi des points immobiles et sphériques, lesquels ressemblent à des perles nacrées ou colorées en rouge; ce sont là nos *petites grises (Acarus foliorum)* de tous les âges, avec leurs œufs à toutes les phases de leur incubation.

582. La fig. 10, pl. 5, représente un de ces œufs attaché par une portion de sa surface, qui devient ainsi surface placentaire, à l'épiderme d'une feuille de dahlia, laquelle fait pour lui l'office de surface utérine. Cet œuf atteint un cinquième de millimètre en diamètre; sa coquille imite la nacre de perle, l'intérieur en est d'une grande transparence. On en voit beaucoup d'autres bien plus petits encore, et d'une nuance rouge. Je crois que ceux-ci sont les œufs fraîchement pondus, et que les premiers sont les œufs arrivés bien près de l'éclosion; on en rencontre, en effet, beaucoup dont il ne reste plus que la coquille, et qui ne dépassent pas les dimensions de l'œuf en nacre de perle de la fig. 10. Ainsi que nous l'avons fait remarquer, ces œufs végètent et grossissent pendant leur incubation (578). Quoique ces œufs se rencontrent plus habituellement sur la page inférieure des feuilles, cependant on ne laisse pas que d'en apercevoir sur la portion des tiges herbacées et succulentes, qui

n'est pas exposée au soleil, surtout dans les endroits frais et humides.

583. A côté de ces œufs, sont des petits qui n'ont encore que six pattes, pl. 5, fig. 12, et dont le corps ne dépasse presque pas en dimensions celles de l'œuf. J'en ai souvent trouvé, à l'ombre, de fort jeunes, quoique ayant huit pattes, aussi peu velus et aussi incolores qu'on les voit à deux âges différents, fig. 9 et 10, pl. 4. Ils présentent déjà une série de quatre lignes rouges parallèles, de chaque côté de leur surface dorsale, stigmates respiratoires qui semblent marquer la place de tout autant d'anneaux. A mesure qu'ils grandissent, leur coloration rouge s'étend de proche en proche; et à un certain âge ces quatre lignes se confondent de chaque côté en une tache marbrée de jaune, et surtout de rouge, qui devient même la couleur dominante; en même temps une nouvelle série de stries rougeâtres se forme derrière chacune de ces deux taches, pour composer plus tard une tache à leur tour; tout le corps est hérissé de longs poils; l'insecte est alors arrivé à la forme que représente la fig. 11, pl. 5; on le voit appliqué et immobile contre la surface inférieure d'une feuille de dahlia, dont la figure 11 ne représente qu'un fragment, les deux palpes recourbés en crochet, et le *rostrum* baissé perpendiculairement contre la feuille; il y reste immobile, je crois, pendant la journée entière, et vous laisse tout le temps de le dessiner. Insecte essentiellement nocturne, il dort le jour, et ne commence à se mettre en mouvement et à changer de place que lorsque le soleil ne donne plus en plein sur la page supérieure de la feuille qui lui sert de pâturage et d'abri.

584. Cet insecte est si transparent, qu'on ne distingue ni sa carapace, ni son plastron du reste de l'abdomen. La fig. 9, pl. 5, le représente vu par le plastron, pour montrer l'insertion des jambes et l'espace qui sépare les deux dernières paires des deux premières. On y distingue très-bien les échancrures cotyloïdes du thorax (562), à la base des quatre pattes *pp* antérieures. Chacune de ces pattes est terminée par un ambulacre *am*, fig. 6. Cet acare a les pattes transparentes, mais lavées d'une teinte purpurine, ainsi que les palpes et le museau.

585. Ces acares s'arrêtent-ils à ce dernier état de développement que représente la fig. 11 de la pl. 5? Sur les feuilles on n'en trouve pas d'autre pendant l'été et l'automne; et cet état est du moins le *summum* de développement qu'ils peuvent atteindre la première année, dans le cas où ils vivraient plus longtemps. Il faudrait supposer alors que, pendant la mauvaise saison, ils hivernent engourdis dans quelque repaire où ils se retireraient à la fin de l'automne. Mais si nous admettons cette hypothèse, et que nous leur supposions une vie plus longue que la vie annuelle; si, d'un autre côté, leur livrée passe de plus en plus, comme nous l'avons déjà fait observer, du gris au jaune, du jaune au rouge de

plus en plus foncé, et que le nombre des poils se multiplie dans la même progression que suit la coloration cutanée, où arrivera la forme de la *grise* par le progrès de l'âge, si ce n'est à celle de l'*Acarus holosericeus*, Lin. (*Trombidium holosericeum*, Fabr.), dont nos fig. 13 et 14, pl. 5, représentent un individu adulte, vu par la surface dorsale fig. 13, et par la surface abdominale fig. 14? Cette hypothèse me paraît réunir en sa faveur une grande masse de probabilités, et je ne vois rien d'absolument impossible que nos grises soient le jeune âge, l'âge de la première année des trombidions. Quoi qu'il en soit, cette époque ne laisse pas, par la variation progressive de ses formes, que d'avoir donné lieu à la création de cinq espèces, au moins, dans le *Mémoire aptérologique* d'Hermann (*), qui a pris les divers âges de l'insecte pour tout autant d'espèces distinctes, en sorte que, d'après cette méthode d'observation, la fig. 12 formerait une espèce distincte de la fig. 11, pl. 5, quoique l'une ne soit que le jeune âge de l'autre.

586. Ces petits acares, quoique mêlés et confondus avec les pucerons, pl. 11, fig. 14, qui paissent sur la feuille de compagnie et côte à côte, paraissent vivre avec eux dans la meilleure intelligence ; tandis que certaines autres espèces d'*acarus* et de larves sont très-friandes d'un pareil gibier, toujours la proie du plus fort et la propriété du premier occupant. On rencontre bien çà et là quelques peaux desséchées de pucerons ; mais ce sont là des vestiges de la mue, plutôt que des pièces de conviction d'un assassinat. Ces acares sont les concitoyens paisibles, et non les ennemis acharnés, des pucerons ; ils vivent avec eux en communauté de biens.

587. La nourriture exerce une influence toute-puissante sur le physique et sur le moral des individus ; de même qu'en se nourrissant exclusivement du suc des végétaux, ces acares des feuilles ont dépouillé entièrement le caractère féroce des espèces carnassières de leur genre,

---

(*) Le jeune Hermann écrivit son ébauche dans un temps et pour une société savante où un travail n'était apprécié que par le nombre d'espèces nouvelles qui s'y trouvaient décrites et figurées. Les juges d'alors, qui étaient en même temps parties, n'avaient par devers eux aucune règle, aucun signalement pour constater l'identité. Nous en étions alors au temps des conquêtes ; nous en sommes aujourd'hui au temps des réformes, qui sont des conquêtes aussi ; car la méthode, pour déterminer la différence des espèces, s'est fondée longtemps sur la distinction des contours, de la coloration et des dimensions ; et lorsqu'à cette différence venait encore se joindre une différence dans le nombre de pattes, qui aurait pu douter de la réalité spécifique ? Quel plus beau titre à un rapport favorable, pour qui le sollicitait une telle découverte à la main ?

Le manuscrit du *Mémoire aptérologique* d'Hermann fils a été remanié par Hermann père, et publié par le gendre Hammer. Strasbourg, an xii (1804).

de même leurs tissus, moins phosphatés (25) que ceux des espèces qui
vivent de chair, conservent à tous les âges une mollesse d'organisation
qui, les maintenant dans un état de grande transparence, fait qu'à toutes
les époques de leur existence les diverses régions cutanées, que nous
avons décrites avec quelque soin plus haut se confondent, à l'œil qui
les observe, dans une surface commune, et ne permettent plus au crayon
d'en tracer les limites et les contours. Il y a plus, c'est que leur corps,
toujours mou, se divise en anneaux, comme celui des larves d'insectes
à métamorphoses. Si donc il arrivait, comme nous le soupçonnons, que
ces acares, pl. 5, fig. 11, 12, ne soient que le jeune âge des trombidions,
fig. 13 et 14, ce passage d'un aspect à l'autre ne supposerait pas un
changement d'habitudes; car les trombidions sont aussi des *acares*
mous, et comme divisés en segments annulaires.

588. Sur la fin de l'automne, il paraît que nos acares ont la propriété
de garnir le dessous des feuilles d'une toile soyeuse analogue aux toiles
d'araignée; c'est peut-être un acte de prévoyance, pour qu'à l'époque de
la chute des feuilles, dont ils pourraient bien avoir le pressentiment, ils
soient à l'abri, sous cette toile, de tous les accidents de l'intempérie à
laquelle ils vont être exposés pendant l'hiver. C'est de cette circonstance
de leur vie que leur vient l'épithète de *telarius* que leur a imposée
Linné. Quand on les a observés au printemps et en été, on en a fait une
espèce distincte, parce qu'on les a observés sans toile.

2. EFFETS MORBIDES DU PARASITISME DE CES ACARES.

589. Nous avons dit que l'acare des feuilles reste appliqué contre
l'épiderme de la page inférieure, fort longtemps et sans bouger de
place, le museau baissé, et partant l'appareil mandibulaire, qui perfore
et lui sert en même temps de ventouse et de suçoir, plongé dans la substance du tissu cellulaire de la feuille. J'ai cru observer que l'insecte se
tient plutôt contre les nervures de second ou de troisième ordre, et que
c'est là principalement qu'il implante sa tarière mandibulaire. Or une
pareille succion exercée pendant si longtemps, au moyen d'un pareil
coup de lancette, doit produire un effet morbide qu'il s'agit d'évaluer.
Nous avons prouvé, dans le *Nouveau Système de physiologie végétale,* que
la circulation a lieu, chez les végétaux, comme chez les animaux, par le
réseau des interstices cellulaires, et non par les prétendus vaisseaux,
qui, en se soudant bout à bout, forment la charpente des nervures; ces
vaisseaux apparents ne sont que des cellules allongées, qui ont bien dans
leur intérieur une circulation de liquides, mais c'est une circulation

intime, résultant de l'élaboration des liquides qu'elles renferment, et
qui n'est point en communication immédiate avec la circulation proprement dite, la circulation intercellulaire dont nous venons de parler.
Quand donc l'insecte plongera sa tarière dans la substance de la feuille,
tarière si grêle, que tout notre art, armé du microscope, ne parviendrait
jamais à fabriquer rien de ce calibre-là, la blessure qui résultera de
cette piqûre sera, par elle-même, aussi peu apparente et aussi peu
inoffensive que celle que nous produisons avec la plus fine aiguille dans
nos chairs : en sorte que, si l'insecte retire aussitôt sa tarière, dans le
premier moment, il n'en restera pas plus de traces apparentes que si
l'insecte n'y avait pas touché. Cependant nulle cause ne reste sans effet ;
nulle solution de continuité n'est jamais sans conséquence ; un instrument perforant, déchirant et épuisant, ne passe pas à travers les tissus,
comme les esprits follets à travers les trous de la serrure. Ici cette tarière a
percé des parois, éventré des cellules, et appelé de toutes parts, vers ce
point, comme vers un centre d'attraction, tous les liquides circulatoires
du réseau ambiant. Il y a donc eu, sur ce point, extravasation, afflux de
liquide, par conséquent enflure et soulèvement de la membrane épidermique, révolution enfin dans l'élaboration des tissus sous-cutanés correspondant à ce point ; s'il n'en était point ainsi, nous aurions là un phénomène inexplicable. Ce n'est certainement pas sur le moment qu'il faut
s'attendre à surprendre les traces visibles de la piqûre et de la succion
de ces acares ; car la somme des effets ne devient appréciable, à nos
moyens grossiers d'observation, qu'avec le temps. Mais quand l'insecte
quitte la place, après avoir épuisé tout ce qu'il y recherchait, c'est alors
que l'on retrouve l'empreinte de son parasitisme. Que l'on regarde à
travers jour les feuilles de dahlia, sur la page inférieure desquelles ont
séjourné nos acares, on observe çà et là comme de petites ampoules
ayant un diamètre cent fois plus grand que les petites cellules élémen-
taires du parenchyme ; ces ampoules n'ont rien de commun ni par la
forme ni par les dimensions, avec l'économie du reste du tissu ; ce sont
des vésicules d'une grande transparence et d'une grande homogénéité ;
la fig. 10, pl. 10, en représente une prise comme centre de cette lame de
tissu ambiant. Évidemment c'est là le résultat, prévu par la théorie, de
la succion de nos *acarus*. Il doit paraître tout aussi évident qu'un tel
résultat placé au milieu d'un tissu qui vit, élabore et se développe, ne
doit pas plus rester stationnaire que tout ce qui vit autour de lui ; cette
ampoule doit avoir aussi son développement vital ; car elle porte en
tout l'empreinte de la force vitale et les signes ordinaires de la végétation ; elle doit avoir ses phases de développement et de maturation.
Malheureusement pour cette observation si bien commencée, les tiges de

dahlia, dans nos climats, sont surprises par le froid avant leur complet développement, et rien ne mûrit presque chez nous sur cette plante, ni tige, ni feuille, ni fruit; il faut donc avoir recours à des plantes indigènes, pour pouvoir suivre dans toutes ses phases le développement de ces tissus artificiels. Or on trouve au printemps, sur la page inférieure des feuilles de plantes de tous genres, des vésicules semblables, qui ont la même transparence et le même aspect. Prenons pour exemple les feuilles de la menthe des jardins, ou menthe poivrée, pl. 10, fig. 9. La vésicule commence, comme chez les dahlias, par être transparente *b*; vers le milieu de l'été, elle devient opaque; puis elle se fend et laisse apercevoir, dans le sein de son enveloppe blanche, une poussière noire, qui l'encombre et la distend *c*; puis enfin, et surtout aux approches de l'automne, la vésicule crève tout à fait, et ses bords s'étalent et disparaissent sous l'effort du noir qu'elle contenait *d*. A la vue simple, la feuille *a* paraît, en dessous, piquetée de points noirs et fuligineux que nous venons d'étudier à la loupe en *b*, *c*, *d*. Cette poussière noire et charbonnée n'est rien moins qu'une poudre inerte et inorganisée, comme le serait le noir à fumée; chaque molécule, au contraire, si on l'étudie à un grossissement supérieur, est un organe qui s'implantait sur la surface interne de la vésicule *b*, par un petit pédicule, que nous avons l'habitude de désigner sous le nom de *hile des cellules*, et chacun de ces organes offre deux cellules dans son sein; on les voit, sous divers aspects, en *f*, fig. 9, pl. 10. Ainsi donc que nous l'avons démontré ailleurs(*), à l'égard de toutes les espèces d'organes, la vésicule artificielle, fig. 10, et *b* fig. 9, n'était autre qu'un organe cellulaire, dans le sein et sur les parois duquel se sont développés d'autres organes cellulaires en nombre indéfini, et dans l'intérieur desquels se sont développés d'autres organes d'un ordre tertiaire, portant chacun dans leur sein d'autres organes d'un ordre quaternaire, et qui ont été surpris par la maturité au nombre de deux, et sans avoir poussé plus loin leur développement. .

590. Sous cette forme, et quand tout est parvenu à maturité, les botanistes ont inscrit ces taches noires, au catalogue, sous le nom d'*Uredo labiatarum*, charbon des labiées, et ils ont classé au rang des champignons ces produits artificiels de la succion d'un insecte; la poussière leur en a paru un agrégat de sporules. Après avoir érigé de la sorte ces accidents en genre, ils ont été plus loin; ils les ont subdivisés en espèces, d'après l'ordre que ces taches suivent en s'éparpillant sur les feuilles et la couleur qu'elles affectent, c'est-à-dire qu'ils ne les ont

(*) *Nouv. Syst. de physiol. végét.*, et *Nouv. Syst. de chim. organ.*, 3ᵉ partie, éd. de 1838.

classées définitivement que d'après la configuration du réseau des nervures
et la nature du végétal sur les feuilles duquel il a plu à l'insecte créateur, à force d'être morbipare, de fixer son lieu d'élection. Il est évident,
en effet, que ces prétendues sporules varieront de coloration, dans les
mêmes limites que les cellules des pétales, et que cet effet identique de
la succion d'un insecte changera de couleur selon la différence des
végétaux ; véritables pustules végétales qui, de même que les pustules
épidermiques des animaux, changent de forme et de coloration, selon la
nature des tissus qui leur donnent naissance ; ce sont, enfin, des pustules
qui se résolvent en un pus sec et pulvérulent, en une gangrène sèche.
Nous aurons plus d'une fois, dans le cours de cet ouvrage, l'occasion
d'observer les résultats de cette influence sur la coloration même des
animaux. Mais comme ces *uredo* ne sont pas l'effet exclusif du parasitisme des acares, et que ces insectes ont bien d'autres complices, dans ce
genre de déviations artificielles, nous reviendrons sur leur classification,
en nous occupant des *thrips* et des *aphis* ou pucerons.

591. Les acares des feuilles ne produisent pas toujours des *uredo* ;
lorsque vous voyez les feuilles des *volubilis* et des haricots languir et se
marbrer de taches jaunes et rouges qui font saillie sur un fond terne et
poudreux, comme les représente, par leur page supérieure, la fig. 14,
pl. 10, examinez-les en dessous, et vous trouverez, sous chaque bosselure
jaune, un ou plusieurs *Acarus foliorum* qui y paissent, et font gaufrer
la feuille par l'effet de leur succion. La vie éphémère du haricot ne permet pas à chaque piqûre de déterminer un développement du calibre de
celui que nous venons d'étudier. Mais si nos instruments grossissants
étaient assez puissants pour nous permettre d'aborder la forme de ces
effets, nous reconnaîtrions certainement, qu'à part le calibre et les
dimensions, ces effets sont identiques, et que chaque petit compartiment
de ces gaufrures est rempli d'organes semblables aux organes *f* de la
fig. 9, pl. 10.

592. Mais ce qui nous échappe sur les feuilles, pour ainsi dire,
exotiques des haricots, nous le retrouvons sur les feuilles indigènes des
rosiers et des framboisiers, sous la page inférieure desquelles paissent
au printemps nos acares. Sous les feuilles de rosier principalement, on
rencontre, en automne, des taches noires de plus gros calibre, et qui
paraissent comme des houppes de petits filaments noirs. Observés au
microscope, ces fils sont de petites ampoules ovoïdes marquées transversalement de cinq à six articulations, et qui tiennent à la surface
épidermique de la feuille par un pédicule blanc, grêle et transparent,
environ aussi long que l'ampoule. Ces organes pédiculés, d'une forme
analogue aux fig. 15 et 16 de la pl. 11, avec la différence que leur pédi-

cule basilaire est plus long, ces organes, dis-je, ne diffèrent des prétendues sporules des *uredo*, fig. 9, *f*, pl. 10, que par leur taille relativement gigantesque, par la longueur proportionnelle de leur pédicule, et par le nombre des organes cellulaires de quatrième ordre que l'ampoule renferme,
et qui la divisent en tout autant de concamérations. Si l'ampoule n'avait
que deux cellules internes, et que son calibre ne fût pas abordable à une
simple loupe, les deux organes ne différeraient plus en rien. Or le calibre
d'un développement artificiel dépend de la puissance d'action du sujet et
de la durée de l'influence ; tout développement, en effet, est indéfini ; et
l'instant où l'observation le surprend n'est qu'une phase de sa vie végétative. Le botaniste, qui ignorait la cause animée de ces taches, était
loin de soupçonner l'analogie de ses effets, et après avoir fait un genre
de champignons des effets microscopiques, sous le nom d'*uredo*, il en fit
un autre de ses effets comparativement gigantesques, sous le nom de
puccinies (puccinia) ; genre caractérisé principalement par l'absence de
la vésicule qui crève pour laisser passer les poussières des *uredo*, c'est-à-
dire, caractérisé par ce que le botaniste n'a pas pu voir, puisque cette
vésicule a dû se désorganiser et disparaître à l'époque où les puccinies
se montrent dans tout leur développement ; le botaniste a agi en cela à
peu près comme celui qui ne classerait nos arbres à fruit qu'à l'époque
où le fruit mûr ne porte pas la plus légère trace du calice et de la corolle
dans le sein de laquelle il a commencé par se former. Nous reviendrons
en son lieu sur ce sujet.

593. Nous venons de décrire les caractères physiques de la maladie
causée sur le végétal par le parasitisme des acares et autres insectes
suceurs, effets qui vont quelquefois jusqu'à arrêter le développement
normal des feuilles, de la tige, des fleurs et des fruits, et qui déforment
souvent la plante de telle manière, qu'il est arrivé qu'on l'a prise, malade, pour une espèce distincte de la même, à l'état sain ; il nous reste à
dire un mot des effets pathologiques de ce parasitisme. Il faut bien, en
effet, que la plante souffre d'une révolution semblable, qui détourne au
profit d'un parasite les sucs qui lui arrivaient auparavant à son profit
exclusif et pour sa propre élaboration. Mais cette souffrance, ce désordre
dans la circulation, cette fièvre, enfin, a ses intermittences ; car l'acare,
redoutant la chaleur et la lumière, doit perdre de son activité et de sa
voracité, pendant tout le temps que le soleil darde sur la feuille qui
l'abrite : il doit dormir alors de fatigue, se reposer d'épuisement, pour
reprendre sa succion au premier changement atmosphérique qui lui
ramènera l'ombre et le crépuscule. Qu'on me passe l'emprunt que je fais
au langage de l'école, notre plante, si elle avait la faculté d'exprimer
ses souffrances par des signes pathognomoniques, nous paraîtrait cer-

tainement, dans ce cas, affectée de fièvres intermittentes quotidiennes;
elle aurait des accès périodiques à intervalles très-rapprochés; et son
infirmité aurait été classée par les nosologistes dans les fièvres éruptives,
dans les maladies de la peau. Cette analogie ne serait ridicule et puérile
qu'en la traitant comme une similitude, et en ne faisant pas la part des
différences de la vie et de l'organisation chez les deux règnes.

594. Quoi qu'il en soit, nous venons de voir comment la simple piqûre d'un insecte peut donner lieu à un produit nouveau, à un tissu parasite, à une végétation nouvelle, qui n'est morbide que pour le sujet
sûr lequel elle est implantée. Ce phénomène se représentera souvent encore dans le cours de cet ouvrage; nous prendrons soin à chaque fois
d'en reproduire et d'en rappeler l'explication physiologique. La piqûre
de tels insectes n'opère pas une perforation qui reste béante à l'air; les
bords de la petite plaie se rapprochent et se ressoudent d'eux-mêmes,
dès que la tarière, en se retirant, les laisse libres de le faire. Mais la tarière, en opérant dans l'intérieur de ces tissus, y a produit des solutions
de continuité de plus d'un genre, qui n'auront pas manqué, à chaque
fois, de mettre en communication les spires génératrices (19) incluses
dans diverses cellules ambiantes. Nous aurons donc, dans le sein de
cette cavité artificielle, tous les éléments nécessaires pour en faire une
cellule élaborante : une paroi externe imperforée, avec la membrane
verte qui la tapisse et qui est l'âme de son activité vitale. Mais cette cellule sera organisée, à l'intérieur, sur un type bien différent du type
normal; car dans son sein viendront se réunir et s'accoupler les diverses paires de spire des cellules entamées par la tarière; accouplements adultères, qui ne sauraient donner lieu qu'à des produits adultérins, et à de nouvelles races, variables selon la profondeur à laquelle
pénétrera la tarière, selon la durée et la portée de son action; produits
métis et inféconds d'un croisement hétérogène, qui s'arrêteront à une
première génération, et resteront isolés, faute de penchant et d'aptitude
à s'associer, à se mêler et à s'unir ensemble. La cellule artificielle sera
alors comme une anthère végétale dont toutes ces cellules isolées seraient comme les grains du pollen, et finiraient par s'éparpiller dans les
airs sous forme de poussière pollinique. Or, la coloration de cette poussière et la forme de cette anthère artificielle varieront, selon la nature
des feuilles, et les modifications que la sécheresse ou l'humidité sont
dans le cas d'imprimer à ses sucs.

595. La présence de la grise (*Acarus foliorum*) détermine, sur les feuilles
de la vigne, de concert avec les pucerons (*aphis*), des produits analogues
à ceux que nous avons étudiés plus haut sur les haricots. Attachés
sous la page inférieure des feuilles de vigne, à l'époque où le réseau des

nervures a acquis une assez grande consistance, et forçant par leurs piqûres le tissu parenchymateux, qui est borné par chaque maille de ce
réseau, à prendre un développement insolite et nouveau, la feuille se
gaufre en dessus, parce qu'elle reçoit là l'impulsion de dessous; elle
prend, sur chaque gaufrure, une coloration plus sombre, une coloration
différente : chaque piqûre détermine un développement externe au lieu
d'un développement interne; et la surface inférieure de chaque gaufrure
se couvre de pilosités végétales qui se recroquevillent comme la laine,
et se feutrent entre elles; car elles n'ont qu'une spire dans l'intérieur de
leur tube, et elles doivent, en conséquence, se tordre en spirale, faute
d'antagonisme, au lieu de s'élancer droites et perpendiculairement au
plan de position. On voit une de ces pilosités, pl. 10, fig. 12, *i*, avec les
traces de sa spire unique, qui se dessinent transversalement par transparence.

Le botaniste, ne s'occupant que de classer les effets, au lieu de remonter à la cause, a mis au nombre des moisissures chacune de ces plaques
de pilosités, et il les a dénommées *Erineum vitis* (érinéum de la vigne).

596. La grise ne s'attaque pas aux plantes vigoureuses, qui poussent
hardiment, riches de chaleur et d'arrosage, qui élaborent de la sorte la
matière verte dans toute la vivacité de sa teinte printanière et dans
toute l'amertume de son goût; elle s'attache aux plantes quand elles
commencent à languir de famine et de jeûne, que la matière verte commence à prendre la saveur des sucs de la maturité et la teinte dorée de
l'automne. C'est alors que ces sucs conviennent à son parasitisme; c'est
alors qu'elle détermine, sur la surface inférieure de la feuille, dés pustules, traces saillantes et végétatives de sa succion. La maladie pustuleuse qu'elle engendre n'est donc que la complication du marasme de la
plante, complication qui rend le marasme incurable; car la feuille atta-
quée ne rajeunit plus.

597. En examinant, en août 1840, des feuilles de mauve crépue (*Malva
crispa*), dont le vert luisant était jaspé de jaune, en taches pinnatifides
partant de chaque nervure, je découvris que chacune de ces taches cor-
respondait à la position d'un *acarus* placé au-dessous. Ces nervures
étaient accompagnées, de chaque côté, par une rangée de points jaunes
et épuisés de suc, dont chacun était évidemment l'œuvre d'une piqûre.

598. J'ai rencontré sur les feuilles du *Prunus insititia* L., prunier
sauvage des hauteurs de Cachan, au-dessus d'Arcueil, un produit
morbide qui, par analogie, pourrait bien être celui de la piqûre des
pucerons, mais que je suis tenté d'attribuer à la piqûre de l'*acarus*,
pl. 4, fig. 12, que j'y ai rencontré en abondance, en l'absence de toute
espèce de puceron. On observait, sur le limbe des feuilles, des coussi-

nets d'un vert pâle, hérissés de petits poils, pl. 11, fig. 12, et qui, sous la page inférieure, présentaient une cavité oblongue *b*, fig. 13, pl. 11, hérissée en dedans d'un duvet rougeâtre, et entourée d'un bourrelet *a* verdâtre, et bosselé comme le coussinet, fig. 12, qui est la saillie de cette cavité, du côté de la page supérieure. Cette fig. 13, présente, sur un fragment de feuille, *c*, la disposition des nervures par rapport à ces bourrelets. Les fig. 15 et 16 sont des filaments qui hérissent la surface de la cavité *b*; ce seraient, d'après la nomenclature botanique des *puccinies*, auxquelles peut-être personne n'aura fait attention, et qu'on aura mises sur le compte des insectes, tant ce produit est herbacé et peu analogue aux productions cryptogamiques. Quant à l'acarus, il est d'une couleur purpurine, comme ses produits pileux; il offre sur le dos, ou plutôt sur la carapace, trois taches transversales semi-linéaires plus foncées que le reste du corps, et dont la convexité est tournée en arrière. Cet acarus m'a l'air de n'être là que d'une manière provisoire, et jusqu'au moment où il pourra s'attacher à un animal, pour faire meilleure chère. C'est peut-être le jeune âge de la *tique* ou de l'*acarus* de la taupe, pl. 4, fig. 11, qui est figuré à côté de lui.

Spec. 2. *Acarus holosericeus*, Lin. (*Trombidium holosericeum*, Fabric.)

599. L'espèce a été créée sur la description et les figures des plus gros individus, à l'âge où ils ont atteint jusqu'à trois millimètres de long, et avec la forme que représentent les fig. 13 et 14, pl. 5, qui ont été dessinées à la loupe; à cet âge et avec de telles dimensions, on peut en faire l'anatomie sinon au scalpel, du moins à la pointe de l'aiguille; on a donc eu ainsi la facilité de noter des caractères qui auraient passé inaperçus si l'insecte n'avait pu être observé qu'au microscope. Après avoir créé l'espèce, nul ne s'est demandé ensuite par quelle série de modifications de forme l'insecte a dû passer avant d'arriver jusqu'à cette forme finale, par quels intermédiaires, en un mot, il est parvenu de son œuf à cet âge adulte. Faute de cette considération, on a dû s'exposer à prendre les formes intermédiaires pour des espèces nouvelles et distinctes, parce qu'on les observait à leur tour isolément et sans remonter ou redescendre vers leur histoire; et c'est précisément ce qui est arrivé : Tous les changements de forme extérieure, qui ne sont que l'expression de l'âge, ont pris tout autant de noms distincts; et la forme la plus petite, celle partant qui se prête le moins aux observations anatomiques, et qui est la plus propre à soustraire les détails d'organes à une rigoureuse détermination, celle-là a été érigée en genre. Les Hermann ont donné

près de douze figures de ces différents âges (*), et presque tout autant de noms spécifiques à toutes ces figures : les *Trombidium lapidum, fuliginosum, bicolor, assimile, curtipes,* etc., ne sont que des créations de cette force, et dues à ce genre de méprise : l'une a une teinte moins foncée que l'autre, parce qu'elle vit plus à l'ombre et sous les pierres ; l'autre a les jambes plus courtes, parce qu'elle est plus jeune que l'autre ; celle-ci n'a pas encore le corselet aussi ventru, aussi obèse. Toutes ces créations nominales auraient disparu devant l'histoire, elles persistent devant la nomenclature et la classification. La faute d'un inventeur entraîne toujours le copiste dans une plus grave ; les Hermann avaient fait des doubles emplois spécifiques ; Latreille, qui classait sur les figures d'Hermann, ayant vu que les palpes du *Trombidium holosericeum* de Fabricius offraient, sur les figures d'Hermann, une pièce mobile, qu'on n'observait pas sur les *Trombidium miniatum, papillosum, squammatum,* etc., du même auteur, par une bonne raison, qui est que ces individus sont trop petits pour qu'à cette époque on ait pris la peine de les disséquer et de les mettre en évidence ; Latreille les a séparés du genre *Trombidium,* pour les ériger en genre, sous le nom de *smaris*. Les *trombidium* ci-dessus sont donc devenus les *Smaris miniatus, papillosus, squammatus,* etc., de Latreille. C'est une vraie calamité pour la science, qu'un chef de file qui donne de telles directions aux études !

Avoir fait tant de frais de descriptions génériques et spécifiques, avant d'avoir pensé à celle de l'œuf, c'est vraiment avoir commencé l'ouvrage par la fin !

600. En été, presque tous les trombidions que l'on rencontre errants sur la terre appartiennent à l'espèce typique *Trombidium holosericeum,* pl. 5, fig. 13, 14. Au printemps, on leur trouve une forme moins d'accord avec ce type, moins en cœur, et une taille moins forte. Si l'on s'amuse, en hiver, à fendre les entre-nœuds des tiges articulées qui sèchent sur le sol, brins de paille, tiges de houblon, d'œillet, etc., on ne manque pas de surprendre, tapis dans leur intérieur, de petits trombidions visibles seulement à la loupe, et qui y sont engourdis par le froid. Au premier rayon de beau temps, ils sortent de leur tanière et se répandent aux alentours (**) : c'est là l'espèce que les Hermann désignaient sous le nom de

(*) *Mém. aptérol.,* pl. 1, fig. 2, 3, 4, 5, 6, 7, 8, 9 ; pl. 2, fig. 2, 3, 4, 5, 6, 7 et 8.

(**) Serait-ce cette circonstance des mœurs des trombidium qui aurait donné lieu au passage suivant d'Aristote, relativement à la coloration en rouge que prend quelquefois la neige : « Nous connaissons des animaux qui naissent dans les substances qui ne sont nullement susceptibles d'éprouver une décomposition quelconque ; tels sont ces petits cirons velus et de couleur écarlate que l'on rencontre courant sur la neige, ce qui fait croire au vulgaire que la neige est dans le cas de se colorer. » (Aristote, lib. 5.

Trombidium lapidum. Mais si nous cherchons à redescendre, par la pensée, de l'hiver en automne, et qu'on se demande où est l'enfance de la
jeunesse précédente, on ne la retrouve dans la nature nulle part, si ce
n'est peut-être et comme idée très-hasardée à un état plus ou moins
analogue à celui de notre *Acarus foliorum,* pl. 5, fig. 9, 11, 12. Car je
n'ai jamais surpris le *Trombidium holosericeum,* fig. 13, 14, grand-père
présumé de cette jeune race, attaché en qualité de parasite à aucune
autre espèce d'animal, et tout me porte à croire que, dans son état ordinaire, et quand tout est normal autour de lui, cet insecte est à tous les
âges *phyllophage.* Cependant à l'âge adulte il reste moins stationnaire ; il
est plus alerte, plus vagabond, au moins pendant le jour, se fixant sans
doute, pendant la nuit, pour pourvoir à sa nutrition. C'est à cet âge que
l'espèce doit pondre ces œufs, pl. 5, fig. 10, que nous avons décrits sur
la page inférieure des feuilles, et qui donnent naissance aux *Acarus
foliorum* (581).

601. C'est cette espèce adulte qui a résisté si longtemps à l'influence
du vide, et sans avoir l'air de s'en soucier beaucoup, dans l'expérience
dont nous avons parlé plus haut (505).

602. Elle est très-reconnaissable à la forme étranglée et en cœur de
son abdomen, au velours écarlate qui recouvre toutes ses surfaces, à sa
taille enfin qui permet souvent de l'étudier à l'œil nu. Ses deux premières pattes sont en général plus longues que toutes les autres ; le dos offre
des rides profondes longitudinales, circonscrites par un enfoncement
concentrique au bord du corps ; la fig. 14 le représente vu par l'abdomen ; la fig. 13, vu par le dos.

N. B. En Guinée et dans l'Algérie on trouve un *Trombidium* de la grosseur d'un pois, écarlate et velouté comme le nôtre, que l'alcool dépouille
de sa coloration, laquelle pourrait être employée en teinture en guise de
celle de la cochenille. Cette espèce prend le nom d'*Acarus tinctorius* ou
Trombidium tinctorium. Le docteur Meynier m'en avait rapporté, de son
voyage maritime, un échantillon dans l'esprit-de-vin, qui a dû se perdre
à la suite de mes nombreux et difficiles déménagements, ce qui m'a privé
de l'occasion de le faire peindre d'après nature. Il ne me semblait alors
qu'un de nos trombidies européens ayant acquis, sous l'influence d'un
climat brûlant, des dimensions deux fois plus grandes que le nôtre.

chap. 48). Pline n'a presque fait que traduire ce passage (liv. 44, ch. 35). — Nous ne
devons pas oublier non plus que le pollen des conifères éparpillé par la tempête rougit
quelquefois les neiges dans le Nord et au pied des montagnes.

Spec. 3. Les tiques, ou acares parasites vagabonds de la peau des animaux. (*Acarus reduvius*, Nob.)

603. Nous comprendrons, sous ce titre principal, les acares errants et vagabonds qui s'attachent à la peau des animaux, non pas pour y pondre, mais pour s'y nourrir et se gorger de sang, qui déterminent de la sorte des effets locaux et passagers, et non un état morbide général et durable. Ces insectes ne pondent pas dans la plaie qu'ils déterminent; ils y vivent, et vont ensuite digérer ailleurs, sous les pierres, dans les tiges des plantes, sous les tas de feuilles sèches, où ils attendent le passage d'un insecte, d'un quadrupède et de l'homme lui-même, pour s'attacher de nouveau à leur proie. La forme caractéristique de leur corps varie avec l'âge, et, dans le même âge, selon que l'acare est à jeun et bien repu; leur abdomen, en effet, est doué d'une faculté d'expansion et de contractilité qui se prête admirablement à ces métamorphoses du jeûne et de la réplétion, lesquelles ont jeté bien souvent les observateurs dans d'assez graves méprises. Dans le jeune âge, les deux dernières pattes sont trop courtes et trop rudimentaires pour pouvoir être observées. Chez la femelle, même adulte, la première paire de pattes, plus courte et dépourvue de pelotes ambulatoires, prend souvent l'aspect de deux palpes plutôt que de deux pattes. Chez le mâle, au contraire, ces deux pattes, armées de leur complément ambulatoire, s'allongent beaucoup plus que les autres; d'un autre côté, leur capacité abdominale, qui n'est pas destinée à devenir le réceptacle d'aucun développement ovarien, en reste presque toujours à ses proportions ordinaires : tout autant de différences d'âge, de nutrition et de sexe, qui ont fourni matière à tout autant de créations nominales génériques ou spécifiques. Les observations qui vont suivre permettront de réduire à leur juste valeur ces nombreuses créations enregistrées de main en main dans nos systèmes.

604. 1° TIQUE DES MAMMIFÈRES, vulgairement TIQUE DU CHIEN ET DES BOEUFS, ETC. (*Acarus ricinus* Lin. et Fabric.; *Acarus reduvius* de Geer, 7, pl. 6, fig. 1-8; *Acarus reticulatus* Fabr.; *Ixodes ricinus* Latr. et Lamarck.) — Pl. 6, fig. 13 de cet ouvrage.

Cet acare, qui s'attache à la peau des bœufs, des chiens, et par occasion à celle de l'homme, acquiert jusqu'à cinq millimètres de long, et c'est alors qu'il prend principalement le nom de *tique* et de *ricin*, parce que c'est avec ces proportions qu'il est le plus apercevable; mais dès qu'il s'est gorgé de sang en s'attachant à la peau des grands mammifères, son abdomen *ab*, pl. 6, fig. 13, atteint six fois plus de longueur que sa carapace *cr*, qui ne semble plus être qu'un corselet antérieur, et c'est de la forme et de la couleur de cet abdomen qu'il tire son nom de *ricinus* en latin, et de *kiki* en grec (*), deux mots qui, dans les deux langues, signifient la graine du *ricinus palma-christi;* l'analogie des deux organes est frappante. Quand l'acare ne jouit pas encore d'un abdomen si considérable, et que sa longueur totale en est réduite à peu près à celle de son corselet, le classificateur le range dans un genre différent : car le rapport de longueur n'est plus le même entre les pattes et le corps, puisque le corps en est réduit en longueur à celle du corselet; la couleur que l'on déterminait par l'abdomen tout blanc ou tout purpurin, dont la carapace ne formait qu'une tache antérieure, devient d'un rouge plus foncé par la prédominance de la carapace ou corselet. Nul observateur ne s'étant posé cette question : D'où vient cet insecte, quels sont ses différents âges, et les formes qu'affectent ces âges? il a dû arriver qu'on ait pris les plus jeunes pour des espèces différentes des plus gros, car les plus jeunes doivent se trouver, sans aucun doute, quelque part autour de nous. Mais ces acares, à tous leurs âges, s'attachent aux insectes, comme aux mammifères; or ils doivent offrir d'immenses différences de forme, d'embonpoint et de coloration, selon qu'ils ont à se repaître d'un sang rouge abondant, ou d'une maigre quantité de sang incolore et blanc. Aussi est-il arrivé que la tique a fini par prendre, pour caractère spécifique, le nom de l'animal sur lequel on l'a trouvée appliquée; et quand le plus jeune s'est appliqué en parasite contre le ventre de ses aînés, trouvant plus expéditif de leur voler leur provision de sang, que d'aller s'en faire une par lui-même, ou bien n'ayant pas encore un appareil perforateur assez long pour pouvoir traverser le cuir des bestiaux, et atteindre leur sang à sa source, dans ce cas de Geer a pris le petit parasite du gros parasite, pour le mâle du gros (**), et son adhérence pour un accouplement, oubliant en cela que l'accouplement des *acarus* a lieu, comme celui de tous les insectes, en *saillant*, et non en *s'embrassant*. Les acares, comme les araignées, sont des êtres voraces, insociables, qui, au besoin, dévorent leur espèce et jusqu'à leurs parents, race immonde dont le ventre est l'unique dieu.

605. Ces acares, dont les goûts émanent de leur organisation propre, ont une prédilection pour tous les animaux qui séjournent dans un lieu bas, obscur et humide, pour les bestiaux qui restent à l'écurie, les *hister* (escarbots) qui fouillent la fiente et surtout celle du cheval, pour les

(*) Dioscoride, liv. 4, ch. 464, dans l'éd. de Goupyl, et 458, dans le Matthiole des Valgrises.
(**) Tome 7, pl. 6, fig. 6-8.

mouches qui vont y pondre leurs œufs, pour les faucheurs (*phalangium*) qui vivent dans les trous des murs, pour les cousins et tipules qui recherchent la surface des eaux, etc. Les plus jeunes s'attachent aux êtres de la plus petite taille ; les plus âgés aux plus grands animaux ; les plus âgés ne feraient qu'une bouchée des insectes grêles ; les plus petits n'auraient pas la force de tarauder la peau des bestiaux. Quand l'automne arrive, que le fumier des champs est consommé par la végétation, que les coléoptères, tipules et mouches ont fini leur existence ou ont émigré ailleurs, cette population quelquefois innombrable de jeunes acares, affamée dans les jachères et tapie dans les tuyaux de paille, se jette sur les passants, s'attache aux jambes de l'homme, les couvre en un instant de petits boutons rouges, et occasionne une démangeaison fiévreuse, qui porte à se gratter jusqu'au sang, et ne permet pas le plus léger sommeil jusqu'au jour, où ces parasites se reposent et digèrent. Nous sommes peu exposés à ces accidents aux environs de Paris, où l'on fume avec des fumiers de gadoue et de rue, qu'affectionnent peu les insectes fouisseurs. Mais à cinq à six lieues de Paris, et dans les plaines peu fréquentées par les hommes, ces tiques pullulent après la moisson, de telle sorte qu'ils font souvent la calamité du pays. Les paysans les nomment *rougets* à cause de leur couleur ; et les classificateurs en ont fait un genre, sous le nom de *Leptus autumnalis* Lamk., à cause surtout de leurs six pattes, car ils sont à l'état de jeunesse.

C'est dans l'automne de 1822, au château de Guermante, près Lagny (Seine-et-Marne), que j'eus pour la première fois l'occasion d'apprécier par moi-même les ravages de ce petit acare que les paysans nommaient *rouget* ; car il est aussi rouge écarlate que le *Trombidium* dont on dirait qu'il n'est que le plus jeune âge. A chaque excursion que nous faisions dans les champs, soit le matin à la rosée, soit et plus spécialement le soir à l'approche de la fraîcheur, nous étions sûrs de revenir les jambes littéralement couvertes, jusque dans le voisinage du genou, de myriades de ces impitoyables petits rougets. C'était à cette époque la grande vogue du système Broussais ; aussi passions-nous des nuits horribles, tant ce parasite s'accommodait bien des prescriptions du système dit *physiologique* par antiphrase. Cependant on s'émancipait quelquefois ; et au lieu d'écouter le médecin de la maison, on prêtait subrepticement l'oreille aux conseils des paysans, qui se débarrassaient fort bien de la démangeaison insupportable que nous éprouvions en se bassinant les jambes avec du vinaigre, contre toutes les règles de l'*art de guérir* de cette époque : c'était un peu jeter de l'huile sur le feu ; mais on préférait une bonne brûlure, et puis que tout fût dit, à une démangeaison incessante ; à cette époque je n'avais pas encore révolutionné la médecine.

Les paysans, à l'épiderme hâlé et à la peau calleuse, se ressentaient moins du fléau que nous; mais leurs femmes en étaient moins exemptes qu'eux.

C'est au même insecte que je crois devoir rapporter un fait tout récent qui vient de se passer près de nous et dont la médecine classique cherche encore l'explication.

Le 4 août 1856, dans les environs d'Hembraine et autres localités voisines de Namur (Hainaut), toutes les femmes occupées, dès six heures du matin, à couper dans les prairies les tiges de *branche-ursine* ou *pointe de loup* (*Heracleum sphondylium L.*) pour les vaches (*), ressentirent en rentrant chez elles des picotements aux bras et aux jambes, mais tels qu'elles se mettaient la peau en sang à force de se gratter, d'où il survint des escarres que les pansements médicaux encore en vogue en ce pays amenèrent à un état capable d'inspirer de vives inquiétudes.

Les premiers médecins, consultés à cet égard par l'autorité, attribuèrent ces effets à un *coup de soleil;* or il se trouva que, ce jour et à cette heure, il faisait un brouillard très-épais; la commission avait donc débuté par faire fausse route. L'autorité en nomma une autre qui cette fois a mis un peu plus de temps à se prononcer; car elle n'a transmis son rapport que vers la fin de l'année 1857, et sa conclusion ne semble que la reproduction du fait même, au lieu de répondre à la question posée en ces termes : *Quelle est la cause du fait observé?* Car la conclusion se borne à constater qu'*en certaines années* l'heracleum (ou panais des vaches) *paraît acquérir des qualités nuisibles et pouvoir déterminer une espèce d'urticaire.*

Vous comprenez bien qu'attribuer cette affection à la présence d'un petit acare qui pullulerait en certaines années d'une manière épidémique, ce serait par trop déroger à la dignité de l'art et descendre des hautes régions de la science dans le trivialisme de l'observation des hommes étrangers à la profession; or donc ne troublons pas la béatitude de ces messieurs, par des démonstrations inutiles et qui seraient assez mal accueillies; restons dans le vrai qui émane de la nature et qui a moins de prétention que l'art, œuvre de convention, et quand vous ver-

(*) On fait grand cas ici, dans certaines fermes, de cette plante, ainsi que de celle de *l'herbe aux goutteux* (*Ægopodium podagraria* Lin.) qui a beaucoup d'affinité avec *l'heracleum* et dont les racines s'enchevêtrent avec les siennes en beaucoup d'endroits; on regarde ces deux plantes comme donnant beaucoup de lait aux vaches, et on les amasse à ce titre comme fourrage d'hiver; les paysans même ne me les désignaient que sous le nom d'*herbe-au-lait* (melkkruid); dans le Hainaut on appelle ces deux plantes *panais aux vaches.* Aux environs de Paris, au contraire, on a grand soin de purger les prés de ces deux plantes comme viciant le fourrage, parce que chez nous on n'a en vue que d'en nourrir les chevaux, qui ne sont pas friands de ce qui est trop dur à mâcher.

rez se reproduire l'épidémie, pensez à tuer l'insecte par des lotions bal-
samiques, au lieu de le caresser avec des cataplasmes et des fomentations;
et cette grave épidémie disparaîtra sur l'heure, au grand profit de votre
bourse et de votre santé (*).

606. 2° La JEUNE TIQUE que représente, au simple trait, la fig. 2, pl. 4, a
été souvent trouvée, depuis décembre 1838 jusqu'en mai 1840, sur la
tête d'une jeune fille, qui avait alors de trois à quatre ans; le peigne en
amenait assez souvent une ou deux, pêle-mêle avec les poux, avec lesquels
on l'aurait confondue, de prime abord, par sa couleur, mais dont elle se
distinguait suffisamment, pour un œil exercé, par sa démarche rapide et
par son corps juché sur ses longues jambes. Elle est figurée du côté du
plastron dont on ne distingue bien que les échancrures cotylédoïdes
(562). Les mandibules m sont sorties de leur fourreau, et semblent analogues, par illusion, aux deux palpes pl. Les première et dernière paire
de pattes p sont plus longues que les deux autres, ce qui semblerait dé-
noter un mâle, ainsi que l'indique encore la position de l'anus an, au
bout de la carapace. Toutes les fois que je déposais cette tique dans une
goutte d'eau, pour l'observer, elle repliait en dessous la seconde paire
de pattes, comme pour appliquer ses ambulacres sur son thorax, de la
manière que représente la fig. 2, pl. 4. On conçoit parfaitement que cet
acare n'était pas là à la poursuite des poux, que sa tarière aurait traversé
de part en part; les atroces démangeaisons qu'éprouvait la petite fille
indiquaient suffisamment que c'était à son cuir chevelu que s'adressaient
les visites de cet acare.

607. 3° LA JEUNE TIQUE, que représentent, sous deux aspects différents,
les fig. 1 et 3 de la pl. 5, était devenue très-commune au Petit-Montrouge,
en juin 1839, au moins dans toutes les maisons dont les jardins longent
la rue Neuve-d'Orléans. A l'œil nu elle a l'air d'un petit point noir mouvant; elle est si blanche, en effet, qu'elle n'apparaît que par les jolies
arborisations noires de sa carapace. Le corps a à peine un millimètre de
long; il est dur, et corné presque autant que l'insecte de la gale. Les
pattes en sont transparentes et incolores, avec cinq articulations apparentes au moins. Les arborisations noires de la carapace sont disposées
comme quatre rameaux de laurier qui se réuniraient deux à deux au
sommet et tous les quatre par leur base; elles me paraissent résulter de
la réfraction des branchies pleines d'air, à travers les organes albumineux du reste du corps; on sait, en effet, que l'air plongé dans un
liquide (**) paraît noir par réfraction. Ce qui me confirme dans cette

(*) Voy. Revue complémentaire des sciences, livr. de nov. 1856, tom. III, pag. 103.
(**) Voy. Nouv. syst. de Chim. organ., tome 1, § 736, éd. de 1838.

idée, c'est que ces taches varient d'un individu à l'autre, dans leurs dispositions, ainsi qu'on le voit en confrontant la fig. 1 avec la fig. 3 de la
pl. 5.

Cet insecte s'attachait aux jambes, aux bras des enfants et des adultes,
sur le trajet des veines et veinules superficielles, et les couvrait de boutons oblongs, légèrement enflammés, ayant la forme ovale des bulles
qu'on trouve dans le verre ; ils se terminaient sans suppuration, se desséchaient et offraient, quand on enlevait la croûte, une tache rouge avec un
pointillé noir ; on voit un spécimen de ces caractères sur la fig. 6, pl. 7, qui
représente une petite superficie de la peau du bras. Il fut un soir où nos
voisines ne pouvaient pas mettre le pied dans leurs petits jardinets, sans
en revenir les jambes et les bras couverts de ces petites pustules, qui leur
donnaient, pendant toute la nuit, la fièvre des démangeaisons. C'était
pour tout le monde un cas d'éruption épidémique, dont la cause me fut
bien connue dès que je l'observai à la loupe.

Cet acare était le jeune âge de l'acare des pigeons (*Acarus marginatus*
Fabr., *Rhyncoprion columbæ* Hermann, et *Argus marginatus* Latr. et
Lamk.) (*), que nous représentons à l'état adulte, fig. 2, pl. 5. A cet âge,
l'acare a en longueur près d'un millimètre et demi ; son abdomen ayant
grossi fait paraître les jambes plus courtes ; sa couleur générale est d'un
bleu noir luisant, sur lequel les taches noires des fig. 1 et 3, pl. 5, se
dessinent par deux fers à cheval d'un blanc de lait, se regardant par leur
concavité ; car ici, et sur ce fond opaque, ces organes ne se voient que
par réflexion et non par réfraction.

Or tous nos voisins élevaient des pigeons, ainsi que nous ; on ne fumait
ces petits jardins qu'avec de la colombine ou fiente des pigeonniers ; et
sur ces pigeons pullulaient tellement les acares (car on les lâchait rarement, pour aller s'en débarrasser), qu'on ne pouvait les prendre entre
les mains sans avoir la peau couverte de ces tiques de tous les âges et
de toutes les nuances de couleur ; les oiseaux de nos volières en étaient
assaillis ; les soleils annuels *(Helianthus annuus* Lin.), qui avoisinaient
le pigeonnier, en étaient infestés pendant le jour et durant l'ardeur du
soleil. Le 2 août 1839, nous trouvâmes ces acares amoncelés dans la
mangeoire du petit pigeonnier, d'où ils s'échappaient sur les mains et sur
les vêtements des enfants qui s'amusaient à le nettoyer ; ma fenêtre donnait au-dessus du pigeonnier, construit dans le coin du jardin ; mon lit

(*) Les Hermann avaient cru devoir ériger cet *acarus* en genre, sous le nom de
rhyncoprion ; ce qui n'a pas empêché Latreille de remplacer ce nom par un autre, et
cela sans ajouter à la description un seul caractère de plus, et par lui observé. Que
dis-je ? il a fait entrer, dans les caractères génériques, l'ignorance de l'observation :
Point d'yeux distincts, dit-il, c'est-à-dire, point d'yeux que j'aie pu voir.

fut envahi par ces acares, et les draps se trouvaient chaque matin pique-
tés de petits points noirs, traces ou des excréments de ces insectes ou
bien du sang de ceux que j'écrasais avec les pieds en me débattant. Il me
survint sous les poils de la barbe, que je négligeais de raser, des taches
de cinq millimètres de long, ovales, rouges, agglomérées comme dans le
lichen, et qui finirent par devenir confluentes, lorsque j'eus commis
l'imprudence de me raser. La plaie, dont je portai longtemps la cicatrice, prit alors les caractères d'un *furoncle* et d'un *clou*, avec son bour-
billon et ses douleurs lancinantes, sa forme conique enfoncée profondément dans la peau, ouverte et suintante au sommet, son auréole
enflammée, et un diamètre d'un à deux centimètres environ. Les cataplasmes entretenaient le mal, l'eau-de-vie camphrée irritait la plaie; la
poudre de camphre, revêtue de pommade et maintenue par du taffetas
d'Angleterre, me calma et me guérit.

Toute notre calamité disparut une fois que l'on eut fait enlever le
pigeonnier, enfouir la colombine à une certaine profondeur, qu'on eût
soumis les planches à la flamme et inondé nos lits et ceux des enfants
avec la poudre de camphre.

Cependant une personne d'un certain âge qui couchait au rez-de-
chaussée, ayant eu l'idée de déposer son lit de sangle dans le caveau où
nous avions remisé les débris du pigeonnier, eut pendant toute la nuit
le corps tourmenté par les tiques, et se leva couverte de boutons. Elle voyait
à l'œil nu courir tout ces insectes sur ses bras, ses mains et ses vêtements.
Sa peau offrit bientôt des papules rougeâtres, lichenoïdes, groupées irrégulièrement, les unes rondes et grosses comme des grains de millet, les
autres ovales et atteignant jusqu'à un centimètre de long.

Ces accidents me fournirent, tout l'été, l'occasion d'étudier l'acare de
nos pigeons; et je puis assurer qu'en aucune circonstance je ne lui ai
trouvé la forme de l'*Acarus marginatus* (de Geer, fig. 6, pl. 7, tome 7);
cette figure, du reste, est si incomplète et manque de tant de détails,
qu'il est fort possible que le crayon du dessinateur y ait plus contribué
que la nature. On peut admettre, du reste, que la vieillesse, la différence
de sexe modifient de la sorte les formes habituelles des acares, et puis
enfin que la même espèce d'animaux soit la proie tantôt d'une forme,
tantôt d'une autre forme d'acaridiens.

Le 22 septembre 1843, quatre ans après avoir déménagé de cette vilaine bicoque, je rencontrai un troupeau des acares (fig. 1, 3, pl. 5) dans un
feuillet de l'un des exemplaires tout neufs de la première édition de cet
ouvrage, que j'avais abandonné, depuis l'époque de la publication
(juin 1843), au-dessus de vieux volumes rapportés de l'ancienne maison.
Aucun autre exemplaire, aucun autre feuillet ne contenait de ces acares.

Ayant jeté ces insectes dans un verre d'eau, ils restèrent tous à la surface ; pas un seul n'eut le talent de s'échapper ; ils y périrent tous, et je les trouvai décomposés le 18 octobre, sans qu'ils eussent changé de place.

608. 4° TIQUE ADULTE, pl. 6, fig. 11, 12, 13. En vieillissant, la jeune tique acquiert des caractères qui, au premier coup d'œil, porteraient à en faire un genre différent. La fig. 13 la représente grossie à la loupe. La longueur du corps, du chaperon à l'anus, est de trois millimètres ; les palpes et les mandibules ont un millimètre de long. Le ventre *ab* en est couleur d'olive par réflexion et d'un rouge tendre par réfraction, et la carapace d'un rouge foncé. Le ventre peut acquérir, quand l'animal se gorge de sang, des dimensions extraordinaires, et alors il ressemble de la manière la plus frappante à la graine de *ricin*, d'où vient le nom spécifique de cet acare. La figure 12 représente les palpes *pl, pl*, et les mandibules *mm*, vues à une lentille de tourmaline, qui grossit environ cent cinquante fois en diamètre. Les palpes en sont réduits ici à une seule articulation large et arquée, l'âge ayant fait tomber les articulations supérieures, et celle qui reste ayant grossi en raison de la perte des autres ; je néglige, à cause de sa petitesse, la tubérosité basilaire qui pourrait passer pour une première articulation. Les mandibules *mm* sont devenues tellement cornées, et hérissées de dents si fortes et si rejetées en arrière, qu'il est bien difficile que l'insecte puisse les faire jouer, comme dans le jeune âge, et les faire rentrer sous le bec à volonté. D'un autre côté, on comprend qu'une fois qu'il a plongé cette scie dans les chairs de sa victime, il lui devient impossible de l'en retirer, si ce n'est à la suite de la décomposition des chairs. La figure 11 représente l'ambulacre terminant deux petites articulations qui se recourbent avec lui. Les articulations des pattes *p*, fig. 13, sont cornées, opaques, violettes, luisantes et sans poils.

609. 5° Les acares du pigeon ne se ruent sur leur proie que la nuit, pendant qu'elle sommeille, et que pour elle les démangeaisons et les piqûres ne sont perçues qu'à l'état de rêve. Le jour, le pigeon ne se laisserait pas sucer le sang d'aussi bonne grâce ; et l'*acarus*, si petit qu'il soit, a assez le pressentiment du danger et l'instinct de sa conservation, pour ne chercher à procéder qu'en toute sûreté. Il se tapit, pendant le jour, sous les juchoirs, dans les fentes des planches, dans les tas de colombine, où nul ennemi ne viendra troubler sa méridienne ; les acares sont essentiellement nocturnes, comme les punaises. Quand l'hiver les surprend dans leurs tanières, ils y hivernent engourdis, jusqu'à ce que quelque bonne chaleur les ressuscite ; ils se jettent alors avec voracité sur l'animal qui les ressuscite et les réveille. Le fait suivant, qui remonte

à six mois plus tôt que ceux que nous venons de relater (606, 607) (*), donnera un exemple assez intéressant de ce que nous venons de dire dans ce paragraphe :

610. Le 21 décembre 1838, par un froid de plusieurs degrés au-dessous de zéro, un petit enfant de onze ans, blond et pétulant, vêtu à la légère, parce qu'il prétendait que le froid pèse moins qu'un manteau, se mit en route à dix heures du matin, pour aller renouveler l'eau gelée des pigeons qu'il élevait dans un pigeonnier juché sur les toits d'une maison éloignée d'une demi-lieue au moins de notre habitation. A sa gaieté habituelle, et à ses bonnes dispositions pour agacer de ses interpellations ce qu'il appelait les *fulgores porte-lanternes* de nos boulevards extérieurs, ces braves lanterniers, disait-il, qui portent la lune dans leurs tabliers, on pouvait juger qu'il ne pensait à rien moins qu'à revenir malade ou transi de froid. Il paraît que le voyage fut fort amusant; car ce n'est qu'à midi qu'il grimpait quatre à quatre à son donjon, haletant, en moiteur, mais non fatigué de la course. Il nettoie son colombier, range en tas la colombine, prend quelques paires de pigeons dans son sac pour les changer de domicile, et se rend cette fois en droite ligne au logis, car la faim commençait à tarir sa verve. A peine était-il rentré, qu'il s'aperçut, en même temps que tout le monde, d'une circonstance particulière, à laquelle il n'avait pas trop songé chemin faisant. Il ressentait, sur toute l'étendue des joues, une chaleur aussi brûlante, disait-il, que l'aurait été la buée du pot-au-feu, et qui, descendant de proche en proche jusque sous le menton, commençait ensuite à envahir tout le cou. Ses deux joues étaient écarlates ; on y voyait çà et là de petites ampoules coniques, isolées, disséminées irrégulièrement, remplies d'un liquide incolore et opalin, ou plutôt de la couleur de l'épiderme du cou, grosses enfin tout au plus comme des grains de millet; l'apparition de ces vésicules précédait celle de l'érythème, et semblait lui tracer la route, en lui préparant les tissus. Ces ampoules se déprimaient au sommet, à mesure que la rougeur gagnait de proche en proche, et les enveloppait de son réseau. Elles s'affaissaient alors, et prenaient la teinte envahissante, sans crever, mais en rentrant, pour ainsi dire, dans le tissu. La fig. 8, pl. 7, représente en miniature la portraiture et de l'enfant et de sa maladie cutanée ; la fig. 9 en donne les détails grossis à la loupe.

(*) Voyez *Gazette des hôpitaux*, 5 janvier 1839, où nous avons publié, pour la première fois, ce fait, au milieu d'une série d'articles que des raisons particulières autant que de convenance nous mirent dans la nécessité d'interrompre. Ce journal entrait alors en arrangement avec Orfila ; mais le marché ne se conclut qu'après la grande affaire de Tulle : La *presse périodique*, était, en ce temps-là, une boutique, toujours à vendre ou à louer; a-t-elle changé depuis? Je l'ignore.

Je me mis à étudier avec attention les caractères intimes de cette subite éruption, soupçonnant déjà d'avance quelque chose d'analogue à ce que l'observation ne tarda pas à me révéler.

A la loupe, la peau paraissait chagrinée de points rouges infiniment petits; les ampoules avaient l'aspect sous lequel les représente la fig. 9, *a*; mais il était aisé de découvrir çà et là de petits enfoncements, dans lesquels se nichaient deux ou trois petits points d'une couleur marron ; on eût dit des grains de *poudre à fusil* incrustés dans la peau *b*, fig. 9. Je cherchai à en tirer quelques-uns avec une aiguille; mais en les touchant, je les vis s'enfoncer davantage et comme spontanément dans la peau, et puis y disparaître, débordés et recouverts par l'orifice de l'enfoncement cutané. J'avais de la sorte, sous la main, un de ces acaridiens qui s'attachent à la peau des animaux et de l'homme, en y cachant leur bec et leurs pattes, et qui ne laissent au contact de l'air, et cela jusqu'à la hauteur des orifices respiratoires, que leur abdomen, qu'on séparerait de la tête plutôt que de faire lâcher prise à ces vampires cutanés.

Je présumai d'abord que je trouverais de ces insectes sur les pigeons que le petit malade avait rapportés du colombier ; mais toutes mes recherches n'aboutirent qu'à m'y montrer le pou du pigeon (*Ricinus gallinæ et columbæ*), insecte non-seulement plus long de beaucoup et plus grêle (il a l'air d'une semence non encore bien mûre de cerfeuil), mais encore qui appartient à tout autre genre, à cause du nombre de ses pattes, qui ne dépassent pas trois paires à tous les âges, et de la structure particulière des appareils de la bouche; du reste, nous le décrirons en détail plus bas.

Le mal faisant des progrès rapides, je renonçai, et à l'espoir d'extraire le parasite à l'état d'intégrité ; et à celui de le découvrir dans les plumes des pigeons rapportés ; je ne m'appliquai plus qu'au soin d'arrêter le progrès de ses ravages.

Je recouvris les deux joues de l'enfant, le dessous du menton et une partie du cou, avec des compresses imbibées d'eau-de-vie camphrée, je lotionnai avec le même liquide le front, les paupières et le dessus du nez; j'enjoignis à l'enfant de tenir, avec ses deux mains, ces compresses fortement appliquées contre les joues. A l'instant même la démangeaison cessa, la chaleur brûlante se dissipa, les petites phlyctènes s'affaissèrent et s'effacèrent; le mal s'arrêta tout à coup dans ses progrès, et quelques heures après il ne restait plus la moindre trace de rougeur ; seulement on remarquait çà et là des groupes de deux ou trois petits points noirs, qui n'étaient autre chose que les abdomens des insectes immobiles et morts dans la plaie, d'où la force du poison même n'avait pu les séparer; ils y tenaient aussi fortement que pendant leur vie.

Or voici ce qui s'était passé dans ce cas et avait donné lieu à l'invasion de ces acaridiens, d'après les renseignements que me fournirent peu à peu, et durant le pansement, les souvenirs de mon petit étourdi.

En arrivant au colombier, son premier mouvement fut de sortir son mouchoir pour s'essuyer la sueur du visage ; le mouchoir lui tomba des mains sur un tas de colombine, ou fiente de pigeon, qui séjournait là depuis plus d'un mois. Il paraît que les acaridiens, tapis sous cette fiente, se ruèrent sur le mouchoir et du mouchoir sur les joues ; de là vint tout le mal. Au reste le mouchoir, examiné de plus près, me sembla porter encore quelques-uns de ces hôtes dans les mailles de son tissu, et je me hâtai de le soumettre au même traitement, comme objet suspect de contagion.

611. On conçoit du reste combien la piqûre de ces insectes, barbouillés de fiente, devait être plus venimeuse que dans leur état habituel, et lorsqu'ils n'ont séjourné que sur la peau des animaux vivants ; dans le premier cas, leur dard empoisonné envenime la plaie.

612. 6° Nous avons fait remarquer que les acares sont des parasites nocturnes, et d'un autre côté que leur livrée change avec la nature de leur proie ; l'*acarus* qui va nous fournir le sujet de la description suivante sera un exemple de cette double particularité.

613. Les commères qui élèvent en cage des petits oiseaux (pinson, chardonneret, etc.) ont l'habitude d'employer pour juchoirs des petits bâtons de sureau, sachant bien que le jour les mites de ces oiseaux ne manquent pas de venir se réfugier contre la moelle de ces branchettes, ce qui permet d'approprier la cage et de débarrasser un à un les oiseaux de cette vermine qui les dévore la nuit. Ces acares, tels que je les ai pris moi-même dans la moelle de ces branches du sureau, ont la forme générale et la livrée de la fig. 4, pl. 5 (569) ; ce dessin ayant été pris d'après un individu que je conservais plongé dans une nappe de gomme arabique, le venin *fl*, sorti des onglets de ses deux mandibules (*), se montre distinctement aux yeux, par la différence de son pouvoir réfringent. Son corps est d'un rouge de sang, portant sur le dos deux taches semi-lunaires, parallèles, jaunes, la convexité tournée en avant. Lorsqu'on l'observe au microscope, par transmission des rayons lumineux, les échancrures cotylédoïdes du plastron semblent se dessiner sur le dos de la carapace, comme deux rangs longitudinaux de trois points chacun ; les jambes *p* ont la couleur du corps, avec plus de transparence, et sont çà et là renflées d'embonpoint ; les palpes *pl*, fig. 5, pl. 5, sont terminés par une houppe *a* de petits points, qui n'est peut-être que la réfraction d'une gerbe de liquide qui a suinté de l'extrémité du palpe ; la fig. 8 re-

(*) Sur notre planche, les deux mandibules se terminent par un sommet mousse et arrondi, parce qu'on les a dessinées plongées dans la gomme arabique, qui, là, forme comme un étui autour d'elles.

présente la tige de l'ambulacre *a*, la pelote rentrée ; la fig. 7, au contraire, représente la pelote *b* appliquée contre le plan de position ; c'est sur cette espèce, sans doute, que le caprice de Latreille a composé, à l'aide des figures d'Hermann, son genre *bdella* ; d'après Lamarck, qui a copié Latreille, les bdelles n'auraient pas de mandibules ; cela ne signifie pas autre chose si ce n'est qu'Hermann a dessiné l'insecte, les mandibules rentrées sous le *rostrum*. L'acare dépasse à peine un millimètre sans les pattes, dont la première paire a environ, en longueur, deux tiers de millimètre.

Le petit pinson, sur les juchoirs duquel j'ai étudié quelque temps, en août 1839, cet acare, m'avait donné l'éveil sur la présence de ces hôtes dangereux, par l'air languissant qu'il prit tout à coup ; on le voyait immobile et pensif sur son bâton, d'où il descendait à peine pour aller becqueter une ou deux graines ; son bec, un matin, me parut tout couvert d'un duvet farineux, dont le pinson s'était débarrassé le soir par ses soins de propreté ; mais il lui était resté, à la base de la mâchoire inférieure, un bouton purulent et puis induré ; sa tête se plumait de plus en plus. Je pris soin d'enlever, jour par jour, les acares que je trouvais tapis, au nombre de sept ou huit, contre la moelle de ses juchoirs en sureau ; j'émiettai du camphre dans cette moelle, pour en faire sortir ceux que la pointe de mon aiguille ne pouvait pas atteindre (à cette odeur, ces petits vampires prenaient bien vite la fuite) ; j'en émiettai sur le plumage et sur la tête du pinson, qui, dès le premier abord, me parut reprendre sa gaieté, sa vivacité ordinaire et son appétit ; il se rempluma bientôt ; son bec se dépouilla de son aspect lépreux et redevint lisse et luisant comme de coutume. Avec une simple poudre en guise de topique, j'avais fini par le guérir de la maladie qui l'affligeait ; je l'avais débarrassé de ses parasites.

Ces résultats paraissaient alors tenir du merveilleux, nous les avons depuis laissés bien en arrière.

614. Entre l'acare de la cage du petit pinson, pl. 5, fig. 4, et celui du colombier, fig. 2, il n'existe pas d'autre différence spécifique que celle de l'habitation. La couleur rouge de brique de celle-là, et gorge de pigeon de la seconde figure, n'est qu'une différence individuelle qui varie selon l'exposition et le genre de nourriture : car, 1° dans une cage exposée à la lumière et au grand air, la coloration prend des caractères plus vifs et plus brillants que dans les ténèbres d'un pigeonnier ordinaire ; peut-être aussi que l'application constante de l'acare contre la moelle du sureau, dont l'infusion, au moins celle des fruits, donne une couleur rouge, pourrait encore expliquer la coloration de l'individu. N'existe-t-il pas, du reste, des poux de la tête de différentes couleurs ? 2° Les taches

dorsales de la carapace varient avec l'âge et avec l'opacité de la coloration. D'un autre côté, les différences que, d'après la comparaison des
dessins micrographiques, on remarque entre ces deux figures d'acares
et celle de la tique du chien et du bœuf, telle que nous la donnons, fig. 13,
pl. 6, ne sont en réalité que des différences de réplétion et d'embonpoint. Sur les chiens et sur les bœufs, on trouve indifféremment la tique,
avec les formes et la taille de la figure 13 de la pl. 6, et avec celles de la
fig. 4, pl. 5, selon que l'acare vient de s'appliquer ou qu'il lâche prise.
Dans le premier cas, ses dimensions se réduisent à sa carapace, et on ne
saurait alors le distinguer de cette dernière figure; dans le second cas,
sa carapace ne forme plus que le petit corselet de tout son corps, qui
semble n'être partout ailleurs qu'un gros abdomen, qu'un énorme
ventre.

615. Quant aux différences de coloration que prend la tique, selon la
différence des milieux où elle vit, en voici un nouvel exemple : le 23 janvier 1840, je soulevai, d'un coup de bêche, une taupe qui depuis longtemps ravageait mon jardin, et je l'assommai du coup. La chaleur de
l'animal était considérable; il s'échappa de son corps des puces, dont la
forme se rapprochait bien plus de celle des figures de Roesel (*), que
de celle de l'*Encyclopédie*; et puis, à mesure que la chaleur abandonnait
le corps de la taupe, et que l'agonie faisait des progrès, je voyais s'échapper
et courir sur ses poils une multitude de petits acares blancs de nacre et
à pattes purpurines, dont la fig. 11, pl. 4, donne la forme et l'aspect.
Les plus gros atteignaient un millimètre et deux tiers de longueur, du
rostre à l'anus; les plus jeunes en mourant disposaient leurs pattes
comme le fait l'acare de la fig. 2 de la même planche. Les taches branchiales internes, que l'on voit sur la carapace, et qui, par leur disposition, rappellent celles des fig. 1 et 3 de la pl. 5, étaient roussâtres sur un
fond de nacre; les plus jeunes acares n'offraient pas des taches aussi
prononcées que les plus âgés. La taupe était chargée d'embonpoint, et
ne paraissait pas souffrir du parasitisme de tant d'hôtes voraces.

Notre acare ne différait donc, de tous ceux que nous venons de décrire,
que par sa couleur de nacre de perle; mais cette couleur est celle de
l'étiolement, et notre parasite d'un animal fouisseur n'avait pas de fréquentes occasions de subir l'influence colorante de la lumière. S'il avait
passé, en qualité de parasite, sur le corps d'un animal diurne, il est
certain que cet acare aurait pris une toute autre livrée, et n'aurait plus
différé de celui des pigeons, fig. 2, pl. 5.

616. 7° Je joins ici la description de deux autres formes du jeune âge

(*) Tom. 2, *Musc.* et *Culic.*, tab. 3.

de la tique, qui ne sont peut-être dues qu'à la différence de leur nourriture et de leur habitation :

1re *espèce :* MITE DE L'ABRICOT, fig. 9 et 14 de notre pl. 6 (*Acarus armeniacæ* Nob.).

Sur le plateau de Montsouris, dont le sol n'a pas plus de dix-huit
pouces de profondeur, nos abricots se flétrissaient en mûrissant, faute
de séve. L'année 1844 fut pire que toutes les autres sous ce rapport. La
chair du fruit se réduisait à fort peu de chose ; la peau en était flétrie et
ridée, criblée de trous et de taches dont la fig. 15, pl. 6, représente la
disposition. Dans chacune de ces rides on rencontrait un acare ayant un
millimètre de longueur de la tète à l'anus ; il était bombé, fig. 9, comme
une coccinelle. Sa couleur est marron foncé luisant sur le chaperon, sur
le corselet, qui se confond avec le bec, et sur la carapace, sous laquelle
se cache l'abdomen. Les pattes sont courtes et jaunes. La consistance de
son corps est dure et cornée. Il vivait de compagnie avec des podures de
1 millim. 5 de long, à antennes moniliformes et courtes. Ces abricots,
plongés dans l'eau, y enflaient, se déridaient, et leur chair y devenait plus
cotonneuse ; quant aux acares, ils restaient sous l'eau longtemps sans mourir. Évidemment les taches, fig. 15, de la superficie des abricots, espèce
de maladie cutanée de ces fruits, étaient le produit de la piqûre de ces
acares. Nous avons tous mangé de ces abricots avant de nous douter de
l'existence de leurs parasites, et nous n'avons rien ressenti d'extraordinaire. En revenant du jardin, seulement, nous avions les pieds et les
jambes couvertes de papules rouges de la grandeur d'une lentille, qui nous
occasionnaient de vives démangeaisons. L'analogie indique assez que ces
papules étaient le produit de la piqûre de ces acares, qui devaient se répandre sur le sol par la chute de ces abricots, lesquels tenaient peu sur l'arbre.

2° *espèce :* MITE DU FAUX-ÉBÉNIER, fig. 3 de notre pl. 6 (*Acarus laburni* Nob.).

Acares rouges de sang, à pattes jaunes même par transparence, à
superficie luisante, qui vivent groupés les uns contre les autres comme
des petites perles de verre rouge, et serrés comme un troupeau de pucerons, dans les fissures de l'écorce tendre du faux-ébénier (*Cytisus laburnum* Lin.). Jamais je ne les ai trouvés plus nombreux qu'en mai 1845.
L'hiver, ils se réfugient dans les terriers que la chenille du *Bombyx cossus* se creuse dans le tronc ou les rameaux de cet arbrisseau. Ils ne
dépassent pas un millimètre de long, et sont très-dodus ; leurs palpes
se montrent un peu en dessous du chaperon.

N. B. En conséquence de toutes ces considérations, toute mite dont
les organes auront la structure que nous venons de décrire dans ses
détails, quels que soient les rapports de ses dimensions, ceux de la cara-

pace et de l'abdomen, ou ceux de la coloration de son test, doit être assimilée à l'*acare ricin*, à la *tique (Acarus reduvius* Nob.) ; ses différences n'étant que des différences d'âge et de nutrition, ou des effets de l'influence des milieux. Cette tique a été appelée *tique des chiens, des chevaux, des bœufs, des porcs; mite des pigeons, des moineaux, des poules, de la taupe, du rhinocéros, de l'éléphant*, etc., selon qu'on l'a surprise sur la fourrure ou le plumage de l'un ou l'autre de ces animaux ; et elle a reçu, dans nos catalogues, une multitude de noms spécifiques différents, parce que nos classificateurs ont calqué leurs descriptions, non sur leurs propres dissections, mais simplement sur la comparaison des dessins publiés par les auteurs, d'une manière plus ou moins infidèle et grossière.

α. EFFETS MORBIDES DU PARASITISME DE LA TIQUE.

617. La *tique du chien ou du bœuf* se jette indistinctement sur tous les animaux qui passent près de son gîte ; ses préférences ne viennent que de l'étendue de ses besoins : une grosse tique a plus à gagner en s'attachant à un gros animal, sur lequel elle peut faire longtemps franche lippée, qu'à un insecte dont elle ne ferait qu'une bouchée dès le premier instant. Le *leptus* (605) vous saute aux jambes, comme une puce, quand vous passez dans les jachères après la moisson. Mais la *tique du bœuf* quittera difficilement sa grosse proie, pour se jeter de là sur l'homme ou sur la taupe. Cependant nous ne manquons pas d'exemples de ces migrations capricieuses, et il est assez probable que, sans ses habits, l'homme serait exposé à de plus fréquentes visites ; car, au goût de la tique, sa chair et surtout sa peau fine est préférable, je pense, à la chair et au cuir du bœuf. Étudions donc avec soin les effets morbides que sa succion et son émigration sont dans le cas de produire.

618. La première sensation qu'on éprouve de la présence de la tique est un chatouillement, effet de la reptation de l'insecte ; chatouillement incommode, car il est le produit de l'action des poils de son corps sur nos papilles cutanées, et de l'application des huit ventouses ou pelotes visqueuses, qui terminent les pattes de l'acare. Si ces insectes étaient nombreux, une telle démangeaison suffirait pour empêcher de dormir et pour donner la fièvre.

619. Dès que l'acare plonge sa double tarière dans la chair, à la sensation du chatouillement succède une sensation de piqûre, qui varie d'intensité, selon que la tarière intéresse la substance de la papille nerveuse, ou passe à côté, pour arriver jusqu'aux capillaires sous-cutanés ; mais bientôt l'acare, se mettant à l'œuvre, attire à lui et détourne à son profit le sang qui devrait passer, par les capillaires, des artères dans les

veines ; il le pompe par les mouvements de systole et de diastole, d'expansion et de contraction, qu'imprime à la perforation le jeu des deux onglets de ses mandibules (568) ; ces deux onglets doivent en même temps titiller les papilles sous-cutanées environnantes. Quand l'acare cesse sa succion, le sang attiré se répand dans la cavité, par une extravasation qui est d'un rouge vif, couleur du sang artériel, et couleur que prendra le sang veineux, sous l'influence du contact immédiat de l'air extérieur qui lui arrive par la perforation même (414) ; il s'hématosera là avec l'oxygène, de la même manière que dans le poumon. Mais cette quantité de sang en stagnation, et ne se ravivant plus par la circulation, vire bientôt à un état de fermentation qui ne saurait plus profiter à la vie générale ; il se corrompt, et enfle les tissus qui lui servent de vase et de réceptacle. Si le tissu sous-jacent se referme et que la circulation normale cesse d'être en communication avec ce foyer d'infection, la plaie ne sera que superficielle, et se desséchera bien vite à l'air ; mais si l'adhérence opiniâtre de l'acare vient la raviver le soir, en plongeant plus profondément le jeu de ses mandibules dans les chairs, une extravasation plus profonde dès lors se joindra à l'extravasation superficielle, et augmentera la somme des produits de la décomposition. Si l'acare plonge sa tarière dans la tunique d'une veinule, l'extravasation prendra, même au début, la couleur bleue et livide, qui n'est en général le propre que de la décoloration du sang artériel et extravasé. Enfin, si l'une ou l'autre des piqûres de l'acare reste béante et en communication directe avec ce foyer d'infection, l'acide de la fermentation produira de proche en proche, de capillaire en capillaire, des congestions sanguines (269), qui endurciront les tissus ambiants, et produiront une tumeur enflammée. Si, au contraire, les perforations produites par le jeu de la tarière de l'acare restaient béantes, à l'époque où la fermentation prend le caractère ammoniacal, le sang se liquéfiant, au lieu de se coaguler et de former un bouchon obturateur, deviendrait, par la circulation, un véhicule d'autant plus rapide de cette infection parasite ; et le bouton produit par un simple acare serait alors dans le cas de constituer un bubon pestilentiel. Il est vrai que l'acare a soin de se retirer, et d'aller plonger plus loin le dard qui le nourrit, quand les sucs de la plaie qu'il a faite ne lui semblent plus de bon caractère, et qu'ainsi le mal qu'il occasionne s'arrête presque toujours à la phase inoffensive et curable spontanément. Mais il peut arriver des cas où il se trompe dans ses prévisions et dans son attente : Supposons, en effet, que l'on dépouille de sa peau un mouton, un bœuf, un veau, etc., attaqués par les tiques, qu'on emprisonne ces parasites en roulant la peau sur elle-même, et qu'on abandonne le tout en été. par un temps chaud et humide, à toutes les influences d'une rapide pu-

tréfaction ; dès ce moment l'acare ne retirera son dard qu'empoisonné ;
et si, avant de s'être nettoyé le bec dans le sang d'un l'animal de vile
espèce, il se jette sur l'homme, et lui enfonce dans les chairs sa tarière
infectée de sanie et de pus, il produira nécessairement une pustule char-
bonneuse, une pustule maligne, un bubon pestilentiel ; il sera la cause
d'une infection par contagion : tout cela est de la dernière évidence. Ce
serait bien pire, si l'animal malade était mort depuis longtemps et qu'il
fût lui-même déjà infecté du charbon ; le contact de sa peau serait dès
lors plus immédiatement contagieux et pestilentiel. Or on sait que le
charbon, ou *pustule maligne,* survient principalement aux ouvriers bouchers, écorcheurs, équarrisseurs ; et dans ce cas, voici ce qu'on observe :
le premier jour, le bouton n'offre pas de différence avec tout bouton enflammé ; bientôt les contours s'enflamment, surtout à mesure que la couleur vive et flamboyante du bouton pâlit, et passe au rouge jaunâtre, puis
au jaune-serin. En portant son attention, les premiers jours, à l'aide de
la loupe, sur les caractères de cette phlyctène, on y remarque la trace
d'une solution de continuité et d'une gerçure, dont les bords se rapprochent bien difficilement, et conservent à toutes les époques une couleur
de pus desséché. Cependant les tissus ambiants s'infiltrent, s'enflamment,
s'ecchymosent, se colorent d'irisations de mauvais augure, qui s'étendent de proche en proche, suivant la direction des fibres musculaires, et
finissent par envahir le muscle sous-jacent tout entier. Les mouvements
des régions envahies se paralysent ; le membre enfle ; le malade y éprouve
une chaleur brûlante et fiévreuse qui finit par jeter le trouble dans
toute l'économie, et, si les secours ne sont prompts et dirigés avec intelligence, par amener le délire au moyen des congestions sanguines,
et la mort, suite d'une générale infection. La fig. 11, pl. 17, représente
en raccourci l'aspect du foyer et la coloration superficielle des chairs
avoisinantes, comme résumé de ce que nous avons observé plus fréquemment ; le rose enflammé y alterne avec le bleu ecchymosé, selon que
le sang artériel arrive à la surface, avant le sang veineux, et selon que
les produits de la stagnation du liquide sont acides, ou putrides et ammoniacaux par excès de base.

620. Que l'insecte s'attache au menton, au milieu de la barbe ; abrité
là, contre tout frottement, par cette forêt de poils, ne déterminera-t-il
pas, à cette place, une tumeur ayant tous les caractères d'un clou ? et s'il
y multiplie et y pullule, et que les petits se répandent, comme des poux,
dans ce cuir chevelu qui semble tant leur convenir, cette multitude de
petits boutons enflammés, qui, en se rapprochant, formeront bientôt
comme une nappe chagrinée, ne présentera-t-elle pas, aux yeux du
médecin non prévenu, tous les caractères de la *mentagre,* sans en excep-

ter un seul ? Caractères physiques et de position, caractères de chronicité
et de durée, par la succession de ces petites et inapercevables générations ? Si tel médecin, trop fidèle aux vieilleries de l'école galénique,
venait à nier ce fait, car en théorie nier ne coûte guère, tous les naturalistes, plus compétents que lui sur la question, le lui certifieraient et le
lui démontreraient, avec l'évidence de la logique, qui sait combiner entre
eux les résultats de l'observation, et qui, après avoir évalué les effets
d'une cause, ne va pas tout à coup perdre d vue la cause, lorsqu'elle a
sous les yeux le tableau de ses effets.

621. Nos vêtements préservent bien des parties de notre corps, de la
préférence que ces acares ont pour certains tissus ; si le climat nous permettait d'aller les jambes nues dans les champs, les ravages de ces êtres
microscopiques seraient bien plus variés encore qu'ils ne le sont parmi
nous. En s'attachant aux régions inguinales, ils y détermineraient des
bubons d'emblée ; en s'attachant au scrotum, ils y engendreraient des
indurations de diverse nature ; et sur la verge, des accidents et des
désordres de différents noms, selon que leur lieu d'élection serait sur le
prépuce, ou sur le gland, ou à l'orifice et à une certaine profondeur du
canal de l'urètre : phymosis, balanite, chancre induré, etc.; phlegmons
variables et d'un caractère nouveau, à cause de la différence du tissu
envahi et de l'élaboration des organes affectés. En effet, transportez, sur
l'une ou l'autre surface des organes sexuels, les accidents consécutifs de
la succion de la tique, alors que vous ignorerez la présence de l'acare, et
cherchez ensuite, dans le vocabulaire syphilitique, le nom que vous de-
vrez donner à cette maladie, qui, dans ce cas, vous ne le nierez pas, ne
sera pourtant qu'un simple accident. La possibilité de l'invasion, il faut
l'admettre, ou se condamner à nier l'évidence ; si elle se réalise, et qu'on
en ignore la cause, il est certain que vous vous méprendrez, d'une
manière ou d'une autre, selon que les effets seront plus ou moins compliqués, et que l'auteur de tant de ravages aura préalablement trempé
son dard dans des sucs plus ou moins inoffensifs par eux-mêmes. Nous
avons déjà cité deux cas (550, 3°) où la piqûre d'une araignée a réalisé
cette hypothèse et donné lieu à une déplorable méprise.

622. Si la tique se glisse dans le rectum, et qu'elle détermine là, sur
la paroi intestinale, à une plus ou moins grande distance de l'anus, les
effets que nous venons de dessiner et de décrire (619), effets qui varieront, sans aucun doute, en caractères extérieurs, par la différence des
milieux (et ce cas l'on n'en niera pas encore la possibilité); l'inflammation et la tuméfaction des tissus, rétrécissant l'espace, rendront plus
difficile le passage des matières fécales, et en prolongeront le séjour
dans le côlon, en dépit de toute la puissance de la faculté péristaltique

du tube. De là des épreintes et le ballonnement de l'abdomen; de là déchirure et hémorrhagies partielles du tissu enflammé; hémorrhoïdes enfin, avec toute leur complication de douleurs et de formes.

623. Admettons qu'au lieu de s'attacher aux superficies de notre corps, la tique vienne à s'introduire dans les cavités de nos organes, dont rien, pas même nos précautions, ne lui interdit l'entrée; si elle pénètre dans le tuyau auditif par la conque de l'oreille, de quelle horrible *otite* ne sera-t-elle pas l'auteur, en s'appliquant sur des surfaces couvertes de papilles nerveuses si sensibles, si délicates, et sur lesquelles le frôlement d'un simple cure-oreille produit de si cuisantes douleurs ? Que si, au contraire, la tique pénètre dans ces profondeurs si peu accessibles à notre vue ou à nos instruments, par la trompe d'Eustache, quelle otite opiniâtrément rebelle que celle qui résistera à toutes les médications locales, administrées par le tuyau auditif extérieur !

624. Si la tique se jette, en pullulant, sur les parois buccales, qu'elle s'enfonce dans les cavités nasales et aille se loger jusque sous les sinus frontaux, étudions un instant la marche des phénomènes : apparition, dans la bouche, d'aphthes d'abord peu apparents, plus tard et successivement de plus sérieux augure, qui, semblant s'étendre de proche en proche sur le voile du palais, sur l'isthme du gosier, rendront de plus en plus difficiles la respiration, la phonation et la déglutition; bientôt enchifrènement, coryza, écoulement nasal; plus tard lourdeur et vertiges, violente céphalalgie, fièvre, somnolence, stupeur (ce sentiment qui nous porte à nous effrayer d'une douleur vive, dont nous indiquons le siége, sans en voir ou en deviner la cause); enfin écoulement sanieux par les narines et la bouche, qui prend les caractères d'une épouvantable *morve*, et est capable de donner le change au vétérinaire. Ce mal peut se compliquer, on le conçoit, et même débuter par une éruption cutanée, sur une plus ou moins grande surface de la peau, selon que la pullulation et les émigrations de l'insecte auront envahi le malade par un point plutôt que par un autre. Cas épouvantable de parasitisme, dont la médication dite antiphlogistique ne sera propre qu'à favoriser le développement et à accélérer la marche envahissante, les tiques ayant un goût particulier pour les tissus albuminoso-sucrés. Une médication aromatique, dirigée avec intelligence et sous l'influence des idées que nous venons de développer, arrête le mal dans sa marche envahissante, et parvient à sauver l'individu.

625. Admettons que l'acare se jette sous les pieds des animaux, et se loge, chez l'homme, entre l'ongle et la chair; chez les ruminants, dans l'entre-deux de l'ongle ou des doigts, dans le fourchet; chez les autres herbivores, dans la partie vive de la sole, dans les anfractuosités de la fourchette; chez les chiens et les chats et autres carnivores, dans la

commissure des doigts de la patte, ou bien à la racine de leurs ongles :
nous aurons là la cause d'une maladie qui variera de nom et de caractère selon la nature et la profondeur des tissus envahis : Douleur vive
et des plus vives, car elle a son siége dans la portion la plus sensible
du système nerveux ; claudication chez les animaux, et chez l'homme,
si c'est le pied qui est envahi ; tumeur d'abord enflammée, et puis purulente et gangréneuse, qui finit souvent par envoyer les animaux à l'a-
battoir, et par nécessiter, chez l'homme, l'emploi du bistouri et quelquefois même l'amputation du doigt. Ce sera le *fourchet* chez les bestiaux, la
bleime chez les chevaux, le *panaris, tourniole* ou *tourniote* et *mal d'aventure* chez l'homme, avec les trois formes que les classifications lui prêtent, selon que le foyer du mal, cette cause inconnue ou plutôt inobservée
et inaperçue, aura établi son siége dans les muscles, le tissu tendino-
nerveux, ou les aponévroses seulement. Appliquez sur un mal semblable
des cataplasmes émollients, vous ne faites que donner au mal une intensité plus lancinante ; car vous enveloppez l'artisan de ces désordres
avec l'atmosphère humide et protectrice qui convient tant à son appareil
branchial. Si, au contraire, vous trempez le membre dans l'eau, le
malade sent tout à coup suspendre ses douleurs ; car l'acare finirait
par s'y asphyxier, si on avait le temps de tenir le membre affecté dans ce
simple liquide. Mais la guérison sera bien plus prompte, si vous plongez
le membre dans l'alcool saturé de camphre, de tabac ou de tout autre
arome narcotique, car l'acare ne tardera pas à y être empoisonné ; et
c'est la médication que les praticiens ont adoptée, depuis que nous avons
fixé leur attention sur la cause animée de ce mal si dangereux, et sur les
résultats que nous avons si souvent obtenus nous-même de l'emploi de
cette simple et expéditive méthode ; il ne faut pas, souvent, une heure de
séjour du membre affecté dans ce liquide, pour que le mal soit guéri et
que toute douleur cesse sans retour.

626. J'ai eu l'occasion, en mai 1840, d'observer, sur une chatte de la
maison, un des effets de l'invasion des acares, effets qui offraient quelque
rapport avec le délire furieux et les accès de rage. Cette chatte, qui
avait déjà porté deux ou trois fois, revint un jour, du petit jardinet
qui était situé sous nos fenêtres, en faisant des bonds du plancher
au plafond, escaladant les portes et les murs, nous passant et repas-
sant par-dessus la tête, cherchant à se cacher dans le caveau, sous les
boiseries et les meubles, l'œil épouvanté, la tête basse, les jambes rentrées dans le corps, et la queue, ainsi que les pattes, agitées de mouvements convulsifs et de soubresauts. Elle retirait de seconde en seconde,
et brusquement, la patte, comme le font les chats quand ils se brûlent
au feu. On voyait à ses mouvements, à ses gestes et à son attention,

que le siége du mal était à la surface plantaire de ses pattes, qu'elle
flairait, de temps à autre, avec horreur et une espèce d'anxiété. Notre
jardinet, fumé alors avec une assez grande quantité de crottins de cheval, était rempli d'escarbots (*Hister unicolor*, Lamk.), que dévoraient les
acares dont nous avons donné plus haut la description et l'histoire générale (578) ; je soupçonnai dès lors que l'animal en avait été assailli par
les pattes, qu'il était en proie à toutes les angoisses lancinantes du fourchet. Je la fis saisir et tenir fortement à deux mains, les pattes redressées ; elle ne chercha nullement à se débarrasser et à mordre. Je lui sau-
poudrai les pattes et le museau avec de la poudre de camphre, je lui en
jetai même dans la gueule ; et peu à peu tous ces symptômes d'emporte-
ment s'apaisèrent, elle reprit sa tranquillité habituelle, et s'endormit
paisiblement sur une chaise, comme elle en avait l'habitude. Mais dès
qu'elle fit mine, en s'éveillant, de retourner au jardin, je ne la perdis
plus de vue. Bientôt je la vis s'acheminer, comme à tâtons et en flairant
le sol, vers le point d'où elle avait pris la fuite la première fois ; elle s'en
approchait avec crainte et en s'orientant à chaque pas ; tout à coup, et
comme par des mouvements électriques, elle se mit à secouer tantôt l'une,
tantôt l'autre de ses pattes, ainsi qu'on s'y prend quand on se brûle le
doigt ; puis tout à coup elle bondit encore, et s'enfuit épouvantée, comme
poursuivie par un vampire attaché à ses flancs et à l'extrémité de ses
pattes : et dès ce moment recommençaient toutes ses fureurs, ses bonds
et les évolutions de la première fois, auxquelles nous mettions fin par la
médication précédente ; tout cessait de nouveau, dès que l'animal sentait
la poudre de camphre entre les doigts et sur le museau. Cette expérience
fut répétée cinq à six fois, grâce aux mouvements de curiosité qui portaient cette chatte à retourner aux lieux où le mal l'avait prise, comme
pour s'en rendre compte et reconnaître son ennemi ; elle s'avançait
chaque fois vers ce foyer d'*acarus*, le nez au vent et en faisant patte de
velours, comme lorsqu'elle se mettait à la piste d'un rat ou d'une souris ;
et elle en revenait toujours de plus en plus désappointée.

Voilà donc un cas de *fourchet* et de *panaris*, et je dirai même un commencement de rage produit par un acare ; car la chatte écumait dans ses
fureurs, et peut-être aurait-elle mordu tout autre que ses maîtres.

627. Mais si, arrivé dans les cavités du nez, l'acare s'attache de préférence à la région de l'os ethmoïde, et qu'il ronge peu à peu les parties
molles de cet os spongieux, ne pourra-t-il pas se frayer un passage à
travers toutes ces anfractuosités, pour se glisser jusqu'aux méninges, et,
en perforant les méninges, jusqu'à la pulpe cérébrale elle-même ? On
prévoit bien quelles seront les conséquences de l'introduction de l'acare
dans les replis de cet organe sacré : surdité sans otite, s'il s'attaque au

nerf auditif; cécité sans ophthalmie, si c'est aux nerfs optiques; perte
de l'odorat et du goût, tic nerveux, etc., selon que ses ravages s'arrêteront aux rameaux des diverses paires de nerfs; et puis ensuite, et dès que
la masse cérébrale sera intéressée : manie, somnolence, syncope, fureur,
épilepsie, convulsions intermittentes, paralysie partielle et puis générale, apoplexie foudroyante, etc., tout ce cortége infernal d'un trouble
apporté dans l'économie de l'organe élaborateur de la sensibilité et de la
pensée se développera d'une manière ou d'une autre, selon que l'altération de ces tissus sacrés aura, en profondeur, une ligne de plus ou de
moins, et que le lieu d'élection de l'acare se trouvera à telle ou telle
distance des diverses sources de la sensibilité et de l'impulsion vitale.
Or, quand nous surprenons si souvent, sous la boîte crânienne des animaux de boucherie, les larves de mouches qui y ont pénétré par les
sinus frontaux, nous serions mal venus de contester la possibilité de
l'introduction des acares dans la même capacité osseuse; les acares sont
aussi fouisseurs que les larves des mouches, et ils n'ont pas besoin, pour
respirer à l'aise, de plus d'air qu'elles (505).

628. On conçoit que si l'acare s'attachait à la trachée-artère, aux
bronches, etc., le mécanisme de sa succion ne tarderait pas à produire
tous les symptômes de phonation, de toux et de dyspnée, qui caratérisent
la coqueluche et le croup à ses diverses périódes, tout, jusqu'aux fausses
membranes de la troisième période de ce dernier et terrible mal, qui
finissent par étouffer l'enfant.

629. En résumé, la tique peut-elle se jeter d'un animal sur l'homme?
Oui (*). — Peut-elle s'introduire et s'acclimater dans les cavités les plus
profondes de notre corps? Oui. — Peut-elle, avec sa tarière, nous inoculer le venin dont elle se sera infectée ailleurs? Oui. — Peut-elle servir
de véhicule à la contagion et à la peste même? Oui. — Si cette invasion
se réalise, quels seront les caractères de cet accident? Presque tous ceux
qui ont été inscrits au catalogue nosologique, comme symptômes de
maladies locales, sous un nom ou sous un autre, selon que le lieu d'élection de l'acare sera dans tel ou tel organe, et que son séjour y sera plus
ou moins long, et sa pullulation plus ou moins grande.

β. TÉMOIGNAGE DES AUTEURS SUR LES EFFETS MORBIDES DES TIQUES.

630. Les TIQUES sont connues de toute antiquité : Aristote les désigne
sous le nom d'*amis des chiens* (*Kunoraistai*), qui vraiment semblent les

---

(*) Nous en avons eu, il y a deux ans, un exemple à Boitsfort, où un de nos visiteurs
ayant passé la nuit dans une des mansardes du second étage, s'est éveillé avec une
grosse tique implantée au-dessus de la cheville.

payer de retour, tant ils les supportent avec indifférence et sans y faire attention, même quand la tique s'attache au dos de leur oreille. Ils éprouvent bien moins de douleur, au moins dans ce climat, à les laisser en place qu'à se les sentir arracher.

631. Il n'est pas certain que Caton ait eu en vue la *tique*, qu'il désigne sous le nom de *ricinus*, quand il conseille de laver les brebis avec une saumure pour les débarrasser de ce parasite (*De re rusticâ*, cap. 96). Car les naturalistes prétendent n'avoir jamais rencontré cette tique ni sur les chèvres ni sur les brebis.

Il n'en est pas de même de Columelle (*De re rusticâ*, lib. 7, cap. 13), qui conseille de bien se garder d'arracher les *ricins* qui s'attachent aux chiens, parce qu'on s'exposerait à envenimer la plaie.

632. Pline est encore plus explicite que les auteurs précédents sur les mœurs de l'insecte, quoiqu'il ne le désigne pas par son nom. « Il est, dit-il (lib. XI, cap. 34), un insecte aussi hideux à voir que le pou ; et qui, la tête plongée dans les chairs, s'y repaît de sang et enfle ainsi outre mesure. Cet animal, le seul qui n'ait pas d'anus, finit par crever de réplétion et trouve la mort dans sa réplétion même. Il s'engendre quelquefois sur les juments, fréquemment sur les bœufs, et quelquefois sur les chiens, animaux accessibles à toute espèce de parasites. Les brebis et les chèvres ne connaissent que cette espèce » (*).

633. Que cet acare puisse s'élancer sur l'homme et s'attacher à sa peau comme à la peau des animaux domestiques, c'est un fait ignoré peut-être de beaucoup d'observateurs de cabinet, mais que connaissent parfaitement les habitants de la campagne, fort bons observateurs si illettrés qu'ils soient. Les paysans de nos environs reviennent souvent du bois, les jambes couvertes de tiques qui leur donnent la fièvre. On désigne

---

(*) Le texte de Pline, tel que le donnent les éditions les plus estimées, me paraît avoir été grandement altéré sous la plume des copistes anciens. En laissant sur le compte de Pline la circonstance de l'absence de l'anus, erreur d'observation faute de moyen optique suffisant, nous ne saurions admettre que Pline ait dit précisément tout le contraire de ce que l'étude de l'histoire naturelle nous apprend à l'égard des préférences et des antipathies que la tique a pour tel ou tel quadrupède. Il ne faudrait pas modifier beaucoup des expressions dont il se sert, pour faire concorder sa phrase avec ce que l'observation nous a mis à même de connaître. Je proposerais donc d'amender une portion du texte de Pline de la manière suivante : *Nunquàm in jumentis gignitur ; in bobus frequens et canibus ; alioquin deest, in quibus omnia, in ovibus et capris hoc solum ;* le texte porte : *nonnunquàm,* au lieu de *nunquàm ; in canibus,* au lieu de *et canibus ; aliquando,* au lieu de *alioquin deest.* Quant à la ponctuation elle est modifiée en raison de ces corrections. La phrase signifierait alors : « La tique ne vient jamais aux juments ; on la trouve fréquemment sur les bœufs et les chiens ; c'est le seul parasite qui ne s'attache pas aux brebis et aux chèvres qui pourtant sont accessibles à tous les autres. »

ces ricins sous le nom de *langoustes* en certains endroits de la Provence, et de *lagastoun* d'après Scaliger, dans la Gascogne (*); comme si l'instinct classificateur du peuple avait deviné les rapports d'analogie par lesquels on passe des *acares* aux *crustacés*. Je les ai entendus souvent dire à un de leurs camarades : « Attends que je t'enlève cette *langouste*, » quand ils croyaient leur apercevoir une tique au cou.

634. Scaliger lui-même avait vu le ricin s'attacher à la peau de l'homme, entre les poils du pubis ou de la barbe. Moufet (**) ajoute à ce sujet les réflexions suivantes : « Peut-être. Scaliger entend-il par *ricin* le pou cancriforme, ou bien le *réduve* humain; car ils naissent l'un et l'autre entre les poils de la barbe, entre ceux du pubis et de l'aine, d'où on ne peut les arracher qu'avec la plus grande difficulté. Le réduve tourmente les bœufs, les hommes, mais surtout les meutes de chiens. Caton s'est laissé tromper par les dimensions, lorsqu'il assure qu'on trouve communément ces *ricins* sur les brebis et les chèvres » (631).

Depuis Scaliger et Moufet, tous les naturalistes qui se sont occupés de la question ont vu la *tique* des bœufs et des chiens passer de ces animaux à l'homme, et le tourmenter à son tour de sa cruelle succion. Linné en a fait plusieurs fois la remarque dans ses divers écrits. De Geer (***) fait observer que, quand elles en trouvent l'occasion, ces mites s'attachent à la peau des hommes, en la perçant, y introduisant presque toute la tête ; et à force le sucer, elles y produisent des taches rouges, comme j'ai eu l'occasion, dit-il, de le voir moi-même en examinant une de ces mites attachée au bras d'un homme qui revenait de la chasse; on les nomme *flott* en suédois, et on les trouve indistinctement sur les chiens et sur les bœufs (Page 98, tome 7). (629 en note et 633.)

635. Linné (****) attribuait la cause de la coqueluche et du croup (*tussis*

(*) Aristot., *Hist. de animalibus*, edit. de Philip. Jacq. Maussac, Toulouse, 1619, pag. 629.

(**) *Insectorum sive minimorum animalium Theatrum*. Édit. lat. 1634, pag. 272.

(***) De Geer, dans ce volume, a décrit cette espèce sous deux noms différents, selon qu'il a eu sous les yeux l'insecte à jeun ou repu. Son *Acarus ricinoides*, pl. 5, fig. 16-18, n'est que l'état à jeun de son *Acarus reduvius*, pl. 6, fig. 1-8. Linné avait commis la même méprise, en nommant l'un *Acarus ricinus*, et l'autre *Acarus reduvius*. La cause de ce double emploi est que, sur les bœufs, la tique enfle plus vite de réplétion que sur les chiens.

(****) *Amœnitates academicæ*, t. 5, p. 98. Thèse intitulée *Exanthemata viva*, soutenue, en 1757, par Jean C. Nysander. — *Acari*, dit-il ailleurs, *insectorum minima animalcula, ipsa exanthemata corporis humani sæpissimè causant* (Syst. nat., éd. Paris., 1744, pag. 105). — *M. A. C. D. gallus* (Système d'un médecin anglais. Paris, 1726, in-8º), ajoute-t-il, *malè sapiens effluxit integram centuriam acarorum ridens contagia, posteris ipse ridendus.* (Lin.. *Syst. nat.*, ed. 13ᵉ, 1767, spec. 1025.)

ferina) à quelque espèce d'acare; et il émet à ce sujet des réflexions si judicieuses, que nous ne pouvons mieux faire que d'en donner la traduction littérale : « La toux glapissante (*tissus ferina*), dit-il, est une maladie peu connue de nos aïeux, qui affecte spécialement les enfants. Elle est tellement épidémique et contagieuse, qu'elle peut se propager et se multiplier facilement par les simples émanations du malade ; or de tels moyens de propagation ne sauraient être attribués qu'à une cause animée. La toux glapissante ne pourrait-elle pas dériver de quelque espèce d'acares qui viennent s'alimenter de préférence dans les organes destinés à la respiration? La médecine domestique de la Westro-Gothie milite en faveur de cette opinion ; car pour calmer et guérir cette maladie, on s'y sert d'une lotion de *ledum*, remède dont les propriétés narcotiques, vénéneuses et redoutables aux insectes, nous permettent d'induire que la cause du mal qu'elle guérit réside dans les animalcules. C'est avec la même plante que les paysans débarrassent leurs porcs et leurs moutons de la vermine qui les infeste. »

636. Columelle a parlé d'un parasite qui vient dans le fourchet du pied des brebis et qui y occasionne un panaris (*tuberculum*); il désigne l'insecte sous le nom de *vermiculus* (*). Moufet a interprété le mot *vermiculus* par celui de *filaire* ou *dragonneau* (**); l'une et l'autre version peut être également vraie.

637. Hermann père, ayant eu occasion d'ouvrir le crâne d'un maniaque, décédé à l'hôpital de Strasbourg, et cela en présence de Lauth, son collègue, et de divers autres chirurgiens, le 28 mai 1787, surprit, courant sur la glande pituitaire, un acare, que les chirurgiens prenaient pour un morpion, et dont il a eu soin de nous donner la figure, avec celle de son *Acarus cellaris*, dont il le dit très-voisin (***); acare qui, d'après nous, n'est que le jeune âge de la tique, qu'Hermann a eu occasion d'observer dans un cellier plutôt que dans une écurie. Ajoutez à ce fait un fait analogue rapporté par Houlier, en sa pratique, et transcrit, texte et figure, par Ambroise Paré (****) : Un Italien, que traitait Houlier, était tourmenté d'une extrême douleur de tête, dont il mourut; l'ayant fait ouvrir, on lui trouva dans la substance du cerveau un animal assez semblable à un scorpion, dont la figure annonce un individu jeune, si toutefois ce n'est pas le *cheylète* des livres (533); du reste, il n'y aurait rien d'étonnant qu'on eût trouvé à Paris, sur cet Italien, un scorpion, animal des pays chauds. Le scorpion, en s'insinuant jeune jusque dans

(*) *De re rusticâ*, lib. 7, cap. V, *ad medium*.
(**) *Theatrum insectorum*, 1634, pag. 285.
(***) *Mém. aptérol.*, pl. 6, fig. 6.
(****) Liv. 20, pag. 731, édit. de Buon, 1628.

le cerveau, y aura continué à trouver dans ce milieu la température qui lui est convenable, et il s'y sera développé d'autant plus facilement, qu'il y aura été retenu par l'abaissement de la température de l'air ambiant de Paris. N'avons-nous pas trouvé vivants, sous l'obélisque de Louqsor, les scorpions amenés d'Égypte? A l'égard de ces faits, que notre peu d'habitude nous rend extraordinaires, il n'est jamais hors de propos de revenir sur ce qu'on a déjà dit une fois : Les insectes hideux, nous ne les observons qu'adultes, tant il nous répugne d'en étudier l'histoire ; et, dès ce moment, comme nous nous débarrassons bien vite de l'observation, et même de la pensée seule, nous perdons de vue ce que ces gros insectes ont pu paraître et exécuter, étant petits. Or le scorpion le plus gros a commencé, au sortir de l'œuf, par n'être pas plus gros qu'un acare de la plus petite espèce ; et, avec de telles dimensions, il est capable de se glisser, à notre insu, dans les profondeurs de nos organes les plus sacrés.

638. Pour en revenir aux ravages de notre tique, depuis l'impulsion que l'apparition de la deuxième édition du *Nouveau Système de chimie organique* a imprimée aux méthodes d'observation médicale, le médecin a eu plus d'une occasion de porter son attention sur les effets de la communication de la tique, des bestiaux à l'homme ; et il a appris dès lors à connaître la cause animée des phlegmons, qu'il traitait auparavant comme des maladies spontanées, provenant des mauvaises humeurs, d'un sang vicié, et quelquefois même, ainsi que le panaris, d'une affection intestinale. Le paysan, moins érudit et moins savant, était seul dans le vrai sur ce point, comme sur bien d'autres.

Dès 1838, Dubreuil, médecin à Bordeaux (*), publiait un fait d'observation de ce genre fort intéressant, surtout parce qu'il émanait d'un praticien. Il avait reconnu qu'une pustule gangréneuse occupant toute la région mastoïdienne et s'étendant, en diminuant d'intensité, à la peau du cou, jusqu'au niveau du sternum et de l'épaule, était produite par la succion de la *tique du chien* (*Ricinus canis*), « acaridien, dit-il, qui s'attache aux bœufs et aux moutons. Le propriétaire qui avait gagné cette maladie avait attrapé l'insecte en s'arrêtant quelques instants dans l'écurie. L'insecte était plongé si profondément dans la peau, et il y tenait si fortement, qu'il fallut couper jusqu'au vif ; la blessure resta un mois à se cicatriser. » L'opération chirurgicale était en ce cas inutile, et la guérison eût été beaucoup plus prompte et moins pénible à obtenir, si l'on s'était contenté d'appliquer, sur toute l'étendue du mal, de larges compresses

(*) Voyez *Bull. de la Soc. méd. de Bordeaux;* et *Gazette des hôpitaux,* mardi 11 septembre 1838.

d'alcool à 40° camphré, qui aurait tué l'acaridien et cicatrisé les effets morbides de la piqûre.

En même temps on révéla au médecin qu'une jeune fille, appartenant à la même maison, avait été prise auparavant d'un phlegmon très-grave, à la suite de la morsure de l'un de ces insectes ; et l'auteur ajoute à son récit cette réflexion judicieuse, mais qui est restée peut-être sans fruit, chez les praticiens ses confrères : « Dans le cas que j'ai cité, la présence d'une escarre, surmontée d'une vésicule violacée, n'aurait-elle pas pu donner la pensée de l'existence de la pustule maligne, si des accidents généraux l'avaient accompagnée? » Nous répondrons que des accidents généraux n'auraient pas manqué de l'accompagner, avec le temps et une médication moins prompte ; mais surtout si l'acaridien, avant de s'attacher à l'homme, avait par hasard empoisonné sa tarière dans quelque foyer d'infection.

Un fait de ce genre vint, huit ans plus tard, à l'appui de ce que nous avançons ; car on ne saurait se méprendre sur la nature de l'auteur de ces ravages :

On lisait dans l'*Union provinciale*, gazette d'Auvergne, août 1846 :

« Le 5 courant, un individu de Mezet a ressenti une piqûre à la paume de la main en soulevant une gerbe. Les assistants et le blessé ont vainement fait des recherches pour découvrir l'insecte ou le reptile qu'ils croyaient être la cause de cet accident ; rien n'a été découvert. Le membre piqué a grossi considérablement le lendemain et le surlendemain : des symptômes graves et insolites se sont successivement manifestés. Le malheureux a succombé quelques jours après.

» Dans la même semaine, une jeune femme a ressenti une piqûre semblable en ouvrant le tiroir de son buffet. Le bras blessé présentait déjà une enflure assez considérable : la cautérisation a été mise en usage très-promptement, et cet accident n'a point eu de suite. Ici, comme dans le premier cas, on n'a pu découvrir la cause.

» Enfin, le 14 courant, M. L..., en revenant de Mezet, a été piqué à la partie supérieure et externe de la jambe droite : la douleur produite par cette piqûre a été extrêmement vive. M. L... a porté tout de suite sa main à l'endroit de la piqûre, instantanément il a senti une seconde piqûre du côté opposé. Rentré chez lui, il s'est empressé d'examiner la région lésée. Deux ampoules de deux millimètres de diamètre à peu près étaient déjà formées aux régions douloureuses.

» Ces ampoules avaient un aspect jaunâtre. M. L... s'est empressé d'employer l'alcali volatil et la cautérisation plus tard. Le gonflement a été médiocre. Il n'y a point eu d'accident consécutif.

» En se disposant à mettre en usage ces moyens, M. L... a aperçu à côté de l'une des ampoules un petit insecte qui avait été écrasé par le frottement. Cet insecte, dont le corps écrasé n'a pu être scrupuleusement examiné, mais qui se terminait par un appendice en forme de trompe paraissant avoir deux fois la longueur du corps entier, était d'une couleur fauve; il était trois ou quatre fois plus gros que la puce ordinaire; il ne présentait point d'ailes. »

639. Et à cette occasion nous rappellerons que la pustule maligne, que le phlegmon, qui n'est qu'une pustule moins maligne que le *charbon* ou *anthrax*, prend vulgairement chez les Italiens, les dénominations de *favo* et *vespajo*, comme qui dirait *nid de guêpes*, parce qu'on aura vu ce mal se développer, dans les pays chauds, avec sa violence habituelle, à la suite de la piqûre envenimée d'une guêpe en fureur.

Wolfang Christian, médecin ordinaire du roi de Prusse, dans la principauté de Neufchâtel, a parlé d'une maladie très-commune en Suisse, en 1717, de manière presque à nous donner le mot de l'énigme du charbon ([*]) : « On rencontre fréquemment, dit-il, parmi les paysans suisses, cette ulcération des doigts que l'on appelle ici emphatiquement *la bête*... Ce n'est point un panaris, d'abord parce qu'elle s'attache à toutes les articulations des doigts et non pas seulement à la racine de l'ongle, mais encore parce qu'elle n'est ni douloureuse, ni de nature inflammatoire... En un mot, elle a le même aspect que si un ver absorbait la synovie de l'articulation, en sorte que les ligaments et les tendons se dessèchent et se contractent. Le mal commence toujours par un tubercule dur et indolent. Comparez, ajoute-t-il, cette description avec ce que l'on rapporte du dragonneau des Indes et de cette espèce d'insecte qui s'attachait aux articulations des pieds des premiers Européens qui abordèrent dans ces îles, toutes les fois qu'ils marchaient les pieds nus sur le sable, car cette affection envahit les enfants qui jouent sur la terre en été; le mal s'exaspère par les incisions et les autres remèdes des ulcères; et nos empiriques, qui traitent spécialement ces sortes de maux, rapportent que l'on trouve sur les emplâtres un ver dont l'extraction suffit pour guérir le mal (655). »

640. En nous rapprochant davantage de nos contrées, nous trouvons, dans le peuple des campagnes de la Bourgogne, des dénominations et des opinions qui viennent à l'appui de ce point de fait. Dans ce pays, la *pustule maligne* se nomme vulgairement *puce maligne*; le médecin galénique a vu dans cette expression une simple syncope; le naturaliste y trouve une explication. En 1775, l'Académie des sciences de Dijon mit au concours la question de la *puce maligne* de Bourgogne ([**]); en 1780,

[*] *Acad. cur. nat. acta*, cent. 5 et 6, append., ann. 1717.
[**] Voy. *Journal gén. de Médecine*, tom. 45, 1776, pag. 500, et tom. 53, 1780, pag. 563.

le prix fut décerné à Thomassin. L'un des concurrents avait pris pour épigraphe : *O pueri, fugite hinc, latet anguis in herbâ;* mais dans son mémoire il avait eu grand soin de ne pas faire sortir l'épigraphe de son rôle d'allégorie; si le médecin avait osé dire ce que le peuple avait deviné, sa dissertation n'aurait plus été médicale. Le lauréat cependant s'était hasardé à penser, comme deux des concurrents, Fournier et Méret, que la cause de cette pustule maligne dépendait quelquefois de la piqûre d'un insecte; il en avait, disait-il, des preuves non équivoques; mais il n'admettait pas, comme eux, qu'il n'y avait qu'une seule espèce d'insecte qui pût produire un tel effet; et il citait l'exemple d'un charbon survenu à la suite d'une piqûre d'abeille : ce qui se rapporte bien à l'opinion italienne (639). L'*acarus* était trop petit pour avoir fixé l'attention du lauréat; il le passe sous silence et ne le soupçonne même pas; puis il retombe dans la doctrine galénique, pour expliquer la maladie, comme ayant hâte de se faire pardonner cette excursion du médecin observateur dans le domaine des sciences accessoires. Cependant toute sa dissertation, ainsi que celles de ses rivaux, s'explique parfaitement bien d'un bout à l'autre par la présence de la tique, qui, dans le progrès de la contagion dont elle est l'artisan et le véhicule, s'envenime de plus en plus et produit des effets de plus en plus nuisibles. C'est ainsi qu'on se rend compte de l'observation suivante, qui serait inexplicable autrement: « D'après l'auteur, les bœufs de ce pays auraient été sujets à une espèce de charbon intérieur qui attaquait les boyaux, le foie, la rate, etc. Les paysans leur portaient la main dans le rectum, pour le vider et y faire une espèce de *saignée locale (sic)*; quelquefois l'animal guérissait, et le paysan était attaqué ensuite de la pustule maligne à la main ou l'avant-bras. Ceux qui écorchaient l'animal pour le vendre étaient pris du charbon; tandis que ceux qui en mangeaient la chair en étaient exempts. » La présence de la *tique* dans les voies intestinales rend parfaitement compte de tous ces faits, et il ne faudrait pas se laisser aller à cette tendance que, faute de s'être livré à l'observation de la nature, on a en général de se faire traîner de tout son poids à la remorque, de disputer les faits un à un, de ne les croire qu'après les avoir vus soi-même, et de refuser aux autres la confiance qu'on réclame ensuite sur parole pour soi. L'homme qui repousse le flambeau de l'analogie et de l'induction est un être qui abdique le plus bel apanage de son intelligence (*).

(*) Enaux et Chaussier, qui reprirent, en 1785, le même sujet (*Méthode de traiter les morsures des animaux enragés et de la vipère; suivi d'un précis sur la pustule maligne*, Dijon, 1785), enfin Davy-la-Chevrier (*Dissertation sur la pustule maligne de Bourgogne*, 1807) n'ont pas même effleuré cette face principale d'une aussi intéressante question.

Si la tique peut vivre sur la peau et y déterminer un furoncle, elle peut vivre et produire les mêmes accidents dans les cavités de la bouche, et du nez; et puis dans toute la longueur du canal alimentaire; car là elle trouvera de l'air pour respirer et de la chair tendre et succulente pour s'y plonger de toute sa longueur (*).

641. Plus tard, un auteur d'une grande érudition, M. Vallot, de Dijon (**), en créant une espèce nouvelle d'*acarus,* ne laisse pas que de nous avoir transmis une circonstance piquante, qui se rattache de très-près à l'explication que nous venons de donner. Il nous apprend que la tique, qu'il nous décrit sous le nom d'*Acarus fuscus* (qui n'est autre que l'*Acarus reduvius* de Linné et peut être le jeune âge du *Leptus autumnalis* Lamk.), se nomme *pou des bois* chez les habitants de la campagne du département de la Côte-d'Or, qui connaissent très-bien les accidents qu'occasionne sa piqûre. Dans la partie de la Bourgogne qui avoisine la Franche-Comté, les paysans auront nommé *puce* des bois ce que les paysans de la Côte-d'Or ont nommé *pou;* et les accidents qui proviennent de sa piqûre auront gardé le nom de leur auteur; on aura dit : Le malade *a la puce maligne,* comme on dit : *Il a des vers, il a des poux.* A New-Jersey, dans l'Amérique du Nord également, la *tique des chiens* porte le nom de *pou des bois.* Nous allons avoir plus bas une nouvelle occasion de mettre à contribution ces renseignements synonymiques, en pathologie, comme en histoire naturelle. Qu'il suffise de rappeler ici que la *tique* a d'abord la taille d'un *pou,* et qu'elle gratte et démange, comme lui; que, tapie et en embuscade dans les bois, elle se jette sur les animaux avec le saut d'une *puce,* dont elle a la taille et la couleur (***).

642. 2° ACARUS AMERICANUS qui a donné lieu à la confusion de la PUCE PÉNÉTRANTE avec un ACARE.

(*) Linné regardait la dyssenterie comme un exanthème, comme une gale épidémique des intestins, une gale interne (*Dysenteria epidemica scabies est intestinorum interna*), offrant les mêmes produits cutanés et émanant d'un artisan analogue (*Amœn. academicœ,* tom. 5, pag. 97; thèse *Exanthemata viva,* 1757). Linné a emprunté cette analogie à le Cat de Rouen (*Recueil périodique d'obs. de méd., de chir. de pharm.,* tom. 1, 1754, pag. 258; tom. 2, 1755, pag. 233). Les maladies internes, d'après ce dernier, ne sont que les maladies externes transportées à l'intérieur; l'épidémie de Rouen de 1754 n'était qu'un herpès placé à l'estomac et à l'intestin grêle.

(**) Cette note de Vallot est perdue dans le *Recueil périodique de la Société médicale de Paris,* tom. 2, pag. 264, an. IX, rédaction de Sédillot.

(***) On est, en général, porté à croire que l'acare n'est pas un insecte sauteur; on se trompe; avec d'aussi longues pattes, un être n'est pas né pour ramper. Le puceron saute quand il veut se déplacer d'une surface épuisée. L'araignée s'élance en bas, dès qu'elle a peur, même la grosse araignée des jardins (*Aranea diadema*). « Un grand

α. HISTORIQUE ET SYNONYMIE.

Ce que nous venons de dire de la *puce maligne* de Bourgogne nous avait amené, dans la 2° édition de cet ouvrage, à nous occuper de la détermination de l'insecte d'Amérique que les naturalistes ont désigné sous le nom de puce pénétrante (*Pulex penetrans* Lin.). Mais à force de comparer entre elles les descriptions que nous en ont laissées les nombreux auteurs, soit naturalistes, soit voyageurs, qui ont eu à s'occuper de ce point curieux de nosologie animée, à force de balancer le nombre des témoignages par l'autorité des témoins, l'obscurité des affirmations des uns par la netteté des dénégations des autres, il s'était formé dans notre pensée un inextricable chaos, d'où nous ne pouvions sortir qu'en voyant dans la *puce pénétrante* un *Acarus*, tout en invitant les observateurs américains et les voyageurs à départager la question par une étude sérieuse de ce périlleux sujet. Notre appel a été enfin entendu, et un de nos lecteurs assidus nous a mis à même d'étudier de nos propres yeux l'histoire de ce terrible parasite et de résoudre définitivement la question. Nous allons d'abord exposer la série des inductions qui nous avaient amené, dans l'édition précédente, à ne voir qu'un ACARE venimeux dans la PUCE PÉNÉTRANTE; nous donnerons ensuite en son lieu le résultat de l'étude nouvelle sur laquelle se fonde le rétablissement définitif de cet insecte parasite dans le genre *Pulex*.

643. Les premiers navigateurs qui abordèrent au nouveau monde ne tardèrent pas à être témoins des ravages effrayants et souvent mortels qu'un insecte sauteur, plus petit qu'une puce ordinaire d'Europe, occasionnait chez les Indiens surtout qui, dans ces régions intertropicales, sont habitués à aller nus.

L'un des plus anciens de ces navigateurs qui ont pris soin de se faire les historiographes du nouveau monde, Benzone (*) en parle de la manière suivante :

« Les îles des Indes occidentales, dit-il, et spécialement celle de Saint-Domingue (*Hispaniola*) sont infestées d'insectes venimeux; entre autres, nous citerons les *nigua*, insectes de la grosseur d'une puce (*magnitudine*

---

seigneur dit Redi (*de la Génér. des Insect.*), m'a assuré qu'il avait vu une araignée sauter de la portière de son carrosse, sur le chapeau d'un cavalier qui passait tout auprès. »

(*) *Novæ novi orbis historiæ*, lib. 1, cap. 29. On trouve ce récit traduit en latin dans la collection de Théodore de Bry, 1594.

pulicis), qui se glisse à votre insu, et sans causer la moindre douleur, entre la chair et les ongles des pieds surtout; ils vivent dans la poussière. Il arrive souvent qu'on ne s'aperçoit de leur présence que lorsqu'ils sont parvenus à la grosseur d'une lentille ou d'un pois chiche; et comme alors ils pullulent avec une grande fécondité, on se voit forcé de les arracher avec la pointe d'une aiguille ou d'une épine, et l'on cautérise la plaie avec la cendre chaude. Les esclaves africains au service des Espagnols, n'ayant jamais de chaussure aux pieds, sont plus exposés que toute autre personne à l'invasion de ce mal opiniâtre; et leurs pieds en sont tellement affligés, qu'on ne peut les en débarrasser que par le feu ou le fer; on en a vu qu'on n'a guéris que par l'amputation des pieds ou des mains. Moi-même, en arrivant dans cette partie du Pérou qu'on nomme l'Ancien Port, outre que je souffrais d'une goutte, fruit de mes longs voyages et de mes grandes privations, et qui me déformait et le corps et les jambes, je fus assailli au bout des pieds par une telle quantité de *nigua*, et d'une manière si prompte, que la terreur s'empara de moi; et si je n'avais pas eu la précaution de prendre souvent des bains, il me serait sans doute arrivé ce qui arriva à beaucoup d'autres Espagnols qui, pour avoir négligé ces soins de propreté et ces moyens de guérison, ont rapporté d'Amérique des membres rongés et mutilés. » De Bry, le traducteur de Benzone, ajoute : « L'invasion de ces niguas faisait une terrible impression sur l'esprit des premiers Espagnols qui abordèrent à Saint-Domingue, tant qu'ils ne parvinrent pas à découvrir la cause du mal et le remède spécifique. La plupart en perdirent les pieds. Ce genre d'insecte est commun sur presque tout le continent des Indes occidentales, surtout dans les régions de la plaine, qui sont en général chaudes et humides. Les Brésiliens les appellent *toms*, ainsi que l'attestent les auteurs qui ont écrit l'histoire de ces contrées. »

Thévet (*) rapporte que « lorsque les Espagnols arrivèrent en Amérique, ils devinrent malades de petits vers, nommés *toms*, par plusieurs tumeurs qui s'élevèrent sur leurs pieds; et quand ils ouvraient ces tumeurs, ils y trouvaient un petit animal blanc. Les habitants du pays s'en guérissent par le moyen d'une huile qu'ils tirent d'un fruit nommé *chibou*, *cachibou* (**), lequel n'est pas bon à manger. Ils en mettent une goutte sur les tumeurs et le mal guérit en peu de temps. »

644. Scaliger, en analysant le récit de Benzone, désigne l'insecte sous le nom de *pulicellus nigua*, « qui, dit-il, n'est pas plus gros qu'une puce (*magnitudine pulicis*). »

(*) *Singularités de la France antarctique, autrement appelée Amérique*, 1558.
(**) Nom indigène de la résine du *Bursera gummifera* Lin.

645. Cardan, contemporain de Scaliger, en traitant le même sujet, donne le *nigua* comme étant du genre des *pulices*, mais bien plus petit qu'une de nos puces (*multò minus pulice animal*).

646. Moufet (*), qui a puisé à la même source que Scaliger et Cardan, désigne il est vrai ces insectes sous le nom de *pulices* et les dit fort rares sur les bords du fleuve Nigua; mais il ne les avait pas vus de ses propres yeux et n'en donne par conséquent aucune description spécifique. Il avait abordé ce sujet dans un autre endroit de son livre (pag. 268) où il se contente, comme ses devanciers, et Oviedo entre autres, de dire que « cette peste animée bien plus petite qu'une puce (*pulice longè minus*) est née dans la poussière comme la puce (*sed in pulvere, ut pulex, natum*) »: indication bizarre bien digne de cette époque d'observation.

647. D'après le père Chomet (**), cet insecte, pas plus gros qu'une puce, est une espèce de *pique* que les Indiens nomment *tung*; Marcgraw l'appelle également *tunga*.

648. Laet le désigne sous les noms de *mygor* ou de *ton*. Les aventuriers espagnols l'appelèrent *chegas, chegos,* mot que les auteurs anglais traduisirent en celui de *chegues,* et *chegoes.* Ligonius le décrivit sous le nom de *chœse-mite;* et les aventuriers français traduisirent ce mot en celui de *pique* ou *mite.* Sloane va jusqu'à le désigner sous le nom de *ciron* (***). Le docteur Stubbes (****) confirme le témoignage de Ligon qui, en parlant des *cirons* ou *chiques,* « J'ai connu, ajoute-t-il, un homme qui fit brûler son nègre tout vif, parce qu'il en était couvert; » et cet homme ne lui dit pas que ces insectes étaient des puces. Michel-Ange de Guattini et Denis de Plaisance appellent les chiques des *poux de Pharaon* (*****). Brown (******) classe systématiquement l'insecte dans les acarès, avec cette phrase spécifique : *Acarus fuscus, sub cutem nidulans, proboscide acutiore;* et Brown est un naturaliste descripteur. Enfin Rolander, qui en adresse des échantillons à de Geer, le désigne sous le nom de *pediculus ricinoïdes* (pou ayant la forme du ricin).

Mais aucun de ces auteurs n'avait pris la peine de figurer ni même de décrire l'insecte, qu'ils désignaient presque tous sous un nom différent (*******).

(*) *Insect. sive minim. animal. theatrum,* 1634, pag. 277.
(**) *Lettres édifiantes,* avant-dernière du 22e recueil, pag. 411.
(***) *Hist. of Jamaica,* pag. 491, 2e vol., et pag. 124 et 125 de l'introduction.
(****) *Transact. philosoph.,* ann. 1688, nos 36 et 44, extrait dans la Collect. académique, tom. 2, pag. 138 et pag. 169.
(*****) *Transact. philosoph.,* ann. 1678, no 139, art. 4, et Coll. académ., tom. 2, pag. 485.
(******) *Hist. nat. de la Jamaïque,* pag. 118.
(*******) Voyez en outre : Jean Hunter (*Obs. sur les maladies de l'armée de la Ja-*

649. Enfin Catesby (*) est le premier qui ait décrit le *nigua* comme une puce analogue à celle d'Europe et en ait donné un dessin étudié, son dessin est exactement celui d'une puce un peu plus ventrue que la nôtre. Mais comment s'imaginer que Catesby n'ait pas été dupe de quelque méprise, quand on le voit prendre si peu de souci de la divergence de tous ses devanciers qui, dans le *nigua*, n'ont jamais trop laissé entendre qu'ils aient reconnu les formes d'une puce? Catesby consacre quatre lignes d'explication à sa planche, et ne semble pas même s'être douté qu'il était le premier de son avis.

C'est d'après la figure de Catesby que Linné a classé la *chique* dans le genre *pulex* (puce) sous le nom spécifique de *Pulex penetrans* (puce pénétrant dans les chairs).

650. Plus tard, il est vrai, un auteur suédois, O. Swartz, reprend le même sujet dans les *Mémoires de l'Académie de Stockholm* (**), et cet auteur accompagne son travail de figures sur bois que nous avons toutes reproduites en cet endroit, dans la deuxième édition de notre ouvrage. Ce dessin de l'insecte semble avoir été emprunté à celui de Catesby, tant les deux figures se rapprochent. Malheureusement ce mémoire est écrit en suédois, et nous n'avions en 1846 personne sous la main pour nous le traduire; alors que nous pouvions disposer de ce volume, nous aurions sans doute puisé dans ce travail des renseignements propres à fixer définitivement la question.

651. Enfin à l'article Puce du *Dictionnaire d'histoire naturelle* de Levrault est jointe une prétendue figure de la *puce pénétrante* que Duméril, auteur de l'article, dit tenir du dessinateur Turpin. Mais en fait d'exactitude et d'authenticité de dessin, Turpin était si peu digne de confiance, qu'on l'a surpris maintes fois reproduisant, en vue d'abréger son travail de dessinateur, les analyses déjà publiées d'une espèce végétale, à la place de l'analyse d'une espèce toute différente du même genre. Avant que la société occulte ne l'eût chargé d'être notre sosie pour les observations microscopiques, comme le sieur Pa... le fut plus tard pour la partie de *Chimie microscopique*, jamais Turpin n'avait mis l'œil au microscope. La première fois qu'il vint recevoir quelques leçons dans notre laboratoire au 4ᵉ étage, il aurait vraiment pris une bulle d'air pour une bombe et un poil pour un palmier (***). Aussi le dessin de la

maïque, in-8ᵒ, 1788); — Oviedo (summary 127); — Hack (*Hist. des voyages*, p. 449); — Abbeville (*Voy. au Brésil*, pag. 236); — Rochefort (*Hist. nat. des Antilles*, ch. 24, art. 6, pag. 272); — Frézier (*Voy. au Chili*, tom. Iᵉʳ); — Ulloa (*Voy. du Pérou*, t. Iᵉʳ, liv. 1ʳᵉ, chap. 7, pag. 58); — Dellon (*Voy. aux Indes occidentales*).

(*) *Hist. nat. de la Caroline*, part. 3, pag. 40, pl. 40, fig. 3, 1743.
(**) *Mém. de l'Acad. de Stockholm*, janv., févr., mars 1788, pag. 40.
(***) En huit jours de leçon il devenait, par ordre, l'arbitre des destinées microsco-

puce pénétrante publié par Duméril ne ressemble-t-il qu'à un des rêves et des écarts d'imagination que Turpin ne se faisait pas faute d'enluminer ensuite sur le papier avec des touches de vert de vessie et de carmin.

Quant à la *puce pénétrante* telle qu'on la trouve dans l'atlas du Dictionnaire en question, on dirait qu'on a mis un nez postiche à une grosse vessie limpide comme une bulle de savon; le dessin n'était donc pas capable d'apporter le moindre poids dans la balance de la discussion; c'était une parcelle de celui de Catesby rendue un peu plus vague.

652. Comme dans notre ouvrage nous procédions à une enquête consciencieuse, et qu'en ces sortes de circonstances, nous ne manquons jamais de placer sous les yeux du lecteur toutes les pièces du procès, nous eûmes soin de reproduire, dans la 2ᵉ édition de cet ouvrage, paragraphe 652, tous les détails du dessin que Swartz avait publié sur la PUCE PÉNÉTRANTE (*pulex penetrans* Lin.) en face des détails généralement connus de la vie de la puce domestique de nos climats, de la PUCE IRRITANTE (*pulex irritans* Lin.), que nous avions eu soin de vérifier de nos propres yeux; et nous nous demandions comment deux insectes si semblables par la forme générale, pouvaient avoir des habitudes et produire des effets morbides si différents, et comment il se faisait que l'une de ces puces déposât ses œufs dans les chairs où l'autre se contentait de plonger sa trompe, afin de se gorger de notre sang, abandonnant ensuite la place d'un bond, une fois qu'elle s'était suffisamment repue.

Les créoles et les soldats revenus de nos colonies, que je consultais à cet égard, étaient unanimes sur les effets terribles de la *chique*, sur la manière dont les nègres procèdent pour l'extraire à l'aide d'un bâtonnet pointu, et sur l'emploi du jus de tabac pour en guérir la blessure; mais ils ne s'accordaient plus entre eux sur les caractères et les habitudes de l'insecte en question et tous m'assuraient que la chique ne sautait pas; et lorsque je leur demandais comment alors ils l'assimilaient à une puce : « C'est, me disaient-ils, parce qu'elle en a la couleur et la grosseur. »

Récapitulant donc dans mon esprit toutes ces données, j'en arrivais, à cette conclusion : que tout s'opposait à admettre que cet insecte fût réellement une puce, si l'histoire de l'insecte était vraie : car 1° les Européens qui l'observèrent les premiers, au lieu d'y voir une congénère de la puce de nos climats, lui avaient donné un nom qui semblait être un dérivé de MITE (*ciron*) ou de TIQUE (*acare*), en la désignant sous le nom de *pique* ou *chique*. 2° D'après eux, l'insecte, gros d'abord comme un grain

ques, et jetait tous les lundis, jours de séances académiques, de la couleur aux yeux des immortels ébahis.

de millet,'est susceptible, en se gorgeant de sang, d'acquérir la grosseur d'un pois chiche ou d'une fève; or la puce est trop bien cuirassée sur tout son corps pour se prêter à un développement digestif et passager de ce calibre; un tel caractère de mœurs ne saurait convenir qu'à la *tique* des chiens et des bestiaux. 3° La CHIQUE, même d'après Swartz, n'aurait pas passé par l'état de ver, puisqu'il n'en représentait pas la figure sur sa planche; ce n'était donc pas une puce, laquelle passe par les trois états de l'insecte : l'œuf, le ver, la chrysalide et l'insecte parfait. 4° La CHIQUE se serait attachée à la chair et n'en aurait plus démordu, si ce n'est pour changer de place, comme le fait l'insecte de la gale; or notre puce est bien loin de ces habitudes sédentaires. 5° Ce qui militait le plus en faveur de l'opinion que Linné avait fondée sur le témoignage de Catesby, c'est le nom de *pulex* dont les premiers voyageurs s'étaient servis pour comparer cet insecte. Mais ce mot qui est affecté aujourd'hui exclusivement à la puce, ne signifiait alors qu'un insecte parasite comme le pou et la puce. Redi s'était servi du mot *pellicelli* pour désigner tout aussi bien les acares, que les poux qu'il décrit et figure dans son ouvrage intitulé : *Esperience intorno alla generazione degl' insetti*, dont la première édition a paru en 1668; et, dans la traduction latine qu'en ont publiée les libraires d'Amsterdam (in-16, de 1671 à 1686), ce mot *pellicelli* est traduit par celui de *pulices*. Donc à une époque bien rapprochée de celle de Linné, les mots *pulex*, *pellicello* de Redi et *pullicellus* de Scaliger ne signifiaient rien moins que la PUCE exclusivement.

En désignant, du reste, par ce mot les acares ainsi que les poux, Redi n'avait fait qu'adopter la signification que le vocabulaire de l'Académie de la Crusca (*) avait attachée à ce mot en ces termes : *Pellicello è un piccolissimo bacolino, il quale si genera a rognosi in pelle* (le *pellicello* est un infiniment petit ver ou ciron qui s'engendre dans la peau des galeux). Or ce dictionnaire était alors et est encore aujourd'hui l'arbitre souverain de la pureté et de l'exactitude du langage dans toute l'Italie où écrivait Redi.

653. L'ouvrage de Catesby avait paru de 1731 à 1743; il était entre les mains de tous les naturalistes, surtout des naturalistes du Nord. Or en 1754, Kalm, naturaliste suédois, publie, sur le *Nigua*, un long travail rédigé par lui en Amérique même, où il figure et décrit comme un acare, sous le nom d'*Acarus ovalis*, l'insecte qu'on lui avait envoyé de Pensylvanie et de New-Jersey, sous le nom de *pou des bois* (**). On était autorisé à croire que cet académicien, venant après Catesby et observant sur les

(*) *Vocabolario degli Academici della Crusca di Firenze;* la première édit'on parut en 1612, et la 4e édition, qui est la meilleure, en 1738.

(**) *Acta Acad. scient. Sueciæ.* 1754, pag. 19.

mêmes lieux que celui-ci, avait dû prendre toutes les précautions possibles pour mettre son opposition formelle à l'abri de toute espèce de
cause d'erreur.

654. Mais il survient plus tard dans les débats une bien grande autorité
quand il s'agit de l'iconographie et de l'histoire des insectes : de Geer, le
Réaumur de la Suède, qui a laissé si loin ensuite son modèle et n'a pas
encore eu un imitateur, pas même un continuateur, de Geer reçoit
d'Amérique des échantillons de la *chique* ou insecte *nigua*. Ce sont deux
de ses compatriotes qui les lui envoient, MM. Rolander et Acrelius, le
premier habitant à Surinam, terre classique de la CHIQUE, et l'autre en
Pensylvanie. De Geer analyse, dessine, décrit l'insecte avec l'exactitude et
la patience d'observation qui caractérise ce grand naturaliste ; et il
déclare que son ami Kalm avait raison et que la *chique*, le *tung* ou *tom*,
que l'insecte envoyé par Rolander sous le nom de *Pediculus ricinoïdes*
(pou de la forme d'un ricin), que le *nigua* enfin n'est autre qu'un *acarus*
qui ne lui paraît pas différer de l'*Acarus americanus* de Linné, *Syst.
natur.*, édit. 12ᵉ, pag. 1022, n° 5.

655. D'après Kalm, ces *tiques* sont, les unes si petites qu'elles sont à
peine visibles, les autres, qui ont eu l'occasion de se gorger de sang,
sont grosses comme le bout du doigt, comme cela arrive à notre tique du
chien. De Geer est d'avis qu'Ulloa avait pris l'état de réplétion abdominale de l'acare pour le nid que les tiques, d'après cet auteur, se seraient
fabriqué sous la peau des patients.

656. Qui aurait douté, après de tels témoignages et des travaux contradictoires entrepris *de visu*, qui aurait douté, que le *nigua*, le *tom* ou
tunga, la *pique*, la *chique*, le *chegoes*, le *pulex penetrans* enfin de Linné,
fût autre chose qu'un ACARE analogue à la TIQUE de nos mammifères ?

657. Aussi, dans les éditions subséquentes du *Systema naturæ* de
Linné, trouve-t-on, à la suite de l'article consacré au *pulex penetrans*,
cette phrase dubitative qui remet tout en question : *An Catesby pulex,
Brownii acarus, Rolander pediculus ricinoïdes verè specie differant? Diju-
dicent itaque Americani, cujus sit generis et utrùm una aut plures species* (*).
(La PUCE de Catesby, l'ACARE de Brown, le POU RICINOÏDE de Rolander,
sont-ils vraiment tout autant d'espèces différentes ? Que les Américains
en décident, et nous disent à quel genre appartient l'insecte et s'il en
existe une seule ou plusieurs espèces.)

658. Cette espèce de palinodie dubitative, à la suite de tant de documents contradictoires, suffirait à elle seule pour démontrer combien les
naturalistes de cette époque attachaient peu d'importance à l'étude exacte

(*) Je cite d'après l'édition posthume du *Systema naturæ*, de 1788, t. Iᵉʳ, p. 1022

de ces infiniment petits, qui jouent pourtant un si terrible rôle dans la nosologie des infiniment grands observateurs.

Linné compilait Fabricius, qui classait d'après la description des auteurs, se hasardant de temps à autre à vérifier les rapports généraux à l'aide d'une loupe soutenue par une main tremblottante.

A l'abri de tout contrôle par suite de la pénurie d'observateurs qu'avaient amenée les guerres de la république et de l'empire, Latreille cherchait plus à être créateur de noms de genres et d'espèces, de couper la liste des espèces en genres et celle des genres en familles, qu'à enrichir l'entomologie de ces observations exactes qu'on ne peut obtenir qu'à l'aide d'une étude longuement poursuivie, dont il ne se sentait pas la patience, et à l'aide des instruments grossissants qu'il n'aurait pas su manier.

Quant à Lamarck, son génie spécial le portait plutôt vers l'étude des lois de la nature que vers celle de la nature intime des êtres créés. Il était homme à construire une belle classification, s'il avait eu à sa disposition des matériaux d'une incontestable exactitude; car de matériaux informes et contradictoires, les seuls qu'il eût à sa disposition alors, il a tiré cependant un parti tel que bien des gens qui se sont mis à sa place ont eu de la peine à faire oublier; et de ce point de départ, il a ouvert une voie nouvelle que ceux qui ont recueilli son héritage n'ont pu continuer que jusqu'à l'impasse la plus voisine.

659. Puisqu'on avait confondu avec une telle apparence de certitude une *puce* avec un *acare*, on n'aura plus lieu de s'étonner qu'on ait multiplié les acares exotiques en tout autant d'espèces que chaque voyageur rapportait d'individus. La confusion, à l'égard des objets réels, est mère de la multiplication des êtres imaginaires.

Aussi avec une seule et même espèce de tique, le classificateur a dû former bien des espèces nominales, selon qu'on la rencontrait en Europe ou dans les régions intertropicales de l'Asie, de l'Afrique ou de l'Amérique; en sorte que l'*Acarus americanus* de Geer et *A. ovalis* Kalm a pu devenir *Acarus egyptius* en Égypte; *A. indus* dans les Indes; *A. cayennensis* à Cayenne; *A. aureolatus* dans la Russie; *A. elephantinus*, quand il s'attache à la peau de l'éléphant, etc., etc. Il y a plus encore : c'est que Fabricius (*) et Gmelin (**) ont pris à la lettre la dénomination que Rolander avait donnée primitivement à ce qu'il croyait être la chique (654); et qu'ils ont placé de la sorte, par un double emploi, la chique dans le genre pou sous le nom de *pediculus ricinoïdes*.

660. Afin de mettre plus en évidence le sans-souci de ces sortes de

(*) *Spec. insect.*, tom. 2, pag. 477, n° 3, 1781.
(**) *Syst. nat.*, tom. 2, n° 3017, 3.

déterminations, nous allons placer sous les yeux des lecteurs, dans un fragment de tableau synoptique, les caractères distinctifs que les deux classificateurs les plus modernes, en fait d'insectes, assignent à trois de ces espèces de parasites qu'ils ont classées dans trois genres différents :

ACARUS SANGUISUGUS. Gmel., *Syst.*	PEDICULUS RICINOIDES. Gmelin, *Ibid.*, et Fab.	PULEX PENETRANS. Lin., Gmel. et Fabric.
Abdomine posteriùs crenato, scutello ovato, subfulvo, rostro tripartito.	Abdomine orbiculato, lineâ albâ, scutello trilobo, rostro albo.	Proboscide corporis longitudine, Lin.
Jatecubu, Margr., 245.		*Acarus fuscus, sub cute nidulans, proboscide acutiori*, Brown, Jamaic., 418.
NOTA. Habitat in Americâ, sanguinem in tibiis obambulantium hauriens, vix extrahendus, pedibus anticis, ad exortum spinis brevibus munitis (Rolander).	NOTA. Habitat in Americâ, obambulantium pedes intrans, sanguinemque hauriens, in iis ova deponens, et ulcera maligna caussans, rufescens, rostro cylindrico longo, subtùs hamulis armato (Rolander).	NOTA. Habitat in Americâ, pedes hominum intrans, ova deponens, cacoethem et sæpè mortem caussans (Fabricius).

Quelle différence entre le mots *proboscide corporis longitudine... acutiori* du *pulex* et le *rostro cylindrico longo* du *pediculus*, en admettant que le *proboscis corporis longitudine* ne soit pas une erreur d'observation, ce dont nous nous occuperons au chapitre des *pulex!* Quant aux mœurs et aux ravages des trois insectes, il n'existe entre les trois aucune espèce de différence. Le *scutellum trilobum* du *pediculus* provient d'un effet de lumière que l'observateur négligent aura pris pour deux échancrures.

661. Comparons de la même manière sept des principales espèces d'*Acarus* inscrites au catalogue de Linné, et il nous sera encore plus difficile de rencontrer entre elles des différences fondées sur autre chose que des distinctions nominales et arbitraires :

ACARUS.

1° ELEPHANTINUS Lin. (*In Indiâ*).	*Orbicularis depressus.*	*Lividus.*	*Maculâ baseos ovatâ, nigrâ* (1).	(1) Il décrit la tache sans parler de la marge.
2° ÆGYPTIUS Lin. (*In Ægypto*).	*Obovatus.*	*Niger.*	*Margine albo* (2).	(2) Il décrit la marge sans parler de la tache.
3° AMERICANUS Lin. (*In Americæ bobus*).	*Obovatus.*	*Rubicundus.*	*Scutello geniculisque albis* (3).	(3) A l'égard des autres, il n'a pas parlé des geniculi.
4° RICINUS Lin. (*In Europæ bobus et canibus*).	*Globoso-ovatus.*	. . . .	*Maculâ baseos rotundâ, antennis* (4) *clavatis.* Lin.	(4) Les antennes sont les mêmes chez toutes les autres espèces; ce sont des palpes.
			Abdomine anticè maculâ ovatâ, fuscâ, nitente. Geoffroy (5).	(5) Geoffroy complète ce qui manque à Linné. *Voy.* notre pl. 5, fig. 3 (614).
5° LINEATUS Fabric. (*In Americâ.*)	*Ovatus.*	*Ferrugineus.*	*Lineis duabus undatis albis, puncta duo parva super anum* (6).	(6) Fabricius a calqué ces deux différences sur les dessins des iconographes; sans ces dessins, sa phrase est inintelligible.
6° INDUS Fabric. (*In Indiis orient.*)	*Ovalis.*	*Ferrugineus.*	*Maculâ baseos albatâ.*	
7° UNDATUS Fabric. (*In novâ Hollandiâ.*)	*Orbiculatus.*	*Ater, caput obscurè ferrugineum.*	*Lateribus undato-albidis* (7) *puncto nigro* (8), *maculâ albâ magnâ in medio.*	(7) Traduction de margine albo (2). (8) Traduction de maculâ fuscâ (5) et de puncta duo parva super anum (6); on n'en voit qu'un de profil.

De tous ces renseignements comparés, balancés les uns par les autres, nous avions conclu que la *puce pénétrante*, à moins de nouveaux documents plus dignes de foi, ne saurait être classée parmi les puces, mais plutôt parmi les acares. Car si la chique était une puce, toute son histoire était fausse; si son histoire était vraie, elle ne pouvait être qu'un acare.

Ce travail comparatif était, il me semble, une suffisante invitation adressée aux savants officiels, aux directeurs de collections publiques, à qui l'État adjuge, avec tant de magnificence, des fonds pour expédier des voyageurs collecteurs vers les quatre points cardinaux du globe; c'était, dis-je, une suffisante invitation d'avoir à inscrire sur la liste des *desiderata* qu'ils rédigent avec un soin si stérilement minutieux, l'envoi en Europe de la *puce pénétrante*, afin qu'on pût la soumettre à une étude comparative dont le résultat ne laissât plus rien à désirer. Mais ces sortes de questions sont de trop petite dimension pour des hommes de la taille d'un académicien scientifique : *de minimis non curat prætor* (les préteurs de la science ont bien autre chose à faire qu'à s'occuper de ces infimes sujets).

Heureusement, qu'à la place de ces illustres savants, un des lecteurs de l'*Histoire naturelle de la santé* a répondu à l'appel que nous faisions, il y a 12 ans, aux vrais amis du progrès des sciences; et il nous a fourni non-seulement les renseignements recueillis sur les lieux par lui-même, mais encore des échantillons complets du *nigua*, ce qui nous a permis de débrouiller l'histoire de la CHIQUE, de nous faire une idée exacte de la manière dont elle procède à son œuvre de désorganisation; de replacer enfin le *nigua* dans le genre *puce*, en débarrassant son histoire de toutes les circonstances mal interprétées qui la rendaient inadmissible et inconciliable avec tout ce que nous savons de la vie, des mœurs et des habitudes de la *puce domestique* (*pulex irritans* Lin.). Nous renvoyons les résultats de cette nouvelle étude à l'article des aptères, ce qui va suivre se rapportant exclusivement aux acares intertropicaux.

β. EFFETS MORBIDES DE LA TIQUE EXOTIQUE (*Acarus americanus, ægyptius, elephantinus, etc.*).

662. Les tiques, avons-nous dit, sont venimeuses (569); ce sont des parasites qui infiltrent le poison dans la chair qu'ils taraudent de leur trompe et à laquelle ils s'attachent pour longtemps. Mais, ainsi que nous l'avons également fait observer ailleurs (494, 555), l'énergie du venin des animaux est en raison de la température. Les tiques engourdies et en état d'hibernation dans la saison froide et par une température de 10° à 15° cent. reprennent leur âpreté par les jours caniculaires, et se

ι ·jettent sur l'homme ou le premier animal qui passe devant leur gîte.
Évidemment dans les régions intertropicales cet acare doit être en toute
saison aussi âpre que venimeux; et sa piqûre doit présenter des caractères morbides et occasionner des déformations bien plus graves que
dans nos climats :

663. Sa piqûre déterminera un phlegmon d'une nature d'autant plus
maligne que la température sera plus élevée.

664. Si la tique est très-jeune et que sa petitesse la dérobe à notre
vue, on donnera à ce mal le nom de l'une de ces entités maladives qui se
prêtent à caractériser les maux dont on ignore l'origine; ce sera une
éruption, une affection de la peau, une fièvre éruptive, un exanthème,
que sais-je! si ces parasites ignorés se jettent sur la peau en assez
grand nombre.

665. Mais si la *tique* est arrivée à un âge où sa taille ne permette pas
de ne pas la voir, et qu'on l'arrache violemment de la peau où elle aura
enfoncé sa trompe, comme cette trompe est hérissée de piquants à rebrousse-poil (567), on déchirera nécessairement la plaie, et l'on mettra
ainsi le venin en communication avec le torrent circulatoire par les orifices artificiels des vaisseaux capillaires; le phlegmon dès lors semblera
prendre un caractère érysipélateux et quelquefois gangréneux.

666. Mais si préalablement, et dans une première curée, la TIQUE
s'est attachée à un animal en voie de décomposition ou en proie à une
intoxication végétale ou minérale, elle inoculera le poison en implantant
sa trompe dans les chairs; elle donnera la peste par le phlegmon que sa
piqûre déterminera.

667. La marche de la contagion sera d'autant plus rapide qu'exaspéré
par la démangeaison le malade s'excoriera la peau et mettra à vif la
blessure.

668. Les symptômes de l'affection varieront à l'infini selon les surfaces sur lesquelles l'insecte se sera appliqué, selon l'organe externe ou
interne sur les surfaces duquel il aura élu domicile, selon les prédispositions du malade, et enfin selon le genre de traitement qu'on adoptera
pour combattre les effets du mal : cause unique d'une foule de maux que
la médecine désignera ensuite par tout autant de noms différents et con-
sidérera comme émanant de tout autant de causes différentes.

669. Que les acares par leurs piqûres puissent en certains cas produire des déformations d'organes, des développements de tissus parasites jouant le rôle d'organes de superfétation et comme greffés sur les
organes d'origine et de fonction normales, cela découle de la manière
dont nous avons expliqué la formation d'un organe quelconque, par
suite de la rencontre normale ou adultérine des spires génératrices (21) .

la rencontre que peut amener entre ces spires l'atome mercuriel, l'atome invisible du mercure, tout aussi bien que la trompe en scie des acares, en taraudant, fouillant le tissu et brouillant de mille façons l'écheveau des spires génératrices qui sans cela se serait dévidé en vertu d'une évolution régulière. Les produits éléphantiasiques de la piqûre d'une larve de *Cynips* (911) nous permettent de prévoir suffisamment ceux que dans l'occasion pourrait déterminer la piqûre d'un acare.

670. C'est en cet endroit que, dans la 2ᵉ édition de ce livre, j'avais réuni en tableau synoptique les diverses transformations morbides dont l'origine peut être attribuée à l'incubation de la *chique;* maintenant qu'une étude approfondie m'a permis de déterminer le genre de cet insecte et de l'enlever de la classe des *acaridiens* pour le replacer dans celle des *aptères*, je dois transporter cette page relative à ses effets nosologiques là où j'aurai à en décrire l'auteur.

Qu'il me suffise de faire observer que les organes de superfétation que peut faire naître la piqûre d'un insecte parasite en général et des Acares en particulier, varieront de forme, de couleur, de volume, d'intensité, selon que la piqûre intéressera tel ou tel système anatomique, tel ou tel genre de cellule soit musculaire, soit nerveuse, soit osseuse, soit aponévrotique, soit lymphatique, etc.

671. Pauvres rois de l'univers, dont ce tout petit ciron peut travailler à lui seul et à sa guise la charpente et toute l'économie, en déformer la symétrie et la beauté, composant de toutes pièces des organes de nouvelle nature et d'une admirable régularité en eux-mêmes, sur le corps où notre bistouri ne sait produire que des retranchements, des soustractions et des cicatrices, et où sa pointe ne peut pas faire naître même une verrue qui ne soit un bouton ou un ulcère sanieux!

Spec. 5. Acare a oeufs végétants (*Acarus ovovegetans* Nob.), pl. 3, fig. 4, 5, 8 de cet ouvrage; *mite végétative* de Geer; *Uropoda vegetans* Latreille et Lamarck).

672. Nous avons déjà donné (578) avec la description de l'œuf et de son incubation parasite, l'histoire de cette espèce si bizarre en apparence. Nous n'y revenons que pour compléter la description par la figure de certains individus qui nous ont présenté une particularité intéressante :

Le 10 juin 1850, on m'apporta à la citadelle, de chez un tanneur de la ville de Doullens, un *Scarabœus nasicornis*, sur le corps duquel vivaient, par groupes pelotonnés de sept à huit, des mites végétatives, ayant, du rostre à l'anus, deux tiers de millimètre de long. Leur carapace semblait faite de la plus belle écaille de tortue, dont elle avait les marbrures et le vernis. Leur pédicule n'était plus apparent; mais il existait encore et s'étirait comme un fil de gluten, quand on cherchait à détacher l'insecte, Lorsqu'on écrasait ces acares, les fragments de leur carapace imitaient les fragments des élytres des coléoptères. La carapace était bordée de poils roides et dirigés en arrière.

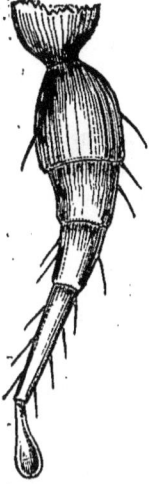

L'acare se distinguait des individus que nous avons représentés sur la planche 3, fig. 4, 5, 8, par un renflement sur la 2ᵉ paire de pattes, dont la figure ci-jointe pourra donner l'idée qu'on s'en fait à un fort grossissement.

Le 3 juillet 1853, je rencontrai à Boitsfort un *Hister quadrimaculatus* Lin. (coléoptère noir et à quatre bandes jaunes) littéralement couvert et comme enfariné d'un feutre grouillant de ces sortes d'acares, tellement qu'on n'en distinguait plus ni la forme ni les quatre taches jaunes; il avait l'air de se débattre contre cette cause incessante de la fièvre qui le dévorait. La figure ci-jointe représente, à une assez forte loupe, un de ces individus dont le corps (du bout du rostre à l'anus) avait un peu plus d'un millimètre de long. Le corps aplati en est corné, lavé d'une teinte marron et comme bordé de blanc par transparence; la 2ᵉ paire de pattes offrait le même renflement que l'insecte observé à Doullens. La première paire de pattes était dépourvue d'ambulacres et ressemblait un peu à la paire de palpes. On voit sur la figure que les mandibules sortent de leur fourreau et dépassent la pointe du rostre, comme moyens de défense.

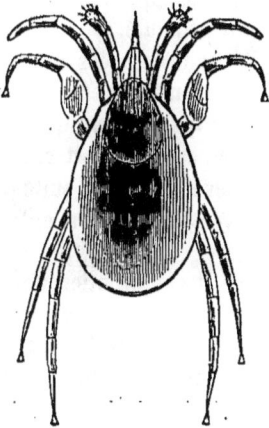

Spec. 6. MITES AQUATIQUES.

673. 1° *Espèces fluviatiles ou d'eau douce*. Les animaux qui vivent dans les eaux ont aussi leurs parasites du genre mite, qui ont donné lieu, en classification, aux mêmes doubles emplois et méprises que les mites ter-

restres,. selon que l'observateur a eu sous les yeux la mite plus où moins
jeune, à l'état fœtal ou adulte, le mâle ou la femelle. Muller (*), à lui
seul, en a fait une cinquantaine d'espèces, dont il aurait été fort embarrassé de fournir les caractères vraiment distinctifs, quoiqu'il les décrive
assez longuement l'une après l'autre. Latreille et Lamarck ont classé ces
espèces en trois genres, se fondant sur des différences d'organisation qui
n'existent que dans leurs descriptions génériques. En ne tenant aucun
compte de ses distinctions imaginaires, et en appliquant les principes
précédents à la tribu aquatique des acaridiens, nous les diviserons en
deux espèces principales : l'une analogue à la *tique*, glabre, susceptible
de grossir d'une manière démesurée en se gorgeant de sang, et dont les
œufs eux-mêmes sont susceptibles de se développer et de prendre un
assez long pédicule, ainsi que l'*uropoda* (672); l'autre, analogue au *Trom-*
bidium holosericeum (599), vêtue d'un velours écarlate comme lui, et présentant comme lui toutes les modifications d'âge, de sexe, de coloration et
des taches dorsales. Nous nommerons le premier groupe, *Acarus aqua-*
ticus, et l'autre *Trombidium aquaticum*. De Geer, qui avait si bien décrit
la circonstance de l'accroissement de l'œuf de la *mite aquatique* (**), n'a
pas laissé que de perdre de vue cette particularité de la vie fœtale
de cet insecte, en créant sa *mite à queue* (*Acarus caudatus aquaticus*,
tome 7, pl. 9. fig. 1); sa mite à queue n'est que la mite aquatique qui ne
s'est pas encore débarrassée des valves de son œuf pédiculé.

Les animaux aquatiques, attaqués à chaque instant par ces acares,
doivent présenter, toutes choses égales d'ailleurs, les mêmes effets morbides qu'éprouvent les animaux terrestres par l'invasion des tiques de
nos bois, avec cette différence que, dans un milieu semblable et si bon
conducteur de calorique, la fièvre ne doit pas se développer par suite de
leurs piqûres, comme chez les animaux qui vivent dans notre milieu
aérien.

La multiplication des acares doit donc causer des épizooties aquatiques, et des mortalités dont nous avons peine à nous rendre compte,
nous à qui il n'est pas donné d'aller étudier de pareilles pestes sur les
lieux. Heureusement pour la population des eaux, ainsi que pour toute
population à l'état sauvage, les animaux aquatiques savent se débarrasser
assez vite de leurs poux, soit par leurs mouvements musculaires, soit par
les antidotes qu'ils trouvent dans le sein des eaux ; ils ont leurs anthelminthiques et leurs condiments préservateurs; un instinct secret les leur

____

(*) *Hydrachnœ quas in aquis Daniœ palustribus detexit*, etc., Otho Fredericus
Muller. In-4°, 4781.

(**) *Voyez* la note de l'alinéa (578).

pésigne; et les premiers malaises leur donnent l'idée de leur emploi thérapeutique.

674. Le docteur Planchon rapporte (*) qu'un marin de Gand fut débarrassé d'une fièvre violente par le vomissement d'une araignée rouge analogue à celle des haies. Mais de toutes les circonstances qui se groupent autour de cette observation, nous croyons être en droit de conclure que cette araignée n'était autre que l'*Acarus aquaticus*, dont le malade avait avalé les œufs, en s'abreuvant dans l'eau des canaux et des rivières.

675. 2° *Espèces marines.* Dans une bourriche de *fucus* et de produits marins que M. Nell de Bréauté m'envoya le 16 juin 1844, je rencontrai, vivantes encore, deux espèces d'acares marins que j'ai pris soin de dessiner et de décrire.

Le premier, pl. 6, fig. 2 (*Acarus elytrophorus* Nob.), a environ un demi-millimètre de long. Il se meut très-lentement, car ses pattes sont courtes et dodues; il est d'un blanc de nacre, à l'exception du dos sur lequel il porte deux taches opaques, symétriques, séparées, comme deux élytres d'insecte, par une ligne médiane blanche. Ses pattes sont terminées par deux crochets et non par un *ambulacre*; les fonctions aspirantes de l'ambulacre seraient illusoires dans l'eau. Le chaperon cache les palpes et les mandibules.

Le second, pl. 6, fig. 8 (*Acarus coccineus* Nob.), a les pattes très-longues et égales en longueur; aussi court-il très-vite. Les deux paires antérieures sont dirigées presque parallèlement en avant, et les deux paires postérieures en arrière, disposition propre à la natation; leur couleur est blanche; mais le corps est d'un beau carmin. Les deux palpes pressées contre le chaperon sont terminées par un onglet divergent. Le corps seul, du chaperon à l'anus, a un millimètre de long.

Ces acares doivent s'attacher aux branchies des poissons, à la peau des animaux mous, s'introduire dans la coquille des mollusques, et partant ils ne doivent pas épargner l'homme quand ils le rencontrent à leur portée : « On prendrait facilement les poissons, même avec la main, dit Aristote, pendant leur sommeil, sans les poux et les puces de mer qui ne leur laissent pas de trève, et qui multiplient dans la mer avec une incroyable fécondité. Car dès que le poisson se livre au sommeil, il est envahi d'une multitude innombrable de ces petites bêtes qui le dévorent (liv. 4, chap. 10). »

Rondelet(**) a figuré passablement et décrit assez au long, sous le nom

(*) *Journ. de méd.,* tom. 53, 1784, p. 203.
(**) *Histoire entière des poissons,* traduction de Joubert, 2e partie, pag. 78, 1558. Joubert a maintenu dans cette traduction l'orthographe qui lui était particulière. (Voy. *Revue complémentaire,* tom. Ier, 1854, livr. d'oct., pag. 97.)

de *tahon-marin,* un acare qu'il croit pouvoir rapporter au *taon marin* dont
parle Aristote. La figure qu'il donne de ce parasite offre une certaine
analogie avec notre acare marin de la pl. 6, fig. 8. « C'est, dit-il, un
petit animal insecté qui tourmente merveilleusement les thons, les poissons empereurs, aucunes fois les dauphins. Lequel animal n'a pas esté
conneu de plusieurs, tant à cause qu'il est fort petit, que peu souvent
on en voit, è guères jamais, si ce n'est aux jours caniculiers, è en peu
de poissons, comme aux thons, empereurs è Dauphins, et non pas tous-
jours.... Du bout rond de son tuiau qu'il ha pour bouche, il tient contre
la plus molle è plus grasse partie, de dessous la pinne (*nageoire*) du
poisson, si fort qu'on ne l'en sçauroit arracher entier. Il suce le sang
comme une sansue jusques à ce qu'estant trop plein, il tumbe mort....
il tourmente si fort les dis poissons, qu'ilz en sautent quelquefois de
douleur dans les navires ou en la plage. »

Spec. 7. ACARUS PARASITICUS (Mite parasite de Geer; *Astoma parasiticum* Latr. et
Lamk.).

676. J'ai observé, à la fin de juillet 1841, cette lourde espèce sur
une mouche domestique. Elle est d'un rouge de carmin; tout son corps
ne semble qu'un gros et long ventre à deux ouvertures, la bouche et
l'anus; quatre paires de très-courtes pattes se cachant sous ce ventre,
dans le voisinage de la bouche. Les appareils du rostre, des palpes et
des mandibules se trouvant débordés par cet embonpoint, il a paru tout
naturel à Latreille de supposer que cette mite en était dépourvue; or en
fallait-il davantage pour en faire un genre nouveau? Cette mite s'attache
aux mouches vers l'insertion des ailes, et en dessous, où elle joue le rôle
de cueillerons rouges. La mouche sur laquelle je l'ai observée en portait ainsi quatre, dont on n'apercevait que la moitié postérieure; et elle
n'avait pas l'air de se ressentir de leur présence. Je la plaçai sous un
verre de montre, où elle était morte deux heures après, sans doute faute
d'air, de mouvement et de nourriture. Quelques instants avant sa mort,
les quatre *mites* abandonnèrent leur proie; parce que les parasites, qui
vivent aux dépens des êtres pleins de santé et de vie, se hâtent de les
abandonner aux premiers symptômes de malaise, d'infortune et de mort.
On les voyait remuer lentement leurs courtes pattes, et traîner avec
effort leur lourde masse abdominale, distendue et gorgée de sang. Dans
cet état, l'acare ressemblait à un gros puceron, moins les antennes, et
plus la quatrième paire de pattes.

677. Cet acare n'est certainement qu'un des nombreux états de la ti-

que dépaysée, et qui, dans ses nombreuses émigrations, modifie ses mœurs, ses formes et ses caractères spécifiques, en raison des mœurs et caractères d'organisation des animaux auxquels elle s'attache.

Spec. 8. Mite de la farine et du fromage, fig. 13 et 14 de notre pl. 4. (*Acarus siro* Lin. et Fabricius.)

678. Toutes les fois qu'une substance végétale ou animale, composée de gluten et d'un élément saccharifiable (farine, pollen des fleurs, cire, laitage, fromage, etc.), vise à la décomposition ammoniacale que je désignerai sous le nom de *caséique*, c'est-à-dire, commence à exhaler une certaine odeur, plus ou moins appréciable, de fromage de Gruyères, elle réunit, dès ce moment, toutes les conditions favorables à la nutrition d'une certaine espèce d'acare dont nous allons nous occuper. Pour cela il suffit que l'on garde à l'humidité la farine ou le pollen des conifè- -res. La farine plongée dans l'eau ne présente pas les mêmes avantages pour notre insecte, d'abord parce que, dans cette circonstance, elle vise à la fermentation putride, secondement parce que l'acare n'est pas aquatique, qu'il s'asphyxierait en allant chercher sa nourriture sous une nappe d'eau.

679. Cet insecte, connu depuis les temps les plus reculés (*), parce qu'il est essentiellement domestique, et qu'il est assez visible pour qu'on l'aperçoive marcher, sans qu'on en distingue les formes et les caractères, avait pris le nom d'*acaridien* (ακαρίδιον) (**), comme qui dirait atome indivisible, puis celui de syron (συρων) à cause qu'on le confondait déjà avec un autre acare moins inoffensif, qui *sillonne* notre peau (***); et cette confusion se transmettant traditionnellement jusqu'à une époque plus voisine de la nôtre, ces deux espèces ont également reçu successivement les noms de cirons (par altération de *syro*) en français, de *scirons, vascons, brigands* dans la Savoie, de *mites* en Angleterre d'abord, et puis en France, et de *seuren* en Allemagne (****). Ce n'est que depuis l'invention

(*) Aristote, *Hist. anim.*, 5ᵉ liv. Pollux, Suidas en ont parlé expressément.
(**) Ότι κεῖραι ἀδύνατον, *qui dividi non potest.*
(***) Άπὸ τοῦ σύρδην ἔρπειν, *quod tractim sub cute repunt.* C'est de ce mot ἔρπειν que les Latins tirèrent le nom de *serpens*, pour désigner les poux et les mites : *serpens* pour *repens* (anagramme de *erpens*). (*Voy.* Plin., lib. 7, 52; Apulée, *Florid.*, 15.) Pline dit : *copiâ serpentum* (pediculorum) *è corpore ejus erumpente;* et Apulée, *serpentium scabies.*
(****) Les Allemands désignaient, par le mot de *Wheale-Worms*, le ciron de l'homme, et la manière de prendre les mites, par celui de *chasse aux seures.*

du microscope qu'on a pris les caractères des deux espèces d'une manière
plus positive; et cependant, en dépit du secours de cet instrument, la
confusion des deux espèces a continué longtemps après; il n'y a pas
vingt ans qu'on la professait encore dans les livres classiques.

680. La première figure est due à Pierre Borel (*). Imaginez-vous
une pomme de terre de Hollande aiguë par les deux bouts, divisée
transversalement en sept segments portant deux *yeux* ou bourgeons
parallèles sur les premier, quatrième et cinquième segments, et puis
armée de chaque côté de quatre pattes roides comme des rames toutes
dirigées d'arrière en avant; vous aurez ainsi la première portraiture en
date du *ciron* de fromage. Bonanni a copié encore cette figure, dans son
ouvrage ci-dessus cité, fig. 110, pag. 89, *Micrographia curiosa*, 1691.
Joblot (**) l'a copiée sur Bonanni.

681. La seconde figure qu'on en ait dessinée au microscope a été
obtenue par J.-Fr. Griendel (***); détestable et informe griffonnage qui
rend l'acare bien moins reconnaissable qu'à l'œil nu; ayez sous les yeux
une pomme de terre *vitelotte* qui commence à germer, par tous ses yeux,
dans la cave, faites-la copier à la plume par un enfant qui commence à
griffonner, et vous obtiendrez ainsi la figure que Griendel nous donne
comme celle de l'acare du fromage. Tortoni (****) crut devoir calquer dans
son ouvrage cette merveille micrographique; et le jésuite Bonanni (*****)
la copia à son tour sur Tortoni.

682. La troisième est due à *Diacinto Cestoni* (Hyacinthe Cestoni), dans
la lettre qu'il écrivit à Redi sous le pseudonyme de *Giovan Cosimo Bonomo*
(Jean-Cosme Bonhomme), à la date du 18 juillet 1687, et sous le titre de
Osservazioni intorno a pellicelli del corpo umano (Observations sur les
vermines du corps humain). Celle-ci, que Bonanni a placée sur le même
rang que les deux autres (*loc. cit.*, fig. 112, page 90), commence à être au
moins la silhouette du ciron du fromage; mais elle est encore si confuse,
qu'elle n'a pas manqué de faire tomber Linné et Fabricius dans une
méprise assez grave; nous y reviendrons plus bas. Ces figures occupent
les chiffres 12 et 14 dans les *Opere di Francesco Redi*, tome 1er; elles ont
été calquées, outre Bonanni, par Baker *(Employment of microscope)*.

683. La quatrième figure originale est de Leeuwenhoeck (******); l'insecte commence à y être un peu plus reconnaissable; elle se rapproche

(*) *Tractatus de parandis conspiciliis*, 1656.
(**) *Obs. d'hist. naturelle faites avec le microscope*, in-4°, 1754, t. 1, pl. 10.
(***) *Micrographia nova*, 1687, obs. 3, fig. 1.
(****) Lettre à Langmantel, 1686.
(*****) *Micrographia curiosa*, 1691, p. 89, fig. 111.
(******) *Arcan. nat.*, epist. 77, 18 déc. 1693, pag. 393, fig. 8-10.

beaucoup de fig. 13 et 14 de notre planche 4, qui représentent le ciron de la farine vu de profil et par l'abdomen. La tête y est bien indécise ; nulle part on n'y aperçoit la trace des antennes ; mais, d'après le texte, il paraîtrait que Leeuwenhoeck (*) aurait aperçu quelque chose d'analogue au jeu des mandibules que nous avons décrites sur d'autres acares (567). L'accouplement des acares y est très-bien figuré et décrit.

. 684. Enfin, la cinquième et dernière figure du ciron de la farine est devenue fameuse dans les fastes des mystifications académiques ; c'est celle que, sur les dessins de Meunier, le docteur Galès a réussi à faire prendre, pendant plus de dix-huit ans, pour l'insecte de la gale. Je l'ai reproduite, comme preuve à l'appui et comme sujet de comparaison, en 1829, dans les *Annales des Sciences d'observation*, tome 2, pl. 12, fig. 3 ; en 1834, dans mon *Mémoire comparatif* sur l'insecte de la gale, fig. 4, pl. 2 ; et, en 1838, dans le *Nouveau Système de chimie organique*, deuxième édition, pl. 15, fig. 17. En confrontant ces figures de Meunier avec celles de Leeuwenhoeck et les nôtres, pl. 4, fig. 13 et 14, on remarquera, à l'égard du plastron, une grande différence : Meunier a disposé les huit pattes autour d'un plastron étroit. Cela est inexact ; le plastron sur notre acare est invisible, il se dérobe à travers la transparence et la blancheur des chairs ; et l'insertion des pattes se fait à d'assez grandes distances, ainsi qu'on le voit sur notre fig. 14, pl. 4. Nous ne nous étions jamais si bien aperçu de l'inexactitude du dessin de Meunier, que depuis que nous avons soumis les acares à la révision que nous publions dans cet ouvrage ; or tout est important à noter, à l'égard du signalement d'un insecte qui a servi à mystifier tant de savants, sur la simple assertion d'un débutant.

685. CARACTÈRES DE L'INSECTE. Le corps en est dodu, blanc comme la neige, hérissé de longs poils blancs et diaphanes, toujours couvert d'une espèce de suint luisant ; on n'y distingue ni le plastron ni la carapace d'avec l'abdomen. Le rostre et les huit pattes sont lavés de pourpre et d'une assez grande transparence ; les ambulacres peu apparents, non plus que les palpes, que l'animal tient constamment appliquées contre son *rostrum* ; les deux paires postérieures de pattes s'insèrent à une assez grande distance des deux antérieures ; chaque articulation en est hérissée de petits poils ou piquants. Cet animal pond ses œufs jusque sur le porte-objet du microscope. Il s'accouple à la manière des acares, et reste longtemps accouplé ; les petits naissent en général avec la quatrième paire

(*) *In D*, dit-il, *exhibetur caput acari, cujus pars anterior adeò est acuta, licet aliquo modo fissa* (*ex quâ fissurâ partem aliquam instar linguæ proferri vidi*), *ut os aptum sit ad musculos carnosos sine ullâ læsione comedendos.*

de pattes rudimentaire et peu apercevable. Enfin l'acare, qui au premier aspect paraît mou et facile à écraser, n'oppose pas moins une grande résistance à la pression.

686. Habitation. On le trouve enfariné dans le fromage qui dessèche et vieillit, dans la farine échauffée de toute espèce de céréales, dans les vieux morceaux de cire, dans les appareils amidonnés des fractures, dans les plaies baveuses, c'est-à-dire, dans la sanie qui séjourne trop long-temps et se dessèche autour d'elles, dans nos collections mal entretenues de plantes, d'insectes et même de coquilles, dans les fissures de nos vieux meubles et de nos lits, d'où il peut se glisser entre nos draps et occasionner souvent, aux pieds et jusqu'aux parties génitales, dont l'odeur l'allèche quelquefois, des prurits insupportables. Partout enfin où il peut se développer un ferment *caséique*, l'acare prend domicile et s'y propage indéfiniment. Seulement, à l'ombre des collections, il s'étiole et n'offre pas, sur ses pattes et son museau, la couleur purpurine qu'il prend dans la farine et le fromage. Ainsi étiolé, il a reçu le nom d'*Acarus domesticus* de Geer et Lamk.

Le 21 octobre 1844, feu M. Nell de Bréauté me fit passer un petit flacon de forme carrée, qui contenait la moitié de sa capacité des mites de la farine. Cette année-là on les ramassait à la pelle sur le pavé des granges du pays de Caux et principalement à la chapelle du Bourgay (entre Dieppe et Longueville). Jamais on n'en avait tant vu que cette année; elles allaient par bandes d'un pied de large sur 2 à 5 millimètres d'épaisseur, et l'on remarquait que les grains s'en trouvaient fort échauf-fés. Leur masse dans le flacon ressemblait à un gros flocon de bourre de soie couleur marron (*), qui aurait grouillé de vermine. Ce flacon me-suré à l'extérieur avait 3 centimètres de côté; la masse des mites arri-vait dans l'intérieur à la hauteur de 25 millimètres. En réduisant pour compenser l'épaisseur du verre, la capacité occupée par cette masse animée devait être d'environ 20 centimètres cubes. Or le corps de ces acares, sans les pattes, a $0^{mm},5$ de long, sur $0^{mm},3$ de large et $0^{mm},1$ d'é-paisseur, ce qui fait environ $\frac{1}{60}$ de millimètre cube. Mais les pattes et les palpes doivent, surtout par leur mouvement incessant, tenir ces acares à la distance les uns des autres, en sorte que chaque acare doit prendre ainsi dans l'espace la valeur au moins de trois corps d'acares, c'est-à-dire la valeur de $\frac{1}{20}$ de millimètre cube. Donc ce paquet de mites pouvait représenter en nombre rond 600,000 mites. Le poids de cette masse s'est trouvé de 11 grammes en nombre rond; ce qui aurait donné, pour chaque mite, 0 milligrammes ,018, ou $\frac{1}{55}$ de milligramme. Je suis porté à

(*) Cette couleur provient de leurs pattes et palpes qui vues par transparence sont d'un beau carmin au microscope, tandis que leur corps a des reflets nacrés.

croire que dans ce flacon, ils ont dû se dévorer en partie les uns les
autres, faute d'autre aliment. Quoi qu'il en soit, après la dessiccation
complète de ces individus, la masse ne pesait plus que 4 grammes; elle
avait perdu près de deux tiers du poids qu'elle avait à l'état vivant : au
microscope leurs corps en étaient réduits à une simple pellicule.

687. EFFETS MORBIDES DE L'ACARE DE LA FARINE ET DU FROMAGE. Que
cet acare soit dans le cas de pénétrer dans les cavités des organes béants
et ouverts à tout insecte venu, il serait contradictoire dans les termes de
ne pas l'admettre. Un insecte qui se niche dans les fissures peut bien,
s'il en a l'occasion, et qu'il y devine à l'odorat ce qu'il affectionne, venir
s'introduire dans le tuyau auditif et dans les diverses cavités nasales ou
buccales, etc. Si cela se réalise (et ce sera presque toujours à notre insu),
sa présence déterminera dans tous ces organes le prurit qu'elle occasionne sur notre peau; et ses mandibules détermineront sur les surfaces
internes les développements et les décompositions qui résultent de la
piqûre de tout autre *acarus*, peut-être d'une manière moins envenimée.
Or, qui l'empêchera dès lors de pénétrer plus avant, soit par la bouche,
soit par l'anus, dans le canal alimentaire? Ne peut-il pas y trouver ce
qu'il recherche en fait d'aliments? Et quant à l'air nécessaire à sa respiration, n'avons-nous pas suffisamment démontré qu'il en faut bien peu à
des êtres si peu grands (505)? D'un autre côté, des acares qui sont capables de vivre plongés et ensevelis dans la farine échauffée ne sauraient
être exposés à s'asphyxier, dans les intestins, à travers les fèces solides,
et encore moins, je pense, dans la capacité des poumons. S'ils peuvent
parvenir à y pénétrer, ils peuvent y vivre et y pulluler. Lorsque le genre
d'études auquel est consacrée la majeure partie de ce livre aura passé
dans le domaine des sciences d'observation médicale, on s'assurera facilement, par ses propres yeux, de l'étendue des ravages et des incommodités que l'invasion de ce *ciron* est dans le cas de faire naître chez les
gens qui usent de meubles et d'habitations malpropres et tombant de
vétusté; car il n'est pas un seul de nos organes où ces acares ne puissent
élire domicile; et les organes qu'ils préfèrent encore sont peut-être les
organes génitaux, surtout ceux de l'autre sexe, où l'on peut concevoir
d'avance tous les genres de désordre que leur multiplication est dans
le cas de produire, à l'insu des observateurs qui n'observent qu'à
l'œil nu.

688. Panarolus (*) publie un cas d'otite qu'il guérit, en injectant dans
l'oreille du lait de chèvre, ce qui en fit sortir plusieurs vers semblables
en tout à la mite du fromage. Voyez de plus (alin. 527) le cas dont nous,

---

(*) *Iatrologia. Pentec.* 4, obs. 27.

avons parlé, d'après Kerckring, dont les figures pourraient bien se rapporter aux *mites* plutôt qu'aux cloportes.

689. Leeuwenhoeck a trouvé la mite du fromage ou de la farine(*Myten*) dans les intestins de l'insecte que les enfants appellent en Hollande, je ne sais trop pourquoi, *spek-eter* (rongeur de lard ou d'aubier); car cet insecte n'est autre que la tipule (*tipula oleracea* Lin.) dont la larve ne dévore que les racines des herbes potagères et du gazon (*) des prairies.

690. Dans sa dissertation intitulée *Exanthemata viva* (**), Linné, adoptant l'opinion de notre Le Cat (640), rapporte l'histoire d'une dyssenterie, qui à ses yeux n'était qu'une gale intestinale produite par les *Acarus siro.* « Il y a près de quatre ans, dit Nysander, le rédacteur de *l'Observation et de la thèse inaugurale,* que Rolander notre condisciple, qui logeait dans la maison de notre président (Linné), fut atteint d'une dyssenterie, dont il se guérit avec la rhubarbe et les évacuants. Huit jours après, il tomba de nouveau malade, et se guérit de la même manière; huit jours plus tard, il fut repris, pour la troisième fois, par la dyssenterie. On chercha en vain la cause de ces rechutes, puisque le malade n'avait pas d'autre nourriture et d'autre manière de vivre que les autres habitants de la maison. En conséquence, notre président conseilla au malade, qui s'adonnait principalement à l'étude de l'entomologie, d'examiner avec soin les matières qu'il rendrait, pour s'assurer si ce cas n'aurait point quelque analogie avec celui de la dyssenterie entomogène que rapporte Bartholin. Le malade, ayant suivi le conseil de notre maître, vint un jour lui apprendre qu'il venait de découvrir, dans sa matière, des milliers d'animalcules qui, après une étude convenable, ne lui avaient paru être que des *acares de la farine.* Perquisition faite avec une certaine exactitude, on découvrit que la cruche en bois dont le malade se servait souvent la nuit, pour s'humecter la bouche, avait une fente externe où se logeaient des myriades de *mites de la farine,* qui s'en échappaient sans doute la nuit, pour entrer dans la bouche du malade et aller y chercher leur alimentation, et pour venir ensuite se tapir dans leur asile pendant le jour. Rolander prit de ces acares, et, par une série d'expériences, il s'assura que ces insectes bravaient les huiles, périssaient par l'esprit-de-vin et par le suc de rhubarbe. La dyssenterie qui tourmente tous les ans le territoire de *Cyinge* en Suède, au temps de la moisson, de même que celle qui sévit dans les camps, pourrait bien, dit Nysander, provenir de la présence des mêmes acares dans le canal intestinal. » L'auteur a perdu de vue la mite qui dévore les insectes morts,

---

(*) *Arcana naturæ seu experimenta et contemplationes,* 1694, pag. 389, epist. 77; XIII kalendas januarias 1694. (Voy. alinéa 683 de notre ouvrage.)

(**) *Amœn acad.,* tom. 5, p. 97, 1757.

et qui pullule dans les collections des amateurs d'entomologie, et dont notre malade n'était certainement pas exempt. Enfin, des insectes friands de chair, de fromage et de farine ne doivent pas, quand l'occasion se présente, épargner la chair des animaux vivants et surtout celle de l'homme, le plus friand et le plus grand mangeur de farine et de laitage d'entre tous les animaux; ces insectes sont nocturnes, ils errent autour de nous la nuit, quand ils logent près de nous le jour; que leur coûte-t-il de s'introduire dans nos cavités splanchniques, par l'ouverture du nez et par la bouche béante de l'homme qui dort sans défense et sans soupçonner le danger d'une telle malpropreté?

691. Sauvages (*Nosologia systemat.*) a fait une maladie intitulée *pudendagra ab ascaridibus* (faut-il lire *acaridiis?*), douleur prurigineuse que l'on ressent à la vulve et à la verge, avec un sentiment incroyable de chaleur, et qui provient de l'invasion d'ascarides semblables aux vers (faut-il lire *aux mites?*) qui habitent le fromage. Serait-ce la maladie décrite par Delius (*Amœn. acad.*, tome 1, pag. 341, thèse soutenue par Benj. Scharsius)? A la suite de ce cas, Sauvages fait une autre maladie, sous le nom de *pudendagra pruriens,* d'un prurit des parties naturelles, distinct, dit-il, *ab eâ quam ascarides vulvæ excitant;* en d'autres termes, distinct, parce que, dans ce cas, le hasard lui a dérobé la vue des *ascarides* (je me sers de l'édition latine de Daniel).

La confusion qui règne dans la synonymie de ce passage me paraît provenir d'une erreur du traducteur de Swammerdam, Gaubius, lequel a rendu par le nom d'*acarus* le véritable *ver du fromage,* que Swammerdam avait désigné, en hollandais, par le mot de *kaaswurm* (ver du fromage, larve de la mouche du fromage). Gaubius aura pensé que mite et ver du fromage étaient deux mots synonymes (*); et Sauvages n'y aura pas regardé de plus près.

Spec. 9. ACARE, MITE ou CIRON DE LA GALE (*Acarus scabiei* Lin. et Fabric.; *Acarus siro* Id.; *Sarcoptes* Latr.) fig. 16, 17, 18 de notre pl. 6.

692. HISTORIQUE JUSQU'EN 1812. Les observateurs novices et superficiels, et qui mettent l'œil au microscope ou à la loupe pour la première fois, sont assez portés à admettre que ce qu'ils aperçoivent, nul, avant eux,

(*) Swammerdam publia en hollandais son histoire générale des insectes, en 1669. A sa mort, qui arriva le 27 février 1680, il légua à Thévenot le manuscrit de son *Biblia naturæ,* écrit en hollandais, pour que ce dernier le fît traduire en latin. Ce manuscrit, après avoir passé de main en main, fut recueilli par Boërhaave, qui en confia la traduction latine à Gaubius, et la publia en 1737.

ne l'avait aussi bien aperçu, et que tout ce qui se manifeste à eux est une de leurs découvertes. C'est ce qui est arrivé fréquemment à la plupart de ceux à qui, depuis près de quinze ans, nous avons appris à distinguer l'insecte de la gale de celui de la farine ; on dirait, à les entendre, que la gale est une maladie des derniers temps. Cependant il est certain que, sur le littoral de la Méditerranée, la gale est endémique de temps immémorial ; les descriptions d'Aristote, de Virgile, Caton, Columelle, Varron, Pline, etc., en sont la preuve la plus irréfragable. Or nous savons que les bonnes femmes de la Corse, de la Calabre, de l'Espagne, connaissent très-bien aujourd'hui l'insecte de la gale, qu'elles savent le retirer de la peau au bout d'une épingle, et l'écraser, comme un pou ordinaire, sur l'ongle ; d'où ont-elles appris à le connaître, si ce n'est de la tradition orale, puisque, pendant si longtemps, les médecins n'y ont pas cru, et que les écoles et facultés ont traité si longtemps de chimère l'existence du ciron des galeux ? D'un autre côté, les femmes antiques n'avaient pas les yeux plus mauvais que les femmes modernes ; au besoin, les admirables camées dont nous ne pouvons plus découvrir les beautés qu'à l'aide de la loupe, prouvent, je pense, que les anciens, à qui l'usage des verres grossissants était inconnu, avaient meilleure vue que nous (*) : donc l'insecte de la gale n'a pas dû échapper à leur attention. L'ακαριδιον d'Aristote, ou ακαρις (679), se rapporte tout aussi bien à la mite de la gale qu'à celle de la farine et de la cire.

693. Mais les doctrines nosogéniques d'Hippocrate, et plus encore

(*) Cicéron, Varron et Pline racontent qu'un certain Strabon, qui voyait distinctement à 135 milles (45 lieues) de distance, avait écrit toute l'*Iliade* d'Homère sur une feuille qui pouvait être contenue dans une noix. Callicrate savait rendre les détails les plus imperceptibles des fourmis et des plus petits animaux. Myrmécides avait sculpté un char à quatre chevaux qu'une mouche était en état de recouvrir de ses ailes. (Cic., *Acad.*, 4 ; Plin., 7, cap. 21, et 36, cap. 5. — Dans le livre 34, ch. 8, Pline rapporte ce dernier fait à Théodore, architecte du labyrinthe de Samos.) La puissance de la vision est en raison de l'intensité de la lumière ; de là vient que les habitants des contrées méridionales distinguent des choses qui passent inaperçues pour les habitants du Nord. D'un autre côté, il me paraît évident que les anciens faisaient usage de verres grossissants, dont Sénèque décrit si bien la puissance (*Quæst. natural.*, lib. 1, 6) : « Les lettres, dit-il, si petites et si obscures qu'elles soient, apparaissent bien plus grandes et plus distinctes, quand on les regarde à travers un globe de verre rempli d'eau. Les fruits paraissent plus beaux, quand on les plonge dans un vase de verre ; ils grossissent si on les regarde au travers ; les astres s'agrandissent à travers le brouillard. L'anneau qu'on jette au fond d'une tasse d'eau paraît être à la surface du liquide ; la rame paraît se briser en entrant dans une eau limpide. On fabrique des miroirs qui grossissent et multiplient les objets. » Comment penser que les artistes microglyphes de cette époque n'aient pas mis à profit ces moyens si bien connus de leur temps, pour exécuter leurs infiniment petits chefs-d'œuvre et ensuite pour en faire apprécier le mérite au public ?

célles de Galien, détournèrent l'attention d'un objet de si peu d'importance dans le cadre de leur nosologie ; et quand les facultés survinrent, pour conserver à leur profit l'héritage du système des Grecs, substituant ainsi la foi en une espèce de dogme à l'observation de la nature et à l'expérience des faits, il se fit dès lors un divorce complet entre ce que les docteurs pensaient de la gale, et ce qu'y voyaient les bonnes femmes. Nous avons peut-être des milliers de mémoires *sur la gale*, dont les auteurs ne soupçonnaient pas même l'existence du ciron qui en est l'unique auteur.

694. Cependant, dès 1612, les auteurs du dictionnaire *della Crusca*, ces conservateurs du langage populaire, et partant des idées qu'il représente, avaient consigné la tradition des bonnes femmes à l'article PELLICELLO. *Pellicello*, y disaient-ils, *è un piccolissimo bacolino, il quale si genera a' rognosi in pelle in pelle, e rodendo cagiona un acutissimo pizzicore* (653). Mais cet article n'étant pas signé par des médecins, les facultés n'y prêtèrent pas l'attention la plus légère en Italie.

695. Plus tard, en 1664, Giuseppe Laurenzio (Joseph-Laurent), médecin et littérateur italien, dans son dictionnaire intitulé *Amalthœa*, à l'article ACARUS, disait : *Vermiculus exiguus subcutaneus rodens* (pidicello) ; et à la lettre *T* : « TEREDO, Vermis in ligno nascens ; caries ; item *acarus rodens carnem sub cute* (pidicello) (*). » Il paraît qu'aux yeux des facultés d'alors, le titre de littérateur chez Laurenzio avait effacé l'autorité de celui de médecin ; on ne fit pas plus d'attention à son assertion qu'à l'article des hommes de lettres de la *Crusca*, interprètes sans titre des traditions du pays.

696. Bien avant eux, dès 1580, un homme encyclopédique, Scaliger, en avait touché un mot assez significatif, en regardant le ciron comme la plus petite espèce de poux qui existent sous l'épiderme, où il se creuse comme des galeries.

Laurent Joubert, dès 1577 (*de affectibus pilorum et cutis*), regardait les *syrons* comme les plus petits des animaux ; ils se cachent, dit-il, et rampent sous l'épiderme, à la manière des taupes, en rongeant la peau et en occasionnant le prurit le plus insupportable.

Jean Liébault (*Maison rustique*, 1582, pag. 121 verso) indiquait la décoction salée du *mouron bleu* comme le remède le plus efficace contre les GRATTELLES et CIRONS DES MAINS, SI ON LES Y LAVE SOUVENT.

Mais bien avant eux encore Ambroise Paré avait décrit l'histoire de l'insecte de la gale avec une telle précision de vérité qu'il doit paraître

(*) Je trouve de plus, dans nos dictionnaires français, une maladie, *Asaphat* ou *Azaphat*, qui est donnée comme une grattelle, provenant de la présence des vers entre cuir et chair.

évident que tout ce qu'il en dit, il a dû l'apprendre des bonnes femmes
d'Italie, où il avait suivi nos armées ; on sait qu'il assista à la bataille de
Marignan. Ce passage si intéressant de ses œuvres paraît avoir été entièrement oublié ensuite ; car Moufet ne le cite même pas, et les médecins
du xvIIe siècle n'en parlent pas plus que Moufet.

« Les *syrons*, dit Ambroise Paré (*), sont petits animaux toujours
cachés sous le cuir, sous lequel ils se traisnent, rampent, et le rongent
petit à petit, excitant une fascheuse démangeaison et grattelle... Les
syrons se doivent tirer avec espingles ou aiguilles ; toutefois il vaut mieux
les tuer avec onguents et décoctions faites de choses amères et salées.
Le remède prompt est le vinaigre, dans lequel on aura fait bouillir du
staphisaigre et sel commun. »

697. Cependant les études microscopiques faisaient dès lors irruption
dans le domaine de toutes les sciences, et même dans celui de la physiologie nosologique, en dépit des susceptibilités médicales. Moufet, auteur
anglais, rédigea un recueil des plus intéressantes de ces observations,
sous le titre : *Insectorum sivè minimorum animalium theatrum*, ouvrage
qui parut à Londres, en latin, en 1634, et en anglais, en 1658. Là (page
266 de l'édition latine) l'auteur exhume les passages des auteurs qui ont
parlé avant lui de l'insecte de la gale ; il cite Abinzoar (**), d'après lequel
« les *syrons* nommés en arabe *assoalat* et *assoab* sont des petits poux qui
rampent sous la peau des mains, des cuisses et des pieds, qui en sortent
vivants, quand on écorche la peau, et qui sont si petits, que l'œil peut à
peine les apercevoir. » Passage qui pourrait tout aussi bien s'appliquer
à la maladie pédiculaire qu'à la gale. Moufet cite à l'appui de son opinion Gabucinus, Jean-Phil. Ingrassias, Scaliger et Joubert, médecin
français du seizième siècle, oubliant totalement notre Ambroise Paré,
qui n'est pas moins explicite que Scaliger et que Joubert. Nous donnons
en entier la traduction de son passage : « Les *syrons*, dit Moufet, sont
les plus petits de ces animalcules qui se tiennent cachés constamment
sous l'épiderme, sous lequel ils rampent, à la manière des taupes, le
rongeant et y excitant le prurit le plus incommode. Ils sont formés d'une
matière plus sèche que les morpions (***), qui, faute de viscosité, se divise
presque en atomes. Ils naissent quelquefois sur la tête, où ils rongent les

_____

(*) Livre 20, p. 739, de l'édit. de Buon.

(**) *Ab-ou-Mezzoan Ab-del-Maleck-ben-Zoar*, plus connu sous le nom d'*Abenzoar*,
auteur de médecine arabe du douzième siècle.

(***) Cette phrase indique que Moufet avait lu Paré, qui dit, pag. 739, *loc. cit.* : *Les
morpions sont engendrés d'une matière plus sèche que les poux... Les cirons sont faits
d'une matière sèche, laquelle, par défaut de viscosité, est séparée et divisée comme
petits atomes vivants.*

racines des cheveux, ce qui les a fait nommer par les Grecs, des teignes
τριχοβρωτους, τριχοτρωχτα,, τριχοβορους. Quoi qu'il en soit, l'acare habite sous
la peau, surtout des mains, y creuse un sillon sous-cutané (*cuniculum*,
un terrier), en y excitant une très-vive démangeaison, surtout lorsqu'on
approche du feu les parties envahies. Si on le retire à la pointe de l'aiguille, et qu'on le pose sur l'ongle, on le voit se mouvoir à la chaleur du
soleil. Si on cherche à l'écraser, il crève avec bruit, en rendant un virus
aqueux. Il est d'une couleur blanche, à l'exception de la tête; si on le
regarde de plus près, il se rembrunit, et offre quelque peu de rouge.
On a de la peine à concevoir comment un si petit animalcule, qui n'a
presque pas de pieds pour marcher, puisse se tracer de si longs sillons
sous la peau. Il n'est pas inutile de faire observer que ces syrons n'habi-
tént pas dans les pustules elles-mêmes de la gale, mais tout auprès; car
il est de leur nature de vivre non loin de l'humeur aqueuse qui est ras-
semblée dans la vésicule et dans la pustule, et de périr, dès que la vésicule est desséchée et que son liquide a été réabsorbé. » Moufet ne paraît
pas avoir étudié l'insecte au microscope; il ne publie du reste aucune
figure.

698. En 1637, Hauptmann (*), l'un des auteurs qui ont le plus fait
pour la pathologie animée, a figuré pour la première fois l'acare de la
gale, qu'il considère comme l'unique auteur de la maladie; il le donne
pour l'insecte connu par les Allemands sous le nom de *Riethliesen*. Mais
les facultés françaises jetèrent l'interdit, comme tout autant d'hérésies,
sur toutes ces idées d'histoire naturelle nosologique que Paullini, Hauptmann, Kircher, etc., s'efforçaient d'introduire dans la science, par la
voie des *Éphémérides des curieux de la nature* d'alors. La figure publiée
par Hauptmann ne laisse pas que d'être tout à fait méconnaissable; à
cette époque de début, on avait trop à voir pour se donner la peine de
bien voir.

699. En 1682, Etmuller (**) publie, sous le titre de *Crinons* et *Come-
dons*, des figures dont nous donnerons plus bas un spécimen, et qu'on
s'est obstiné à prendre pour celles des acares de la gale (***); elles ne
me semblent autre chose que de ces varus ou petites excroissances sé-
bacées qui surviennent si souvent à la peau, et qu'on extrait par la simple pression. Les figures publiées par cet auteur sont aussi informes que
la structure de ces excroissances est variable et indéterminée. La note

(*) Sur les eaux thermales de Walkenstend. Leipsick, 1637.
(**) *Acta eruditorum leipsiens.*, ann. 1682, p. 317, tab. 17 EEE.
(***) Andry me paraît surtout avoir accrédité cette opinion, par ce qu'il en dit,
p. 129, tome 1, de son livre *de la Génération des vers dans le corps de l'homme*, édit.
de 1744, où il donne les trois figures d'Etmuller comme celles de l'acarus de la gale.

d'Etmuller n'était rien moins que propre à faire sensation quand celle d'Hauptmann était passée inaperçue.

Cependant ces diverses publications avaient donné l'éveil à tous ceux qui s'occupaient alors d'études microscopiques; et le moment ne pouvait pas tarder à survenir où un amateur indépendant (car ce sont ceux-là qui innovent) prendrait cette question à cœur et éluciderait ce point encore contesté.

700. En 1687, parut une lettre adressée *al signor Redi gentiluomo aretino,* et intitulée: *Osservazioni intorno a' pellicelli del corpo umano* (Observations sur les vermines du corps humain); elle était signée par un certain *Giovan Cosimo Bonomo* (Jean Cosme Bonhomme), pseudonyme de *Diacinto Cestoni,* apothicaire à Livourne, qui vingt-trois ans plus tard (1710), dans une nouvelle lettre adressée cette fois à Vallisnieri, crut devoir ne plus garder l'anonyme, et signa en toutes lettres son vrai nom (*). Ces deux

(*) Cestoni crut devoir garder l'anonyme, dans la lettre qu'il écrivit à Redi, parce que les vérités qu'il allait mettre au jour heurtaient de front les doctrines médicales de cette époque, et qu'Hyacinthe Cestoni était pharmacien de son état à Livourne. Que devenaient, en effet, les humeurs de Galien, s'il devait prouver que la gale, au lieu d'être le produit d'une humeur âcre et mélancolique, était tout bonnement l'effet morbide du parasitisme d'un insecte? Cependant ce fait était de la plus évidente vérité aux yeux de Cestoni; que faire alors pour l'aventurer dans la science? l'écrire à Redi, qui était le séculier le plus révolutionnaire du temps en fait de médecine, mais l'écrire sans se compromettre, comme je m'y prends moi-même. Voilà pourquoi Cestoni se couvrit d'un pseudonyme, qui lui servit d'éditeur responsable contre les malédictions et les anathèmes des facultés, ces papesses intolérantes de la science; il prit donc les nom et prénoms d'un certain *Giovan Cosimo Bonomo,* que personne n'avait ni vu ni connu. Plus tard, et après que la lettre eut produit tout son effet, que le péché était trop vieux pour qu'il ne jouît pas du bénéfice de la prescription pénale, et que, d'un autre côté, il s'aperçut que sa lettre avait fait un assez beau chemin dans la carrière des honneurs, Cestoni oublia les intérêts de son officine pour ceux de sa gloire, et, devenu en vieillissant plus chatouilleux que d'habitude en l'endroit de la vanité d'auteur, il se prit enfin, le 15 janvier 1710, à écrire une deuxième lettre à Antoine Vallisnieri, pour se restituer à lui-même ce que, vingt-trois ans auparavant, il avait faussement attribué à un assemblage de nom et de prénoms qui n'avaient aucun représentant sur la terre. Cette lettre a été reproduite, à la suite de l'autre, dans les *OEuvres complètes de Redi,* imprimées à Naples en 1788, t. Ier, p. 145-156 (*Opere di Francesco Redi, gentiluomo aretino,* 2e édit. — Ces deux lettres ont été traduites en français dans la collection académique, t. 4 de la partie étrangère, p. 574; le traducteur insiste pour faire remarquer que le nom de *Bonomo* est le pseudonyme de Cestoni). Là, il déclare que *Giovan Cosimo Bonomo* est un nom supposé, et que l'auteur de la première lettre se nomme réellement *Diacinto Cestoni,* pharmacien à Livourne, qui signe en toutes lettres la seconde. La littérature médicale a fait payer cher cette supercherie à *Diacinto Cestoni.* Les écrivains médecins se copient en général les uns les autres, et ils ne veulent pas qu'on s'en aperçoive; ils prennent soin, en conséquence, de ne pas se copier textuellement; ils modifient l'expression, retournent la phrase, et lui donnent

lettres renferment, sur l'insecte et l'étiologie de la gale, des choses fort
judicieuscs, dont nous avons eu plus d'une occasion de vérifier toute
l'exactitude, mais qui ont été tellement perdues de vue par l'enseignement des facultés, qu'elles ont aujourd'hui encore tout leur air de nouveauté. Ce fut l'article *Pellicello* du dictionnaire *della Crusca* qui suggéra
à Cestoni l'idée de s'occuper plus spécialement de l'étude des galeux
(*rognosi*). Là, après avoir persiflé l'opinion des classiques, qui font dériver la gale (*rogna*), les uns, tels que Galien, d'une humeur mélancolique,
les autres, tels qu'Avicenne, du sang; puis Silvius Delboe qui en rejette
la faute sur un acide mordant, évaporé du sang; puis Van Helmont qui
en trouve la cause dans son principe fermentescible (*), etc., Cestoni
assure que, pour lui, la gale n'est autre chose que l'effet de la morsure
prurigineuse et constante faite, sous la peau de notre corps, par les petits
bacolini (cirons); d'où il arrive que la lymphe ou la sérosité venant à
transsuder par cette petite ouverture de la peau, pour y former cette
ampoule de liquide, et ces petits cirons continuant leur érosion accoû-
tumée, le malade est forcé de se gratter, et fait empirer le mal et le prurit en se grattant, ajoutant ainsi à l'œuvre incommode et importune du

tantôt plus de concision, tantôt un peu plus de prolixité. Mais alors, malheur à la
vérité, si le premier a bronché le moins du monde contre elle; tous ceux qui arrivent
après trébuchent en renchérissant d'un faux pas, et l'erreur s'allonge d'autant à chaque copie nouvelle.

On ne saurait s'imaginer à combien de genres de tournures de phrases la circonstance
que nous venons d'expliquer, avec une certaine lucidité, a donné lieu depuis près
d'une trentaine d'années. Pour tous, Bonomo est un personnage bien distinct de
Cestoni; pour quelques-uns, c'est un plagiaire de Bonomo; et afin de nous borner à
deux citations seulement :

Le plus philologue des médecins, M. Dezeimeris (article *Gale* du *Dictionnaire de
médecine*, article qu'il a reproduit en entier dans un recueil philologique in-8°), faisant
l'historique de la gale, s'exprime de la sorte : « En 1687, Jo. Cosmo Bonomi (lisez
Giovan Cosimo Bonomo), s'appropriant les expériences de *Cinelli* et de Cestoni, donna,
dans une lettre adressée à Redi, une description plus soignée et plus complète de
l'*acarus* de la gale, accompagnée de figures qui ont été souvent copiées depuis (*Osservaz. intorno a pellicoli* (lisez *pellicelli*) *del corpo umano*, Florence, 1687, in-4°. — *Lett.
Donati a Jos. Lanzoni in Misc. ac. nat. cur.*, déc. 11, ann. 1694, app. p. 33, et *Trans.
philos.*). » Les *OEuvres complètes de Redi*, tom. 1, auraient mieux figuré dans ces
citations que les *Actes des curieux* ou les *Transactions philosophiques.*

Le plus philologue des académiciens savants de l'Institut, M. Ducrotay de Blainville,
dans un rapport qu'il fit à l'Institut, sur la résurrection de l'insecte de la gale, rapport
dont le jeune Renucci a reproduit l'historique dans sa thèse inaugurale (576), nous dit
que le docteur *Bonomo* essaya de vérifier l'assertion contenue au mot *Pellicelli* du *Dict.
de la Crusca*, aidé par Hyacintho (lisez *Diacinto*) Cestoni, apothicaire à Livourne.

Ces deux citations nous dispensent des autres.

(*) Nous donnerons plus bas le persiflage de Van Helmont sur les théories de
Galien.

ciron, et crevant non-seulement les ampoules pleines d'eau, mais encore les vaisseaux gorgés de sang ; ce qui détermine des pustules, des éruptions papuleuses, des croûtes et autres produits dégoûtants. Et il ne faut pas s'étonner que la gale se communique par les draps, le linge, les habits, les gants, et autres effets qui ont servi aux galeux, puisqu'il peut rester quelque ciron aventuré dans ces effets divers. Il ne me semble pas non plus impossible de comprendre, ajoute Cestoni, la raison pour laquelle on guérit de la gale au moyen des huiles essentielles, des bains, des frictions avec les sels, le soufre, le vitriol, le mercure doux ou sublimé ou précipité, et autres substances de ce genre corrosives et pénétrantes, qui toutes sont capables d'atteindre et de tuer les cirons jusque dans leurs repaires les plus cachés, et dans les labyrinthes qu'ils se creusent sous la peau : ce qu'on n'obtiendrait pas en se grattant, encore qu'on s'écorchât la chair ; parce que les cirons ont la peau si dure, qu'ils résistent facilement à toutes les médications internes que les médecins donnent aux galeux à prendre par la bouche ; car après avoir fait le plus long usage de ces médicaments internes, il n'en devient pas moins finalement d'une absolue nécessité de recourir aux onguents et aux frictions, si l'on veut arriver à une guérison complète. Et même dans la pratique on voit bien des fois qu'un galeux, après s'être frotté d'onguents, paraît au bout de dix à douze jours totalement guéri ; et avec tout cela bientôt sa gale vient à refleurir de plus belle ; cela n'a rien d'étonnant dans notre théorie, vu que l'onguent n'aura fait qu'attaquer les enveloppes de l'œuf du ciron incrusté, pour ainsi dire, dans le nid de la peau, ce qui n'aura pas empêché le petit ciron de naître et de faire revivre le mal... Là, dit-il en terminant son premier écrit, j'avais pensé de terminer l'étrange paradoxe de cette lettre.

Dans sa deuxième lettre, celle qu'il adressa plus tard à Vallisnieri, Cestoni s'exprime plus hardiment, car sa découverte avait alors vingt-trois ans de date, elle avait mûri ; aussi en revendique-t-il la gloire sous son véritable nom, et sans crainte de se compromettre avec la faculté ; il parle ici avec autorité : « Les médicaments internes, y dit-il, ceux que les médecins donnent aux galeux à prendre par la bouche, ne servent absolument à rien, et ne sont bons, à proprement parler, qu'à engraisser les charlatans. » (Cestoni se sert du mot *speziali*, les apothicaires).

La première lettre était accompagnée d'une planche, sur laquelle l'auteur, outre des larves de pilulaires et autres coléoptères, ainsi que des insectes parfaits du *cerambix* et d'un *scarabæus*, a représenté comparativement l'insecte de la gale et celui du fromage, mais l'un et l'autre d'une manière si grossière, si informe, qu'il n'est pas étonnant que Linné, qui ne calquait sa phrase que sur les figures de Cestoni, ait cru devoir réunir en une seule espèce ces deux sortes d'acarus; non pas que les figures de l'un ne diffèrent grandement de celles de l'autre, mais parce que, dans cette confusion de traits qui dénotent une observation dans l'enfance, on est fort embarrassé de traduire, avec des mots systématiques, les différences des unes et des autres; on s'imagine malgré soi que la différence qu'on est prêt à signaler dans celle-ci est un oubli du dessinateur chez celle-là, d'autant plus que les deux figures que Cestoni consacre à l'acare des galeux offrent entre elles d'assez graves différences. Quoi qu'il en soit, ces figures si défectueuses firent foi pendant longtemps; Richard Mead les copia dans les *Transactions philosophiques*, ann. 1773, n° 283, et Baker, dans son *Employment of microscope* (Traité du microscope mis à la portée de tout le monde, p. 193, pl. 13, fig. *a*, *b*). Nous avons calqué ces figures de l'insecte de la gale publiées par Cestoni et les auteurs précédents, en 1829, dans les *Annales des sciences d'observation*, tom. 2, pl. 12, fig. 1 (*).

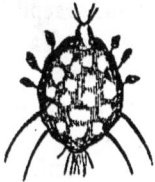

Nous reproduisons ici l'une de ces figures de Cestoni.

701. En 1691, dans un ouvrage de compilation qu'il crut devoir intituler *Micrographia curiosa*, le P. Bonanni, de la société de Jésus, reproduisit à son tour les figures de Cestoni; mais en même temps il en publiait, en son nom, une autre destinée, disait-il, à représenter un insecte que lui avait envoyé, du collége Romain, le P. Antonio Baldigiani, lequel l'aurait trouvé sous l'épiderme d'une petite tumeur survenue au visage d'un jeune élève de ce collége. Mais, j'en demande pardon à la mémoire du P. Baldigiani, l'insecte qu'il avait surpris au visage d'un de ses jeunes élèves n'est rien moins qu'un acare de la gale; c'est tout simplement, ou plutôt tout honteusement, le *pou du pubis*, le *morpion*, qui s'échappe souvent de ces régions pudiques, et remonte, comme le rouge, jusqu'au front; nous en donnons ici la figure. Il y a plus, c'est que la figure de Bonanni n'est

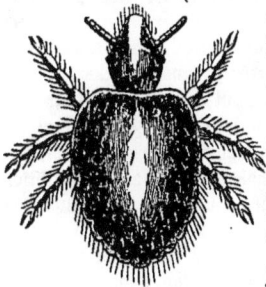

encore que le calque de celle qu'en avait publiée Redi, dans son ouvrage de 1668, que Bonanni entreprit si malheureusement de réfuter en 1691 (**); Redi l'avait même intitulé en toutes lettres *pou du pubis* en italien. En confrontant son livre avec ceux de ses devanciers, je me suis assuré que Bonanni le micrographe aimait mieux copier des dessins déjà parus, que de dessiner d'après nature. Il emprunte la

(*) Et nous les avons reproduites, dans les mêmes intentions, dans notre *Mémoire comparatif sur l'insecte de la gale*, 1834.

(**) En 1668, Redi fit paraître un ouvrage intitulé : *Esperienze intorno alla gene-*

figure 113, qui est celle de l'acàre de la gale, à Cestoni ; les fig. 110, 111, 112, qui sont celles de l'acare de la farine, à Etmuller, qui lui-même les avait empruntées à Borel, Griendel, Tortoni, etc.; celles des varus sébacés 115 au même Etmuller, et le pou du pubis 114 à Redi ; en sorte que ce bon père Bonanni ne doit compter que pour mémoire au rang des micrographes de l'insecte de la gale (680, 681, 682).

702. Linné en était réduit à ces renseignements, en rédigeant son *Systema naturæ ;* et comme il avait peu de temps à perdre pour discuter les textes, et qu'il préférait décrire sur figures, et que malheureusement les figures de Cestoni, les seules qui existassent alors de l'insecte de la gale, ne lui offraient pas un seul caractère susceptible d'être traduit aphoristiquement, on vit ses éditeurs changer d'idée dans les diverses éditions de son livre, distinguer ou confondre, dans une même acception spécifique, la mite de la farine (678) et celle de la gale (692) ; et Fabricius, qui suivait Linné pied à pied dans tout ce qui concernait les espèces, se conformait à son tour aux variations du maître, ainsi que nous l'avons déjà fait observer (657).

Dans ses premières éditions, Linné distinguait l'*Acarus siro* (mite de la farine) de son *Acarus scabiei*, duquel il se contentait de dire : *sirone multò minor ;* puis il faisait deux espèces de mites pour la gale, l'une pour l'homme (*Acarus scabiei*) et l'autre pour les animaux (*Acarus exulcerans*, ajoutant dubitativement, *an satis distinctus ab acaro scabiei?*). Fabricius répétait ces doutes et les enregistrait ; jusqu'à ce qu'enfin, jetant

razione degl' insetti, fatte dal signor Francesco Redi, e da lui scritte in una lettera al signor Carlo Dati, avec planches, ouvrage dont la traduction latine parut à Amsterdam en 1671 et en 1686, in-24. Là, Redi démontrait que les générations spontanées étaient une chimère, et que les plus petits insectes provenaient d'un œuf, ce dont Linné, plus tard, fit l'axiome suivant : *Omne animal ex ovo.* En 1684, Redi publia un nouveau recueil d'expériences sur le même sujet, intitulé : *Osservazioni di Francesco Redi agli Animali viventi negli animali viventi,* in-4°, dont la traduction latine parut également à Amsterdam. C'est à ces deux ouvrages, et principalement au dernier, que le P. Bonanni, mathématicien et littérateur assez habile, eut le tort de répondre par une dissertation latine, dont le titre est emprunté à celui de Redi : *de Animalibus viventibus in rebus non viventibus,* dissertation que l'on trouve reliée avec sa *Micrographia curiosa.* L'auteur y défend avec éloquence, mais avec l'aide de l'érudition seulement, la possibilité des générations spontanées. Les deux ouvrages principaux de Redi ont été traduits en français, avec ce que sa correspondance renferme de plus intéressant, dans la *Collection académique,* tom. 4 de la partie étrangère ou 1er de l'*Histoire naturelle ;* on trouve là également, pag. 574, la traduction, avec figures, des deux lettres de Cestoni (700). Le traducteur a soin de faire observer que le nom de *Bonomo,* signataire de la première, est le pseudonyme de celui de *Cestoni,* signataire de la seconde.

le manche après la cognée de ces recherches philologiques, il se décide
à réunir les trois sous le même nom, avec un luxe de citations synonymiques synoptiquement présentées, et qui ne semblent plus laisser de
place à une nouvelle révision ; le tout y est arrêté et passé en forme de
chose jugée. Dans son *Systema entomologiæ*, éd. 1775, pag. 813, et plus
tard dans le *Mantissa*, éd. 1787, il arrange les choses de la manière suivante :

Acarus siro.
Pedibus quatuor posticis longissimis, femoribus capiteque ferrugineis, abdomine
setoso. Linn., *Syst. nat.*, 2, 1024, 15. *Fauna suec.*, 1947.

Farinæ.	*Scabiei.*
Blank., *Ins.*, tab. 14, fig. 4 B.	Schenk, *Obs.*, 676.
Lederm., *Micr.*, 68, tab. 33, fig. 2.	Bonann., *Micr.*, 113.
Leeuwenh., *Epist.*, 77, tab. 370, fig. 9, 10.	*Act. angl.* 283.
Rivin, *Prurit.*, 18, fig. D. E. E.	Rivin, *Prurit.*, 18, fig. A. B.
Ac. cur. nat., dec. 2, ann. 10, app. 34.	*Act. lips.*, 1682, pag. 319.
	Geoff., *Ins.*, 2, 612, 2.

N. B. Habitat in caseo et farinâ diutiùs asservatis, cutem hominis rugas secutus
penetrat, vesiculam et titillationem excitat. Caussam, nec symptoma morbi esse, evin-
cunt observata analogia cum gallis, contagium et cura.

Dans la phrase spécifique de Linné, on ne trouve pas un mot qui con-
vienne réellement à l'insecte de la gale ; il suffira pour s'en convaincre
de confronter ce texte avec les figures que nous donnerons plus bas.
Dans la synonymie de Fabricius, toutes les dates sont confondues ; les
auteurs originaux, tels que Cestoni, sont passés sous silence, et les pla-
giaires en occupent le rang. Il n'y a de bien traduit, sous forme d'apho-
risme, que ce qu'il dit de l'étiologie de la gale. « L'insecte est la cause,
et non le symptôme de la maladie, ce que prouvent l'analogie des boutons avec les gales des végétaux, la nature contagieuse du mal et la
manière de le guérir. » Cette phrase vaut à elle seule une longue thèse ;
elle résume toute la page 96 de la thèse (*Exanthemata viva*) que Nysander
avait soutenue, le 23 juin 1757, sous la présidence de Linné (*).

(*) *Amœnit. academicæ*, t. 5, diss. 82. On cite en général Linné comme l'auteur de
toutes les thèses qui composent le recueil des *Aménités* : l'on a tort ; car on y trouve
souvent des opinions contradictoires. Linné n'a fait, en publiant ce recueil, que ce que
Haller avait fait de son côté en recueillant les meilleures thèses qui étaient parvenues
à sa connaissance ; Linné se contenta de publier les meilleures de celles que ses élèves
soutenaient sous sa présidence. Pour en prendre un exemple qui a un rapport direct
à notre sujet, je rappellerai que, dans sa thèse sur *la Gale des brebis* (tome 4, p. 185
des *Aménités*, thèse 58, 1754), Isaac Palmérus, qui la soutenait, n'avait pas dit un mot
de l'*Acarus scabiei*, dont parle si longuement ici Nysander. Linné était l'âme, mais
non l'auteur exclusif de toutes ces productions.

« D'après Nysander, ce n'est pas dans la pustule elle-même qu'il faut rechercher l'acare ; il s'en retire au loin ; on le découvre en suivant la ride de la peau qui vient de la pustule. Il ne fait que déposer ses œufs dans la pustule ; et nous les propageons et les disséminons en nous grattant, la nature prévoyante nous forçant à ce soin. » Plus haut, il avait dit que l'on n'avait qu'à le tirer avec une épingle d'une maculature placée sur le côté des pustules et à peine visible à l'œil nu, et qu'en le plaçant sur l'ongle, il était facile à chacun de s'assurer de sa présence ; que si on le réchauffe et qu'on se le place sur la peau, il rampe bientôt en se dérobant à notre vue, il suit les rides de la peau jusqu'à ce qu'à force de fouiller comme une taupe, il se soit glissé sous l'épiderme, où il se creuse un terrier (*cuniculos*). Enfin il ne trouve pas la moindre différence entre cet acare et celui de la farine, quoique ce dernier soit plus fort en couleur. « D'où il arrive, ajoute-t-il, que quand les nourrices emploient la farine du froment, à la place du lycopode ou des fleurs de zinc, pour en saupoudrer les aines ou les aisselles qui se coupent chez le nourrisson, il ne tarde pas à se former en cet endroit une dartre farineuse. Il soutient que l'acare des animaux forme une espèce distincte de la précédente, à cause de ses quatre pattes postérieures qui sont le double plus longues. »

Plus tard, Casal (*), dans la relation de son voyage aux Asturies, décrivit le terrier de l'acare, comme l'avaient fait Cestoni et Nysander.

703. Enfin de Geer eut l'occasion de s'occuper de la question, lui dont la mission était d'observer la nature dans la nature, plutôt que dans les livres ; et il ne manqua pas de rétablir, par de bonnes descriptions et des figures suffisantes, quoique imparfaites et incomplètes, le caractère spécifique qui distingue la mite de la farine de l'acare des galeux (**). Fabricius ne tint aucun compte de cette démonstration ; son siége était fait ; et il n'en conserva pas moins, dans ses éditions subséquentes, la mite du fromage et de la farine, et la mite des galeux, sous la dénomination commune d'*Acarus siro*.

704. En 1786 Wichmann observe à son tour l'acare de la gale (***) ; il le décrit avec les plus grands détails, en donne les dessins obtenus

---

(*) *Hist. nat. et médic. des Asturies*, Madrid, 1762.

(**) *Mém. pour servir à l'histoire des insectes*, 1778, t. 7, pl. 5. Nous avons eu soin de calquer les deux figures de l'insecte de la gale de de Geer, dans les différents écrits ci-dessus cités ; nous en reproduirons une plus bas.

(***) Dans un petit traité en allemand intitulé : *Étiologie de la gale*, par Johan.-Ernest Wichmann, in-12. Une deuxième édition parut en 1794 : on la trouve souvent reliée, avec un petit traité sur la maison de travail de Prague, par Guldner, qui confirme les idées de Wichmann. Guldner a publié aussi des remarques sur la gale, dans la *Bibliothèque germanique méd. chirurg.*

d'après ses propres observations, et reproduit la figure de Cestoni
(700), à côté des siennes. D'après Wichmann, la fig. 1 est celle de

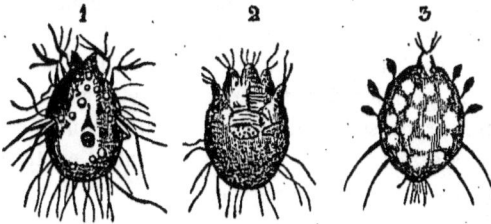

l'*acarus* des bestiaux ou *Acarus exulcerans* Lin.; la fig. 2 est celle de l'*Acarus scabiei* Lin., ou acare de la gale humaine; la fig. 3, il l'emprunte à Cestoni comme nous l'avons reproduite plus

haut (700). Ces figures sont plutôt des silhouettes que des portraits ; et il
serait difficile d'y trouver, à part les contours, quelque chose qui puisse
servir de base à une description spécifique ; mais le texte de l'auteur répare le vice de ces mauvaises figures ; et là Wichmann adopte et développe la théorie de Cestoni, sur la cause de la gale, qui, à ses yeux, est le
produit exclusif de l'acare.

705. En 1788, Jean Hunter assure avoir examiné l'insecte de la gale,
au microscope, sur les galeux de la Jamaïque (*), et trouve que la figure
de Bonomo (700) le représente assez bien.

706. C'est sur ces figures défectueuses de l'acare de la gale humaine
que Latreille, en 1806, composa son genre *sarcopte* (**) ; et, selon sa méthode (570), il décrivit les caractères de la bouche, que nul n'avait jamais
ni figurée ni vue, et Latreille moins que personne.

707. Vers 1810, Walz (***), vétérinaire allemand, amené par sa pro-

(*) *Obs. sur les maladies de l'armée de la Jamaïque*, in-8°, 1788.
(**) *Genera crustaceorum et insectorum*, 1806, t. 1, p. 151-152. — Le mot sarcopte
(de *sarx*, chair et *copto*, hacher) n'est certainement pas aussi heureux que celui
d'*herpidion*, petit insecte qui rampe (*erpein*) sous l'épiderme ; car l'insecte de la gale
ne hache pas la chair, il ne fait que soulever l'épiderme et y creuser un terrier sous-
cutané ; un mot devrait toujours équivaloir à une définition, quand on se donne la
permission de le créer. Cependant le mot a pris domicile dans la science professorale ;
nous insisterions vainement pour l'en évincer. Nous ferons seulement remarquer
qu'avec bien plus d'à-propos, le CARÊME des Romains, *Apicius Cœlius*, a intitulé le
second livre de sa CUISINIÈRE BOURGEOISE (*de re coquinariâ*) du nom de SARCOPTE ; c'est
le livre où il traite des hachis. Latreille, qui n'a jamais lu *Apicius*, ne s'attendait pas à
se rencontrer avec ce cuisinier illustre dans sa création nominale, et à voir servir sur
la table des Lucullus le nom de l'insecte de la gale ; mais maintenant le mal est fait.
Qu'un convive helléniste s'avise aujourd'hui d'offrir à son voisin du *sarcopte*, et il se
verra bien reçu ; ce mot serait capable de faire déserter la table sans plus ample
informé : il y a des mots qui sentent si mauvais.
(***) *De la Gale des moutons, de sa nature, de ses causes, et des moyens de la guérir*,
traduit de l'allemand de G.-H. Walz, vétérinaire, in-8°, 1811, chez Huzard, avec une
planche.

fession à faire une étude particulière de la gale des moutons, embrasse également l'opinion de Moufet, Cestoni, Linné, etc., sur la cause entomologique de la gale; et il joint à son mémoire une mauvaise description, et de plus mauvaises figures encore de l'insecte de la gale des moutons, figures qui, malgré l'imperfection du dessin, ne laissent pas que d'indiquer les plus grandes différences entre cette espèce et celle de l'homme. Nous en reproduisons deux ici qui ont été calquées sur les dessins de Walz. La fig. 1 serait celle de la femelle pleine et en train

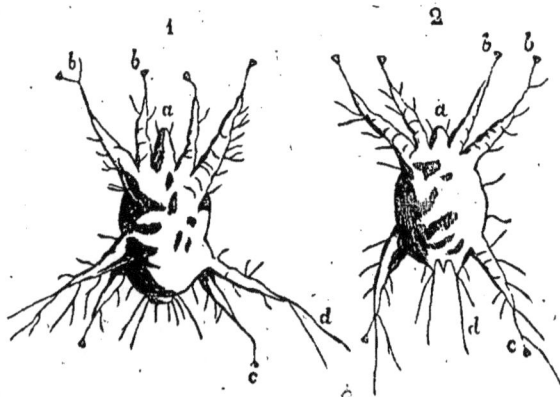

de marcher, vue à un grossissement de 366 fois : *a*, le suçoir (*haustellum*); *bbbb*, les quatre pattes de devant terminées par leurs ambulacres ; *c*, les deux pattes de derrière intérieures; *d*, les deux pattes de derrière extérieures. La fig. 2 serait celle du mâle couché sur le dos ; les mêmes lettres y désignent les mêmes organes, à l'exception de la lettre *d*, organe de copulation. Il serait difficile de s'imaginer comment un insecte aussi mou et aussi informe que le représente le dessin serait en état de se creuser un terrier sous l'épiderme.

708. L'existence de l'insecte de la gale était donc admise à cette époque; mais cet insecte n'était, aux yeux des médecins, qu'un accessoire, qu'une légère complication d'une maladie *sui generis* à laquelle ils donnaient le nom de *gale;* et les nomenclateurs attachaient si peu d'importance à cet infiniment petit point de doctrine, que les classificateurs nosologues les plus accrédités, à force de se copier les uns les autres, plutôt que de recourir aux sources originales, finissaient par commencer leurs citations là où il aurait fallu les terminer, et par tomber dans les contradictions les plus manifestes sur l'étiologie du mal. Dès l'année 1807, Pinel (*) s'exprimait de la manière suivante : « Après une foule de

(*) *Nosographie philosophique,* 3e édition, t. 2, p. 117.

siècles (*), l'objet a été repris où il fallait le commencer, c'est-à-dire
qu'on a examiné au microscope, et qu'on a remonté à la vraie cause du
prurit incommode qui fait le vrai caractère de cette maladie. Le fruit de
cette recherche a été la découverte d'un insecte décrit par Moufflet (*sic*)
(*Theatrum insectorum*), par Mead (*Philosophical trans.*, ann. 1702), etc.
Wichmann en a fait aussi mention dans un ouvrage allemand, publié en
1786, sur l'étiologie de la gale ; on en a donné une notice, avec figures,
dans le journal de médecine de Londres de 1788. Quel moyen plus sûr
de fixer les vraies notions de la gale, sur laquelle les anciens ont répandu
tant de confusion, soit pour la description soit pour la différence des dénominations ! L'insecte qu'on a découvert dans les pustules de la gale est
une espèce de ciron (*Acarus scabiei*) ; cette opinion sur la gale a été
admise par la plupart des médecins français et étrangers. Guldner, qui
a eu occasion de voir cette maladie sous toutes ses formes, dans la maison de travail de Prague, a absolument la même manière de voir. »

On le voit, pour Pinel (et Alibert, plus tard, n'était pas moins indécis),
l'insecte n'est que l'auteur du prurit, et non celui de la maladie ; aussi,
après ces quelques frais d'une érudition bien écourtée, Pinel n'en décrit-
il pas moins les prédispositions et causes occasionnelles de la gale, ses
symptômes et ses variétés.

Du reste, comment aurait-on été en droit d'exiger, des médecins
d'alors, des observations spéciales sur l'insecte de la gale, quand les
naturalistes de l'époque, quand Latreille lui-même, le décrivaient sans
se donner la peine de le voir (706)? Cependant, il faut l'avouer, quelques
médecins modernes cherchèrent à voir de leurs propres yeux, au lieu
d'en croire les auteurs sur parole ; mais ils ne furent pas heureux dans
leurs recherches ; et ce qu'un médecin ne voit pas il le nie, comme si la
nature de son diplôme lui conférait la puissance et l'art de voir tout ce
que d'autres ont vu. Dès ce moment l'existence de l'insecte de la gale fut
mise en litige ; car à côté des témoignages affirmatifs, il s'élevait des témoignages négatifs : ce qui devenait fort embarrassant pour Latreille,
l'auteur du genre *sarcopte*, qui n'en avait jamais vu un seul individu, et
à qui on aurait en vain demandé de le retrouver sur les galeux des hôpitaux de la capitale. Un calembour inattendu vint fournir l'occasion de
rétablir le règne du *sarcopte*.

709. HISTORIQUE DE LA SCIENCE A DATER de 1812. Dans ses moments de
gaieté, Alibert racontait assez volontiers qu'un de ses élèves du nom de
Galès, ne sachant sur quel point de la science il composerait sa thèse :

(*) Qu'on se rappelle que les observations de Moufet avaient, en 1807, cent soixante-
treize ans de date, et celles de Cestoni cent vingt ans (697, 700).

« Composez-la sur la gale, lui dit Alibert, vous y avez des droits par votre nom. » La plaisanterie n'est peut-être pas du meilleur goût, mais elle est devenue classique ; et nous aurions eu tort de ne pas la mentionner, car c'est à elle que nous sommes redevables de la thèse inaugurale que J.-C. Galès de Betbèze, natif du département de la Haute-Garonne, soutint, en 1812, devant la faculté de Paris, sous le titre d'*Essai sur le diagnostic de la gale, sur ses causes*, etc. Pendant près de dix-huit ans cette thèse a fait autorité en histoire naturelle médicale, sur ce point tant débattu. Le jeune auteur d'une observation aussi importante avait soin, dans son travail, de décrire, avec les plus minutieux détails, toutes les précautions qu'il avait prises pour découvrir et réchauffer le précieux insecte. « Je plaçai, dit-il, sous le microscope, dans un verre de montre, une petite goutte d'eau distillée, et dans laquelle je m'assurai préalablement qu'il n'y avait aucun animalcule visible ; je délayai dans cette eau, avec la pointe d'une lancette, le fluide exprimé d'un bouton de gale que je venais d'ouvrir ; mais ce fut en vain que je scrutai de l'œil le plus attentif... Le même petit appareil, préparé dans deux autres verres, ne m'offrit rien de plus. J'allais terminer la séance, presque rebuté de mon peu de succès, quand l'idée me vint de remettre sous le microscope et d'examiner de nouveau le fluide contenu dans le premier verre, qui, depuis le moment que je l'avais retiré, était resté exposé à la chaleur du soleil ; je fus agréablement surpris de voir un insecte vivant qui remuait vivement les pattes, cherchait à se dégager de l'espèce de vase où il était embourbé, et qui bientôt, parvenu dans la partie limpide de la liqueur, montra si distinctement toutes ses formes, qu'un des témoins de l'observation (M. Patrix) en dessina sur-le-champ la figure d'une manière très-ressemblante. Je présumai que, paralysé par la fraîcheur de l'eau, le ciron n'avait pu d'abord faire aucun mouvement, pour sortir de la matière purulente où il se trouvait plongé, et qu'il avait eu pour cela besoin d'être ranimé par la chaleur. Dès ce moment j'ai eu soin de faire tiédir, de 20 à 24° centigrades, l'eau dont je me sers dans mes expériences. L'usage de l'eau ainsi tiédie est presque toujours nécessaire, sans considérer si le fluide exprimé du bouton qu'on explore est tout à fait limpide ou plus ou moins purulent... Une autre précaution à prendre, pour trouver plus sûrement l'insecte, est d'explorer préférablement les plus petits boutons, ceux dont la sérosité est la plus limpide et qui sont le siége de la démangeaison la plus vive. L'insecte s'éloigne de la vésicule, peu de temps après l'avoir produite ; il faut le surprendre avant sa retraite... Parmi plus de quatre cents galeux sur qui j'ai cherché des cirons, il s'en faut bien que j'en aie trouvé sur tous ; au contraire, c'est le plus petit nombre qui m'en a fourni, comme aussi le moindre nombre de pustules sur le même individu. L'habitude a fini par m'apprendre à le distinguer au premier coup d'œil ; j'ai pourtant rencontré nombre de fois de ces insectes vivants, dans des pustules tout à fait purulentes, et même dans des croûtes galeuses, quand le dessous était encore humide. » Nous avons pris soin de transcrire littéralement le texte, pour les besoins de la discussion. Le jeune observateur donnait, comme garants de sa véracité, MM. Leroux, Bosc, Olivier, Duméril, Latreille, Pelletan, Thillaye, Désormeaux, Richerand, Delaporte, Alibert, Dubois : quatre entomologistes dont l'un même auteur du genre *sarcopte*, sur huit médecins ou chirurgiens qui avaient assisté à ses expériences, et avaient vu le *sarcopte* qu'il extrayait des pustules des galeux. A la thèse se trouve jointe une planche représentant, sous ses diverses faces et ses divers âges, l'insecte de la gale dessiné par le peintre Meunier, du Muséum d'histoire naturelle. Au sujet de cette planche même, le jeune Galès s'exprime de la sorte : « J'avais d'abord fait faire le dessin et la gravure dans une dimension égale à la grandeur apparente de l'insecte sous le microscope ; c'est à M. Latreille que je suis redevable de l'avoir fait représenter plus en grand et d'une manière plus détaillée. » Or Latreille tenait alors le sceptre de l'entomologie qu'il avait reçu des mains de feu Fabricius ; qui aurait donc osé douter de la véracité d'un auteur, si jeune qu'il fût, qui appuyait son témoignage sur une pareille autorité scientifique ?

710. Cependant un homme qui, sans être l'auteur du genre *sarcopte*, aurait pris la peine de confronter le travail de Galès avec les travaux de ses devanciers sur le chapitre de la gale, un pareil esprit, dis-je, n'aurait pas manqué de remarquer que la thèse inaugurale fourmillait de circonstances en contradiction formelle avec celles qu'ont décrites les auteurs les plus dignes de foi.

711. En effet, 1° d'après Galès, sur près de quatre cents galeux, il avait à peine recueilli un ou deux insectes ; tandis que les bonnes femmes du midi de l'Europe en recueillent des milliers sur un seul.

2° Galès assure que l'insecte se trouve dans la pustule ; tandis que tous les autres observateurs recommandaient de le tirer, à la pointe d'une aiguille, du terrier que l'on remarque, comme une tache, à côté de la pustule même.

3° Galès, qui cite les figures de de Geer, lequel avait si bien démontré, par des figures passables, l'erreur qu'avait commise Linné, au sujet de l'identité de l'insecte de la farine et de celui du fromage, Galès soutient que la figure de son acare, dessiné par Meunier, se rapporte entièrement, non pas à la figure que de Geer donne de l'*Acarus scabiei*, mais à celle que le même auteur assigne au ciron du fromage et de la farine.

Mais enfin toute la faculté, presque en corps, s'était engagée, dans l'assertion d'un élève; il ne restait plus qu'à croire et qu'à professer, ce que tout le monde n'est pas disposé à faire dans ce siècle de libre examen.

De toutes parts il ne tarda pas à s'élever des doutes, auxquels l'observateur si exercé de l'insecte de la gale n'opposa que le plus imperturbable silence. Il avait fait son affaire d'élève, il faisait son affaire de médecin : il fondait un établissement des maladies de la peau, et pour le traitement de la gale spécialement, sur les assertions de sa thèse inaugurale; et il ne manquait pas de prôneurs à ce sujet. « Il devient donc de rigueur, pour tout médecin qui se pique d'être au courant de la science, s'écriait, en 1813, Jadelot (*), de n'opposer désormais à la gale que le traitement local et externe; » et il s'appuyait en cela sur les expériences de Galès à Saint-Louis.

712. Dès 1818, le scrupule commençait pourtant à percer. Lamarck, qui jusque-là s'était contenté de copier Latreille, relègue tout à coup le *sarcopte* dans ses acares, sous le nom d'*Acarus scabiei*, en ajoutant cette note : « Selon les observations du docteur *Gallée* (sic), on trouve, dans les ulcères de la gale, une mite d'une forme différente. Y en aurait-il de diverses espèces? (*Animaux sans vert.*, tome 5; page 57.)

Dès la même année (**), nous voyons G. Roux, professeur de médecine à l'hôpital d'instruction de Lille, déclarer n'avoir jamais pu parvenir à retrouver l'insecte de la gale, quoiqu'il eût suivi rigoureusement tous les procédés indiqués par Galès, et puis par Pihorel (*Dic. des sc. médicales*, art. GALE), et cela quoiqu'il se fît assister par MM. Feron Charpentier, Jacob, Peuvion, et Judas, pharmacien-major, très-habile aux observations microscopiques, et quoiqu'on fît usage d'un microscope de Charles. Ces résultats négatifs ébranlèrent même la foi jusque-là très-ferme de Pihorel.

En 1821, J.-F.-J. Mouronval (***) publia une brochure dirigée presque en entier, et à bout portant, contre Galès, qu'il soupçonna de quelque hâblerie.

En 1822, Burdin épuisait les railleries sur Galès et son insecte, niant tout à la fois et théorie et traitement (****).

En 1824, Mélier (*****) déclare n'avoir jamais pu retrouver le sarcopte, quoique muni d'un excellent microscope de Jecker. Il cite à ce sujet

(*) *Journal général de Méd.* de Sédillot, tome 46, 1813, pag. 388.

(**) *Ibid.*, tome 65, page 401.

(***) Recherches et observations sur la gale, faites à l'hôpital Saint-Louis, à la clinique de M. Lugol, pendant les années 1819, 1820 et 1821.

(****) *Journal général de Méd.*, tom. 81, pag. 1, au sujet du traitement d'Helmerich.

(*****) *Ibid.*, tome 88, pag. 25.

les expériences de Lugol et Biet, qui n'ont pas été plus heureux que
lui.

En Italie, Galeotti et Chiarugi, docteurs-médecins de Florence, n'a-
vaient pas été plus heureux.

Et toutes ces dénégations n'ont jamais pu ramener sur l'arène de la
démonstration le jeune observateur des bords de la Garonne, pas plus
que ses illustres tenants.

Un seul eut le courage de sa conviction ; c'est Alibert, qui n'en continua pas moins à professer, dans ses cours, que l'insecte de la gale n'était
pas une chimère ; il en montrait même la figure à ses auditeurs, mais il
ne la publia jamais. Or cette figure, qui n'avait pas le moindre rapport
avec celle de Galès, n'était autre chose que le double calque des deux
figures que de Geer a publiées de l'insecte de la gale. Il y avait là-des-
sous encore quelque retour vers les habitudes du pays natal, quelque peu
du souffle des bords de la Garonne ; car Alibert donnait la première
figure de de Geer, celle que nous reproduirons plus bas, pour la figure
d'un insecte voisin des punaises, et différent de la mite de la gale. Quoi
qu'il en soit, tout s'arrêtait à des images ; et le professeur avait beaucoup
de peine de se tirer, par quelques mauvaises plaisanteries, des nombreux
défis que l'incrédulité lui portait de toutes parts.

Enfin M. Lugol jeta hautement le gant aux partisans du sarcopte de la
gale (*) ; et comme personne ne le ramassait d'une manière franche et
positive, et que, d'un autre côté, la direction de mes études me portait
déjà à m'occuper plus spécialement de cette question, je me mis à la
recherche, dans le silence du cabinet, et sans prendre d'avance parti
pour personne ; bien décidé à ne rien publier que lorsque je serais arrivé
à l'une ou l'autre démonstration. L'un de mes bons élèves, M. Meynier,
alors aide-chirurgien de la marine, me prêta le secours de son obligeance
et des ressources de son esprit.

713. Galès ayant avancé que l'insecte se trouvait dans la pustule,
M. Meynier m'apporta différentes fois le produit de plus de deux cents
pustules de galeux ; et pas une seule fois, malgré l'étude la plus minutieuse, je ne pus rien voir qui eût l'air même de la dépouille d'un *acarus*. Dans le but d'éviter de prendre parti dans une question aussi animée, je me gardai de me rendre moi-même à l'hôpital Saint-Louis. Ayant
peut-être aussi une trop bonne idée du talent d'observation de MM. les
professeurs, j'étais assez porté à admettre, sur cette première véri-

---

(*) Voyez *la Lancette française, Gazette des hôpitaux civils et militaires*, 28 juillet,
1er et 6 août 1829 ; M. Lugol proposait une prime de cent écus à qui retrouverait le
sarcopte des galeux.

fication, que si ces messieurs n'avaient rien trouvé dans toutes les recherches sur lesquelles ils basaient leurs dénégations, ce n'était pas leur faute, et qu'il serait difficile peut-être de mieux observer qu'eux. Je pensai qu'avant de procéder de nouveau à l'observation directe, il était plus logique de commencer par aplanir les difficultés d'érudition, et de confronter les témoignages et les figures publiées par les divers observateurs; en même temps, je fis une étude particulière de l'insecte de la farine et du fromage : et de toutes ces données comparatives, il résulta pour moi la démonstration que la thèse inaugurale de Galès était la plus grande mystification qui ait jamais été enregistrée dans les fastes de la science; que l'auteur avait servi à nos plus illustres savants un plat de son pays, en leur présentant sous le microscope, pour l'acare de la gale, la mite du fromage et de la farine au naturel. Avant de publier la démonstration, il me parut convenable de la mettre en action et en pratique; on m'aurait difficilement cru, si je m'étais contenté d'écrire. Il me vint dans l'esprit de faire répéter publiquement, à l'hôpital Saint-Louis, les expériences de Galès, telles qu'évidemment, à mes yeux, Galès les avait faites, et de mystifier, comme lui, le monde savant, mais pendant huit jours seulement et dans les intentions les plus honnêtes; le sang-froid et les ressources d'esprit de M. Meynier me rendaient la chose assez facile. En conséquence, le 3 septembre 1829, à la leçon de M. Lugol, M. Meynier se fit fort de montrer à tous les assistants l'insecte de la gale, et de gagner de la sorte le pari de cent écus proposé par le professeur. Il avait eu la précaution auparavant d'inviter MM. Alibert et Patrix (709) à venir assister à la séance; mais ces messieurs n'y parurent pas; la réunion pourtant ne laissa pas que d'être assez nombreuse. On y prit toutes les précautions usitées et de rigueur en pareil cas; l'eau distillée fut déposée sur le porte-objet du microscope, par les mains des plus méfiants; M. Meynier y délaya du doigt le produit de la sérosité d'une ou deux pustules; et, ô merveille! le sarcopte apparut à tous les yeux, aussi complet et aussi brillant que le peintre Meunier du Muséum l'avait représenté sur la planche de la thèse de Galès. Tous les assistants mirent successivement l'œil au microscope, et purent confronter, par eux-mêmes, la nature avec les dessins; l'insecte était ressuscité à la science; M. J. Cloquet, qui l'examina avec la plus grande attention, s'écria : « C'est bien lui, je l'ai vu vingt fois dans ma vie; c'est bien lui, à ne pas en douter. » L'enjeu de M. Lugol était gagné; mais les gageants, avant de sommer le perdant de sa parole, crurent qu'il était de leur devoir de prendre une préalable précaution; et ils attendirent que j'eusse publié, pour donner le mot de l'énigme, le résultat de mes recherches et de mes observations, ce qui eut lieu par l'insertion de mon

article intitulé : *la Gale de l'homme est-elle le produit d'un insecte* (*) ? Et
à la faveur de cette scène renouvelée de M. Galès, il ne resta plus de
doute, dans l'esprit de personne, que l'auteur avait montré l'insecte de la
farine pour celui de la gale, et avait mystifié, de la sorte, les plus illustres entomologistes de la France et de l'univers. Dans ce travail, j'éta-
blissais que l'insecte figuré par Galès était la *mite de la farine;* mais que
l'on aurait tort de nier pour cela l'existence de l'*acarus des galeux;* et je
prédisais qu'on le retrouverait un jour, avec toute la livrée que de Geer
lui avait prêtée. En même temps, et pour rendre la démonstration plus
complète, j'avais eu soin de faire graver, sur la planche annexée à mon
travail, toutes les figures de l'insecte de la gale que j'avais pu trouver
alors dans les auteurs, y compris les figures détrônées à jamais de la
thèse de 1812.

714. On va s'attendre que Galès ait voulu, dès ce moment, venger son
talent d'observation, non plus révoqué en doute, mais bien et dûment
convaincu d'imposture ; non : profond silence, pas de réponse, pas le
plus léger pourparler ; Galès fit le mort, laissant aux vivants le soin de
défendre sa mémoire. Ce fut son ami Patrix qui se chargea de ce soin
pieux et méritoire ; et il avait en cela un certain intérêt, lui, qui est cité,
dans la thèse de Galès, comme ayant dessiné le premier l'insecte trouvé,
en 1812, par son jeune camarade ; lui qui avait fait insérer, dans le
Dictionnaire des sciences médicales, tome 17, les figures *princeps* que,
sur l'invitation de Latreille, Galès avait cru devoir remplacer par les
figures de Meunier. Ces détestables figures de l'insecte de la farine, s'il
en fut jamais, même après celles de Griendel, Borel, Tortoni (680), nous
avons pris soin, pour mémoire, de les faire graver (fig. 13) sur la planche 15 du *Nouveau Système de chimie organique*, 2ᵉ édition, planche qui
renferme une certaine collection des figures vraies ou apocryphes de
l'insecte de la gale.

M. Patrix invita donc les savants, par une lettre rendue publique, à se
réunir, le 22 octobre 1829, à l'Hôtel-Dieu, dans l'amphithéâtre, sous
la présidence de M. le baron Dupuytren, se faisant fort, là, de démontrer, même aux plus incrédules, l'existence de l'*acarus* des galeux. On
pense bien que l'assistance se trouva assez nombreuse. Là nous trouvâmes M. Patrix, affublé d'un tablier, occupé à disposer une quantité
considérable de verres de montre, sur divers bains de sable aussi vastes
que profonds, et qu'échauffait un calorifère dont le thermomètre réglait
la température, précautions indispensables pour ne pas exposer l'acare à

(*) *Annales des Sciences d'observation*, tome 2, pag. 446. Cet article, tiré à part, fut
distribué à un assez grand nombre d'exemplaires.

s'engourdir de froid, à se ratatiner comme une membrane inerte. Mais, chose étonnante pour nous hommes un tant soi peu réformés, quoique, à cette époque de coteries de toutes les façons, cela ne parût qu'un tour adroit et qu'un trait de savoir-faire ! en entrant en séance, nous reçûmes tous, des mains de M. Patrix, une brochure imprimée qui était, non pas le *programme* de ce que nous allions voir, mais bien le *procès-verbal* de ce que nous n'avions pas encore vu. C'était même plus que cela, car elle portait en titre : EXTRAIT DE L'ICONOGRAPHIE PATHOLOGIQUE, où elle n'a jamais paru, et en sous-titre : *Nouvelles recherches sur l'insecte de la gale humaine, commencées* A L'HÔTEL-DIEU DE PARIS, DANS L'AMPHITHÉÂTRE DE LA CLINIQUE CHIRURGICALE DE M. LE BARON DUPUYTREN, LE 22 OCTO-BRE 1829. Ce *programme-procès-verbal* contenait six pages d'impression, gros caractère, et la planche du *Dictionnaire des sciences médicales* représentant l'insecte que nous étions censés avoir vu, même avant d'entrer.

La séance est ouverte; M. Thillaye, qui avait déjà tenu le microscope pour Galès, le tient une seconde fois pour M. Patrix ; et M. Delestre, d'un autre côté, a le crayon levé, pour dessiner le sarcopte et le surprendre sur le fait à sa première apparition, afin d'en faire paraître la figure dans l'*Iconographie pathologique*. On fait avancer les galeux; on fouille leurs pustules, toujours le nez au vent, pour surveiller l'odeur de fromage ou de farine; on attend, on s'impatiente, l'acare ne reparaît pas ; et la séance est renvoyée au 25 octobre. Le 25, mêmes préparatifs, même in-succès. Je profitai de ces deux séances et du microscope de M. Thillaye, pour faire voir à tous les assistants l'insecte du fromage et de la farine, qui s'était si bien prêté à la mystification de M. Galès ; ce qui fit que, pendant plus de quinze jours, dans le pays latin, et tant que les obser-vations continuèrent sur ce pied, les marchands de fromage du quartier vendirent plus cher leurs fromages de Gruyères avariés que leurs bonnes qualités de fromage. Enfin le combat finit là, faute de combattants.

715. HISTORIQUE DE LA SCIENCE A DATER DE 1831. Les événements politiques qui se pressaient depuis 1829 avaient donné aux esprits une direction qui détournait même les plus studieux des investigations de la science; la question des acares sommeillait donc comme toutes les autres grandes questions qu'avait soulevées, pendant deux ans, la publication des *Annales des sciences d'observation*. En 1831, ayant été rendu à la solitude par le cours des circonstances, mais n'ayant pas à ma disposi-tion les galeux des hôpitaux, je me procurai de la *gale des chevaux* (gale rouvieux), grâce à l'obligeance d'Aymé, jardinier en chef de l'école d'Alford. Les raclures de cette gale fourmillaient d'acares pleins de vie et de tous les âges ; et je les gardai vivants pendant plusieurs jours, ce

qui me permit d'en faire une étude suivie et d'en obtenir le dessin complet. De cette étude comparative, il résulta pour moi la conviction qu'on ne pouvait manquer de retrouver tôt ou tard *l'acare de la gale humaine,* lequel serait certainement conforme aux dessins de de Geer ; car déjà je voyais, dans *l'acare de la gale* du cheval, les plus nombreux traits de ressemblance et d'affinité générique ; il est inutile de dire qu'il n'avait pas le moindre rapport de structure avec la mite du fromage et de la farine. Je publiai provisoirement le résultat de mes observations, dans la *Lancette française,* samedi 13 août 1831. Aux yeux d'un naturaliste, l'acare de la gale était retrouvé ; mais j'invitais de nouveau les observateurs du Midi, comme je l'avais déjà fait en 1829 (*), à nous donner des figures exactes de l'insecte des galeux, persuadé qu'à l'aide de la routine des femmes de ce pays, cela leur deviendrait dorénavant plus facile. Les figures de l'insecte de la gale du cheval furent publiées dans la première édition du *Nouveau Système de chimie organique,* 1833, pl. 10, fig. 7, 8, 9, 10 ; nous en avons reproduit une sur la pl. 6 de ce livre, fig. 16.

716. Les choses en étaient restées là, lorsqu'en 1834 un élève de l'école de médecine, M. Renucci, qui, étant originaire de la Corse, avait eu plus d'une fois l'occasion de voir comment s'y prenaient, dans son pays, les bonnes femmes, pour enlever au bout d'une épingle, et un à un, les cirons de leurs enfants galeux, vint révéler aux médecins de l'hôpital Saint-Louis ce procédé d'extraction, et leur apprendre à obtenir *l'acarus des galeux* de Paris, tout aussi facilement que les femmes de la Corse l'obtenaient des galeux de leur pays. Mais telle était alors la méfiance des savants pour tout ce qui se rattachait de près ou de loin à *l'acare,* que M. Renucci avait beau montrer son petit ciron au bout de l'épingle, on semblait se demander, en se regardant, s'il n'y avait pas, par-ci par-là, quelque peu d'odeur de farine ou de fromage. On soumit l'insecte au microscope ; mais on avait si peu l'habitude alors de placer un objet au foyer, que le malheureux acare n'y avait l'air que d'une pénombre ou d'une bulle d'air ; et chacun révoquait en doute à sa façon la réalité de l'insecte qu'extrayait le jeune élève. M. Renucci prit le parti de s'adresser à moi, pour venir à l'hôpital Saint-Louis mettre les savants à même de se convaincre de l'existence de l'acare de la gale ; la séance eut lieu le 25 août 1834. Le premier insecte qui me fut présenté était mort, par par suite de la médication ordinaire à laquelle le galeux venait d'être soumis ; cependant, à peine l'eus-je placé au foyer, dans une goutte d'eau, que je reconnus et fis reconnaître à tous les médecins présents à la séance, que c'était bien là l'insecte qu'avait dessiné de Geer. A cet

(*) *Annales des Sciences d'observation,* tome 2, pag. 456, 1829.

insecte mort en succédèrent plusieurs autres vivants, qui ne firent que confirmer de plus en plus la conséquence que nous avions tirée de la première image; et je fus invité d'en faire une étude spéciale, et de le figurer avec soin, pour qu'une méprise ultérieure ne pût jamais avoir lieu. Mon travail, dont je donnai les premières esquisses sur le tableau, dans une des leçons d'Alibert, parut dans le *Bulletin de thérapeutique*, tome 7, pag. 184, accompagné de deux planches coloriées; il fut publié ensuite à part, in-8°, sous le titre de *Mémoire comparatif sur l'histoire naturelle de l'insecte de la gale*, 1834.

Dès ce moment l'observation se rua de toutes parts sur cette veine d'études, comme sur une bonne fortune que les dessins publiés rendaient plus facile. Chacun, en mettant l'œil à l'oculaire, se hâtait de prendre son crayon, de croquer l'insecte, et puis d'aller estamper à la vitre d'un marchand la silhouette qu'il avait faite du parasite retrouvé, convaincu, comme le sont tous ceux qui débutent, et comme on l'était en 1812, qu'il suffit de voir une fois au microscope pour bien voir. On était bien loin d'imaginer alors que l'étude d'un simple ciron doit être tout un cours d'anatomie, pour quiconque s'est pénétré de cet adage de Pline : La nature n'est jamais si complète que dans les êtres les plus petits (*). Mais cet engouement pour les travaux faciles passa vite de mode; le nombre des juges augmentant, il en fut fait bonne justice. D'autres entreprirent quelques expériences sur eux-mêmes, en s'appliquant l'acare sur les bras et le soumettant à l'influence de divers réactifs; mais après bien des travaux, il se trouva qu'on n'avait pas en cela ajouté une idée de plus à ce que Cestoni, Nysander, Casal, etc., nous avaient dit des habitudes de l'insecte (702), et à ce que nous savions sur l'art d'empoisonner les infiniments petits.

717. *N. B.* Nous nous sommes étendu sur cet historique, plus peut-être que ne comportent les limites de cet ouvrage, d'abord afin de rectifier par une révision nouvelle toutes les fautes de citations et les méprises qui, de main en main, ont fini par faire autorité dans les livres; ensuite, afin de rappeler à ceux qui étudient, comme à ceux qui professent, qu'en présence de tant de méprises et de tergiversations, de tant de découvertes qui ne sont que des retours vers le passé, la modestie du savant devrait prendre, en théorie et en pratique, là place de la morgue du docteur; qu'on a enfin mauvaise grâce à trancher dans le vif toute question qu'un ignorant même soulève, quand, sur tant de choses encore, nous en savons moins que les plus simples ignorants et que les bonnes femmes d'un pays où l'on sait à peine lire dans les livres. Nous profiterons de la même

(*) *Rerum natura nusquàm magis, quàm in minimis, tota est.* Lib. 11, cap. 2.

circonstance pour demander envers nous, à ces jeunes docteurs à qui
trois ou quatre ans d'études semblent avoir conféré l'universalité des
connaissances humaines, la même indulgence que nous professons
envers les autres. Nous avons à leur révéler des vérités aussi anciennes,
quoique aussi peu classiques, que celle qui nous est venue des ignorants
de la Calabre, des Asturies et de la Corse illettrées. Ce n'est pas la première fois que la vérité s'est révélée de préférence à ceux qui font
profession de savoir bien peu.

718. Récapitulation iconographique de cet historique. La première
figure en date serait sans doute celle d'Hauptmann
(698), mais elle est à peu près indéchiffrable. Nous commencerons donc à celles de Cestoni (700) qui, jusqu'aux
figures de de Geer, ont fait foi dans la science. Il nous
suffira d'en reproduire une que voici :

719. Les figures de de Geer, quoique grossières,
dénotent déjà un observateur exercé en histoire naturelle. La figure ci-jointe représente, d'après de Geer,
l'insecte de la gale humaine vu par-dessous (561).

720. Varus sébacés, crinons, comédons (*vari, cri-
nones, comedones*) pris pour l'insecte de la gale et
autres insectes. La figure ci-après est l'une de celles
qu'Etmuller donne comme représentant l'insecte de
la gale. D'après nous, ce n'est autre chose qu'un
varus sébacé, à qui ses prolongements fibrillo-nerveux prêtent une apparence un peu plus bizarrement régulière qu'aux autres. Et à cette occasion,
il ne sera pas inutile de prémunir les observateurs contre les méprises
auxquelles ces *varus* de la peau sont dans le cas d'exposer, la première
fois, l'observateur qui se livre à l'étude de l'histoire naturelle médicale.
Nous reviendrons en son lieu sur cette maladie particulière aux petits
enfants, et qui, d'après les différents auteurs qui en ont écrit, leur pro-
viendrait de vers incrustés sous la peau; ce qui nous paraît vrai. Mais
il n'est pas moins vrai que les figures que nous en ont
transmises ces auteurs ne sont autre chose que celles de
produits sébacés, plus ou moins bizarres dans leur structure, et qu'on fait sortir de la peau, en les pressant entre
deux ongles. On leur trouve alors les formes les plus variables. Après la forme ci-jointe qu'il donne comme celle
de l'acare de la gale humaine, Etmuller (*) a publié les sui-

(*) *De Morbis infantium. Acta eruditorum, Leips.*, ann. 1682, tab. 17, pag. 317.

vantes dans un ouvrage *ex professo* ; et Andry (*), adoptant toutes les idées
d'Etmuller à ce sujet, en a reproduit les figures première et deuxième.

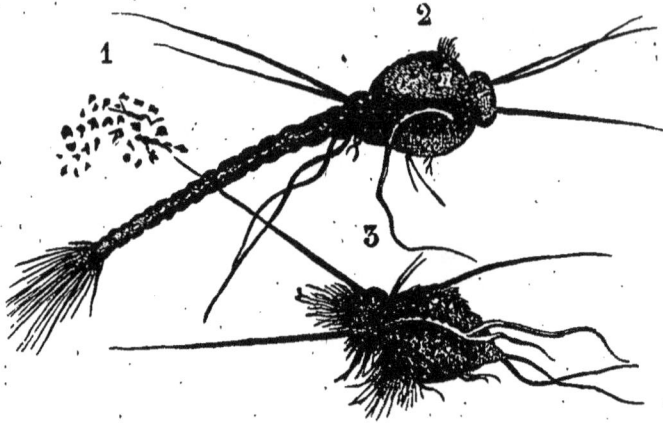

D'après lui, les figures 2 et 3 représenteraient ces vers vus au microscope ; ils auraient de longues queues et le corps très-gros ; Etmuller
les nomme encore *dracunculi*. Il n'est pas besoin d'être très-versé dans
l'étude de l'entomologie, pour juger que ces figures informes n'ont rien d'un
être vivant, et qu'Etmuller a fait un choix, parmi les divers échantillons
de *varus* qu'il a extraits, pour mettre en évidence ceux dont la bizarrerie
prête le plus à l'illusion. La peau des enfants sur lesquels on observe ces
produits morbides paraît piquetée de points noirs, et entièrement cyanosée ;
mais on peut les observer sur toutes les peaux humaines ; seulement leur
couleur y est plus diaphane et entièrement adipeuse ; quant à leur forme,
elle varie de toutes les façons imaginables. Nous en joignons ici une, vue
sous trois faces différentes et que nous avons prise au hasard, sur plus de

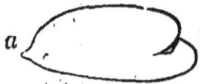

mille ; ce corps, par la régularité de ses contours,
et les accidents de l'une de ses faces, aurait fourni
un assez joli texte à l'amour du merveilleux qui distinguait les premiers observateurs.

La fig. 1re, obtenue au microscope, a été copiée
aussi fidèlement qu'il nous a été possible. Par le
progrès sans doute de la dessiccation, il s'était produit, sur la surface supérieure, trois ou quatre plis,
disposés et organisés de manière à figurer la face
circassienne de quelque brave Ottoman. La fig. 2e
le présente par la face postérieure ; et la fig. 3e, vu

(*) *De la Génér. des vers*, tome 1, édit. de 1741, pag. 126.

de côté et de profil, avec les deux lobes crâniens qui se montrent si souvent sur les têtes humaines. Le pédicule d'adhérence avec la *peau* est en *a*. Jeux de la nature organisée, aussi variables dans leurs formes, aussi bizarres dans leurs analogies que peuvent l'être, dans la nature minérale, ces autres jeux pétrifiés dont certains amateurs se plaisaient anciennement à enrichir leurs collections d'antiques; ce sont évidemment des produits maladifs, mais non des êtres animés ; ce sont sans doute des effets de la présence de l'un ou de l'autre de ces êtres, mais ce ne sont pas les vraies causes de la maladie.

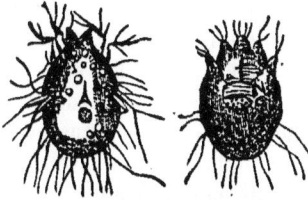

721. Après les figures de de Geer, viennent, par ordre de date et de mérite, celles de Wichmann, que nous reproduisons une seconde fois ici (704). Elles forment le passage de l'époque de de Geer et de Réaumur, vers les études faciles du siècle suivant, que nous appellerions volontiers le siècle de la décadence de la micrographie. La fig. 1, avons-nous dit, est celle de l'*Acarus exulcerans* Lin.; la deuxième, celle de l'*Acarus humanus* Lin. Il faut être bien pénétré de la figure de l'insecte de la gale humaine, pour ne pas être tenté de prendre l'une pour l'autre les deux figures publiées par Wichmann.

722. A l'époque de Walz, en 1810, la décadence était en progrès ; les figures qu'il a osé joindre à son mémoire le démontrent (707).

Nous les avons déjà reproduites plus haut. La fig. 1, c'est la femelle ;

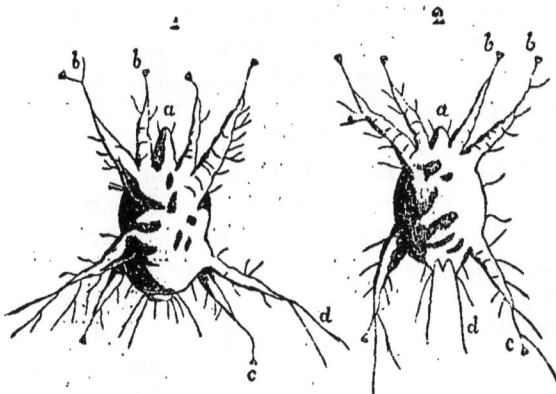

la fig. 2, c'est le mâle, d'après Walz. Si on prend la peine de les confronter avec la figure que nous donnons, pl. 6, fig. 16, de l'acare du cheval (715), on trouvera entre les unes et les autres une assez grande similitude, en tenant compte de l'imperfection choquante des figures de Walz.

723. DESCRIPTION DÉTAILLÉE DE L'ACARE DE LA GALE HUMAINE. Nous terminerons cette énumération pittoresque par deux des figures que nous avons publiées, en 1834, de l'acare humain (716); la fig. 17, pl. 6, le représente vu par la surface dorsale, et la fig. 18, pl. 6, par la surface abdominale. Que l'on confronte la fig. 18 avec la figure de de Geer (719) qui est représentée au simple trait vue par l'abdomen, et l'on ne manquera pas de retrouver sur la nôtre toutes les pièces dont la figure de de Geer porte les traces. Il ne fraudrait pas croire que la vérité de ces contours et de tous ces détails puisse s'obtenir dans une observation de quelques minutes au microscope; le microscope a son jour, que la combinaison des observations multipliées doit traduire ensuite de la manière dont nous voyons les objets ordinaires. C'est une longue étude que l'étude d'un infiniment petit; je n'en sache pas qui exige, de la part de l'observateur, plus de frais de logique et de calcul; et, pour le rendre avec vérité, il faut encore se faire la main et l'esprit à un art tout nouveau et qui n'a pas encore trente ans de date.

724. Si l'on veut bien porter son attention sur le carré 1er de la pl. 17 de cet ouvrage, qui représente les diverses pustules qui apparaissent çà et là sur la peau de nos galeux, on remarquera, au milieu du carré, un petit sillon sinueux qui conduit, comme un petit chemin d'une carte géographique, vers l'une de ces vésicules; c'est là le terrier (*cuniculus* de Moufet) où se traîne l'acare, et d'où l'on est sûr de le retirer, en y introduisant, avec certaines précautions, la pointe d'une aiguille. A la loupe, on aperçoit l'insecte, à travers l'épiderme humain qui se bosselle sur son dos, comme un point plus brillant que les autres; à l'œil nu, il paraît comme un atome blanc; ceux qui ont bonne vue y distinguent déjà un contour pointillé de rouge brun par devant. La lumière du soleil le rend plus distinct dans ses détails et dans sa forme générale. Cet insecte a à peine un demi-millimètre de diamètre dans les deux dimensions, c'est-à-dire, moins du quart de la hauteur ou de la panse de l'une des lettres de ce texte. A la loupe, on le distingue déjà mieux; la loupe ne fait qu'amplifier sa forme, sans altérer en rien la pureté de sa coloration nacrée; c'est qu'en effet à la loupe on observe comme à l'œil nu, par réflexion. Mais tout semble s'altérer, se froisser, se salir, dès qu'on l'observe à un grossissement élevé du microscope composé, c'est-à-dire, dès qu'on l'observe par réfraction et par transmission des rayons lumineux. Sa longueur s'arrondit, son corps se ratatine; il paraît jaune, marbré de taches noirâ-

tres, qui varient de position à chaque mouvement de la lumière. C'est alors que l'analogie des souvenirs et le raisonnement sur les lois de la lumière doivent venir en aide à l'observateur, pour rétablir les dimensions, se défendre des illusions d'optique et distinguer les effets visuels d'un organe de ceux d'une bosselure ou d'un accident. Le résultat d'une étude poursuivie avec soin sur ces bases fournira le cadre de la description suivante :

Fig. 17. En l'observant par le dos, l'insecte de la gale humaine a l'air d'une écaille de certains poissons, dont les quatre pattes antérieures et le museau représentent les appendices radiculaires qui s'implantent dans la peau. En effet, non-seulement la carapace de l'acaré a les contours sinueux d'une écaille de poisson, mais encore elle est striée comme elle par des stries concentriques et en réseau, qui forment des mailles en fuseau. Outre ces stries, et sur ce travail de petites lignes qui donne les irisations des franges lumineuses, on observe un assez grand nombre de petits points ronds et brillants, sur chacun desquels s'implante un poil roide, mousse et blanc, qui ne devient bien visible que lorsqu'on place l'insecte sur le flanc, pour l'observer de profil ; les deux rangées qui vont du dos aux pattes antérieures et aux côtés de l'anus, sont celles qui ont les poils les plus longs. Le rostre t purpurin, plat et arrondi, porte quatre poils aigus et dirigés d'arrière en avant ; il s'insère et peut se cacher sous la carapace. Les quatre pattes p laissent voir trois de leurs quatre à cinq articulations, hérissées de poils, à travers leur transparence purpurine ; elles sont terminées toutes les quatre par un ambulacre ab (566), lequel est formé d'une tige rigide qui s'évase au sommet. Vers la partie postérieure du corps, on observe quatre longs poils pl qui appartiennent aux quatre paires de pattes, lesquelles sont cachées sous le ventre, et puis quatre poils plus courts et intermédiaires, aigus comme les quatre autres, qui s'implantent sur les bords de l'abdomen, deux de chaque côté de l'anus an.

Fig. 18. Si l'on place l'acare sur le dos et présentant sa surface inférieure à l'oculaire, tous ces divers appareils mettent en évidence leur origine et leur complication. On voit le rostre t et les quatre pattes antérieures p s'implanter en éventail, dans les échancrures d'une espèce de plastron bordé de rouge, divisé au milieu par une ligne longitudinale rouge ; ce qui lui donne assez l'air de la moitié antérieure d'une *chasuble* de prêtre catholique. Tout le reste du corps est d'une blancheur de nacre de perle. Les quatre pattes postérieures p' sont tout aussi compliquées, tout aussi purpurines, mais non aussi complètes que les antérieures ; elles s'implantent aussi dans les échancrures a de la partie postérieure du plastron, dont les bordures rouges reparaissent là, après s'être interrompues sur les flancs. On distingue assez bien, sur chacune de ces quatre pattes, la pièce basilaire et fémorale, triangle dont l'hypoténuse regarde la partie antérieure du corps, puis les quatre articulations, mais plus serrées que nous ne les avons rencontrées sur les pattes antérieures; mais ici point d'ambulacre *ab*, lequel est remplacé par un poil d'une extrême longueur *pl*. Ce sont là les quatre appareils que de Geer s'était contenté de représenter, comme quatre longs poils renflés en quenouille à une petite distance de leurs points d'insertion (719). L'acare est ici représenté vu un peu en raccourci, à cause de la proéminence dorsale, qui forme la plus grosse des trois gibbosités qu'il présente, lorsqu'on l'observe de profil; gibbosités que nous désignerons, d'après leur position respective, par les noms de gibbosités antérieure, dorsale et postérieure, l'une correspondant à la région thoracique, l'autre à la région stomacale, et la troisième enfin à la région abdominale (562). Or quand on place l'acare sur le dos, pour en observer au microscope la surface abdominale, il est évident que l'insecte, basculant sur sa gibbosité dorsale, qui est la plus proéminente des trois, s'offrira à l'observation en perspective et sur un plan incliné; ce qui en raccourcira d'autant la dimension longitudinale, et en modifiera les contours et les détails, selon que le bord antérieur sera en haut ou en bas.

Cet acare, en marchant, a l'air d'une tortue, par son organisation générale et sa torpeur. Sa transparence et sa blancheur le font paraître mou au microscope; mais ne craignez pas de le blesser, en le pointant au bout d'une épingle; il est dur et tellement corné dans toutes ses parties, qu'il faut plus d'efforts que la piqûre d'une épingle pour l'écraser; il faut toute la pression de l'ongle; et encore on le manque, à cause de la roideur de ses poils du dos, qui le font glisser sous l'ongle, et bondir loin de là.

Que l'on rapproche maintenant ces deux figures de celles qu'en ont publiées Cestoni (700), de Geer (719, 721) et Wichmann (721), et l'on restera convaincu, malgré tout ce qui leur manque, que c'est bien l'insecte de la gale humaine que ces auteurs avaient, en dessinant, devant les yeux.

725. L'ACARE DU CHEVAL, pl. 6, fig. 16, présente avec l'acare de la gale humaine les différences les plus notables et les mieux caractérisées, par ses quatre longues pattes postérieures *p* insérées sur les bords du corps, et terminées, ainsi que les quatre pattes antérieures, par un ambulacre *ab* doublement articulé, et largement évasé en une trompe élastique qui fait office de ventouse. Le rostre *t* est plus avancé et offre quatre appendices latéraux, qui pourraient bien être les deux palpes et les deux mandibules, lesquels débordent ici, et qui se tiennent sous le rostre chez

l'acare humain. L'éventail du plastron offre encore une assez grande différence. Le mâle, que j'ai représenté ailleurs, est beaucoup plus petit que la femelle, et a la partie postérieure de son corps échancrée en deux assez gros mamelons terminés par des poils, et qui lui servent sans doute de moyens d'appréhension dans l'acte de la copulation. A part ces différences spécifiques, l'acare du cheval a, de celui de l'homme, la blancheur de nacre sur tout son corps, la dureté et la couleur purpurine du *rostrum t* et des pattes *p*. J'avais pris, dans mon premier travail, les mesures de cet acare au microscope composé qui raccourcit les longueurs; tandis que j'ai pris celles de l'acare de l'homme à la loupe, qui maintient davantage les proportions; je pense que la première mesure est entachée d'erreur (je l'avais trouvée d'un dixième de ligne ou un septième de millimètre environ). Je pense, au contraire, que l'acare de la gale du cheval est plus grand que celui de la gale humaine, en me fiant à certains rapports approximatifs dont j'ai gardé le souvenir (715).

726. ACARE DE LA GALE DU MOUTON. Quoique les dessins de l'acare du mouton publiés par Walz (722) soient entachés d'une imperfection choquante, cependant il nous semble que l'insecte en est assez différent spécifiquement de celui du cheval.

727. Nous sommes porté à croire que les divers animaux offriront, dans leurs gales, un insecte *sui generis* du genre de notre acare. Mais jusqu'à ce jour les figures publiées par certains observateurs sont trop confuses, et l'on ne saurait établir rien de précis sur d'aussi équivoques fondements.

728. Redi a figuré l'insecte de l'étourneau, sous le nom de *Pulex sturmi* (*), avec des accidents appendiculaires si extraordinaires, que, malgré la confiance que nous inspirent toutes les observations de ce grand penseur, nous aurions été porté à révoquer en doute l'authenticité de ce dessin, si de Geer ne nous en avait pas donné une figure obtenue par une observation qui lui est propre. De Geer le désigne sous le nom d'*Acarus passerinus* (**). Imaginez-vous l'insecte de la gale du cheval, portant les deux plus externes de ses quatre pattes postérieures enflées outre mesure et comme atteintes d'*elephantiasis*, avec de grosses articulations en forme d'outres, et vous aurez la figure à peu près ressemblante de l'insecte de la gale des moineaux.

(*) *Esperienze intorno alla generazione degli insetti*, 1686.
(**) *Mém. pour servir à l'hist. des ins.*, tom. 7, pl. 6, fig. 12.

729. Enfin nous joindrons, pour mémoire, à ces citations, celle d'un acare que Scheffer (*) dit avoir trouvé sur la *Chrysomcla tenebricosa*, et qui nous a l'air de se rapporter plutôt à l'acare *de la gale* qu'à une *tique;* ce qui rend infiniment probable que les insectes, outre les tiques qui les dévorent, sont sujets aussi à une efflorescence galeuse, et qu'ils ont pour parasites, soit des acares qui se contentent d'enfoncer le rostre et les mandibules dans la peau, et déposent leurs œufs à la surface du corps (578), soit d'autres qui fouissent la peau et vont déposer leurs œufs sous l'épiderme. Quoi qu'il en soit, la science réclame une monographie complète des acares galipares des quadrupèdes et des oiseaux; nos précédentes observations en auront tracé le cadre et préparé les matériaux.

730. En décrivant le rostre (570) de l'acare de la gale, on a dû sans doute remarquer que je n'ai parlé ni des palpes, ni des mandibules, ni des yeux. Je n'ai voulu faire entrer dans ma description que ce que j'avais distinctement vu, et ce que chacun, guidé par ces données, pourrait tout aussi bien distinguer que moi. Cependant sur le rostre de l'acare du cheval (725), j'ai vu et dessiné deux palpes, qui chez l'acare de l'homme (723) se cachent sans doute sous le chaperon. Quant aux mandibules, je ne les ai jamais aperçues faisant saillie au dehors, ce qui me porterait à croire, car l'analogie en indique suffisamment l'existence (567), que cet appareil joue et fonctionne sous le chaperon du rostre, sans jamais le dépasser, au moins quand on observe l'acare loin des chairs qu'il a l'habitude d'entamer.

731. OPINIONS MÉDICALES SUR L'ORIGINE ET LES CAUSES DE LA GALE. Je ne m'arrêterai pas à exposer longuement l'opinion de Galien, qui faisait dériver la gale de l'humeur mélancolique; celle de Virgile, qui en assignait la cause à la sueur rentrée sous l'influence d'une pluie froide; celle de Silvius, qui l'attribuait à une âcreté de sang. On fait des volumes pour discuter des opinions semblables et leur substituer la sienne; on n'ajoute pas, en les discutant, une idée de plus à ce que nous savons de positif. La plus jolie réfutation de ces savants galimatias est certainement le préambule dont Van Helmont fait précéder son opinion sur la gale; Erasme ne l'aurait désavoué ni pour l'élégance de la latinité, ni pour le bon goût du persiflage. Il est vraiment dommage que la nature de notre travail ne nous permette que d'en donner une bien pâle traduction; mais si faible que soit la copie, elle n'en sera pas moins d'une cer-

(*) *Mém. sur les insectes,* 1764, tom. 2, pag. 64, tab. 2, fig. 10, qu'il a reproduite dans les *Icones insect. ratisbonnensium,* pl. 446. fig. 3

taine utilité à notre ouvrage, en préparant, avec un rare bonheur de pensée, l'esprit de nos lecteurs, à tout ce que nous aurons à établir, en échange de ces nébuleuses théories que nous avons l'intention de renverser point par point :

« Dans mon extrême jeunesse, dit Van Helmont (*), ayant été dire adieu à une jeune demoiselle, je lui pris la main, ignorant que, sous le gant qui la recouvrait, était cachée une gale sèche; d'où il m'arriva, à la suite de ce léger contact, de contracter, non pas une gale sèche, mais bien une gale purulente... En conséquence je mandai deux des plus célèbres médecins de notre ville, presque satisfait, en moi-même, de trouver une occasion de m'assurer si mes études théoriques s'accorderaient avec leur pratique. A peine les docteurs eurent-ils jeté les yeux sur ma gale, qu'ils opinèrent que ce qui abondait en moi, c'était une bile calcinée, avec un phlegme salé, ce qui faisait que la sanguification ne s'opérait plus dans le foie avec tempérance et mesure. Me voilà aussitôt dans la joie, d'apprendre que ce que m'avaient appris les livres était confirmé par les maîtres les plus experts... Et cédant alors à ma curiosité naturelle, je leur demandai quelle était cette intempérance du foie, qui, par un même et seul acte, allumait plus qu'il ne fallait de bile jaune, et produisait plus qu'il ne fallait de pituite; puisque la même source et l'acte d'une même signification ne peuvent donner et engendrer, dans le même moment et le même viscère, un double résultat, et deux résultats aussi disparates que peut l'être la production en abondance d'une bile calcinée et brûlée d'un côté, et d'une pituite aqueuse et froide de l'autre. Mes maîtres, très-expérimentés dans leur art, hésitèrent pourtant à me répondre; ils ouvrirent deux grands yeux; et après s'être regardés sans mot dire, le plus jeune me répondit enfin : « L'intempérance du foie est de nature ignée; aussi ne donne-t-elle pas une vraie pituite, mais une pituite salée; or, ajouta-t-il, la température du sel est chaude et sèche. — Mais, repris-je, est-ce que le sel de l'urine vient d'une affection morbide du foie, et d'une chaleur immodérée? Cependant le jus des viandes non salées ne se sale pas en bouillant sur le feu. — Ce sont là des questions, se prit à me dire le plus ancien des deux, qu'il est permis de proposer sur les bancs de l'école, mais non à des praticiens pour qui, et dans l'intérêt de leurs familles, le temps c'est de l'argent. » Et ce disant, il me demanda le nom de ces auteurs que j'avais consultés; et quel serait le traitement que j'en aurais tiré, dans l'espèce. Je lui répondis que,

---

(*) *Opera omnia*, 1707, pag. 304, sous le titre de *Scabies* et *Ulcera scholarum*. Vau Helmont, mort en 1644, était né en 1577; cette scène devait donc se passer environ vers 1595, époque à laquelle Van Helmont avait dix-huit ans.

pour me rafraîchir le sang et me calmer le foie, j'étais d'avis qu'on me fît une saignée au bras droit sous la céphalique, qu'il fallait ensuite procéder par des apozèmes rafraîchissants, pour combattre et dissiper la bile brûlée; de manière pourtant à combiner les incisifs et les évacuants, à cause de la nature salée de la pituite. Je leur ajoutai, d'après l'autorité de Rondelet, qu'un apozème composé d'une cinquantaine d'ingrédients m'inspirerait la plus grande espérance, pour arriver aux deux fins. Or, comme les docteurs ignoraient que j'étais fort studieux et un intrépide faiseur de notes, ils m'obligèrent à prescrire moi-même tout ce qui devait entrer dans mon apozème. En conséquence, immédiatement après une assez copieuse émission sanguine, opérée sur un jeune homme aussi plein de santé que je l'étais, je pris trois jours de suite le susdit apozème, auquel j'ajoutai, le quatrième et le cinquième au matin, assez de rhubarbe et d'agaric pour que la nature commençât à obéir à la voix de la médication, et que les deux humeurs peccantes fussent entraînées à la suite. Les docteurs approuvèrent tout, enchantés et ravis de me trouver aussi docile aux ordonnances qu'avide de savoir. Le soir du cinquième jour, je proposai la tisane de fumeterre, etc.... Le sixième jour, j'eus au moins seize selles. Les docteurs donnèrent des éloges à la prévoyance avec laquelle j'avais si bien préparé mes premières et dernières voies. A deux jours de là, voyant que ma gale n'avait rien perdu de sa force et de sa malignité, je prends le même remède malgré l'aversion qu'en éprouvait mon estomac; et j'en obtiens le même résultat. Les docteurs disaient que l'âge de dix-huit ans, âge plein de force et de vigueur, était porté à la génération de la bile; et comme ils voyaient que mon mal ne diminuait pas, que je n'en éprouvais pas moins de prurit, et qu'il n'en paraissait pas moins de nouvelles pustules, ils m'ordonnèrent de prendre le même purgatif deux jours après. Le soir de ce jour, j'en étais arrivé à un état de marasme et d'épuisement tel que mes joues pendaient flasques et décolorées, et que ma voix était rauque; j'avais de la peine à descendre du lit, encore plus de peine à marcher; mes genoux ployaient, et je ne me soutenais plus.

» Voilà ce qui m'était arrivé, à moi plein de santé, pour avoir touché une main galeuse. La première fois, en me voyant couvert de ces larges amas de pustules hideuses et purulentes, je m'en réjouissais, comme d'un nouveau sujet d'études que je portais avec moi. Et ce ne fut que trop tard que je fis la réflexion, qu'avant ce traitement je n'éprouvais rien à l'intérieur; que depuis, au contraire, j'avais perdu l'appétit et la faculté de digérer; que j'y avais gagné une maigreur désespérante, et que la gale ne m'en restait pas moins, avec une voix rauque et glapissante de plus... Le repentir m'ouvrit les idées : je me portais à merveille auparavant, me disais-je, sauf la maladie contagieuse de ma peau, qui m'était venue du dehors. Or de rien il ne se produit rien ; un être corporel ne peut exister que dans un espace. Je me demandai alors un peu tard d'où m'était venue cette abondance de bile, et où elle se tenait auparavant cachée ; car toutes mes veines réunies, alors même qu'elles n'auraient pas possédé une seule goutte de sang, n'auraient pas pu contenir, dans leur capacité, la dixième partie de toutes ces ordures.

» Je savais bien, du reste, que tant de matières n'avaient pu se nicher ni dans ma tête, ni dans ma poitrine, ni dans mon abdomen, en supposant même ces cavités vides de leurs viscères respectifs.

» Je parvins enfin à conclure de mes calculs, à mon grand regret, parce que c'était à mes dépens :

» 1° Que le nom de *purgation* était une imposture ; 2° que la prétention d'éliminer par la médication telle ou telle humeur était une autre imposture ; 3° que c'était un vrai mensonge que d'assigner pour cause à la gale la bile brûlée et la pituite salée ;... 5° que le foie n'était pas complice de la contagion de la peau... vu qu'en trois mois, et à l'aide de simples frictions sulfureuses, je me guéris de ma gale ;... 8° que la gale est une simple affection de la peau... Toutes conclusions qui, se trouvant conformes aux indications de la nature et aux saines notions de la philosophie, me portèrent à admettre que la gale des écoles n'existait que dans les théorèmes qu'on y professait.

» Je jouissais, me disais-je, de la plénitude de ma santé, à l'instant où j'attrapai la gale ; je l'attrapai par un simple attouchement de mains, dans l'espace d'un quart d'heure. Mon foie n'avait pas eu le temps de s'échauffer.

» Quant aux pustules galeuses qui se montrèrent dans l'espace de quelques jours, et à une petite distance de notre entrevue avec la demoiselle, elles étaient moins la gale elle-même que le fruit de cette maladie...

» Car, dès que l'attouchement a lieu, soit immédiatement, soit au moyen d'un linge qui en est infecté, et qu'elle passe de la peau de l'un à l'autre, la gale existe et se transmet ; son germe ou son ferment est dans la peau qui la gagne, ou dans le linge. Son embryon est déjà conçu dans la peau de celui qui touche la main au malade ; il devient visible en se développant. »

En lisant cet ingénieux persiflage, ne croirait-on pas que Van Helmont arrive droit à l'insecte de la gale ? Sa dernière phrase a la jeunesse et la fraîcheur de nos idées actuelles ; la gale pour lui se transmet par un germe, un germe avec embryon, que la fécondation anime, que l'incubation fait éclore.

Malheureusement tous ces mots ne sont que les métaphores d'une entité morbipare que Van Helmont assimile au ferment.

La gale pour lui est une fermentation cutanée, et il ne la combat que par des médications externes, car son siége n'est pas en dedans. C'était là un grand pas de fait vers des idées plus précises; le ferment de Van Helmont n'était encore qu'un x algébrique, dont la valeur était tout aussi inconnue que pouvait l'être celle de la *bile chaude* et de la *pituite froide*, mais qui du moins avait l'incontestable avantage d'être bien posée, dans les termes d'une bonne équation.

Le mot de Van Helmont, *contagio pellis*, est resté dans la science, qui, depuis lui, a fait une classe particulière des maladies de la peau, quoique de temps à autre nous la voyions se rejeter, même à ce sujet, et en désespoir de cause, dans l'ancien galimatias de l'école galénique. C'est cette tendance héréditaire des facultés au verbiage galénique, verbiage qui dispense un professeur de tout ce qui lui manque, c'est cette malheureuse lèpre de la succession scolastique, qui fit que la théorie si simple à concevoir de l'origine entomologique de la gale, ainsi que la méthode de traitement conforme à la théorie, resta enfouie dans le livre d'Abenzoar, sans que Moufet (697), qui la développa si bien en 1634, ait eu la puissance de fixer sur elle l'attention du monde médical. Cestoni lui-même (700,718), qui reprit la question en sous-œuvre et *ab ovo*, qui étudia à fond les habitudes et les produits de l'insecte, qui en publia des figures informes si l'on veut, mais lesquelles en donnaient du moins la silhouette, Cestoni resta vingt-trois ans sans pouvoir se faire comprendre, sous le voile de l'anonyme, et ne se fit même comprendre que des naturalistes, après l'avoir déchiré. Nous avons reproduit plus haut (700) la teneur de ses deux lettres; nous ne nous exprimerions pas mieux que lui sur la question de l'origine de la gale et de son traitement. Mais après ce grand échec, la doctrine galénique ne se tint pas pour battue; elle continua, en minant et se dissimulant, à tracer son petit terrier sous l'épiderme des facultés, et à y laisser çà et là ses petits dépôts d'humeurs de divers genres. La doctrine de Cestoni fut peu à peu reléguée, comme l'avait d'abord été celle d'Abenzoar et de Moufet, dans le domaine des curiosités de la nature, et des passe-temps des écrivains *ex professo,* même par ceux qui adoptaient, pour traiter de la gale, une médication externe et que j'appellerais volontiers *acaricide.*

Les autres revenant à ce système, qu'avait si joliment plaisanté Van Helmont, saignaient, purgeaient, s'occupaient d'exténuer, par la diète et par une médication dirigée à l'intérieur, afin de préparer, disaient-ils, le malade à la médication extérieure : nous avions des pilules et des élixirs *antipsoriques:* et la théorie rétrograde était tellement en progrès,

.dès 1808, que nous voyons Valli, médecin de l'armée d'Italie, reprenant les théories de Jerzemski et de Lepecq de la Clôture, soutenir avoir guéri de l'épilepsie par l'inoculation de la gale au moyen de sa sérosité ; .c'est la doctrine qu'Archambault a renouvelée et a publiée à Paris, en 1817 (*), époque à laquelle on commençait à ne plus croire à la thèse de. Galès (712). ·

Les vétérinaires surtout purgeaient, saignaient, affamaient, exténuaient à l'intérieur les pauvres chevaux attaqués du *rouvieux* (715), et leur. faisaient avaler de la fleur de soufre, en guise d'avoine, avant de se per-mettre sur eux la moindre friction et la moindre médication externe.

Et cette thérapeutique reprit force et vigueur dans les hôpitaux de Paris, dès qu'il fut constaté comparativement que la thèse inaugurale de .Galès. n'était qu'une bonne et belle mystification médicale. En effet, la gale cessa d'être le produit d'un insecte, aux yeux du médecin, du jour où l'on vit qu'on avait été la dupe d'une substitution d'insecte.

732. EFFETS MORBIDES DU PARASITISME DE L'ACARE DE LA GALE. Dès que l'acare rampe sur la peau, on éprouve, à moins que l'épiderme n'en soit dur et calleux, une légère démangeaison, qui ne provient que de l'appli-cation successive des ventouses ambulatoires de l'insecte sur ce plan .organisé, et du petit frôlement des poils qu'il traîne à sa suite. La dé-mangeaison prend bientôt le caractère d'un prurit incommode, et qui porte à se gratter, dès que l'acare plonge son rostre et l'appareil fouis-seur de ses mandibules dans l'épiderme, pour y creuser son terrier. On comprend que cet effet passera inaperçu, comme symptôme, qu'il ne sera considéré que comme un infiniment petit effet local, si l'acare est seul de son espèce à cet ouvrage. Mais si ces insectes sont en nombre considé-rable, et que le corps en soit presque couvert, on conçoit quel mouve-ment fébrile et quelles impatiences nerveuses doivent être le résultat presque immédiat de ces milliers de petites piqûres envenimées (569).

. 733. L'acare ne fouit pas l'épiderme sans profit et sans but. Il faut qu'il vive, il faut qu'il ponde et mette son œuf à l'abri de tout accident. Nous avons vu que la présence d'un œuf, dans un tissu, imprime à ce tissu l'impulsion d'un développement insolite et d'une élaboration anor-male (669). Ce point de physiologie sera encore mieux éclairci, quand nous aurons à nous occuper spécialement de l'effet des œufs que les in-

---

(*) *Journ. gén. de Méd.*, tom. 57, pag. 90. — *Voyez*, de plus, *de Scabiei salubritate in affectibus hydropicis*, Hàlæ, 1777 ; — Lepecq de la Clôture, sur un cas prétendu de phthisie guérie par l'inoculation de la gale (*Collect. d'obs. sur les maladies épi-démiques*, 1778, tom. 2, pag. 384).

sectes déposent dans les tissus végétaux. Leur présence seule dans les cellules végétales détermine, en cet endroit, le développement d'un organe de superfétation, qui a l'air et même tous les caractères d'un fruit implanté sur l'épiderme, et à qui les Latins ont donné le nom de *gallæ*, noix de galle; d'où est venu, par analogie, le nom vulgaire de *gale* qu'a reçu la maladie dont nous nous occupons : admirable instinct populaire qui a précisément pris le mot de la formation végétale, laquelle a, par son origine et son développement, le plus de rapport avec les petits produits de l'insecte acare! Car à peine l'œuf de l'acare est-il pondu sous l'épiderme, qu'il s'opère là une élaboration de nouvelle nature, une transsudation limpide, qui, contenue par un épiderme devenu imperméable en s'atrophiant, s'arrondit en vésicule phlycténoïde de fort petite dimension; organe d'incubation qui éclate et se vide, dès que le jeune acare vient d'éclore, qui se dessèche et tombe en croûte, pendant que le jeune acare va chercher ailleurs et sa pâture et l'occasion d'un accouplement, afin de venir ensuite tracer à son tour son sillon sous-cutané, et y déposer l'espoir de ses générations de malheur pour l'espèce humaine. L'acare fuit de ce lieu d'incubation, dès qu'il a pondu son œuf; nul insecte en effet ne saurait vivre dans le milieu où se développent ses œufs; car dans cette classe d'êtres vivants, comme dans les classes supérieures, la nutrition fœtale est diamétralement opposée à la nutrition adulte.

734. La vésicule d'incubation varie de dimensions et de formes, selon la nature et l'élasticité des tissus envahis, d'autant plus grande que l'épiderme est plus tendre et se prête mieux à l'afflux de la sérosité qui suinte en dessous. Le carré 1 de la planche 17 représente les divers âges et les diverses formations des pustules de la gale. Chez les femmes et les enfants, ces pustules sont plus grandes que chez les hommes endurcis aux travaux de la campagne. La dimension la plus fréquente, c'est la plus petite; on la voit grossie en *d* avec sa forme conoïde en général; mais près de chacune d'elles, on remarque à la loupe un sillon plus blanc que le restant de l'épiderme, et qui décrit diverses sinuosités.

735. Partout donc où il se développera une papule de gale, nous serons en droit d'y voir l'œuvre d'un acare. Or, sans papules, la gale n'existe pas; donc la gale est le produit cutané de la propagation de l'acare; donc la gale n'est pas une entité médicale. Ce syllogisme ne comporte pas la moindre exception.

736. Mais l'acare trace son sillon principalement en labourant le creux d'une ride de la peau; et il fait naître au bout une papule, par la ponte d'un œuf. Supposons que l'acare soit arrivé à un âge de fécondité qui le mette à même de pondre successivement plusieurs œufs, à la suite

les uns des autres; nécessairement la disposition relative des papules qui en résulteront dépendra uniquement de la disposition des rides de la peau et des mouvements musculaires, qui sont dans le cas de faire varier à chaque instant la direction de ces rides. Donc, dans certains cas et sur certaines surfaces, la gale, produit de l'acare, pourra prendre les caractères externes et de configuration que les nomenclateurs assignent à l'*herpes phlyctenoides*, pl. 17, fig. 2; à l'*herpes circinnatus*, fig. 3, et même à l'*herpes iris*, fig. 4, etc., toutes maladies de la peau qui commencent par un prurit insupportable, et finissent par des papules, dont chacune en particulier est une papule galeuse.

737. Mais si les peaux les plus tendres sont celles qui se prêtent le mieux aux goûts et aux habitudes de l'insecte de la gale, on doit en conclure que les surfaces buccales, celles de l'intérieur du nez avec tous leurs aboutissants, les surfaces de l'anus et des organes génitaux réunissent ces conditions à un degré supérieur, et que, si l'acare ne s'y porte pas plus souvent, cela est dû, sans aucun doute, à la répugnance qu'il éprouve pour l'odeur des condiments ou des produits naturels de ces divers organes. Que s'il arrivait que, par suite d'une médication atténuante, les causes de cette répugnance vinssent à être effacées et annulées pendant quelque temps, rien ne s'opposerait plus alors, il faut l'avouer, à l'invasion de l'acare dans ces organes, et à sa propagation, de proche en proche, dans ces cavités internes; entraînant après lui son prurit, pour ainsi dire, nerveux; et ses papules délétères couvrant bientôt des surfaces entières avec des développements anormaux, enfin asphyxiant d'autant la faculté aspiratoire des tissus et leur puissance d'élaboration. Des symptômes plus ou moins graves et plus ou moins alarmants ne manqueraient pas de compliquer alors cette contagion hideuse; la gale serait répercutée à l'intérieur, et elle exigerait dès lors une médication à la fois interne ou externe. De cette manière on concevra que la médication externe seule soit dans le cas de répercuter la gale, en repoussant, par son odeur, l'acare, des régions extérieures du corps, dans la capacité des organes qui sont à l'abri de cette influence nuisible au parasite et propice au malade.

738. L'acare, ainsi que tous les insectes de petite dimension, est racorni et asphyxié par l'alcool; il est dissous en grande partie par les acides et les alcalis; il est asphyxié par les huiles, même par l'eau et autres liquides, qui lui bouchent ses deux ouvertures respiratoires; il est empoisonné par les plus légères quantités des poisons qui, en plus grande quantité, sont dans le cas d'empoisonner les animaux de la plus grande taille; il l'est aussi par les émanations, inoffensives pour nous, de toute huile essentielle ou d'une résine odorante : musc, goudron, cam-

phre, myrrhe, baume, poivre, ail, gingembre, etc., et c'est pour cela que, de tout temps, on a protégé les fourrures contre les ravages des mites, en les tenant constamment saupoudrées de camphre (*). Tout ce qui précède nous indique que nous devons protéger nos corps par les mêmes moyens que nous protégeons nos habits, quand c'est un insecte analogue qui les ravage.

739. Une piqûre d'aiguille fine donne lieu sur l'épiderme, surtout entre les doigts, à la naissance d'une papule, qui, au premier coup d'œil, a l'air d'une papule de gale, par sa forme, par son aspect et par sa position ; mais avec un peu d'attention, on y remarquera la trace du point qu'a laissé la piqûre, tandis que la vraie papule de gale n'offre rien de semblable, le point de la piqûre étant sous-cutané.

740. L'acare de la gale affecte plus spécialement certains animaux que certains autres; cependant il n'est pas rare de le voir abandonner ses préférences pour passer d'une espèce d'animal à une autre. L'homme, dans certaines circonstances, peut gagner, à son insu, la gale du cheval qu'il soigne ou de l'agneau qu'il tond. Le naturaliste Delalande contracta la gale en empaillant des phascolomes, espèces de marmottes de la Nouvelle-Hollande. L'acare de l'homme se communique facilement d'homme à homme ; cependant il est certaines peaux pour lesquelles cet acare semble éprouver une certaine répugnance, à cause du suint, soit naturel, soit artificiel, qui les enduit ; les ouvriers dans la partie des huiles ne contractent pas la gale, et les étrangers qui entrent dans cette partie, étant affectés de cette maladie, ne tardent pas à s'en voir guéris comme spontanément. Les personnes qui portent habituellement sur elles, par goût ou par profession, des parfums et des odeurs aromatiques, sont moins exposées que toute autre à attraper la gale par communication. D'un autre côté, nous avons fait la remarque (733) que l'acare s'éloigne de son propre produit, et qu'il est sans cesse à la recherche des places nettes ; il nous paraît probable que, conséquent avec ses goûts, lorsqu'une peau humaine a été infectée par ses ravages, l'acare doit éprouver de la répugnance à y revenir ; ce qui rendrait raison du peu de fréquence des récidives, chez les galeux invétérés qu'on est venu à bout de guérir. C'est peut-être encore à cause de leur odeur hircine, que les chèvres et les boucs sont moins sujets à la gale que les brebis et les moutons.

741. Les deux orifices de l'organe respiratoire se trouvant presque cachés, chez les acares (563), sous le corselet du plastron abdominal,

(*) *Ambrosiasis, ut moscho, zibetho, holco odorato, camphorá, oleo corticis betulæ, vestes et insectorum musea ab acaris servamus, quæ internè quoque, in expellendis retropulsis hisce exanthematibus, feliciter propinantur:* (Nysander, *Exanthemata viva. Amœnit. acad.,* tom. 4, pag. 96, an. 1757.)

pour se soustraire à la propriété asphyxiante des corps oléagineux,
l'acare n'a qu'à s'appliquer quelques instants contre le plan de reptation;
ce qui fait que les huiles ne sont pas toujours l'antidote le plus puissant
des maladies que ces petits insectes engendrent, à moins qu'on ne continue la médication assez longtemps et avec intelligence de l'état de la
question.

L'action des corps gras contre la cause des maladies de la peau a été
pressentie de toute antiquité. Quinte-Curce rapporte que les soldats
d'Alexandre, arrivés à l'embouchure du Gange, furent pris de la gale, et
qu'ils ne s'en guérirent que par les onctions à l'huile. (Liv. 9, chap. 10.)

Columelle prescrit contre la gale des chiens, et de l'homme même, un
onguent fait d'un mélange de cytise et de sésame triturés avec de la poix
liquide (liv. 7, ch. 13).

Le facétieux auteur de la savante drôlerie intitulée *Monachologie* (*)
fait remarquer que le moine de l'ordre de saint François de Paule est
redevable, à l'enduit oléagineux qui forme crasse sur sa peau, d'être à
l'abri des poux, puces et parasites de toute autre espèce, qui redoutent
le contact de l'huile.

RÉSUMÉ SYNONYMIQUE OU ESSAI DE CLASSIFICATION DES ACARIDIENS.

742. L'importance du rôle que jouent les acares, dans la production
des maladies cutanées des végétaux et des animaux, nous impose l'obligation de résumer ici, pour l'usage particulier de ceux qui sont appelés
désormais à en faire une étude plus approfondie, les divers résultats
synonymiques que nous avons obtenus dans le cours des précédentes
observations; nous ne dépasserons pas en cela les bornes que nous
prescrit la nature spéciale de cet ouvrage.

Famille des Acaridiens.

Insectes sans métamorphose et peu visibles à l'œil nu, respirant par
deux stigmates placés à la naissance du thorax, lesquels aboutissent
chacun à une poche branchiale;

(*) *Johannis Physophili specimen monachologiæ, methodo Linneand*, etc., in-4°.
1783, chap. 12 (classification du genre Moine, d'après la méthode Linnéenne, par
Jean Physophile (Ignace de Borne). Broussonnet a traduit ce livre en français, sous le
pseudonyme d'*Antimoine*.

Munis d'une carapace dorsale et d'un plastron ventral, entre lesquels s'échappe, souvent en se confondant avec eux, un abdomen susceptible, chez quelques-uns d'entre eux, d'acquérir par la réplétion, des dimensions extraordinaires;

Ayant huit pattes insérées dans tout autant d'échancrures plus ou moins visibles du plastron, divisées au moins en cinq articulations, et terminées, au nombre de quatre au moins, par des pelotes visqueuses, espèces de ventouses mobiles et contractiles qui leur servent à s'attacher au plan de reptation;

Leur tête, ou rostre, semble d'une seule pièce; elle porte à sa base plusieurs yeux plus ou moins distincts, et recouvre les mandibules;

Les palpes sont insérées en général sur les deux côtés de la base de la tête; elles sont articulées, et mousses-ou terminées en pince;...

Les mandibules sont doubles, se rapprochant en suçoir canaliculé et portant à leur sommet un onglet externe, qui est susceptible de jouer en divergeant et qui paraît creusé pour donner passage au virus; ,

Le mâle affecte en général des formes différentes de la femelle, et les petits éclosent avec six pattes seulement.

N. B. Les acaridiens diffèrent des arachnides par leurs mandibules dont l'onglet canaliculé s'insère sur le dos, tandis que chez les arachnides il s'insère sur la face antérieure; ensuite par le mode de rapprochement des mandibules, qui, chez les acaridiens, sortent comme d'une gaîne et se rapprochent en suçoir, tandis que chez les arachnides, elles s'écartent et se rapprochent alternativement l'une de l'autre, et ne se soudent pas en suçoir (567).

1er Genre : CHEYLETES, Pince.

CHAR. Pedes ambulacris orbati; palpi longissimi, brachiiformes.

SPECIES : CHEYLETES ERUDITUS Lat. (*Acarus eruditus* Oliv.), Cheylète des livres.

N. B. Habite les vieux livres où il fait la chasse aux insectes.

Obs. J'ai conservé le *cheyletes* parmi les acares, d'abord pour ne pas trop m'écarter des idées reçues, dans une classification comme celle-ci qui est plutôt nosologique que systématique, mais surtout à cause de sa taille qui le rapproche seule des acarus, car cet insecte a tous les caractères qui distinguent les crustacés, à cause de ses palpes en pince comme celles des crabes et des écrevisses. Le corps, qui a quatre millimètres de long sur deux et demi de large, est ovale à fond blanc nacré avec onze bandes transversales de couleur marron, une sur chaque anneau. Les

huit pattes sont insérées autour d'un plastron de couleur marron foncé ;
elles ont quatre articulations, la seconde plus large que les autres. Les
deux palpes terminées par une pince s'insèrent de chaque côté de la tête,
et se composent de quatre articulations, les deux premières perpendicu-
laires à la ligne longitudinale du corps et les deux autres lui étant parallèles ; ces palpes ont cinq millimètres de long.

L'un de nous en a trouvé un dans sa chemise, en se levant, le 21 juin
1854, à Boitsfort ; déposé dans l'alcool camphré le cheylète a été asphyxié
instantanément.

2e Genre : HYDRACHNE, Tique des eaux.

CHAR. Pedes natatorii et non reptationi idonei. Acari aquàtici.

SPEC. : HYDRACHNE GEOGRAPHICA, CRUENTA, EXTENDENS, IMPRESSA Muller, etc.

Obs. L'étude des acaridiens d'eau douce est à reprendre en entier ;
Muller, qui en a publié jusqu'à cinquante espèces, a certainement pris
pour des différences spécifiques les différences d'âge, de sexe et de milieu. Les hydrachnes sont les tiques et les mites des poissons et autres
animaux ou insectes aquatiques.

3e Genre : TROMBIDIUM, Trombidie.

CHAR. Palpis chelatis ; habitu corporis holosericeo.

SPEC. 1 : TROMBIDIUM HOLOSERICEUM Nob., Trombidie satinée.

Colore purpureo sericeo; corpore pyriformi. Pl. 5, fig. 13 et 14 (599).

SYNONYM. *Trombidium lapidum, fuliginosum, curtipes, trigonum, trimaculatum,
miniatum, longipes, quisquiliarum, parietinum, bicolor, assimile, pusillum, murorum, papillosum, squamatum, expalpe, cornigerum,* Hermann, *Mém. aptér.,* pl. 1,
fig. 2, 3, 4, 5, 6, 7, 8, 9, 12 ; pl. 2, fig. 1-9. Variæ ætates maris seu fœminæ ejusdem
speciei. — *Smaris*; Lamk., *Anim. sans vert.,* tom. 5, pag. 54. — *Acarus araneodes,*
Surinami, Pallas, *Spicil. zool.,* fasc. 9, tab. 3, fig. 11.

Obs. Les trombidies de nos climats se cachent l'hiver dans les tiges
articulées des plantes, dans les fissures des écorces d'arbres, sous les
pierres. Nous croyons avoir de fortes raisons de penser que l'*Acarus
foliorum* en est l'extrême jeunesse (600).

SPEC. 2 : TROMBIDIUM TINCTORIUM, Trombidie colorante.

Corpore ovato et ferè globoso.

Obs. Cette trombidie habite en Afrique ; je l'ai reçue des côtes de Barbarie en 1828 ; l'esprit-de-vin dans lequel je l'avais renfermée en avait extrait une huile colorée, partie en aurore, partie en pourpre (602);

4e GENRE : ACARUS, Tique de terre.

CHAR. Ambulacris distinctis; palpis conspicuis, mandibulis exsertis, abdomine, mirum in modum, nutritionis ope, intumescente.

SPEC. 1 : ACARUS FOLIORUM, Acare des feuilles (580).

Corpore niveo, ovoideo, maculis viridi-rubro et luteo variegatis utrinquè ornato. Pl. 5, fig. 9, 10, 11, 12.

SYNON. *Acarus telarius* Lin. — *Trombidium tiliarum, socium, celer, telarium* Hermann, pl. 2, fig. 12-15. — *Gamasus telarius* Lamk. Variæ ætates, variaque nomina ejusdem speciei, quæ fortassè ipsa non est alia ac infantia *Trombidii holosericei*. Habitat sub paginâ inferiori foliorum languentium ; ibique varias pustulas generat, pro totidem fungis habitas à botanistis (*).

SPEC. 2 : ACARUS ARMENIACÆ, Acare de l'abricot. Pl. 6, fig. 14.

Coccinellæ similis, colore castaneo, pedibus luteis.

SPEC. 3 : ACARUS LABURNI, Acare du faux ébénier. Pl. 6, fig. 3.

Coccineus, ovoideus; pedibus luteis; thorace et capite distinctis.

Spec. 2 et 3, an varietates seu species distinctæ?

SPEC. 4 : ACARUS OVOVEGETATIVUS, Acare œuf-végétant (672).

Ovo parasito coleoptratorum, primum sessili, deindè in longum pediculum evolvente; mox in binas valvas scisso, quibus acaridion aliquandiù adhæret, more cyclopum, daphnidiarumque; et quibus exutis, acarus apparet, binis pedibus anterioribus ambulacro, apud fœminam, palporum instar, carentibus.

SYNON. : α. *Acarus ovo inclusus* Nob., pl. 3, fig. 4, 5, 8. — *Acarus vegetans* de Geer, tom. 7, pl. 7, fig. 16, 17. — *Uropoda vegetans* Lat. et Lamk.

β. *Acarus adultus mas* Nob., pl. 4, fig. 1, 2. — Mite faucheur de Geer, tom. 7, pl. 8, fig. 8. — *Erytræus phalangioides* Latr. et Lamk. — *Trombidium phalangioides* Hermann, pl. 1, fig. 10. — *Acarus coleoptratorum* Rœsel, tom. 4, pl. 1, fig. 10-15.

γ. *Acarus fœmina* Nob., pl. 3, fig. 1, 2, 6, 7. — *Gamasus coleoptratorum* Latr. et Lamk. — *Leptus insectorum* Lamk. — *Acarus phalangii* de Geer, tom. 7, pl. 7, fig. 5. — *Acarus aphidis* id., ibid., fig. 14. — *Acarus corticalis* de Geer, tom. 7, pl. 8, fig. 1. — *Oribata* Latr. et Lamk.

SPEC. 5 : ACARUS REDIVIUS, Acare riciu, ou Tique des bœufs et des chiens (608).

Abdomine, præ nutritione, mirum in modum intumescente. Acarus cuti

(*) On serait tenté de croire que ce sont là les petites bêtes que Pline a voulu désigner, dans le passage suivant : *Et leguminibus innascuntur bestiolæ venenatæ, quæ manus pungunt, et periculum vitæ afferunt, solifugarum* (550) *generis.* (Lib. 22, cap. 25.) Mais leurs effets morbides tiendraient alors à l'influence du climat de l'Italie.

animalium quadrupedum, avium et etiam ipsorum insectorum adhærens, et eò magis intumescens,'quò majoris staturæ et pinguedinis animalium cuti adhæret.

SYNON. *α. Prima ætas maris* Nob., pl. 5, fig. 1 et 3 (607).

β. Prima ætas fœminœ Nob.—*Leptus autumnalis* Lamk.—*Acarus aphidis* de Geer. —*Rouget* des environs de Paris.

γ. Secunda ætas maris Nob., pl. 5, fig. 2. — *Rhyncoprion columbœ* Hermann. — *Argas marginatus* Latr. et Lamk. — *Acarus gallinœ* de Geer, pl. 6, fig. 13.

δ. Secunda ætàs fœminœ Nob., pl. 5, fig. 4.

ε. Ætas obesa Nob., pl. 6, fig. 11, 12,13. — *Acarus ricinus* Lin.— *Acarus reduvius* de Geer, 7, pl. 16, fig. 2. — *A. ricinoides* id., pl. 5. fig. 17. — *Acarus nepœformis* Scopoli. — *Acarus leipsiensis* Fabricius. — *A. hispanus* Gmel. et Fabr. — *Ixodes ricinus* et *reticulatus* Latr. et Lamk. — *Rhynorhœstes pictus* Hermann. — Tique des chiens et des bœufs; Puce maligne, ou Pou des bois en Bourgogne.

OBS. Variarum calamitatum et pestilentiarum, phlegmonum carbun-culorum, etc., caussa frequens, apud rusticos, pastores, aurigas, bubulcos, stabulorumque quoscumque frequentatores (*).

SPEC. 6 : ACARUS NIGUA Nob. Acare fausse chique (642).

Reduvius intertropicalis, ideòque majorem præ majori voracitate intumescentiam obtinens, gravioresque, nostrate venenosior, calamitates pariens; pedes obambulantium nudos invadens, cutique adhærens; fide de Geer, Kalm et Rolandris, in 2ª hujus operis editione, falsò cum *pulice penetrante* confusus.

SYN. *Acarus americanus, elephantinus, undatus, œgyptius, lineatus, indus, sanguisugus* Lin., Gmel., Fabr.—*Acarus aureolatus* Pallas, *Spicil. zool.*, fasc. 9, tab. 3, fig. 10,12.—*Acarus ovalis* Kalm., *Act. acad. suec.*, 1754, pag. 19.—*Acarus Nigua*, ou Mite pique de Geer, tom. 7, pag. 37, fig. 9-13; *Acarus rhinocerotis* id. ibid., pl. 38, fig. 5 et 6; *Acarus sylvaticus,* Mite des buissons id. ibid., fig. 7. — *Acarus fuscus* Brown, *Jamaïq.*, pag. 418. — CIRON, Rochefort, *Hist. des Antilles*, ch. 21, pag. 272. — *Pediculus ricinoïdes* Rolander. — POU DES BOIS, à New-Jersey et à la Guadeloupe. — BÊTES ROUGES DES SAVANES, Sauvages, *Nosol. method.*

HABITAT in Americâ intertropicali, Africâ et Indiâ orientali; sylvas infestans et sub foliis humi jacentibus latitans, undè in animalia occurrentia saltu irruit, eorumque cuti mordicùs adhæret.

SPEC. 7 : ACARUS PARASITICUS, Acaŕe parasite (676).

Abdomine, dùm sanguinem haurit, ità intumescente, ut thoracem rostrumque

_____

(*) La tique des mammifères est si commune dans la forêt de Soignes, en été, que les paysans qui la parcourent pieds et jambes nus en reviennent souvent le bas des jambes couvert de ces sales bêtes. On a vu des chiens mourir de cette peste pour avoir eu un de ces parasites implanté au front, sans doute parce que le ricin avait préalablement plongé son dard dans quelque charogne. Notre chien en attrapait souvent dont il ne semblait pas se douter; nous nous contentions d'appliquer par-dessus la

undequaque involvat, sicque acarus acephalus appareat, et quasi larva rubicunda, octo pedum ope, lente reptans. Muscis et papilionibus parasiticus inhabitat (*).

SYNON. *Acarus parasiticus* de Geer, tom. 7, pl. 7, fig. 8. — *Astoma parasiticum* Latr. et Lamk. — An *Acarus libellulæ* de Geer, fig. 10-12, pl. 7, *sit idem acarus, sed jejunus et nondum satiatus?*

5e GENRE : SIRO *Nob.*, Ciron du fromage.

CHAR. Rostro acutissimo ; palpis et mandibulis latitantibus, necnon et testâ thoraceque inconspicuis (678).

SPECIES UNICA : SIRO CASEI. Ciron de la farine et du fromage.
Corpore albidissimo, longissimis pilis albidis hirto.

Var. α. Pedibus rostroque albidis. Habitat inter fissuras ligni, in locis obscuris.

Var. ε. Pedibus rostroque purpureis. Habitat in caseo rancido, farinâ vapidâ et humidâ ; in crustulis ulcerorum caseiformibus ; in locis apricis et luci perviis. Pl. 4, fig. 13 et 14, *Nobis.*

SYNON. Mite du fromage et de la farine. — *Sarcoptes scabiei* Latreille, fide punicâ Galesii (709). — *Acarus siro* Lin. — *Acarus siro farinæ* Fabric., *Syst. entomol.*, 1775, *non scabiei.* — Mite du fromage, Borel, obs. 27 ; Griendel, obs. 3, fig. 1 ; Cestoni, *Lettre à Redi*, fig. 13 et 14 ; Leeuwenhoeck, epist. 77, pag. 379, fig. 9, 10 ; de Geer, tom. 7, pag. 5, fig. 1-4, 15. — Micrographorum inexperientiâ, Linnæi Fabriciique errore, at præcipuè doloso Galesii mendacio, nimiùm diù à nomenclatoribus cum acaro scabiei confusus.

6e GENRE : SARCOPTES *Nob.*, Ciron de la gale (706).

CHAR. Testâ thoraceque, non autem palpis et mandibulis, conspicuis ; abdomine, dum sanguinem haurit, non intumescente ; cutem fodiens, ibique ovum deponens, pustulæ incubantis caussam.

place une compresse imbibée d'alcool camphré. Le ventre de l'insecte a l'air après sa réplétion de l'une des plus grosses graines de ricin. Dans cet état l'abdomen peut avoir 12 millimètres en long et 8 millimètres transversalement ; tandis que l'ensemble de la tête, des pattes et du corselet occupe à peine une superficie de 2 millimètres.

(*) Le 5 août 1851, j'ai rencontré un *papilio janeira* qui portait une vingtaine d'acares parasites ayant l'aspect de tout autant de petites baies couleur écarlate, dont les uns ne dépassaient pas un millimètre de long , tandis que les autres atteignaient deux millimètres de long sur un millimètre et demi de large, ce qui dépend de leur état plus ou moins avancé de réplétion. Ils deviennent tellement bouffis, à force d'être repus, que la bouche et les pattes semblent leur être rentrées dans le ventre.

Spec. 1 : Sarcoptes humanus Nob., Ciron de la gale humaine. Pl. 6, fig. 17 et 18.

Quatuor pedibus posterioribus distantibus, brevissimis, sub ventrem latitantibus, in pilum longissimum pro ambulacro desinentibus; testâ aculeis rigidis hirtâ.

Synon. Diacinto Cestoni, *Lettera al signor Redi*, 1687; *figuris 1-4; à* Baker, *Employ. of micr.*, pl. 13, fig. *a*, *b*; Richard Mead, *Trans. philos.*, n. 283; *Miscellan. Nat. cur.*, ann. 1694, *sub nomine Bonomi, in lucem rursùm editis*. — De Geer, *Insect.*, 7, pl. 5, fig. 12-13. — Wichmann, *Ætiol. scabiei*, pag. 1, 1791, fig. 2. — Raspail, *Mém. comparatif sur l'insecte de la gale*, 1834, pl. 1; *Nouv. Syst. de chim. organ.*, deuxième édit., pl. 15, fig. 1-7.

Spec. 2 : Sarcoptes equinus Nob., Ciron de la gale du cheval. Pl. 6, fig. 16.

Quatuor pedibus posterioribus longissimis, lateribus infixis; testâ obscurâ pilis longis et flexibilibus hirtâ.

Synon. Raspail, lettre à *la Lancette française*, 13 août 1831; *Nouv. Syst. de chim. organ.*, première éd., 1833, pl. 10, fig. 7-10, et deuxième éd., 1838, pl. 15, fig. 8-10.

Spec. 3 : Sarcoptes ovinus Nob., Ciron de la gale du mouton. Pag. 127, fig. 1 et 2.

An *species distincta* à sarcopte equino?

Synon. Walz, *de la Gale des moutons*, trad. 1841. (*Incomptæ figuræ, quibus omni arte destitutis, si fidem aliquam habere fas esset, ità characteres specificos delinearemus : Pedibus anterioribus longitudine pedes posteriores æquantibus.*)

Spec. 4 : Sarcoptes passerinus Nob., Ciron de la gale des moineaux.

Duobus pedibus penultimis, in modum portentosum et ferè elephantiasicum, incrassatis et elongatis.

Synon. *Pulex sturni* Redi, *Gener. ins.*, edit. Amst., tab. 11. — *Acarus passerinus* de Geer, *Ins.*, tom. 7, pl. 6, fig. 12.

Spec. 5 : Sarcoptes avicularum Nob., Ciron de la gale des oisillons.

Corpore longissimo et ferè cylindrico, pedibus æqualibus, quatuor posterioribus valdè distantibus. An prima *Sarc. passerini* ætas?

Spec. 6 : Sarcoptes piscivorus Nob., Ciron de la gale des animaux marins. Pl. 6, fig. 2 et 8.

An Sarcoptes figuræ 8, seu *Sarcopt. coccineus*, sit mas, et fig. 2, seu *Sarcopt-clytrophorus*, fœmina, dubitare fas est. Character utriusque inest pedibus ambulacro orbatis.

Obs. Il est probable que le nombre des sarcoptes ou cirons de la gale augmentera, quand on en poursuivra l'étude sur un plus grand nombre de quadrupèdes. Les *Pediculus capreoli*, *Pediculus tigridis* Redi, *Gener. degl'insetti*, tab. 19 et 24, ed. Amst.; le *Cryptostoma tarsale* Robineau Des-voidy, *Ann. des Sc. d'observ.*, III, pl. 6, fig. 1-4, ne sont sans doute que trois espèces de *Sarcoptes*; par leur forme générale, ils ne rentrent dans aucune des espèces précédentes d'acaridiens; ils ont le test en tortue des sarcoptes; le *Cryptostoma tarsale* a été trouvé sur le mulot. Bory de Saint-Vincent a publié une figure assez incomplète d'un acare qui avait produit comme une maladie pédiculaire sur une femme de quarante ans : partout où la malade se grattait, elle voyait paraître des milliers de ces parasites; mais le reste de l'observation est aussi incomplet que la figure de l'insecte. (Voyez *Journal complémentaire des sciences médicales*, tome 19, page 182.)

743. Je termine en cet endroit l'exposé succinct de mes recherches nosologiques sur le groupe des acaridiens. Les médecins me pardonne-ront, je l'espère, l'étendue de ce travail, en vue de l'importance du sujet et de la part pour laquelle ces insectes entrent dans le cadre des causes morbipares. Les naturalistes, d'un autre côté, sauront apprécier la nécessité dans laquelle m'a placé la nature de cet ouvrage, d'user sobre-ment et avec concision des formes habituelles de la classification systématique.

HUITIÈME CLASSE DE CAUSES MORBIPARES ANIMÉES.

PROBOSCIDIENS, OU INSECTES SUCEURS.

744. Nous comprendrons sous ce nom les insectes parasites des plan-tes et des animaux qui n'ont que trois paires de pattes, et sont suscepti-bles, chez les mâles surtout, d'acquérir quatre ailes; ils ont des yeux composés, mais ils ne prennent leur nourriture qu'à la faveur d'une longue trompe canaliculée, qu'ils enfoncent assez avant dans le paren-chyme des plantes ou dans la peau des animaux. Cette trompe, jouant à la manière des pompes aspirantes, épuise de sucs la partie envahie, attire les sucs là où elle fait le vide, et peut par son mécanisme (667) y déterminer la formation d'une ampoule plus ou moins colorée, ou d'un tissu de nouvelle création. D'un autre côté, en obligeant le liquide cir-culatoire à rebrousser chemin, son action est dans le cas de ramener le sang veineux dans les canaux artériels, ce qui, selon le nombre des parasites, peut se caractériser par une fièvre assez intense, qui aura ses

variations de pouls, ses accès et ses alternatives de froid et de chaud, selon que l'insecte se mettra à aspirer, ou que, repu et cuvant son sang, il cessera et suspendra son œuvre de désordre; selon enfin que l'insecte sera nocturne ou diurne, et qu'il dormira le jour ou la nuit. Si sa trompe plonge jusque dans les capillaires du réseau circulatoire, il y aura simplement extravasation sanguine, dès que l'insecte la retirera de la plaie. Mais si la trompe pénètre simplement dans la capacité d'une cellule, son action, pour ainsi dire, plastique, occasionnant, entre les spires génératrices, des rencontres adultères, déterminera la formation d'organes de nouvelle création, et d'une régularité de formes et d'effets susceptible de se reproduire indéfiniment, sous l'influence de la même cause (21).

Nous exposerons la description, les habitudes et les effets morbides des animaux de cette classe, dans l'ordre de la complication de l'appareil qui est la cause médiate des maladies que la présence de ces insectes détermine.

PREMIER GROUPE : INSECTES SANS MÉTAMORPHOSES (*).

PREMIER GENRE : PUCERONS (APHIS), *ou parasites morbipares des tissus herbacés.*

745. DESCRIPTION. Le puceron, dont la figure au simple trait ci-après représente la surface abdominale, et dont la fig. 14 de la pl. 11 représente la surface dorsale, est un tout petit insecte essentiellement phytophage, et qui ne vit que des sucs qu'il pompe, en enfonçant son long suçoir corné dans le parenchyme ou plutôt vers la base des nervures des plantes. Cet insecte, à épiderme mou et élastique, paraît composé de quinze anneaux ou segments, y compris la tête et le segment anal. Il n'a que trois paires de pattes insérées sur les troisième, quatrième et cinquième segments antérieurs, et qui augmentent de longueur en s'éloignant de la tête.

(*) C'est-à-dire, qui sortent de l'œuf, avec la forme générale et les appareils et organes qu'ils conservent en grandissant.

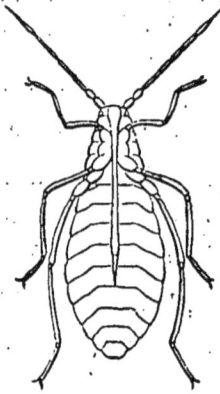

La tête est armée de deux plus ou moins longues antennes à six articles plus ou moins distincts, y compris la protubérance basilaire, et dans les articles extrêmes desquelles on distingue bien la spire en relief (20); elles s'insèrent au-dessus des yeux, qui, toutes choses égales d'ailleurs, sont aussi bien composés que les yeux des autres insectes. Chez les pucerons verts, ils sont rouges, et si on les observe au microscope, on voit que leur cornée est formée de mailles hexagonales rouges. En même temps on s'assure que ces mailles ne diffèrent que par la couleur, des mailles hexagonales qui recouvrent tout le corps et en forment l'épiderme; en sorte que la cornée des yeux des pucerons n'est que la continuation de l'épiderme général (*).

(*) Je prends occasion de ce fait pour faire observer combien on s'est mépris sur l'organisation de l'œil des insectes. On a vu des yeux multiples dans les mailles de la cornée transparente, mailles dont les interstices vasculaires, qui en forment le réseau, existent dans la cornée des yeux des animaux supérieurs, mais avec des caractères moins distincts et un pouvoir réfringent moins différent que le reste de la substance. L'œil des insectes est dans le corps arrondi que recouvrent les prétendus yeux multiples, dans ce qu'on prenait enfin pour le nerf optique des insectes. Que l'on se place sur la cornée transparente, ou au moins très-près, un morceau de carte percé de trous d'épingle, on apercevra tout aussi bien les objets extérieurs qu'on le ferait sans cet écran; mais on ne verra que par l'axe des trous qui coïncideront avec l'axe visuel; tout ce qui passera par les autres trous sera invisible. Cette carte trouée sera un œil multiple pour nous; ce sera l'équivalent de la cornée des insectes. L'étude de l'œil des crustacés, dont le globe est tout à fait externe et crustacé, c'est-à-dire, à test calcaire comme tout le corps, met dans la plus grande évidence ce que je viens d'avancer: Soit en effet l'œil du crabe tourteau (*Cancer pagurus*) : le globe de l'œil, d'une longueur d'environ un centimètre, a la forme d'un pouce vu de profil. La cornée transparente, lisse et grise sur le vivant, en forme toute l'extrémité antérieure; elle est doublement échancrée au sommet, ce qui lui donne une analogie de plus avec l'œil multiple de certains coléoptères. La surface interne de la cornée transparente est tapissée d'une membrane qui devient noire par la cuisson. On n'a qu'à enlever cette choroïde noire et qu'à examiner la cornée transparente au microscope par réfraction, pour distinguer dans l'épaisseur de son tissu un réseau de mailles hexagonales de 4/12 millim. de diamètre, mailles qui ne font saillie ni en dehors ni en dedans, et ont la même épaisseur que la cornée transparente elle-même. La cornée transparente, ayant en largeur trois millimètres et en longueur quatre, doit renfermer approximativement 4,728 hexagones. Mais on sait que le *Crabe tourteau* se dépouille tous les ans de son test, que pendant quelque temps sa peau est molle, et qu'il se cache sous les pierres,

Entre les deux antennes et les deux yeux la tête se rétrécit en une trompe articulée, ou plutôt divisée en étranglements internes, qui font l'office de soupapes d'aspiration ; elle est plus ou moins longue suivant les espèces, cornée et inflexible, si ce n'est sur la première articulation, terminée enfin en cône assez aigu, pour pouvoir s'insinuer entre les pores des surfaces herbacées.

Les pattes offrent une hanche courte et cotyloïde, dans laquelle joue un fémur très-court, et puis trois articulations tarsiennes qui vont en s'allongeant de plus en plus, à mesure que la paire s'éloigne de la tête. La dernière articulation est terminée par deux crochets divergents.

Cet insecte acquiert souvent quatre ailes, avec les diverses mues de l'âge, pl. 11, fig. 3, mais spécialement à l'approche de l'automne ; les deux plus internes, fig. 6, plus courtes et moins fortement nerviées que les deux plus externes, fig. 7. Les individus à qui ces organes de surcroît surviennent font surtout, quoiqu'ils soient eux-mêmes capables de pondre, l'office des mâles, parce qu'il est dans les lois de la nature que le mâle se déplace pour poursuivre et rechercher la femelle. Sur certaines espèces on remarque à tous les âges l'étui de ces ailes (pl. 11, fig. 11, al.).

La forme générale du corps varie avec l'âge, en sorte que si, pour classer ces insectes, on se fiait à leur configuration, on pourrait bien s'exposer à prendre le jeune âge pour une espèce distincte à l'âge suivant, et ainsi de suite jusqu'à leur extrême vieillesse. Quand ils naissent, ils sont comme quadrilatères ; puis ils s'allongent en ovale, ensuite en fuseau ; la gestation les rend dodus et courtauds, pl. 11, fig. 9. Leur livrée varie avec les plantes sur lesquelles le hasard a placé leur résidence ; en sorte que la coloration noire ou verte qu'ils revêtent dépend uniquement de la nature des sucs dont ils s'alimentent. Aussi voit-on les pucerons verts du rosier, de la salade, du prunier, du troène, etc., devenir, d'un noir luisant sur le pavot, les *chenopodium*, le *Vicia faba* (fève cultivée), d'un violet cuivré ou vert-bouteille, sur le laiteron (*Sonchus arvensis*), etc. En sorte, qu'en accordant à ces différences dans la livrée un caractère spécifique, on pourrait finir par avoir autant d'espèces de pucerons que d'espèces ou au moins de genres de plantes ; et Fabricius et Linné n'ont presque pas eu recours à d'autres signes pour composer le catalogue de leurs 75 espèces de pucerons ; liste à laquelle je vais

pour ne pas rester sans bouclier contre la dent de ses ennemis. Il y voit pourtant fort bien, quand la coque de son œil est tombée. Donc chaque maille de sa cornée n'est pas un œil, un cristallin, comme on l'avait cru, mais seulement une portion du tissu de la cornée seule. Notre cornée à nous a des mailles ou cellules semblables moins visibles, parce que leur tissu est moins hétérogène et dévie moins les rayons lumineux ; mais l'analogie les indique là où nous ne les distinguons pas.

me permettre d'en ajouter une 76me, et elle n'est pas, sous ce rapport, la moins curieuse ; je l'appellerai *Aphis chrysanthemi*. Le 11 juin 1849, je remarquai dans mon petit jardinet à Doullens, une pousse terminale de chrysanthème qui revêtait un caractère maladif, ses feuilles se recroquevillaient en cornets. Je les entr'ouvris et il s'en échappa avec une extrême vivacité un puceron d'un rouge écarlate luisant, qu'au premier coup d'œil je pris pour une petite araignée. Le ventre en était dodu, et l'anus s'allongeait en un petit cylindre. Les cornes anales, dont je parlerai plus bas, étaient très-peu visibles ou manquaient tout à fait. La figure ci-jointe en donnera une idée suffisante, en la supposant coloriée en rouge. De l'extrémité de la tête à celle de l'anus, il avait trois millimètres, l'abdomen avait un millimètre d'épaisseur. Les antennes se distinguent par trois bandes rouges égales et également distantes, l'une au sommet, l'autre à la base et l'autre au milieu des antennes. Les cuisses sont de même couleur, mais les tibias n'ont qu'une bande médiane de cette couleur. Les tarses sont blancs. Il relève la partie postérieure de son corps en marchant.

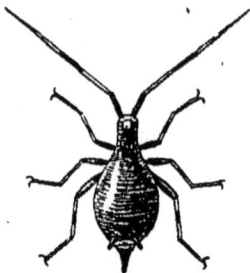

Sur la surface dorsale du cinquième avant-dernier article du corps des pucerons femelles, on remarque deux cornes divergentes, cylindriques, canaliculées, et ouvertes au sommet, pl. 11, fig. 14, *cn*, qui chez les plus jeunes individus, et à l'époque où les pucerons sont vivipares, restent à l'état rudimentaire, fig. 11, pl. 11, et ne dépassent pas alors l'apparence d'un simple tubercule. Nous nous expliquerons plus bas sur la destination de ces cornes.

Chaque anneau de l'abdomen porte de chaque côté un stigmate respiratoire, qui devient principalement visible sur les individus qui sont dépositaires d'un œuf d'ichneumon, dont, pauvres victimes, ils sont destinés à être le nid, la pâture et la coque. Voyez-en un de ce genre pl. 12, fig. 15. On y compte, sous la forme de tout autant de paires de points noirs, quatre paires de stigmates.

746. Il serait possible d'étudier leur système nerveux, en les plaçant dans l'acide sulfurique, qui attaque et dissout tous les tissus avant les nerfs ; à l'aide de ce procédé, on suit très-bien de l'œil les ramuscules nerveux.

747. Génération. Les pucerons sont vivipares pendant tout l'été, et ovipares à l'approche de l'hiver. A quoi leur servirait d'être vivipares, à l'approche de la mauvaise saison ? leur race s'éteindrait dans nos climats.

Mais une circonstance qui n'a pas d'analogue dans tout le règne organisé, et sur laquelle il ne peut rester le moindre doute, depuis les expériences de Réaumur, Bonnet et Lyonnet, c'est que le bienfait de la fécondation peut se transmettre d'une manière héréditaire jusqu'à la quatrième génération au moins, car c'est à celle-là que se sont arrêtées les expériences de Bonnet (*); c'est-à-dire que si une femelle est une fois fécondée par un mâle, la femelle qu'elle pondra n'aura pas besoin de mâle pour pondre, à son tour, des femelles, qui se passeront également de mâles, et ainsi de suite. Cette circonstance nous paraîtrait moins extraordinaire, si nous avions la clef du mécanisme qui préside au mystère de la fécondation en général.

748. HABITUDES DES PUCERONS. On rencontre tout l'été les pucerons, par troupeaux serrés, sur tous les tissus herbacés des plantes, tiges ou feuilles, pourvu qu'ils y soient abrités du soleil. Chaque troupeau est une colonie, une famille que la mère à procréée sur place; aussi y voit-on un individu qui domine en grosseur tous les autres; et la taille de ceux-ci va toujours en décroissant, à mesure qu'on approche du chef.

Ce troupeau se presse, comme les troupeaux de mouton, dans les jours les plus chauds de l'époque caniculaire, la tête baissée et l'anus dressé en l'air; ils restent en place et immobiles; comment se déplaceraient-ils capricieusement, puisque leur suçoir est implanté dans le parenchyme

---

(*) Leeuwenhoeck, le premier, avait admis qu'il n'existe pas (du moins qu'il n'en avait jamais trouvé), parmi les pucerons, un seul individu à l'âge adulte, qui ne renfermât pas des petits dans le ventre (epist. VII idus julias 1695).

Cestoni (700) fut amené de son côté, et sans connaître l'opinion de Leeuwenhoeck, à émettre la même opinion.

Réaumur (Mém. pour l'hist. des ins., tom. 3, pag. 329) proposa aux savants de s'occuper de s'assurer, par des expériences exactes, s'il est accordé aux pucerons de se multiplier sans accouplement préalable et sans le secours des mâles : « Cette expérience, dit-il, consisterait à observer une mère puceron qui met un petit au jour, et à prendre soin d'élever le puceron nouveau-né dans un endroit où il ne puisse avoir aucun commerce avec d'autre puceron. J'ai tenté plusieurs fois cette expérience, mais elle ne m'a pas réussi. »

L'illustre Bonnet ne craignit point de déroger à la hauteur habituelle de ses recherches, en répondant à l'appel de Réaumur sur un aussi petit sujet; et il démontra, en 1745, par des expériences suivies avec la plus grande patience, depuis 1740, que les pucerons naissent tout fécondés. Il avait poursuivi ce fait unique dans la science, jusqu'à la quatrième génération (Traité d'insectologie, 1er volume, 1745; le 2e volume est consacré à l'histoire non moins piquante des polypes d'eau douce). Dans ce petit ouvrage par le volume, Bonnet proposa de donner à la branche des sciences d'observation qui s'occupe de l'histoire des insectes, le nom d'insectologie, mot qui n'avait que le seul défaut d'être composé d'un mot latin et d'un mot grec. On adopta l'idée et l'on modifia le mot, en le remplaçant par celui d'entomologie : de entomos, insecte et logos traité.

des plantes? Ils font un pas en avant, dès qu'ils ont épuisé de ses sucs une cellule organisée. Quand les sommités herbacées d'un arbrisseau sont chargées de pucerons au printemps, on ne manque jamais de remarquer en été les feuilles inférieures recouvertes de taches farineuses et comme gypseuses, qui sont les excréments des pucerons; c'est ce que j'observe tous les ans sur mes baguenaudiers (*Colutea arborescens* L.).

Quand la colonie est fixée autour d'une tige, on peut constater que leurs rangs décrivent une spirale.

Dès que les premiers froids se font sentir, ils descendent aux racines herbacées des plantes, toutes les fois que la terre leur en permet l'accès : c'est ce que j'ai eu l'occasion d'observer, le 21 novembre 1838, sur un trognon radiculaire d'escaroles; les pucerons s'y étaient appliqués sous terre, en y implantant leur suçoir; ils étaient étiolés, et tous dépourvus de cornes dorsales; ils rendaient de temps à autre, par l'anus, des petits globules aussi limpides qu'une petite gouttelette d'eau.

749. QUELLE EST LA DESTINATION DES CORNES ANALES *cn*, fig. 14, pl. 11, DES PUCERONS? Les auteurs qui ont fait une étude spéciale des mœurs du puceron avaient remarqué que, de temps à autre, cet insecte laissait sortir, de ses deux cornes anales, des gouttelettes limpides, qu'ils ont tous considérés comme un liquide sucré. Ils avaient en même temps découvert que les fourmis sont très-friandes de ce liquide, et qu'on les voit se tenir aux aguets, pour en recueillir les gouttelettes, à mesure qu'elles s'échappent de ces deux canaux; ce qui avait fait dire à Linné : *Aphides formicarum vaccæ* : Les pucerons sont les vaches laitières des fourmis.

Voulant connaître la vraie nature chimique de ces gouttelettes, et l'analogie physiologique de cette transsudation, ainsi que celle des deux cornes anales, j'ai entrepris une série d'expériences que je vais exposer en détail :

Les gouttelettes que rendent les pucerons par leurs cornes anales, *cn*, fig. 14, pl. 11, sont toutes de la même dimension, et conservent en tombant leur forme parfaitement sphérique. Elles sont poussées dans l'intérieur des deux cornes par une force assez grande; car pour y passer il faut qu'elles se moulent en cylindre; et cependant on en voit souvent dans chaque corne jusqu'à trois qui se poussent les unes les autres, sans se confondre, et dont les points du contact manquent comme tout autant de diaphragmes articulaires et tout autant d'entre-nœuds. Si l'on observe le corps de l'insecte par transparence, on aperçoit, autour de chaque corne et de chaque côté du corps, un amas de ces gouttelettes sphériques amoncelées, comme des grappes d'œufs, dans deux ovaires séparés, qui se déchargent chacune dans une corne, laquelle sert pour ainsi dire d'oviducte. Cette idée pourrait bien être, en fait d'analogie, un trait de lumière ; poursuivons-la :

1° Ces gouttelettes conservent toute leur transparence dans l'eau, qu'on observe, plongés dans ce liquide, soit l'insecte, soit la gouttelette qu'il vient de laisser tomber ; donc ce ne sont pas des bulles d'air, ou des vésicules pleines d'air. Dans l'eau, ces gouttelettes conservent leur forme assez longtemps.

2° Ce ne sont pas, par la même raison, des gouttelettes liquides et non organisées, parce que d'un côté elles se dissoudraient ou au moins s'étendraient dans l'eau, et que, d'un autre côté, en se pressant, elles se confondraient entre elles, ainsi que deux gouttelettes de sucre liquide, qui n'en font plus qu'une dès qu'elles viennent à se toucher.

3° Dans l'acide sulfurique concentré, leur coque se fendille, de la même manière que le tégument d'un grain de fécule ; mais la gouttelette ne contracte aucune couleur purpurine qui indique un mélange d'albumine et de sucre.

4° Donc ces gouttelettes sont des corps organisés ; corps, qui par la position qu'ils occupent, ne sauraient être que des œufs ; mais des œufs avortés, puisque l'animal les rejette avec imprévoyance de leur avenir, et sans se soucier autrement de ce qu'il en adviendra.

5° Il paraît que ces cornes oviductes s'oblitèrent à l'approche de la saison rigoureuse ; car, des pucerons que j'ai observés, le 22 novembre 1838, au pied d'une salade *escarole*, aucun ne portait plus même l'indice d'une corne, que ces organes soient caducs ou qu'ils rentrent en dedans, comme les autres organes sexuels. Mais, à cette époque, les gouttelettes dont nous venons de parler leur sortaient par l'anus. Je plaçai une de ces puceronnes sur une lame de verre, elle me donna une gouttelette, qui creva en sortant et vint se répandre en liquide sur la surface de la lame ; la ponte avait été sans doute contrariée par la frayeur du déplacement. La seconde gouttelette tomba sur la lame de verre, sans se déformer, et y resta appliquée, ainsi que les œufs que nous avons eu occasion de faire remarquer, sur la page inférieure des feuilles où paissent les *grises* (581), pl. 5, fig. 10. L'œuf appliqué contre la lame de verre, d'abord limpide, se colora en rouge, et sa superficie prit la dureté qui caractérise une coquille d'œuf.

6° J'éventrai en été des femelles de pucerons, pour étudier leurs ovaires et leurs œufs ; j'en fis sortir leurs générations à tous les états de développement, depuis les insectes parfaits qui se mouvaient sur le verre, jusqu'aux œufs les moins avancés ; les plus avancés portaient encore les traces de leur *hile*, ils avaient la forme de reins, et on distinguait dans leur intérieur le jaune ou l'amnios bien caractérisé.

7° Enfin, ni les jeunes pucerons, ni les mâles, ni les pucerons qui vivent renfermés dans des galles, et qui sont à l'abri des poursuites des fourmis, n'ont jamais de cornes anales.

750. Donc les cornes anales sont des oviductes d'œufs avortés, d'œufs non fécondés, dont l'insecte se débarrasse, comme la femme se débarrasse de ses avortements mensuels par des menstrues ; et tout l'été les puce-ronnes sont vivipares par l'anus, et ovipares par les cornes. Leur utérus a deux issues, l'une qui se confond avec l'ouverture anale, et l'autre ou les deux autres, une pour chaque ovaire, qui débouchent à une assez grande distance de l'anus, et sont refoulées par le développement du seg-ment, un tant soit peu vers la région dorsale de l'article sur lequel elles s'insèrent.

751. La fourmi recherche de toutes parts la compagnie des pucerons ; on la voit aller et revenir, en maraudeur, se promenant sur les pucerons immobiles, faisant vibrer ses antennes, cherchant, fouillant, flairant leur anus, passant outre, comme ne trouvant pas ce qu'elle cherche, au moins à un état complet de maturité. Dès que ce qu'elle cherche lui paraît par-venu à un état complet de maturité, elle s'empare du puceron, en étrei-gnant avec ses deux fortes mandibules les cornes anales ; elle l'entraîne à l'écart, exprime quelque chose qui, en sortant, conserve sa limpidité et sa forme sphérique ; la fourmi s'en saisit entre les deux pattes de de-vant, puis la presse de ses deux mandibules, et en boit le contenu, comme un géant vide une outre en se désaltérant. La gouttelette se dé-forme de la même manière. Du reste, la fourmi ne fait pas d'autre mal aux pucerons (*), et ceux-ci même semblent se prêter et se complaire à ce caprice, et ménager la fourmi, de même qu'on ménage un protecteur.

752. J'ai placé, un jour, en réserve une fourmi, du nombre de celles que j'avais vues si empressées auprès des pucerons, et je la laissai jeûner pendant vingt-quatre heures. Je la plaçai ensuite sous un verre de montre, de compagnie avec une puceronne munie de ses deux cornes anales. Cette bonne fourmi, tout affamée qu'elle était, se mit à flairer la puceronne, à la caresser avec les dix articulations des avant-bras de ses antennes coudées, à lui faire des passes amoureuses, puis à lui parler, pour ainsi dire, à l'oreille, à la solliciter de l'air le plus soumis, pour qu'elle eût à produire l'objet de sa friandise. La puceronne semblait prendre plaisir à ces caresses ; telle qu'une femelle froide qui se réchauffe

(*) Le grand observateur Leeuwenhoek pensait que les fourmis se nourrissaient de pucerons (epist. 90, VII idus julias 1695, tom. II, part. 1ª, pag. 542). Bien des gens auraient été portés à le croire comme lui, en voyant la fourmi si empressée.

des caresses du mâle et ne les rend pas. De temps à autre, la puceronne paraissait prise de petits mouvements convulsifs, à la suite d'une passe plus tendre que les autres. La fourmi, ouvrant ses larges mandibules, de joie, lui saisissait, mais avec précaution, la hanche, comme pour la chatouiller ; et on la voyait en même temps avancer et retirer ses labres et ses mâchoires, pour préluder à la curée qu'elle pressentait. La solliciteuse allait alors, toute palpitante de désirs, flairer l'organe d'où devait sortir l'objet de sa convoitise ; ensuite elle revenait palper et flairer l'animal à la tête, comme pour lui dire qu'il ne paraissait encore rien de ce qu'elle attendait. Quelquefois la fourmi impatientée pressait l'abdomen de la puceronne entre ses larges mandibules, ainsi que le fait un accoucheur sur un ventre paresseux : vains efforts ; la puceronne, semblable aux amantes de notre espèce, n'accordait rien à ces brutalités ; la fourmi en revenait alors à des procédés plus délicats et plus respectueux. Enfin, le succès couronna tant de prévenances et de soins affectueusement intéressés ; je vis paraître au bout d'une corne anale une bulle limpide, qui reprit sa forme sphérique, en s'échappant ; la fourmi s'en aperçut aussi vite que moi, elle s'en saisit entre ses deux mandibules dentées, la creva avec son labre supérieur, l'inférieur la pressant en dessous avec ses palpes ; et la bulle ne tarda pas à être avalée et à disparaître dans son gosier. Cela fait, la fourmi recommença de plus belle ses plus chaudes caresses et ses plus tendres sollicitations.

Sur une puceronne qui n'avait pas de cornes, et qui pondait ses œufs par l'anus, la fourmi se comporta de même, et elle les recueillait par ce débouché avec la même friandise que par l'autre.

753. Les gouttelettes qui suintent par les cornes anales des pucerons sont donc, non des gouttelettes de liquide, mais des œufs non fécondés des œufs frais ; et, au lieu de dire, comme Linné : *Aphides formicarum vaccæ*, il faut dire : *Aphides formicarum gallinæ ;* ce n'est pas du lait que les pucerons donnent aux fourmis, ce sont des œufs frais ; les pucerons sont les poules et la basse-cour des fourmis, dont elles n'ont rien à craindre, à la faveur de ce tribut, car les fourmis ne sont pas carnivores. La fourmi est si friande d'œufs frais, que lorsqu'on place sur le dos un hanneton femelle qui est trop malade pour se remettre sur ces pattes, en se débattant, on ne tarde pas à voir les fourmis accourir autour de lui, et lui perforer l'abdomen à l'effet de s'emparer des œufs qu'il a dans le ventre. Le puceron se prête de trop bonne grâce à la convoitise de la fourmi, pour que celle-ci se voie obligée à en venir à de pareils moyens de rigueur. Qui sait même si, en retour de tant de bienfaits, ou bien dans un but d'intérêt personnel, la fourmi ne protége pas les pucerons de sa présence, contre les mille ennemis de diverses races qui sont si avides

de leur chair?. En effet, les pucerons, qui sont les poules des fourmis, sont les moutons et les provisions de bouche d'une foule d'autres insectes : *Aphides formicarum gallinæ; sed cæterorum insectorum oves et victualia.*

Les uns les hument comme des œufs, dont ils ne laissent que la peau en forme de coquille, sur laquelle on trouve l'ouverture qu'y a pratiquée, comme par un emporte-pièce, le suçoir de l'animal carnassier, pl. 11, fig. 14 : ainsi se conduit la larve du *Syrphus pyrastri*, mouche dont nous donnerons plus bas l'histoire et celle de l'*hemerobius perla* Lin.

Les autres déposent un œuf dans le corps du puceron; l'œuf y éclôt, la larve s'y développe et y subit ses métamorphoses; le puceron, immobile et résigné à tous les maux, ne bouge pas de place; il enfle par le progrès de cette gestation parasite, et il ne reste bientôt plus de lui que la peau, qui est gonflée comme un ballon, pl. 12, fig. 15.

En un mot, il y a toute une classe d'insectes qui ne vivent presque que de pucerons, et qui ont pris de là le nom d'aphidivores. La fourmi, plus civilisée et partant plus entendue en économie domestique, a intérêt à écarter de son poulailler ces renards affamés; et voilà peut-être pourquoi les pucerons prennent tant de plaisir à ses caresses; c'est par l'instinct de la conservation que leurs colonies diverses se constituent tributaires des fourmilières, en les fournissant d'œufs frais; d'ailleurs elles déchargent d'autant leurs ovaires, dans la saison où les œufs doivent éclore dans l'utérus et en sortir à l'état parfait.

754. Les cornes anales des pucerons sont donc deux oviductes supplémentaires, deux trompes de Fallope, qui s'abouchent à l'extérieur, pour rejeter tout ce qui avorte ou échappe à la fécondation.

EFFETS MORBIDES DU PARASITISME DES PUCERONS.

755. CLOQUE DES PRUNIERS, PÊCHERS, etc.... Il n'est personne qui n'ait remarqué, à une certaine époque de l'année, que les feuilles des jeunes pousses des arbres à fruit se recroquevillent en dessous, se gaufrent en dessus, s'empaquettent et donnent tous les signes d'une désorganisation violente et morbide. Les feuilles qui ont pu arriver à leur entier développement n'offrent rien de semblable. Si l'on étudie à la loupe les feuilles attaquées de ce mal, on y découvrira, sous la page inférieure, un assez grand nombre de pucerons qui y paissent et s'abritent sous leurs replis. Chacune de leurs piqûres dessèche l'épiderme, et imprime au parenchyme un développement anormal; il s'ensuit tout autant de développements partiels insolites dans un cadre qui n'avait pas été fait pour s'y prêter. De là cet état maladif des sommités des branches, dont on peut

guérir l'arbre avec de fréquentes fumigations (*), mais qui, du reste, n'en compromet pas beaucoup la santé générale, parce que ce mal n'attaque que la partie de la branche que la taille annuelle doit retrancher. Aussi voit-on ces arbres devenir assez vieux, quoique au printemps ils donnent les signes les plus nombreux de cette maladie foliacée. Peut-être même serait-il permis de croire que cette affection des sommités est favorable à la fécondation et à la maturation des fruits, en paralysant le développement ligneux par l'avortement des productions foliacées; car, dans nos climats septentrionaux, nous n'obtenons des fruits qu'en mutilant nos arbres, et qu'à l'aide de plaies et d'états maladifs. Cependant, à force de se multiplier, cet insecte est dans le cas d'épuiser la santé du plus grand arbre fruitier, et de l'asphyxier en le privant des produits de la respiration foliacée. C'est ainsi que le puceron lanigère (*Aphis mali* ou *lanigera*, pl. 6, fig. 6, 7 et 10) est devenu, en Normandie et dans le nord de la France, le fléau des pommiers.

Cette même maladie se montre sur une foule de plantes herbacées, surtout chez les crucifères, et les juliennes spécialement, dont toutes les sommités sont quelquefois cloquées.

756. BLANC OU MEUNIER (*Albugo, Uredo candida* Dec.). Lorsque les feuilles des plantes herbacées sont grasses, aqueuses, recouvertes d'un épiderme étiolé, le développement produit par la piqûre des pucerons verts fait crever la pellicule épidermique, la divise en des milliers de petits fragments, qui forment à la surface des feuilles comme une efflorescence amylacée, comme une poussière farineuse : ce qui a fait donner par les jardiniers le nom de *blanc* et de *meunier* à cette maladie. C'est l'œuvre du puceron vert, qui dans ce cas s'enfarine lui-même des résultats de ses désordres. Pour que le *blanc* ou le *meunier* se déclare, il faut donc que la plante soit dans certaines prédispositions d'étiolement et d'hypertrophie parenchymateuse; le *Brassica napus*, ce chou rustique dont l'art du jardinier ne soigne que la racine, n'y est pas sujet comme le *Brassica oleracea* sauvage ou cultivé; les feuilles du premier sont trop sèches, et l'épiderme en est trop rude et trop ligneux.

La fig. 5, pl. 10, représente à vue d'œil ces pustules blanches répandues irrégulièrement sur la surface d'une feuille de chou cultivé; leur irrégularité vient de l'irrégularité de la déchirure du premier épiderme, que le développement de la feuille a fait crever de toutes parts, après que les pucerons en avaient désorganisé et desséché la substance. C'est aux débris de cet épiderme qu'emprunte ses caractères ce qu'on nomme le *blanc* ou le *meunier*. La fig. 6 représente, à une simple loupe, deux des plus petites de ces pustules blanches; on les retrouve avec cet aspect, tantôt sur la page supérieure, tantôt sur la page inférieure, selon que celle-là a été reléguée dans l'ombre comme celle-ci. Au moindre mouvement, ces pustules répandent dans les airs une farine blanche, qui se compose de granulations que représente, à un fort grossissement, la fig. 7; les grains qui restent à la superficie de l'eau paraissent noirs; ceux qui nagent entre deux eaux ou au fond de l'eau sont jaunes par réfraction, quoique blancs par réflexion, et les grains transparents et incolores sont des cellules qui se sont vidées en crevant. Nous avons placé en dessous, fig. 8, les cellules vertes du parenchyme sain observées au même grossissement, pour démontrer, par l'égalité de la forme et du diamètre, que les granulations du *blanc* ou *meunier*, ne sont que des altérations des cellules parenchymateuses du chou ou plutôt qu'elles sont ces cellules isolées par l'action de quelque cause morbipare. Chacune de ces cellules saines ou morbides a un diamètre d'un soixante-sixième de millimètre; car elle occupe au micromètre divisé en cent, une division et demie ou trois deux-centièmes de millimètre.

Un fait digne de remarque, c'est que la place de la feuille de chou qui supporte chacune de ces pustules reste bien plus longtemps verte que les places qui en sont exemptes; en sorte que, quand celles-ci sont complétement desséchées, on voit les autres former comme une aréole inflammatoire verte autour du centre de désorganisation. A cette époque, certes, on aurait tort de se mettre à la recherche des pucerons sur ces feuilles; de même qu'on aurait tort de chercher des troupeaux dans un paquis, après qu'ils en ont épuisé la substance; de même qu'on a eu tort de chercher l'acare de la gale dans la pustule qu'il détermine en passant (733).

Les pucerons qui produisent sur les choux le *blanc* ou *meunier* dont nous parlons ont tous des ailes, et ils voltigent à l'entour de la plante dès qu'on en secoue un tant soit peu la tige. Les *choux de Bruxelles* ou *petits choux*, comme on les appelle ici, en ont été tellement infestés durant l'été passé, 1857, qu'au moindre frôlement on voyait s'en dégager comme une poussière farineuse, dont les pucerons formaient les molécules. Pour préserver ou débarrasser la récolte de cette peste qui empêche les *choux-bourgeons* de pommer, on la saupoudre de chaux vive à pelletées, en ayant soin de se placer sous le vent.

757. MARASME DES POMMIERS PAR LE PARASITISME DU PUCERON LANIGÈRE.

Il n'ý a peut-être pas encore trente ans que l'on commença à s'apercevoir
en Normandie que les pommiers de ces contrées étaient infestés, dévorés
épuisés par une espèce d'insecte cotonneux, qui n'était autre qu'un
puceron, lequel prit le nom de puceron lanigère (*Aphis lanigera*), expression impropre, car ce qu'il porte ce n'est pas de la laine, mais bien le
plus fin coton. Ce fléau s'étendit de proche en proche dans les pays
voisins, arriva bientôt jusqu'à Paris, où il a été le sujet des études
dont j'ai fait figurer les résultats sur la planche 6 de cet ouvrage. On
trouvait par troupeaux ces pucerons, à tous les âges, agglomérés autour
des branches du pommier, qui semblaient alors recouvertes d'une efflorescence de salpêtre. Les plus jeunes pucerons sont blancs, en apparence
apodes, et ressemblent à des œufs hérissés de houppes blanches comme
la neige (fig. 7, pl. 6); on distingue cependant des anneaux ou articulations sur les corps ovoïdes. En grandissant ils prennent une couleur
ocracée de brique; et les plus âgés sont ventrus et violacés comme les
pucerons des galles du peuplier, dont nous parlerons ci-après (758). La
figure 10, pl. 6, en représente un dépouillé d'une grande partie de son
duvet. La figure 7 le représente avec toute sa toison et sa coiffure; ces
poils croissent pendant toute la vie de l'insecte, et à une certaine époque
leur longueur dépasse six à sept fois celle du corps de l'insecte qui en est
le producteur. De loin ces microscopiques troupeaux ont l'air de plaques
d'ouaté que le vent aurait accrochées à tous ces rameaux.

Si l'on écrase cette multitude, l'écorce de l'arbre semble recouverte
de sang; et cette couleur peut rivaliser avec la cochenille. Nous reviendrons sur cette idée en nous occupant des pucerons du pistachier (759, 2°).
Cette espèce de puceron est donc à sang rouge, tandis que les individus
du même genre, qui vivent sur une foule d'autres plantes ne répandent,
quand on les écrase, qu'un jus incolore.

A l'apparition d'un pareil fléau sur un arbre si utile, on s'est demandé
d'où il provenait; on alla jusqu'à présumer qu'il avait été importé
nouvellement d'Amérique par quelque vaisseau au long cours. A cette
époque on avait totalement perdu de vue les études de ce genre,
et tout paraissait nouveau dans la science de ce qu'on n'avait pas vu
dans le pays. Les entomologistes eux-mêmes dédaignaient assez les
sujets qui se rattachaient à l'agriculture; entre les deux sciences il y
avait divorce complet; la passion pour les collections absorbait toute la
pensée du naturaliste; et l'histoire naturelle était devenue le moindre de
ses soucis.

On ne se doutait même pas qu'il pût se rencontrer en France d'autre
exemple d'arbres ou de plantes herbacées sur lesquels on eût jamais
surpris des pucerons à duvet de coton et à houppe cotonneuse. Cependant,

du temps de Réaumur et de de Geer, le puceron lanigère se trouvait très-communément sur certains arbres bien différents spécifiquement du premier. Le puceron artisan des vésicules de l'orme (759), des galles du peuplier (758), celui des rameaux du hêtre, de l'aune, du chèvrefeuille et de la renoncule des prés, etc., avait une toison aussi riche que notre puceron du pommier (*); de Geer et Bonnet en avaient vu de tels sur le tremble (**). Linné et Réaumur, plus heureux dans leurs expressions que les nomenclateurs modernes, ont désigné ces espèces, l'un sous le nom d'*Aphides tomentosæ* et l'autre sous celui de pucerons cotonneux.

Aujourd'hui on n'en rencontre plus de tels, du moins à ma connaissance, sur l'orme, le peuplier, le hêtre et le tremble ; j'y en ai vainement cherché. Le seul arbre, autre que le pommier, qui m'en ait fourni un exemple, c'est le mélèze, sur les feuilles duquel j'en ai observé des houppes, en juin 1856, à Boitsfort (***).

Il est fort probable que toute cette tribu de pucerons cotonneux aura fini par trouver sur le pommier des conditions d'existence bien mieux à sa convenance que sur toute autre espèce d'arbres, et qu'elle aura émigré peu à peu de tous les coins de la forêt dans les vergers ; car il ne reste aucun doute que la même espèce de puceron puisse passer impunément d'une espèce d'arbres sur une autre et y modifier ses habitudes et la nature de ses produits.

Or, sur le pommier il a contracté des habitudes et des qualités, et il y a déterminé des productions toutes différentes de celles qui le distinguaient sur les arbres dont nous avons parlé.

En arrivant à Boitsfort, en mai 1853, j'avais remarqué un vieux tronc de pommier en plein vent, tout bosselé sur son écorce, et dont les branches galleuses, également bosselées, maigres, contournées et enchevêtrées, comme celles des haies buissonnières, se couvraient d'une efflorescence cotonneuse dont au premier abord je ne soupçonnais pas l'origine animée ; car aux environs de Paris le puceron cotonneux ne vient pas sur l'écorce du tronc du pommier. Je le badigeonnai avec une solution aloétique, de manière à ce que le liquide coulât jusqu'aux racines. Les pucerons n'y reparurent plus. Mais en mars 1855 je retrouvai le même puceron envahissant toutes les branches d'un pommier *calville* en espalier (****). Les rameaux portaient presque autant de houppes que de

---

(*) Voy. Réaumur, *Mém. pour l'hist. des ins.*, tom. 3, pag. 318, 319. — De Geer, *Mém. pour l'hist. des ins.*, tom. 3, pag. 148 et suiv.

(**) Bonnet, *Traité d'insectologie*, tom. 1, introd. I.

(***) Voy. *Rev. compl. des sc.*, tom. III, août 1856, pag. 9.

(****) Je ne sais en vertu de quelle idée on a disposé ce pommier en espalier : le pommier, dont les racines tallent à fleur de terre, se plaît dans les herbages et non

feuilles; ce qui me permit d'étudier pendant deux ans l'histoire du parasitisme de ce puceron.

Dès que l'hiver revient nettoyer ces branches par le froid qui tue l'insecte et par ses pluies qui lavent l'écorce des branches, on remarque sur l'épiderme des petites lentilles semi-ovoïdes qu'on serait tenté de croire dépositaires des œufs du puceron. Ce sont du reste ces lentilles qui, au premier printemps, se couvrent les premières d'un duvet naissant. Mais si l'on suit avec attention le développement d'une houppe de ces insectes, et qu'on observe bien la place de chacune d'elles, on s'assure que, sous chacune d'elles, l'écorce se tuméfie peu à peu, et finit par acquérir le volume d'une moitié de noisette, et une coloration un peu foncée de pomme d'api; l'intérieur de chacune de ces bosselures ne dément nullement cette analogie; et par une coupe transversale, on croirait avoir devant les yeux la chair d'une pomme de petit volume et encore loin de la maturité. Cette tumeur végétale est le produit du parasitisme et de l'incessante succion du puceron cotonneux; et en automne elle devient à son tour dépositaire de la génération future, car au printemps suivant on voit se développer les nouvelles colonies autour de ce produit de la génération éteinte. De cette sorte, des tumeurs nouvelles s'ajoutent chaque année aux tumeurs précédentes; en sorte qu'au bout de quelques années il se forme, de tous ces produits partiels et successifs, un produit collectif, une bosse ou loupe qui peut acquérir le volume d'une coloquinte, d'une grosse orange, et dont les rugosités pourraient servir d'indications chronologiques, car chacune d'elles est le produit d'une campagne et d'une année. C'est de cette manière que s'étaient formées les bosselures du tronc du pommier en plein vent dont j'ai déjà parlé.

Dans la forêt de Soignes, j'ai rencontré un tronc de hêtre qui portait, vers la naissance des branches, une loupe circulaire d'un volume monstrueux qui m'avait bien l'air d'avoir été l'œuvre du parasitisme de ce puceron (*).

En modifiant les accidents de surface de l'écorce tendre, le puceron a modifié et sa couleur externe et la composition du liquide de sa circulation; on dirait qu'en pompant les sucs du pommier, il a sucé également le manganèse, qui est la base de la coloration de la pomme d'api, pour servir à former le *caméléon animal* de l'insecte, par les mêmes lois physiologiques qu'il sert à former le *caméléon végétal* du fruit du pommier. Car

contre les murs, où la culture ne lui laisse que les racines de droite et de gauche celles qui rasent le mur. Aussi cet arbre, dont l'envergure était considérable, ne donnait par an que trois ou quatre pommes, malgré tout le soin qu'on en prenait. Ne mettez jamais en espalier un arbre à racines qui tallent et s'étendent dans tous les sens à la surface du sol, au lieu de piquer dans la terre.

(*) Voy. *Rev. compl. des sc.*, tome Ier, mai 1855, pag. 306.

la coloration cramoisie que donne l'insecte qu'on écrase est aussi bon teint que celle que fournit la cochenille, insecte congénère du puceron. Nous reviendrons sur ce point de vue plus bas.

758. GALLES VÉSICULEUSES DES PÉTIOLES DU PEUPLIER : *populus nigra italica* (peuplier d'Italie), *populus monilifera* (peuplier du Canada). On observe, au printemps, que le sol se couvre, au pied des peupliers, de feuilles qui tombent comme en automne, et dont le pétiole porte une galle marbrée de jaune et de rouge, dont la forme varie et ressemble souvent à un petit fruit pomacé de la grosseur d'une cerise. Les fig. 1 et 2, pl. 11, en représentent deux de forme différente *vs*. Les feuilles *fl* sont toutes développées, quand cette galle se forme sur le pétiole, qui ne tarde pas à s'atrophier et à se détacher, par la cicatricule, de la branche d'arbre sur laquelle il est implanté. Sur la fig. 2, la galle *vs* s'est développée, non sur le pétiole, mais à la base d'un jeune rameau. Dans l'intérieur de ces vésicules *vs*, on trouve une colonie de pucerons, de tous les âges et des deux sexes, mais tous dépourvus de cornes anales (749).

Les fig. 4 et 5, pl. 11, représentent les plus jeunes; ils sont d'un vert jaune tendre; la forme de leur corps commence par être quadrilatère. La fig. 3 représente le mâle avec ses quatre ailes, dont deux internes plus courtes, fig. 6, deux externes plus longues, fig. 7, traversées toutes les deux d'une nervure longitudinale et de trois nervures latérales, et pointillées de petits poils visibles seulement à un grossissement supérieur. Le puceron est violet foncé, et long de trois millimètres de la tête au bout des ailes. La fig. 9 représente la mère ou la grand'mère, ou bien même la trisaïeule de la colonie : sa capacité abdominale est encore riche en générations; son corps déborde les pattes; sa couleur générale est d'un bleu violet, avec une farine des débris de l'intérieur de la galle qu'elle habite. Sa trompe est très-courte et peu apparente; elle atteint en longueur deux millimètres et demi sur deux millimètres de large. On observe, sur une portion quelconque de ces galles, une ouverture *o* qui tient la capacité de l'organe artificiel en communication constante avec l'air extérieur; mais cette ouverture n'est pas si grande, qu'elle n'échappe facilement à la première vue; et alors la galle paraît comme un fruit coloré, à peau lisse bariolée de vert, de jaune et de rouge. Sa substance intérieure, pl. 11, fig. 8, *vs*, est farineuse, vermiculée, d'une couleur purpurine vers le point d'insertion, et violacée comme les puceronnes, fig. 9, vers le point opposé. Il paraît que c'est sur cette dernière portion que les pucerons opèrent, par leur succion continue, le développement indéfini de la galle.

L'ouverture *o* de ces galles, ouverture qui n'est nullement le produit d'une perforation après coup, démontre suffisamment que le puceron qui en est l'auteur n'a pas pris naissance sous l'épiderme de la plante ; car autrement la galle serait imperforée, ou bien la perforation serait, non à bords calleux, mais en simple déchirure. Donc l'insecte en a déterminé la formation, en s'appliquant contre l'épiderme du pétiole ou des jeunes rameaux ; dès ce moment les cellules nouvelles que sa troupe anime, féconde et façonne, débordent l'insecte de plus en plus, et à chaque génération de pucerons, ce travail anormal et de superfétation, prenant une plus grande énergie, finit par s'arrondir en une cucurbite dont le goulot est formé par les bords qui se sont rapprochés.

La piqûre d'un insecte détermine donc, sur un organe normal, d'abord un exanthème, un furoncle fistuleux, sec et ardent, puis un cancer ; et elle occasionne à la suite la désarticulation d'un organe complet et la chute d'un membre.

Malpighi a figuré les vésicules du peuplier et a reconnu qu'elles étaient le produit d'un insecte qu'il ne décrit pas (*). Réaumur a donné l'histoire complète du puceron (qui était cotonneux de son temps) dont le parasitisme fait naître les vésicules de cet arbre (**).

Pendant mon séjour à La Chapelle, en septembre 1844, feu M. Suzanne de Bréauté me montra des fruits déformés du *Pimpinella magna* (de la famille des ombellifères) qui avaient un peu la forme des bourses-à-pasteur, mais qui étaient munis, comme les galles du peuplier vésiculeux, d'une ouverture basilaire. Ces déformations étaient l'œuvre de pucerons qui n'en étaient pas encore sortis, et qui avaient beaucoup d'analogie avec les pucerons du peuplier.

759. GALLES ET VÉSICULES DE L'ORME ET DES CHARMILLES, AINSI QUE DU PISTACHIER.

1° GALLES DE L'ORME (***). C'est sur les feuilles de l'arbre que le puceron

(*) *De Gallis, inter opera omnia,* pag. 23, tab. 9, fig. 29, Londres, 1686. Malpighi me paraît être le premier qui, dans son traité *de Gallis,* a démontré que les excroissances d'un certain volume qui surviennent aux rameaux et feuilles des arbres sont le produit du parasitisme de larves dont il n'a pas cherché à déterminer l'insecte. Mais il a méconnu totalement cette origine, toutes les fois qu'il n'a pas rencontré le ver dans la galle même. En effet, à la suite de son traité *de Gallis,* il en a publié une autre *De variis plantarum tumoribus et excrescentiis,* où il décrit longuement les tumeurs qui, d'après lui, surviendraient aux tiges et feuilles des arbres spontanément et sans le concours des insectes. Or ces tumeurs sont celles qui émanent de la piqûre des pucerons ou autres insectes d'un parasitisme externe et nomade, et non d'un parasitisme interne et casanier. Du temps de Malpighi, l'analogie n'avait pas encore introduit son flambeau dans l'étude des sciences d'observation.

(**) *Mém. pour l'hist. des ins.,* tom. 3, pag. 309, pl. 26 et 27.

(***) Ces vésicules sont connues dès la plus haute antiquité : « Le térébinthe

de l'ornie (*Aphis ulmi*) crée des galles dont le développement présente dès singularités remarquables. Il paraît que c'est en dessous de la feuille, et sur la page inférieure ou obscure, que, de sa petite tarière anale, il dépose son œuf. Dès ce moment il s'opère, par la présence de ce corps étranger, une bosselure qui s'allonge du côté de la page supérieure, en forme du cornet ou nectaire des *tropœolum* (capucine), des *delphinium*, des *balsamina*, etc., cornet qui est creux et dont l'ouverture est située du côté de la page inférieure ; on en voit à divers âges en *b* de la fig. 12, pl. 10 ; en *a'a'*, ils sont restés avortés, et sous forme de simples taches lépreuses et bosselées. Quand l'œuf du puceron éclôt, il se trouve donc en naissant dans une cavité protectrice, et à l'abri des insultes de toute espèce d'ennemi ; car l'ouverture et la cavité du cornet se hérissent de poils, *f, i*, fig. 12, pl. 10, qui se feutrent en se contournant en spirale, vu que chacun d'eux, *i*, ne renferme dans son sein qu'une spire bien visible à un grossissement supérieur, spire veuve et sans antagonisme qui neutralise sa direction (20). Un botaniste à qui on présenterait ce produit à cet âge n'y verrait qu'une de ces fongosités épidermiques qui bossellent les feuilles en dessus et poussent en dessous leur fructification ou sporanges ; pour lui, ce serait un *erineum* à cause de ses pilosités, et un *xyloma* sans ses pilosités ; pour nous, le cornet et les poils ne sont que l'œuvre de la présence d'un insecte dans le parenchyme de la feuille. Ce fruit artificiel et *aphidigène* n'en reste pas à cet état de développement ; il croît en grosseur, à mesure que la colonie de puceron croît en nombre ; il semble s'enfler et s'arrondir, il se colore comme

(notre *pistachier*), dit Théophraste, porte aussi certaines vésicules semblables à des noix, telles qu'on les retrouve sur l'orme ; dans ces vésicules naissent des insectes analogues aux cousins. » (Théophr., *Hist. plant.*, lib. 3, cap. 15.) En s'appropriant ce passage, Pline a omis le bout de phrase qui concerne l'orme (lib. 13, cap. 6). — Malpighi a décrit et figuré la vésicule de l'orme, qui, d'après lui, *serait remplie d'innombrables animalcules qu'on trouve quelquefois nageant dans un liquide* (*opera omnia ; de Gallis*, pag. 17, pl. 7, fig. 3). — Geoffroy (Claude-Joseph), dans un mémoire présenté à l'Académie des sciences en 1724, avait décrit également cette énorme vésicule, mais alors il n'en avait pas connu l'insecte mieux que Malpighi. — Réaumur a le premier parfaitement bien décrit et figuré l'histoire de la vésicule et du puceron qui en est l'auteur. (*Mém. pour l'hist. des ins.*, tom. 3, pag. 300 et suiv., pl. 25, 1737.) — De Geer a repris le même travail, d'une manière sinon nouvelle, du moins plus systématique. (*Mém. pour l'hist. des ins.*, tom. 3, pag. 89, pl. 4, fig. 15, 1773.) Cependant chez Réaumur et de Geer, l'histoire et la gravure laissent encore immensément à désirer. — Gleichen, de son côté, avait également étudié l'*histoire* de cette vésicule dans un travail que le professeur Delius a publié à Nuremberg, en 1770, sous le titre de : *Versuch einer Geschichte der Blaflause und Blattlaus fresser des Ulmenbaums*, in-4° avec figures. (Mémoire sur une vésicule et sur un puceron qui dévore les feuilles de l'orme.)

une petite pomme; la feuille en a bientôt trois ou quatre de la grosseur
a, fig. 12, pl. 10; ceux-là offrent une ouverture sur un de leurs côtés.
On voit cette ouverture e' sur l'un de ces organes qui a été coupé par
le milieu e, fig. 12, pl. 10, pour faire distinguer les poils qui en hérissent la surface interne. Chez ceux-là la surface inférieure f de la page g,
qui correspond à leur base, m'a paru imperforée, quoique hérissée de
poils ; ce qui me porterait à croire que le dépôt de l'œuf a eu lieu par la
surface supérieure ; car le développement ayant eu lieu tout autour de
ce point, et sans que les bords soient jamais en état de se rejoindre, il
faut bien qu'à un certain âge le fruit vésiculeux semble avoir été éventré
par ce côté. Il s'ensuivrait que, quand le dépôt de l'œuf a lieu par
la surface inférieure de la feuille, le parenchyme ne se développe qu'en
une tache galeuse ou en un cornet imperforé, qui s'arrête bientôt dans
son évolution ; et que les vraies galles, et celles qui atteignent les
dimensions les plus extraordinaires, proviennent du dépôt d'un œuf sur
la page supérieure de la feuille. Jamais les bords hh ne sont attaqués et
déformés, comme nous l'avons vu sur les feuilles du prunier sauvage(598).
En ouvrant une de ces galles a, fig. 12, pl. 10, on y trouve l'ouvrier qui
la façonne par ses piqûres, comme un potier enfle l'argile en la tournant
avec ses doigts. C'est un puceron, fig. 11, pl. 11, d'un bleu violet,
comme celui du peuplier, portant des ailes enfermées dans un étui
imperforé al, ayant des antennes at courtes et assez épaisses, et, au lieu
de cornes anales, des tubercules cn. Cet insecte a deux millimètres et
demi de long.

Vers le commencement de l'été, la plupart de ces galles, se gaufrant,
se contournant, s'enflant plus sur un point que sur un autre, se présentent avec la forme et les dimensions de la fig. 10, pl. 11; on prendrait
ces vésicules vs pour de gros échaudés collés sur une tige tg, au moyen
d'une collerette chiffonnée sl, qui n'est que la feuille déformée par cet
insolite développement. Geoffroy, Réaumur et Gleichen ont tous parlé
d'un liquide dont les grandes vésicules sont habituellement remplies.
Geoffroy avait obtenu un extrait gommeux par l'évaporation de ce liquide.
Réaumur pense que cette eau est le produit de l'éjaculation de la liqueur
sucrée, comme il l'appelle, qu'éjaculent les cornes anales du puceron. Mais
cette manière de voir ne résiste pas à la discussion, car les pucerons ne
sont pas des insectes amphibies; dans un tel océan ils se noieraient
bientôt tous; or la nature ne donne pas aux animaux des instincts nuisibles à leur existence et à leur propagation ; on ne voit pas un insecte
se créer des abris qui doivent plus tard l'asphyxier, lui et sa race. Quand
on a assisté aux plus fréquentes éjaculations de l'un de ces pucerons, on
peut facilement établir qu'il faudrait bien des années pour que ces

petits êtres parvinssent à se créer ainsi goutte à goutte un océan dans leur habitation. Mais enfin si le liquide que l'on rencontre dans ces vésicules provenait soit de l'éjaculation des pucerons, soit de l'exsudation des parois internes de la vésicule, on trouverait en tout temps ces vésicules pleines de liquide. Or j'en ai trouvé, il est vrai, dans cet état le lendemain d'une averse ; mais elles ne sont pleines que de vent en l'absence de la pluie. L'eau y pénètre et s'y accumule, par l'ouverture qui reste béante sur un de leurs côtés, quand cette ouverture, par le poids de la branche ou de la vésicule, se présente dans la direction de l'eau qui tombe du ciel ou qui coule des branches. Cette vésicule est alors une espèce d'hydomètre où se noient les pucerons.

Les personnes qui voudraient vérifier ou continuer ce genre d'études en rencontreront tous les ans de nombreux échantillons sur une charmille qui s'étend au pied de la côte de Cachan, petit village qui continue la route d'Arcueil près Paris.

2° VÉSICULES DU PISTACHIER. α. Les pistachiers (*pistacia vera, terebinthus et lentiscus* Lin.) sont des arbres dont le feuillage ressemble à celui du frène, mais dont le fruit s'allonge en une espèce de cornichon, qui renferme une noix comestible. On fait le plus grand cas, dans le Midi, du fruit du *vrai pistachier* qui vient communément dans l'Arabie, les îles de la Grèce, et depuis Vespasien qui l'importa de l'Orient dans l'Italie, la Provence et l'Espagne, sur tout le littoral enfin de la Méditerranée. Nous avons dit plus haut (758) que, du temps de Théophraste, on connaissait déjà très-bien que ce fruit est souvent remplacé par une vésicule vide où fourmillent des masses d'insectes que Théophraste comparait aux cousins ; ce sont des pucerons ailés dont la succion a donné naissance à une excroissance vésiculeuse, pucerons que Linné a nommés *aphis pistaciæ*. « Le térébinthe qui croît en Syrie, près de Damas, dit Pline (*), est un arbrisseau à fleurs en grappes, et dont les fruits ressemblent à l'olive, à part la couleur qui est rouge ; les folioles en sont serrées. Cet arbrisseau porte aussi des follicules vésiculeux d'où s'échappent des animalcules analogues aux cousins, et il coule des crevasses de son écorce une résine particulière. » C'est la première térébenthine connue.

D'un autre côté Flavius Josèphe, qui écrivait dans la première moitié du premier siècle de notre ère, parle d'un arbre qui croît sur les bords de la mer Morte et qui produit des fruits de la plus belle apparence, mais qui s'en vont en poussière dès qu'on y veut porter la dent ; ce sont des pommes folles ou folliculeuses (*folliculi*).

(*) Lib. 13, cap. 6.

Dans le troisième siècle, Solin (*) nous donne des renseignements plus étendus à ce sujet : « Assez loin de Jérusalem, dit-il, à l'extrémité d'un grand désert, se trouve un golfe d'aspect sinistre (*mer Morte*), qu'y a creusé le feu du ciel, ainsi que l'atteste le sol noir et poudreux qui l'environne; c'est tout près de là qu'on rencontre deux villes, Sodome et Gomorrhe, aux environs desquelles se trouve un fruit qui a toute l'apparence de la maturité et qui pourtant n'est pas comestible ; car sous cette enveloppe attrayante il ne renferme qu'une poudre fuligineuse, que la moindre pression des doigts fait échapper ; en sorte que ce fruit semble se résoudre tout à fait en fumée. »

La description de Solin semblerait se rapporter à un fruit de terre, à une grosse *vesse-de-loup* (*Lycoperdon bovista*) plutôt qu'au fruit d'un arbre. Car les vesses-de-loup à leur maturité laissent échapper leurs sporules sous forme d'une poussière fuligineuse et impalpable. Mais la phrase de Flavius Josèphe ne laisse aucun doute sur la nature de ce fruit; c'est d'après lui le fruit d'un arbre. Mais quelle est l'espèce d'arbre qui le porte, ni Josèphe ni Solin n'en parlent le moins du monde, ce qui a mis à la torture les savants qui s'occupent de la flore des anciens temps.

D'après Fréd. Hasselquist (**), les pommes de Sodome ne seraient que les fruits de l'aubergine (*solanum melongena*) dénaturés par un insecte : « Ce sont là, dit-il, les pommes folles (*mala insana*) des auteurs, je les ai rencontrées en abondance dans cet état près de Jéricho, dans la vallée du Jourdain, non loin de la mer Morte. On les trouve, à la vérité, pleines de poussière, mais pas toujours. La piqûre d'un insecte (*tenthredo*) fait que la chair de ce fruit se résout en poussière, et qu'il n'en reste plus que la peau, qui n'en conserve pas moins sa belle couleur naturelle. »

Cette opinion ne paraît pas susceptible d'être admise : Car 1° Flavius Josèphe parle du fruit d'un arbre, et non d'une plante herbacée et potagère, comme l'est le *solanum melongena*, dont la tige s'élève rarement au-dessus de deux pieds. 2° Flavius Josèphe et Solin parlent d'un fruit bon à manger dès qu'on le cueille, et non d'un fruit, comme l'aubergine, qui ne se mange que cuit.

M. de Sanley a été encore plus malheureux en explication dans sa lettre à l'Académie des inscriptions et belles-lettres (août 1851), en voyant les pommes de Sodome, soit dans le fruit de l'*asclepias procera* qui serait plutôt un poison qu'un fruit comestible, soit dans le fruit d'une solanée

---

(*) *Polyhistor*, cap. 38, pag. 371, dans la collection des trois géographes (Pomponius Mela, Solin et Ethicus); Leyde, Vogel, 1646.

(**) *Voyage en Palestine*, pag. 560, édit. de 1762.

à fleurs roses qu'il ne détermine pas autrement que comme répandant des graines noirâtres. Nous ne nous arrêterons pas à réfuter cette opinion.

Celle, au contraire, qui reconnaît la pomme de Sodome dans les vésicules aphidigènes du pistachier (*pistacia vera* ou *terebinthus*) me paraît réunir le plus de conditions de probabilité. En effet la *pistache* ou fruit du pistachier se mange comme les amandes ; elle est d'un goût exquis, et les voyageurs en sont très-avides ; on en est très-friand surtout le littoral de la Méditerranée. « Nous avons des témoignages des auteurs dignes d'être ouys, dit Belon, qu'il y a plus de deux mille ans que les hommes avoyent usage de manger cettes graines de térébinthes, et que les Perses en ont vescu avant l'usage du pain » (*). Or, le voyageur doit se trouver bien désappointé quand, à la place de ce fruit dont il est si avide, il tombe sur une de ces vésicules vides, œuvre du parasitisme du puceron, et qui de loin avait à ses yeux toute l'apparence et la forme du fruit véritable.

β. Mais ce n'est pas là la seule question intéressante que l'étude de ce produit morbipare ait fait naître ; et celle qui va nous occuper devrait fixer plus spécialement l'attention de nos chefs d'ateliers en teinturerie.

En effet, les pucerons que l'on trouve dans les vésicules folles du pistachier donnent, quand on les écrase, la même couleur cramoisie que nous avons retrouvée dans nos pucerons cotonneux du pommier et que nous retrouverons plus bas dans les *faux pucerons* ou *chermès* qui pointillent si souvent l'écorce de nos pêchers et les feuilles de nos lauriers-roses.

Belon nous avait déjà appris que les paysans de Thrace et de Macédoine ont soin d'aller cueillir, sur la fin de juin, les vésicules ou galles de térébinthe, alors qu'elles n'ont encore que la grosseur d'une noisette, pour aller les vendre ensuite fort cher à Brousse (*sur le littoral de la mer Noire*) où elles servent à teindre la soie (**). On comprendra par ce que nous avons dit plus haut que les Turcs cueillent cette galle jeune et quand elle n'a encore que le volume d'une noisette, parce que plus tard, et quand elle a atteint sa plus grande longueur, les pucerons dépositaires de la coloration ne s'y trouveraient plus.

(*) *Les observations de plusieurs singularités et choses mémorables, trouvées en Grèce, Asie, Judée*, etc., pag. 345, édit. de Marnef, 1588.

(**) *Les observations de plusieurs singularités et choses mémorables*, etc., pag. 445 et 457, édit. de Marnef, 1588. — Brousse (Bource, d'après Belon) était alors une ville manufacturière, où mille chameaux, dit-il, venant de Syrie et d'autres pays du Levant, apportaient la soie pour y être ouvrée et tissée. Une autre particularité curieuse pour nous, et pour l'histoire de notre ancienne France, c'est que, du temps de Belon, *la grande espée de Roland* pendait à la porte du château. « Les Turcs la gardent, ajoute-t-il, comme quelque reliquaire ; car ils pensent que Roland était Turc. »

Réaumur (*) ayant reçu· des vésicules du térébinthe cultivé près d'A-vignon en a décrit les vésicules et le puceron ; il en a reçu de Chine même qui différaient peu de celles de la Provence. Il a reconnu dans ces pro-duits le *bazgendges*, dont parle Savary dans son *Dictionnaire du commerce.* comme servant dans le Levant avec la cochenille et le tartre à faire la cou-leur écarlate chez les Turcs de l'Asie. Il apprit d'un commerçant qui se trouvait sur les lieux, et qui avait eu soin de faire teindre de la soie en cramoisi sous ses yeux, qu'on employait à cet effet deux onces de *baizonges* ou *bazgendges* pour chaque once de cochenille ; la molécule intégrante de cette bazgendge c'est le puceron.

Un pareil produit venant de si loin serait trop cher à employer en Europe ; mais ne pourrait-on pas y suppléer au moyen de nos pucerons indigènes qui me semblent ne céder en rien, sous ce rapport, aux pucerons de l'Asie. Cette idée était déjà venue au père Plumier (**) et à Bonnet (***) : Le père Plumier en avait conçu la pensée, en écrasant involontairement les pucerons d'un pied de tanaisie qu'il venait d'arracher de terre. Mais ni l'un ni l'autre ne connaissaient le puceron du pommier.

Le seul arbre en espalier dont j'ai déjà parlé (757) aurait pu fournir son contingent à une assez grande cuvée de teinturier. La cueillette se ferait au moyen d'une petite ratissoire, ou même d'une brosse de crin ou enfin d'une éponge mouillée.

On rendrait les arbres d'autant plus riches en ce genre de produit parasite, qu'on en gênerait davantage la croissance par une culture appauvrissante, et en leur laissant le moins de racines possibles ; et avant de faire la cueillette d'un carré de pommier, on aurait soin de transporter, sur les pommiers d'un autre carré, des houppes intactes de ce *blanc de champignon animal*, destiné à y propager l'espèce. Au reste le pommier n'est pas la seule espèce végétale qui puisse nourrir des pucerons à sang écarlate ; les pucerons de l'orme, de la tanaisie, etc., sont dans le cas de les remplacer avec un égal avantage. Que nos teinturiers essayent de cette propriété colorante ; et si l'essai réussit, l'agriculture indigène ne tar-dera pas à pouvoir leur fournir à bon marché ce genre de produit.

760. GALLES STROBILIFORMES DES SAPINS, pl. 13, fig. 13-16. C'est dans un jardin de Melun (Seine-et-Marne) et sur un faux sapin ou pesse (*pinus epicea*, Lin.) que j'ai eu l'occasion d'étudier ce curieux et rare produit, rare du moins aux environs de Paris ; car j'avais à Mont-Souris un *epicea* qui ne m'en a jamais fourni le moindre échantillon ; il était,

(*) *Mém. pour l'hist. des ins.*, tom. 3, pag. 305, pl. 25, fig. 1.
(**) *Mém. de Trévoux*, sept. 1703, pag. 1682.
(***) *Traité d'insectologie*, 1er vol., obs. XX, sur les pucerons.

il est vrai ombragé par de grands érables; mais j'en ai vainement cherché d'autres exemples depuis dans mes excursions dans les bois et
jardins de la capitale.

La plupart des rameaux de l'année offrent à leur base une espèce de
cône, fig. 16, pl. 13 *a*, absolument semblable aux *strobus* ou fruits des
conifères, mais qui en diffère parce qu'il est surmonté d'une houppe
terminale de feuilles fig. 16 *b,* comme le sont les *ananas.* Quand on
écarte les écailles fig. 15 de ce cône, au lieu d'une graine, on trouve
dans leur aisselle toute une génération de pucerons, fig. 14 *d,* qui,
examinés à la loupe, ont dans leur jeunesse la forme quadrilatère de la
figure 13. Le parasitisme et les piqûres incessantes d'un puceron ont
donc suffi pour transformer la feuille linéaire, fig. 16 *b,* de l'*epicea* en une
écaille, fig. 15, qui ressemble exactement à celle dont se compose le
strobus ou cône qui est le châton femelle ou le fruit des arbres de cette
famille; et par le prolongement *c,* fig. 15, que cette écaille porte sur le
dos, elle rappelle tout à fait encore son origine de feuille. Ces écailles
d'un fond vert sombre sont bordées d'une frange rouge, fig. 15 *e;* mais
tant qu'elles restent vertes, elles s'appliquent si bien les unes contre les
autres dans leur disposition spirale, qu'on peut dire que les pucerons *d,*
fig. 14 croissent dans leur aisselle, comme dans une cavité hermétiquement fermée. Une fois que la cavité ne suffit plus à leur développement,
et que la colonie se voit forcée d'émigrer ailleurs, la sève n'étant plus
attirée en ces parages par la succion et le jeu de la trompe aspirante de
ces animalcules, les feuilles et le rameau se dessèchent, les écailles
s'écartent de la tige; les cavités axillaires restent béantes, comme on le
voit sur l'échantillon de la figure 16 *a'*; et le rameau desséché finit par
se détacher de l'arbre au moindre vent.

Ce curieux effet du parasitisme des infiniment petits a échappé à
Geoffroy, à Réaumur et à tous nos entomologistes de France. De Geer,
qui observait en Suède, est le premier et peut-être l'unique qui l'ait décrit
et figuré avec soin (*); il a vu les pucerones cotonneuses et munies d'une
toison très-touffue, ce que nous n'avons nullement remarqué sur nos
échantillons, sans doute à cause de l'âge peu avancé des pucerons.
De Geer a cru reconnaître quelque chose d'analogue à tout ce qu'il a si
bien décrit, dans la description que donne Linné d'une production
monstrueuse qui vient au bout des branches des sapins de Laponie et
qu'il compare à des fraises : « Les Lapons, dit Linné, quand ils
voyagent, les mangent comme des baies et des fruits véritables (**). »

(*) *Mém. pour l'hist. des ins.,* tom. 3, pag. 99, pl. 8.
(**) *Flora lapponica,* édit. de Smith, 1792, pag. 286.

Je doute qu'il s'agisse dans ce passage de nos faux châtons; car ils n'ont rien de succulent et de nutritif, à moins que les Lapons ne les prennent qu'en guise de condiments et comme, pour se rafraîchir la bouche, ils mâchent de la résine qui transsude des arbres (218).

Les exemplaires de De Geer sont devenus fort rares et il n'est pas étonnant que son travail, sur l'objet qui nous occupe, soit resté complètement ignoré des entomologistes de profession; et j'en donne la preuve :

« Dans la séance du 3 avril 1850 de la *Société* jadis *royale* et alors *nationale et centrale d'Agriculture*, Vilmorin déposa, sur le bureau, des pousses d'*epicea* recueillies dans son domaine, au pied d'un groupe de trois *epiceas*, tandis que les plantations de la même essence ne lui avaient rien offert de tel dans toute autre localité. Il était porté à croire, disait-il, que ces excroissances étaient causées par un insecte qu'il n'avait fait qu'entrevoir et qui lui parut être une mouche verte. » Guérin-Méneville, dessinateur entomologiste de profession, fut d'avis qu'une mouche n'aurait rien pu occasionner de semblable, mais que cette excroissance était le produit d'un coléoptère. C'est, vous le voyez, de plus curieux en plus curieux. Huzard fils, n'ayant rien de mieux à dire, rappela qu'on voit souvent des pies couper des pousses d'arbres comme ces pousses-là. Vous avez là un échantillon du parlage de ces sociétés royales ou nationales d'agriculture; on n'y cite vraiment que ce qu'on tient de soi; hors de là il n'y a plus personne à croire sur la terre; qui pourrait prétendre savoir ce que ces doctes ignorent? On sent à son exorde que Vilmorin avait mis un tant soit peu le nez dans l'*Histoire naturelle de la santé*, dont la deuxième édition avait quatre ans d'existence et la première sept; mais il n'avait pas eu le courage de pousser sa haute distraction jusqu'à la page 167. Quant à Guérin-Méneville, il n'avait pas même pris tant de soucis; mais il collectionne et n'observe pas, et il lit encore moins ce que les autres observent.

Et pourtant quel admirable sujet de réflexions en fait d'analogie que cette petite branche de rebut que les pies abattent !

Si la pucerone n'avait pas déposé ses œufs dans l'aisselle d'une de ces feuilles de l'*epicea*, la feuille eût conservé sa forme linéaire. L'incubation de cet œuf et le parasitisme de l'insecte a reproduit sur ces feuilles la même déviation que produit sur elles l'influence de la fécondation. La piqûre d'un puceron est donc en état de façonner des organes, avec la même puissance que peut le faire la fécondation elle-même. N'est-ce pas que cette analogie est grosse de la découverte du mécanisme de la fécondation? Dans le cas qui nous occupe, le parasitisme ne ronge pas, il féconde; il ne déforme pas, il organise; il imprime au développement des organes une impulsion analogue à une création. L'incubation d'un œuf animal engendre sur une feuille les mêmes effets de déviation que l'incubation de l'ovule végétal au sein d'une graine axillaire. L'implantation de la trompe d'un puceron dans les cellules d'un tissu végétant équivaut à l'imprégnation du pollen même, et ménage les mêmes genres d'accouplements entre les spires génératrices dans la cellule-matrice du végétal. Plus on retourne en divers sens ce sujet, et plus on semble toucher de près à ce mystère et dérober enfin à la nature le mécanisme interne de la création des êtres organisés. Oh! que Pline avait raison de dire : La nature ne nous paraît jamais si grande que dans l'étude des infiniment petits!

761. COROLLAIRE NOSOLOGIQUE DES OBSERVATIONS PRÉCÉDENTES. Nous venons de voir que les développements morbides les plus bizarres et les mieux organisés sont le résultat progressif de la simple piqûre du puceron (*aphis*). Si nous n'en avions pas surpris l'auteur, ces effets nous auraient paru le résultat d'une entité maladive, ou bien tout autant de fongosités parasites. La désagrégation des cellules de la surface interne de ces pseudo-organes n'aurait pas manqué de nous fournir les caractères de *sporanges* et de *sporidies*, qui sont les fruits et les graines des végétaux inférieurs.

Or la piqûre du puceron étant dans le cas de produire de si étonnants effets, l'inoculation de ses œufs, à la saison avancée, doit enfanter, au printemps, des résultats analogues; car j'ai acquis la preuve que la pucerone, en état de liberté, ne pond pas ses œufs fécondés, au hasard et sans prévoyance, sur la première surface venue.

Mais tous les pucerons ont, pour vivre et pour propager l'espèce, les mêmes lois à suivre, les mêmes besoins à remplir que ceux dont nous venons de décrire plus en particulier l'histoire ; ils ne vivent qu'en implantant leur trompe dans le parenchyme des feuilles et des tissus herbacés. Il faut donc que là d'où ils retirent leur trompe il se fasse un développement anormal; sans cela la même cause ne produirait pas les mêmes effets, ou bien la cause en action resterait sans effet. Donc, partout où nous rencontrerons des pucerons vivant en place, là nous devrons nous attendre à voir se former des organes artificiels.

762. Mais ces organes ne doivent se développer que lorsque le puceron retire sa trompe ; et, de même que tous les autres organes, ils doivent mettre un certain temps à parcourir les phases du développement qui les rend visibles à nos yeux. Il arrivera donc qu'à côté de ces productions artificielles, nous ne rencontrerons plus les pucerons dont la piqûre les a engendrées, ce qui pourra bien nous porter à considérer ces

organes de superfétation comme des productions morbides spontanées ;
nous ne raisonnons pas autrement en nosologie, dès que la cause physique du mal nous.échappe. Ne perdons pas de vue cette considération
fondamentale, en étudiant botaniquement ces produits.

.763..1ʳᵉ ÉTUDE DES PRODUCTIONS MORBIDES VÉGÉTALES QUI ÉMANENT DE LA
NUTRITION OU DE LA PONTE DES PUCERONS SUR LES JEUNES POUSSES DES BRAN-
CHES. Les pucerons s'attachent aux jeunes tiges avec autant d'avidité
qu'aux feuilles ; pour eux ce sont toujours des. tissus herbacés. On les
voit, au printemps, disposés en. spirales serrées à la sommité de tous les
jeunes rameaux qui ne sont pas trop exposés à la lumière directe ; ils y
restent immobiles, la trompe implantée dans le tissu, ne s'occupant de
rien de ce qui se passe autour d'eux, et ne devant quitter l'organe vasculaire qui sert à chacun de mamelle, qu'à l'époque où le développement
continu de la tige viendra refouler au dehors, comme une écorce inerte, la
couche corticale dans laquelle la trompe du puceron s'était implantée. Le
puceron change alors de place, monte plus haut pour avoir encore à sa
disposition les produits nutritifs qui lui manquent plus bas.

Supposons maintenant que la branche soit arrivée à l'époque d'hibernation, à l'époque stationnaire ; que devra-t-elle offrir à un
œil attentif? Nécessairement, les traces plus ou moins
saillantes de toutes ces piqûres.

Or qu'on examine avec soin, à cette époque, une branche semblable, et l'on ne manquera pas d'y remarquer des
essaims de petits écussons ovales, disposés sur une série de
spirales espacées, et espacés entre eux, à cause du développement en largeur de la branche, qui a nécessairement
agrandi les distances, lesquelles séparaient entre elles les
piqûres des pucerons à l'époque où les pucerons en vivaient.
La figure ci-jointe représente ces écussons épars sur une
jeune branche de poirier observée au mois d'août ; elle
était venue après une seconde taille opérée au mois de
juin, taille dont on observe vers la base la cicatrice. Ces
produits morbides sont trop superficiels, sur un rameau
qui se développe si vite en branche ligneuse, pour qu'ils
aient nui en rien à la maturation des bourgeons que l'on
remarque au nombre de trois sur la jeune branche.

Quand on observe de tels rameaux, à l'époque où ils sont
encore herbacés et que les pucerons viennent de les abandonner, on en trouve la surface pelucheuse, granulée d'une manière très-
serrée ; chacune de ces granulations est le germe de l'un de ces écussons.

En cherchant dans les livres la synonymie de ces petits écussons, nous

découvrirons que c'est à ces produits que Decandolle avait cru devoir donner le nom de lenticelles, les prenant pour les germes des racines qui poussent à ces rameaux ligneux, quand on les tient plongés dans l'eau ou dans la terre humide : singulier anachronisme, qui transformait en organes d'avenir un produit inerte, caduc et superficiel d'une élaboration passée (*)! Le germe des racines est dans toute cellule ligneuse et ne fait saillie au dehors que lorsqu'il est en pleine voie de germination.

764. Sur toutes les espèces d'arbres, ces produits ne s'arrêtent pas à l'apparence d'un écusson superficiel ; car toutes les espèces d'arbres, ou au moins tous les individus, ne vivent pas à un soleil aussi ardent et qui les mûrisse aussi vite. Dès ce moment la piqûre du puceron produit un organe d'une plus grande étendue et d'une plus grande profondeur. C'est ce que j'ai eu l'occasion d'observer sur un individu de cornouiller sanguin (*Cornus sanguinea* L.), qui végétait à l'ombre de plusieurs autres arbres, et produisait en conséquence de longs jets flexibles, à bourgeons longuement espacés, et qui conservaient tout l'hiver la coloration herbacée, marbrée de rouge, signe évident que ces tiges n'étaient pas arrivées à la maturité ligneuse. Le produit de la piqûre du puceron devait donc acquérir, dans les tissus corticaux de pareilles tiges à végétation, pour ainsi dire, vivace, des développements proportionnels qu'il n'atteint pas sur des tiges dont l'écorce se dessèche plus tôt. Or, en automne, partout où j'avais remarqué des myriades de pucerons noirs au printemps, les écussons acquéraient la grosseur d'assez gros tubercules rouges, productions lépreuses, qui finissaient, en hiver et au printemps suivant, par se fendre en croix et par devenir ligneuses, avec l'aspect de très-petites nèfles en maturité ; la branche en était quelquefois toute galeuse.

Il me paraît probable que ces écussons, désorganisés sur l'écorce herbacée, sont précisément les mêmes qui prennent un développement fongueux sur la branche morte exposée à l'humidité obscure, et apparaissent alors sous forme de têtes de clous jaunes à travers l'épiderme crevassé. Le botaniste leur donne alors le nom de *sphœria*.

Quand on observe, avec cette idée dans l'esprit, les jeunes poussés de nos rosiers, sur lesquelles se pressent en spirales des rangs serrés de pucerons, comme on le voit par la figure ci-après, on ne peut se défendre de soupçonner que les épines, comme les lenticelles (763), sont

(*) *Voyez* notre réfutation de cette idée, dans le *Bulletin univers. des Sc. et de l'Ind.*, 2ᵉ sect., mai 1828, art. sur les *lenticelles*. Il est fort probable encore que Decandolle a même confondu avec ces écussons les *kermès* (777) qui s'attachent à certains végétaux.

l'œuvre de la piqûre de ces insectes. Dans cette hypothèse, les épines ne seraient que des *lenticelles* exagérées. En effet, les jeunes pousses ainsi couvertes de pucerons n'offrent pas la moindre trace d'épines : celles-ci ne se développent qu'après que la colonie de parasites, ayant épuisé l'épiderme de cette place, a émigré ailleurs; et on s'assure alors que les épines sont disposées sur une spirale, comme l'étaient les pucerons, que seulement elles sont plus espacées entre elles, à cause du développement progressif des interstices corticaux.

765. 2° Études des productions végétales morbides qui émanent de la nutrition ou de la ponte des pucerons sur les feuilles : *Uredo, xyloma, puccinia, erineum*, produits divers de la piqûre des pucerons. — Puisque la piqûre des pucerons détermine et implante une nouvelle organisation sur une désorganisation, partout où je trouverai des pucerons attachés, au printemps, je devrai en surprendre les effets en automne, en l'absence des pucerons ; car il serait contraire à toutes les règles de l'analogie, de vouloir rencontrer les pucerons cherchant leur vie sur des produits qu'ils ont épuisés et déformés; et malheureusement c'est par suite d'une aussi fausse idée que ce que nous allons dire a, de tout temps, échappé aux observateurs. Quant à moi, j'ai eu soin de marquer d'un signe spécial toutes les feuilles des plantes que j'avais à ma disposition, et sur lesquelles je surprenais des pucerons, des grises (580) ou des thrips, et j'étais sûr, en automne, d'y trouver ou des *erineum*, ou des *uredo*, ou des *puccinia*. Voyez, par exemple, ces tiges languissantes d'*Euphorbia cyparissias*, dont les feuilles linéaires prennent en largeur un développement maladif, se pressent en touffes et en rosaces à l'extrémité; au-dessous de chaque feuille vous rencontrerez la grise (*Acarus foliorum* Nob.). Mais la surface de la page inférieure ne vous offrira pas le moindre accident; les développements anormaux ne se font pas subitement, pas plus que les autres; plus tard et en automne, cette surface vous apparaîtra marquée de petits tubercules, d'abord imperforés, jaunâtres, qui crèvent ensuite par un pore au sommet, et répandent au dehors leurs petites granulations jaunâtres, leur espèce de sciure de bois. Ces granulations, cellules isolées d'un tissu épuisé, ont porté malheur à

la classification, et, prenant aux yeux des botanistes les caractères de sporidies analogues à celles des champignons, elles ont donné l'idée de faire, de ces tubercules, des fongosités parasites et épidermiques, sous le nom générique d'*œcidium*. Comme on a basé ensuite les caractères spécifiques sur la disposition relative de ces tubercules, sur leur coloration et leur grosseur, et que chaque plante affecte une coloration et une énergie de développement spéciale, que d'un autre côté le réseau de ses nervures est différent de celui de toute autre plante, il en est résulté qu'en poussant sur une plante donnée, ces productions anormales ont toujours présenté un caractère différent de celles qui poussaient sur les autres plantes, et qu'en dernière analyse nous aurions fini par avoir autant d'espèces de ces pseudo-fongosités qu'il existe d'espèces de plantes; aussi ne les distinguait-on plus spécifiquement que par le nom de la plante sur laquelle on les trouvait (*).

Toute piqûre d'un insecte suceur doit produire, sur la surface végétale, une pustule qui n'est qu'une déviation morbide du développement. Le développement ayant lieu par la génération indéfinie des cellules, il s'ensuit que les caractères d'isolement et de forme des cellules de la production morbide varieront, en raison de l'énergie générale du développement de l'organe normal. En effet, toutes les cellules tiennent par un *hile* à la paroi interne de la cellule maternelle; toute cellule recèle dans son sein les germes d'un développement ultérieur, et est susceptible de se cloisonner de diverses manières. La piqûre d'un acare, d'un thrips ou d'un puceron, qui ne produira qu'un *uredo* à granulations simples et isolées sur telle plante éphémère, produira un *œcidium* à granulations pédiculées, ou une puccinie à granulations longues, en massue et bi ou tricloisonnées, sur la surface d'une feuille qui appartient à une espèce douée d'une certaine énergie et d'une certaine longévité. La différence des unes et des autres productions ne résulte que de la différence des sujets qui les supportent, leur origine morbipare pouvant être exactement la même.

766. En résumé, supposons que la trompe de l'insecte suceur séjourne plus ou moins longtemps dans le tissu cellulaire d'une plante à cellules allongées, mais à feuilles éphémères: la place de la piqûre sera marquée par un long sac qui crèvera en se desséchant, et répandra au dehors des myriades de cellules isolées, à hile très-peu visible, cellules simples en apparence, parce qu'elles auront été trop tôt surprises dans leur développement anormal; nous aurons alors un *uredo* des botanistes, l'*uredo carbo* ou le *rubigo vera* des graminacées, par exemple.

(*) *Voyez*, à ce sujet, notre *Mém. sur les tissus organiques*, 1826, n° 93; ou tom. 3 des *Mém. de la Soc. d'hist. nat. de Paris*.

Si la succion s'exerce dans le parenchyme d'une feuille à mailles arrondies, le tubercule morbide restant arrondi, et présentant du reste les autres caractères du précédent produit, nous aurons l'*uredo labiatarum* que la figure 9 *a*, pl. 10, représente, à la vue simple, sur la page inférieure d'une feuille de menthe poivrée. On voit ici que les prétendus gongyles, ou cellules isolées *f*, sont cloisonnées comme chez les puccinies.

Mais si les cellules cloisonnées de notre *uredo* des labiées, appartenant à un tissu qui se prête à leur développement indéfini, prennent une extension plus visible à la simple vue, tout en restant attachées à la surface de l'ancienne cellule dont elles ont crevé les parois, alors le botaniste classera ces produits, pl. 11, fig. 15, 16, dans son genre *puccinia*. Nous aurons alors la *puccinia rosæ*, œuvre du puceron de la rose, comme le *blanc* ou le *meunier* (756) est l'œuvre du puceron du chou.

767. Si les pucerones déposent leurs œufs dans le parenchyme de la feuille, les uns à côté des autres et chacun dans une utricule ou cellule végétale, à l'époque de l'éclosion, la sommité de chacune de ces utricules, cédant uniformément à la pression, se fendra d'une manière régulière; et quand les animalcules en seront éclos, leur association de petits berceaux sera marquée par un petit gâteau alvéolaire de cellules ouvertes et bordées chacune d'une collerette de dents réfléchies au dehors, comme le seraient les sommités de *fuseaux* d'une sphère. Il suffit d'examiner ces petites ruches microscopiques, avec notre idée dans l'esprit, pour apprécier la justesse de ce point de vue sur l'origine de l'*œcidium*.

768. Enfin, si la cellule affectée, à la suite de la piqûre d'un insecte, par ce développement morbide et anormal, continue à pousser en longueur, d'une manière indéfinie, nous aurons sous les yeux des amas de filaments, de poils feutrés ensemble ; nous aurons les *erineum* des botanistes, c'est-à-dire, un feutre survenu sur une cavité de la page inférieure de la feuille, correspondant à une callosité violette ou noirâtre qui se gaufre sur la page supérieure : ce sera l'*Erineum vitis*, œuvre d'une ancienne piqûre du puceron vert qui s'attache à la vigne, ou de la grise qui l'habite à côté de lui ; ou bien l'*Erineum juglandinum*, œuvre du puceron du noyer. Le puceron du noyer se distingue de la foule des autres par des caractères assez saillants ; il a en longueur trois millimètres, et en largeur un millimètre et demi ; son corps est ovale, aigu par les deux bouts ; ses antennes courtes, de un millimètre et demi de long, ont leur premier article beaucoup plus long que les autres et que la tubérosité frontale sur laquelle elles sont implantées ; la couleur du corps est jaune-verdâtre; mais chaque anneau porte une série transversale de quatre taches noires quadrilatères et qui laissent entre elles un espace moitié

moins long qu'elles ; la tête est noire et luisante, les yeux en sont rouges.

769. Que si les poils de la cavité inférieure tombent ou ne se développent pas, et que l'œuvre du puceron s'arrête à la gaufrure noire et ligneuse de la page supérieure de la feuille, au lieu des espèces précédentes, nous inscrirons ces produits au catalogue, sous le nom de *xyloma*, genre infiniment curieux de champignons, naissant, d'après le botaniste, sur la page supérieure des feuilles mortes, tandis que tous les autres champignons ci-dessus lui paraissent naître sur la surface inférieure.

770. Historique philologique de ces produits morbides. Ces idées sont si simples à concevoir, pour les personnes qui ont fait une étude comparée de l'entomologie et de la botanique, qu'il est impossible qu'elles ne soient pas venues, en soupçon au moins, dans l'esprit de quelque observateur dégagé des préjugés des écoles, préjugés héréditaires et dont on a toujours quelque peine à se débarrasser. Sous ce rapport, les premiers observateurs sont placés plus près de la vérité que les derniers :

« Je ne ferais point difficulté, avait dit Réaumur dès 1727, de mettre au nombre des galles, un genre d'excroissances assez petites qu'on trouve sous les feuilles de quantité de plantes, et que je nommerai des galles ou moisissures. Si on observe dans plusieurs mois de l'année, et surtout dans septembre et octobre, le dessous des feuilles de plusieurs plantes, on y voit de petites productions qui ont tout à fait l'air de moisissures. On voit, sous les feuilles de certaines plantes, de petits filets chargés de poudres blanches ; sous les feuilles d'autres plantes, on voit des filets chargés de poudres jaunes, et sous les feuilles de quelques autres, des filets chargés de poudres noires. Je l'ai surtout observé sous les feuilles du rosier, du pommier, de la ronce ; le dessous des feuilles du *tithymale à port de cyprès* est quelquefois tout couvert de tubercules qui ont une poussière jaunâtre et qui sont fort jolis... Je n'ai pu encore découvrir les insectes à qui je crois que ces productions sont dues. Sous les feuilles du rosier, on voit souvent quantité de bouquets, de filets chargés d'une poussière d'un jaune orangé, semblable à celle des feuilles du tithymale. Dans ces petites forêts de poils, j'ai presque toujours trouvé de très-petits vers sans jambes et jaunes, qui apparemment occasionnent la naissance de toutes ces petites excroissances. » (*Mémoires pour servir à l'histoire des insectes*, tome 3, page 512 ; troisième mémoire.)

771. Ce diagnostic de Réaumur resta comme perdu dans la foule de toutes ses autres bonnes idées. Le botaniste n'étudiait pas Réaumur, et l'entomologiste s'isolait du botaniste. Linné seul aurait pu exploiter ce trait de lumière à son profit, comme il l'a fait souvent ; mais le classificateur chez lui absorbait l'observateur, et il n'avait pas toujours le temps de remonter à l'origine des choses qu'il se contentait de classer ; il

passait souvent sous silence ce qui l'embarrassait, et il trouvait que la
cryptogamie l'embarrassait beaucoup dans son système. Aussi se hâta-
t-il de reléguer dans les moisissures, sous le nom de *Mucor erysiphe*,
toutes ces pilosités des feuilles.

772. Bulliard, en sa qualité d'iconographe, à qui il fallait surtout des
figures, donna de l'importance à ces petites productions épidermiques;
et dès que le dessinateur de champignons les eut classées dans le nombre
de ces cryptogames, les collecteurs d'espèces se ruèrent sur cette veine
intarissable de découvertes. Persoon les divisa en classes et genres; d'autres érigèrent ces genres en familles; et le petit *Mucor erysiphe* de Linné
occupe aujourd'hui tout un volume de la flore.

773. Ce n'est pas qu'un retour vers des idées plus saines ne prît quelquefois à la pensée certains observateurs; mais ce n'était là qu'un éclair
qui ne portait pas loin et se dissipait vite; on ne le poursuivait plus dès
qu'il avait disparu. Ce que nous avons dit de ces productions, en 1826,
dans notre *Mémoire physiologique sur les tissus organiques,* réveilla
l'attention des amis de la philosophie de la science. Pour Fries (*Systema
mycologicum*), Unger (*Die Exanthemè des Pflanzen*, 1833) comme pour
nous, ces pilosités ne furent plus que des développements morbides et
anormaux d'une cellule normale. Quelques autres pensèrent que les
erineum pourraient bien être, comme les bédégars de la rose, l'œuvre
de quelque insecte inconnu; mais cette opinion ne s'étendait nullement
aux autres produits analogues; Réaumur avait été plus loin. En 1834,
Fée (*)manifesta le même soupçon relativement aux *erineum* seulement;
mais il avoua n'avoir jamais pu surprendre l'insecte autour de ces pilosités, dans les pilosités elles-mêmes, ce qui devait être (762); et il le
laissa dans les insectes inconnus, que d'après lui on devrait bien se
garder de confondre avec les pucerons (*aphis*). Du reste, l'auteur était
trop peu familier avec l'étude du groupe d'insectes qui nous occupe,
pour pouvoir arriver à des résultats plus précis; les insectes qu'il a
figurés sur ses planches ne sont que les dépouilles froissées et chiffonnées
du puceron, ou bien le dessinateur s'est montré bien peu soucieux
d'exactitude; car nous ne sachions rien de plus informe que la plupart
de ces images. Ainsi, par exemple, les prétendues larves de son *Erineum tiliaceum* (*erineum* du tilleul), pl. 1, fig. 1, *bbcc*, ne nous paraissent
que l'*Acarus foliorum* (grise) à l'état qu'Hermann désignait spécifiquement sous le nom de *Trombidium tiliarum* (585). Il en est de même des
larves *e*, *c*, fig. 2, qui ne sont encore que des *acares*. Ses larves *b* de la
fig. 3, et *a* de la fig. 4, pl. 1, ne sont que des débris de cellules végé-

(*) *Mém. sur le groupe des phylllériées,* in-8°, 1834.

tales. L'insecte figuré en 3 *c*, pl. 11, n'est pas un *aphis*, comme il le prétend, page 15, mais un *thrips* assez mal dessiné, et ainsi de toutes les autres figures.

L'insecte qui produit les *erineum, uredo, œcidium, xyloma, puccinia*, n'est donc plus pour nous un insecte inconnu, mais un *acarus* (grise), un *aphis* (puceron), ou un *thrips*, qui produit au printemps une déviation, laquelle ne devient appréciable qu'en se développant jusqu'à l'automne. On ne trouve ces productions que sous la page inférieure des feuilles, parce que c'est là seulement que les grises et les pucerons sont assez abrités du soleil pour vivre à l'aise selon leurs goûts.

774. DÉVIATIONS DES ORGANES FLORAUX, PRODUITES PAR LES PUCERONS. Nous avons vu que les pucerons déposent leurs œufs, à la faveur de leur tarière anale, dans le parenchyme des plantes : cet œuf se trouve là comme un parasite; car sa nutrition, c'est l'incubation. Cette incubation doit donc imprimer aux tissus ambiants une impulsion que lui imprimerait, toutes choses égales d'ailleurs, le parasitisme de l'insecte adulte. Nous avons vu les œufs des acares implantés dans le derme d'un coléoptère, y déterminer le développement d'un tube cylindrique qui lui sert, sous forme d'un long pédicule, de cordon ombilical (578); nous avons eu l'occasion plus haut (759) de faire connaître, dans le règne végétal, un produit analogue par l'incubation de l'œuf du puceron de l'orme; ce produit, *b*, fig. 12, pl. 10, est un cornet herbacé ouvert par le côté de la page inférieure de la feuille. Or rappelons-nous combien de sépales, de calices et de pétales de fleurs s'ornent de cornets plus élégants sans doute et moins rustiques, vu la différence du milieu, mais entièrement analogues sous tous les autres rapports; et demandons-nous si ces cornets floraux, que Linné classait dans cette espèce de chaos d'organes qu'il désignait sous le nom de *nectaires*, ne seraient pas par hasard le produit de l'incubation d'un œuf de puceron?

1° Ces cornets ne poussent pas sur les fleurs de tous les individus de la même espèce. Bien des delphinium, des capucines, des églantines, nous ont apparu, dans nos excursions, dépourvus de leurs cornets floraux.

2° Les jeunes boutons n'en offrent pas la moindre trace; ces cornets ne surviennent et ne commencent à se dessiner en saillie qu'à une certaine époque du développement de la fleur.

3° On y remarque assez généralement des poils à l'intérieur, comme à l'ouverture des galles de la feuille de l'orme (759). Mais leur sommet porte toujours une glande arrondie plus transparente que le reste, et qui me paraît le réceptacle d'un œuf de puceron. Je n'ai pas, à la vérité, surpris l'instant de l'éclosion; mais lorsque le bouton de la fleur de la capu-

cine en est encore réduit à l'état le plus jeune et le plus dépourvu de son
éperon, j'ai presque toujours rencontré un puceron vert attaché à sa substance. S'il en était ainsi, il faudrait bien renverser la phrase, et considérer comme des monstruosités aphidigènes les formes florales que
nous considérons aujourd'hui comme les formes normales ; les fleurs
normales seraient celles que nous classons parmi les monstruosités. Nous
pourrions en même temps expliquer le remplacement des unes par les
autres, en admettant que les pucerons nectaripares, qui pullulent dans
telle région, sont dans le cas de disparaître dans telle autre, sous l'influence d'une cause qui les chasse ou les tue entièrement.

775. Nous conclurons de toutes ces données, que la piqûre des pucerons est en état de couvrir de poils et de granulations les tiges d'aventure
les plus lisses. Ce qui expliquerait pourquoi telle espèce à surface lisse à
l'état sauvage devient velue, cotonneuse et piquante dans nos jardins
cultivés, et *vice versâ*; pourquoi enfin le voisinage de l'épine-vinette ou de
toute autre plante, ainsi qu'on a cru l'observer, communique la rouille
(*Uredo rubigo vera*) aux blés ; c'est une contagion d'insectes; comme le
voisinage d'un galeux est dans le cas d'infecter toute une communauté
d'hommes.

776. MIELLAT DES FEUILLES. Le *Petit dictionnaire des sciences naturelles*,
qui n'est le plus souvent que la reproduction abrégée du grand de Levrault, attribue le miellat aux gouttelettes de liqueur que le puceron fait
sortir de ses cornes anales. Ce n'est là qu'une confusion d'idées assez
ordinaire aux compilateurs. Le *miellat* ou liqueur miellée qui recouvre
la surface de certaines feuilles, suinte de la piqûre qu'y font les pucerons
avec leur trompe.

2ᵉ GENRE : **COCHENILLE**, Galle-insecte, kermès (*Coccus* L.).

777. La pucerone, avons-nous dit plus haut, est vivipare tout l'été,
et elle met au monde une nombreuse lignée. Supposez une pucerone
qui, attachée à l'écorce d'une tige ou à l'épiderme d'une feuille, la trompe
implantée dans le parenchyme, continue à élever ses petits par une gestation prolongée, de telle sorte que son abdomen enfle progressivement
et finisse, épuisé par tant de parasites, par n'être plus qu'une enveloppe
protectrice de cette lignée qui lui dévore les flancs ; vous aurez dès lors
la femelle des cochenilles. Le mâle a tantôt quatre ailes complètes, et tantôt deux ailes complètes et deux ailes rudimentaires en forme de cuille-

rons. La femelle acquiert des dimensions plus ou moins considérables ; elle reste petite et oblongue comme les écussons lenticulaires dont nous avons parlé plus haut (763), ou parvient à la grosseur d'un gros pois coloré en rouge. Dès qu'elle est totalement desséchée, ses petits parricides sortent de cette enveloppe maternelle, et vont se répandre sur les feuilles et sur les écorces, pour y attendre l'approche du mâle et y devenir victimes à leur tour de la fatalité maternelle, après en avoir été les bourreaux. On dirait que la faculté locomotive n'a été donnée à ces femelles que pour changer une seule fois de place, dans le but de choisir une couche conjugale et un tombeau.

778. Les cochenilles ont la propriété d'élaborer les sucs verts des plantes en sang rouge, dont la matière colorante (carmin) est une précieuse ressource pour les arts du dessin. Avant la découverte de l'Amérique, les teinturiers (*infectores*) tiraient leur couleur écarlate de la cochenille qui vit sur le chêne arbrisseau, que les Grecs du temps de Dioscoride nommaient *coccos baphikè,* les Latins *coccus infectoria,* Pline *cocci ilex* et *quisquilium,* et que Linné a nommé *quercus coccifera.* Clusius le premier nous en a donné une excellente figure et une complète description (*); il avait eu l'occasion d'observer de ses propres yeux cet arbrisseau en Espagne, en Provence, sur tout le littoral de la Méditerranée ; Matthiole dit ne l'avoir jamais rencontré en Italie ; il est au contraire très-commun dans l'Asie Mineure, la Grèce, l'Algérie, sur tous les bords de la Méditerranée, ainsi que dans la partie méridionale de l'ancienne Pologne. La cochenille acquiert sur cet arbre le volume d'un pois.

Mais depuis la découverte de l'Amérique, on a trouvé plus de profit à utiliser la cochenille qui vient sur les divers *cactus,* au Mexique, dans la Caroline du Sud, etc. ; et cette substitution commerciale s'était déjà opérée du temps de Matthiole, en 1565.

Depuis longtemps, on a cherché à acclimater, en vue de ce produit, les *cactus coccifère* dans le Portugal, aux îles Canaries, en Espagne et en Provence; et l'on y a obtenu commercialement quelques résultats heureux.

Cet insecte sédentaire semble chercher pour s'abriter les plantes à tiges ou feuilles épineuses.

Nous ne manquons pas, dans nos climats, de plantes sur lesquelles viennent en abondance des cochenilles qui nous fourniraient une couleur semblable; j'ai rencontré le tronc d'un jeune cerisier qui était couvert de cochenilles lenticulaires, pl. 13, fig. 23, 24; on n'avait qu'à brunir

(*) *Rariorum aliquot stirpium per Hispanias observatarum historia.* Petit in-8°, Anvers, chez les Plantins, 1576, pag. 35.

l'écorce avec une canne, pour la colorer, en écrasant ces insectes, en un superbe écarlate foncé.

La multiplication de ces cochenilles ne peut que produire l'épuisement et le marasme ; les feuilles se dessèchent et tombent ; la jeune écorce, frappée dans son développement, ne se prête plus au développement de l'aubier, du ligneux et de la moelle ; elle se tend de plus en plus, sous l'effort de l'accroissement en largeur du tronc, comme la peau d'un tambour ; il faut la fendre, pour que l'accroissement en diamètre du tronc ait toute liberté d'expansion.

779. Ainsi que les pucerons qui vivent sur les pavots ou sur l'aconit napel, les cochenilles vivent sur les plantes vénéneuses ; la cochenille des serres vit sur les feuilles du laurier-cerise.

Les insectes à trompe perforante et aspirante jouissent d'une faculté d'élection qui fait qu'ils pompent les sucs qui doivent les nourrir, sans toucher au poison qui infecte le tissu côte à côte, ou bien qu'ils l'éliminent par une espèce de départ chimique ou le neutralisent par une nouvelle combinaison : Olaus Borrichius raconte (*) qu'une femme portait attachée à son bras, par une chaîne bien petite sans doute, une puce qui se repaissait deux fois par jour du sang de sa maîtresse. Celle-ci avait été traitée jusqu'à la salivation, par des préparations mercurielles ; la puce ne s'en ressentit jamais ; elle vécut six ans de la sorte et ne mourut que par la maladresse des domestiques. Les insectes broyeurs mêlent tout en broyant le poison et l'antidote ; les insectes à trompe seulement aspirante, comme la mouche, aspirent tout, parce que leur trompe ne s'applique qu'à la surface ; aussi les mouches crèvent-elles, dès qu'elles s'arrètent sur le cadavre d'une victime d'un empoisonnement par l'arsenic ; et l'on ne voit jamais de larves dans ces cadavres (**).

On voit, pl. 13, fig. 24, le kermès grossi qui infecte l'écorce jeune de nos pruniers, amandiers et autres rosacées, avec une telle puissance de multiplication, qu'on n'a qu'à passer un bâton sur l'écorce pour la rougir du sang de ces insectes : *a* partie antérieure du corps qui forme le corselet ; *b* abdomen qui s'allonge de plus en plus, et se contourne souvent en s'allongeant ; on y remarque la trace des anneaux ; en dessous, on rencontre les œufs *c* et la jeune larve encore apode, fig. 23, d'un jaune brillant. La cochenille de l'oranger a des rapports de ressemblance avec celle-ci.

La cochenille de l'orme, qui s'attache aussi aux noisetiers, à la

(*) *Actes de Copenhague,* ann. 1676, obs. 52.
(**) In venenatis corporibus vermis non nascitur ; fulmine icta intra paucos dies verminant. (Senec., *Quæst. nat.,* lib. 2. 31.)

vigne, etc., en fait avorter les jeunes pousses; elle acquiert le volume d'un gros pois et la couleur de la châtaigne, ce qui fait qu'on la confond facilement avec l'écorce de la vigne, dont elle n'a l'air que d'un bourgeon stationnaire. Il en est une autre espèce particulière au midi de la France, qui ne se fixe pas en place; elle attaque principalement l'*Euphorbia characias*.

780. EFFETS MORBIDES DE LA COCHENILLE SUR LES PLANTES. Les branches de nos noisetiers, de nos érables, étaient couvertes de cochenilles qui acquéraient la grosseur d'un pois rouge et ridé, et finissaient par dessécher la branche. En examinant en automne la branche envahie, on rencontrait, à la place de chaque cochenille qui était venue marquer là son tombeau, une crevasse en fente, d'où sortait un de ces boutons rouges et d'aspect cotonneux que Linné et, depuis, Tod et Bulliard ont rangés dans la classe des champignons, le premier sous le nom de *Tremella purpurea*, et les seconds sous celui de *Tubercularia vulgaris*. Ces boutons galeux étaient évidemment le produit morbide de la piqûre et de la succion permanente de la cochenille, qui n'avait plus retiré son suçoir de ce point d'élection, et avait laissé en mourant son dard dans la plaie. Le produit morbide, en grossissant, avait fini par fendre l'écorce, en dilatant l'orifice de la perforation pratiquée par la trompe de la cochenille.

Depuis que j'ai brûlé du tabac sous les branches de ces arbres, je les vois moins infestés de ces insectes morbipares.

EFFETS THÉRAPEUTIQUES ET COMME MÉDICAMENT DE LA COCHENILLE. Dioscoride en indique la dissolution dans le vinaigre comme propre à la cicatrisation des blessures. Mais Clusius, dès 1565, rapporte que, du temps qu'il était élève à Montpellier, on employait ce produit dans les accouchements laborieux et pour relever les forces; je pense qu'en cela on faisait moins de mal que par le seigle ergoté. L'alkermès des Arabes avait pour base la cochenille (kermès).

3° GENRE : **THRIPS** OU PUCERONS COUREURS (*Thrips* L.).

781. Les thrips fig. 8, 14, pl. 9, ont été placés par nous à côté des pucerons et des kermès, plutôt pour nous conformer aux habitudes prises de la classification, que par suite de considérations analogues. Nous aurions été plus hardi dans ce déclassement, si nos longues obser-

vations nous avaient permis de surprendre sur le fait les caractères de la
bouche de ces insectes ; car tout, dans la conformation générale, dans les
allures et les détails d'organisation de cet insecte, nous porte à regarder
comme plus que fondée la manière de voir de Geoffroy (*), qui plaçait les
thrips dans la classe des coléoptères, à côté des staphylins, considérant
leurs deux ailes supérieures comme les équivalents des élytres. Ensuite
nous avons vu si souvent la prétendue larve fig. 9, pl. 9, rendre, par sa
pointe anale, des corps analogues à des œufs, que nous n'hésitons pas à regarder cette pointe comme un pondoir, l'anus d'une larve ne s'allongeant
jamais en un tuyau perforant de cette forme. Cependant, afin de laisser la
question indécise et d'inviter les observateurs à la reprendre, nous aurons
soin de désigner indistinctement, dans le texte, ces sortes d'individus
par les deux expressions de *larves* et de *femelles*.

Cette forme du thrips est aussi alerte que l'insecte-ailé ; elle se révolte
violemment contre tout ce qui la contrarie et l'agace, redressant alors
son extrémité postérieure comme une menace.

Bonanni (**) a figuré le premier le mâle et la femelle ou larve ; et son
dessin est d'une grande exactitude, à cause qu'il n'était pas besoin pour
l'exécuter d'avoir recours à un fort grossissement, comme pour l'insecte
de la farine et de la gale (680, 701).

Mais c'est à De Geer (***) que revient l'honneur de nous avoir-transmis
l'histoire naturelle de ce genre accompagnée de nombreuses analyses, et
de nous en avoir fait connaître les espèces principales, qu'il a observées
en Suède. Il avait donné à cette classe d'insectes le nom générique de
physapus, à cause des ambulacres en vessie qui terminent leurs tarses.
Linné crut devoir remplacer ce mot par celui de *thrips*, dans l'idée
que ce nouveau genre de très-petits insectes pouvait se rapporter aux
thripes que mentionne Pline comme étant véritablement semblables aux
petits cousins (****).

Nous allons donner la description et la figure des espèces que nous
avons le plus souvent observées aux environs de Paris et dans le Nord,
d'abord parce qu'elles nous ont présenté des différences assez notables
avec celles de Bonanni et de De Geer, et ensuite afin de mettre plus facilement nos lecteurs à même de pouvoir se faire une idée exacte de leurs
ravages nosologiques.

Pour avoir le temps d'observer la forme du suçoir des thrips, il faut le

(*) *Hist. abrég. des insectes*, tom. 1, pag. 384.
(**) *Micrographia curiosa*, 1691, pag. 52 et 82, fig. 38 et 105.
(***) *Mém. de l'acad. royale des Sc. de Suède*, 1744 ; et *Mém. pour servir à l'hist*
des ins., tom. 3, pag. 1.
(****) *Thripes culicibus verè similes*, Plin., lib. 16, cap. 41.

coller sur le dos, contre la lame de verre du porte-objet, avec un peu de salive ou de gomme, et les laisser dessécher en cet état. Leur tête paraît alors, à un assez fort grossissement, comme une tête d'âne dont les deux antennes seraient les longues oreilles ; on croirait y voir, avec la position des yeux, les saillies frontales, le chanfrein et le museau. Les pattes sont munies, à leur extrémité, d'ambulacres (566) en trompe, plus visibles sur certaines espèces que sur d'autres. C'est peut-être le seul rapport que ces insectes aient avec les pucerons et les mouches ordinaires.

782. LARVE OU FEMELLE DU THRIPS JAUNE (*Thrips lutea* Nob.). La larve ou femelle est d'une couleur jaune-serin ; longue d'environ un millimètre, de la tête à l'anus, dont le segment cylindrique forme comme le quatorzième anneau du corps ; le cinquième segment se renfle souvent plus que les autres, sans doute par suite d'une grossesse trop riche en produits ; elle est ovipare. Les œufs qu'elle pond sont ovoïdes-oblongs, ayant un demi-millimètre dans leur plus grand diamètre ; on les voit serrés en grand nombre, par transparence, à travers les cinq avant-derniers segments. La surface de son corps offre une réticulation à mailles hexagonales, analogue à la réticulation épidermique qui couvre le corps des pucerons, et qui forme même leur cornée transparente ; les trois paires de pattes, assez distantes les unes des autres, ont quatre articulations lisses et non hérissées de poils, mais terminées par des ambulacres en trompe évasée ; on voit très-bien les spires dans chacune de leurs articulations, mais leur direction alterne. Les antennes sont composées de quatre articulations, dont la dernière, en fuseau ventru, est aussi longue que les trois autres réunies, et s'effile à son sommet ; l'avant-dernière est sphérique, ainsi que la première et la seconde ; la seconde est séparée de la troisième ou avant-dernière par un court pédicule ou étranglement ; les spires se dessinent en relief sur chacune de ces articulations qui se hérissent de poils ; leur direction en spirale alterne d'une articulation à l'autre. C'est à cette espèce-là que s'applique ce que nous avons dit plus haut, de la ressemblance de la tête avec une tête d'âne, en sorte qu'on pourrait l'appeler *Thrips onocéphale*. L'insecte parfait est d'une couleur jaune, à ailes noires ; ses antennes ont six articulations qui se rapprochent assez de la fig. 14, pl. 9.

783. *Effets morbides de la larve du thrips onocéphale ou jaune.* Cet insecte se trouve abondamment sur une foule de végétaux herbacés, et y produit un *blanc* ou *meunier* analogue presque à celui qui est l'œuvre des pucerons ; je l'ai étudié principalement sur une julienne des jardins (*hesperis*). Les feuilles caulinaires, fig. 1, pl. 10, sur lesquelles broutait et se promenait la larve de ce thrips, étaient couvertes d'une

farine blanche qui provenait de l'épiderme crevassé et des cellules désagrégées du parenchyme : mais c'est sur les sépales et les pétales des
fleurs que l'insecte exerçait surtout son influence péloripare et impri-
mait aux tissus floraux un développement herbacé ; les pétales étaient
épais comme les feuilles de nos plantes grasses ; on en voit un, fig. 2,
pl. 10 ; il est vert, et porte, sur sa superficie externe, une espèce de
pustule confluente qui n'est que le terrier que se creuse, entre le parenchyme et l'épiderme, la jeune larve de notre thrips, dès qu'elle vient à
éclore de l'œuf. Ces fleurs, ainsi déviées de leur développement normal,
donnaient aux sommités de la plante l'aspect le plus galeux et le plus
morbide ; les étamines se trouvaient à demi transformées en ces faux
pétales, et le pistil n'était pas à l'abri de la contagion ; il s'était transformé en un ergot herbacé. Tout ce que n'occupait pas le terrier sur la
surface de ce pétale était blanchi d'une poudre farineuse, analogue à
celle qui recouvrait les feuilles caulinaires. En comparant les cellules de
son parenchyme, fig. 3, avec les granulations de la fig. 4, on constatait,
par l'égalité du diamètre, que ces granulations n'étaient que des cellules
désagrégées par l'effet morbide de la succion de la larve et de celle de
l'insecte (756).

783 *bis*. 1° THRIPS DE NOS CARRIÈRES A CHAMPIGNONS. Les carrières à
champignons comestibles ou champignons de couche, à Montrouge et
dans les environs, sont infestées de *thrips* qui dévorent quelquefois la
récolte, de compagnie avec les *scaphidies* et les *bolétophages*, et forcent
souvent les champignonistes à déserter le terrain. Ces insectes vivent
ainsi à soixante et dix pieds sous terre et dans la plus profonde obscurité. Le champignon atteint de ces petits poux est piqueté de cavités
noirâtres ; on le dirait quelquefois rongé par les limaces. L'influence du
milieu prête à ces *thrips* des caractères qui seraient dans le cas de les
faire inscrire au catalogue comme espèces nouvelles. Ils ont le corps
plus plat que les *thrips* qui vivent au grand jour. Leur tête ressemble à
celle du *Podura viridis*, avec deux yeux bien distincts et distants sur le
sommet de la tête. Ils sont longs de deux millimètres. Leurs antennes
ont un cinquième de millimètre en longueur ; elles sont cylindriques,
composées de quatre articulations, et à extrémité mousse et arrondie.
La couleur en est jaunâtre dans leur jeune âge, et grise dans un âge plus
avancé, avec une bande longitudinale brune sur le dos. Les femelles ont
l'extrémité postérieure bifide. Ce thrips ravageur des champignons de
couche pourrait s'appeler *Thrips cryptarum*, thrips des carrières.
Pour s'en débarrasser, il faut fermer hermétiquement les deux orifices
de la carrière, après y avoir allumé du soufre ou du tabac sur un ré-
chaud, ou y avoir versé çà et là un litre de térébenthine.

C'est 'sans doute aux ravages de cette espèce souterraine de thrips qu'il faut rapporter la maladie des pommes de terre de la Saxe, dont nous avons parlé dans le premier volume (246, pag. 153).

2° Thrips blanc et jaune, *Thrips stallii* Nob. Je n'ai jamais rencontré cette jolie espèce qu'à Stalle; vers le 26 mai 1857, elle abondait dans la corolle des fleurs des *deutzia* et des syringa (*philadelphus*), deux genres si voisins l'un de l'autre. Le corselet en est jaune citrin, l'abdomen blanc, les ailes diaphanes, les yeux noirs, une tache noire au museau, les antennes cerclées de noir et de blanc; ce thrips a un millimètre et un tiers de long du museau à l'anus.

3° Le 9 septembre 1851, j'ai observé à Doullens dans les corolles très-régulières des *Nigella* en bordure contre un mur exposé au nord, des *thrips* qui pourraient bien se rapporter au *thrips urticæ* Lin. Ils étaient entièrement jaunes, corps et pattes, avec les yeux noirs et les anneaux de l'abdomen et l'extrémité anale bordés de cils comme ceux du pou des oiseaux (865). Ils avaient deux millimètres de long. A côté d'eux étaient les larves, analogues à celle de la fig. 9, pl. 9, mais beaucoup plus molles et atteignant à peine un millimètre de long.

784. Thrips rouge et noir Nob., pl. 9, fig. 8-14 (*Thrips physapus* L.). La femelle ou la larve de ce thrips, fig. 9, très-commune dans les jeunes épis des céréales, est d'un rouge de brique ou d'un beau rouge-carmin ; son épiderme est plus lisse que celui de l'espèce précédente; les anneaux de son corps, au nombre de douze sans la tête, mais y compris l'anus, sont plus saillants, et la tarière anale plus longue, plus aiguë et plus cornée, plus propre enfin à déposer profondément les œufs dans les tissus des végétaux. Quand elle se contracte de frayeur, elle n'a qu'un millimètre et demi de long, sur près d'un demi-millimètre de large ; quand elle s'allonge, elle atteint jusqu'à deux millimètres. Ses antennes, fig. 13, d'un noir luisant comme la tête et la tarière anale, sont divisées en six articulations, plus une pointe terminale glabre ; les deux premières sont courtes et semi-sphériques : les quatre suivantes sont turbinées, la pointe en bas et la base en haut couronnée de poils; les pattes, insérées sur les trois premiers anneaux, fig. 11 et 12, augmentent en développement d'avant en arrière; leurs pelotes ambulatoires ne sont pas visibles, et n'existent qu'à l'état rudimentaire.

Le mâle ou insecte parfait, fig. 8, a, du museau à l'anus, deux millimètres un quart, quand il s'étire; l'abdomen seul a un millimètre et demi; ses anneaux sont d'un noir luisant, bordés d'une ligne blanche; ils sont au nombre de huit, y compris la tarière anale que l'insecte allonge ou raccourcit à volonté; les quatre ailes, pl. 9, fig. 10, insérées sur le troisième anneau du corselet, sont traversées d'une nervure hérissée de poils moins longs que dans l'espèce précédente. Les antennes, fig. 14, ont toutes leurs articulations bordées de poils, et sont toutes turbinées, à l'exception de la dernière qui est en fuseau.

Quelques auteurs ont pensé qu'il en était des thrips comme des pucerons, et que les insectes ailés n'étaient que les insectes parfaits, mâles ou femelles, tandis que les autres, aptères, n'en seraient que les larves. Nous avons vu si souvent les œufs sortir de l'anus de ces prétendues larves, que nous ne pouvons pas les considérer autrement que comme des femelles; dans cette hypothèse, les individus ailés doivent être nécessairement les mâles.

J'ai rencontré le *thrips noir ailé* vivant sur une femelle morte de ver luisant que j'avais placée sous verre, et ensuite dans un livre tout neuf d'une bibliothèque au rez-de-chaussée.

785. α EFFETS MORBIDES DU THRIPS PHYSAPUS SUR LES VÉGÉTAUX. La succion de ces insectes produit déjà une désorganisation des tissus; mais l'incubation de ses œufs détermine un développement anormal d'hypertrophie, qui transforme un organe normal en un organe d'une tout autre nature (761). Les *Thrips physapus* vivant principalement dans les épis des céréales, il faut de toute nécessité que nous rencontrions, dans ces organes végétaux, les effets morbides de leur succion et de leur ponte. Or, puisque le thrips recherche les organes tendres et succulents, pour y déposer ses œufs et y puiser sa propre nourriture, il doit paraître évident que, chez les céréales et autres graminacées, c'est principalement sur le jeune ovaire que la femelle doit jeter son dévolu. Si cela arrive, et que le thrips dépose son œuf dans l'ovaire jeune et à peine fécondé par le pollen, cet ovaire prenant un développement aussi insolite et luxuriant que les pétales de la julienne (783), ses cellules s'isolant de plus en plus en granulations, il arrivera une époque où, au lieu de trouver, dans les balles de l'épi, un grain de blé, d'avoine, etc., nous ne trouverons qu'une grosse tubérosité, qui, en crevant, nous donnera, comme les lycoperdinées, une poussière d'une couleur plus ou moins foncée. Or c'est ce qui arrive chez toutes les céréales sur lesquelles vous rencontrez des thrips à l'époque de la fécondation. En effet, c'est à cette époque que les deux paillettes de la fleur, jusque-là si hermétiquement appliquées l'une contre l'autre, s'écartent en arrière, pour permettre aux anthères de décharger leur pollen sur les pistils qui étalent leurs fibrilles et frémissent d'amour; le *thrips* se jette alors dans la fleur, et inocule son œuf dans l'ovaire de la plante, substituant son germe à celui du gramen, et paralysant, en faveur de sa propre propagation, la propagation de la graine; de là résulte un développe-

mènt anormal de l'organe ovarien, qui prend des caractères différents, selon la nature spécifique du gramen qui le supporte:

786. Chez le blé, l'ovaire hypertrophié s'enfle comme une outre, tout en conservant une surface verte, lisse, pl. 9, fig. 17, et la trace des accidents de surface qui le catactérisent : stigmate et nervure postérieure, fig. 17, *b*. L'intérieur, fig. 19, ne se compose que d'une pulpe vert-noirâtre, qui se désagrége sous le microscope en une infinité de globules, fig. 21, noirs par réflexion et jaunâtres ou incolores par réfraction, et dans le sein desquels on remarque des granulations de moindre diamètre; l'iode les colore les uns en jaune, et les autres en bleu-noir foncé. Cet ovaire transformé répand une odeur de marée pourrie, analogue à l'odeur du *Chenopodium vulvaria*, et cette odeur reste longtemps attachée aux doigts qui ont manié de tels organes. C'est là le produit que les agronomes ont nommé la *carie* du blé. Lorsque ce produit a crevé et répandu en partie dans les airs ses granulations noires, par le mouvement de l'épi qui se balance au moindre vent, si l'eau de la pluie y arrive et y séjourne, il ne tarde pas à s'y développer un vibrion, qui a la propriété de revenir à la vie, après une entière dessiccation.

787. Si l'on veut se reporter à ce que nous avons démontré ailleurs(*), sur le développement de l'épi, on concevra sans peine que toute une sommité d'épi encore enfermée dans une balle inférieure, ou dans les deux glumes, offre au *thrips* les conditions d'incubation qu'il recherche dans l'ovaire, si c'est là qu'il dépose son œuf ; cette sommité restant enfermée dans la balle y jouera le rôle d'un ovaire carié, mais d'un ovaire surmonté çà et là d'arêtes, fig. 20, pl. 9, arêtes plus ou moins courtes et contournées, selon l'époque de leur croissance où l'altération organique aura pu les surprendre. C'est ce qui arrive plus fréquemment chez l'avoine, et surtout chez l'*Avena sterilis*; alors la panicule ne semble plus qu'un épi charbonné, dont le charbon serait contenu dans des utricules ou pellicules aussi blanches et aussi transparentes que des pelures d'oignon ; l'orge cultivée présente assez souvent un phénomène analogue : c'est, dans ce cas, l'*Uredo carbo* des botanistes, ou *charbon* des agriculteurs. En comparant, sur un micromètre dont le millimètre est divisé en cent parties, le diamètre respectif des granulations de la carie et du charbon, on trouve que les globules de la carie du blé, pl. 9, fig. 18, occupent une division y compris les deux lignes de séparation, et que les globules du charbon de l'orge ou de l'avoine, fig. 22, n'en occupent qu'environ un tiers ou la moitié. Les premiers ont donc environ un centième de millimètre, et les derniers de un trois-cen-

tième à un deux-centième : rapport à peu près des grains d'amidon du
froment avec ceux de l'orge et de l'avoine.

788. Chez le seigle, l'ovaire ainsi dévié, par l'action du *thrips*, de son
développement normal, s'allonge, tout en conservant ses accidents ordinaires de surface, et se colore en violet à l'extérieur; mais ses cellules
internes, au lieu de se désagréger comme chez le blé, se développent en
un tissu d'une fongosité cotonneuse; c'est l'*ergot* de seigle, dont Decandolle a fait un champignon sous le nom de *sclerotium*. La figure 15,
pl. 9, le représente jeune, et la fig. 16 plus avancé en âge, et crevant
sous l'effort du développement intérieur (*). La forme et le tissu de l'ergot varient selon les diverses espèces de graminacées; j'ai décrit ailleurs
ceux de l'*Arundo phragmites* et du maïs de nos climats (**).

789. Quand le *thrips* s'attaque à des glumes ou paillettes toutes formées, le produit de sa piqûre est une poudre jaune et pollinique à globules oblongs, égaux entre eux, qui s'échappent en crevant l'épiderme;
ils ont en diamètre un cinquantième de millimètre.

790. La part qui revient au *thrips* dans toutes les transformations précédentes n'avait pas échappé à la sagacité de Linné, qui en avait dit :
*Thrips, Loti corniculatæ flores clausos tumidosque reddit; spicas secalis
inanit :* « le thrips rend les fleurs du lotier corniculé imperforées et enflées; il réduit à rien les épis de seigle (***). » Fabricius a répété la
phrase de Linné; mais les botanistes ne l'ont pas lue, et ne se sont pas
doutés du fait, dont Linné, du reste, n'avait aperçu que la superficie.

A la base des filets à l'aide desquels la violette se propage en pro-
vignant, on rencontre, surtout dans les endroits humides, des renfle-
ments étranglés, que l'analogie de structure permet de considérer comme
l'œuvre des piqûres de *thrips*. Car le tissu herbacé de ces produits morbides est lardé et comme marbré de vacuoles remplies d'une suie entièrement analogue à celle de l'*Uredo carbo*, fig. 21, pl. 9; sans aucune trace
de larve. Les globules qui composent cette suie sont noirs par réflexion,
et seulement fortement ombrés par réfraction; ils sont isolés les uns des
autres, ils ont à peine un huitième de millimètre.

(*) *Voyez*, sur les effets morbides des farines infectées de ce produit, ce que nous
avons dit plus haut (340).

(**) *Nouv. Syst. de phylosiol. végét. et de bot.*, 1836. — *Voyez* aussi, sur le même
sujet : Bonnet, OEuv. Compl. — L'ouvrage de Franc.-Jac. Imhof : *Zeæ maïdis morbus
ad ustilaginem vulgo relatus*, 1784, in-f° de 36 pages. — Gleichen (Guill.-Freder.) :
Auserlesene mikroscopische entdeckungen, in-4°, 1777, pl. 21 (choix de découvertes
microscopiques).

(***) De Geer attribue l'origine de ce produit au parasitisme d'une larve de très-
petite tipule. (*Mém. pour servir à l'hist. des ins.*, tom. 3, pag. 9.)

791. A l'époque de mes recherches (juillet 1840), j'ai observé, au moins sur le plateau de Montsouris, où l'ergot et la carie se montrèrent cette année en fort grande abondance, j'ai observé, dis-je, que le thrips femelle rouge, pl. 9, fig. 9, affectait plus spécialement les paillettes de froment, où on le trouvait presque vivant en société ; tandis que le thrips mâle, fig. 8, se rencontrait plus fréquemment dans les gaînes du chaume qui enveloppent les jeunes épis d'avoine : ce qui expliquerait pourquoi le charbon attaque plus fréquemment les épis d'avoine, et la carie les ovaires du froment.

On trouve dans les *Ephémérides* (*) la figure d'une monstruosité de julienne (*Linaria græca*; *Viola monstrosa*), qui m'a tout l'air d'être l'œuvre de la piqûre de notre *thrips*. La tige de la plante est d'une grosseur énorme, couverte de feuilles serrées et imbriquées, et terminée par deux gros épis épais couverts de fleurs sessiles, ce qui lui donne l'air d'un *cynomorium*.

C'est sans doute à l'action péloripare du parasitisme de ces insectes, que nous sommes redevables d'une foule de monstruosités végétales et de celle d'une vipérine (*Echium vulgare* L.) dont j'ai donné la description dans la *Revue élémentaire* (**); la tige ordinairement si grêle de cette plante s'était aplatie comme une large expansion de *fucus* saccharin, et avait atteint 77 centimètres de long sur 16 de large, n'ayant pas plus d'épaisseur qu'une feuille de maïs; les fleurs étaient disposées sur le limbe de l'extrémité supérieure, à peu près comme elles le sont chez le *Celosia cristata* Lin.

791 *bis*. β EFFETS MORBIDES DU THRIPS PHYSAPUS AILÉ SUR L'HOMME ET LES ANIMAUX. Ces effets, qui revêtent souvent le caractère épidémique, n'ont été observés, que je sache, par aucun auteur avant nous ; et pourtant le thrips est aussi friand de la peau de l'homme que des organes végétaux.

Dès le 7 août 1849, à Doullens, les gardiens qui couchaient au rez-de-chaussée ne savaient comment se garantir de cette plaie d'Égypte ; ils avaient les bras et la figure couverts d'une éruption analogue à l'urticaire. Notre pavillon était entouré des jardinets des prisonniers.

Le 10 août, je ne rencontrai plus dans ma chambre un seul livre, un seul ustensile qui ne fût envahi par les *thrips physapus*. C'était une épidémie dont nul autour de nous ne soupçonnait la cause, et le médecin moins que personne.

Le 6 juillet 1850, en remontant du jardin, nous nous trouvâmes assaillis, ma famille et moi, de myriades de *thrips physapus* qui nous accasion-

(*) *Eph. cur. nat.*, cent. 1, obs. 31, 1712.
(**) *Rev. élém. de médec. et pharm. domest.*, 15 juin 1848, tom. II, pag. 19.

naient par leurs piqûres des démangeaisons des plus vives. Une foule de personnes se trouvèrent ce jour-là en proie aux mêmes démangeaisons dont elles ne soupçonnaient pas la cause. La journée avait été chaude et belle; à midi le thermomètre s'était élevé à 28° centigrades; il avait plu la veille.

Depuis que j'habite les environs de Bruxelles cette épidémie cutanée se reproduit tous les ans par les jours caniculaires et surtout à l'approche des orages.

Dès le 6 juillet 1853, à Boitsfort, et toutes les fois que le temps devenait lourd et orageux, des nuées de *thrips physapus* se rabattaient dans nos logements; nos bras de chemises, nos rideaux de mousseline en paraissaient pointillés de noir; leurs piqûres nous devenaient insupportables. Mais jamais ce parasite n'avait été plus âpre que le 27 du même mois, par une température de 21° centigrades, le baromètre étant descendu de 758 à 754. On ne savait comment les chasser ni comment les retirer de la peau, tant ils y enfonçaient profondément leur dard. Il plut dans la nuit du 27 au 28; et dès lors, le 28, toute cette plaie avait repris les champs; on n'en trouvait plus dans les maisons. Certaines personnes avaient le cuir chevelu criblé de leurs morsures et en éprouvaient une envie irrésistible de se gratter la tête et de s'excorier la peau.

On reconnaît dans l'atmosphère ces petits vampires noirs à leur vol en zigzag et à leurs mouvements brusques et saccadés.

Dès le 6 juillet 1857, à Stalle, le même fléau nous a persécutés, et on doit le concevoir par une température aussi exceptionnelle que celle qui a signalé l'été de cette année; ici ils se jetaient jusques dans la gorge où ils provoquaient de violentes quintes de toux.

Il est plus que probable que ces moucherons imperceptibles n'ont pas été étrangers à l'apparition de ces maladies catarrhales, intestinales et dyssentériques qui ont affligé les populations à la suite des grandes chaleurs de l'été. Pour le concevoir, il suffit de transporter, par la pensée, les résultats cutanés de leurs piqûres sur les muqueuses des voies respiratoires et du canal digestif (*).

========

4° Genre : LES CIGALES (*Cicadæ*).

792. La cigale chanteuse du midi de la France, gros puceron à quatre ailes planes, de deux ou trois centimètres de long, fait réellement beau-

(*) Voy. *Rev. compl. des sc.*, livr. de juin 1855, tom. I, pag. 336.

coup plus de bruit, avec son caquetage fêlé et monotone, que de mal aux
végétaux et aux arbres, qui paraissent peu souffrir des ravages de sa progéniture et de sa propre nutrition. Du reste, malgré ce qu'en a écrit
Réaumur, à la distance de deux cents lieues, et vu l'insouciance des observateurs du Midi, l'histoire des ravages de la cigale est encore assez
problématique.

793. Nous avons aux environs de Paris la larve d'une espèce de cica-
daire, dont les ravages sont plus à notre portée. Il n'est personne qui
n'ait eu l'occasion de remarquer, sur les luzernes de nos campagnes, et à
l'aisselle des feuilles, des petits paquets spumescents, qui ont l'air de la
salive humaine qu'un passant aurait crachée dessus : c'est uniquement
l'œuvre d'une larve de petite cigale (*Cercopis spumaria* Lamk.) qui rend
par l'anus, sous forme d'écume salivaire, le produit de la digestion des
sucs aqueux qu'elle suce, en implantant sa trompe dans le bourgeon axillaire du végétal. Cette larve a les habitudes de malpropreté de la larve
du criocère du lis (*Criocera merdigera* L.) ; elle se plaît à s'ensevelir dans
sa fiente ; prévoyance de Rabelais, pour que personne ne la touche. Cette
larve dépasse peu trois millimètres de long, lorsqu'elle n'allonge pas
son abdomen ; mais elle en acquiert bien six, toutes les fois qu'elle veut
expulser, par l'anus qu'elle développe, une bouffée d'écume qu'elle se
ramène sur le dos ; à l'état de repos, elle a l'air d'une grenouille, avec sa
grosse tête, qui ne se développe en trompe rouge et courte que sur la
poitrine ; les pattes ont à leur extrémité une longue ventouse ambulatoire
conique. On conçoit tout le mal que peut faire à un végétal une digestion
aussi active ; heureusement que l'insecte ne s'attache qu'aux végétaux des
lieux humides (*), qui sont riches en sucs aqueux.

5ᵉ Genre : **LES PUNAISES ou CIMICIDES** (*Cimex*, pl. 9, fig. 5 et 7).

794. Les individus qui se classent dans ce genre affectent des formes
et des habitudes fort diverses ; la punaise, que nous connaissons le mieux
par le dégoût qu'elle nous inspire, pl. 9, fig. 5, 7, est une exception

(*) C'est la cigale de l'écume du gramen (*Cicada spumaria Graminis*) De Geer,
tom. 3, pl. 11, fig. 3, 4, 5, 6, pag. 163 ; le *Locusta pulex* de Swammerdam ; la *Cigale
des œillets* de Gaspard Stoll, *Cigales et Punaises de la Suisse*, 1784, pl. 13, fig. 66,
pag. 55. J'en ai trouvé, en mai 1840, sur les feuilles des jeunes pousses du *Salidago
virga aurea*, qui croissaient à l'ombre d'un mur exposé au nord ; toutes les jeunes
feuilles se recroquevillaient par suite de ce parasitisme.

dans la classification. Les punaises, insectes à trompe, ne subissent point de métamorphose; elles sortent de l'œuf avec les formes qu'elles conserveront toujours, à l'exception des ailes que la plupart des espèces acquièrent en grandissant; et dès qu'elles s'en sont parées, en se dépouillant de la peau de la forme aptère, elles ne grandissent plus; c'est ce qui a fait considérer la première forme comme l'état de larve de la seconde. Leur œuf offre un caractère particulier que nous décrirons ici d'après l'espèce qui les pond sur la vigne (*). On en voit un sur notre pl. 9, fig. 6; la femelle les attache sur la page inférieure (773), serrés les uns contre les autres comme des outres, étalant tous leur sommité à l'opposé du point d'insertion. Cette sommité est fermée par un couvercle à charnière et à fermoir triangulaire, a, fig. 6, qui se rabat sur le bord; l'aire du couvercle présente sur chaque bord un assez grand ovale; le fermoir, marqué de trois lignes noires, se distingue fort bien sur la nacre de l'œuf. Si l'on détache ces œufs tout frais de la surface de la vigne, en ayant même soin d'enlever l'épiderme de la feuille, ils ne tardent pas à se flétrir; car ces œufs sont aussi parasites; la surface de la feuille leur sert de placenta. A l'époque de l'éclosion, il sort de là une petite punaise à fond rouge, la tête, les antennes et le suçoir noirs, les anneaux rouges et marqués de trois taches noires; elle n'a pas d'ailes en naissant; il faut qu'elle grossisse sous cette forme et qu'elle change de peau, pour en obtenir quatre, dont deux font l'office d'élytres. Les élytres des punaises en forment la livrée la plus distinctive, par la bizarrerie de leur coupe et de leurs empreintes, et par la variété de leurs ornements en couleur.

Presque toutes les espèces de ce groupe répandent une odeur caractéristique, à laquelle elles ont donné leur nom (odeur punaise). Le plus grand nombre vit sur les arbres, herbivores et carnivores; nos punaises domestiques recherchent le bois comme asile pendant le jour, et se répandent dans nos lits pendant notre sommeil, pour implanter leurs trompes dans nos chairs et nous sucer le sang. Les grosses punaises des arbres en font autant sur les plantes. Les habitants des eaux ont leurs punaises, comme les animaux terrestres.

A. Punaise des lits (*Cimex lectularius* Lin.).

795. Les plus jeunes punaises de nos lits ont la forme ci-jointe, fig. 1, quand on les examine par le dessous du ventre; elles sont d'une couleur jaunâtre; on voit, fig. 2, leur trompe quadriarticulée et caniculée à l'intérieur. C'est sous cette forme qu'elles sortent de l'œuf; et on les rencon-

---

(*) Cette espèce se rapporte à la punaise bordée de jaune du genévrier de De Geer, pl. 14, fig. 1, tom. 3.

tre nombreuses dans les fentes où les femelles pondent. A mesure qu'elles grandissent et se gorgent de sang, elles prennent une couleur rouge

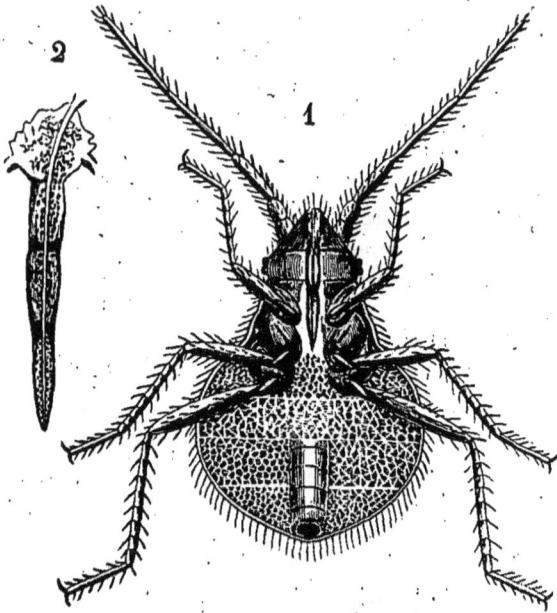

de plus en plus foncée; leur épiderme devient corné; à la loupe, il paraît piqueté de points arrondis, comme la surface d'un dé à coudre, fig. 5, 7, pl. 9. Leurs anneaux, peu distincts dans le premier âge, se débordent en recouvrement à un âge avancé; à tous les âges ils sont hérissés de poils fort courts. Quoiqu'à aucun âge elles ne prennent des ailes, cependant dans leur extrême vieillesse, on en distingue les rudiments comme deux petits élytres adhérents, fig. 5, pl. 9. Leurs antennes sont composées de quatre articles, les deux médians plus gros que le dernier, à l'âge avancé; dans le jeune âge, les articulations vont en diminuant de grosseur du point d'insertion à l'extrémité. L'anus et le rectum ne se dessinent bien que par transparence et dans le jeune âge; l'individu de la figure sur bois ci-dessus avait à peine, en longueur, un millimètre et demi de la tête à l'anus. Les individus des fig. 5 et 7, pl. 9, atteignaient jusqu'à cinq millimètres, et on en a trouvé de plus longs. La forme varie, dans le rapport de la largeur à la longueur, selon les habitations; on en trouve de longues qui sont dégoûtantes à voir, tant elles paraissent tuméfiées de sang.

Lorsqu'elles jeûnent trop longtemps, elles se dévorent les unes les autres, et celles qui survivent et ne trouvent plus rien à dévorer, reprennent peu à peu la livrée incolore du jeune âge. Lamarck, un peu trop confiant en Latreille, énumère une espèce inédite de punaise, sous le nom de *Cimex hirundinis, seu cimex parvulus, pubescens,* que Latreille aurait trouvée dans un nid d'hirondelle; nous sommes porté à croire que Latreille n'aura eu sous les yeux que le jeune individu ci-dessus de la punaise ordinaire, qui s'attache aussi aux oiseaux, et surtout à l'hirondelle, si toutefois sa punaise n'est pas l'hippobosque (801).

796. *Effets morbides de la punaise.* La punaise n'est pas venimeuse. C'est un insecte puant et incommode, qui trouble notre sommeil sans altérer notre santé. Cet être si fétide redoute les odeurs qui nous plaisent : on s'en garantit en parfumant son lit ; l'odeur du camphre surtout les retient à distance ; et si on a soin d'en saupoudrer ses draps, on voit les punaises s'arrêter au bord du lit ; que si elles entrent entre deux draps, elles perdent tout à coup leur agilité ; elles se laissent écraser sans prévoyance, ou bien ne tardent pas à s'asphyxier. Elles redoutent tout autant l'aloès ; on en préserve les murs, en mêlant à la colle du papier peint une dose suffisante d'aloès : on en préserve les bois de lit, en passant au pinceau une solution alcoolique d'aloès dans toutes les jointures (*).

Elles abordent peu l'anus ou les parties génitales ; mais elles peuvent s'introduire dans les oreilles et dans le nez, et remonter même jusque sous les sinus frontaux, pour y établir leur domicile, au moins quand elles sont jeunes ; cependant elles ne tarderaient pas à en être dénichées par l'odeur des fleurs ou du tabac. Si elles y séjournaient trop longtemps, on comprendra quelles seraient les conséquences de leur parasitisme, par les effets qu'elles produisent sur notre peau ; car, en implantant leur trompe-suçoir dans l'épiderme, elles attirent le sang qui s'extravase sur ce point, et y produit une tache circulaire, marquée d'un point foncé au centre, fig. 17, pl. 17. Un pareil travail, qui oblige ainsi le sang à rétrograder, ne laisserait pas que de jeter un certain trouble dans l'économie générale, ou au moins dans un organe, si le nombre de ces parasites y devenait trop grand (**).

(*) Varron conseille, pour se préserver des punaises, de frotter les lits, soit avec une dissolution aqueuse de coloquinte (*cucumis anguinus*), soit avec une dissolution de fiel de bœuf dans le vinaigre. Le fiel de bœuf a joué un très-grand rôle dans le droguet de Caton, de Varron, de Columelle, de Pallade, et plus tard des Géoponiques.

(**) Joachim Camérius, d'après Schenkius, assure avoir vu rejeter, par expectoration, des vers semblables en tout à des punaises. Cornelius Gemma de Louvain (lib. 2, *Cosmogr.*) cite le cas d'un nombre considérable de punaises qui s'étaient introduites dans le tuyau auditif et y causaient les accidents les plus graves.

B. Punaise-mouche (*Cimex personnatus* L., *Reduvius personnatus* Fabric.).

797. La larve de cette punaise, également domestique, se voit en dessus et en dessous, fig. 1 et 3, pl. 9. Elle n'est pas habituellement si propre que la représentent les dessins; car il suinte de tout son corps une liqueur visqueuse à laquelle s'attache la poussière des appartements, en sorte que, marchant ainsi enfarinée et emplumée, elle a l'air d'un tas d'ordures qu'un courant d'air mettrait en mouvement; elle se déguise à la manière du plus fou de nos rois de France, Charles VI : d'où lui vient son nom de *Cimex* ou *Reduvius personnatus*. Son suçoir, fig. 2, ne paraît avoir que deux articles; ses antennes, fig. 4, en ont quatre très-longs, à l'exception du premier, et de plus en plus grêles en commençant par le second.

L'individu qui est dessiné ici a été trouvé dans les draps de lit, le matin en se levant, et voilà pourquoi il est si propre. Mais l'ayant placé sous un verre, où je l'ai gardé près de huit jours, il ne tarda pas à s'enfariner encore. J'avais placé à côté de lui des feuilles fraîches, ainsi que des punaises; il n'a jamais touché ni aux unes ni aux autres, et cependant les naturalistes pensent, d'après Lamarck surtout, que le réduve, à l'état de larve, suce et fait périr les punaises de lit; peut-être les faut-il, à ce hideux personnage, toutes fraîches gorgées de sang; je crois plutôt que, quand il arrive jusqu'à nous, il ne se fait pas faute de nous sucer le sang, sans intermédiaires. Cet insecte est très-dur, et s'écrase avec difficulté; on voit qu'il peut supporter de fort longs jeûnes; car probablement je l'aurais conservé bien plus-longtemps en vie, si je n'avais pris soin de le coller sur le dos avec ma salive, pour le faire dessiner par le ventre, ce qui l'aura probablement asphyxié, en bouchant les stigmates de ses anneaux. Quand il prend ses quatre ailes, il a l'air d'une longue mouche effilée; car alors le mâle au moins est moins ventru que sa larve; il vole dans les maisons, et y répand une odeur peu agréable. On le trouve en abondance près des fours de boulanger et de pâtissier (*).

C. Punaises d'eau.

798. Ces punaises déposent leurs œufs dans le tissu des plantes, sur l'épiderme des insectes aquatiques, ou bien, pressées par le besoin de pondre, elles les répandent au hasard en nageant. Ainsi isolés, ces œufs

(*) *Voyez*, pour l'insecte parfait, [Geoffroy, 1, pl. 9, fig. 3; et Schellenberg, *Das geschlecht der land und wasserwanzen*, Zurich, 1800, pl. 8, fig. 1.

peuvent devenir des causes morbipares pour les animaux terrestres qui
s'abreuvent à ces courants. Supposons en effet qu'il s'en introduise en
assez grande quantité dans l'estomac d'un herbivore ; ces œufs s'attacheront d'abord aux parois stomacales, par la force même de leur incubation ; ils s'y développeront, car ils y trouveront toutes les conditions
nécessaires à leur développement ; la panse, étant habituellement remplie
de liquides analogues à l'eau douce que ces insectes affectionnent, offre
une surface animale dont ils peuvent être parasites impunément. Ce
parasitisme ne manquera pas d'occasionner des effets morbides appréciables, selon le nombre de leurs auteurs, et de jeter le trouble dans la
première fonction de l'économie, et partant dans toutes les autres. On
conçoit que le traitement antiphlogistique, et par l'eau blanche, ne fera
qu'accroître l'intensité de ce mal, en ajoutant une condition de succès de
plus à celle que ces insectes morbipares rencontraient déjà dans la panse
stomacale.

D'après une communication faite à l'Académie des sciences de Paris
par M. Virlet d'Aouest, il paraîtrait que les Indiens des environs de
Mexico recherchent, comme un mets délicieux, les œufs de la *nepa
grandis,* le géant des punaises d'eau et qui abonde dans les lacs du Mexique ;
mais ils ont grand soin de les accommoder avec une sauce où dominent
les plus forts condiments de ces climats de feu (*).

799. L'homme des champs est tout aussi exposé que les animaux à ce
genre d'accident morbide ; surtout si, dès les premiers symptômes, on
le soumet au traitement aqueux.

Vers le milieu de septembre dernier, le plus jeune de mes fils ayant
retiré de l'eau la cimicide aquatique que Linné a nommée *notonectes
glauca,* en fut piqué en dépit de toutes les précautions qu'il avait prises
pour en éviter le dard : la piqure fut suivie sur-le-champ d'un bour-
souflement phlycténoïde, et l'enflure commençait déjà à gagner tout le
doigt. Sans l'emploi de l'alcool camphré, le bouton n'aurait pas manqué
de prendre les caractères d'un furoncle et l'enflure serait bien vite
remontée jusqu'à l'épaule. Évaluez ce qu'il en adviendrait, si l'on avalait
de ces sortes d'insectes, alors que leur petitesse les dérobe à nos regards.

(*) Voy. *Rev. complément.,* livr. de mars 1858, tom. IV, pag. 236.

6ᵉ GENRE : **HIPPOBOSQUES** (*Hippobosca*) Lin.).

800. Les hippobosques forment le passage des insectes sans métamorphose aux insectes à métamorphose. Ils éclosent parfaits (*); mais leur
suçoir n'est pas une simple trompe, comme dans les espèces précédentes,
il a pour gaîne un bec bivalve. Par le caractère, ainsi que par la forme
générale de leur corps et par les deux ailes que portent deux ou trois de
leurs espèces, ils tiennent spécialement aux mouches ou diptères, lesquelles s'en distinguent principalement par leurs métamorphoses, et
par la présence de deux balanciers qui sont le rudiment de deux ailes
inférieures.

Les hippobosques sont parasites des quadrupèdes et des oiseaux; on les
prendrait, au premier coup d'œil, pour des taons (*œstri*) ou pour des
grosses mouches de la viande, quand ils ont des ailes, et pour de gros
poux, quand ils n'en ont pas.

Les effets morbides de ces insectes s'arrêtent à la peau, vu qu'ils ne
passent pas par l'état de larve. Mais par leurs piqûres, ils incommodent
tellement les animaux, qu'ils les rendent furieux; et quand ils en trouvent
l'occasion, ils n'épargnent pas les hommes (**). Par leurs habitudes et
leur biologie, on peut les considérer comme des punaises ailées; et c'est
à ce genre de parasites qu'il faut attribuer le cas morbide qui suit :

« Allant un jour, à la fin de juillet, du duché de Westphalie à Waers-
berghen, dit Christ.-Franç. Paullini (***), je rencontrai près du village
un jeune enfant qui gardait les cochons et qui fondait en larmes; il s'était
déshabillé, et se grattait de toutes ses forces la tête et le reste du corps. Je
m'approchai, et je vis voltiger, autour de sa tête, une multitude d'insectes
ailés, qu'il appelait des *poux volants,* et dont quelques-uns me mordirent
jusqu'au sang; je les observai avec attention; ils étaient noirs, avaient
six pattes, et ne différaient en effet des poux que par leurs ailes; ils me

(*) D'où vient que Fabricius, qui les classait parmi les mouches, leur donnait
l'épithète de *puppigera* (qui pond des nymphes ou chrysalides). Les œufs que pondent
les hippobosques sont, pour ainsi dire, des œufs végétants (578), qui grossissent par
une incubation parasite, et permettent au fœtus d'atteindre, dans le sein de leur
coquille, la taille de l'insecte parfait.

(**)   Le quadrupède écume et son œil étincelle ;
          Il rugit ; on se cache, on tremble à l'environ ;
          Et cette alarme universelle
          Est l'ouvrage d'un moucheron.
                                        LAFONTAINE, liv. 2, fab. 9.
(***) *Ephem. cur. nat.,* 1686, dec. 2, an 6, obs. 27.

parurent de la grosseur des poux de cochons, et ils bourdonnaient en
voltigeant. Cet enfant prétendit que, lorsque les cochons allaient se
vautrer dans un endroit marécageux qu'il me montra, ils en revenaient
couverts de *poux volants*. Ce que j'allai vérifier, et j'y aperçus des milliers
de ces petits insectes ailés. » A cette description, on ne saurait méconn-
naître les *hippobosques du cheval*.

En vue de préserver les chevaux de l'invasion des hippobosques et des
autres espèces de mouches qui les tourmentent, nous avons proposé de
les laver avec une dissolution aloétique (aqueuse ou alcoolique), et ce
n'est sans doute pas dans un autre but que les arabes du Sahara ont soin
de goudronner leurs chameaux avec la résine de l'arbre qu'ils nomment
arar.

801. Nous connaissons, en fait d'hippobosques, l'hippobosque de la
chauve-souris (*Pediculus vespertilionis* L., *Nycteribia* Latr. et Lamk.),
insecte aptère et à pattes d'araignée; l'hippobosque des brebris (*Melo-
phagus ovinus* Latr.), également aptère et de couleur rougeâtre; l'hippobosque du cheval (*Hippobosca equina* L.), mouche brune, à deux grandes
ailes, à corselet marbré de jaune et de blanc; l'hippobosque de l'hirondelle (*Hippobosca hirundinis* L.) (*), dont la femelle, ailée comme le mâle,
a une échancrure à la région anale. On trouve cette dernière dans le nid
des hirondelles, comme une punaise nocturne (795), et qui attend que
sa proie soit endormie; c'est sans doute à elle qu'il faut rapporter la
goutte de sang que porterait habituellement, sous ses ailes, Procné
changée en hirondelle, en punition du meurtre de son fils Itus (**). L'hippobosque de l'hirondelle s'attache à divers autres oiseaux, et change un
peu la couleur de sa livrée, selon la proie qu'elle suce.

DEUXIÈME GROUPE : INSECTES SUCEURS A MÉTAMORPHOSES.

802. Les insectes de ce groupe éclosent de l'œuf sous forme de vers,
espèces d'œufs vivants, apodes ou armés de membres locomoteurs, qui se
transforment ensuite en nymphes ou chrysalides, pour y mûrir les
formes qui doivent les distinguer à l'état d'insectes parfaits. Nous diviserons ce groupe d'insectes morbipares en deux sections, basées sur les

(*) J.-R. Schellenberg, *Genres de mouches diptères*, Zurich, 1803, in-8°, pl. 42,
fig. 2 et 3.
(**) *Signataque sanguine pluma est.* (Ovid., *Met.*, 6.)

différences de structure de l'appareil de leur nutrition, ou de leurs armes défensives, mais principalement sur l'absence ou la présence des ailes : les aptères et les diptères.

———

PREMIÈRE SECTION : APTÈRES.

GENRE UNIQUE : PUCE (*Pulex* Lin.).

La puce a la cuirasse d'un coléoptère, moins les ailes et les élytres ; ses pattes ont un plus grand nombre de pièces ; mais la puce diffère surtout des coléoptères par les appareils de la bouche, qui sont au fond ceux des insectes suceurs, des cousins et des papillons ; c'est ce dernier caractère qui nous décide à la placer à côté des cousins, dans une classification encore plus nosologique que systématique. Les deux dernières paires de pattes sont très-distantes de la première paire qui semble s'insérer sous le museau. Les antennes sont quadriarticulées : le suçoir est renfermé dans une gaîne à deux valves triarticulées, il se compose de deux soies ; deux palpes en forme d'écailles s'insèrent à la base du rostre qui a la forme d'un bec.

Première espèce : PUCE IRRITANTE (*Pulex irritans* Lin.).

803. La puce irritante et domestique, qui est la seule qui nous afflige en Europe, est un des insectes que les micrographes se sont attachés dans tous les temps à dessiner avec le plus d'attention ; par ses dimensions elle se prête du reste admirablement à l'étude. La fig. 1 de la planche 19 a été dessinée d'après nature sur un individu de la grosse espèce qui s'attache au chien. Pour l'intelligence de ce que nous avons ici à en dire, nous avons pris le parti d'insérer, dans ce texte, les figures

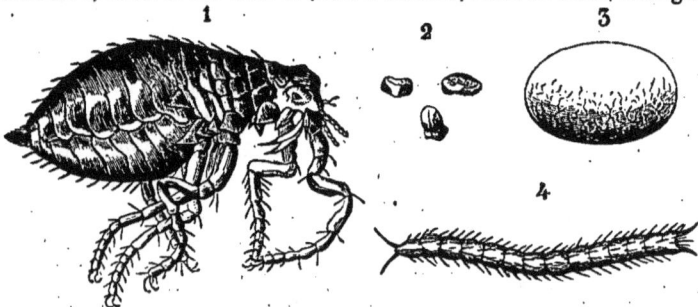

sur bois que nous avons, cette fois, seulement, empruntées aux au-

teurs. Il suffit d'une simple loupe ordinaire pour avoir de la puce une
image suffisamment grossie qui permette d'en saisir les détails, et
d'obtenir le dessin fig. 1 ci-derrière; cependant, l'étude des appareils de la
bouche exige un grossissement de quarante diamètres au moins. La puce
est ovipare, et ses œufs parfaitement ovoïdes se plissent, comme sur la
fig. 2, lorsque le ver ou larve est sur le point d'en sortir; la figure 4
représente ce ver également grossi. Lorsqu'il a atteint le dernier terme
de son développement, il se file la coque, fig. 3; là il se change en
chrysalide ou puppe, d'où sort la puce caparaçonnée, comme sur la fig. 1,
et qui se colore et se fortifie à l'air et à la lumière.

La puce s'accouple à la manière des papillons et des coléoptères, et
va pondre dans le tissu des tapis, dans le drap des fauteuils, dans le
tissu des étoffes de laine ou bien sous la fourrure des chiens et des chats.
Pour cela faire elle implante son anus dans les mailles du tissu, et vide
là son ovaire qui renferme des milliers d'œufs.

Aussi est-on souvent étonné de la prodigieuse quantité de puces qui
vous couvrent les jambes, dès qu'on rentre dans un grenier ou garde-
meuble où jusque-là on n'avait rien observé de tel. Il suffit qu'un chat
ou un rat vienne mourir en ces parages, pour que la vermine qui en
émigre donne lieu à une telle multiplication.

Cet insecte vit assez longtemps et survit peut-être à sa première ponte,
comme le font les pucerons. J'ignore jusqu'à combien de fois elle peut
se prêter à une fécondation nouvelle, et je ne sache pas d'observateur
qui ait porté son attention spécialement sur ce point; et pourtant ce
n'est pas faute que la puce se soit prêtée de bonne grâce à l'observation :

Car, que de gens se sont passionnés à élever et à conserver des
puces et à les nourrir complaisamment de leur propre sang! D'après
Scaliger, en 1598, un artiste africain de son temps était parvenu à passer
au cou d'une puce une petite chaîne d'or assez longue et qui n'empêchait
pas l'esclave de sauter où bon lui semblait; cette puce si richement
enchaînée faisait les délices d'une dame qui se l'était attachée au bras;
lorsque la puce s'était abreuvée du sang de sa maîtresse, elle allait le
cuver dans un lit fait à sa taille, qu'on lui avait préparé dans la manche
de la robe. Aldrovande, en 1602, a vu un égal chef-d'œuvre exécuté par
deux artistes de son temps, l'un belge et l'autre vénitien. Moufet, en 1634,
rapporte qu'un artiste anglais, du nom de Marcus, avait renouvelé ce
petit prodige, en passant au cou de la puce une chaîne d'or, de la
longueur du doigt, munie d'un cadenas avec sa clef, le tout, y compris
la puce elle-même, ne pesant pas plus d'un grain anglais (65 milligr.);
on lui avait rapporté en outre qu'à l'aide d'une pareille chaîne, une autre
puce traînait facilement un petit char d'or aussi complet que possible

dans toutes ses parties. « A Nuremberg, dit Maximilien Misson (*), on vend de plaisantes babioles; ce sont des puces enchaînées par le cou avec une chaîne d'acier. Cette chaîne est si délicate, quoiqu'elle soit à peu près longue comme la main, que la puce l'enlève en sautant. L'animal tout enchaîné ne se vend que dix sols. »

On peut lire dans la *Revue Britannique*, d'août 1856, un charmant article de Charles Dickens, sur un directeur de théâtre de puces, mais de puces humaines, tant les puces d'animaux sont bêtes et tant il est vrai que c'est le sang qui donne de l'esprit. Le directeur portait tout son personnel dans une fiole, et il le nourrissait de son propre sang. Il serait vraiment fâcheux que ce charmant article ne fût pas vrai; il est si vraisemblable et si joliment écrit.

Mais M. le directeur s'est occupé de l'aptitude de ses élèves en tout, excepté en ce qui regarde les amours et les prévoyances maternelles de ces dames; juste ce que, sans m'exposer à être trop indiscret, je désirais le plus de savoir. Au reste, nous allons avoir plus bas l'occasion de nous en informer auprès de leurs arrière-petites-cousines, les puces créoles, dont la conduite moins légère nous permettra mieux de nous renseigner à cet égard.

804. **Effets morbides de la puce européenne.** La piqûre de la puce, pl. 17, fig. 17, ressemble assez à celle de la punaise (796); mais pourtant elle en diffère en raison des différences de leurs suçoirs respectifs, le suçoir de la punaise ayant toute la simplicité d'un tube à soupapes, et celui de la puce se composant d'appareils faisant office de lancettes qui taillent, de palpes qui écartent les tissus, de pièces enfin destinées à opérer de fréquentes saignées aux capillaires, à dégorger les orifices, à écarter les obstacles qui obstruent et à raviver les sources de sang qui commencent à tarir. Aussi remarque-t-on que la tache que laisse sur la peau la piqûre de la puce est plus rose, plus enflammée que celle de la punaise, et que celle de la punaise tient plus de l'ampoule aqueuse que d'une extravasation sanguine. Chez toutes les deux, on remarque l'empreinte en rouge noir de la perforation, au milieu d'une aréole (moins colorée) d'infiltration. Cette piqûre occasionne, au premier instant de l'incision, un élancement proportionnel à la petitesse de l'instrument qui l'occasionne. Mais si ces petites causes se multiplient, elles peuvent, par le nombre, donner lieu à de graves effets, occasionner la fièvre et un sommeil agité; tous effets qui se dissipent avec la cause, c'est-à-dire, avec la fuite de l'auteur, et ne durent ensuite pas plus que le saut d'une puce. La puce ne laisse pas d'autre souvenir que la trace de sa pi-

(*) *Voyage en Italie,* édit. d'Amsterdam, 1743, tom. 1, pag. 118.

qûre; c'est un insecte propret qui soigne sa cuirasse et la maintient en bon état; elle n'a que l'odeur de l'air et ne vicie pas l'atmosphère; tandis que le parasitisme de la punaise vous laisse, derrière elle, comme un souvenir fétide et une puanteur qui semble vous poursuivre, alors que l'insecte est assez loin. On se fâche contre la puce et on l'écrase bravement; la punaise inspire un tel dégoût qu'on ne sait par quel bout la tuer et s'en défaire; elle se fait un bouclier de la répulsion qu'elle inspire, surtout à ceux qui s'en trouvent assaillis pour la première fois(*).

Cependant si préalablement la puce domestique avait trempé ses appareils de dissection dans un milieu infecté, dans la peau d'une charogne en voie de décomposition ou dans la peau d'un malade mercurialisé, il doit paraître évident que sa piqûre ne serait pas moins féconde en ravages que celle de la lancette infectée par les dissections cadavériques, et que le petit orifice qu'elle creuse suffirait pour communiquer l'infection à tout notre organisme, sous forme de furoncle, de charbon, de pustule maligne, d'accidents vénériens et de bubon pestilentiel.

805. Mais ce n'est pas seulement à l'état d'insecte parfait que cet insecte nous est nuisible; il peut l'être bien davantage à un état que si peu de gens soupçonnent, à l'état de larve dont il a été donné à si peu de naturalistes d'étudier les effets. La puce, avons-nous dit, pond ses milliers d'œufs dans les tissus de laine et dans la fourrure des animaux; j'ai rencontré des chats qui, en se secouant, répandaient autour d'eux une pluie de ces petites larves, à l'instant où elles venaient d'éclore. Ces larves vivent des poils qu'elles rongent et ne doivent pas épargner l'épiderme qui est corné comme le poil. Je ne serais pas étonné d'apprendre que ces chats que l'on trouve morts de leur belle ou plutôt de leur male mort, dans les greniers, n'y ont succombé qu'à la fièvre de toutes ces morsures; la première personne qui, en temps opportun, s'aventure dans ces greniers, est sûre d'en descendre avec les jambes pavées de puces qui la chaussent comme une paire de bas noirs.

Ces larves, on ne le niera pas, peuvent se glisser dans les cornets nasaux, dans le creux d'une dent, dans le tuyau auditif, dans les voies respiratoires ou alimentaires et dissimuler, par la petitesse de leur taille, leurs ravages affreux.

Qui ne sait que l'introduction d'une simple puce dans le tuyau de l'oreille est dans le cas de produire une irritation à en perdre la raison?

(*) Je n'ai jamais oublié l'accent de repulsion avec lequel un dominicain polonais, qui venait d'arriver en Provence, demandait en latin à ses confrères ce que c'était que ces petites bêtes : *Bestiolæ quæ currunt ut lepores, mordent ut canes et olent ut stercus diaboli* (quelles sont ces bêtes qui courent comme des lièvres, mordent comme des chiens et puent comme l'étron du diable?).

Les parasites ont leurs préférences et leurs antipathies ; il y a des peaux qui les attirent et d'autres qui les repoussent. Je ne suis jamais entré dans les magasins des chiffonniers que j'avais à soigner, sans en sortir les jambes couvertes de boutons durs enflammés, qui m'occasionnaient, pendant quelques jours, les plus vives cuissons ; or, les habitants de ces lieux n'avaient pas sur la peau la moindre trace de piqûre. Rien n'est venimeux comme une puce de magasin de vieilles loques ; il y a là de l'infection à donner la peste à tout ce qui a un épiderme propret et une peau délicate.

Deuxième espèce : PUCE PÉNÉTRANTE (*pulex penetrans* Lin.).

806. Les résultats de la discussion que nous avions soulevée, dans les deux premières éditions de cet ouvrage, sur la détermination générique de l'insecte que Linné, sur la foi de Catesby, avait désigné sous le nom de *puce pénétrante*, avaient fortement fixé l'attention des penseurs qui observaient sur les lieux où cet insecte exerce ses ravages. L'*Histoire naturelle de la santé et de la maladie* s'était presque autant répandue sous les tropiques que le *Manuel*, et y avait fait autant de prosélytes, dans la classe lettrée, que le *Manuel* en a fait en France dans les classes moins favorisées de la fortune.

Dès les premiers mois qui suivirent la publication de la première édition, je reçus une lettre d'un citoyen de la Nouvelle-Orléans qui m'assurait que le *nigua* ou la *chique* était bien un insecte du genre *pulex* et non un *acarus*. Sa lettre ne renfermait ni dessin, ni preuves à l'appui. J'écrivis à l'auteur de me faire parvenir, avec le résultat de ses observations, des échantillons et de l'insecte et des pustules qu'il détermine sur le corps humain. Je n'en ai jamais reçu de réponse ; ma lettre ne lui sera sans doute pas parvenue ; mais cependant son silence me parut peu favorable à son opinion ; je conservai donc la mienne dans la 2e édition de cet ouvrage.

En 1855 un observateur de ces contrées, M. E. Lacroix, non-seulement nous fit part des raisons qu'il avait par devers lui, pour croire à la réalité générique de la puce pénétrante, mais il nous procura des échantillons de l'insecte lui-même qui avaient été pris sur les lieux, ainsi que des grosses vésicules qu'il détermine (*) ; c'est grâce à cet ami du progrès des sciences que nous sommes redevables d'avoir pu enfin fixer à tout jamais l'état de la question par l'histoire complète de l'insecte.

(*) Voy. *Rev. compl. des sc.*, livr. de février 1856, tom. II, pag. 193, et livr. d'août 1856, tom. III, pag. 8.

Car tous les observateurs l'avaient laissée en arrière ou dénaturée de telle sorte que nous avions dû tirer ce dilemme : Si le *nigua* est une puce, son histoire est fausse. Si son histoire est vraie le *nigua* ne saurait être qu'un *acarus*.

Or dès que le petit bocal, que M. E. Lacroix avait fait venir de Cuba même, nous fut remis, nous ne perdîmes pas un seul moment pour étudier et faire dessiner par mon fils toute l'histoire de l'insecte ; la pl. 19 en représente l'analyse, en voici la description :

La figure première représente la puce européenne du chien (803) peinte, d'après nature, au grossissement d'une assez forte loupe. Cette puce atteint en longueur jusqu'à trois millimètres ; c'est une puce géante.

La *puce pénétrante* ou puce intertropicale que représente la figure 2, pl. 19, atteint à peine un millimètre de long et de haut, sur un demi-millimètre d'un flanc à l'autre ; on voit qu'elle est beaucoup plus ventrue que la puce européenne. A part ces différences de dimension et de proportions, l'insecte exotique et intertropical est exactement conformé comme l'insecte européen et armé de toutes les mêmes pièces buccales et des mêmes appareils de la locomotion ; on peut même dire qu'elle doit sauter plus haut et être plus agile que l'insecte de nos parages, car ses jambes sont d'une extrême longueur. Mais il résulte de cet examen que, pas plus que notre puce européenne, la puce intertropicale n'est susceptible de pouvoir enfler son abdomen du sang dont elle se gorge, de manière à ce que la panse déborde, comme chez l'*acarus reduvius* ou tique des chiens (608), et puisse devenir le principal organe du parasite rassasié : ainsi que la nôtre, la puce des tropiques est trop bien cuirassée pour que rien puisse déborder des cottes de mailles sans briser toute l'armure et faire crever le guerrier.

Sur la figure 3, on voit, en *a*, le même insecte implanté dans cette grosse vésicule que les auteurs ont prise pour le développement de son abdomen gorgé de sang ; et c'est là spécialement la circonstance qui ne s'accordait plus avec l'idée que nous nous sommes faite d'une puce. Une telle interprétation n'était provenue que de l'absence complète d'observation et de dissection. La vésicule de la figure 3, pl. 19, n'est point un organe appartenant à la puce ; ce n'est pas l'œuvre de son parasitisme ; c'est quelque chose d'extraordinaire en apparence ; c'est le développement d'une papille nerveuse dont l'intérieur devient le dépositaire non pas seulement des œufs, mais de l'ensemble des ovaires de l'insecte : ordre de phénomènes qui paraît unique dans la science, par la manière dont il se présente dans un tissu étranger, mais que nous retrouverons pourtant dans notre histoire naturelle indigène, où il a été complétement méconnu.

807. La puce intertropicale ne produit, comme la nôtre, qu'une tache épi-

dermique par le jeu de ses appareils de nutrition, et elle serait tout aussi
inoffensive que la nôtre si son parasitisme s'arrêtait là. Mais ce n'est pas
par la bouche qu'elle déforme les tissus, c'est par l'anus ; et l'on voit,
d'après les deux figures comparées, que, sous ce rapport de conformation,
elle diffère de notre puce européenne et que son extrémité anale est organisée comme un appareil perforant. C'est par là qu'elle s'implante dans
une papille nerveuse des surfaces palmaire ou plantaire, de l'extrémité
des doigts surtout ; et elle s'y implante de la sorte, non pas pour y déposer ses déjections, non pas seulement pour y pondre, mais pour y épan-
dre, comme tout autant de circonvolutions intestinales, les circonvolutions ovariennes qui sont les prolongements inextricables, les cornes
multiples pour ainsi dire de son organe utérin. A la faveur de cette
incubation extra-utérine, les ovules se développant successivement
en œufs, la papille de la peau humaine ne peut manquer, en cédant
sous l'effort centrifuge d'expansion, de se développer et de s'arrondir
concurremment avec le développement de ces oviductes ; de s'enfler
comme une outre ou comme l'amphore qui tourne sous la pression de la
main du potier ; et quand cette œuvre de parturition incessante a eu
lieu, cette grosse papille se trouve avoir gagné un diamètre d'un centimètre, si je m'en rapporte aux échantillons que M. E. Lacroix m'a fait
parvenir il y a deux ans : le bocal qu'il m'a adressé en renferme d'un
moindre calibre, qui étaient en voie de développement, à l'époque où on
les a arrachés. Sur la figure 3, pl. 19, on voit, en *a*, l'insecte tel qu'il
s'implante dans la papille nerveuse : la tête, les six pattes et la moitié du
corps restant toujours en dehors, l'autre moitié du ventre rentrée dans la
vésicule et finissant par faire corps avec la substance de cet organe dé-
formé. On voit en *b* le déchirement de la portion de la peau qu'il a fallu
couper, pour isoler cette boule qui n'est que le développement de la peau
elle-même.

La figure 4, en *b*, représente de face cette espèce de *hile* artificiel, cette
trace d'adhérence obtenue par extirpation du tissu.

Ces grosses vésicules sont à l'extérieur d'un blanc jaunâtre, comme les
enflures du panaris ; elles ont la consistance ferme et dure des tissus cornés, puisqu'elles ne sont que le développement du tissu corné lui-même,
c'est-à-dire, d'une expansion nerveuse.

Il suffit de couper en deux moitiés une de ces grosses vésicules,
fig. 3 et 4, pour pouvoir se faire une idée pittoresque de ce que nous venons
d'expliquer. La fig. 5, pl. 19, dessinée d'après nature à une simple loup ,
permet déjà de distinguer la manière dont, par des incessantes évolutions
et circonvolutions, les oviductes éjaculés par l'insecte *a* se glissent à
travers les éléments du tissu qu'elles écartent, dédoublent et isolent.

On voit une extrémité de ces oviductes sur la figure 7.; c'est le bout
et la terminaison de l'un de ces longs boyaux utérins, où l'on remarque
les œufs d'autant plus gros qu'ils sont plus éloignés de l'extrémité de
l'organe, en sorte qu'à une certaine distance on rencontre des œufs de
$\frac{1}{3}$ de millimètre en longueur sur $\frac{1}{10}$ en diamètre, et que, cette dimension
diminuant de proche en proche, on arrive à ne pouvoir plus les distin-
guer les uns des autres vers l'extrémité de ce tube. Mais ces infiniment
petits œufs animés par une incubation ainsi artificielle grossissent à leur
tour, jusqu'à ce que, par suite de cette position forcée, l'insecte ait suffi
à son œuvre de parturition parasite; et alors il meurt.

On comprend ainsi que les auteurs fixes de ces ravages sont exclusivement des individus femelles, et que les mâles doivent rester nomades
et inoffensifs.

Si l'on cherche à vider cette vésicule fig. 5 de tout ce que la pointe
de l'aiguille peut en tirer, il reste définitivement sur le porte-objet un
faisceau de fibrilles nerveuses *c*, fig. 6, pl. 19, qui viennent s'épanouir
en papilles, en organes de tact, juste à la place *f* où la puce est venue implanter sa tarière pondoire. On voit par transparence, sur le
figure 6, le restant de la membrane; pavé de cellules obscurément hexagonales; ce sont les empreintes des papilles nerveuses, que le déchirement
produit par le développement insolite de la vésicule a violemment détachées de la fibrille nerveuse dont elles étaient une expansion.

Ce phénomène de parturition et d'accouchement, non d'œufs isolés mais
des ovaires mêmes, n'est pas aussi insolite qu'il le paraît d'abord; il n'est
insolite que par la forme; et au fond, ce cas en apparence exceptionnel
est la règle générale chez les insectes, à très-peu d'exceptions près. Les
insectes accouchent de leurs ovaires; ils se vident de cet organe multiple en accouchant; de là vient que leur accouchement est un suicide et
pour ainsi dire, par éventration; et que nul d'entre eux ne survit à
l'acte de l'accouplement pour les mâles et à celui de la parturition quant
aux femelles; elles pondent des boyaux remplis d'œufs. Et comment le
papillon pourrait-il autrement enrouler, autour d'une branche d'arbre,
ces spirales d'œufs qui forment un anneau compacte, et cela en se contentant de tourner autour du rameau et de laisser le produit s'enrouler à sa
suite? Comment le cousin, qui pond sur l'eau, parviendrait-il à former, de
ses œufs appliqués côte à côte, une petite nacelle, si ce n'est à l'aide d'un
boyau qui se déroule pour s'enrouler encore, et qui s'isole de l'abdomen
pour venir s'agglutiner, spires sur spires, et décrire un ovale par le
simple mouvement corrélatif du corps de l'insecte?

808. Ainsi ce n'est pas par la succion, mais par sa parturition, que la
puce intertropicale détermine la formation de l'ampoule; mais ce qu'elle

y laisse est plus désastreux que sa parturition. Car de chacun de ces milliers d'œufs qu'elle a pondus sort un ver plus vorace qu'elle-même, qui ne suce pas mais qui ronge; qui n'isole pas les faisceaux nerveux, mais qui les fauche et les taille. Or imaginez ce millier de vers grouillant dans les tissus sous cutanés, rongeant les fibrilles nerveuses et musculaires et les ligaments des articulations, et vous ne serez plus étonné qu'un pareil fléau détermine enfin la chute des plus gros membres eux-mêmes; vous comprendrez en outre pourquoi les nègres guérisseurs attachent une si grande importance à enlever la vésicule dans toute son intégrité, et ensuite, crainte d'une maladresse sur ce point, à instiller dans la plaie le suc insecticide de tabac, dans la prévision qu'un de ces œufs ait pu échapper à toutes les précautions requises.

Terrible fléau émané d'une aussi petite cause! et qui est capable d'isoler l'homme le plus riche de tout ce qui l'entoure, et de mettre Job sur un fumier, en dépit de sa toute-puissance, si la philosophie, en analysant la cause du mal, ne parvient pas à tenir à sa disposition le souverain remède.

Qu'était donc, en présence de pareils ravages, la médecine scolastique auprès de la médecine des nègres guérisseurs du pays? un fléau savant à côté d'une ignorance bienfaisante.

N. B. Dans l'intérêt de la philologie il ne sera pas sans intérêt de reproduire ici, comme nous l'avons fait dans la 2ᵉ édition de cet ouvrage,

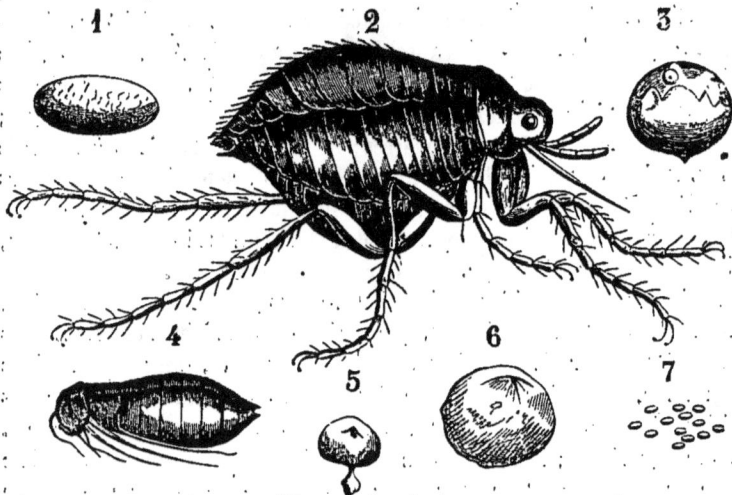

les figures du *nigua* ou *puce pénétrante* que l'on trouve dans un travail que O. Swartz a publié, en 1788, dans les *Mémoires de l'Académie de*

Stockholm (livr. de janv., fév. et mars, pag. 40); je regrette que mon ignorance de la langue suédoise me force à ne puiser mes renseignements que dans les quelques phrases latines éparses dans ce mémoire; mais j'invite les Suédois qui liront cette page à nous gratifier d'une traduction de ce morceau, dans l'intérêt de la gloire de l'un de leurs compatriotes.

La fig. 2 de la planche ci-derrière, qui reproduit celle de Swartz, représente la *puce pénétrante* grossie; la fig. 4 sa chrysalide; la fig. 7 les œufs vus à l'œil nu, et la fig. 1 un œuf grossi à la loupe; les fig. 3, 5, 6 seraient, d'après Swartz, le nid de l'insecte, tel qu'on l'aurait extrait des chairs du patient. C'est là tout ce que nous ayons pu jusqu'à ce jour reproduire de cette œuvre d'observation.

DEUXIÈME SECTION : DIPTÈRES.

809. Pour se faire une idée générale des variations de forme que présentent les innombrables espèces de ce groupe d'insectes, on n'a qu'à chercher à concevoir par combien de transitions brusques ou ménagées la configuration trapue de notre mouche domestique peut arriver aux proportions grêles, effilées et dégingandées du cousin. Population aérienne dont l'inépuisable fécondité peuple, de ses tribus diverses, nos lacs, nos prés, nos étables et nos cuisines; pâture des oiseaux, fléau des plantes et des quadrupèdes; auteurs incessants de mille décompositions diverses; incommodes à l'état parfait, nuisibles et souvent délétères à l'état de larves. Malgré ses soins de propreté, l'homme ne parvient pas toujours à se défendre de leurs ravages intestins; la plupart des maux dont il ignore la cause, il les tient du parasitisme de ces êtres si chétifs à l'œil nu, si ignobles à voir à la loupe.

Les larves des muscides varient encore plus dans leur conformation, leurs mœurs et leurs habitudes, que les insectes parfaits ne varient dans leurs goûts et leur livrée. Elles vivent dans les eaux, dans les entrailles de la terre, dans le parenchyme des plantes ou sous l'épiderme des feuilles, dans la chair des animaux morts ou vivants, dans la fiente et dans la pourriture; il n'est pas en ce monde une œuvre de mort qui ne couve un représentant de leur race; et la livrée de l'insecte parfait se modifie, chaque fois, en raison des modifications du milieu où a grandi la larve. Que d'espèces et que de genres ne créerait-on pas, si l'on ne tenait compte des effets immédiats de ces sortes d'influences! Je suis convaincu que la même espèce de mouche, en déposant un de ses œufs dans le corps d'une chenille, et un autre dans celui d'un ver de coléoptère, donnerait lieu par là à deux modifications de sa livrée, qui prendraient place au catalogue sous deux noms spécifiques différents.

Les diptères pondent des œufs ou des larves ; leurs larves apodes se changent en nymphes ou puppes, ou bien ne font, en se métamorphosant, que prendre des formes plus voisines de celles de l'insecte parfait.

Nous n'avons à les classer dans ce livre que largement, et relativement à leurs effets morbides ; les détails que nous donnerons à leur sujet doivent se renfermer dans ce cadre-là.

1ᵉʳ GENRE : COUSINS (*Culex*).

810. Le cousin (*Culex pipiens* L.) pond ses œufs sur l'eau. Sa larve est aquatique ; elle porte, vers la partie postérieure du corps, un tube respiratoire, au moyen duquel elle se tient suspendue à la surface des eaux, la tête en bas, pour y capter sa proie au passage. La partie postérieure de son corps est munie de palettes qui lui servent de rames ; quand elle veut monter, elle frappe l'eau de ces palettes, dans le même but que l'oiseau frappe l'air de ses ailes. Une fois que son tube respiratoire s'est abouché contre la surface de l'eau, la larve y reste suspendue comme à un plafond, par la force d'aspiration de son tube ; l'air qu'elle aspire, l'attire et la tient collée à cette surface. Dès qu'elle n'a plus besoin de respirer, elle descend au fond de l'eau par son propre poids et sans le concours de ses palettes. Elle se transforme en une seconde espèce de larve, qui se meut, comme la première, mais ne vit plus que par la respiration ; cette nymphe ou chrysalide mobile est armée, à l'extrémité de sa queue, des mêmes palettes ou rames que la larve et en fait le même usage ; son corps est sphérique, terminé par une longue queue, et il est muni de deux cornets respiratoires au moyen desquels, et par la force seule de l'aspiration, elle se tient suspendue au plancher de la surface de l'eau, la queue presque enroulée autour du corps. Quand elle fait dans l'eau les variantes de ses cabrioles, on la prendrait pour un gros entomostracé ou un gros *brachion*.

Il suffit de la moindre flaque d'eau, de l'eau accumulée sur une gouttière, d'un baquet exposé à l'air et au soleil, pour qu'en peu de temps on puisse devenir spectateur de ces curieuses métamorphoses. C'est de ce dernier état que le cousin s'échappe dans les airs, de toutes pièces, pour aller sucer le sang des animaux. Bien grêle auteur d'une grande torture, son suçoir se compose de cinq soies, organisées et assemblées de manière qu'il peut les enfoncer assez avant dans les chairs et même à travers le tissu des étoffes les plus serrées. On voit, par les temps humides et pluvieux, des bandes innombrables de cousins, qui exécutent en montant et descendant des tourbillonnements incessants, et se divisent en colonnes obliques en forme de zigzag. Cet essaim de chœurs s'agite au-dessus des arbres, et voyage comme un seul tout. Les cousins préludent ainsi à l'hyménée; ils s'étudient, se recherchent, se devinent au vol; et dès qu'ils se rencontrent mâle et femelle, à leur convenance, ils s'unissent et vont consommer leur mariage à l'écart, sur quelque branche d'arbre, pour venir se mêler encore au chœur de leurs congénères, et convoler à de nouvelles amours.

811. En pompant le sang, avec un appareil semblable, le cousin ne laisse pas seulement une trace inflammatoire, mais il détermine en outre, comme certaines puces, une phlyctène, qui conserve, sous forme d'un point, la trace du passage de sa trompe, fig. 18, pl. 17. Une cuisson très-vive survit à la piqûre; et notre corps en deviendrait tout en feu, dévoré d'une fièvre brûlante, si ces ennemis ailés venaient nous assaillir en trop grand nombre. On connaît toutes les précautions que prennent les habitants des régions tropicales pour se défendre, la nuit, de l'invasion de myriades de *moustiques* ou *maringouins* (*) qui les assaillent, et qui ne sont autres que des espèces de notre cousin (*Culex pipiens*), ou des *moustiques* qui se rapportent au *Culex reptans* Lin., qu'on retrouve aussi en Suède. Les créoles s'en garantissent en tenant leur chambre à coucher fermée dès le soir, et en enveloppant leurs lits de rideaux de gaze claire, à travers les mailles de laquelle l'air seul est en état de passer.

Il paraîtrait que les races des cousins se font entre elles, comme les rats, des guerres d'extermination; et l'on prétend à la Havane que les cousins importés par les conquérants européens, conquérants à leur tour comme leurs compatriotes, ont fini par détruire la race des cousins indigènes, qui leur étaient supérieurs par la taille mais inférieurs en bravoure et en impétuosité.

812. Le genre de vie de leurs larves indique assez que les cousins doivent se rencontrer de préférence vers le voisinage des grands réservoirs d'eau douce. Il est des pays où on les voit pulluler, et couvrir l'air comme d'une nuée de poussière, qu'agiterait le vent. Insectes cosmopolites, on les rencontre sous tous les climats, partout où il existe des amas

(*) Ce mot ne serait-il pas un composé barbare d'un mot français, *marais*, et d'un mot hébreu, *gouim* (nation), dont les juifs du Midi se servent, même dans leur langage habituel, pour désigner leurs persécuteurs, les chrétiens? Les cousins seraient ainsi les *gouim* des marais. — Le mot de *moustique* est une corruption créole du mot *mosquito*, sous lequel les Espagnols désignent le moucheron ou cousin.

d'eau pour pondre, et des quadrupèdes ou des hommes à torturer.

Qui le croirait? la Laponie est encore plus affligée, que les régions tropicales, de cette peste de l'air. Au solstice d'été, alors que la fonte des neiges vient transformer les plaines en flaques d'eau de plusieurs lieues d'étendue, les cousins s'élèvent dans les airs, comme une trombe de poussière, et se rabattent sur les Lapons qui dorment au grand air, ou sur leurs troupeaux de rennes. Le malheureux berger ne peut ouvrir la bouche ou respirer, sans se voir assailli de cousins qui le prennent au nez ou à la gorge; il a beau s'enduire les mains et le visage avec de la poix, il n'en a pas moins à leur disposition ses yeux et les cavités buccales; il s'enfume enfin dans sa cabane, pour tenir les cousins à distance, préférant les premiers symptômes de l'asphyxie à la piqûre de ces moucherons. Et les pauvres rennes, à qui le bois repousse, se sentent tellement piqués en cet endroit par les cousins, puis par les taons et les œstres, qu'ils prennent la fuite sur le sommet des Alpes et dans le voisinage des neiges perpétuelles, où ils jeûnent, il est vrai, mais où ils trouvent du moins quelque repos. Les plus riches Lapons ont soin de recouvrir leurs rennes de la même poix qui fait leur propre défense; mais c'est là, dans ce pays, un cosmétique de luxe et que ne comporte pas la bourse du pauvre.

Cependant, comme la nature ne fait jamais le mal pour le mal, il arrive que ces petits *maringouins* du Nord suffisent à nourrir, par leurs innombrables larves, les poissons, et, par leurs mouches, les oiseaux aquatiques qui émigrent en foule en Laponie; restituant ainsi avec usure, par la chasse ou par la pêche, aux tristes habitants de ces déserts septentrionaux, le peu de sang qu'ils leur ont pris en les torturant (*) de leurs piqûres.

813. Effets morbides des habitudes des cousins. Ne perdons pas de vue les caractères phlycténoïdes de l'ampoule que détermine sur les peaux délicates l'introduction du suçoir des cousins (fig. 18, pl. 17).

Les ravages des cousins ne s'arrêtent pas à quelques piqûres superficielles et analogues à celles des mouches; les habitants des villes le pensent ainsi; mais les habitants des campagnes se désabusent bien vite. Réaumur (**) a vu sur les bords de la mer, dans des pays marécageux, des gens dont les jambes, et d'autres dont les bras avaient été rendus monstrueux par les piqûres réitérées des cousins; et d'autres dont les

(*) *Voyez*, à ce sujet, la dissertation inaugurale intitulée *Cervus tarandus* (Rheno rangifer), soutenue par Charl.-Fréd. Hoffberg, tom. 4, pag. 444, des *Amœnit. academ.* — *Culices*, dit Linné ailleurs, *quantâ molestiâ homines et pecora, in provinciis Lapponiæ finitimis, afficiant, dicere vix possum.* (Syst. nat., ed. 1744, pag. 404.)

(**) *Mém. pour l'hist. des ins.*, tom. 4, pag. 573.

parties avaient été mises dans un état qui faisait craindre qu'on ne fût obligé de les leur couper.

Linné a observé des cas, dans la Laponie, où les cousins (*culex pipiens*), en s'introduisant dans les intestins et les poumons des mammifères, y causaient une inflammation qui en quatre ou cinq heures seulement achevait le malade. Le choléra asiatique ne marche pas plus vite.

Vers la fin de juillet 1852, à Doullens, il survint une épidémie cutanée causée par un insecte qui se glissait par les manches de la chemise et couvrait les bras de papules phlycténoïdes jaunâtres au centre d'une aréole rougeâtre et qui devenaient des bulles remplies d'eau; les mains en étaient souvent tout enflées. D'autres fois le passage de l'insecte était marqué d'une traînée rougeâtre qui causait autant de cuissons et de démangeaisons. Quand l'insecte rentrait dans l'arrière-gorge, les amygdales s'engorgeaient de manière à rendre la déglutition difficile, ce qui nous arriva une fois que le fléau fut monté à la citadelle. L'auteur de ce fléau n'était autre que le *culex reptans* ou même le *culex pulicaris*, cousins qui rampent comme des punaises, au lieu de voler comme les cousins ordinaires, et qui se multiplient en certain temps tout autant que ceux-ci. Le *culex equinus* rampe également sous les crins et les poils des chevaux.

Le 20 septembre 1853, Bruxelles était en proie au même fléau; les maisons étaient encombrées de ces venimeux mosquites.

Vers le commencement d'octobre de la même année, les cousins venus des marais de la Camargue se rabattirent sur Marseille et sur les campagnes environnantes, où les habitants n'avaient plus d'autre occupation que de se préserver des morsures de ces hôtes acharnés; le fléau s'étendit sur toute la ligne des chemins de fer jusqu'au Rhône; dans cette épidémie tout le monde vit les auteurs; la médecine ne vit comme toujours que les symptômes de la maladie.

A Cayenne, le *culex hæmorrhoïdalis*, le géant du genre, occasionne les hémorrhoïdes en se glissant dans l'anus.

Cette cause des plus graves maladies intestinales n'avait pas échappé aux anciens. « Dans le choix d'un terrain, dit Varron, n'oubliez pas d'éviter les endroits marécageux, non-seulement parce que la terre toujours argileuse y est sujette à se dessécher, mais encore parce qu'il s'y engendre des animalcules ailés que l'œil ne saurait distinguer, et qui, en s'introduisant par la bouche et par les narines, déterminent les maladies les plus difficiles à guérir » (*). Pallas résume les mêmes réflexions (**).

___

(*) VARRO, *de re rusticâ*, lib. 1, cap. 12, *ed. Rob. Stephani*, 1543.
(**) PALLAS, *de re rusticâ*, lib. 1, lit. VII.

Résumé et application nosologiques. 1° L'introduction des cousins dans les voies respiratoires ou digestives peut donner lieu à des maladies foudroyantes et qui tuent en quatre ou cinq heures.

2° Les cousins pullulent en certaines circonstances et en certains pays de telle sorte que des populations entières se trouvent en proie à leurs ravages.

3° On a vu des colonies de nos cousins européens émigrer avec nos vaisseaux jusqu'en Amérique; il n'y a donc plus rien d'étonnant que des colonies d'insectes analogues émigrent de l'Asie jusqu'à nous.

4° Les cousins s'accommodent de toutes les températures et de tous les climats; ils sont le fléau de la Laponie tout autant que des pays intertropicaux.

5° Ils suivent les cours d'eau, seul milieu qui convient à la propagation de l'espèce.

6° Voilà une cause incontestable d'une épidémie nomade, d'une maladie terrible. Or quelle est l'épidémie qui nous rappelle le mieux ces effets que celle du choléra? Mêmes effets, même cause. Le choléra ne serait donc que l'œuvre de hordes innombrables de cousins sans doute moins perceptibles à la vue que les espèces qui nous tourmentent tous les jours.

2ᵉ genre : OESTRE (*OEstrus*).

814. Semblable à nos grosses mouches, l'œstre s'en distingue par l'absence de la trompe, et par les trois tubercules qui forment tout l'appareil de sa bouche. Aussi ce n'est pas sous la forme d'insecte parfait que l'œstre est nuisible; il ne semble plus vivre alors que pour choisir la place où il doit déposer en sûreté ses œufs, afin que la larve puisse aller éclore dans les intestins ou dans d'autres appendices du canal alimentaire des mammifères. En pathologie animée, l'œstre joue donc un très-grand rôle dans toutes les affections qui rentrent dans la classe des maladies d'estomac et d'entrailles. Nous invitons nos lecteurs à fixer spécialement leur attention sur ce genre d'insectes morbipares.

815. 1° OESTRE DU CHEVAL (*OEstrus equi* L.) (*). Cette grosse mouche à abdomen ferrugineux, et à corselet marqué d'une bande et de deux points noirs, a soin de déposer ses œufs sur les épaules et les jambes de devant du cheval. La démangeaison que l'incubation de l'œuf suscite (577) porte le cheval à se lécher en cet endroit, ce qui fait qu'il avale les

(*) Réaumur, *Mém. sur les ins.*, t. 4. pag. 544, pl. 34, fig. 13-17; et pl. 35, fig. 1-5

œufs, et que les larves vont éclore et vivre dans son estomac et dans toute la longueur de son canal alimentaire. D'autres fois elle dépose ses œufs autour de l'anus des bestiaux, des chevaux principalement; en sorte que la larve n'a plus qu'à s'introduire dans les intestins, pour y trouver sa nourriture. Les larves de l'œstre peuvent donc vivre dans toute la longueur du canal alimentaire ; et les entomologistes, trop enclins à spécifier quelques différences individuelles ou sexuelles, ont tort d'ériger en espèces ces différences d'habitation; leurs *OEstrus equi, hœmorrhoïdalis-veterinus, nasalis*, ne sont certainement que des accidents non transmissibles de la même espèce de ces parasites. Cette mouche n'est pas incommode et importune comme le taon, elle ne pique pas les bestiaux; elle les infeste de sa race ; elle a bien des pelotes d'appréhension aux pattes, analogues à celles de la fig. 10, pl. 3; elle s'attache bien aux poils des quadrupèdes, mais ce n'est jamais pour leur sucer le sang; ce n'est point en parasite qu'elle les poursuit, c'est en mère prévoyante.

816. La larve, apode et en cône allongé, est armée de deux crochets mandibulaires, et ses anneaux sont bordés de petits poils ou piquants dirigés en arrière, destinés à l'empêcher de reculer et d'être ramenée vers l'anus par le mouvement péristaltique des intestins. Lorsqu'elle est près de se changer en mouche, elle vire de bord, et s'abandonne au torrent de la défécation, qui la rejette sur la terre, pour qu'elle aille sous les pierres se métamorphoser en chrysalide.

817. Il en est de ces larves comme des helminthes, sous le rapport pathologique : en petit nombre, l'animal les couve, sans en ressentir trop de mal; la digestion répare bien vite les désordres de leur succion. Mais tout change avec le nombre et la multiplication de ces hôtes : comment la panse stomacale pourrait-elle suffire à ses fonctions, d'où dérivent toutes les autres fonctions de l'économie, quand sa surface se tapisse de larves qui en épuisent les sucs et en déchirent le tissu à belles dents? On verrait bientôt l'animal languir avec inappétence, baisser la tête, l'œil morne et les naseaux morveux; à la constipation ne tarderait pas de succéder la dyssènterie; car la surface intestinale serait déchirée, sur des milliers de points, et déchirée d'une manière progressive ; et, du début à la terminaison, la maladie, variant de symptômes, pourrait changer vingt fois de nom, si, comme cela arrive presque toujours, on en ignorait la cause entomologique.

Vallisnieri, ce Réaumur de l'Italie, rapporte aux larves de l'œstre la maladie épizootique qui fit périr tant de chevaux dans le Véronais et le Mantouan en 1713 : « Le docteur Gaspari, ajoute-t-il, trouva, dans l'estomac de quelques cavales du pays, une quantité si surprenante de vers courts et ronds, qu'il les compare à des grains de grenade serrés les

uns contre les autres. Chaque ver s'était fait une espèce de cellule en taraudant la membrane de l'estomac, et dans chacune de ces cavités on
aurait pu facilement loger un grain de maïs. » On nous demandera si, à
l'autopsie des animaux qui succombaient à la gravité du mal, on aurait
rencontré les mêmes larves : nous répondrons que non; on n'en aurait
trouvé que les traces morbides; car les larves qui se nourrissent de tissus
vivants ont hâte de fuir à l'approche de l'agonie, vu qu'elles n'ont pas
l'habitude de vivre sur des cadavres. Dans ce cas, la maladie aurait été
caractérisée comme une entité pathologique des plus curieuses, ayant
son siége dans l'estomac et quelquefois dans l'intestin grêle et le côlon;
qui sait si on n'en aurait pas fait une entérite folliculaire, et si les
plaques de Payer n'auraient pas joué un certain rôle dans la description
de ces ulcérations en forme d'alvéoles ?

Laurent Heister (*) a été témoin d'un cas semblable. « J'ai rencontré,
dit-il, dans l'estomac d'un cheval, surtout près du pylore et dans le duodénum, une grande quantité ou, pour mieux dire, un monceau de vers
changés en nymphes couleur de chair, isolées entre elles par une de
leurs extrémités, et tenant intimement par l'autre à la muqueuse dans
laquelle elles étaient enfoncées à la profondeur d'une ligne. En les détachant de la place, il restait l'empreinte de leur adhérence, sous forme
d'une cavité en cul-de-sac. » Heister en donne la figure prise sur place ;
à la forme en barillet de ces nymphes et aux anneaux de leur corps, on
ne saurait méconnaître la nymphe de l'oestre intestinal, qui s'était changée là en chrysalide, faute d'avoir pu être entraînée au dehors par le
travail de la défécation que la mort avait arrêté.

L'Almanach populaire de l'Oise, 1841, a décrit une maladie fort commune dans le département chez l'espèce bovine, maladie à laquelle les
vétérinaires donnaient le nom de fièvre pernicieuse. Un simple berger y
vit plus clair que ces docteurs de l'hippiatrie; il découvrit que le siége
de la maladie était dans la première poche au-dessous de l'herbier, où
se trouvaient renfermés une immense quantité de vers qui perçaient la
poche au bout de deux ou trois jours et causaient ainsi la mort de l'animal.

818. 2° OEstre du mouton (*OEstrus ovis* Lin., et *OEstrus nasalis* Fabric.) (**). L'œuf de l'oestre ordinaire, qui s'introduit dans la cavité buccale des moutons, est reniflé au lieu d'être avalé, et c'est dans les fosses
nasales qu'il va éclore en larve; pour cela même, la femelle de la mouche a grand soin de pondre sur les narines plutôt que sur les lèvres du

(*) *Ephem. cur. nat.*, cent. 3 et 4, 1715, pag. 166, tab. 13, fig. 3.
(**) *Voyez* Redi, *Esper. agli insetti*;—Réaumur, *Mem. sur les ins.*, tom 4, pag. 552.
pl. 35, fig. 8-10 ;—Brez, *Flore des insectophiles*, Utrecht, 1791, pag. 45.

mouton. La présence d'une larve aussi carnassière cause aux bestiaux une fureur qui les porte à se meurtrir la tête contre les arbres, remède analogue à celui qu'employa Jupiter pour se débarrasser d'un violent mal de tête ; et c'est en vue de se préserver de l'invasion de ces œstres que, par les temps chauds et au milieu du jour, on voit les moutons se rapprocher, se serrer les uns contre les autres et tenir la tête baissée jusqu'à terre et sous le ventre, afin de cacher leurs naseaux et de se mettre à l'abri de l'invasion de la mouche pendant leur méridienne.

A cet égard, la bergeronnette rend souvent aux moutons des services de bon voisinage, dont le mouton ne semble pas se douter. Le 23 septembre 1843, en revenant, à dix heures du matin, de Dieppe à La Chapelle, je remarquai une nuée de bergeronnettes voltigeant autour d'un troupeau de moutons, dont elles rasaient presque la laine ; elles ne sortaient pas de ce rayon, on aurait dit souvent qu'elles passaient sous le ventre des bêtes à laine ; j'ai revu le même fait en 1845, en septembre, sur le plateau de Montsouris-Montrouge. Dans l'un et l'autre cas il avait plu toute la nuit, et il bruinait encore. Évidemment, les bergeronnettes étaient là pour saisir au passage les œstres et autres mouches qui s'attachent aux moutons.

Le sansonnet ou étourneau (*Sturnus*) rend aux moutons les mêmes petits services que les bergeronnettes, et les moutons paraissent leur en être tout aussi reconnaissants que le berger, qui les laisse parfaitement tranquilles. Ces oiseaux fouillent dans la laine des moutons, viennent se percher sur leur nez comme pour leur chercher leurs poux, leur becquettent l'angle de l'œil où les larves se réfugient, et le mouton se prête de la meilleure grâce à ces soins officieux.

Les effets morbides de cette larve étaient connus des anciens : Alexandre Trallien, médecin grec du vi^e siècle, rapporte que Démocrate l'Athénien étant tourmenté, dans sa jeunesse, par des attaques d'épilepsie, alla consulter l'oracle de Delphes sur la cause et les remèdes de sa maladie ; d'après Alexandre, la pythie aurait répondu d'une manière qu'on pourrait traduire ainsi d'après Trallien :

> Quos madidis cerebri latebris procreare capellas
> Dicitur humores, vermem de vertice longum.

Démocrate n'y comprit rien, et s'en alla consulter à ce sujet un vieillard de quatre-vingt-dix-huit ans, qui était fort au fait du langage des oracles. Ce vieillard lui dit qu'il s'engendrait des vers dans la tête des chèvres, vers la base du cerveau, que les chèvres les rejetaient par le nez en éternuant, et que, pour se guérir, Démocrate n'avait qu'à se procurer de ces vers, avant qu'ils eussent touché la terre.

Le vieillard confondait ici évidemment le remède, sur lequel l'oracle se taisait, avec la cause morbipare qu'il indiquait expressément ; les deux vers ne signifiaient qu'une seule chose : c'est que la cause du mal qui affligeait Démocrate n'était pas autre que le *ver long qui s'engendre chez les chèvres, dans les humeurs des repaires du cerveau* : ce qui signifie, en histoire naturelle moderne, qui éclôt sous les sinus frontaux des chèvres et des moutons. Quant au remède, la pythie n'en parlait pas ; le tabac n'était pas encore arrivé d'Amérique, ni le camphre de Bornéo. Quoi qu'il en soit, et quand on réfléchit sur la justesse des indications de la plupart des oracles de la pythie, on est porté à croire qu'il y avait, dans leur fait, une puissance de divination et de somnambulisme dont la science n'a jamais eu le secret.

819. D'après Ch.-Fréd. Hoffberg (*), ces larves nasales attaquent aussi les rennes et les chevaux ; les Lapons les nomment *trumba*, et elles leur paraissent plus funestes que l'œstre intestinal, qu'ils appellent *curbma*; c'est en éternuant que les animaux s'en débarrassent. Les rennes sont si effrayés à l'apparition de la mouche, que la vue d'un seul taon suffit pour faire mugir à la fois tout un troupeau, fût-il de mille têtes.

Linné assure, dans un autre ouvrage, que l'œstre détruit chaque année en Laponie le tiers des jeunes rennes et des agneaux. L'œstre n'est pas seulement le fléau des pays froids ; on voit, dit Virgile, voltiger, dans les plaines d'Albano, des nuées de mouches que les Romains appellent *asiles* (mot que les Grecs ont traduit par celui d'*œstre*), insecte terrible, dont l'aigre bourdonnement épouvante nos troupeaux et les chasse des forêts ; Sénèque (**) rapporte le même fait, et les voyageurs modernes en parlent dans les mêmes termes.

820. 3° ŒSTRE CUTANÉ (***) (*OEstrus bovis* Fabr., et *Tabanus taran-*

(*) *Amœnit. acad.*, tom. 4, dissert. 77, pag. 164. — *Syst. nat.*, 1744, pag. 104.

(**) Hunc, quem Græci *œstrum* vocant, pecora peragentem et totis saltibus dissipantem, *asilum* nostri vocabant, hoc Virgilio licet credeři : « Plurimus Alburnum volitans, cui nomen *asilo* Romanum est, *œstrum* Graii vertére vocantes ; asper, acerba sonans, quo tota exterrita silvis diffugiunt armenta. » Puto intelligi istud verbum (asili) interisse. (Senec., *epist.* 58, ad Lucil.) — *Sénèque pense à tort que le mot asilus avait disparu de la langue latine de son temps, car nous le retrouvons dans Pline, liv. 32, chap. 1.*

(***) Réaumur, *Mém. sur les ins.*, tom. 4, pag. 527, pl. 36, 37 et 38, fig. 6-8.

Cette espèce d'œstre ne nous paraît pas être autrement distincte des autres que par les influences de la localité où sa larve se développe et où l'œuf est éclos. La peau des vaches laitières peut bien offrir à la larve les mêmes qualités nutritives que le tissu des intestins des chevaux.

dinus id.). Sur la peau des vaches qui paissent dans les bois, on remarque
des tumeurs ou bosselures percées d'un trou fistuleux au sommet ; chacune de ces tumeurs est l'œuvre de la larve de l'œstre qui nous occupe ;
elle se repaît des tissus du derme, et respire en tenant son anus appliqué contre l'orifice de la fistule, le débouchant de temps à autre pour
laisser écouler le pus dont se remplit la cavité. La mouche qui en provient est armée d'une tarière anale de quatre anneaux, au moyen de
laquelle la femelle perce la peau des vaches laitières, pour leur déposer
son œuf entre cuir et chair ; la chair des bœufs et des taureaux ne paraît
pas autant convenir à ces larves sous-cutanées. Redi et Réaumur ont
observé les mêmes tumeurs sur toute l'étendue de la peau de certains
cerfs. Linné assurait à Réaumur (*) que, dans le Nord, les rennes sont
sujets à nourrir des vers semblables sous leur peau. Triéval ajoute que,
pour préserver leurs moutons de la formation de ces tumeurs entre cuir
et chair, les Lapons leur frottent le dos et tout le corps avec une composition de lait, de beurre et de sel (**). D'après Pline (***), les marchands
arabes ont soin de frotter leurs chameaux avec la graisse de baleine et
celle de poisson, pour en éloigner les œstres. Vallisnieri pense que les
daims, les chameaux et les chevaux offrent de semblables tumeurs,
œuvres des mêmes larves. Sauvages désigne cet œstre sous le nom de
OEstrus rangiferinus (NOSOL.).

Sauvages décrit encore, sous le nom de *malis cornipedum* (clavelée ou
claveau), des tumeurs, furoncles ou clous qui naissent sur tout le corps
des moutons, et dans l'intérieur de chacun desquels on trouve toujours
un ver ; cette maladie est évidemment un double emploi de la précédente ;
ce ver est la larve de l'œstre. Sauvages ajoute que, dans les furoncles
humains, on ne rencontre pas de ver, à moins, dit-il, qu'on ne doive

---

(*) *Mém. de l'Acad. des sc. de Stokholm.* Voy. *Coll. acad.*, tom. 2, pag. 524, 1772.

(**) Voy. la 77ᵉ diss. du tom. 4 des *Amœnit. acad.* — *Cervus tarandus.* Hoffberg.
L'auteur de la dissertation ajoute que les corneilles débarrassent assez souvent de ces
larves les malheureux rennes, qui semblent se prêter avec reconnaissance à ces soins
aussi officieux qu'intéressés. Voy. ce que nous avons dit plus haut des mêmes
services que les bergeronnettes rendent à nos moutons (848). L'espèce de pie que
Linné a appelée *Buphaga africana*, et qui habite le Sénégal, rend aux bœufs le même
service : elle s'établit sur leur dos et les débarrasse de leurs œstres dont cet oiseau
est très-friand. Un autre oiseau, le *Crotophaga ani* Lin., également commun en
Afrique et en Amérique, se nourrit de sauterelles et de l'acare ricin (617) dont il
débarrasse les bœufs. Aussi à leur approche les bœufs se couchent, comme pour inviter
leurs libérateurs à venir les débarrasser de ces hôtes, qui, sans ces oiseaux, se
multiplieraient d'une manière effrayante. Linné attribuait aussi à la larve du taon les
onglets ou panaris qui affligent fréquemment les rennes.

(***) Plin., lib. 32, cap. 1.

considérer comme tel le *bourtillon*. L'auteur, ainsi que la plupart des
nosologues, perdait de vue que le médecin n'a pas, pour disséquer un
furoncle humain et en rechercher la cause, la même latitude de dissection que le berger et le boucher.

Ce sont les mêmes larves qui s'insinuent au milieu du massacre du
cerf, en hiver, et que l'on y trouve partout où le bois se détache de la tête,
ce qui fait qu'à cette époque les cerfs, dévorés en une telle région par
cette vermine, ne peuvent rester en place; et cela dure jusqu'à ce que le
bois se détache. Ces larves tombent alors à terre et vont se métamorphoser, sous les pierres, en nymphes, pour se transformer en mouches au
printemps.

En tout ceci, on ne parle pas des hommes; la médecine, alors comme
aujourd'hui, évitait avec soin ces analogies insultantes pour les hautes
doctrines de l'école. Cependant, puisque ces larves vivent de plusieurs chairs, je ne vois pas pourquoi, dans l'occasion, elles se feraient
faute de la nôtre.

821. 4° OESTRE DE L'HOMME (*OEstrus hominis* Lin.). Mais la science ne
manque pas de faits en faveur de l'opinion que nous venons d'émettre.

« Guillaume Dampier (*), se trouvant en 1674 dans les savanes de la
baie de Campêche, occupé à faire une coupe de bois de ce nom, il lui
survint à la jambe droite une tumeur dure et enflammée à peu près
comme un apostume et qui lui causait les plus vives douleurs. On lui
conseilla d'y appliquer des oignons de lis blanc, qui viennent abondamment sur les bords de la côte; il n'en éprouva aucun soulagement. Mais
pourtant au bout de quatre jours, la tumeur blanchit au centre et finit par
aboutir. En la pressant avec les mains, il en vit sortir deux petits vers
blancs, ayant trois poils noirs, courts et roides sur chaque articulation,
un sur chaque côté et le troisième au milieu de l'articulation même. Ces
vers étaient du calibre d'un tuyau de plume de poule et avaient en
longueur trois quarts de pouce (2 centimètres). »

Ces vers étaient évidemment les larves de l'œstre que Linné a désigné
sous le nom d'*œstrus hominis,* et dont Pallas dit que, dans l'Amérique méridionale, elles peuvent passer six mois sous la peau abdominale de
l'homme, et que si on vient à les contrarier, elles sont en état de causer
la mort, en pénétrant dans les viscères.

Razoux, médecin de l'Hôtel-Dieu de Nîmes, a rapporté, en 1758 (**),

(*) *Voyage autour du monde*, éd. de Rouen, 1715, tom. 3, pag. 340.
(**) *Recueil périodique d'Obs. de méd., chir., pharm.*, tom. 9, pag. 415.—Sauvages
a érigé ce cas en maladie, sous le nom de *passio bovina, malis hypodermatis.* (*Nosol.
meth.*, cl. 10, gen. 22, sp. 1.)

un cas de mal de tête affreux occasionné par la présence, dans les fosses nasales, des mêmes vers que l'on trouve, dans cet organe, chez les moutons ; la malade en rendit plus de soixante-douze et se trouva soulagée. Elle avait gagné ces vers en s'abreuvant à une mare d'eau bourbeuse, où venaient de s'abreuver des moutons. Say (*) cite un cas où la larve d'un œstre a été, pour un voyageur, la cause des plus vives douleurs.

Humboldt a vu, dans l'Amérique, des Indiens dont l'abdomen était couvert de petites tumeurs produites, à ce qu'il présume, par les larves de cet œstre.

Enfin Howship a lu, le 26 novembre 1832, à la Société médico-chirurgicale de Londres (**), un mémoire étendu sur les cas où l'œstre envahit le corps humain.

822. Ne pourrait-on pas rapporter aux larves de l'œstre le *fungus can-céreux* de la matrice que Récamier et Marjolin ont extirpé en 1825 (***)? nous avons pris soin d'en calquer la figure pour la démonstration ; la voici : On voit en *a* la substance de la matrice revêtue de la tunique vagi-

nale ; *bb* le *fungus* couvert de bosselures, sur chacune desquelles *d* il est facile de remarquer une cicatricule, qui est évidemment la trace de la fistule qui donne passage à l'air et à l'insecte. Il y a trop d'analogie entre ces caractères extérieurs et ceux des bosselures produites par les larves, pour qu'il n'y en ait pas entre les deux causes du mal. La ligature fut posée en *cc*; l'extirpation fut faite en cet endroit, et la malade guérit. A l'époque de l'observation, on ne pouvait pas prévoir combien l'anatomie fine de cette pièce pathologique était en état de jeter du jour sur l'origine de la maladie. Doré-navant, nous l'espérons, on ne négligera pas de la sorte ces bonnes fortunes de l'observation ; mais, quelque incomplète que soit l'anatomie de ce cas, il est évident, à nos yeux, que chacune de ces bosselures était l'œuvre et le lieu d'élection d'une larve au moins analogue, si toutefois elle n'était pas identique, à la larve de l'œstre.

823. Léautaud, chirurgien juré de la ville d'Arles (****), a eu à traiter une tumeur de la forme d'un chapeau, survenue sur la hanche droite

.(*) *Journ. de Philadelphie*, tom. 11, pag. 563.
(**) Analysé dans la *Gaz. méd. de Paris*, 1834, pag. 71.
(***) *Rev. méd. franç. et étrang.*, 1825, tom. 4, pag. 303.
(****) *Journ. de Méd.* de Roux, tom. 17, pag. 550, 1762.

d'un jeune laboureur ; la jambe enfla au bout de quelques mois de manière que le malade ne pouvait plus marcher ; *les émollients n'y firent rien*; on eut recours aux suppuratifs; et quand le chirurgien vint à faire la ponction, quelle ne fut pas sa surprise en voyant sortir par pelotons plus de quatre mille vers, tous en vie, les uns gros, les autres petits et longs! le malade fut guéri dès lors avec tout le succès possible. Étaient-ce les larves de l'œstre?

824. 5° INDUCTIONS PATHOLOGIQUES QUI DÉCOULENT DES FAITS PRÉCÉDENTS. L'*œstre*, que j'appellerais volontiers *intestinal,* ce qui comprendrait, comme variétés individuelles ou sexuelles, les cinq ou six espèces d'œstre de nos catalogues, l'œstre intestinal peut vivre dans le canal alimentaire de tous les mammifères, depuis les fosses nasales et les sinus frontaux jusqu'à l'anus. La disposition de nos appartements, la facilité de nos mouvements, ainsi que nos soins de propreté, préservent en général les hommes de ses ravages, qui se reportent plus fréquemment sur les bestiaux. Cependant l'homme peut se trouver placé dans certaines circonstances qui l'exposent, pieds et poings liés, aux accidents de cette invasion. Qu'il s'endorme, la face découverte et en plein jour, près des chevaux et des bestiaux, dans les champs ou dans une étable, et l'œstre ne lui épargnera pas plus ses visites qu'aux animaux de vile espèce. Or une mouche ne pond pas un petit nombre d'œufs ; elle est, comme tous les insectes, d'une fécondité surprenante : qu'il en survienne trois ou quatre seulement, et calculez quelles en seront bientôt les conséquences. L'homme sortira bien portant de ce lieu si funeste ; ce ne sera qu'au bout de quatre à cinq jours qu'il commencera à éprouver les premières atteintes d'un mal dont nul ne soupçonnera la cause : céphalalgie de plus en plus violente, si les larves se portent sous les sinus frontaux; la violence du mal étant en raison du calibre de la cause qui l'occasionne, le mal grandira donc avec la larve d'où il dépend ; bientôt les surfaces nasales, d'où découlera une sanie de mauvais caractère, ne suffiront plus à la nutrition des vers morbipares; ils descendront des sinus frontaux, pour se répandre, par derrière le voile du palais, dans toutes les cavités qui peuvent les mettre à l'abri de la dent et des mouvements de la langue ; ils tapisseront de leurs effets de désorganisation la trompe d'Eustache, l'œsophage, et, qui sait? même la trachée-artère et les premières voies bronchiques. D'où otite aiguë, toux opiniâtre, catarrhe, suffocations, expectorations striées de sang, symptômes de pneumonie ; de là aux crampes d'estomac, aux symptômes de gastrite et gastralgie, il n'y a que l'espace du pharynx à l'ouverture cardiaque ; perte d'appétit, fièvre bilieuse ; vomissements continus, dès que les larves se seront fixées autour du pylore; hématémèse, puis vomissements purulents ; enfin inflammation

d'entrailles à la suite; déjections versicolores et de mauvais caractère,
bilieuses, sanguinolentes, purulentes, liquides et fétides; urines sédi-
menteuses ét brûlantes; fièvre avec intermittence par suite de l'intermittence périodique de la nutrition de ces larves morbipares, par suite
de l'alternative de leurs habitudes nocturnes et diurnes, de leur état de
veille et de sommeil, qui sont souvent inverses de notre état de sommeil
et de veille; enfin prostration totale des forces et physiques et morales;
agonie à peine distincte des autres symptômes de la maladie, et mort;
vingt-quatre heures après, autopsie; et pas la moindre trace de larves
d'œstre au milieu de leurs innombrables effets! Car les larves d'œstre,
qui ne recherchent que les tissus vivants, ont fui avec les excréments,
bien avant que le malade ne soit plus qu'un cadavre; ou bien elles ont
été décomposées, avant leur œuvre de mort, par l'action désorganisatrice
de la fermentation purulente et ammoniacale, surtout si, fuyant devant
la décomposition des intestins, elles se sont frayé une route dans les chairs
musculaires, d'où il ne leur aura pas été possible de s'échapper à temps,
et où le scalpel, qui ne dissèque pas dans de si petites proportions,
ne révélera pas aux yeux de l'anatomiste, non prévenu, une aussi vile
cause de ce magnifique cas de fièvre typhoïde ou de morve communiquée.

825. La maladie ne parcourra pas, dans toutes les circonstances, le
cercle que nous venons de tracer à son développement; les modifications du
traitement sont dans le cas de l'arrêter au début, à l'époque où elle
n'est encore qu'un rhume de cerveau, qu'un violent mal de tête, qu'un
mal de gorge, qu'une gastrite; une prise de tabac peut préserver les
fastes de la science de là description longue et minutieuse de l'un des
plus terribles cas de pathologie interne; tandis que toute la science de
la théorie antiphlogistique ne serait propre qu'à conduire la maladie,
doucement et comme par la main, de crise en crise, jusqu'à son fatal
dénoûment.

3e Genre : **MOUCHES A LARVES CARNIVORES.**

(*Muscæ carnivoræ* Nob.).

826. Ces mouches sont munies, à la vérité, d'une trompe et d'un suçoir y
inclus, au moyen duquel elles se nourrissent plus copieusement et se sus-
tentent plus longtemps que ne peut faire l'œstre. Mais ce n'est point sous
ce rapport qu'elles sont morbipares; elles nous fatiguent de leurs im-
portunités, en s'attachant à notre épiderme, mais elles ne le perforent

nullement, et ne nous occasionnent aucune désorganisation sous-cutanée ; elles ne s'abreuvent que de notre sueur, ou de nos sucreries. Leur larve est aussi désastreuse qu'elles sont elles-mêmes inoffensives ; informe série d'anneaux apodes, sa bouche en suçoir est armée de deux crochets ou mandibules, au moyen desquels elle hache menu les tissus vivants ou morts, pour en extraire les sucs par une succion incessante. Nous donnons, pl. 8, fig. 3, l'analyse grossie de la larve de la mouche du fromage, comme type du genre. Le derrière du corps finit brusquement, comme par une tranche un peu oblique *a*, sur le champ de laquelle on distingue les deux orifices de l'organe respiratoire, sous forme de deux yeux ; comme le corps de la larve mineuse s'enfonce progressivement dans la substance du fromage, et que sa partie postérieure est seule en contact avec l'air extérieur, c'est là que sont venus s'aboucher les trachées de la respiration. La tête *t* est si petite et si effilée, qu'on la prendrait pour la queue ; car les animaux qui fouissent ont tous la partie antérieure du corps ou le museau effilé. Leurs deux mandibules *m* proéminent en se croisant ; elles sont organisées en paire de ciseaux pour hacher et miner le terrain. On observe, à la base de l'anus, deux appendices en guise de pattes *pp* ; elle n'en a pas besoin d'autres pour avancer dans sa galerie où elle se pousse au lieu de ramper. Aussi, quand on la sort de son terrier, est-elle forcée, privée qu'elle est d'appareil de locomotion, de se bander comme un arc et de se lancer comme une flèche. L'insecte parfait varie de livrée, selon les aliments qui ont servi à la voracité du ver : considération importante et que l'on ne doit jamais perdre de vue, pour ne pas s'exposer à multiplier les espèces sur des différences de coloration et de pilosités.

827. MOUCHE COMMUNE (*Musca domestica* Lin.). La taille et les proportions de cette mouche varient selon les saisons. La larve vit principalement dans le fumier de cheval, où la mouche, désertant nos appartements de luxe, va déposer ignoblement ses œufs : mais à défaut de fumier de cheval, il faut bien que la mouche ponde ses œufs sur quelque autre ordure, sur quelque plaie que sa larve envenime, ou bien dans quelques-unes des cavités de notre corps que le hasard des positions lui permet d'atteindre. Heureusement pour nous que nous ne dormons, le jour, que les fenêtres fermées et la face voilée ; car les mouches à l'état parfait sont des insectes diurnes, tandis que leurs larves sont des insectes nocturnes et amis de l'obscurité. Lamarck prétend en avoir vu sortir du corps de la chenille du Psi (*Noctua Psi*), dans la chair de laquelle la larve aurait achevé toutes ses métamorphoses. Je ne suis pas éloigné de croire le cas possible, et je conçois que ces larves, faute d'autres substances, soient dans le cas de vivre et de se développer dans les chairs des animaux, ou au moins dans leurs intestins ; causes dès lors immédiates de désor-

dres intestinaux, sinon par leur mode de nutrition, du moins par celui
de leur reptation sur les surfaces du canal alimentaire. Linné a vu en
Norwége les maisons remplies de mouches domestiques, qui n'y laissaient
rien d'intact (*Voyage en Laponie*). C'est à la larve de cette mouche qu'il
faut rapporter le prétendu *Ascaris conosoma* de certains auteurs, à moins
que ce ne soit une jeune larve de coléoptère qu'on trouve dans les racines
de navets.

828. MOUCHE GÉANTE (*Musca grossa* L.). La larve de cette grosse
mouche velue sur un fond noir, vit principalement dans le fumier des
bœufs. Mais comme la précédente, et par occasion, elle n'en mourrait
pas, si le hasard en faisait éclore les œufs dans les fèces intestinales de
l'homme ou des animaux.

829. MOUCHE BLEUE DE LA VIANDE (*Musca vomitoria* L.) (*), grosse mouche
à ventre bleu, qui dépose habituellement ses œufs sur la viande fraîche,
dont le développement des larves accélère la décomposition et la venaison. Il est des amateurs qui, pour certains gibiers, aiment assez une
viande riche en ces hideux parasites; l'homme est aussi parasite des
cadavres. Mais, en laissant de côté ce point d'analogie, on ne saurait
nier qu'une larve qui se plaît dans la chair fraîche de boucherie ne soit
dans le cas de vivre dans la chair fraîche des animaux vivants. Si ce
fait se réalise, sa présence déterminera, selon les organes, ou une fièvre
putride et pestilentielle, ou des *anthrax* et des fistules de divers genres
et de divers aspects. Ce n'est pas sans une raison pathologique que Linné
lui avait donné l'épithète de *vomitoria;* non point parce qu'elle nous
cause la nausée rien qu'à la voir, mais bien parce qu'en s'introduisant
dans l'estomac, et nous rongeant le voisinage du pylore, elle transforme
le mouvement péristaltique de la surface stomacale en un mouvement à
rebours. L'*Ascaris stephanostoma* n'est autre que la larve de cette mouche,
trouvée dans les intestins de l'homme comme la précédente. (*Voy.*
Bremser, *Vers intestinaux de l'homme.*)

D'après Linné, il ne faut que trois mouches de ce genre pour fournir
un nombre de larves capables de dévorer un cheval plus vite que ne le
ferait un lion. Il n'en faudrait qu'une seule pour jeter dans le corps de
l'homme les germes dévorants de la mort.

830. MOUCHE DORÉE COMMUNE (*Musca cæsar* L.). Les pieds noirs, l'ab-

(*) Sa larve est connue en français sous le nom d'*asticot* et de *guillot*, et en allemand sous celui d'*Aasfliege* ou ver des cadavres. On s'en sert, à Paris, pour amorcer
l'hameçon, dans la pêche à la ligne. Qui le croirait? Nous avons, à Paris, des pauvres
diables qui ne vivent que de l'art de faire pourrir les chiens, pour en avoir les asti-
cots; on en a vu qui les réchauffaient exprès en dormant, et les couvaient, pour ainsi
dire, entre leurs matelas.

domen vert-doré brillant et couvert de poils, distinguent cette grosse mouche de toutes les autres. C'est sa larve qui dévore les cadavres, même les cadavres injectés ; c'est elle qui vit souvent dans les plaies des hôpitaux, et les transforme en ulcères fétides. Elle a beaucoup d'analogie avec la larve sauteuse qui vit dans le vieux fromage (pl. 8, fig. 3).

831. MOUCHE PENDULE (*Musca pendula* Lin.). J.-L. Odhelius rapporte qu'une jeune demoiselle de dix-sept ans se plaignant de violentes douleurs et de tranchées dans l'estomac, à la tête, à la gorge, le médecin lui administra du jalap seul, puis mêlé à l'aloès et au mercure doux ; ce qui lui fit rendre des larves qu'on reconnut être celles du *Musca pendula* (*Musca scybalaria* Lin.). Cette mouche préfère les excréments de l'homme. (*Nouv. Mém. de l'Acad. de Stockh.*, 1789.)

831 *bis*. Nous ne nous arrêtons ici qu'aux mouches dont nous connaissons les influences morbipares. Nos connaissances, sous ce point de vue, ne sont pas en rapport avec le nombre toujours croissant des espèces du catalogue ; et c'est sous ce point de vue qu'il faut les étudier désormais, afin que leur étude devienne féconde en découvertes utiles. Nous joindrons à la liste ci-dessus les quelques espèces suivantes :

1º La mouche frit (*Musca frit* Lin.) dont la larve déforme les ovaires de l'orge et les transforme en grains que Varron désignait sous le nom de *frit*. En Suède, le dégât qu'elle cause est évalué à 100,000 ducats (1,165,000 fr.)

2º La *Musca pumilionis* Lin., dont la larve arrête le développement du chaume de l'orge à 7 à 8 centimètres de longueur.

3º La mouche de la lèpre (*Musca lepra* Lin.) dont la larve habite dans l'*elephantiasis* des nègres d'Amérique (851).

4º La mouche météorique (*Musca meteorica* Lin.) qui, à l'approche des pluies d'orage, obscurcit souvent l'air de ses chœurs, et se jette, à la suite de ses ébats, dans les yeux, les oreilles et même dans la gorge des chevaux, des animaux et de l'homme lui-même, pour y laisser, avec ses œufs que l'orgie vient de féconder, le germe d'une maladie cholérique, dont anciennement le remède de la veuve Nuffer pouvait seul enrayer les ravages.

Voyez de plus le fait que nous rapporterons plus bas (857) relativement au syrphe des latrines (*Musca tenax* Lin.).

832. CONSIDÉRATIONS D'HISTOIRE NATURELLE SUR LES HABITUDES ET LES CARACTÈRES DISTINCTIFS DES INSECTES QUI PEUVENT SE RANGER DANS CE GROUPE GÉNÉRIQUE. Nous ne chercherons pas à dépouiller ici le catalogue des espèces ou genres de mouches, afin de les soumettre à une critique

de détail. Les règles générales que nous allons poser nous dispenseront de ce travail aride et rebutant :

1° Les caractères de forme et de dimensions de l'insecte parfait se modifient, d'après les circonstances qui ont concouru au développement de sa larve. Il est évident, en effet, que si la larve jeûne et manque d'aliments, elle ne parviendra pas à la taille de son espèce; elle aura hâte pourtant de se changer en nymphe, laquelle se trouvera bien plus petite qu'à l'ordinaire. Or la mouche qui en sortira ne saurait être plus grosse que la nymphe qui la renferme; car l'insecte parfait ne se développe plus. Donc la mouche qui en proviendra sera de plus petite taille qu'elle ne l'aurait été si elle était provenue d'une larve mieux nourrie; et comme la forme générale change avec les dimensions, il s'ensuivra que, sous ce rapport encore, notre mouche apportera en naissant une notable différence. Je conçois facilement que, sous l'influence d'un tel accident, la grosse mouche et la mouche césar se réduisent à la forme et aux dimensions qu'affecte notre mouche domestique en automne.

2° En fait de milieux alimentaires, il en est qui sont plus ou moins nutritifs, quoique de même nature. Il pourra donc se faire que la même espèce de larve donne une mouche un peu différente d'elle-même, selon qu'elle aura vécu dans tel ou tel milieu, si riche qu'il soit en aliments.

3° La nutrition résultant de la combinaison de deux substances complémentaires de la fermentation, substances que la chimie rencontre dans tous les tissus organisés végétaux ou animaux, il ne faudrait pas croire que, parce qu'on aura rencontré telle larve dans tels débris d'un être organisé, elle ne puisse pas se plaire et se développer dans les débris d'une espèce plus éloignée; ayons soin de ne pas généraliser de la sorte nos observations de hasard et de détail. Dans un pays où la mouche des cadavres n'aurait plus de cadavres à sa disposition, elle n'en pondrait pas moins ses œufs sur toute autre substance susceptible de décomposition. De là, dans la livrée de la mouche, tout autant de différences que le milieu où le hasard aura déposé la larve offrira de mélanges et d'accidents.

4° La lumière solaire est le principe de la coloration des animaux, ainsi que des végétaux; l'être organisé semble élaborer sa coloration avec des molécules de lumière. Or, si la larve vit à l'ombre et dans les ténèbres, qu'elle s'y transforme en nymphe, et qu'elle y mûrisse ses formes sous cette enveloppe, certainement la mouche qui doit en éclore n'aura pas la même livrée que si sa larve avait vécu sur un détritus échauffé par les rayons du soleil. Mais que de nuances de jour, depuis l'obscurité complète jusqu'au contact immédiat de la lumière solaire!

que de nuances donc de formes et de colorations dans les caractères individuels de la mouche !

5° L'influence de la température est bien autrement puissante sur les modifications de taille et de coloration ! Cette règle générale ne comporte aucune exception, dans aucune espèce de classes d'animaux et de végétaux. L'exposition au nord, au vent, au froid de l'arrière-saison ou des hauteurs, donnera donc des formes tout autres que l'exposition de la larve à la chaleur brûlante, à l'état atmosphérique calme et étouffant des vallons et des plaines ou de la saison caniculaire ; et ces variations de résultats pourront être aussi nombreuses que le seront les changements brusques ou ménagés de la constitution atmosphérique.

6° D'où il faut conclure qu'on n'en finirait plus avec la classification, si l'on voulait s'amuser à donner un nom spécifique à chaque modification que le genre mouche serait dans le cas de nous présenter dans les dimensions et la livrée de ces individus ; je suis convaincu que toutes ces modifications accidentelles, ainsi décorées du nom d'espèces, peuvent toutes passer les unes dans les autres ; et que, sous ce rapport, quelque riche que soit notre catalogue, cependant nous sommes loin d'avoir tout noté. Appliquons-nous moins à décrire au hasard toutes les formes de mouches qui se présentent à nous dans nos excursions, qu'à observer les mœurs et les habitudes de leurs larves ; nous servirons en cela, et l'histoire naturelle des insectes, et l'histoire pathologique des animaux supérieurs.

7° En thèse générale, les larves des mouches dont nous nous occupons recherchent toute substance dont la décomposition revêt les caractères purulents et ammoniacaux ; elles sont friandes de venaison. Or peu leur importe que la substance provienne du règne animal ou du règne végétal ; ce n'est pas l'espèce qu'elles affectionnent, c'est son genre de désorganisation ; la chair du champignon a pour elles le même fumet que les débris d'un cadavre. Je les comprendrais volontiers sous le nom de mouches de la décomposition putride, ou sous celui de larves nocturnes, pour les distinguer de celles qui se plaisent dans le parenchyme des tiges et des feuilles des végétaux vivants. Les larves des diverses espèces de nos mouches putrivores vivent dans la fiente des animaux, dans les latrines, dans les champignons qu'ils décomposent en peu d'instants, dans le gluten et le fromage qui pourrit, dans les cadavres des divers animaux et de l'homme ; on en voit qui dévorent même les os des squelettes que l'on conserve dans les collections, y trouvant assez de graisse pour suffire à leur nutrition, et se préservant, par une espèce de triage, des effets toxiques de l'arsenic des préparations anatomiques. Faites un mélange durci d'albumine ou gluten et de sucre, de graisse et d'albumine, et vous ne tarderez pas à y trouver des œufs et des larves de mouches, si vous l'abandonnez à l'ombre et à l'humidité, en été surtout. Variez ensuite ce mélange en y ajoutant divers autres produits, et variez aussi, par une autre série d'expériences, les expositions et la température; et avec la même espèce de mouche vous créerez des espèces de toutes les formes, de toutes les dimensions et de toutes les nuances. La nature de cet ouvrage ne nous permet pas d'aborder ce point de vue de notre sujet d'une manière plus intime (*).

833. OBSERVATIONS PATHOLOGIQUES SUR LES LARVES MORBIPARES DES MOUCHES. Les larves des mouches s'attachent tout aussi bien à la chair fraîche, pour la faire tourner à la décomposition putride, qu'à la chair des cadavres, qui y tourne déjà par sa propre désorganisation (**); il y aurait de l'inconséquence à nier qu'elles puissent s'attacher, si l'occasion se présente, à la chair des animaux vivants. Quelle différence existe-t-il, sous le rapport nutritif, entre la chair de l'animal que l'on vient de dépecer et celle de l'animal qui jouit de la vie? Aucune, si ce n'est que celle-ci étant tenue par l'élaboration et la force vitale, à un degré de température assez élevé, doit offrir à la larve de plus grands avantages que l'autre. Les larves d'une foule de mouches vivent, comme les ichneumons, dans le corps des chenilles et des vers de coléoptères et même des insectes parfaits qu'elles dévorent et dont elles ne laissent que la peau; telles sont les larves des *Musca geniculata* de De Geer, *miltogramma* de Meigen, même les larves de la mouche domestique. La larve de la *Musca furcata* de Fabricius vit sur les os desséchés du chien, du cheval, de l'âne et du bœuf dont les cadavres pourrissent dans les champs; quand elle en trouve l'occasion, elle ne dédaigne pas les squelettes humains; c'est elle qui dépeuple nos collections de pièces anatomiques, en rongeant toutes les parties aponévrotiques ou ligamenteuses qui ont pu échapper à la préparation du prosecteur. Pourquoi ces larves dédaigneraient-elles de

---

(*) *Voyez*, sous le rapport de la classification spécifique, les *Mouches de Suède*, de Fallen; les *Diptères d'Europe*, de Meigen; l'*Essai sur les myodaires*, par Robineau-Desvoidy, 1828, in-4°; *Insectes diptères du nord de la France*, par J. Macquart, 1826 et ann. suiv.

(**) L'influence des larves des mouches sur la décomposition des cadavres est parfaitement bien décrite dans Homère (*Iliad.* T.). Achille dit à Thétis, sa mère : « Je crains bien que les mouches ne s'introduisent dans les blessures (du cadavre du noble fils de Ménœtius, de Patrocle) à travers les fentes de sa cuirasse, et n'y engendrent des vers, qui, en rongeant le cadavre, produiraient la déliquescence de la moelle et la putréfaction des chairs. » Les larves des mouches favorisent et accélèrent la putréfaction du cadavre, en donnant accès à l'air, dans l'intérieur des chairs que protégerait sans cela l'imperméabilité de l'épiderme, de plus en multipliant les surfaces des tissus qu'elles hachent, et les imprégnant de la fétidité de leurs excréments.

porter leurs ravages dans l'économie d'un animal vivant et de l'homme lui-même, si elles pouvaient s'y introduire par suite de quelque hasard malheureux? Les insectes n'ont pas de ces répugnances civilisées qui nous portent à préférer la chair du bœuf à celle de l'âne; tout ce qui est chair et os leur convient et les attire, parce qu'ils y trouvent les éléments convenables à leur nutrition.

L'expérience de tous les jours confirme, de tout point, cette donnée de l'analogie. A Gerone (Catalogne) la légende a rendu célèbres les mouches de saint Narcisse (*las moscas de san Narcisso*) qui, en s'échappant des tombeaux, sont en état de donner la peste.

Pline parle d'un fait analogue et qui prouve que les superstitions modernes se retrouvent presque toutes dans les auteurs païens. D'après lui, les Eléens, peuples voisins de l'Egypte proprement dite, se débarrassaient d'une plaie de mouches qui donnaient la peste, en sacrifiant au Dieu *Myagron* ou *Myode* (chasseur de mouches) (*); et l'on observait que le fléau se dissipait sur-le-champ et le jour même de la cérémonie religieuse. Aaron et Moïse étaient un peu moins expéditifs dans la perpétration du miracle de ce genre.

834. Job, étendu sur son fumier, ne tarda pas à être la proie des vers que le fumier réchauffe; et sa chair en fourmillait, transpercée de part en part. Hérode n'en fut pas à l'abri sur son trône; car, si la larve ne recherche que la fange, la mouche a le droit de se poser sur le nez des rois et d'y déposer ses œufs régicides.

835. Jean Aven a vu rendre, par les urines, des vers semblables aux larves des mouches de la viande (**). « La fille d'un potier d'étain, dit-il, âgée de deux ans, ayant des appétits dépravés, mangeant avec avidité de la craie, du charbon, de la terre, du mortier sec, rendit par les urines, après avoir pris de l'élixir de propriété (teinture d'aloès, de myrrhe et de safran), une quantité considérable de petits vers semblables aux larves des mouches de la viande. Elle reprit la santé, mais bientôt on la vit se porter le doigt, de temps à autre, à l'endroit du méat urinaire, et rire d'une voix tremblotante, en urinant, comme si on l'avait chatouillée; et l'on trouva des larves dans ses urines. Deux femmes du peuple témoignèrent au docteur Aven, que leurs filles, à l'âge d'environ six ans, avaient eu la même maladie. » Timæus (*Cas. med.*, 38, lib. 3, p. 175) rap-

---

(*) Nous avons déjà vu que, parmi ses titres de gloire, Apollon ne dédaignait pas celui de *chasseur des rats* (475, pag. 8). Hercule, le colossal Hercule, ne s'honorait pas seulement d'avoir renversé des colosses; il ne dédaignait pas, dans l'occasion, de chasser les cousins et d'écraser le ver de la pyrale de la vigne; d'où il avait reçu les titres honorifiques de *conópion* et de *ipociinos*.

(**) *Éphém. des cur. de la nat.*, ann. 1688, an. 7, déc. 2, obs. 79.

porte un cas analogue de la part d'un ecclésiastique de Colberg.

836. Henricius (*Epist. ad Forestum*) a décrit une maladie endémique en Transylvanie, et dans laquelle les malades rendaient par les urines les larves ou vers du fromage (*vermiculi caseorum*). Les malades n'avaient point de fièvre, mais des coliques qui redoublaient chaque nuit et une forte constipation; ils tombaient ensuite dans le marasme.

837. Les observations relatives aux vers des mouches de la viande, qui ont occasionné des otites violentes, avec convulsions, hémorragie ou écoulement purulent, et qui ont été radicalement guéries par l'extraction de ces larves; ces observations, dis-je, sont assez nombreuses dans les fastes de la science ('). La douleur occasionnée par les incisions de cette vermine, sur une surface aussi sensible, était si vive, que les malades, disent les observateurs, en devenaient souvent comme fous. La présence d'esprit du chirurgien les en débarrassait bien vite, au moyen de la pince, ou par des injections de myrrhe ou d'aloès.

838. Dastros, médecin à Aix (**) eut à traiter, en août 1818, une femme camarde et punaise, qui, s'étant endormie aux champs, devint le point de mire des mouches des cadavres, lesquelles déposèrent leurs œufs dans l'intérieur de son nez. Pendant trois jours consécutifs, elle se plaignit d'une douleur légère, mais sourde, qui semblait partir des sinus frontaux, et s'étendre à la tempe droite. Le lendemain, la douleur se prolongeait jusque dans l'intérieur de l'oreille; elle était accompagnée d'un fourmillement importun et *d'un bruit tout particulier, qu'entendaient la malade et les assistants, en y prêtant un peu d'attention; ce bruit était comparable à celui des vers qui rongent le bois.* Les deux jours suivants, survint un épistaxis, à la suite duquel on vit sortir des vers de mouche; on les attira alors en faisant renifler du lait à la malade, et on en compta jusqu'à cent treize; après quoi la malade fut guérie.

839. Leeuwenhoeck (***) parle de tumeurs de la grosseur du bout du doigt qui étaient survenues à la jambe d'une dame, et avaient fini par

---

(*) *Voyez*, à ce sujet, Valesius de Tarente, *Obs. medic.;* — Gothof. Klaunig, *Ephem. cur. nat.*, cent. 7 et 8, obs. 17, pag. 278. — Les observations de Farjou, médecin de la Charité à Montpellier (*Recueil d'Obs. de méd., chirur., pharm.*, tom. 9, 1758, pag. 136); — de Léautaud d'Avignon (*ibid.*, tom. 8, 1758, pag. 145); — de Bertrand, chirurgien à Méry-sur-Seine (*Journ. de Méd. chir.* de Roux, tom. 20, 1764, pag. 150); — de Lepelletier (*ibid.*, tom. 33, 1770, pag. 347); — de Filleau, chirurgien à Étampes (*Jour. de Méd.*, tom. 76, 1788, pag. 439).

(**) *Journ. génér. de Méd.* de Gaultier de Claubry, tom. 77, 1821, pag. 237.

(***) Lettre datée du 17 octobre 1687, et insérée dans l'*Anatomia et Contemplationes arcan. natur.*, Leyde, 1722, pag. 96.

rendre ce membre monstrueux. Le chirurgien apporta une de ces excroissances à Leeuwenhoeck, qui y découvrit les larves de la mouche de la
viande. Pour se changer en chrysalides, ces larves ne mirent que cinq
jours.

840. En 1718, Saltzman vit arriver à l'hôpital de Strasbourg un
jeune homme dont la peau était labourée sur tous les points par des
milliers de vers, les uns plus petits, les autres plus grands; la substance
de l'œil gauche avait été dévorée; à l'aine et aux jarrets, il manquait des
plaques entières de chair; enfin le malade en mourut consommé. A
l'autopsie on ne trouva pas un seul ver dans les intestins (*). Si ces vers
n'étaient pas les larves des mouches dont nous parlons, ils devaient être
celles des œstres (816).

841. Enfin on se rappellera sans doute l'observation recueillie en 1826
par Jules Cloquet, sur le pauvre troubadour des rues, qui, ayant un jour
pris la fantaisie de cuver son vin dans un fossé du boulevard près de
Montfaucon, ne tarda pas à entrer à l'hôpital, grouillant de vers par
toutes ses surfaces, en rendant des centaines par le nez, les oreilles, les
yeux, et reproduisant, dans toutes ses circonstances effrayantes, la maladie de Job et d'Hérode. Il était dévoré tout vivant par les larves des
mouches des cadavres, qu'avaient attirées, sur toute sa personne, le
fumet de sa malpropreté et l'odeur de son vin. Si ces larves avaient pris
leur direction à l'intérieur et n'étaient pas venues d'elles-mêmes donner
l'éveil sur leur présence et sur la nature de l'influence morbipare, qui
s'en serait douté, et qui n'aurait vu, dans les symptômes généraux de
la maladie et dans l'autopsie, les caractères de la fièvre typhoïde?

842. Le 7 septembre 1843, Mme **, de Montrouge, âgée de soixante
et dix ans, et parfaitement bien portante, du reste, se sentit atteinte de
picotements atroces vers la région de la grande courbure de l'estomac.
Comme elle suivait à la lettre, depuis cinq ans, notre médication, elle se
hâta de prendre aussitôt de l'aloès, du camphre et un lavement au tabac
pendant trois jours, au bout desquels elle rendit trois vers, dont deux
vivants, que j'ai reconnus pour les larves de la mouche bleue de la
viande (829); et immédiatement après elle fut débarrassée de toute sa
douleur. C'est un cas analogue qui a fait prendre ces larves pour un helminthe de nouvelle espèce, auquel on a donné le nom d'*Ascaris stephanostoma*, l'observateur ayant vu l'extrémité céphalique dans l'anus de
l'insecte. J'ai conservé ces trois larves dans l'alcool camphré étendu d'eau.

843. Ne pourrait-il pas se faire qu'à l'insu du malade et des observa-

(*) Sauvages a décrit cette maladie sous le nom de *malis verminosa* (*Nos. method.*,
tom. 5, pag. 449).

teurs, une larve de mouche, ayant ainsi pénétré dans les chairs, se frayât, en rongeant, une route jusqu'au cerveau et jusqu'à la moelle épinière? Qui l'empêcherait de le faire, en dévorant les gros nerfs qui en émanent, les nerfs optiques principalement, ou bien seulement en se glissant entre le nerf et le névrilème? La larve qui dévore des os peut dévorer, à plus forte raison, une substance nerveuse. Dès ce moment cette larve va devenir la cause immédiate d'une foule de maux et de symptômes de diverses dénominations : cécité, avec intégrité du globe de l'œil, si elle ne fait qu'altérer l'intégrité du nerf optique; ophthalmie purulente, si elle pénètre dans le globe de l'œil. Qu'elle continue sa route vers le cerveau, dès lors, fièvre cérébrale si elle s'arrête aux méninges; syncope et paralysie, si les résultats tuméfiés de son érosion compriment le cerveau; manie, si l'altération est superficielle; fureur et frénésie, si elle devient plus profonde; mort à la période de la décomposition ammoniacale. Nous ne décrivons pas là une maladie nouvelle par sa cause; Paracelse la connaissait bien : « La frénésie, disait-il (lib. 2, *Paramir.*, n° 2), peut venir d'un ver de mouche qui perfore les méninges. » Jean Bauhin a observé un cas de ce genre sur une jeune fille de Cette en Provence. Les vétérinaires, de temps immémorial, donnent le nom de *ver coquin*, et par corruption *ver sequin*, à une larve qu'ils trouvent dans le cerveau des chevaux attaqués de frénésie, et qui, en 1440, passait pour avoir l'audace grande de s'attaquer même aux cervelles royales. Quand Louis Dauphin (plus tard Louis XI) avait à jouer sa comédie d'Enfant soumis : « Sachez, disait-il de son air le mieux composé, que j'ai foi et révérence en la majesté royale, eût-elle la goutte, la teigne et le ver coquin. » Sauvages a classé ce cas morbide sous le nom de *phrenitis verminosa* (*Nos. meth.*, tom. 2, p. 322), et peut-être cette maladie n'est devenue rare que depuis qu'on s'est mis à priser du tabac. En un mot, la maladie changera de nom, à mesure que la larve changera d'organe et de place; et les périodes du mal correspondront aux périodes du développement du ver.

Remarquez que les œufs de ces mouches sont assez petits pour se confondre, à l'œil nu, avec les accidents de surface; la larve qui en éclôt s'introduit dans la peau, sans laisser de trace appréciable de son passage; car elle ronge les chairs, et n'appelle pas le sang en le pompant; la peau se referme sur elle, et elle pénètre ainsi, à l'insu du malade, à toutes les profondeurs. D'un autre côté, observez qu'en désorganisant les tissus pour s'en nourrir, elle ne tarde pas à décomposer les liquides, soit par suite de leur propre stagnation, soit par suite de la fermentation putride des excréments qu'elle y dépose. Cette larve va donc déterminer, dans les profondeurs des chairs musculaires, un clapier purulent, un dépôt clandestin de pus, foyer incessant d'infection, qui se communiquera de proche en proche, et sera dans le cas d'empoisonner, en définitive, l'économie générale, si la pointe du bistouri ne vient pas à propos ouvrir une issue à cet empoisonnement intestin.

844. Mais les larves de certaines espèces de mouches ne s'attaquent pas seulement aux substances molles; elles rongent les os par prédilection; dans ce cas, le malade éprouvera des douleurs ostéocopes, les tortures du *spina ventosa* et d'une vrille qui perforerait ses os; l'os ne tardera pas à devenir un foyer putride; la carie suivra la route de la larve qui s'y creuse un terrier en rongeant sa substance. Et quand le pus, rongeant à son tour les chairs, se sera frayé au dehors une issue, et qu'il viendra se dégorger en aboutissant à la peau, la plaie des os ou des chairs sera une fistule, une fontaine de sanie qu'alimenteront les ravages d'un insecte morbipare: cause bien simple de maladies que, dans sa superbe ignorance, la classification traduira en une mystérieuse entité (*).

845. Tous ces maux diminueront d'importance, et changeront même de nom, à mesure que les larves diminueront en nombre. Si l'une de ces larves isolées s'attache à corroder un gros nerf, il s'ensuivra, sans cause connue, la paralysie du membre que ce nerf animait; si son action ne s'est portée que sur un ramuscule nerveux, la paralysie ne dépassera pas une des masses musculaires; la paralysie ne sera qu'une douleur rhumatismale. La science pourra s'enrichir ainsi d'un volume entier d'observations spéciales, ayant pour but de classer en règles générales les prédispositions, les symptômes précurseurs, la marche, les périodes, les crises et le dénoûment d'une maladie, qui se modifiera de mille manières, au gré d'un être inapercevable et qui, après tous ses ravages, n'en restera pas moins inaperçu.

846. Enfin combinons toutes ces données avec celles des variations du traitement et des habitudes du malade, et nous aurons ainsi de quoi prévoir et tracer d'avance toutes les modifications que la même maladie pourra offrir, selon que l'individu qui en est le sujet aura la peau plus rude ou plus molle, plus ou moins revêtue habituellement de crasse oléagineuse, les chairs imprégnées de plus ou moins d'odeurs phosphorescentes et ammoniacales, selon enfin que le traitement sera antiphlogistique et fade, ou tonique et aromatisé; les larves des mouches ayant une aversion pour certaines odeurs qui les empoisonnent, et pour certains liquides qui les asphyxient. On conviendra bientôt que, dans ce peu de mots, nous avons expliqué bien des mystères nosologiques!

(*) Chez la plupart des peuples anciens, on avait la persuasion que le plus grand nombre des maladies des os, que l'on connaît aujourd'hui sous le nom de carie, étaient occasionnées par un ver rongeur, auquel les Romains donnaient le nom de *teredo*.

4ᵉ GENRE : MOUCHES A LARVES HERBIVORES
(Muscæ phytophagæ).

847. Nous entendons, sous ce titre, les mouches à trompe et à suçoir, dont les larves vivent spécialement dans les tissus herbacés, c'est-à-dire, dans les tissus diurnes, qui élaborent cette matière colorante, laquelle commence toujours par la couleur verte, et que nous avons nommée ailleurs *caméléon végétal*. Les larves qui vivent dans les tissus nocturnes, tels que les champignons, nous les avons rangées, à cause de l'analogie de leur alimentation, dans le genre précédent.

848. Les larves de ce genre ne s'attaquent pas, comme les grises (581), aux végétaux languissants et qui s'étiolent à l'ombre ; c'est sur les organes les plus sains et les plus vigoureux que la mouche attache son œuf ; c'est dans les tissus les plus riches en sucs nutritifs que la larve pénètre ; les unes habitent les fruits sucrés et légèrement acides, tels que la cerise et la prune, etc. ; les autres vivent dans les racines ; les autres dans le parenchyme des feuilles, où elles se creusent un terrier sous-épidermique. On a bien peu ajouté, relativement à leurs mœurs et à leurs habitudes, au peu de chose que De Geer et Réaumur en ont dit ; il nous reste encore bien des faits à découvrir autour de nous, dans ce genre de recherches abandonné depuis longtemps, et bien des créations nominales à effacer à la suite de ces recherches.

Le cadre de cet ouvrage nous impose la nécessité de nous restreindre aux deux faits d'observation suivants, qui ont un rapport immédiat avec notre sujet :

849. MOUCHE DU CHOU (*Musca brassicaria* Lin.). Au point où le collet du chou sort de terre on trouve fréquemment, aux environs de Paris, des bosselures hémisphériques, quelquefois agglomérées, et sans trace visible d'ouverture. Chacune de ces bosselures renferme une larve qui en est l'auteur, et qui y vit depuis l'automne jusqu'à la fin des plus rigoureux hivers. Elle est blanche, apode, assez semblable à la larve que représente la figure 13 *c d* de la planche 10, mais elle n'en a pas les cornes frontales ou antennes. Au printemps la larve se change en nymphe ; et dès les premiers beaux jours la nymphe devient la *Musca brassicaria* Lin.

850. La classification par les formes admet une différence tranchée entre les végétaux et les animaux. La classification chimique rapproche les produits des deux genres dans des rapports parallèles qui souvent frisent l'identité ; elle ne distingue pas, en fait de nutribilité, entre les sucs albumineux des substances animales et les sucs de même caractère

des substances végétales ; et elle admet que qui se nourrit ae blanc
d'œuf pourrait également se nourrir de choux. En conséquence il ne
répugne nullement au physiologiste nosologique de prévoir qu'une larve
qui détermine, sur le trognon des choux, de semblables exostoses végétales, soit capable d'en faire naître de semblables sur le derme de
l'homme, si jamais le hasard venait placer le siége de l'incubation d'un
œuf de cette mouche dans nos chairs.

851. MOUCHES A LARVES MINEUSES DES FEUILLES (*Musca cunicularia*
Nob.) (*). J'ai beaucoup étudié l'une de ces mouches qui labourait les
feuilles des *Lathyrus odoratus, Helianthus annuus, Sysimbium amphibium,
Agrostemma rosa cœli.* Dès qu'elle sort de son œuf, la petite larve perce
l'épiderme de la page supérieure de la feuille et commence à y tracer
un terrier sousépidermique, qui s'allonge chaque jour, et décrit des
méandres et des circonvolutions de toute espèce; en sorte qu'à l'époque
où elle se transforme en puppe, il n'est pas une place de la surface supérieure de la feuille qui ne soit guillochée de cette façon. Avec un peu
d'attention, on distingue, à travers l'épiderme soulevé de ces mines et
contre-mines, la larve et la série d'excréments qu'elle laisse derrière elle.
C'est une larve apode, cylindrique, d'une diaphanéité qui laisse lire au
fond de son corps le jeu de tous ses viscères et le progrès de la chylification et de la défécation de ses aliments; la tète, par sa structure, ses
appendices et les mouvements qu'elle exécute en minant, rappelle assez
une tête de lapin que l'on voit brouter de loin. L'orifice buccal est armé
comme de deux mamelons mandibulaires ou en crochet, et se continue
comme en un canal osseux, noir et qui se bifurque en Y. Au-dessus de
la tète on remarque deux petites trompes traversées par un canal noir,
et qui semblent jouer le rôle de stigmates destinés à s'appliquer contre
l'épiderme soulevé de la feuille. Au-dessus de l'anus se remarquent également deux appendices ou mamelons, roides et inflexibles qui paraissent lui servir d'étais pour soulever le plancher de son terrier. Si on
place cette larve sur une goutte d'eau, on la voit humer le liquide, et dès
que le liquide est évaporé, elle reste sans mouvement. La larve se change
en une puppe ovoïde, de couleur marron, à dix segments, celui de la
tête muni de deux petits mamelons. Au bout de six jours par une température de 18° centigr., la puppe se change en une mouche fort petite
et qui a des rapports avec la mouche des champignons.

852. Si on était obligé de ne disséquer une plante qu'après sa mort,
ou après la résurrection de l'insecte, il est évident que l'on ne retrouverait plus l'insecte au milieu de l'œuvre dont il est l'auteur, et que ce cas

(*) *Voyez* Réaumur, *Mém. pour servir à l'Hist. des insectes*, tom. 3, 1er mémoire.

de parasitisme passerait pour un cas de maladie spontanée, pour l'effet d'une entité maladive. L'analyse nous ayant révélé l'auteur de ces ravages, partout où nous en retrouvons les empreintes, nous n'hésitons pas à en deviner l'auteur.

853. Mais l'homme est sujet à son tour à être la pâture de larves de plus d'une espèce de mouches; et il n'y aurait rien d'extraordinaire qu'un jour on découvrît que le guillochage épidermique qui caractérise la lèpre qu'Alibert a désignée sous le nom de *lèpre squameuse alphos* et celle qu'il appelle *lèpre tyrienne* et à raies (*), fussent l'œuvre du parasitisme sous-cutané d'une larve de mouche ou d'un ver de toute autre nature (831 *bis*, 3°).

853 *bis*. MOUCHES A LARVES CRÉATRICES D'URÉDINÉES, etc. Vers le mois d'août et surtout en septembre 1854, je n'avais qu'à longer les berges du chemin de fer de Boitsfort à Groenendael, pour rencontrer toutes les feuilles du pas-d'âne (*Tussilago farfara* Lin.), depuis les plus petites jusqu'aux plus grandes qui ont 20 centimètres en diamètre, couvertes sur toute la page inférieure d'une espèce de moisissure couleur de sang et que les botanistes ont inscrite, dans le catalogue des productions cryptogamiques, sous le nom d'*Uredo tussilaginis*. Dans les angles du réseau des nervures on observe en même temps des groupes de petites outres ouvertes au sommet, et dont l'ouverture est bordée d'une collerette à divisions analogues à celles de certaines capsules de dianthées et de l'œillet entre autres; les botanistes, restant encore ici à leur point de vue, ont rangé ce produit au nombre des champignons microscopiques, sous le nom de *OEcidium tussilaginis*.

Eh bien! on ne doit désormais plus voir dans ces deux produits que les résultats de l'incubation de l'œuf et de la nutrition de la larve que nous allons décrire et que représente la figure ci-jointe, à un fort grossissement.

Cette larve que l'on retrouve également sur les feuilles des rosiers, lorsque la page inférieure de ces arbustes se couvre de l'*Uredo rosæ*, cette larve qui n'atteint pas 2 millimètres de long, est d'un beau rouge de carmin, si on l'observe par réflexion. Elle progresse, se ratatine, allonge son cou exactement comme la larve du syrphe (855). La figure 1 représente la larve observée au microscope simple, au moyen du grossissement de trois lentilles achromatiques conjuguées de mon microscope composé. La tête en museau conique est armée de deux antennes piliformes. L'appareil œsophagique se compose comme de deux cornes noires évidées à leur base. Entre les deux extrémités de ces cornes hyoïdiennes, on

(*) Alibert. *Monogr. des Dermatoses*, in-4°, 1832, pag. 484 et 492.

distingue quatre points noirs, groupés en losange. Tout ce qui est gru-
melé de noir sur le restant de la figure, est d'un beau rouge de carmin;
sur la larve vivante et paraît constituer l'appareil circulatoire, les
tubercules latéraux sur chaque anneau servant à mettre ce système en
communication avec les stigmates respiratoires.

Les anneaux sont munis
de chaque côté d'un poil
roide, transparent et perpendiculaire à l'axe du corps.
La figure 2 représente l'un
des côtés de ces anneaux. La
figure 3, au contraire l'un des
deux appendices ambulatoires
dont sont armés tous les anneaux.

Dès que la feuille se dessèche ou que l'époque de la
métamorphose est venue, ces
larves, pour se changer en
puppes d'hibernation, n'ont
besoin que de se ratatiner
sur elles-mêmes, et dès ce
moment elles perdent leur
transparence et offrent une
grande dureté (857). J'en
avais renfermé une assez
grande quantité de vivantes
sur une feuille fraîche de
tussilage dans une gaze, vers
le mois de septembre 1854;
au mois de décembre aucune d'elles ne s'était ni décomposée ni transformée en mouche.

Quand j'ai voulu reprendre cette étude, je n'ai plus rencontré une
seule des premières conditions favorables; seulement j'ai surpris, un
jour, sur les feuilles printanières du tussilage, de très-petites mouches
noires à ailes horizontales peu nerviées, à deux cuillerons assez volumineux, et qui à cause de leur taille pourraient bien provenir de ces larves-là.

La larve, en appliquant sa ventouse sur l'épiderme de la page obscure
de la feuille, y pompe des sucs qui la colorent en rouge et elle transforme
en même temps en rouge les sucs de la plaie elle-même. Chaque tache
rouge de l'*uredo* est une trace de succion et de parasitisme; la plaie

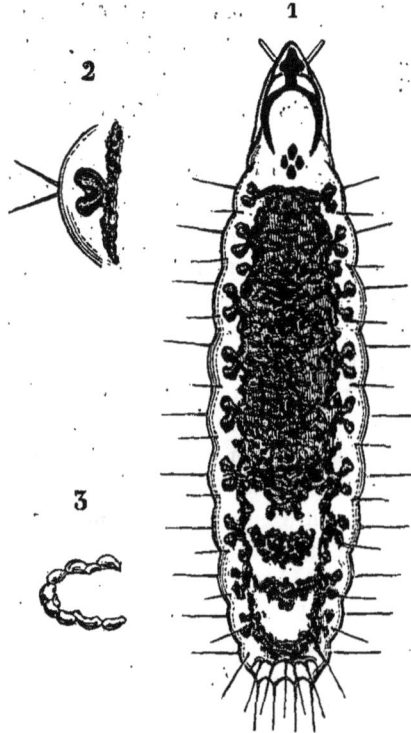

qu'elle occasionne pour s'en repaître semble être la cuve où elle teint le
liquide de sa circulation spéciale. Là où vous ne trouvez point de ces
larves, vous ne rencontrez ni *uredo* ni *œcidium*.

Il est évident, en outre, que la mouche qui provient de cette larve a
dû inoculer ses œufs dans le parenchyme de ces feuilles; car on ne rencontre jamais rien qui ressemble à des œufs au-dessus de l'épiderme.
Mais quand la larve viendra à éclore, elle ne le pourra qu'en déchirant
l'épiderme de la cellule où la mouche avait déposé l'œuf. La cellule, ainsi
transformée en fruit qui porte un œuf au lieu de graine, se fendra avec
la régularité des véritables fruits ou capsules qui s'ouvrent par le sommet. Chacune de ces coques ainsi épanouies, après la sortie de la larve,
a été considérée comme une partie intégrante d'un prétendu cryptogame
microscopique, à qui on a donné le nom de *petite maison* (*oikidion* en
grec, d'où *œcidium* en latin, 589, 765). Je serai sans doute plus heureux un jour pour obtenir l'insecte parfait; mon déménagement et la
grande chaleur de l'été de 1857 y ont mis obstacle.

854. Nous rapporterions volontiers à la larve de l'une des mouches
mineuses (851), la figure ci-jointe que Kerckring, dans ses observations

anatomiques, donne comme celle d'un ver
long et cornu qui était sorti du nez d'une
femme d'Amsterdam, le 11 septembre 1668,
et que Kerckring conserva jusqu'au 3 octobre sans lui donner aucune pâture. Il se-
rait pourtant tout aussi probable que cette figure fût celle d'une larve de
dermestes, coléoptères très-friands de chair fraîche; car ces larves velues
ont deux bandes transversales, l'une brune et l'autre jaune sur chaque
anneau de leur corps. Ambroise Paré (*) et Andry (**) ont reproduit,
comme nous, cette figure grossière; l'imagination du dessinateur a vu
des yeux et une bouche fendue dans des accidents de surface. Ambroise
Paré ou bien ses éditeurs me semblent avoir confondu l'histoire de ce
ver avec le cas que nous avons rapporté plus haut d'après Fernel (539).

5° GENRE : MOUCHES A LARVES APHIDIVORES ou ÉRUCIVORES
(*Muscæ aphidivoræ* (753) *seu erucivoræ*).

855. Je me contenterai de décrire ici l'une des espèces de ce genre,
dont la mouche (car les entomologistes ne décrivent que l'insecte par-

(*) Édit. de 1664, liv. 20, ch. 3, pag. 471.
(**) *Générat. des vers dans le corps de l'homme.* Édit. de 1741, pag. 73, tom. 1.

fait) me paraît se rapporter assez bien au *Syrphus pyrastri* de Fabricius, ainsi qu'à la fig. 9, pl. 31, tome 3, de Réaumur, *Mémoires pour servir à l'histoire des insectes*. Elle est grossie ici à une loupe d'un pouce, et son œuf est représenté fixé sur une petite tige d'œillet de poëte.

Il sort de cet œuf une larve singulière, et par sa couleur verte, qui se confond avec celle des feuilles et des tiges, sur lesquelles elle chasse, et par la manière dont elle s'y tapit au moindre danger. On la voit en 1, et grossie à la loupe; dans cette position sournoise et comme à l'affût, *a'* correspond à la bouche et *a* à l'anus. 2 est un anneau isolé, pour mettre en évidence la forme et la disposition des neuf piquants dont se hérisse sa surface supérieure, ainsi que ceux qui se groupent, en deux paires de pattes, à la surface inférieure. Lorsque la larve se redresse sur son extrémité postérieure, sa partie supérieure prend l'aspect de la figure 5. Les figures 3 et 4 représentent la nymphe ou puppe, forme que prend la larve 1, pour mûrir la livrée de la mouche qui doit en sortir, la puppe 3 est ici fixée sur une arête de blé encore un peu vert. Cette larve sournoise et hypocrite s'avance en rampant sur les tiges, cherchant et flairant sa proie parmi les troupeaux de pucerons; on la voit bientôt appliquer sa bouche sur le dos du plus gros et du plus succulent, l'arracher de sa place et le soulever en l'air, pour en sucer les entrailles et le sang, la tête haute et immobile, telle qu'elle est figurée ci-après sur une tige de rosier. Quand elle lâche sa proie, celle-ci n'est plus qu'une vésicule vide, conservant encore, comme un animal empaillé, les formes caractéristiques de son espèce, mais offrant la trace circulaire de la succion de son bourreau, par un trou fait comme avec un emporte-pièce, ainsi qu'on l'observe sur la fig. 14 de la pl. 11. Quant à la

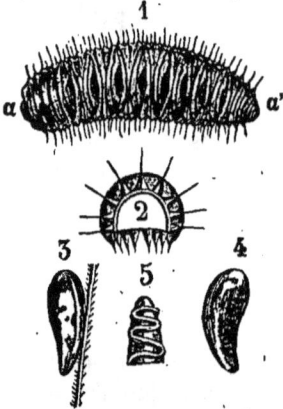

mouche qui en provient, elle paraît fort innocente des crimes de son premier âge ; elle ne vit que du suc des fleurs ; elle éclôt au printemps, après avoir passé l'hiver dans le maillot de sa nymphe.

856. Il est encore une larve qui est aussi friande des pucerons que celle de cette mouche, c'est celle de l'*hemerobius perla* (578) que Réaumur a surnommée le *lion des pucerons* ; et, singularité dont l'histoire des insectes fournit bien d'autres exemples, les larves de ces deux insectes qui, à l'état parfait, se trouvent à une aussi grande distance l'un de l'autre dans la classification, sembleraient, par leur forme et leurs habitudes, appartenir toutes les deux presque à la même espèce de mouches.

857. Dans le nombre de nos tissus, surtout de ceux de l'enfance, il doit en exister évidemment plus d'un qui soit du goût de cette larve de syrphe, autant que peut l'être la chair tendre et laiteuse du puceron ; les surfaces nasales et auriculaires, celles de la trachée-artère me paraissent, chimiquement parlant, offrir les mêmes conditions d'alimentation. Or cette larve est dans le cas, surtout dans ses premiers jours, et avec la taille de son jeune âge, de s'introduire dans l'une ou l'autre de ces cavités perméables à l'air extérieur ; si cela a lieu, et que la larve applique sur ces parois son emporte-pièce et sa ventouse, jugez de la douleur lancinante qui en résultera ! Mais dès que la larve abandonnera ce point épuisé, pour aller s'attacher à une place plus fraîche, l'hémorrhagie ne sera-t-elle pas la conséquence immédiate de la solution de continuité que laissera béante la bouche perforante de cet insecte carnassier ? et qui devinera la cause, dans l'apparition de ces symptômes et de ces effets ?

858. Lorsqu'il s'agit d'évaluer pour quelle part les causes animées entrent dans les symptômes d'une maladie quelconque, il ne faut pas toujours accepter de confiance le témoignage des malades et de ceux qui leur donnent leurs soins. En 1846, un député de l'époque (*) vint me consulter sur une affection intestinale qu'il attribuait au parasitisme de larves dont il m'apportait chaque fois un certain nombre. A tous mes doutes sur la réalité de l'hypothèse, il répondait qu'il ne pouvait pas en être plus sûr ; car il les retrouvait à chaque selle au fond de la cuvette. Je lui demandai d'aller examiner moi-même l'état de cette cuvette ; et le fait fut bien vite expliqué dans un tout autre sens que le sien. Cette cuvette n'était autre que celle des lieux privés, lieux dits alors *à l'anglaise*. Or, on n'eut qu'à donner un coup du piston qui pompe l'eau de lavage, et l'on amena en abondance des larves tout à fait identiques

---

(*) Qui aurait dit à cette époque qu'entre le malade d'alors et le moi d'aujourd'hui, il devait s'élever un jour la barrière qui nous sépare, aurait rencontré sans doute plus d'un incrédule. La fortune est inépuisable dans ce genre de surprises.

avec celles que le malade m'avait apportées.; c'étaient les larves du syrphe des latrines (*Syrphus tenax* Lamk. ; *Musca tenax* Lin.).

859. Ces larves progressent à la manière des sangsues ou des chenilles arpenteuses. Elles ne s'attachent à la viande ni crue ni cuite, mais se jettent avec avidité sur les excréments humains. Les anneaux chez elles sont remplacés par des rides anastomosées ; le fond de la peau est pointillé de noir ; desséchées, elles ont trois millimètres de long ; elles portent à l'anus deux petites boules noires ; leur tête diaphane au bout d'un long cou se retire dans le corps,. à la moindre impression de frayeur. Pour se changer en nymphe (*puppa*) elles se contentent de se.contracter, de rentrer leur tête dans le corps et la métamorphose s'opère en dedans (853 *bis*).

NEUVIÈME CLASSE DE CAUSES MORBIPARES ANIMÉES.

MASTOÏDIENS OU INSECTES BROYEURS.

860. Nous comprenons dans cette classe tous les insectes qui, au moins sous leur forme morbipare, sont munis de deux mandibules latérales, au moyen desquelles ils déchirent ou broient la chair soit des végétaux, soit des animaux. Nous aurions compris par sa larve, le genre mouche dans cette classe, si la mouche n'avait pas été morbipare à son tour. Ces insectes déchirent les chairs à la manière de pinces aiguës ; ils ne pompent pas leur nourriture, ils la mâchent ; ils ne se contentent pas d'attirer le sang de leur proie, par le mécanisme de la pompe aspirante ; ils détruisent les tissus par une série de solutions de continuité et par des déchirements, au moyen desquels ils peuvent avaler chair et sang à la fois. Ils produisent donc des plaies, quand les autres n'enfantent presque que des pustules, des taches et des boutons. Les uns creusent les chairs, les autres exfolient le derme et le font tomber en croûtes ou en écailles furfuracées, sous lesquelles ils s'abritaient, pour continuer leur œuvre de destruction. Nous diviserons cette immense classe en six groupes principaux : les pédiculaires, les sociétaires, les locustaires, les ichneumonidaires, les lépidoptères et les coléoptères.

861. Les pédiculaires, analogues aux punaises, par l'absence de métamorphose, se rapprochent des insectes de cette neuvième classe par
l'appareil mandibulaire, au moyen duquel ils suffisent à leur nutrition.
Ce sont de petits insectes qui s'attachent spécialement au cuir chevelu
des animaux, agglutinant leurs œufs aux poils, aux dépens desquels doit
s'en opérer l'incubation, et se repaissant de la substance de la peau,
qu'ils fouillent à l'aide de leurs mâchoires. De là il arrive que le malade,
impatienté de leurs démangeaisons, porte la main à l'endroit envahi,
pour en arracher, pour ainsi dire, la cause du mal en se grattant; et que
par ce remède, pire que le mal, il agrandit la plaie et l'envenime, sans en
atteindre l'artisan. Ces plaies multipliées forment une croûte, sous laquelle
les pédiculaires se tiennent à l'abri de nouvelles attaques, et continuent
leur œuvre de destruction et de propagation indéfinie. La chair des
jeunes animaux est celle qu'ils recherchent de préférence; ils infestent
le nourrisson et respectent souvent la nourrice; ils disparaissent de la
tête à l'âge viril et nous reprennent souvent sur toutes nos chairs quand
nous retombons en enfance. Car l'odeur et la saveur des chairs se modifient intimement avec l'âge, et ces petits insectes ont aussi leurs goûts et
leurs préférences.

862. Le pou se développant, au sortir de l'œuf, sans passer par les
métamorphoses habituelles des insectes, il s'ensuit qu'il modifie ses
formes générales, en grandissant; de manière que ses divers âges, isolément observés, pourraient être pris pour tout autant d'espèces particulières, si l'on ne tenait pas compte de cette considération; et les classificateurs n'en ont pas toujours tenu compte.

863. Ainsi que les acares, le pou offre inférieurement une espèce de
plastron, dans les échancrures duquel s'insèrent les paires de pattes:
mais la disposition particulière de cet appareil est plutôt celle des coléoptères ou insectes supérieurs, dont il se rapproche, du reste, par ses
yeux latéraux, par l'insertion de ses antennes, par son appareil mandibulaire, ses palpes labiaux, son thorax, son corselet, les segments et l'aplatis-
sement de son abdomen, et les ouvertures trachéales placées sur les deux

(*) On trouve dans Plaute, pour désigner les poux, les mots de *pedes, pedum; pes,
pedis* et *pedis, pedis;* sans doute du grec *païs, païdos* (enfant), vu que les enfants grouil-
lent toujours de poux. Les Latins avaient les mots de *pediculosus* pour désigner un
pouilleux, de *pedicularis morbus* (maladie pédiculaire) où le malade grouille de poux.

côtés de chaque segment; en sorte qu'on pourrait dire que le pou est un coléoptère aptère et sans métamorphose.

864. Les pattes des poux sont quadriarticulées et terminées par un crochet bifurqué, au moyen duquel ils s'accrochent aux poils ou aux cheveux. Leurs œufs sont blancs, allongés, intimement adhérents aux poils, aux plumes de l'animal, et s'ouvrant au sommet, comme ceux des punaises (794), pour faciliter l'éclosion. La couleur du corps, d'abord d'un blanc de lait, prend, par le progrès de l'âge, une teinte, soit jaune, soit rouge, de plus en plus foncée. La peau de ces insectes est dure et cornée; au microscope, elle est composée, comme celle des acares (724), d'une réticulation interstitielle, dont les mailles sont dirigées transversalement.

1° Pou des oiseaux (Pediculus avium).

865. Le pou des oiseaux passe, à mesure qu'il grandit, des petites espèces d'oiseaux aux espèces de plus forte taille, et subit, en avançant en âge, des changements de forme tels, qu'en prenant les deux extrêmes, il serait impossible d'en reconnaître la filiation. Lorsqu'il sort de l'œuf, il a, si je puis m'exprimer ainsi, la tête aussi grosse presque que le corps : on dirait un enfant coiffé du chapeau monté ou tricorne d'un invalide. Bientôt l'accroissement de l'abdomen laisse en arrière celui de la tête, et l'insecte se présente alors à l'observateur, sous la forme qu'exprime la figure ci-jointe. L'insecte est vu en dessous, à un grossissement d'une cinquantaine de diamètres. Son chaperon porte trois longs poils. Ses antennes redressées se dérobent souvent à l'œil. Sous le chaperon, on remarque un labre inférieur armé de ses deux palpes, puis un labre supérieur, qui jouent et se meuvent, pendant que l'insecte s'abreuve de l'eau du porte-objet; puis une paire de mandibules noires et en demi-croissant, toutes circonstances que la gravure en bois ne peut faire qu'indiquer. La cuisse sur les six pattes est très-renflée, et les pattes augmentent en dimensions d'avant en arrière. Le corselet, sur lequel s'attache la première paire de pattes, est triangulaire. On distingue très-bien, à travers jour, le paquet des lobules respiratoires auquel

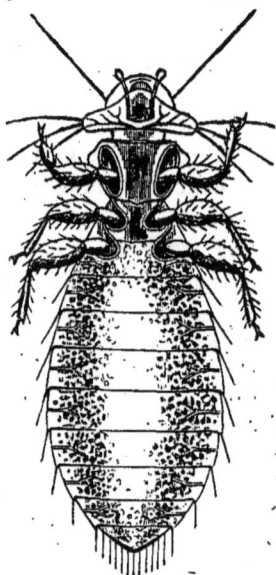

aboutit de chaque côté la trachée de chaque segment; à la région de l'anus, le dernier segment est comme fendu en mitre, pour se prêter à la dilatation de la défécation et de la parturition.

La figure ci-après représente la moitié antérieure du même insecte, vue par le dos. On y distingue, sur le chaperon en tricorne, deux gros yeux noirs au devant desquels s'insèrent les deux antennes, qui se composent d'un gros tubercule surmonté d'un long poil. La tête se joint au corselet par un cou qui lui donne l'air d'un chapeau de champignon, avec son pédicule. Les anneaux sont bordés d'une rangée de piquants, également espacés et couchés horizontalement. On voit au-dessous une portion de la peau considérablement grossie, avec ses réticulations en relief et ses cellules en creux. Quand l'insecte est repu, on remarque, à travers la transparence de l'abdomen, une ligne noire qui dessine le

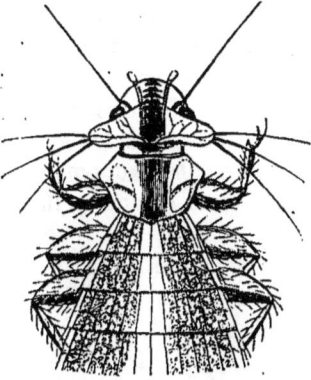

canal intestinal, au moyen des excréments qu'il digère.

Je viens de décrire le pou du pinson et des petits oiseaux : il a deux millimètres de long, sur un demi-millimètre de large; cet insecte est nocturne; sa dureté cornée oppose une grande résistance à la pression; je l'ai gardé cinq heures, entre deux verres et plongé dans une nappe d'eau, sans qu'il y ait cessé de vivre.

866. En grandissant encore, son chaperon et son abdomen s'allongent de plus en plus; en sorte qu'à un certain âge le pou est grêle et fluet; il ressemble, de prime abord, à une graine de cerfeuil qui se serait attachée au plumage des pigeons; car c'est sur ces derniers animaux qu'il parvient à ces dimensions et à cette taille.

867. C'est pour ne pas avoir suivi le développement progressif de ces insectes, que De Geer et surtout Redi ont multiplié les espèces de ces poux. Mais quand on a ces considérations présentes à l'esprit, on reconnaît facilement que les trois espèces observées par Redi sur l'épervier, et figurées par lui sous les noms de *Pulices accipitris* (*), ne sont que les trois âges de la même espèce; qu'il en est de même de ses trois *Pulices fulicæ* (macreuse, ou poule d'eau), que les *Pulices cygni, pisæ, albardeolæ*

(*) Redi, *Esperienza agli insetti*. Je me sers de la traduction latine d'Amsterdam, 1729. L'ouvrage italien avait paru en 1686.

(héron blanc), *gruis, tinnunculi* (crécerelle), *avis pluvialis, anseris sylves-tris, anatis turcicæ, querquedulæ* (cercelle), *corvi, capi,* ne sont égale-ment que les divers âges de son *Pulex columbæ majoris,* qui est l'âge le plus vieux du mâle de cette espèce. L'exemple de Redi entraîna De Geer (*), et celui de De Geer entraîna Linné, Latreille et Lamarck. Cependant le pou du paon me paraîtrait former une espèce distincte, si le crayon de Redi et de De Geer m'inspirait, sur ce point, une plus grande confiance.

868. *Effets morbides du parasitisme des poux des oiseaux.* — Les poux laissent assez tranquille l'oiseau pendant le jour; ils ont soin de dor-mir alors accrochés à la hauteur la moins sensible de ses plumes : c'est la nuit qu'ils exercent leurs ravages, et qu'ils donnent la fièvre aux volailles, en leur rongeant les chairs. La faim les porte à l'émigration ; s'ils sont en trop grand nombre, ils quittent les volatiles, pour se répandre sur les quadrupèdes voisins et même sur l'homme. Quand la chambre à coucher est située au-dessus d'un poulailler ou d'un pigeonnier, on est exposé à y passer des nuits bien agitées, tant ces petits insectes, alléchés par l'odeur, escaladent les murs et se répandent sur le corps de l'homme qui repose ; le lendemain matin, ils disparaissent de nouveau, pour aller dormir à leur tour, à l'abri de toute atteinte, et y cuver le sang qu'ils ont sucé la nuit.

869. Les oiseaux, dans l'état de nature, s'en débarrassent en se bai-gnant dans l'eau des mares, et ils fuient après, en laissant dans l'eau la vermine qui les tourmentait; ou bien ils se roulent dans la poussière, et en faisant ensuite vibrer leurs plumes, par une espèce de frissonnement convulsif, ils lapident, pour ainsi dire, les poux qui les dévorent, à coups de petites particules de sable, qui, relativement aux dimensions du pou, sont encore de gros cailloux (**). L'oiseau en cage, en dépit de tous ses soins de propreté, s'en délivre plus difficilement; car ces poux se sauvent à la nage de l'eau de la baignoire, et se rejettent de nouveau ensuite sur le pauvre prisonnier, qui n'a, pour s'en défendre, qu'un espace assez étroit.

870. Dès que l'oiseau languit, comme affaibli par une fièvre adyna-mique, les poux plus entreprenants semblent pulluler sur son corps, et en disputer les chairs aux acares. On s'aperçoit bientôt que ses plumes ébouriffées tombent bien longtemps avant ou après la mue; son front est frappé de calvitie; son bec se couvre à la base d'une farine dartreuse, et il devient crochu à la pointe, de manière que les deux moitiés finissent

(*) *Mém. pour servir à l'hist. des ins.,* tom. 7, pl. 4.
(**) *Hoc quidem aves infestat; phasianas verò interimit, nisi pulverantes sese.* (Plin., liv. 11, ch. 33.)

par ne plus se toucher que par les bouts. Cet oiseau est dévoré à l'intérieur
et à l'extérieur par des vampires, dont sa position de prisonnier ne lui
permet plus de se débarrasser, à l'aide de ses petits moyens hygiéniques.

871. Les petits dindons sont sujets à une maladie qui est l'œuvre de
ces parasites, et qui en tue, en certaines années, les trois quarts. Je vais
la décrire en détail, parce qu'elle réunit, à un haut degré, les caractères
de la plique, et ceux des tumeurs et développements lardacés, connus
sous le nom de fausses membranes :

872. Le 28 août 1838, je pris pour sujet de mes expériences un de
ces petits dindons malades. Il paraissait languissant, et dans un état
complet de marasme ; il glapissait d'un ton plaintif ; il offrait sur tout le
côté droit les symptômes d'une hémiplégie commençante, et il ne se
traînait qu'une moitié du corps après l'autre ; tout son corps était dénudé
de plumes ; sa peau était plissée par l'amaigrissement des chairs. Le peu
de petites plumes qui avaient commencé à lui pousser étaient invaginées
trois ou quatre, et même dix ensemble, pl. 7, fig. 2, dans une même
gaîne *a* ; le tuyau non apparent, la penne courte, terne et en désordre,
portant çà et là des lentes *b* ou œufs de poux, larges d'environ un neuvième de millimètre et longs de quatre neuvièmes. Cette invagination de
plumes me rappelait le caractère principal de l'invagination de poils ou
cheveux, à laquelle on a donné le nom de *plique polonaise*. Mais ce n'était
pas là ce qui fatiguait le plus l'animal : La cause principale de tous ces
accidents morbides résidait dans une grosse tuméfaction rouge dénudée
de plumes, qui s'était développée, comme une large paupière inférieure,
au-dessous de l'œil gauche, que le petit dindon tenait toujours fermé.
La fig. 1, pl. 7, donne la physionomie de ce mal.

Le nombre de lentes que j'avais aperçues sur les plumes m'indiquait
suffisamment que j'avais affaire ici à une maladie pédiculaire ; mais les
poux se tenaient trop bien tapis, pour qu'il fût facile de vérifier mes
prévisions. J'eus recours à l'eau-de-vie camphrée ; j'en arrosai largement
avec une plume le corps du malade ; j'en vis sortir les poux du pigeon (866)
et autres volatiles, de tous les âges, et partant de toutes les formes et de
toutes les dimensions ; les plus jeunes, gros et courtauds, ayant un millimètre cinq dixièmes de longueur, sur un millimètre de large ; les plus
âgés, longs et effilés, ayant trois millimètres de long, sur deux tiers de
millimètre de large. Pendant ce temps le petit dindon, qui avait frissonné
à la première impression de l'eau-de-vie camphrée, finit par se complaire
à ces frictions, et donner des signes évidents de soulagement ; il se re-
dressa sur ses pattes, ouvrit les ailes, s'étira les membres, se mit à
piauler et à vouloir marcher ; puis il se recoucha et s'endormit assez
tranquillement. Ses chairs, auparavant ternes et farineuses, redevinrent

propres, d'un ton rosé; leurs rides s'effacèrent. Je lui donnai de la pâtée au lait qu'il mangea, et puis il alla redormir.

Le 29 et le 30, je lui graissai le corps avec de l'huile camphrée. Déjà le lendemain ses plumes n'offraient plus de nouvelles lentes; sa chair reprenait sa teinte rosée; la grosseur de l'œil diminuait, et il en suintait moins d'humeur.

Le 31, il mangeait fort bien la pâtée au lait; il sortit de son panier, pour aller se promener au soleil, piaulant, redressant et étirant ses ailes, et becquetant les plantes du jardin, comme le font les dindons de cet âge. L'œil droit s'était un peu refermé, les deux paupières s'étaient agglutinées, sans doute par l'effet coagulateur de l'eau-de-vie camphrée; je le bassinai avec de l'eau de guimauve, et l'œil se rouvrit comme auparavant. La tumeur de l'œil gauche s'était grandement dégonflée. J'eus l'idée de mêler à sa pâtée au lait deux ou trois gouttes d'alcool camphré; presque aussitôt que l'animal en eut goûté, il eut une selle moitié liquide, moitié solide; il parut chanceler comme ivre, s'étendit au soleil et y resta assoupi une heure et demie; à son réveil, il n'en était que plus alerte.

Ce mieux continua jusqu'au 5 septembre, jour où commencèrent la pluie et les orages, ce qui nous força de l'enfermer au fond du jardin, dans un pavillon humide et froid, pêle-mêle avec des lapins. Loin du soleil, l'animal se mit à dépérir de nouveau, triste, languissant et ne touchant plus à sa nourriture; d'un autre côté, dès ce jour, on interrompit le traitement, et le 9 au matin on le trouva mort; ce qui me donna l'occasion de faire l'autopsie de la tête, où était, à mes yeux, tout le siége du mal. Le cerveau était sain, et la capacité crânienne n'offrait pas même à la loupe la plus légère trace d'hydatides. Tout le mal était dans la tumeur; car, l'ayant fendue transversalement, il fut facile de découvrir qu'elle ne provenait que du développement énorme d'une substance stéatomateuse *a* fig. 3, pl. 7, dans la fosse nasale gauche (*), développement qui, en se glissant sous l'œil et en distendant outre mesure la peau de la joue, y avait produit une cavité monstrueuse; du reste, cette cavité n'offrait pas le moindre amas de liquide, la moindre trace de décomposition purulente. Les parois internes en étaient ridées et cartilagineuses, fig. 3, pl. 7 *b*; et ce produit stéatomateux en occupait toute la capacité. Cette tumeur avait refoulé tous les organes adjacents, et en dehors et en dedans de la bouche, en sorte que les deux moitiés du

(*) Les fosses nasales s'étendent sous toute la moitié inférieure de l'orbite des yeux, chez les oiseaux; elles sont tapissées de parois cartilagineuses, et elles offrent un enfoncement vers les sinus frontaux.

bec étaient forcées de se tenir écartées. Le produit stéatomateux se composait de feuillets qui s'emboîtaient les uns dans les autres, ainsi que le montre leur coupe transversale, pl. 7, fig. 3 a, et fig. 4; épais chacun d'un millimètre, légèrement chagrinés sur leurs deux surfaces, ils présentaient la compacité, l'aspect oléagineux et la blancheur du lard; le volume de ce corps feuilleté ne dépassait pas celui d'une grosse amande.

En novembre 1843, j'eus l'occasion d'observer un dindon atteint de la même maladie, et que je guéris en lui injectant de l'huile camphrée par la narine. Lorsqu'on le tua, en janvier 1844, j'en disséquai la tête, et j'en trouvai les fosses nasales saines et tout à fait dans l'état normal.

873. Nous avions donc sous les yeux la formation de fausses membranes, dont la seconde avait enveloppé la première en date, la troisième la seconde, et ainsi de suite, jusqu'à la dernière en date. Chacun de ces feuillets, fig. 4, était organisé; car à l'air ils se desséchaient en se racornissant; dans l'eau, ils ne présentaient aucun signe de dissolution ou d'épaississement. Ils cédaient, sans se désorganiser, à l'alcool, un corps gras, que ce menstrue abandonnait par évaporation. L'iode les colorait en jaune. L'acide hydrochlorique les recroquevillait, les racornissait, les blanchissait davantage; et au bout de quatre jours même, ces tissus y avaient conservé toute leur blancheur, tandis que l'albumine passe vite, dans cet acide, du blanc au violet, et puis au bleu. L'acide sulfurique les racornissait aussi, mais leur communiquait, en cinq ou six minutes, une coloration d'abord jaune clair, puis orange, puis purpurine, signe évident d'un mélange d'huile et de sucre qui existe dans tous les jeunes tissus animaux; de plus, cet acide en dégageait des petites bulles de gaz, qui ne pouvaient provenir que de la décomposition des hydrochlorates; car les autres acides ne produisaient rien de tel.

874. Rapprochons maintenant toutes ces circonstances, et formons-en, pour ainsi dire, une équation. L'intensité du mal coïncidait avec la multiplication des poux de la volaille; les symptômes ont disparu dès que la médication a eu mis en fuite ces parasites de la peau; donc ces parasites étaient les agents immédiats et les artisans de la maladie.

On nous objectera peut-être que l'hémiplégie imparfaite avait survécu à la disparition des insectes; mais cette hémiplégie du côté droit était évidemment produite par la compression qu'exerçait la tuméfaction du sinus frontal sur le lobe gauche du cerveau; c'était un effet mécanique d'un produit organisé, qui n'en subsistait pas moins après que la cause qui l'avait engendré en eut disparu.

875. Or nous avons dit que les larves et les poux sont dans le cas de pénétrer dans toutes les cavités du corps, qui sont naturellement en communication avec l'air extérieur. Les poux occasionnent, par leur

morsure, des effets morbides, variables selon les milieux, mais qui se
traduisent toujours par la production de tissus parasites. Sur la peau et
sous l'influence du contact immédiat de l'air extérieur, ces productions
ne tardent pas à se dessécher en croûtes de divers diamètres et de
diverses épaisseurs; mais sur les muqueuses, et sous l'influence de cette
obscurité constamment humide, ces produits s'organisent avec la régularité des tissus internes; ils deviennent des organes usurpateurs et de
superfétation, qui dérangent, par leur présence autant que par leur
absorption, le cadre normal de l'économie : fausses membranes, parce
qu'elles sont nées à contre-temps, aux dépens et sur les parois des
membranes vraies, mais membranes aussi bien organisées, sous l'influence créatrice d'une simple piqûre, que les vraies l'ont été sous celle
de la fécondation et de la nutrition. Il est évident à nos yeux que les
poux de ce dindon, après avoir dépouillé son corps des germes de
plumes, s'étaient introduits dans les fosses nasales et y avaient déterminé
par leur succion ces développements anormaux. Pour rendre complètement la santé à cette volaille, après l'avoir débarrassée thérapeutique-
ment des auteurs de ses maux, il aurait fallu vider chirurgicalement, et
au moyen d'une incision, la fosse nasale de son produit morbide; car
un produit aussi insoluble n'était pas de nature à disparaître et à fondre
sous l'influence des médicaments, soit internes, soit externes.

876. Quant à la *plique* des plumes, nous savons déjà trop bien le
mécanisme de la multiplication des poils sur une surface végétale, par
suite de la piqûre d'un simple puceron (774), pour ne pas comprendre
que, si les mandibules du pou s'implantent dans le germe d'une plume
naissante, et viennent ainsi favoriser les accouplements adultères des
spires génératrices, ce germe peut devenir multipare, d'unipare qu'il
était, et donner lieu à la naissance de plusieurs pennes invaginées dans
la même gaîne. Voyez ce bédegar du rosier, hérissé de longues et verdâtres pilosités; cette forêt de poils est l'œuvre de la piqûre d'une faible
petite larve que l'on découvre à la base, quand on a soin de disséquer
l'arbuste vivant. On retrouvera de même l'insecte de la *plique* animale,
quand on aura occasion de disséquer le produit morbide sur l'animal
vivant.

2° Poux des insectes.

877. Réaumur a donné la figure d'un pou qui s'attache aux abeilles.
Il a, dit-il, la tête carrée, la forme d'un puceron, et il est de couleur
rougeâtre (*).

(*) *Mém. pour servir à l'hist. des ins.*, tom. 5, pl. 38, fig. 1, 2 et 3, pag. 713.

3° Poux des quadrupèdes.

878. Les quadrupèdes sont sujets aux poux comme aux acares. Pline avait avancé que, parmi les animaux à poil, l'âne et la brebis étaient seuls exempts de poux (*); Redi a démontré le contraire, et il a donné la figure du pou de l'âne, de ceux du chameau et du bélier (**). Mais nous rappellerons, à l'égard des poux des quadrupèdes, ce que nous avons dit de ceux des volatiles ; les différences signalées par Redi et par les classificateurs ne sont que des différences d'âge, de sexe et de nutrition. Quant aux effets morbides que détermine le parasitisme de ces insectes, nous les décrirons en parlant du pou de l'homme. Il suffit, du reste, pour en apprécier les caractères, de les étudier sur les porcs ; on voit ces animaux maigrir et s'émacier au milieu de l'abondance ; leurs soies se dressent en désordre, sales et dépouillées de leur luisant, et leur couenne devient cendrée et lépreuse.

4° Poux de l'homme (*Pediculi humani*).

879. L'homme est sujet à trois espèces de poux : le pou de la tête (*Pediculus humanus* Lin.), le pou sous-cutané que nous désignerons sous les noms de *Pediculus subcutaneus* Nob., et le pou du pubis ou morpion (*Pediculus pubis* Lin.).

« Le *pou de la tête* (*Pediculus humanus*), dont les figures ci-après représentent le mâle, fig. 1, et la femelle, fig. 2, n'est pas plus long que le pou des oiseaux (865) ; mais il en diffère par toutes les proportions de son corps, par la forme de sa tête un peu rhomboïdale, par ses yeux *a* proéminents, par ses antennes *b* quadriarticulées et dirigées en avant, par son plastron thoracique que ne déborde pas la carapace dorsale, par le rapprochement de ses paires de pattes et les deux crochets ou ongles *c* qui les terminent et semblent lui servir de doigts, enfin par la manière lobée dont chaque segment de l'abdomen déborde le suivant. Les trachées dont le stigmate est en *d*, sur le milieu latéral de chaque segment, communiquent l'une à l'autre, et forment, quand on les observe à travers le jour, un festonnement dans l'ordre alterne avec le festonnement des lobes des segments. Une ligne rouge, plus ou moins irrégulière, marque la trace du canal intestinal depuis la naissance du corselet jusqu'à l'anus *e*; chez la femelle, fig. 2, l'anus est situé au fond de l'échancrure du segment.

880. Les appareils de la bouche sont moins visibles sur cette espèce

---

(*) *Pilos habentium, asinum tantùm immunem hoc malo credunt.* Lib. 11, cap. 33.
(**) *Esperienze agli insetti.*

que sur les précédentes ; mais l'analogie de la forme générale, des mœurs et des effets morbides nous indique suffisamment l'analogie de la struc-

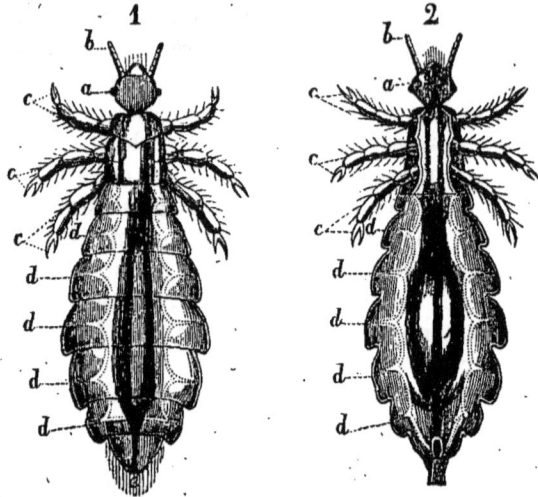

ture buccale. Leur couleur générale est blanc de lait à jeun, et rouge de sang quand ils sont repus ou vieux.

881. Le pou de la tête s'accroche aux cheveux avec les deux ongles en pinces *c* de ses pattes, et la femelle y attache, à la surface du poil, ses œufs ou lentes qui y mûrissent par le mode d'incubation parasite que nous avons reconnu aux œufs de tous les autres insectes (577). Le petit qui en sort diffère beaucoup de sa mère, par l'ensemble de ses proportions, qui se modifient en outre avec l'âge, ce qui avait fait croire à tort aux classificateurs, et entre autres à Lamarck, que les espèces de poux sont très-nombreuses, et que souvent l'individu sur lequel vivent ces parasites en nourrit plusieurs races différentes (*).

Le pou de la tête recherche spécialement le cuir chevelu des jeunes enfants, quoique par accident il ne dédaigne pas celui des adultes, surtout des personnes blondes ou lymphatiques ; les ravages qu'il y exerce sont en raison composée de sa fécondité, de sa puissance de pullulation d'un côté, et de l'élévation de température : car le froid l'engourdit, et la chaleur lui communique une activité et une voracité dont sa fécondité est une conséquence. Ses effets morbides sont donc en raison du climat ; aussi voyons-nous rarement dans le nord de la France, sur

(*) *Anim. sans vert.*, tom. 5, pag. 40.

la tête de nos enfants, ces larges croûtes noirâtres et fétides, œuvres et abris d'une fourmilière de poux, dont se couvre le cuir chevelu des enfants du Midi, et que les habitants désignent sous le nom de *bouyous* ou *bougnous*. Ces croûtes gagnent de proche en proche le derrière des oreilles, le front, et s'étendent souvent sur les joues et à la commissure des lèvres ; c'est comme une lèpre hideuse à voir, qui a la plus grande analogie avec la maladie cutanée que les médecins du Nord désignent sous le nom d'*impetigo*, dont la figure 8, pl. 17, représente un échantillon, et quelquefois aussi avec le *rupia simplex*, fig. 6, pl. 17. Le pou produit ces croûtes en fouillant les chairs et en extravasant le sang pour s'en engraisser ; ce qui échappe à sa voracité se coagule et durcit sous l'épiderme, sur les accidents duquel ce coagulum se moule, et dont il fait ressortir encore plus en relief les saillies naturelles ; d'où il arrive que le guillochage de chaque écaille varie d'aspect, selon la région du cuir chevelu aux dépens de laquelle elle s'est formée. Quand le sang s'extravase en trop grande abondance pour pouvoir être absorbé par le pou et desséché par l'évaporation spontanée, il s'établit, sous chaque écaille, un foyer de fermentation putride, dans lequel la mandibule du pou est dans le cas de s'empoisonner, pour aller ensuite inoculer la contagion purulente dans une région saine, et occasionner ainsi, par une simple piqûre, un trouble général dans les fonctions de l'économie animale.

882. β. Le *pou du corps* (*pediculus cutaneus*) offre quelques légères différences avec le pou de la tête, ainsi qu'on s'en apercevra facilement en comparant les figures sur bois ci-dessus avec les figures 1 et 4 de la pl. 6 qui représentent le mâle et la femelle du *pou du corps*. La jonction de l'abdomen et du corselet est plus étranglée, les pattes, beaucoup plus serrées, sont dirigées toutes en avant par des courbes qui annoncent de la part de l'insecte une plus grande attention à prendre pied et un plus grand acharnement à chercher pâture. Aussi on éprouve de sa part de plus vives démangeaisons que de la part du pou de la tête ; et les malheureux dont la peau convient de préférence à ce féroce parasite n'ont de trêve ni le jour ni la nuit ; ils ne cessent de faire ce que l'on nomme le *tour du gueux*.

883. Il est évident que, friand comme il est de tissus tendres et succulents, ce parasite ne s'arrête pas, pour se conformer à nos habitudes d'observation, aux limites qui séparent la peau et les surfaces muqueuses, et que de proche en proche rien ne l'empêche de pénétrer dans la cavité buccale, dans les cavités nasales, dans le tuyau auditif. Admettez l'hypothèse, et calculez d'avance que de noms la nosologie donnera aux effets de ses morsures, selon la place où le parasite aura fixé le siége de sa nutrition, et de quelle infection morbide il pourra devenir la cause, en inoculant, sur ces tissus vasculaires, le virus dont il aura empoisonné

ses traits dans le foyer d'une fermentation purulente! Voyez toutes ces
muqueuses se couvrir de produits tuberculeux, lépreux, d'aphthes purulents, etc., et non de croûtes desséchées, à cause de l'humidité constante
du milieu ; cette bouche écumante de bave, ce larynx intercepté par de
fausses membranes, le voile du palais tapissé de tubercules, le nez morveux et distillant une sanie fétide, les yeux pleurant le pus, et toutes les
fonctions respiratoires et digestives se ressentant de ce trouble qui grossit
et gagne du terrain chaque jour : quel nom donnerez-vous à cet ensemble de symtômes, si ce n'est celui de *morve* et de *farcin?* morve conta-
gieûse, par la communication des insectes enfarinés du produit pestilentiel de leur propre infection.

884. Georges Hanneus, dans une lettre à la date de 1674, écrit à
Ol. Borrichius (') qu'un homme affecté de jaunisse, ayant voulu essayer
un remède fort préconisé alors par les commères, avala de sept à neuf
poux de la tête, ce qui le guérit pour quelques jours. Mais il ne tarda pas
à être pris d'une faim canine ; il tomba dans le marasme et mourut.
A l'ouverture du cadavre, on trouva une tumeur remplie d'une quantité
incalculable de poux qui vivaient dans ses intestins. Pourquoi les poux
ne s'attacheraient-ils pas, dans l'occasion, aux intestins, eux qui vivent à
l'aise sous l'infection de larges croûtes épidermiques ?

Christ.-Franç. Paullini rapporte un cas analogue au sujet d'une jeune
paysanne atteinte des pâles couleurs et qui, sur le conseil de sa mère, se
prenait des poux sur la tête, les enveloppait de cire et les avalait ainsi en
pilules. Les poux se multiplièrent d'une manière effrayante, et lui occa-
sionnèrent une maladie pédiculaire dont on eut de la peine à la guérir(**).

Il n'en est pas moins avéré pourtant que l'on a connu de tout temps
des peuplades qui trouvaient du plaisir à rendre la pareille à leurs poux,
et ne se gênaient pas pour dévorer leurs parasites, ainsi que le font les
singes et les hommes des bois. Hérodote avait avancé que ce sale goût
était très-répandu chez les peuples du Caucase, surtout entre *Nitiké* et
l'ancienne *Sébastopolis* (ce qui correspond aujourd'hui à la Mingrélie).
Arrian rapporte, dans son *Périple du Pont-Euxin*, que de son temps
ces peuplades n'avaient rien perdu de cette vilaine réputation.

Encore aujourd'hui les Patagons, les habitants des îles Marquises et
sans doute une foule d'insulaires de l'Océanie, ont du plaisir à manger
la vermine qui leur couvre le corps ; ils s'en offrent même mutuellement
en signe d'amitié, comme nous nous offrons une prise de tabac ou de

(*) *Actes de Copenhague*, ann. 1674 et 1675, obs. 84. Cette lettre est reproduite par
Thomas Bartholin, *Acta medica*, vol. 3, cap. 91.
(**) *Éphém. des cur. de la nat.*; ann. 1686, déc. 11, append., pag. 37, obs. 60.

camphre; c'est sans doute faute d'une meilleure nourriture dans ces pays pauvres en tout autre gibier.

885. Le peuple est persuadé que la présence des poux préserve les enfants de toute autre maladie, et cette opinion a été partagée par plus d'un savant : *Pediculus humanus*, dit Fabricius (*), *in pueris gulosis frequentissimus, morbos avertens*. « Le poux de tête pullule chez les enfants goulus; il les préserve d'autres maladies. » Certes on ne doit pas croire sur parole et à la légère; mais aussi on ne doit pas nier, dès qu'on ne conçoit pas la théorie d'un fait; une opinion très-répandue a toujours quelque côté de vrai. Nous sommes loin de croire que ce soit pas diversion que la présence du pou préserve d'autres maladies, nous ajoutons fort peu de foi à la théorie de la révulsion, et à la prétention de combattre un mal en en faisant naître un autre; la nature n'a pas créé la thérapeutique pour transposer seulement le siège de la douleur, mais bien pour nous en délivrer tout à fait. Je ne crois donc pas à la nécessité de laisser se propager les poux sur la tête d'un pauvre enfant, au risque de le livrer à toutes les tortures de l'insomnie.

Cependant un préjugé aussi répandu doit avoir une origine moins déraisonnable que l'explication qu'on en donne, et j'entrevois aujourd'hui pourquoi le peuple a cru qu'il valait mieux laisser leurs poux aux enfants que de chercher à les en débarrasser d'une manière médicale : c'est que dans l'ancienne médecine le remède était pire que le mal, et qu'on ne débarrassait un enfant de sa vermine qu'au prix d'une maladie constitutionnelle d'une tout autre gravité; car on n'employait à cet effet que les pommades mercurielles. Or lorsque le peuple eut suffisamment constaté que la disparition des poux obtenue par ce moyen coïncidait avec l'apparition d'une nouvelle maladie beaucoup plus grave, il en conclut qu'il valait mieux laisser les poux à un enfant; et le médecin décontenancé dut enfin partager cet avis, en le formulant par l'axiome suivant : *pediculus humanus morbos avertens*; nous aurions dit, nous : *medicos avertens*.

On nous amena, un jour, dans la citadelle de Doullens une petite fille de quatre ans, dont l'existence n'était qu'une longue torture : son cuir chevelu était recouvert d'un feutre sanieux et dégoûtant qui lui descendait jusques aux yeux et grouillait de vermine. On lui avait mis au bras un large vésicatoire, espèce de parasite d'un plus gros calibre que les autres. Les parents eurent le bon esprit de suivre nos avis et de sauter à pieds joints sur le préjugé vulgaire; et la petite fille, grâce à la pommade camphrée, fut débarrassée en peu de temps de sa vermine, de ses tortures et de sa laideur.

(*) *Species insectorum*, tom. 2, pag. 476, édit. de 1781.

5° Pou du chien (*Pediculus canis*).

885 *bis*. Le pou du chien a deux millimètres et demi de long; le corps seul a deux millimètres. Son extrémité anale est bifide chez la femelle. Mais le ventre, chez la femelle surtout, se ballonne tellement, quand l'insecte est gorgé de sang, que le corselet n'a plus l'air que d'un goulot. On ne reconnaît bien les stigmates que sur le mâle; les antennes et les pattes gardent une direction perpendiculaire à l'axe du corps; le second article des pattes est trapézoïde; le dernier est terminé par un crochet dirigé en dedans; les antennes roides et courtes ont cinq articulations en godets qui vont toujours en s'amincissant; les intestins remplis de sang s'offrent par transparence comme un paquet de boyaux nageant dans un liquide.

6° Pou de la plique.

886. Cette maladie, à peu près inconnue dans nos climats, est très-répandue dans les classes pauvres et sales de la Pologne, de la Lithuanie, enfin sur les bords de la Vistule ou du Borysthène. Son caractère principal est dans une espèce de multiplication et de développement extraordinaire des cheveux et des poils, sur toutes les régions du corps qui ont un cuir chevelu, sur la tête comme sur le pubis. De chaque bulbe part une touffe de poils qui, en peu de temps, et comme les branches gourmandes des arbres, sont dans le cas d'acquérir jusqu'à sept à dix pieds de longueur, puis s'entortillent en faisceaux, se mêlent d'une manière inextricable et finissent par former des masses lourdes et feutrées; une telle activité leur imprime une sensibilité douloureuse au moindre toucher; la peau suinte un ichor fétide et dégoûtant, et se couvre de croûtes noirâtres. Un désordre aussi grave sur la peau et un développement aussi extraordinaire ne sauraient apparaître sans jeter le trouble dans toutes les autres fonctions, proportionnellement à leur intensité et à leur durée; mais il se présente, dans l'étude de cette maladie, une coïncidence, dont nos méthodes nosologiques ne font pas la plus légère mention, quoique, dans les localités où la plique est endémique, personne ne l'ignore. Dès que cette maladie se déclare, on voit pulluler les poux sur toutes les régions du corps; il n'est pas un individu affecté de la plique qui soit exempt de cette vermine. Cette coïncidence est pour nous une explication : la *plique* est un *bédegar*, dont les mandibules du pou sont les artisans et la cause organisatrice. Cette espèce de pou, en s'attachant de préférence au bulbe générateur du poil, y facilite les accouplements adultérins des spires qui président au développement des organes (21); de là la naissance, sur le même bulbe, d'une foule de

poils au lieu d'un seul (872), avec accompagnement de croûtes ichoreuses, que nous avons vu plus haut être l'œuvre habituelle de l'érosion des poux qui fouillent sous l'épiderme.

887. La plique se communique des chiens à l'homme, de l'homme aux chevaux, etc. ; mais, sur les chiens et les chevaux, on remarque alors la même espèce de poux que sur l'homme. On a vu même les lions et les lionnes de la ménagerie du landgrave de Hesse la gagner en 1807 (*).

Notre petit chien loulou, depuis qu'il s'est fait vieux (il a aujourd'hui près de 17 ans), est devenu pouilleux au dernier point; et c'est sur lui que j'ai pris les individus que je viens de décrire plus haut (885 *bis*). Or, dès ce moment sa belle toison blanche comme la neige s'est feutrée, pelotonnée et salie par suite d'une espèce de plique. Il devenait également impossible de le peigner et de le tondre; le peigne était arrêté par des pelotons indévidables et les ciseaux fauchaient des élévations de chairs au lieu de touffes de poils. Ces paquets de poils faisaient tellement corps avec les chairs, qu'on ne savait plus où les uns commençaient et où les autres finissaient, ce qui était enfin peloton de graisse ou peloton de poils. Les poux auteurs de cette plique s'étaient tellement mis ainsi à l'abri des vermifuges, que les solutions aloétiques étaient tout aussi impuissantes que le savon noir à les déloger de leurs tanières. Cependant à force de le tondre et de l'aloétiser, et puis un bon empoisonnement aidant par sa gloutonnerie à lécher les couleurs des peintres, il a fini par se débarrasser de sa vermine externe et interne; et il s'est tout à fait ragaillardi.

888. L'espèce de poux auteurs de la plique diffère-t-elle de celle de nos poux de tête? Je suis porté à le croire, d'après la différence de leurs effets morbides (**); ce qui expliquerait fort bien pourquoi la plique est si fréquente en Pologne et dans toute l'étendue de la nation slave, et se montre si rarement chez nous. Les races d'insectes ont, comme les races d'animaux, des contrées de prédilection; en deçà des Cévennes et du Dauphiné, nous ne retrouvons plus la cigale chanteuse du midi de la France. Nous invitons donc les médecins nationaux de la Pologne à nous donner des figures exactes du pou de leur plique nationale.

7° Pou du pubis ou morpion (*Pediculus pubis* Lin.).

889. Le pou du pubis se plaît sur le pubis de l'homme ; il vit au milieu des poils qui recouvrent les parties génitales, de ceux de la barbe, des

(*) Observations de Roussille Chamseru, consignées dans le *Journ. gén. de Méd.*, 1807, tom. 30, pag. 62 et 201.

(**) *Voyez* la thèse soutenue par Reydelet, le 15 frimaire an 11, à Paris, sur *la Différence des poux de la tête et de ceux du corps.*

sourcils, des cils et des poils de l'aisselle ; on ne le trouve jamais sur le cuir chevelu. Il diffère du pou de la tête autant par ses formes que par ses goûts ; il est plus court, plus arrondi, se rapprochant ainsi des proportions d'un acare. Cette espèce de pou est connue aussi anciennement que le pou de la tête ; Celse parle de la phthiriase des paupières, occasionnée par la naissance de poux entre les poils des paupières (*). Cœlius Aurelianus dit que ces poux ne sont pas des poux ordinaires, qu'ils sont quelquefois d'une forme particulière, plus larges et plus durs que les autres, que leur morsure est plus sensible (**) ; quelques-uns, ajoute-t-il, les appellent *Pediculi ferales*, comme qui dirait des poux qui menacent de la mort, car ils pénètrent dans les chairs par-dessous les poils (***). La peau se couvre bientôt de petites gouttes de sang, provenant de la saignée capillaire qu'opère la lancette mandibulaire de ces insectes, puis de petites taches rouges produites par leur succion, enfin de papules, phlyctènes et autres dégénérescences du tissu cutané. Ces insectes se transmettent surtout d'un sexe à l'autre, dans l'acte de la copulation ; voilà pourquoi leur présence, chez un malade, indique en général des fréquentations de mauvais lieux et de mauvaises personnes.

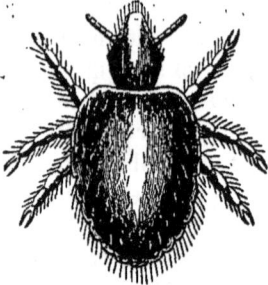

Christ.-Franç. Paullini rapporte, entre autres cas, celui d'un noble français de Lyon qui était, à la lettre, dévoré de morpions, lesquels lui sortaient par tous les pores de la peau, passant des yeux dans les narines, des narines dans la bouche, s'attachant au palais, aux gencives. Ses larmes, ses crachats, ses urines, ses fèces étaient pleins de ces animalcules ; le malade en mourut comme dévoré (****).

890. L'école galénique ne voyait dans l'apparition de ces poux qu'un effet consécutif d'une maladie préexistante : C'est, dit *Cœlius Aurelianus*, une maladie du genre relâché, causé par une bile rougeâtre, qui, passant au travers de la peau, engendre ces morpions. L'école actuelle n'ose plus dire, depuis Redi, que ces insectes s'engendrent de la bile ; elle

---

(*) *Corn. Celsi*, lib. 6, *de Pediculis palpebrarum.*

(**) *Cœlii Aureliani, Tardar.*, lib. 3, cap. 2.

(***) Les Grecs, et Aristote lui-même, connaissaient fort bien la propriété que ces poux ont de faire tomber les poils, et de produire la calvitie en corrodant les bulbes des poils ; c'est pourquoi ils leur appliquaient les épithètes de τριχοβρῶτοι, τριχοτρώκται, τριχοσλῆται, τριχοβόροι.

(****) *Éphém. des cur. de la nat.*, dec. 11, ann. 1686, append., pag. 25, obs. 33 et pag. 27, obs. 42.

sait qu'ils naissent et se propagent d'après les règles immuables de la génération ; leurs lentes sont des œufs ; aussi se trouve-t-elle un peu embarrassée, pour faire concorder la doctrine de Galien qu'elle professe en d'autres termes, et celle de Redi qu'elle ne saurait plus révoquer en doute ; elle se décide à ne voir dans la présence des poux qu'un simple accident de la maladie, un simple cas de complication. Cependant comment ne voir qu'un simple accessoire dans le parasitisme d'insectes capables de produire des papules, des taches et tubercules, toute une éruption enfin confluente ? Comment donc ! une éruption constitue une maladie ; et un insecte qui, en pullulant, est capable de produire une large et profonde éruption, ne serait que l'accessoire d'une maladie ? Il y a là plus qu'un vice de raisonnement, il y a une absence complète de logique.

891. Et à ce sujet je pourrais me contenter de poser les deux questions suivantes : N'est-il pas démontré que la plus petite piqûre de la pointe de la lancette inocule le virus et la mort dans le corps le plus sain ? Pourquoi la lancette du *Pediculus pubis* ne serait-elle pas capable de produire les mêmes ravages ? Ne procède-t-elle pas exactement de la même manière que la pointe de la lancette du chirurgien ? S'il en est ainsi, calculons toute la gravité d'un mal qui est, à chaque instant, inoculé sur d'aussi larges surfaces, par des milliers d'insectes, qui travaillent nuit et jour à leur nutrition et à leur propagation, aux dépens de nos tissus ; et puis, d'applications en applications, nous pourrons tracer d'avance le tableau des symptômes et des désordres occasionnés par l'envahissement de ces insectes, si nous les suivons s'introduisant sous les paupières, dans les organes pudiques, partout enfin où ils peuvent rencontrer, dans les tissus, l'odeur et la saveur qu'ils convoitent. Or, dès ce moment, il nous prendra sans doute, à nous héritiers du microscope, une espèce de vergogne de ne pas nous être aperçus de ce qui n'avait pas échappé à la sagacité de Celse et des auteurs de son temps, eux qui n'avaient, pour apprécier ces faits, que le secours de la simple vue. *Quod,* dit Celse (*genus vitii, sive pediculi palpebrarum*), *quum ex malo corporis habitu fiat, raro non ultrà procedit; sed ferè, tempore interposito, pituitæ cursus acerrimus sequitur, exulceratisque vehementer oculis, aciem quoque ipsam corrumpit; his alvus ducenda, caput ad cutem tondendum, diuque quotidiè jejunis per-fricandum* (loc. citat.) (*).

892. La simple piqûre du *Pediculus pubis* est en état de propager sur

(*) « Quand la maladie ne provient que de la malpropreté extérieure du corps, elle ne fait pas beaucoup de progrès ; mais, quelque temps après, la pituite prend un cours inusité ; l'ulcération la plus violente s'empare des yeux, et en vient même à altérer la vue. Il faut alors évacuer les humeurs, raser la tête, et la frictionner à jeun chaque matin, pendant longtemps, avec des onguents et des pommades. »

mille points différents et de varier de mille manières les accidents de la maladie syphilitique. Il serait contradictoire dans les termes, même dans ceux de l'école, de nier cette induction.

8° Pou sous-cutané ou pou de la maladie pédiculaire (*Pediçulus subcutaneus*).

893. Ce pou participe des habitudes du ciron de la gale; il pond ses œufs sous l'épiderme. Chaque nid devient une phlyctène, une petite ampoule, d'où s'échappent, dès qu'ils sont éclos, les petits poux, pour aller se répandre et multiplier sur les portions adjacentes du corps; ce qui fait que la maladie s'étend de proche en proche, que son intensité augmente à chaque nouvelle génération de ces insectes rongeurs de chairs. Ce nombre incalculable de démangeaisons microscopiques forme une somme de douleurs nerveuses qui ne permettent au malade ni le sommeil ni le repos; une agitation fébrile, un frisson continuel le tourmente et l'épuise; sa pâleur est excessive; il éprouve une débilité d'estomac et d'entrailles qui lui rend pesantes les nourritures les plus légères, une faiblesse de tête qui ne lui laisse plus l'usage de l'attention et de la réflexion; tous ses organes sont, pour ainsi dire, distraits de leurs fonctions par les désordres qui se concentrent sur la surface cutanée. Tuez tous les poux qui l'assiégent, vous rendez au malheureux la santé, le repos et la vie; vous le débarrassez de tous les symptômes de sa maladie; car ce n'est pas sa maladie qui engendrait cette vermine, c'est la vermine qui occasionnait la maladie; maladie atroce et dévorante (*phtheiriasis* de φθείρω corrompre) qui a tué Hérode, Sylla (*), Philippe II, roi d'Espagne (**), ces trois grands tueurs d'hommes; le poëte Alcman; le grand acteur tragique Phérécyde; qui affligea aussi Acastus, fils de Pélias; Callisthène Olynthien; Mutius le jurisconsulte, lequel dégoûtait ses clients et leur faisait mal au cœur; Eunus Antiochus; et, d'après Laerte, le divin Platon lui-même : car l'histoire désigne les calamités de la même manière que les triomphes, par les noms des héros, des grands hommes et des tyrans). Mais il ne faudrait pas croire, à cette énumération, que ce fléau cutané n'attaque que les peaux illustres et ne se glisse pas, de temps à autre, dans des tissus plus vulgaires et moins soignés. Cependant il est déjà, et dès le début, une réflexion que l'on

(*) *Et fœdo se vidit ab agmine vinci.* (Serenus Samonicus, cap. 43, lib. 7.) « Ce tyran jusques-là vainqueur des hommes qui se vit vaincu à son tour par une armée de poux. »

(**) Un poëte latin de la Belgique disait plaisamment alors, en parlant de Philippe, ce roi qui avait pour garde des bourreaux :

Ce grand roi succomba sous un tas de vermine,
Repaissant de sa chair la faim de ses bourreaux.

peut faire, en dépouillant les observations consignées par les divers auteurs; c'est que la maladie pédiculaire respecte en général les peaux sales, crasseuses et calleuses, et s'attaque de préférence aux peaux vieilles, mais proprettes et délicates. Les ouvriers qui travaillent dans les huiles, les acides, les odeurs, la céruse, etc., en sont exempts ; car leur métier oppose à chaque instant un remède à la maladie, par ses ingrédients qui empoisonnent les insectes, et par ses corps gras qui les asphyxient. Il faut bien l'avouer, pour la consolation de l'ouvrier, le travail est hygiénique, jusque dans sa malpropreté.

894. Comment de pareils parasites ne seraient-ils pas la cause immédiate de la maladie pédiculaire, quand on les voit se multiplier sur toute la surface du corps, avec une si effrayante fécondité? Les historiens nous disent qu'on les voyait sortir du corps d'Hérode, comme une source qui sort de terre. On rapporte, d'un noble portugais, que deux de ses nègres n'étaient occupés, toute la journée, qu'à porter à la mer des paniers pleins de poux qu'on lui raclait sur tout le corps. On serait tenté en ce cas de croire que le corps tout entier se résout (φθείρεται) en poux, et que le cadavre sue les poux (*).

Cazal, médecin à Agde (**), eut, en 1806, occasion d'observer ce cas chez un vieillard de soixante-seize ans, atteint d'une fièvre intermittente pédiculaire, avec éruption prurigineuse au cou et à l'épaule ; il ne pouvait se gratter sans faire sortir un essaim de vermine, qui se multipliait avec une rapidité étonnante ; en même temps il éveillait une douleur très-vive dans le gros doigt du pied de l'extrémité pelvienne droite, et à ce moment l'estomac était affecté de manière que le malade ne pouvait avaler la moindre goutte de liquide. Au moment où une goutte de boisson touchait l'orifice cardiaque, il criait qu'on lui pressait le doigt du pied, et il avalait ensuite avec plus d'aisance. Le quinquina, qui est insecticide, fit disparaître, en même temps que les poux, la fièvre et la névralgie dont ces poux étaient la cause première. Mais si les poux, auteurs de ces ravages, s'étaient logés dans une cavité, au lieu d'envahir la superficie du corps, comment aurait-on caractérisé la maladie? Quelle bizarre entité

(*)   Sed quis non paveat Pherecydis fata tragœdi,
          Qui *nimio sudore* fluens, animalia tetra
          Eduxit, turpi miserum quæ morte tulerunt.
                                          SERENUS SAMONICUS, *loc. cit.*

Fr. Chr. Paullini a observé cette même circonstance chez un paysan atteint du scorbut, et qui mourut à la longue faute de soins. Il sortit alors de son corps *une sueur fétide*, dans laquelle on apercevait une infinité de poux. (*Éphém. des cur. nat.*, déc. 2, an. 6, 1688, append., obs. 1.)

(**) *Journ. gén. de Méd.* de Sédillot, tom. 30, pag. 169, 1807.

n'en aurait-on pas faite alors? Or les *Pediculi subcutanei* pénètrent très-avant dans la chair et dans les organes; en voici des exemples :

895. Un cardeur de laine (*), ayant perdu l'usage des pieds et des mains, fut obligé de garder le lit pendant deux ans, au bout desquels il ressentit une vive douleur entre les deux épaules, et s'aperçut qu'il s'était formé, à l'endroit douloureux, une tumeur de la grosseur d'un œuf de pigeon qui lui causait une démangeaison si incommode, qu'il ne dormait ni nuit ni jour. Il se décida, le 12 août 1679, à appeler un chirurgien qui lui ouvrit cette tumeur *stéatomateuse* (872); mais à peine avait-on pratiqué une incision à la peau, qui était extrêmement mince et rouge en cet endroit, qu'on reconnut que ce qui avait *l'apparence* d'une tumeur n'était qu'un sac rempli d'une très-grande quantité de poux blancs de différentes grosseurs; on les retira tous, et la tumeur se cicatrisa.

Pierre Forestus (**) a vu des vésicules pleines de poux sur le dos et dans la bosse d'une jeune fille; les frictions les en faisaient sortir. Il cite aussi une tumeur strumeuse qu'il a trouvée pleine de poux.

Pierre Borellus (***) parle d'un soldat qui, après s'être guéri d'une maladie chronique, parut tout à coup couvert de vessies remplies de poux : preuve évidente que cette maladie chronique n'était due qu'à la présence des poux dans le siége du mal, et que leur apparition sur la face du corps n'était qu'un simple déplacement de ces insectes.

La plupart des circonstances que nous venons de mentionner nous semblent permettre de soupçonner que le pou sous-cutané offre quelque analogie avec le puceron des plantes, sous le rapport de son mode de multiplication rapide et presque instantanée (747); et nous ne serions pas éloigné de croire qu'il est encore plus vivipare qu'ovipare.

9° Pou des antiques (*pediculus vestustatis*).

896. Il y a près de vingt ans qu'en visitant des graines de céréales trouvées dans les momies de la collection de M. Passalaqua, je rencontrai le pou que représente la fig. 5 de la pl. 6. Je ne publiai pas alors cette figure, parce qu'à cette époque de stupide délation, il me parut inutile, pour un pou, de m'attirer quelque dénonciation anonyme de la part d'un entomologiste de ce temps-là, aux yeux de qui toute publication de ce genre passait pour une usurpation de sa propriété; il y a progrès aujourd'hui, on ne dénonce plus pour si peu de chose. Le 24 novem-

(*) *Éphém. des cur. de la nat.*, déc. 2, ann. 5, 1683, obs. 13.
(**) *In Schol.*, obs. 15, lib. 8, obs. 58.
(***) *Hist. medica*, cent. 1-20.

bre 1843, je l'ai retrouvé dans mes vieux livres, avec tous les caractères du pou égyptien : Le corps, non compris la tête et les antennes, a un millimètre de long. L'énorme épaisseur de ses cuisses annonce un pou sauteur. L'anus se voit à travers la transparence du corps, à une certaine distance de l'extrémité de l'abdomen. Ses pattes sont terminées par deux crochets divariqués. On remarque des réticulations sur ses cuisses. Cet insecte doit vivre aux dépens des autres petits insectes qui se cachent dans les vieilles boiseries et dans les bouquins, et ne doit pas négliger, quand il en trouve l'occasion, la peau des animaux de plus grande taille et celle de l'homme même.

10° Poux des végétaux (*podura*).

897. Les podures sont remarquables par un appendice caudal, bifurqué à l'extrémité, et qui s'applique sous le ventre comme une double patte; c'est un appareil propre à sauter, par l'élasticité du ressort de son articulation. Nous connaissons autour de nous plusieurs espèces de podures, mais nous avons fort peu étudié leurs mœurs, leurs goûts, et leurs habitudes; nous sommes donc tous les jours exposés à prendre, pour des espèces nouvelles, des différences de sexe, d'âge et d'habitation. Je me contenterai donc d'appeler ici l'attention sur deux espèces, que j'ai observées le plus fréquemment, et que je crois être entièrement herbivores.

898. α. PODURE ÉCAILLEUX (*Podura squamosa* Nob., comprenant, comme variété d'âge et d'habitation, les *Podura aquatica*, *villosa* et *plumbea* de Linné). Cet insecte a deux millimètres en longueur de la tête à l'anus, quatre millimètres du bout des antennes à l'anus, et six millimètres de long du bout des antennes à celui de sa queue fourchue; il n'a qu'un tiers de millimètre en largeur; son corps est couvert d'écailles analogues à celles des papillons, mais ovales et lisses, et ayant à peine un dixième à un vingtième de millimètre. Ces écailles sont les unes blanches et les autres noires, ce qui fait que le corps en paraît tout noir ou à fond blanc avec des anneaux noirs; entre ces écailles s'échappent aussi des poils roides et longs. La tête est en museau de chat; la bouche triangulaire au bout du museau, mais n'offrant pas la moindre trace ni de palpe ni d'appareil mandibulaire apparent. Au devant des deux yeux noirs s'insèrent les antennes à quatre articles presque égaux, cylindriques, hérissés de poils. Les trois paires de pattes, également hérissées de poils, sont assez rapprochées de la tête; le tarse et le tibia égaux, la cuisse très-courte, l'extrémité du tarse aiguë et terminée en deux crochets. Quand l'animal a la queue repliée sous le ventre, il a l'air de nos poupées à robes en forme de sac et garnies d'une frange au bord inférieur.

Cet insecte habite dans nos papiers, sur nos tables à écrire, sur le bord des eaux; il saute comme une puce, mais ne paraît nullement s'attaquer à la peau des insectes ou à celle de l'homme.

On trouve souvent, sous les amas de broussailles ou sous les pierres, un grand podure, long de 5 millimètres de la tête à l'anus et de 8 de la tête au bout de la queue, qui est le *podura villosa* de Geoffroy; il ne diffère du précédent que par la taille.

Ces petits insectes résistent à de fortes gelées. J'en ai rencontré une trentaine de vivants sous la glace d'un de mes hydomètres, par un froid de—3° centigrade; et ils ont vécu ainsi assez longtemps dans les alternatives de froid et chaud.

899. β. Podure vert (*Podura viridis*, comprenant les *Podura atra*, *viridis* Lin., et *signata* Fabric.). Ce pou a le corps très-ventru, la peau jaune et lisse, la tête sphérique, deux yeux rouges et en réseau sur la nuque; les antennes ont leurs articles de plus en plus gros et longs, en procédant de la base au sommet. Les spires décrivent en saillie des tours très-serrés sur la surface de chacun d'eux; on les observe aussi, quoique moins en relief, sur les deux cornes de la queue; ces deux cornes s'implantent autour de l'anus, qui est rejeté vers le dos, lorsqu'elles le redressent. Les jambes ont quatre articulations, celle de la hanche la plus enflée, et celle du tarse la plus longue et la plus effilée.

Cet insecte ne vit que sur les plantes fraîches dont il suce les liquides; car sa bouche est plissée par des rayonnements qui semblent former un sphincter musculaire.

900. Peut-être faut-il placer à côté de ce genre ces forbicines écailleuses qui ressemblent à de petits poissons argentés, se glissent dans toutes nos ordures, se sauvent par toutes les fissures, sans salir leur livrée, ni briser les trois longs poils qui terminent leur queue pointue. De quoi vivent ces parasites dans la poussière des coins abandonnés de nos maisons? Sont-ils morbipares par eux-mêmes? Je l'ignore.

DEUXIÈME GROUPE D'INSECTES BROYEURS MORBIPARES : Sociétaires.

901. Les insectes sociétaires ne sont pour nous des causes de maladies que dans l'intérêt de leur propre défense; ce sont des insectes organisés en société, et vivant en république, avec un ordre dans la distribution du travail, une harmonie dans les efforts et dans les moyens de défense, une intelligence d'instinct enfin dans tout ce qui concerne la chose publique, qui fait honte à notre intelligence d'esprit et de raison. Oh! que les

peuples seraient heureux s'ils avaient en partage la sagesse gouverne-
mentale de l'abeille et de la fourmi !

902. ABEILLES, GUÊPES, BOURDONS. Ces insectes ne vivent que du miel
des fleurs et du pollen des anthères, avec lequel ils pétrissent leurs alvéoles. Ce n'est donc pas par leurs mandibules, mais par leur aiguillon caudal, qu'ils sont redoutables aux autres espèces animales ; ils ne blessent
que pour défendre leurs personnes et leur cité. Leur aiguillon distille dans
la plaie un venin acide, car l'ammoniaque en est l'antidote ; mais ce
venin s'arrête aux capillaires ; il coagule donc rapidement le sang,
et a pour effet de supprimer, par la coagulation, toute communication
vasculaire. Les effets morbides de leur piqûre s'arrêtent donc à la superficie du derme, et y déterminent tout au plus une petite phlyctène, dont
le frottement est dans le cas d'envenimer le caractère, et dont les effets
ne peuvent être mortels que par leur nombre. Régulus, exposé aux piqûres des abeilles, le corps nu et enduit de miel, ne dut succomber qu'à la
fièvre générale qui résulte de la somme de toutes ces petites fièvres locales.

Il n'est pas rare de voir des imprudents, et des chevaux même, qui,
s'ils viennent en passant troubler les travaux de la ruche, finissent par
succomber aux piqûres des abeilles déchaînées toutes à la fois contre eux.

Cependant nous ne manquons pas d'exemples de bubons, d'ulcères de
mauvaise nature, de furoncles survenus à la suite de piqûres de guêpes,
dont probablement l'aiguillon s'était préalablement empoisonné au contact de quelque cadavre ou autre substance organique putréfiés. *Voyez*
divers cas de ce genre dans les *Ephémérides des curieux de la nature*,
cent. 1 et 2, append., p. 135 et 303. Nous en citerons un autre cas qui
prenait d'abord un aspect très-grave et qui céda en peu de temps à l'action de l'eau sédative ; nous en renvoyons le récit au chapitre spécial du
traitement des maladies.

Depuis que l'éveil en a été donné par la publication de la 2e édition de
cet ouvrage, les journaux ont publié des faits analogues et des cas de
mort par suite d'une piqûre empoisonnée d'abeille ou de guêpe.

Le miel des abeilles devient même vénéneux, quand elles butinent sur
les fleurs d'arbres qui ont une propriété toxique, ainsi que Xénophon et
Pline le rapportent, en parlant de l'*Azalea pontica*, arbrisseau à belles
fleurs jaunes et à odeur de chèvrefeuille, qui communique au miel des
abeilles une qualité si malfaisante, que, dans la retraite des dix mille,
beaucoup de soldats, pour en avoir mangé, furent pris de vomissements,
de diarrhée et d'une ivresse passagère, et que trois cohortes de l'armée
de Pompée furent victimes de semblables accidents (*).

(*) Plin., lib. 31, cap. 13.

903. 1° Fourmis. La fourmi, plus rustique que l'abeille, en partage les instincts, les mœurs et les goûts ; elle n'a point d'aiguillon pour sa défense, elle se sert de ses mandibules à cette fin ; elle ne pique pas, elle mord ; elle n'envenime pas la plaie, elle la déchire. Le nègre de la Sénégambie peut impunément monter sur leurs énormes buttes pour s'orienter ; mais dès qu'il y porte un seul coup de pioche, les remparts de la république se couvrent tout aussitôt d'une nuée de combattants, qui font payer cher à l'audacieux le crime d'avoir profané ainsi le sol sacré de la patrie. Dans nos climats plus tempérés, les mœurs de la fourmi sont plus douces et plus philanthropiques ; cependant il ne faudrait pas trop se fier à la longanimité de la fourmi des bois.

2° La société fourmilière se compose de trois ordres d'individus ou plutôt de sexes : les mâles, les femelles qui ont des ailes, et les ouvrières, natures angéliques parce qu'elles sont dépourvues de sexe comme les anges, modèles d'amour pour le travail et de dévouement à leurs semblables, à qui revient le soin d'approvisionner et de défendre la république, de veiller, comme des nourrices admirables de tendresse, sur les œufs que les femelles en mourant ont confiés à leur sollicitude ; œufs qu'elles mettent à l'abri du froid de l'hiver, des inondations du printemps, qu'elles transportent au loin et au prix des plus grands efforts, dès que le moindre danger les menace, et qu'elles semblent bercer de leur vigilante appréhension, pendant toutes les phases de l'incubation spontanée de ces nourrissons-chrysalides.

Aussi dès que l'instant de la résurrection approche pour cette nouvelle génération en germe, on voit ces ouvrières affairées se répandre au dehors de la fourmilière, y rentrer, en ressortir, comme pour tout disposer d'avance, pour s'orienter et se rendre compte de l'aspect du ciel et de l'atmosphère, de la température de l'air et des chances de sécurité qu'offre au loin l'état des lieux. Quelques instants après, apparaissent à la file, sur les murs ou sur les troncs d'arbres exposés au soleil, des fourmis ailées à peine débarrassées de leurs langes, qui durcissent leur derme, se colorent et se fortifient en se réchauffant à la chaleur du soleil ; ce sont les mâles et les femelles, celles-ci plus grandes du double que ceux-là, et qui tous, une fois équipés de toutes pièces, prennent leur essor pour voler au lieu du rendez-vous dont les ouvrières leur ont tracé l'itinéraire, à la grande kermesse de l'hyménée, sous le feuillage d'un grand arbre, sur la plate-forme d'une vieille tour. Là, à la faveur des tourbillons de la *walse*, des *chassez-croisez* du quadrille, on se fuit, on se recherche, on se rapproche et l'on s'unit, pour aller enfin à l'écart accomplir le mystère qui doit continuer l'œuvre de la création. Ces tourbillons d'amour et de danses ressemblent de loin à des tourbillons de fumée qui élèveraient lentement leurs spirales dans les airs, en interceptant les rayons du soleil.

C'est une fête mobile comme la Pâque; elle a lieu un jour ou l'autre des mois d'août et de septembre.

Les mâles ne survivent pas à la copulation, ni les femelles à la parturition; ce qui fait que le champ des ébats reste jonché de morts (ce sont les mâles), et que les femelles vont pondre leurs œufs là où les saintes vierges, les ouvrières, ont préparé d'avance les berceaux, soit dans l'ancienne fourmilière, soit dans une fourmilière nouvelle et de colonisation; car les fourmis essaiment comme les abeilles.

En septembre 1848 nos gendarmes, qui veillaient sur la plate-forme du donjon de Vincennes, furent enveloppés d'un nuage de ces fourmis en orgie; et le lendemain matin, en y allant faire ma promenade, je trouvai la plate-forme recouverte d'une couche épaisse de fourmis mâles qui avaient succombé à l'ivresse de l'amour heureux; nos pieds en marchant semblaient soulever une poussière noire (*).

3° La fourmi n'a point d'aiguillon empoisonné, mais elle s'en dédommage par la malfaisance de sa transpiration, que l'irritation envenime encore davantage; elle défend la république envahie, avec l'acide volatil et acétique qui s'exhale de sa sueur :

Hieronymus Tragus (*Hist. stirp.*, lib. 1, cap. 91) avait dit, en parlant de la fleur de chicorée, qui est bleue, qu'elle a la propriété de rougir, comme de pudeur, quand on l'enferme dans une fourmilière. Jean Bauhin fait observer qu'Othon Bransfeld avait fait mention de ce fait avant Tragus.

Jean Wray (**) confirma ces assertions par l'expérience de Hulse sur les fleurs de chicorée, et par celles de Samuel Fisher, lequel dit que, si l'on remue une fourmilière avec un bâton, et qu'on tourmente les fourmis, celles-ci laissent tomber une liqueur qui affecte l'odorat, comme le ferait l'huile de vitriol (acide sulfurique); les fourmis, distillées par la voie sèche ou humide, ajoute J. Wray, donnent un esprit semblable au vinaigre rectifié (c'est l'acide qui revient à notre acide formique).

Lister (***) fait les mêmes remarques à l'égard des iules à corps long et cylindrique, de couleur rougeâtre (536).

Enfin A. Roux a consigné dans son journal (****) des observations fort intéressantes sur les effets morbides de cette transpiration acide des fourmis. Il y rapporte que si l'on expose une grenouille vivante à la

(*) *Voyez* nos *Revue élément. de méd. et de pharm.*, liv. d'oct. 1848, tom. II, pag. 143; et *Rev. compl. des sciences appliq.*, livr. de nov. 1855, tom. II, pag. 116.

(**) *Trans. philos.*, ann. 1670, n° 68, art. 1.

(***) *Ibid.*, n° 68, art. 11.

(****) *Journ. de méd., chir , pharm.*, tom. 17, 1762, pag. 237 et suiv.

vapeur d'une fourmilière, sous une cloche, elle y meurt en moins de quatre à cinq minutes, sans qu'elle ait reçu la moindre morsure. Cette vapeur tue les fourmis elles-mêmes; on n'a, pour l'expérimenter, qu'à les enfermer dans une bouteille; on les voit remonter d'abord vers le goulot; mais à peine sont-elles arrivées au milieu de la bouteille, qu'elles retombent pour ne plus se relever.

Ayant passé une après-midi à remplir ainsi une bouteille de fourmis, pour servir à d'autres expériences, Roux se sentit le soir un peu de chaleur aux doigts, qui enflèrent et s'enflammèrent; le lendemain l'épiderme se sépara de la peau, comme si l'on y eût appliqué un vésicatoire, et les doigts des deux mains se pelèrent entièrement.

Le baron d'Holbach rapporta à Roux, à cette occasion, que le nommé Tessier, maître maçon de Sussy en Brie, voulant détruire une fourmilière qui s'était établie dans son jardin, imagina de la recouvrir avec une cloche de verre, espérant que la chaleur du soleil suffirait pour faire périr les fourmis. Ce moyen lui réussit; mais ayant voulu relever la cloche, et ayant imprudemment approché le visage de l'ouverture, il fut pris tout à coup d'un violent mal de tête, et se sentit suffoqué par la force de l'odeur. Peu à peu le corps lui enfla; il éprouva des agitations et des anxiétés qui lui faisaient craindre pour sa vie, ce qui dura toute la nuit. Le lendemain, il lui poussa une éruption cutanée, et le calme lui revint par degrés. Au bout de trois jours, la peau lui tombait par écailles.

Huit ans plus tard, nous voyons tous ces faits confirmés par les expériences de Mareschal de Rougères, médecin à Plancoet, en Bretagne (*).

J'ai rencontré beaucoup de gens de la campagne qui m'ont certifié le même fait, et m'ont donné à cet égard des détails qui ne laissaient pas le moindre doute sur la véracité de leur relation; ce fait était connu, à ce qu'il paraît, des paysans, bien avant qu'il eût paru dans les livres.

C'est sans doute à ces émanations acides de la fourmi qu'il faut attribuer la terreur qu'elle inspire à l'araignée qui fait son nid dans les trous des murailles : « Pour faire sortir de son trou, dit Walkenaër, l'araignée des caves (*Segestria perfida*), il suffit d'y jeter une fourmi vivante. L'araignée est dès lors dans une agitation extraordinaire, frappe avec violence sa toile de ses pattes antérieures, se remue de toutes ses forces, comme pour effrayer son hôte incommode (**). » L'araignée finit par abandonner la place; elle se tient à deux ou trois pouces de son trou, où elle ne rentre que lorsque la fourmi en est sortie. Évidemment

---

(*) *Journ. de Méd., chir., pharm.*, de Roux, tom. 32, 1770, pag. 126.
(**) *Aranéides* de la *Faune française*, pag. 203.

ce n'est pas des mandibules de la fourmi que veut se garantir l'araignée en fuyant, elle qui enveloppe de sa toile des insectes bien plus puissamment armés; c'est l'asphyxie qu'elle redoute; c'est l'odeur de la fourmi qui la suffoque et lui donne des attaques de nerfs.

4° Il est inutile de rappeler, je le crois, que les ablutions avec notre eau sédative à base d'ammoniaque seraient, dans ce cas, le meilleur antidote à cet empoisonnement miasmatique par l'acide formique.

904. On connaît, dans l'Amérique méridionale (475), une espèce de fourmi (*Formica cephalotes* Lin.) qui voyage par bandes considérables. A leur approche, chacun ouvre ses armoires de confitures et de provisions, et sort ensuite de sa demeure, pour laisser à la fourmi la liberté de chasser sur ses terres, et de nettoyer la maison des rats (475) et de tous les insectes qu'elle peut trouver. Ces précautions ainsi prises, la colonie se retire d'un manière aussi inoffensive qu'elle s'était présentée; il n'en est pas de même de l'espèce suivante :

905. FOURMIS BLANCHES OU POUX DES BOIS (*Termes destructor* De Geer, tom. 7, p. 50; *Termes fatale* Lin.). Ces fourmis sont étiolées et fuient la lumière du soleil, qui les tue; elles n'émigrent et ne vont à la chasse qu'en se creusant des souterrains ou galeries du diamètre d'une plume à écrire, qu'elles tapissent d'argile. C'est de cette manière qu'elles s'insinuent dans les coffres, dans les bois de lit, pour venir la nuit mordre et ronger les chairs de ceux qui dorment. Les malheureux nègres se préservent de leurs morsures en se frottant le corps avec de l'huile ou de *palmachristi* ou de lamantin; ils les empoisonnent en jetant de l'arsenic ou de l'eau bouillante dans leurs trous. Pour en garantir leurs demeures, ils construisent leurs cases sur un lit de briques ou au-dessus de piédestaux de pierres; s'ils les suspendaient aux branches d'arbres ou sur des poteaux en bois, les termès parviendraient jusqu'aux habitants, en creusant leurs galeries entre l'aubier et l'écorce. Ces insectes respectent le bois de citronnier, à cause de son amertume, ainsi que les bois enduits de goudron, et les lettres imprimées des livres dont ils ne dévorent que le papier; on les trouve en Amérique, à la Martinique et aux Antilles, au Sénégal, en Arabie, et presque partout sous la zone torride (*). L'espèce en a été importée à la Rochelle, où elle commence à menacer la solidité des constructions en bois.

(*) *Voyez*, à ce sujet, Rochefort (*Hist. des Antilles et de l'Amérique*, pag. 254, 1658); — Rolander; — Franc. Moores (*Voy. en Afrique*, 1731-35); — Chauvalon (*Voy. à la Martin.*, pag. 113); — Adanson (*Voy. au Sénégal.*, pag. 99); — et enfin Forskhaal (*Voy. en Arabie*).

906. Les locustaires, sauterelles, criquets, taupes-grillons, mantes, sont moins morbipares que néciparés pour les plantes, dont ils fauchent les tiges en si peu de temps. La femelle est armée d'une tarière anale, au moyen de laquelle elle dépose dans la terre ses œufs en paquets qui prennent la forme d'une petite ruche. Quelques espèces s'écartent un peu des habitudes herbivores de ce groupe, et se nourrissent indistinctement de toutes sortes de débris. Il paraît que les sauterelles se multiplient d'une manière effrayante sous la zone torride et dans les sables brûlants de l'Afrique, d'où elles émigrent en traversant la mer, quand la nourriture leur manque, pour venir se rabattre, en nuées innombrables, sur les riches moissons de la Calabre et de la Sicile, qu'elles rasent et fauchent en un instant. Contre de pareils fléaux, l'homme semble impuissant, avec tout son arsenal de précautions et de remèdes.

1° Les sauterelles étaient un des fléaux de l'Égypte du temps de Moïse. D'après Pline, les habitants du mont Casius, sur les frontières de la Perse, obtenaient tous les ans, par leurs prières, que Jupiter leur envoyât les oiseaux de Séleucie pour les débarrasser du fléau des sauterelles qui fauchaient leurs moissons (*).

Lorsque le czar Pierre Ier arriva à Iassy, sur le Pruth, pour livrer bataille aux Turcs, il trouva la campagne dévastée par des nuées de sauterelles, ce qui affama son armée et finit par y engendrer la contagion.

Il ne se passe pas d'année que ce fléau ne se renouvelle dans les steppes de la Russie méridionale et dans la Turquie d'Europe, à Brousse et sur le littoral de l'Asie Mineure.

En mai 1849, tout le Texas (Mexique) fut en proie au fléau des sauterelles ; les colons suspendirent partout leurs travaux.

A Cordoba, dans l'État de Véra-Crux (Mexique), en août 1856, le pays fut dévasté par les sauterelles en si grand nombre qu'on en ramassa une quantité estimée au nombre de plus de cinq cents millions d'individus,

Les provinces méridionales de l'Italie, de l'Espagne, de la Provence ne sont nullement exemptes de l'invasion de ces insectes ravageurs ; la vallée de l'Isère en Savoie en a été ravagée en juillet 1850.

En 1815 elles envahirent l'Algérie au mois de mai, et y laissèrent une telle quantité d'œufs, que la population d'Alger se porta en masse pour détruire les larves qui en naquirent. En avril 1845, elles y ont reparu comme un nuage qui interceptait la lumière du soleil ; elles se dirigèrent, après bien des détours, et poussées par le vent du nord, vers le sud,

(*) Plin. lib. 10, cap. 27.

dans le désert d'Angui; leur passage dura plus de trois heures. Le lendemain elles revinrent du sud au nord, faute d'avoir trouvé de quoi
brouter dans le désert. Elles se rabattirent dans la plaine, sur la frontière
du Maroc, et y laissèrent une odeur infecte provenant de leurs excréments; elles reparurent en juin près de Coléah; les broussailles en
étaient chargées. On donnait 15 centimes de prime par kilo, à ceux qui
les ramassaient pour les détruire. On en couvrit de chaux quarante-sept
quintaux métriques, ce qui, à quatre cents sauterelles par kilo, ferait un
million huit cent quatre-vingts sauterelles qu'on parvint à détruire sur
cette bande de ravageurs.

2° Tous les peuples de l'Arabie, de l'Afrique et régions intertropicales
de l'Asie paraissent affectionner comme mets les sauterelles. D'après Guill.
Dampier (*) les insulaires de Monmouth et Grafton (un peu au-dessus des
Philippines, par 20° de latitude septentrionale et 120° de longitude) font
un ragoût assez recherché avec les sauterelles qui viennent ravager leurs
patates; d'un coup de balai ils en prennent une pleine pinte..... Dans
le royaume de Tonquin, aux mois de janvier et février, les habitants
ramassent au filet d'énormes sauterelles qui se rabattent dans les rivières,
n'ayant pas la force de les franchir; ils les mangent grillées sur les
charbons ou les salent pour en faire des provisions. Ces sauterelles
rouges comme des écrevisses cuites, de la grosseur et de la longueur du
doigt, grasses et succulentes, sont également estimées du riche comme
du pauvre, qu'elles soient fraîches ou salées (**). Les habitants du Sahara
en font des provisions en les pétrissant avec du sel, et ils les conservent
dans l'huile; ils en composent ensuite, avec du maïs, une espèce de
couscoussou; ils disent qu'ils les mangent pour s'indemniser de ce
qu'elles leur ont mangé. Les Arabes mahométans donnent à leurs
goûts, a cet egard, une origine plus pieuse; ils s'appuient sur cette
parole que la tradition prête à Mahomet : « Celui qui ne mange pas de
mes sauterelles, du lait de mes chamelles, de mes tortues, n'est pas de
moi et je ne suis pas de lui. » Mais cet usage remonte bien plus haut; car
nous trouvons dans l'Évangile de saint Mathieu, que Jean-Baptiste vivait,
dans le désert, de sauterelles et de miel sauvage : *Esca ejus erat locustæ
et mel silvestre.* (Cap. 3, v. 4.)

907. Il paraît que si les Arabes du Sahara, en mangeant des sauterelles,
n'ont pour but que de se venger de leurs ravages, les sauterelles ont,
après leur mort, de quoi user de représailles, et de quoi faire payer un
peu cher cette vengeance gloutonne.

(*) *Voyage autour du monde,* éd. de Rouen, tom. II, pag. 128 et tom. III, pag. 31.
(**) C'est l'espèce énorme qu'a figurée Rœsel (tom. 2, gryll., tab. 5), ou *gryllus
arabicus* Hasselq. et *gryllus cristatus* Lin.

Strabon et Diodore de Sicile rapportent que les Éthiopiens acridophages (mangeurs de sauterelles) sont sujets à avoir, dans leur vieillesse, leur corps tellement dévoré de vermine, que leur chair semble se changer en vers. Diodore de Sicile désigne cette maladie par l'expression d'*apotheriosis* des acridophages, comme qui dirait là métamorphose en vermine des acridophages. D'après Marcellin Donati, ces vers sont ailés, ils commencent à naître dans l'intérieur du corps, puis se mettent à ronger le ventre et ensuite tout le reste du corps (*). Sauvages, sur le rapport de Drack, décrit la même maladie sous le nom de *malis acridophagorum*; il dit que les acridophages dépassent rarement l'âge de quarante ans; qu'à cet âge, ils éprouvent un prurit incommode, et que dès ce moment, leur corps fourmille d'insectes qui leur dévorent l'abdomen, la poitrine et enfin tous les organes jusqu'aux os (**).

Il me paraît probable que ces insectes ailés ne proviennent que de l'éclosion des œufs nombreux de la sauterelle, qui, faute d'autre nourriture, et par suite des nécessités de leur position exceptionnelle, se mettent à ronger la tombe vivante qui a dévoré leurs grands parents. On nous objectera que ces peuples ne sont ainsi dévorés que dans leur vieillesse, quoiqu'ils mangent des sauterelles dès leurs jeunes ans; mais à cette objection, qui se reproduira à l'article des vers intestinaux, il est facile de répondre que la digestion paresseuse des vieillards fournissant des produits moins corrosifs, l'éclosion des œufs de sauterelles ne rencontre plus les obstacles que lui opposait la chymification dévorante d'un âge moins avancé.

Voici, au reste, un fait qui viendrait à l'appui de cette opinion. Olivier Jacobœus (*Actes de Copenhague*, ann. 1677-1679, obs. 105) rapporte qu'Édouard Tyson conservait de son temps, dans son cabinet, une nymphe de sauterelle, qu'un Anglais, sujet à la gravelle, avait rendue vivante par les urines; « cet Anglais, ajoute-t-il, avait souvent pris de la poudre de sauterelles pour se guérir du mal qui l'affligeait »; et ce témoignage ajouté un nouveau poids à un fait analogue rapporté par Ambroise Paré et révoqué en doute par Leclerc (***) et Michel-Fréd. Lochner (****), dans une lettre adressée à Vallisnieri : D'après Ambroise Paré (édition de 1628), le comte Charles de Mansfeld, malade d'une fièvre continue à l'hôtel de Guise, fut guéri en rejetant par les urines l'insecte que représente la figure ci-jointe.

(*) *Hist. med. mirab.*, lib. 4, cap. 5, pag. 59.
(**) *Nosol. Method.*, tom. 5, cl. 10, pag. 421.
(***) *Hist. lumbr. lat.*, p. 276.
(****) *Ephem. cur. nat.*, cent. 7 et 8, obs. 99.

Andry, en transcrivant ce fait curieux (*), a remplacé cette figure informe par celle-ci, qui est exactement la figure d'une jeune sauterelle. Nous n'avons pas les moyens de vérifier (mais pourtant nous penchons pour l'affirmative) s'il l'emprunte aux éditions précédentes d'Ambroise Paré, éditions plus soignées que l'édition posthume de 1628.

QUATRIÈME GROUPE D'INSECTES BROYEURS MORBIPARES : Ichneumonidaires.

908. Nous comprenons dans ce groupe les tétraptères, mouches à mandibules, dont la femelle, armée d'une tarière oviducte insérée au devant de l'anus, dépose ses œufs dans les chairs d'un animal vivant, ou dans le tissu herbacé des plantes, dépôt qui occasionne dans le tissu organisé une tendance à des développements anormaux et monstrueux, quoique constants dans leurs formes habituelles. L'incubation de l'œuf et l'éclosion de la larve sont deux causes incessantes de ces nouvelles créations. Je diviserai ce groupe en trois ordres : les ichneumonides qui déposent leurs œufs dans le tissu herbacé des végétaux qu'ils déforment (*cynips*); les ichneumonides proprement dits qui déposent leurs œufs dans les chairs des animaux vivants (*ichneumon*); enfin les tenthrèdes (*tenthredo*), dont les larves ravagent les troncs des arbres et ne les déforment pas; sans nous arrêter, du reste, aux différents démembrements génériques que Fabricius et Latreille ont cherché à établir, dans ce groupe, d'après des observations anatomiques malheureusement trop superficielles.

PREMIER ORDRE : *Cynips.*

909. Les femelles des cynips ont, en général, la tarière anale bien plus longue que les ichneumons, parce qu'elles sont obligées de traverser des tissus plus durs et d'arriver à une plus grande profondeur, pour y déposer leurs œufs dans des conditions favorables à l'incubation. Les mâles, privés de cet organe, peuvent être facilement pris de la sorte pour des espèces différentes. Dès que l'œuf est parvenu à sa destination, et que le cynips a retiré sa tarière, la plaie du tissu végétal se referme, et l'œuf commence cette phase de développement que nous nommons incubation ; il s'applique sur la surface de la cellule artificielle qui lui sert d'utérus, par une portion indéterminée de la périphérie, qui devient dès lors or-

(*) *De la Génér. des vers,* 1741, tom. 1, pag. 122.

gane placentaire et d'aspiration. Mais ce genre d'aspiration imprime au tissu ambiant une impulsion nouvelle, y attire les liquides en plus grande abondance, facilite les rencontres adultérines mais régulières d'un plus grand nombre de spires, et partant devient le germe créateur d'un organe de nouvelle espèce; organe parasite, mais aussi parfait dans ses formes, sa constance et ses produits spéciaux, que peuvent l'être les organes émanés de la fécondation végétale. La galle du chêne n'a-t-elle pas toute l'organisation et toutes les qualités d'un fruit acerbe et astringent? La larve continue l'œuvre de son œuf, car la larve est un œuf mouvant; et lorsque son milieu ne suffit plus à son accroissement, elle s'y change en nymphe, puis en mouche, qui, au printemps suivant, perfore son berceau et s'échappe dans les airs, pour recommencer cette œuvre, en vertu d'une fécondation nouvelle, et sur des tissus herbacés nouveaux. Les cynips ne sont morbipares que par leurs œufs et leurs larves.

1° Le chêne sert d'abri et de pâture à un monde d'insectes; il n'est pas un de ses organes qui n'ait pour le déformer une forme particulière de *Cynips.*

Chaque œuf que dépose la mouche dans le parenchyme de l'un de ces organes devient, par son incubation et par le parasitisme de sa larve, le germe d'un organe de surcroît, d'une monstruosité végétale. Les galles de chêne, ces grosses boules qu'on a employées de toute antiquité pour le tannage des cuirs et pour la teinture, sont l'œuvre de l'un de ces artisans que l'on retrouve au centre de la sphère jusqu'à l'époque du printemps, où il sort de sa tombe sous forme d'insecte parfait. Pendant tout ce temps il s'est développé, métamorphosé et il a hiverné, sans aucune communication directe et artificielle avec l'air extérieur.

On voit apparaître, au printemps, sur la page inférieure des jeunes feuilles, des petits grains verdâtres, transparents comme des grains de raisin, isolés les uns des autres, et qui se développent de plus en plus jusqu'à ce qu'ils aient atteint dans nos climats le diamètre d'une cerise; ils durcissent alors, se colorent en jaune marbré de rose et acquièrent la consistance du liége ligneux. Le *Cynips* a sa cavité sphérique au centre de cette boule, qui n'est que le développement d'une cellule du parenchyme de la feuille, faite ainsi comme au tour par cet infiniment petit potier; la mouche qui en éclôt a été désignée par Linné sous le nom de *Cynips quercûs folii* (*). En teinture on préfère les galles du Levant à celles de nos climats.

(*) C'est Malpighi qui a découvert le premier que ces galles étaient l'œuvre d'un ver dont il n'a pas autrement étudié l'histoire (*De Gallis*, pag. 32, *opera omnia*). —

Des galles analogues remplacent les grappes de fleurs mâles du même arbre; elles sont le produit du *Cynips quercûs pedunculi* Lin.

On en trouve d'analogues sur le pétiole des feuilles qui sont l'œuvre du *Cynips quercûs petioli* Lin.

Sur certaines feuilles du même arbre, il survient comme des petites lentilles, assez analogues en petit au fruit du *Palyurus*, biconvexes au centre et aplaties tout autour en forme de collerette, que l'on aurait rangées dans les productions cryptogamiques, si l'entomologiste n'avait pas surpris l'insecte au sein de sa production; c'est le *Cynips gallæ numismalis quercûs* de Geoffroy.

Chacune des galles dont nous venons de parler ne renferme qu'un insecte qui est son artisan. Mais quand la mouche dépose ses œufs chacun dans le parenchyme d'une feuille du bourgeon printanier, ce bourgeon se développe en une grosse galle, qui résulte de l'application les unes contre les autres des feuilles dont la base recèle le ver. On distingue à toutes les époques les traces des feuilles agglutinées, mais non entièrement confondues entre elles; et si l'on coupe transversalement ce pseudocarpe ou faux fruit, on met à découvert tout autant de loges d'insectes que le scalpel a traversé de feuilles; on croirait avoir alors devant les yeux, une espèce de fruit de *Nelumbium*. Chacune de ces loges pratiquées dans le parenchyme de la base d'une jeune feuille renferme un ver qui a vécu de la sève plutôt que de la substance de la feuille et a arrêté le développement ultérieur de cet organe à la dimension d'une simple écaille; l'auteur de cette déviation c'est le *Cynips quercûs gemmæ*.

Le 20 septembre 1853, dans le voisinage de Watermael, j'ai trouvé quatre ou cinq de ces transformations des bourgeons dans le creux de la base d'un chêne rez terre; ces grosses galles devenues noirâtres et qui semblaient avoir poussé dans le terreau où l'insecte avait surpris cette végétation au printemps, avaient l'air de clavaires et auraient été sans doute considérées comme telles, si l'entomologiste n'était pas intervenu pour signaler la larve parfaitement vivante dans chaque loge de ce produit.

2° Sur les bourgeons radiculaires de l'*hieracium murorum*, le *Cinyps hieracii* Lin. produit exactement le même genre de déformation, mais avec cette différence que la tige continue quelque temps à se développer, et puis se détourne à angle droit par suite de ce développement éléphan-

---

Leeuwenhoeck, de son côté, faisait presqu'en même temps la même découverte; mais il poursuivait l'histoire de l'insecte jusqu'à sa transformation en mouche (*arcana naturæ* et *contemplationes*, tom. I, part. 1, pag. 210, epist. 14 maii 1686. — Mais c'est à Réaumur que nous sommes redevables de l'étude complète de tous ces genres de parasites qui déforment les divers organes du chêne. (*Mém. pour servir à l'hist. des ins.*, tom. 3, pl. 39-43).

tiasique, qui dès lors prend la forme d'une tête d'oiseau terminée par un long bec recourbé; en mai, on retrouve dans chaque loge la larve encore vivante et non encore métamorphosée en puppe; elle offre une grande analogie avec celle du tilleul que nous décrirons plus bas (912).

3° Mais le plus curieux de ces effets du parasitisme des larves de *Cynips*, c'est celui que je vais décrire et dont la synonymie des classificateurs ne m'offre aucun exemple; il a été complétement ignoré de Geoffroy, de Réaumur, etc.; je l'ai rencontré en juillet à Boitsfort sur une branche de jeune chêne. On voit l'écorce de la branche se fendre comme par des boutonnières d'où s'échappent tout autant de tubercules d'un violet noir, lisses, ovoïdes mais acuminés au sommet, et dont le botaniste aurait certainement pris, de prime abord, le groupe comme une espèce de ces excroissances corticales qui ont été désignées sous les noms génériques de *sphœria* par Haller et d'*hypoxylon* par Bulliard. La figure ci-jointe représente un de ces groupes sur un fragment de branche de chêne. Or dans chacun de ces tubercules noirs, on trouvait tapie la même larve de *cynips* que celle dont nous venons de parler et qui transforme le bourgeon naissant du chêne en une énorme galle imbriquée. Évidemment, à la sortie de l'insecte, l'ouverture qui lui livre passage aurait été prise par le botaniste pour le pore caractéristique de ces prétendues productions cryptogamiques, que l'on n'étudie que lorsque ces sortes de rameaux, épuisés par le parasitisme de l'insecte, se détachent de l'arbre et viennent joncher le sol. On a dû sans doute enregistrer, comme des produits cryptogamiques, une foule de produits entomologiques de ce genre.

4° La larve du cynips du rosier (*Cynips rosæ* Lin.) occasionne, sur les tiges herbacées de l'églantier, ces galles hérissées d'un chevelu mousseux, que l'on nomme des *bédégars* (*).

5° Le rosier porte sur ses feuilles une belle galle lisse, colorée comme une pomme, qui est encore l'œuvre d'un cynips différent du précédent, mais dont toute la différence, peut-être, n'est que dans son produit. La feuille, en effet, ne saurait être le siége d'une élaboration du même type

(*) La mouche de ce cynips aime à se rouler l'abdomen contre le thorax, comme le fait sa larve dans la galle qu'elle crée. L'individu que j'ai observé faisait sortir du segment anal un emboîtement conique de segments, qui, en se désemboîtant, acquérait la longueur de l'abdomen; puis, on voyait suinter de l'extrémité une gouttelette liquide.

que la tige. Elle n'a pas d'épines (764), qui, en se développant comme par une espèce de plique (886), se transforment en longs filaments ramifiés.

6° La larve du cynips du lierre terrestre (*Cynips glechomæ* Lin.) fait naître une belle galle sphérique sur les tiges de cette plante.

910. De pareilles transformations, dans le cadre de la nosologie animale, prendraient les noms de tumeur strumeuse, goître, ostéosarcome, exostose, tumeur indolente, trichome et plique, éléphantiasis.

911. 7° Dans les allées ombragées de tilleuls, on observe assez souvent, sur les jets qui poussent terre à terre et vivent privés de lumière, des déformations assez singulières; les sommités offrent une rosace de feuilles qui, en se pressant, et faute de pétiole, se chiffonnent de mille façons différentes. Tout cela dérive d'un ou de plusieurs œufs de cynips que la femelle est venue implanter à la base du bourgeon terminal, à l'instant où il est sur le point d'éclore; ce qui fait que les pétioles absorbés par ce parasitisme se confondent avec la masse commune de l'entre-nœud, et que le limbe seul de la feuille continue à acquérir quelques-unes de ses dimensions et de ses formes habituelles. Le bourgeon s'arrête ainsi dans son accroissement en longueur; il se déforme en largeur de la manière la plus bizarre et la plus éléphantiasique, et offre successivement sur sa surface toutes les colorations d'un fruit qui marche à la maturité.

Les trois figures ci-après, copiées d'après nature, donneront une idée

de toutes les autres modifications de cette déviation. Celle du bas avait l'air d'un bouton de rose ou d'une petite pomme d'api surmontée de son calice épanoui et à cinq sépales inégaux. Quand on ouvre ces galles irrégulières, on y trouve autant de larves qu'à l'extérieur la déformation offre de bosselures, quatre ou cinq au moins par galle ; chacune y occupe une loge distincte correspondant à une bosselure externe. Le tissu de la loge est spongieux, cristallin et cotonneux, comme la chair des poires beurrées. Les larves que j'y ai observées, le 2 juin 1838, avaient à peine deux tiers de millimètre en longueur, et n'étaient visibles qu'à une assez forte loupe, au moins quant à leurs principaux détails. Elles sont apodes, jaunes, lisses, bordées longitudinalement, ayant douze anneaux et deux petites antennes roides sur le devant de la tête, sur laquelle elles s'appliquent de haut en bas, de même qu'on le voit sur la larve de la fig. c, g, fig. 13, pl. 10. Dès que cette larve se voit extraite de son berceau, elle cherche de la tête avec anxiété à retrouver le chemin qui y mène ; puis on la voit rapprocher sa tête de sa queue, et s'élancer ensuite comme un arc qui se débande ; elle parcourt ainsi d'un saut jusqu'à quatre et même huit centimètres de distance ; sur une lame de verre, elle semble perdre cette faculté.

Avant qu'on eût observé les insectes générateurs des galles d'arbres, ces déformations constituaient des entités maladives, dans lesquelles la sève et les humeurs devaient jouer un très-grand rôle. La découverte de l'insecte nous sert à tout expliquer bien plus simplement.

J'ai aperçu, voltigeant autour de ces tilleuls, le cynips dont la larve cause d'aussi jolis ravages ; mais je n'ai jamais pu le prendre sur le fait.

912. 8° LES FEUILLES DE TILLEUL sont sujettes, à leur âge adulte, à des déformations de leur tissu cellulaire, qui sont l'œuvre d'une autre espèce de cynips. La femelle ayant déposé son œuf dans l'une des cellules du parenchyme de la page supérieure, cette cellule prend un développement si rapide et si étendu, qu'à l'époque où la larve a acquis certaines dimensions, sa place est marquée sur la feuille par un *talus* circulaire et osseux qui sert de base à un cône rougeâtre et fermé à son sommet par un petit opercule rouge, analogue à celui de l'urne de certains *bryum*. On le voit en cet état et de grandeur naturelle en *a, a*, sur le fragment d'une de ces feuilles de tilleul, fig. 13, pl. 10. A une époque plus voisine de la sortie de la larve, cet opercule commence à se détacher, comme il paraît en *b*, et par suite, sans doute, d'un mouvement brusque de la larve qu'il renferme ; il sort alors de cette plaie comme un noyau ou un pepin, qui laisse sur la feuille un enfoncement strié, analogue à l'intérieur du petit champignon qu'on nomme *Cyathus striatus ;* on en voit un de ce genre, entre les trois états que nous venons

de décrire sur ce fragment de feuille. A la loupe, on s'assure que le noyau, ayant un millimètre en diamètre, fig. *i* 13, se compose d'une partie conique externe operculaire et boutonnée au sommet, et d'une seconde moitié marquée de côtes longitudinales, et qui auparavant était tout entière plongée et enchatonnée dans le parenchyme de la feuille. Ce noyau a, pour ainsi dire, pour amande, une larve rouge, apode, que les figures *c, d, e* 13, pl. 10, représentent par ses surfaces abdominale et latérale, courbée et comme sur le point de sauter. La figure *g* 13 est vue à un plus fort grossissement, pour mettre mieux en évidence les deux petites antennes, la bouche et les stigmates de chaque anneau. On voit la disposition intérieure de ce noyau, la niche de la larve, fig. *j* 13. J'ai vainement cherché à rencontrer la nymphe de la larve dans la cavité de ces noyaux, à moins qu'on ne voulut considérer comme une nymphe le corps *h* 13, que j'y ai trouvé une fois ; mais je crois plutôt que c'est là une larve déformée et malade, et je pense que ce n'est pas dans l'intérieur de cet organe que s'opère cette métamorphose ; l'expulsion du noyau indique suffisamment que la larve a besoin de se déplacer, afin de se métamorphoser plus facilement. Les larves de ces cynips, du reste, sont fileuses ; or, sur la page inférieure de la plupart des feuilles de ce tilleul que j'observais au village de Cachan, près d'Arcueil, j'ai rencontré des coques soyeuses blanches, fig. 15, pl. 10, qui renfermaient la nymphe, laquelle, à ce qu'il m'a semblé, se rapportait assez bien à la larve de ces galles. Dans certains de ces noyaux, j'ai rencontré le corps *f*, fig. 13, pl. 10, lequel pourrait bien être l'œuf à un état avancé d'incubation. L'insecte parfait est connu sous le nom de *Cynips tiliæ* ; il faudrait l'appeler *Cynips folii tiliæ*, pour le distinguer du précédent le *Cynips gemmarum tiliæ*. Quoi qu'il en soit, et en ne tenant pas compte de la présence morbipare de la larve, trouvez-moi, parmi les dermatoses ou fièvres éruptives, une entité maladive qui ait une marche plus régulière ? Voyez combien de périodes on serait en état d'y noter, toutes marquées par un ou deux septénaires ; un prodrome, des symptômes précurseurs, même une prédisposition, une marche régulière, une crise et une issue fatale, etc.

913. 9° CYNIPS DES FEUILLES DE BOULEAU. En juillet 1840, j'ai rapporté d'une haie placée au bas des coteaux qui dominent Cachan, des feuilles de bouleau dont la tige offrait une foule de petits tubercules osseux, semi-sphériques, analogues à des verrues proéminentes sur les deux pages. Sur la page supérieure, elles sont vertes et arrondies ; sur l'inférieure, elles forment un cône tronqué, logé dans un enfoncement circulaire ; ces verrues ont à peine en diamètre un millimètre et demi. On

n'a qu'à les percer avec la pointe d'une aiguille, pour en tirer une larve qui a un sixième à peine de millimètre en longueur, et qui se meut à l'aide de deux paires de pattes assez longues. La forme du corps imite assez bien celles de la fig. 13, pl. 10, mais la queue fléchie latéralement. L'intérieur de la loge que s'organise cette larve est tapissée de globules comme polliniques, dont le diamètre dépasse à peine un vingt-quatrième de millimètre. Le temps ne me permit pas d'aller étudier la mouche qui en résulte ; mais je suis persuadé qu'on trouvera dans quelque herbier ces feuilles de bouleau au nombre des *xyloma*, ou autres prétendues urédinées (766) ; car les botanistes n'y regardent pas de si près, quand il s'agit de l'œuvre d'un insecte d'un sixième de millimètre. Ces feuilles ont ainsi une belle et bonne galle, qui n'est que l'œuvre d'une larve.

914. 4° CYNIPS DES AMPOULES DE L'OSIER (*Cynips viminalis* Rœsel, tom. 2, pl. 10. *Bombyc. et vespæ*; — Réaumur, mém. 12, tom. 3, pl. 37, fig. 1-9, 1727). On rencontre, sur certains osiers et saules marsaults, des feuilles dont les bords sont enflés en longues ampoules vertes et lavées de rouge, comme nos pommes d'api, et qui atteignent jusqu'à un centimètre et demi de long sur un centimètre de diamètre ; elles s'étendent du bord de la feuille jusqu'à la nervure médiane, et la même feuille en offre ainsi trois ou quatre, sans communication entre elles. En les ouvrant, on les trouve grandement vésiculeuses et pleines de vent ; leurs parois, en effet, ont à peine l'épaisseur d'un millimètre ; elles ne présentent pas la moindre ouverture, ni la moindre solution de continuité qui établisse une communication immédiate avec l'air extérieur. L'intérieur est tapissé de granulations sphériques, qui réfléchissent la lumière comme des diamants, et donnent à cette surface l'aspect d'une feuille de *Mesembryanthemum cristallinum*. On ne remarque dans chaque vésicule qu'une larve, au moins quand la vésicule est imperforée ; c'est une larve apode, effilée vers la queue, à tête cornée, et n'offrant point d'appareils mandibulaires, mais plutôt trois lames convergentes au sommet, appareil que la larve peut faire rentrer dans l'épaisseur du premier anneau. Cette larve atteint jusqu'à sept millimètres de long ; elle se file alors une coque soyeuse, dont la longueur varie de quatre à six millimètres. En quelques jours, les nymphes se changent en deux formes de mouches, qui sembleraient indiquer deux espèces différentes de cynips, à moins d'admettre que l'une des deux est le mâle de l'autre, ou que la différence, toute considérable qu'elle est, provient de l'exposition où s'opère la métamorphose.

Première forme. La mouche est toute noire, et atteint cinq millimètres de la tête à l'anus, au devant duquel s'insère une tarière ou soie lon-

gue de trois millimètres. L'abdomen est cylindrique, tantôt gris en dessous, et tantôt marqué, sur ce fond gris, de deux rangées longitudinales
de taches carrées noires, disposées deux par deux sur les quatre premiers
anneaux.

Deuxième forme. Celle-ci est toute jaune, à abdomen ventru et court.
Elle n'a que trois millimètres de la tête à l'anus, plus trois millimètres
de tarière. Ses ailes, dont les supérieures ont quatorze grandes cellules,
et les inférieures six, dépassent le corps de un millimètre et demi. Sur
sept ou huit coques qui se sont métamorphosées dans mon cabinet, je
n'en ai obtenu qu'une seule de cette deuxième forme.

J'ai dit plus haut que chaque vésicule ne renferme qu'une larve ; et
pourtant on en rencontre où il s'en trouve deux, de forme et de longueur
différentes. Mais la deuxième y est venue par une porforation qu'elle a
pratiquée dans la paroi de la vésicule ; elle peut même se glisser d'une
vésicule dans une autre, en creusant une galerie de l'une à l'autre.
Ces deux larves vivent de compagnie sans se nuire. La larve étrangère
est celle d'un *tenthredo* ou *fausse chenille* ; elle a des mandibules, trois
paires de pattes antérieures, blanches, cornées et terminées par une
pointe ; sa tête est blanche, cornée, avec deux yeux noirs ; ses anneaux
sont plissés et velus ; ils portent tous deux mamelons à partir du quatrième. La fausse chenille ronge les granulations cristallines que la
succion de la larve du cynips fait naître sur la paroi interne de la vésicule ;
la chenille détruit ce que la larve crée ; elle détapisse les parois de leurs
brillants ; et elle a donné le change à bien des naturalistes qui ont observé
ces produits morbides : ils ont pris le parasite pour l'artisan de ces ma-
gnifiques créations. Réaumur s'y est trompé ; il a même pris la perforation pour un trou de sortie de la larve, qu'il compare à une chenille
rose. Swammerdam est tombé dans un autre genre de méprise et de *qui-
proquo*, en avançant que cette larve donne naissance à un charançon (*).
Leeuwenhoeck (**) a cru que le plus gros ver dévorait le plus petit ; cependant il a assez bien figuré la larve du cynips. Fabricius n'a connu
que la forme jaune de la mouche (*Cynips viminalis*, dit-il, *flava, thorace
nigro*), observation superficielle qui l'a conduit à faire autant d'espèces
de cynips qu'il a eu occasion d'observer le *viminalis* sur des arbres
divers : *Cynips capræ, salicis, strobili, amarinæ.*

Ainsi le suçoir d'une larve n'a qu'à s'implanter successivement dans
les parois de sa loge pour l'agrandir chaque jour, en déterminant dans ces

---

(*) *Biblia naturæ*, trad. dans la coll. acad., tom. 5 de la partie étrang., pag. 513
pl. 28, fig. 9 et suiv.
(**) Epist. 136. 26 juin 1701, *Continuatio arcanorum nat.*, Leyde, 1719.

tissus une impulsion de développement extraordinaire ; ce suçoir fait
naître une phlyctène pleine d'air, qui serait rangée dans les cas maladifs, si la loupe ne découvrait pas que c'est un cas d'histoire naturelle.
Les végétaux n'ont pas donné lieu à une nosologie systématique, parce
que la faculté que nous avons de les disséquer vivants nous permet
d'arriver sur-le-champ à la cause animée du mal, et de la surprendre
sur son fait morbide.

915. 5° Cynips des feuilles du hêtre (*Cynips fagi* Lin); voyez notre
pl. 13, fig. 1-12. Rien n'est plus commun en automne et vers la fin de
l'été que de rencontrer, sur la page supérieure des feuilles du hêtre,
pl. 13, fig. 11, une petite galle en général solitaire, qui a la forme, la
consistance ligneuse et la coloration d'une jeune noisette, laquelle serait
acuminée et qui, sortie de sa cupule calicinale, aurait été implantée
par la base sur la feuille dont nous parlons ; il est des feuilles qui portent jusqu'à quatre de ces galles. La figure 11 représente cette production grossie de moitié sur une feuille de grandeur naturelle. Pendant
mon séjour, en 1844, à la Chapelle près de Dieppe, où le hêtre est l'essence
prévilégiée des aménagements des forêts et des parcs, il y avait peu
d'arbres sur lesquels M. Suzanne de Bréauté ne m'ait montré de ces
sortes de galles ; grâce à l'obligeance avec laquelle il a entretenu mes
petites provisions de ce genre, j'ai pu compléter l'histoire de l'insecte
qui en est l'auteur.

Cette galle, fig. 11, ne dépasse pas un centimètre de long ; sa superficie lisse, blanc verdâtre d'abord, se lave de carmin en mûrissant,
comme la peau d'une pomme d'api. Elle est très-dure à fendre avec le
canif, aussi dure qu'une noisette dont elle a l'épaisseur ; la fig. 7 en
donne une idée : à l'intérieur on remarque, comme dans l'intérieur de
la noisette, des nervures longitudinales et anastomosées au sommet. On
y trouve emprisonné l'auteur et le créateur de ce pseudocarpe, sous la
forme d'un ver apode blanc, ovale, bordé sur les côtés par la saillie des
anneaux, pl. 13, fig. 6, et qui ne dépasse pas en longueur quatre millimètres. On conçoit que jamais cette galle ne renferme qu'un ver. A la
chute des feuilles, ce ver se transforme en une nymphe que représente
la fig. 5 de la pl. 13 ; les ailes, les antennes et les pattes se dessinent en
relief sur le devant à travers leurs étuis, de la manière la plus élégante,
et sous la forme d'un joli mantelet noir violet piqué en tuyaux d'orgue ;
l'abdomen *b*, de couleur marron, présente déjà cinq grands anneaux ;
cette puppe ne dépasse pas trois millimètres et demi. Au printemps, la
puppe se change en un singulier diplolèpe que les figures 2 et 4 représentent un peu plus grand que nature, et la figure 3 grossie au microscope. L'effort que fait la nymphe pour opérer sa métamorphose détache

la galle de la feuille, sur laquelle il ne reste plus que l'empreinte en godet, fig. 1. Dès ce moment, l'insecte n'est plus séparé de l'air extérieur que par une soupape blanche circulaire, analogue à la pellicule de l'œuf de poule, et qui cède tout d'une pièce devant la puppe, dès que celle-ci cherche à sortir; la puppe laisse son étui pelliculeux à moitié engagé dans cette ouverture; la fig. 8, pl. 13, représente ce fait d'observation : on y voit l'étui de la puppe *a*, la soupape pelliculeuse *b*, et la tranche des trois zones ligneuses de la galle *c*.

L'insecte parfait, fig. 3, se distingue des cynips par la forme en cuilleron de ses deux ailes inférieures *c*, fig. 3 et fig. 12, ce qui le ferait prendre, sans ses antennes *a*, pour une espèce de mouche, et nous porterait à la nommer *Diplolepis myodes*. Les grandes ailes, fig. 3 et 12 *d*, qui ont six millimètres de long, n'offrent que trois nervures qui sont rouges; l'intermédiaire, de moitié plus courte que les deux autres, se soude au sommet avec la costale, laquelle se soude, au bout de l'aile, avec la nervure interne; une troisième, fort peu distincte, vient se perdre vers le milieu du bord membraneux et interne de l'aile. Les antennes, fig. 9 *a* et 3 *a*, sont composées de seize grains de chapelet, enveloppés chacun d'une collerette de poils.; la tête *t*, le corselet *cc*, et les cuisses *f*, sont d'un noir luisant. L'abdomen *b*, long de quatre millimètres, est caréné en dessous, plat en dessus; il offre sept ou huit anneaux couleur de brique (*) et bordés de poils assez courts. Les deux premières articulations des pattes, fig. 10 *a*, sont jaunes, les trois dernières rouges. Les yeux, très-grands, occupent les deux côtés de la tête.

A La Chapelle, en 1844, la variété de hêtre à feuilles rouges noirâtres semblait être à l'abri de l'invasion de ces cynips. Mais en août 1855, sur une variété semblable de hêtre que nous avions dans notre jardin à Boitsfort, il se trouvait peu de feuilles dont la page supérieure ne fût presque couverte de ces petites amandes entomogènes; j'en ai compté jusqu'à dix sur certaines feuilles.

En un mot, toutes les variétés de hêtre conviennent à ce cynips, toutes jusques à la plus singulière de toutes, à celle dont les feuilles ressemblent plutôt aux expansions de certaines fougères et de l'*acrostichum* spécialement (*fagus filicifolia*). La figure de la page 365 représente cette indéchiffrable foliation; qui se douterait qu'elle appartînt à un hêtre? et ce qui ajoute encore à la curiosité du phénomène physiologique, c'est que rien, sous les enveloppes du bourgeon, ne ferait soupçonner le rudiment d'un développement ultérieur semblable, en sorte que l'on serait porté à

(*) Cette coloration est bien différente de celle que Linné lui prête par la phrase spécifique *atra immaculata* par laquelle il caractérise cette mouche.

croire que cette forme extraordinaire de feuilles est une déviation morbide produite par la piqûre d'un cynips ou par l'incubation de son
œuf. On va s'en faire une idée par l'analyse suivante :

La figure 1 de la page 366 en représente les bourgeons de grandeur
naturelle, après la chute des feuilles ; dans la figure 2, le bourgeon
est vu à la loupe ; dans la figure 3, j'en ai enlevé toutes les écailles extérieures, en ne conservant que les plus internes *br* de la figure 2. On voit
en *c* les cicatrices que laissent ces écailles, et en *cc*, la cicatrice de la
feuille tombée, dans l'aisselle de laquelle était éclos ce bourgeon. La
figure 4 montre de grandeur naturelle la disposition des bourgeons *b*
qui hibernent, et dont le développement a été paralysé par celui de la
sommité du rameau. La figure 5 montre la même disposition grossie à
la loupe ; *b* bourgeons hibernants ; *cc* cicatrices des feuilles tombées ; *c* ci-

catrices des écailles gemmaires qui sont tombées aussi après l'éclosion des rameaux qu'elles recélaient; ces cicatrices restent empreintes sur le rameau jusqu'à la chute de l'écorce. La figure 6 représente en germe la

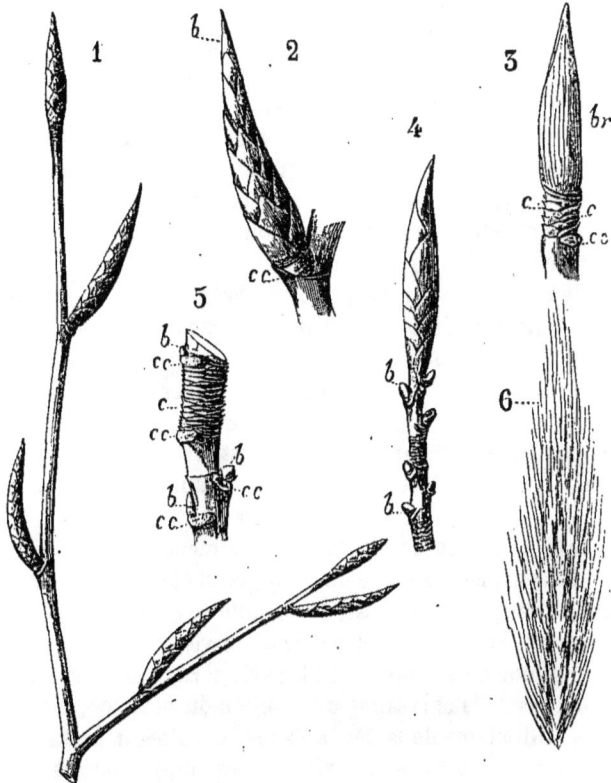

feuille encore emprisonnée par les écailles du bourgeon 2. Cette feuille, qui acquerra plus tard la forme de celles des fougères, est linéaire, verte et couverte de poils soyeux blancs, qui en cachent aux yeux la structure et la couleur; ces petites feuilles modifient leur forme en grandissant.

Le hêtre sur lequel j'ai pris ces études avait été planté, il y a cinquante ans, par feu M. Suzanne de Bréauté dans son parc de La Chapelle; il provenait d'une greffe par approche; et il ne se reproduisait pas par graines; à peine avait-il acquis l'envergure d'un pommier à cidre ordinaire, et sa végétation était si languissante que tous ses rameaux étaient couverts de lichens. Chose non moins remarquable! depuis 1840, la sommité de ses rameaux reprenait de plus en plus la foliation du hêtre ordinaire.

Deuxième ordre : *Ichneumon.*

De même que nous l'avons fait à l'égard des cynips, nous nous arrête-rons, au sujet des ichneumons, à deux ou trois exemples qui suffiront pour faire évaluer les circonstances variables de tous les autres, les li-mites de cet ouvrage et l'imperfection de la classification actuelle ne nous permettant pas d'entrer dans de plus amples détails (*).

Les ichneumons ont en général la tarière oviducte beaucoup plus courte que les cynips; chez certaines espèces même, la tarière, après la ponte, leur rentre tout à fait dans l'abdomen.

916. 1° ICHNEUMONS PUPPIPHAGES. La mouche de ces ichneumons se pose sur le corps d'un ver ou plutôt d'une chenille, et lui insinue ses œufs dans l'intérieur du corps, en lui perforant l'épiderme. Dépositaire de ces œufs parasites, la chenille continue à vivre et à se développer, nourrissant de sa graisse et de ses tissus le ver rongeur qui la mine, sans qu'elle semble s'en douter et sans qu'on puisse s'en apercevoir. Mais à l'époque de la métamorphose, on est fort étonné de voir sortir de sa dépouille, au lieu d'une chrysalide ou nymphe, un essaim de petites mouches, qui ont subi toutes leurs métamorphoses dans cette prison vivante, dans ce milieu de chairs en mouvement. D'autres fois, et lors-que la mouche a insinué ses œufs dans la chenille à une époque trop rapprochée de sa métamorphose, la chenille se change en chrysalide; et les ichneumons, en la dévorant par leurs larves, l'empêchent de ressus-citer en papillon. Le 1ᵉʳ juillet 1828, je vis sortir ainsi une multitude de petites mouches de la chrysalide du papillon du peuplier; elles avaient à peine trois millimètres de la tête à l'anus, les ailes dépassant le corps; leur couleur était totalement cuivrée et gorge-de-pigeon; la tête en tra-versin; l'abdomen ovale lancéolé, aigu par l'anus et par son point d'in-sertion, ayant sept segments vert-bouteille et bordés de jaune, avec une bande jaune longitudinale, qui, de chaque côté, séparait la surface dor-sale de la surface ventrale; les antennes coudées, marquées de treize petites articulations noires sur leur portion supérieure; yeux latéraux,

(*) Le nombre des espèces d'ichneumons s'est tellement augmenté dans les cata-logues, que, dans une édition du *Systema naturæ* de Linné, j'en compte jusqu'à 524 espèces. Mais les renseignements propres à faire distinguer ces espèces les unes des autres sont en raison inverse de ce nombre prodigieux; et il est facile de conclure, en confrontant entre elles les phrases spécifiques, que les quatre cinquièmes de ces espèces ne sont en définitive que des doubles emplois; on doit donc s'attendre à voir diminuer étrangement cette liste, le jour où le classificateur fera place à l'historien naturaliste.

ovales et violets; pattes d'un beau jaune, à hanche d'un beau vert; cuisse lisse; tibia velu; tarses pentamérés et terminés par une petite pelote vis-queuse (566).

917. 2° ICHNEUMONS APHIDIVORES (855). J'ai rencontré deux espèces d'ichneumons qui se plaisent à confier l'incubation de leurs œufs et la nutrition de leurs larves au corps des pauvres malheureux pucerons. L'histoire de l'une et de l'autre est assez intéressante, sous le rapport qui nous occupe, pour que je la rapporte avec tous ses détails.

Première espèce : ichneumon à coque (*Ichneumon textor* Nob.). La mouche, pl. 12, fig. 1, ne dépasse pas la longueur ordinaire des plus gros pucerons. L'abdomen, fig. 4, tient au corselet par un pédicule étroit, *a*, qui est composé des trois premiers de ses sept anneaux; sa surface dorsale, *b*, est d'un beau violet, et sa surface ventrale, *c*, est jaune dia-phane. Le corselet et la tête sont d'un violet foncé. Les antennes, fig. 3, sont noires, grêles, moniliformes, velues, à vingt et une articulations. Les pattes, fig. 2, jaunes et velues, se composent d'une grosse hanche *a*, d'une cuisse très-longue *b*, d'un tibia *c*, de la même longueur que la cuisse, et d'un tarse pentaméré *e*, avec une pelote terminale. Les ailes supérieu-res *a*, fig. 5, lavées de violet et piquetées de petits piquants, offrent une réticulation de dix cellules, dont la dorsale triangulaire à fond noir. Les ailes inférieures, beaucoup plus courtes et plus étroites, fig. 5, *b*, quoi-que de la même teinte et de la même structure, n'offrent que trois cellu-les, dont la dorsale noire est en même temps basilaire.

918. On voit, en mai, cette petite mouche voltiger sur les troupeaux de pucerons de la rose, de l'œillet, des pois clamarts, etc., comme un aigle qui s'apprête à enlever une tête de bétail. Elle s'arrête sur l'un de ces petits insectes, qu'elle juge sans doute du goût de sa larve future, lui implante dans le dos sa tarière oviducte *d*, fig. 4, pl. 12, ce qui est fait en moins d'une seconde; et le puceron, ainsi atteint du trait, semble ne pas s'en apercevoir. D'abord il reste cloué à l'espace qu'il occupe; mais ensuite on le voit enfler de jour en jour, par suite de cette grossesse ino-culée; et bientôt il a l'air d'une outre soufflée, pl. 12, fig. 7; seulement on remarque sur son dos la trace tuberculaire de l'inoculation. Si on l'ouvre à cette époque, on y trouve une larve verte, apode, roulée sur elle-même, et qui remplit toute la capacité du corps du puceron, réduit à une sim-ple pellicule vésiculeuse. Avant de se transformer en nymphe, la larve crève la peau du ventre du puceron ainsi ballonné, et vient filer sa coque entre la feuille et le puceron, qui y reste attaché au sommet par le ven-tre, comme une enseigne, ou plutôt comme un épouvantail ou un moyen de dépister l'ennemi, pl. 12, fig. 8 *a*. En effet, les insectes ichneumons, friands à leur tour de la chair de leur propre race, ne trouvant là qu'un

puceron dévoré, ne s'imaginent pas qu'en dessous se soit caché autre
chose. On remarque, à la base de la coque, un talus soyeux *b* attaché à
la feuille, et qui est le point de départ du travail de la larve. Quand la
coque est filée, la larve se change en la nymphe fig. 14, pl. 12, ayant de
dix à douze anneaux, et offrant, sur un fond jaune, deux écussons violets latéraux, qui sont les étuis des ailes futures. La fig. 6, pl. 12, représente, sur une feuille d'œillet, la même coque perforée par la mouche
qui est provenue de cette larve ; il ne reste plus au sommet que des
débris des pattes du puceron.

919. Deuxième espèce : ichneumon aphidivore à longues ailes (*Ichneumon macropterus*), pl. 12, fig. 10, 11. La mouche a l'abdomen, fig. 9,
plus court que le corselet, et les ailes presque deux fois aussi longues
que tout l'insecte. On voit, à côté de la fig. 10, les deux mesures de sa
grandeur naturelle, avec et sans ailes. Sans ailes, l'insecte, de la tête-à
l'anus *a*, ne dépasse pas deux millimètres. La tête et ses antennes, le
corselet et l'abdomen sont d'un violet noir ; les pattes jaunes, affectant la
même conformation que celles de l'espèce précédente. Les ailes piquetées, fig. 10, et lavées de violet par transparence, jettent des irisations
gorge-de-pigeon par réflexion, fig. 11 ; leur réseau cellulaire offre quelques différences avec l'espèce précédente. J'ai vu sortir cette mouche de
tous les pucerons, fig. 15, pl. 12, que j'ai trouvés atteints de bouffissure
et immobiles, sur la page inférieure des rosiers et autres arbustes. La
larve ne file point de coque à l'extérieur du puceron ; elle subit toutes
ses métamorphoses dans l'abdomen de cette pauvre victime ; elle s'y
change en nymphe, qui affecte la forme générale de la fig. 13. Je crois
avoir remarqué que les pucerons ailés seuls, ce qui est le signe de l'âge
le plus avancé de ces insectes, ont le privilége de servir de pâture à la
larve de cette forme d'ichneumon. Cette larve ne paraît se développer
que dans l'abdomen de sa victime, dont elle respecte le corselet. L'abdomen en devient sphérique et énorme ; c'est un vrai ballon, sur lequel
on distingue fort bien la trace des deux rangées jadis latérales des stigmates respiratoires, fig. 15. Dans l'intérieur de ce ballon ventral, on rencontre le paquet de corps violacés de la fig. 12, qui sont les excréments
de la larve.

920. La mouche, fig. 10 et 11, serait-elle le mâle de la fig. 1 ? Dans
ce cas, il faudrait admettre que la différence des sexes se signalerait déjà
chez la larve, par une différence de goûts et d'habitudes ; car la larve de
l'une file une coque au dehors du corps du puceron, et la larve de l'autre
se contente de tapisser de soie l'intérieur de l'abdomen dont elle a épuisé
la substance. Du reste, toutes les différences spécifiques des deux mouches ne résident que dans la forme de l'abdomen, c'est-à-dire que ces

deux mouches ne diffèrent entre elles que comme, dans les autres classes d'insectes, le mâle diffère de sa femelle.

Les pucerons du rosier, dans la citadelle de Doullens, m'ont donné des mouches de cynips tout à fait différentes de celles que je viens de décrire (*).

921. Synonymie. Leeuwenhoeck a eu l'occasion d'observer à son tour ces pucerons desséchés; il y a trouvé des larves qui lui ont également donné deux mouches différentes (**); il a figuré le puceron dévoré et la mouche qui en provient.

Nous croyons pouvoir rapporter à l'ichneumon aphidivore à longues ailes les fig. 5, pl. 46, et 7, pl. 45, tome 3, que Réaumur donne comme celles des ichneumons auteurs des galles du rosier et de la groseille, mais il nous paraît probable que Réaumur les aura obtenues sortant du corps des larves du *Cynips bedegaris*, qu'elles auront dévoré, comme elles dévorent les pucerons; les cynips des galles ont toujours une longue tarière anale. Ce qui m'autorise à établir ce rapprochement, c'est que j'ai eu occasion d'observer des chenilles velues du poirier, que la larve de notre *Ichneumon textor* avait cousues par le ventre à la sommité de sa coque, comme elle l'aurait fait d'un simple puceron; ce qui prouve que cet ichneumon peut vivre dans le corps d'une foule d'autres insectes, et dans le corps même des espèces de sa race; et c'est pour ne pas être atteinte à son tour par ses congénères, qu'elle leur donne le change et se sert du corps de sa victime comme d'un *trompe-l'œil*.

922. Inductions pathologiques. Le petit nombre de faits que nous venons de rapporter, sur les mœurs et les habitudes des ichneumonides, nous suffiront pour évaluer les caractères pathologiques de tous les effets morbides que le parasitisme de leurs larves est en état de produire. La variété des formes de ces produits n'étant que le résultat des circonstances accidentelles de leur mode de nutrition, les dimensions de ces organes de superfétation ne proviennent que de la durée de ce parasitisme, et du nombre des larves que la ponte de la mouche a pu rasembler dans ce tissu organisé.

Or, il est évident que ces larves, qui se plaisent ainsi à dénaturer les tissus des végétaux et des insectes, pourraient trouver, dans la plupart des organes des animaux supérieurs, les conditions qui conviennent à leur nutrition spéciale. Les tissus charnus de certains enfants, de cer taines dames, et même de certains individus lymphatiques et étiolés,

_____

(*) Voy. *Rev. élém. de méd. et pharm.*, livr. d'avril et de mai 1849, tom. II, pag. 362.
(**) Epist., 16 augusti 1695. *Continuatio arcan. nat.*, 1722, pag. 10; — Epist., oct. 1700. *Continuat. arcan. nat.*, 1719, pag. 174.

présenteraient certainement, au goût de ces vers apodes, les qualités nutritives, la sapidité fade et succulente de la chair des chenilles et des
pucerons. Que faut-il pour que cette hypothèse se réalise? que l'homme,
ou tout autre animal endormi, se laisse atteindre et piquer par l'ichneu-
monide, aussi paisiblement que la chenille et le puceron se prêtent à ce
genre d'inoculation ovuligère. Si l'œuf de l'ichneumon est assez bien
logé pour que, d'un coup ou d'un seul frottement musculaire, il ne soit
pas broyé ou écrasé avant terme, la petite larve qui en éclora, se mettant
à l'œuvre modèlera chaque jour sa demeure, comme un potier tourne
et modèle l'argile, créant çà et là, à chaque piqûre, de nouvelles formes
et de nouveaux reliefs; treillageant, pour ainsi dire, les spires créatrices
par des rencontres adultérines et par une incessante promiscuité; tricotant,
en un mot, des chairs avec l'aiguille de son suçoir et les fils des diverses
paires de spires. Douée de la puissance d'organiser à son profit l'orgie
des créations anormales et bâtardes, cette infiniment petite larve est en
état de défier, par l'inépuisable fécondité de ses piqûres, l'inépuisable
imagination de la caricature; imitant, déformant, tordant, enflant, gri-
mant, ridiculisant enfin les organes et la physionomie humaine, avec une
verve de conception et une hardiesse d'exécution dont l'art du dessin,
bien loin de se constituer rival, a de la peine à être copiste. Quand
une simple larve est dans le cas de
réduire toute une longue branche de
tilleul aux formes et aux dimensions
de la figure que nous avons déjà donnée (911, 7°) et que nous reproduisons
ici comme point de comparaison, jugez
de ce qu'elle serait en état de faire, si le
hasard de la naissance lui avait fourni
pour canevas le visage, le cou ou le
nez d'un homme? En bosselant de la
sorte, en saillies de toutes les façons,
la surface des organes, ne lui serait-il
pas aisé de nous donner tout autant
d'éditions nouvelles des cas divers que
nous allons recueillir dans les fastes de la science, et que nous avons
pris soin de placer graphiquement sous les yeux du lecteur?

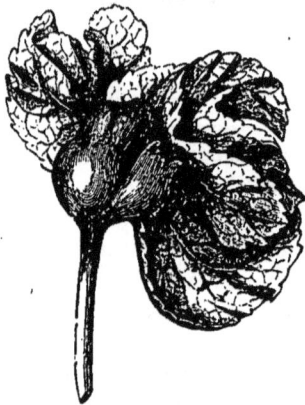

923. Voyez ce brave paysan, dont le visage a dû servir de cadre au
travail intime d'une cause morbipare analogue, et dont la physionomie
a disparu sous un masque de nouvelles chairs; comptez le nombre de
bosselures qui ont fait de cette tète d'homme une espèce de tète de
veau, et vous vous assurerez, en vous reportant à ce que nous avons dit

ci-dessus, qu'avec vingt œufs seulement une mouche ichneumon serait dans le cas de vous reproduire ce phénomène (fig. 1), que nous avons calqué sur la figure qu'en a publiée, en 1756, le docteur Ranson (*).

924. Alibert (**) nous a donné, de grandeur naturelle, la figure d'un cas semblable ; nous l'avons réduite ici (fig. 2) ; il désigne ce cas sous le nom de *dermatolysis faciei*. Alibert le croyait unique dans les fastes de la science, ignorant sans doute celui que nous venons de rapporter. Cet homme, du nom de J.-B. Lemoine, était né dans un petit village près de Gisors et habitait la commune de Courcelles, où bien des médecins venaient de loin le visiter. A l'époque où ce portrait a été pris, cet homme était âgé de quarante-cinq ans. Avec trente œufs seulement, un ichneumon est dans le cas de déformer d'une manière aussi hideuse cette face que la nature avait faite à l'image de Dieu.

925. Nous empruntons au même ouvrage (***) la fig. 3, mais réduite, du jardinier Delaître, dit *la Taupe*, sur laquelle le ravage des bosselures n'a endommagé que le front, la racine du nez, l'œil gauche, mais cela par des granulations violettes, d'une variété de formes et d'un nombre incalculable. Nos troncs d'arbres ont des bosses et des

(*) *Recueil périod. des Obs. de méd. chir. pharm.* de Vandermonde, tom. 5, p. 392. Ce paysan, natif de Fontenai, en Saintonge, y portait le nom de l'*homme à la tête de veau.*
(**) *Monog. des Dermatoses*, par Alibert. in-4°, 1832, pag. 796.
(***) *Ibid.*, pag. 803.

xyloma (769) qui sont moins travaillées que ce sarcome, dont la coloration violette a envahi même tout le côté gauche du front. Cette difformité était un vice de naissance que la mère attribuait à l'effroi que lui avait causé la vue d'une *taupe morte*, qu'on lui avait montrée, dans le commencement de sa grossesse. Nous croyons peu à la puissance organogénique d'une idée; et nous sommes porté à ne voir, dans cet effet morbide, que le résultat d'un parasitisme qui aura atteint le fœtus à travers les membranes du chorion et de l'amnios (*).

926. Transportez le théâtre de ces ravages sur le fanon et sur la peau du cou, n'aurez-vous pas bientôt les mille et une modifications du goître, depuis la forme en grappes d'hydatides, qui est la plus fréquente chez la race des Tyroliens qui portent le costume de la fig. première ci-dessus, jusqu'à cette forme en longue mamelle de chèvre, fig. 2, à cette forme de pseudo-hernie de la gorge, comme le dit Mizaud (369), qui est si commune chez une autre race des montagnards de la même chaîne des Alpes rhétiques, où l'on porte le costume de la figure ci-jointe (**)?

927. Je ne saurais mieux rapporter qu'aux larves d'ichneumon ce que nous dit Redi (***) d'une vieille femelle d'aigle qui avait les doigts et le tarse du pied droit prodigieusement grossis, et couverts de tubercules gros et saillants. Elle mourut soit de ce mal, soit de vieillesse; et en observant ce pied tuméfié, Redi re-

(*) J'ai rencontré souvent des incommodités analogues; M. Vallot, Dr méd. de Dijon, nous a écrit que, dans cette ville, il existait un individu dont la figure présentait une disposition analogue à celle du jardinier Delattre, et qu'on nommait la *Joue rouge*.

(**) Nous empruntons ces deux figures à Daniell, traducteur latin de la *Nosol. méthod.* de Sauvages, édit. de 1763.

(***) *Degli animali viventi negli animali viventi.*

connut que tous les tubercules renfermaient des petits vers imperceptibles jaunes; les os en paraissaient criblés et vermoulus.

928. Sans aucun doute, si, dans le fait qui va suivre, on avait procédé
avec cet esprit d'observation qui distinguait Redi, on n'aurait pas manqué
de rencontrer les mêmes auteurs d'analogues produits morbides. Dans
une lettre adressée au *Journal des Savants* ('); Leibnitz donne la description et la figure d'un chevreuil assez singulièrement coiffé. Ce chevreuil
fut pris auprès de Dessaw, dans le pays d'Anhalt, par un sieur Winckel,
qui le fit nourrir dans ses terres. Cet animal n'offrait d'abord rien d'extraordinaire ; seulement on fut obligé de l'attacher, parce qu'il se ruait sur
les passants ; et ce fut dès ce mo-
ment qu'on vit naître sur sa tête
cette singulière coiffure de pende-
loques ; nous donnons ici le calque .
de la figure que Leibnitz a jointe à
sa lettre.

Mais ce fait n'est pas un phénomène unique dans la classe des
quadrupèdes. En effet, Wolfang
Christian, médecin ordinaire du roi
de Prusse (**), après avoir rapporté
que le goître est endémique dans
quelques districts de l'Helvétie,
surtout dans le Valais, où le proverbe dit qu'un Valaisan sans goître
se croit un homme sans membres, ajoute : « Ce qu'il y a de remarquable,
c'est que les chiens y sont sujets au goître comme les hommes. » Or,
plus haut le même auteur parle d'une autre maladie également endémique qui s'attache aux doigts des mains et des pieds des enfants, surtout
de ceux qui jouent sur le sable, « laquelle, dit-il, a le plus grand rapport
avec les effets produits dans l'Inde par le dragonneau et en Amérique
par la chique ; on appelle vulgairement cette maladie *la bête* ». Il est évident que si la bête se niche dans les ganglions du cou, au lieu de le faire
dans les articulations des doigts, elle deviendra la cause de désordres
d'un autre caractère et d'un nouveau genre de développement.

928 *bis*. La manière dont nous venons d'envisager l'origine du goître
des pays de montagnes peut se concilier avec celle que nous avons développée dans le premier volume, page 264 et 265, où nous avons attribué
cette maladie endémique à l'usage des eaux de source qui ont filtré à

(*) *Journal des Savants,* lundi 5 juillet 1677.
(**) *Ephem. cur. nat.,* cent. 5 et 6, append., pag. 148, ann. 1717.

travers les filons mercuriels ; et nous sommes aujourd'hui d'avis que les
cas de ce genre figurés ci-dessus (926), et qui sont si fréquents sous cette
forme dans le Valais et le Tyrol, ne proviennent que de cette dernière
cause. En effet, l'atome de mercure, par ses mouvements, pour ainsi dire
palpitants, est dans le cas de jouer le même rôle qu'une larve animée, et
d'imprimer aux tissus naissants un développement anormal et monstrueux, en favorisant l'accouplement adultérin des spires génératrices.
Aussi nos nouvelles études nous ont autorisé, dès 1848, à établir que le
goître endémique n'est autre que le produit des eaux potables qui ont filtré à
travers les filons mercuriels (*) ; la glande thymus, si développée chez les
enfants, a une puissance spéciale pour s'imprégner d'atomes de mercure
et pour en féconder pour ainsi dire toutes les mailles de son tissu (**).

929. Je ne grossirai pas la liste de ces jeux de la nature ; ils sont
aussi peu faciles à compter que les formes des feuilles et que celles des

(*) Voyez *Revue élémentaire de méd. et de pharm.*, livr. de janv. 1848, t. 2, p. 244.
(**) Ce point de doctrine me rappelle une des miennes anecdotes dont un médecin
inspecteur des prisons est le héros. Ce médecin n'est autre que le docteur Ferrus, dont
nous avons eu déjà l'occasion de parler au sujet d'un événement déplorable (320). Le
fait que nous avons à raconter ici n'est qu'une simple espiéglerie.

Dans sa tournée médico-philanthropique, ce brave docteur vint nous visiter dans
notre cabanon de la citadelle de Doullens en 1830 ; nous étions alors une matière à
rapports. La conversation étant tombée sur les études médicales, le docteur nous
exposa ses opinions sur l'origine du goître, opinions qui lui avaient coûté bien des
voyages par monts et par vaux, et qui en définitive l'avaient amené à une conclusion
à nos yeux inadmissible. Nous prîmes la liberté grande de réfuter par des faits géo-
logiques et thérapeutiques ce travail qu'il devait lire à l'académie de médecine aussitôt
après sa tournée achevée. Le docteur parut résolu à refondre toutes ses conclusions
pour les faire concorder avec celles que nous venions de lui exposer ; il inscrivit sur
ses tablettes la citation du médecin du XVIᵉ siècle, Mizaud, dont nous avions en 1848
exhumé la pensée, citation fort piquante et totalement oubliée pendant 200 ans ; et il
prit congé de nous.

Le remercîment ne se fit pas attendre : dès le lendemain, et à peine venait-il de
monter en diligence pour retourner à Paris, le directeur d'alors, qu'il ne faut pas
confondre avec celui dont nous avons parlé au sujet de Marie Cappelle (t. 1, pag. 237),
(le premier était un petit Saint-Vincent de Paul), vint nous signifier, au nom de M. le
docteur Ferrus, d'avoir à enlever les fleurs et les instruments de météorologie que nous
avions été autorisé dès le principe à établir sous nos fenêtres ; cette portion du
jardin, nous dit-on, devant être transformée, par ordre du docteur, en une simple
cour toute nue, pour servir aux ébats des prisonniers moins studieux que nous ; et
cet ordre fut exécuté sur l'heure. Un jardin planté d'arbustes et rempli de fleurs me
paraissait plus hygiénique qu'une cour toute nue ; et puis il y avait pour mes études
météorologiques une espèce de prescription. Mais la médecine n'a jamais su se venger
de mes études que par de petites tracasseries et de petites dénonciations. Le docteur
Ferrus avait ainsi bien mérité de la médecine et de l'Académie ; qu'il en accepte ici
mes remercîments ; les tracasseries passent, les remercîments restent.

sables de la mer ; quand une modification dépend du caprice et d'un simple mouvement d'un tout petit insecte, l'imagination se perd dans le possible de semblables créations. Sous la trompe magique de cette toute petite larve, cette jambe peut devenir un tronc noueux, où toute la longueur du pied disparaît dans le diamètre du mollet : ce *scrotum* peut s'enfler comme une outre, en sorte que le pauvre nègre semble monté à cheval sur un pénis colossal ; cette mamelle pourra, en s'allongeant, être rejetée par-dessus les épaules comme le bout d'une pelisse, etc., etc. Esprit follet et invisible qui se glisse dans les chairs de notre corps, pour en détruire l'harmonie et la symétrie, pour en altérer la beauté, pour en humilier de mille façons l'orgueil et la superbe, pour transformer le roi Nabuchodonosor en animal sauvage, et le faire descendre du trône, comme ayant dégénéré après coup.

Remarquez, en effet, qu'en général ces malheurs, ces dégradations physiques ne surviennent qu'aux gens de la campagne, et épargnent l'habitant des villes, lequel, dans le fond de ses appartements, est moins exposé à la rencontre de ces milliers d'insectes qui s'abattent dans les bois et les prés, pour inoculer leurs œufs dans des tissus propices. Remarquez que le goître n'est presque jamais l'apanage que des habitants des pays froids, là où les larves en plein air sont rares, et où les ichneumons, manquant de tels sujets, sont bien forcés de se rejeter sur des anomalies, en vertu de la loi qui les pousse, ainsi que tous les autres êtres de la création, à croître et à multiplier.

J'ajouterai enfin, comme dernière induction, que, chez les animaux supérieurs, l'œuvre de déformation de la larve doit survivre à la sortie de l'insecte, et qu'elle doit même se développer avec des dimensions plus considérables, à cause que ces excroissances superficielles sont alors alimentées par la vie générale qui n'a pas trop à en souffrir ; tandis qu'un pareil parasitisme absorbe tout à coup toute la vitalité d'un puceron ou d'une chenille, tarissant jusque dans sa source le torrent de la circulation, sans laquelle il n'y a pas de développement possible. Le développement de ces carnosités sera donc dans le cas de continuer, alors que leur artisan aura émigré de ces organes ; car la loi qui préside aux développements organisés ne gît que dans une impulsion qui féconde et dans la vitalité qui nourrit. Le mâle, d'où émane l'impulsion créatrice, ne s'incruste à la femelle, que pour que son œuvre ait la puissance de se développer ; ici l'appareil buccal de la larve fait l'office de mâle ; l'organe femelle, c'est la chair de sa victime ; la larve a beau s'en échapper plus tard, son œuvre n'en sortira pas moins son plein et indéfini effet.

Poursuivons cette voie d'analogies. Le développement de l'œuf d'un

puceron, avons-nous déjà dit (760), transforme un rameau de sapin en
un cône, absolument semblable au cône émané de l'imprégnation du
pollen. L'œuf d'un autre puceron (758) fait naître, sur le pétiole ou la
feuille des peupliers, une galle qui a tous les caractères extérieurs d'un
fruit. Nous venons de voir que la larve des cynips détermine les mêmes
phénomènes sur le tilleul (911), et avec un art tel, qu'on prendrait souvent ces galles pour de petites pommes; de même le cynips du hêtre
crée, sur les feuilles du hêtre, une coque absolument semblable, sauf les
dimensions, à celle d'une noisette. La présence et le développement d'un
œuf parasite et de sa larve impriment donc à la cellule qui lui sert de
matrice la même tendance au développement que la présence et le développement de l'œuf légitime. Car à peine, chez les mammifères, l'œuf
est-il descendu de l'ovaire dans l'utérus et s'est-il implanté en parasite
sur les parois de ce dernier organe, qu'il le façonne, pour ainsi dire,
chaque jour par sa succion; l'utérus grossit de plus en plus sous l'influence de ce parasitisme qu'il alimente; l'utérus, dans ce cas, est un cancer dont son ovule est l'artisan; ses parois épaississent et se feutrent d'un
inextricable réseau de vaisseaux; il acquiert un diamètre dix fois plus
grand que le diamètre normal, jusqu'à ce qu'enfin le fœtus se sente apte
à recevoir le bienfait de l'air et de la lumière, et qu'il brise les portes
du berceau qui ne serait pour lui désormais qu'une tombe. Dès ce
moment, l'utérus, débarrassé du parasite qui le fécondait, reprend peu à
peu son volume primitif, jusqu'à ce que l'approche du mâle vienne l'enrichir d'un parasite nouveau. Comment ce parasite fécondait-il ainsi les
parois de sa vésicule nourricière? n'est-ce pas par le mécanisme de la
simple succion? Les larves qui se nourrissent au moyen de suçoirs sont
des larves créatrices de tissus; celles qui rongent et mastiquent ne sont
que destructrices. Ainsi tout tissu se développe en nourrissant; toute
cellule grandit en devenant mère ou nourrice; l'ovule qu'elle couve l'engraisse et la féconde à son tour. Tout développement part donc du centre
à la circonférence, et émane de l'emboîtement dernier en date et infiniment petit qui anime de son aspiration créatrice les cellules qui l'enveloppent, qui l'ont engendré et l'allaitent, qui l'imprègnent de leur amour,
le couvent de leur tendresse, le nourrissent de leur sang, et enfin qui
s'émacient ou se flétrissent pour lui céder leur place au soleil (*).

(*) *Voyez* de plus ce que nous avons exposé dans le *Nouveau système de chimie
organique,* tom. 2, pag. 575, éd. de 1838, sur l'analogie de l'ovule des végétaux et de
l'œuf des animaux.

TROISIÈME ORDRE : les Tenthrèdes (*Tenthredo*).

930. La larve des tenthrèdes se rapproche de celle des coléoptères et des papillons par les pattes de ses anneaux et la conformation de l'appareil buccal. Aussi n'est-ce pas une larve créatrice de tissus; elle s'en nourrit en les rongeant, et non en les suçant; elle procède par des solutions de continuité, et non par des piqûres; ses œuvres sont des pertes de substance, et non des déviations du développement. Les véritables tenthrèdes, à l'état de mouches, ont une tarière ovuligère dentée en scie des deux côtés, avec laquelle elles perforent, en sciant, l'écorce tendre des jeunes rameaux d'arbres et d'arbustes, pour y déposer leurs œufs. La tenthrède du rosier pond de cette manière par plusieurs étages, dans chacun desquels elle dépose un œuf; la larve qui en éclôt se creuse une cellule dans le plan horizontal de la tige, en sorte que, lorsqu'on fend longitudinalement une pareille tige, on la dirait divisée en tout autant d'alvéoles que la tenthrède y a laissé de larves.

931. On trouve sur le rosier une autre larve de tenthrède qui ronge la moelle de la tige, se fait un terrier du canal médullaire, et, s'avançant de haut en bas, finit peu à peu par frapper de mort la plus longue tige. J'ai rencontré la même larve sur tout un arpent de vignes, entre lesquelles se trouvaient des rangées de rosiers, sur des groseilliers à grappes et même sur des pommiers. Cette larve passe l'hiver dans son gîte; elle atteint plus d'un centimètre de long; elle est verte et marquée de deux raies longitudinales jaunes, couverte enfin d'un fort léger duvet: on la prendrait pour le jeune âge de la chenille du chou. Lorsque la mouche dépose son œuf à l'extrémité des jeunes rameaux de pommier et de poirier, les feuilles de la sommité tombent; le bout du rameau noircit comme par l'engelivure; il reste pointu comme un piquant; mais on voit la couleur noire de l'escarre descendre peu à peu, à mesure que la larve fait des progrès dans le bas de la moelle; les feuilles inférieures tombent successivement une à une, et le rameau est bientôt flétri. La taille et l'épamprage préservent la vigne de cette moucheture, mais la larve n'y arrive pas moins pour cela du voisinage; elle s'y insinue par la cicatrice, et l'on en reconnaît la présence au canal qu'elle s'y est creusé. En un mot, dès que, sur une tige encore jeune, vous voyez, dans une certaine étendue, l'écorce perdre sa couleur herbacée, devenir lépreuse, granulée, plissée, crevassée, et s'exfolier par petites pellicules, soyez sûr que sous ce symptôme morbide se cache la larve qui en est l'auteur Depuis que nous avons donné l'éveil à ce sujet, une foule de

vignerons, ainsi que nous l'écrivait M. Vallot de Dijon, ont retrouvé cette tenthrède sur leurs vignes. Les miennes en furent débarrassées, après qu'en automne 1843 j'en eus arraché un rosier *cuisse-de-nymphe*; cependant en mars 1846 elles m'offrirent encore un ou deux de ces vers.

Mais pour que les poiriers, rosiers et vignes s'attirent ainsi la préférence de cette tenthrède, il faut que ces arbustes croissent dans un terrain sec, pauvre et peu profond; il faut qu'ils soient mortifiés par le jeûne, pour que leurs tissus conviennent à la nutrition de la larve; une végétation luxuriante est un poison que la femelle reconnaît à l'odorat et dont elle préserve son fruit. Il y a toujours dans le sujet une prédisposition qui appelle et attire le parasite : la salade, le chou, les carduacées, qui conviennent à l'alimentation de l'homme, ce parasite à son tour sur une grande échelle, ne sont pas des plantes *porte-graines* et dans la force de leur végétation; ce sont des individus voués par les artifices de la culture à une superfétation maladive, à un étiolement qui paralyse leur fécondité; ce sont les chapons du règne végétal, que nous engraissons par leur stérilité même.

932. Les groseilliers sont exposés aux ravages d'une autre espèce de tenthrède, qui multiplie avec une incroyable fécondité. J'ai vu, en mai 1845, une trentaine de groseilliers à maquereau (*Ribes grossularia* L.) sur lesquels ces chenilles n'avaient pas laissé une seule feuille. Elles n'en avaient respecté que le pétiole et quelques nervures; le pauvre fruit, isolé sur la branche, se flétrissait avant d'arriver à la maturité; elles passaient d'un groseillier à l'autre, à mesure qu'elles avaient ainsi dépouillé le précédent. En juillet suivant, nouvelle invasion de ces fausses chenilles sur les groseilliers à maquereau ou à grappes qui avaient été épargnés en mai. Leur tête est jaune clair comme l'anus; elles ont trois paires de pattes noires et cornées, et cinq paires de pattes membraneuses, en tout seize pattes; elles ont sur les côtés une bande jaune, mais le reste du corps est vert. Chaque anneau présente trois rangées transversales de points noirs, au nombre de quatre sur la première rangée, six sur la deuxième, et de huit sur la troisième, avec un point surnuméraire de chaque côté, entre la deuxième et la troisième rangée.

Ces chenilles vont filer leurs coques dans la terre; quand on les enferme dans un bocal avec des feuilles, elles filent entre deux feuilles, qu'elles agglutinent ainsi au moyen d'une coque noire, luisante comme de la poix, ovale, mais aplatie nécessairement par les deux faces. J'en obtins de la sorte le 30 mai; et le 10 juin je retrouvais mes tenthrèdes écloses. Elles ont l'abdomen tout jaune, la tête et le corselet noirs et les ailes brunes. Les tarses sont de couleur marron. Leur longueur est de huit millimètres de la tête à l'anus. Les antennes, de sept millimètres de long, ont neuf articles, dont les deux premiers, aussi longs que larges,, ont l'air de deux godets, et les sept autres cylindriques, allongés, égaux entre eux. Les ailes, à réseau en relief, sont chatoyantes et gorge-de-pigeon. Ces tenthrèdes étaient d'une agilité qui dénotait une envie de pondre égale au moins à l'envie de dévorer qui distingue leur chenille.

Elles se rapprochent de la *Tenthredo rufiventris* de Fab., et de la *Dolerus abdominalis* de Lepelletier Saint-Fargeau; on pourrait les désigner sous le nom de *Tenthredo grossulariæ*. Linné a catalogué deux espèces de tenthrèdes qui s'attachent aux groseilliers, les *Tenthredo capreæ* et *ribis*, mais aucune d'elles ne semble par sa livrée se rapporter à celle que nous décrivons.

J'ai publié, en 1849, l'histoire complète d'un *tenthredo* qui dévorait tous les fraisiers de notre jardinet, dans la citadelle de Doullens, et que je n'ai plus retrouvé depuis sur cette plante (*).

CINQUIÈME GROUPE D'INSECTES BROYEURS MORBIPARES : Lépidoptères ou Papillons.

933. Les lépidoptères, sous le rapport qui nous occupe, tiennent de près aux ichneumonidaires, en ce que l'insecte parfait (papillon) est aussi inoffensif pour l'homme et les animaux que pour les plantes, tandis que sa larve, ou chenille, est également funeste aux deux règnes, et ne cesse d'être un instrument de destruction ou une cause occulte de bien des formes de maladies. Sous le rapport de l'histoire naturelle pure, leur place devrait être à côté des diptères, à cause de la conformation de l'appareil buccal, bien différent chez le papillon que chez la chenille. Le papillon ne vit que pour s'accoupler, pondre et mourir (**); aussi la

(*) *Revue élément. de méd. et de pharm.*, livr. d'avril et mai 1849, tom. 2, pag. 359.

(**) Ce besoin de pondre est si puissant chez les papillons qu'aucune torture ne saurait les empêcher de le satisfaire. La femelle piquée d'une épingle qui la fixe à la collection vit longtemps ainsi empalée, si le mâle ne vient pas la féconder; et si elle a été fécondée, elle n'expire au milieu de ses souffrances qu'après avoir pondu jusqu'à son dernier œuf; enfin elle va assez souvent jusqu'à pondre des œufs clairs, dans son impatience à satisfaire le vœu de la nature. Le 31 mai 1846, je surpris dans mon jardin une femelle du *Bombyx lubricipes* Lin., qui venait à peine de se dégager de ses langes de chrysalide; les ailes en étaient encore chiffonnées et molles; et je ne pense pas que dans cet état peu engageant elle eût subi les approches du mâle. Or à peine l'avais-je placée sur une ardoise, pour qu'elle pût s'y étirer, s'y lécher et y refaire sa toilette au soleil, qu'elle se mit à pondre vingt-deux œufs, qui, faute d'un tissu placentaire et nourricier peut-être, ou sans doute faute d'une fécondation préalable, refusèrent plus tard d'éclore.

dépense qu'il fait pour sa nourriture n'est pas lourde; il ne se nourrit presque que pour se rafraîchir. On le voit déroulant péniblement sa longue trompe hors de son double étui, effleurer à peine du bout le fond des corolles, y prendre une imperceptible gorgée de sucs mielleux, comme par mode de passe-temps et en attendant une bonne fortune. La fleur qu'il a sucée n'en est certes pas plus malade pour cela. Mais cet insecte n'était pas aussi inoffensif avant sa métamorphose et sa résurrection; malheur à la plante sur laquelle il dépose le millier d'œufs qu'il est en état de pondre; les sauterelles de la Libye ne fauchent pas les herbes plus promptement que les chenilles ne dépouillent un végétal de ses feuilles, ou qu'elles n'épuisent un tronc d'arbre de ses sucs.

934. Les chenilles ont deux fortes mâchoires, et au-dessous de l'orifice buccal un petit trou, qui est la filière de leur soie. Leurs anneaux sont au nombre de douze ou treize; mais, et c'est ce qui les distingue des larves ou vers de coléoptères, tous ces anneaux ne sont pas armés de pattes; il y en a au moins quatre qui en manquent; trois paires de pattes écailleuses pour les trois premiers anneaux, une paire de pattes membraneuses pour le dernier, c'est ce qu'on retrouve chez toutes les espèces; mais les paires intermédiaires sont au nombre de trois chez certaines espèces, de deux chez certaines autres, et d'une seule chez les chenilles dites arpenteuses. Les œufs de papillon résistent à l'abaissement de température le plus fort dont nous soyons témoins dans nos climats.

935. Nous diviserons ce groupe en deux sections : les chenilles herbivores et les chenilles carnivores.

A. *Chenilles herbivores.*

936. Les chenilles herbivores, ou plutôt phytophages, peuvent, à leur tour, se diviser en trois catégories fort distinctes par leurs habitudes et la nature de leurs ravages : 1° les chenilles qui rongent à ciel ouvert les feuilles et les tiges vertes, ou bien les racines sous la terre (chenilles phytophages); 2° les chenilles qui creusent le parenchyme des feuilles et se traînent sous leur épiderme (chenilles phyllophages); 3° les chenilles qui minent les écorces des arbres, en creusant entre l'écorce et l'aubier, ou bien en pénétrant jusqu'au cœur de l'arbre (chenilles xylophages). C'est à ces deux dernières catégories que s'applique plus spécialement la dénomination de chenilles morbipares ; les autres sont trop évidemment ravageuses pour qu'on puisse se méprendre sur la cause des effets morbides qu'elles produisent, et les attribuer à une entité nosologique.

937. Les CHENILLES HERBIVORES sont les unes RHIZOPHAGES (vivant

dans le creux des racines ou des tiges herbacées), les autres PHYLLOPHAGES (se nourrissant de feuilles qu'elles minent (851) ou qu'elles rongent); les autres ANTHOPHAGES (se nourrissant des corolles de fleurs); les autres enfin XYLOPHAGES (se nourrissant exclusivement de la substance du bois mort ou vivant); enfin CARPOPHAGES (se nourrissant de la pulpe des fruits). Il en est plus d'une d'entre-elles qui sont TOXICOPHAGES et qui ne vivent que sur les plantes dont la moindre dose nous servirait à nous débarrasser d'une foule de vers intestinaux, et même sur des plantes qui à certaine dose seraient funestes aux animaux supérieurs. Je ne sache, parmi les mammifères, que la chèvre, les chevreuils et les gazelles qui partagent avec ces chenilles le privilége de se nourrir de ce qui empoisonnerait l'homme sur l'heure; j'ai expliqué ailleurs (*) la raison de cette variation diamétralement contradictoire dans les effets de la même cause.

Leeuwenhoeck (**) a trouvé dans une noix muscade des larves qui y vivaient tout à leur aise (et dont la puppe lui donna des petites mouches), en outre un coléoptère tétraméré qu'il rapporte au charançon (*kalander* en hollandais), mais qui n'est autre que l'*ips frumentaceus* d'Olivier, tom. 2, ag. 10, pl. 2, fig. 13, insecte dont la larve, comme celle de la vrillette de la farine de nos climats (*Anobium paniceum* Oliv.), vit aux Antilles, aux Indes et à toutes les régions intertropicales, dans la farine et dans le pain.

J'ai rencontré dans la racine sèche d'angélique une larve toute vivante qui offrait des caractères analogues à celle qui vient sur le poireau; on m'a envoyé des têtes d'ail où s'étaient nichées des larves que je n'ai pas pu déterminer, à cause qu'elles étaient trop déformées.

Plus tard j'ai surpris à Boitsfort tous les porte-graines de nos poireaux et même de la plupart de nos oignons dévorés, à l'intérieur des feuilles et des hampes, par une larve d'Alucite que j'ai nommée *Alucita porella* et dont j'ai donné l'histoire détaillée dans la *Revue complémentaire des sciences appliquées* (***). En arrivant ici à Stalle, j'ai rencontré quelques individus de cette espèce curieuse et jusque-là inconnue sur des porte-graines du gros poireau importé de Normandie.

Jusqu'à présent on ne connaissait chez les modernes aucun insecte parasite du poireau.

Chez les Grecs et les Romains, la *Blatta orientalis* (Cri-cri des fours), avait été reconnue comme parasite de cette plante et avait reçu les noms

(*) *Revue compl. des sciences appl.*, livr. de janvier 1855, tom. Ier, pag. 491.

(**) *Continuatio arcan. naturæ*, 1697, tom. II, part. 2, pag. 87, tab. 22, epist. id. mart. 1696.

(***) Livr. de janv. 1855, tom. Ier, pag. 187.; et livr. de nov. 1855, tom. II, pag. 113.

de *prasocourides* en grec et de *porricida* en latin, deux mots qui sont la traduction l'un de l'autre (*).

De tous ces faits il faut conclure que les substances insecticides ne le sont pas pour tous les insectes à la fois, et que chaque insecte réclame quelquefois une sorte spéciale de ces substances. De là vient que notre système hygiénique a tant varié ses condiments : lorsque Loyola a fait dire par ses adeptes que le camphre était la panacée de notre système, il savait bien qu'il lançait dans le public des sots un grand mensonge; mais cette fois-ci les sots ont été en minorité; et aujourd'hui à peine un de ces saints hâbleurs ouvre-t-il la bouche pour recommencer la même histoire, qu'un grand éclat de rire lui coupe la parole à la première syllabe du mot et l'oblige à rempocher sa séraphique tirade; les pieux mensonges s'en vont comme toutes les impiétés de cette secte.

937 *bis*. Les papillons déposent leurs œufs sur la plante ou sur l'organe que la chenille affectionne, tantôt isolément, tantôt agglomérés dans un feutre qui leur sert de placenta, tantôt côte à côte les uns des autres ou disposés en spirales serrées autour d'une jeune tige; enfin toujours, et dans tous les cas, ils les collent sur une surface organisée qui puisse suffire à leur incubation (577). A peine sortie de son œuf, la jeune chenille se met à ronger la substance de l'organe qui doit servir à sa nutrition; et on ne tarde pas à avoir des traces de son œuvre destructrice dans les échancrures du tissu végétal. Quand c'est à la feuille que ces chenilles s'attaquent, on les voit se placer à cheval sur les bords du limbe, et les échancrer par le jeu de leurs mâchoires, qui agissent dans une direction perpendiculaire aux deux pages; le mouvement de la tête, qui pivote sur les premiers anneaux, fait que l'échancrure est toujours taillée sur le même patron dans ses diverses courbures. En général, les chenilles des papillons diurnes mangent le jour et se reposent la nuit; c'est le contraire des chenilles des papillons nocturnes : celles-ci mangent la nuit et se reposent le jour, à moins, quand leur habitation est exposée aux rayons de la lumière solaire, qu'on ne leur administre dans l'obscurité la feuille qu'elles affectionnent. Après chaque repas, elles font une assez longue sieste, en sorte qu'on peut dire que le végétal qui en est rongé doit éprouver, par suite de leur invasion, des fièvres intermittentes de diverses périodes, selon l'espèce de chenilles et selon les variations météorologiques, chaque accès correspondant à un redoublement d'appétit de la part de l'insecte.

938. PARMI LES NOCTURNES, nous citerons succinctement :

Le ver à soie (chenille du *Bombyx mori*) dont le papillon ne pond

(*) THEOPHRAST., *Hist. plant.*, lib. 7, cap. 5.

bien ses œufs que dans l'obscurité d'un tiroir ou d'une armoire, sur
du papier, et de préférence sur du drap de laine de couleur foncée. La
chenille, dans nos climats, ne prospère bien qu'en des lieux garantis
du vent et des trop brusques variations de la température, ainsi que de
la lumière directe du soleil ; elle mue quatre fois pendant sa vie de
larve, et chaque mue est précédée d'un engourdissement qui a l'air d'un
sommeil. Ses repas quotidiens sont aussi bien réglés que ses mues. On
l'élève pour le cocon qu'elle file, et c'est ce qui fait que ses habitudes
sont si bien connues, qu'elles peuvent nous servir de point de départ
pour en déduire, par analogie, les habitudes de ses congénères. Ces
chenilles préfèrent la feuille du mûrier ; mais, dans les cas de nécessité,
elles savent se contenter de feuilles de scorsonère, d'aubépine, etc.;

La chenille du grand paon (*Bombyx pavona*), si grande, si remarquable
par les belles étoiles bleues qui hérissent ses anneaux d'un vert-émeraude.
On la rencontre endormie le jour sur les poiriers, les haies d'aubépine,
les arbres fruitiers où elle file, à la fin de sa vie, de grandes coques d'une
bourre grossière, dure et brune ;

Les chenilles processionnaires (*Bombyx processionaria*), qui filent sur le
chêne de longues toiles cloisonnées par des rues et carrefours de gaze,
où elles viennent dormir et se réfugier en longues files de concitoyens. Les
poils qu'elles déposent sur leurs toiles, en se changeant en chrysalides, sont
funestes aux jardiniers qui émondent les arbres ; car ils s'implantent
sur la peau, et y produisent des affections érésipélateuses, ou au moins
des démangeaisons pires que celles de la gale et du *prurigo*;

Le chenilles arpenteuses (*phalœna*), que l'on trouve tordues en zigzag
et la tête haute, comme à genoux, pendant leur sommeil de jour, sur
nos branches d'arbres, dont elles ont l'air d'être un rameau tourmenté
par la taille et la serpette ;

Les chenilles des noctuelles (*noctua*), qui vivent sur le frêne, le peuplier, l'osier, et donnent un papillon à ailes blanches et farineuses, avec
une ou deux cocardes de diverses couleurs.

Parmi les diurnes :

Toutes les chenilles du genre papillon (*papilio*), depuis la chenille verte
du chou (*Papilio rapœ*) jusqu'à celles des papillons plus poétiques que
Linné avait divisés en deux classes homériques, les grecs et les troyens ;
toutes chenilles voraces qui ne se contentent pas de peu, surtout quand elles
vivent en société, vrai fléau de nos arbres fruitiers ainsi que de nos potagers.

439. Enfin il est une autre classe de chenilles qui tiennent le milieu
entre les nocturnes et les diurnes, qui évitent également et la trop
grande lumière et la trop grande obscurité ; elles s'éveillent alors qu'il
ne fait plus jour et qu'il n'est pas encore nuit ; elles ne donnent la fièvre

au végétal que vers le crépuscule; ce sont, entre autres, les chenilles des *sphinx*, qui sont crépusculaires comme leurs papillons.

940. Dès les premiers jours de l'été, on remarque que certaines feuilles du lilas, du troëne, du baguenaudier, se tachent de jaune sur le bord ou à l'extrémité; de jour en jour la tache s'étend, l'épiderme se gaufre et se sépare du parenchyme, la feuille paraît atteinte d'érésipèle. Déchirez cet épiderme frappé de mort, et vous trouverez en dessous la cause animée de cette maladie, dans une toute petite chenille qui se repaît du parenchyme et s'abrite sous l'épiderme décollé; c'est la chenille d'une fort petite pyrale, laquelle vient, le soir, déposer ses œufs blancs, côte à côte les uns des autres, sur les bords de la feuille.

941. Une autre espèce se fait, avec sa soie, un cornet des feuilles du lilas, pour en ronger le parenchyme, à l'abri des feux du jour, de l'éclat de la lumière et de l'œil des oiseaux ses ennemis. Pour cela elle applique l'extrémité d'un premier fil sur l'un des lobes de la feuille, et puis va implanter l'autre extrémité, pendant que le fil est encore mou et glutineux, sur l'autre lobe; le retrait de la soie rapproche d'autant ces deux lobes; au second fil, nouveau retrait et nouveau rapprochement; de fil en fil elle parvient à faire toucher les deux bords de la feuille et elle, en fait un cornet. Quand elle a épuisé le parenchyme de la page supérieure, elle se met à en coudre une autre autour de celle-ci par le même procédé, et s'enveloppe ainsi dans ses provisions de bouche. C'est une petite chenille de douze à quatorze millimètres de long, d'un fond violet lisse, à trois paires de pattes intermédiaires, ce qui lui fait quatorze pattes en tout; les anneaux portent une rangée de fort petits piquants qui partent d'un tubercule; la tête est noire, et, sur le deuxième anneau, elle porte une plaque noire, bilobée en arrière. Sa nymphe s'attache par l'extrémité à la surface d'une feuille; elle est d'un rouge brique. La pyrale qui en naît a les ailes en chape, pointillées d'or sur un fond d'argent.

Presque aussitôt après la cessation des pluies qui eut lieu le 20 juillet 1844, tous nos lilas furent attaqués par les deux pyrales dont nous venons de parler, et en deux jours de sécheresse, on aurait dit que les arbres avaient été arrosés avec de l'urine; ils n'avaient pas une seule feuille qui n'eût l'air d'avoir été brûlée. Les branches inférieures du frène offraient le même aspect provenant de la même cause. On trouvait quelquefois jusqu'à quatre chenilles vivant de compagnie dans le cornet de la même feuille, tant la feuille commençait à leur manquer.

942. D'autres chenilles de pyrales vivent dans les pommes, les prunes, les poires, les noisettes, et s'y pratiquent, en les rongeant, des galeries salies par les crottes qu'elles laissent en arrière et en avançant; elles y occasionnent une carie qui exerce son influence morbide tout autour du

foyer du mal, en sorte que la chair voisine s'ossifie, se granule, perd sa saveur et sa consistance. La présence de la chenille déforme tout ce qu'elle ne ronge pas ; on en reconnaît la présence à l'extérieur du fruit, par la fistule dont elle a laissé la trace béante.

Quand la pyrale éclôt après la saison du fruit, elle ne laisse pas que de trouver subsistance, en se logeant dans ce qui ressemble le plus au fruit, dans le bourgeon de l'arbre qu'elle affectionne. Mais à la suite de son travail de nutrition, le bourgeon se développe avec certains caractères qui le rapprochent du fruit ; l'érosion de cette pyrale produit une transformation analogue à celle qu'occasionne la présence des pucerons des conifères (760). Ainsi, vers le premier printemps, on voit souvent les bourgeons du noisetier des jardins prendre un développement et une forme insolites ; ils acquièrent presque le volume d'une noisette, avec la forme d'une jeune figue. Les écailles qui les composent sont imbriquées, comme celles de jeunes cônes de certains chatons ; elles sont épaisses ainsi que les feuilles rudimentaires qu'elles recouvrent ; chacune de ces petites feuilles a sa surface interne tapissée de la même bourre rougeâtre qui tapisse la paroi de la noisette non encore mûre ; en sorte qu'à la simple vue chaque foliole a l'air d'un fragment de la coque de la noisette. Cette larve, qui ne dépasse pas sept millimètres de long, est apode, terminée en cône par les deux bouts ; elle a la tête noire, et un large écusson noir sur le premier anneau ; l'anus est noir, le reste du corps blanc transparent, et lavé d'un peu de jaune chez les plus petits. Elle se tient au centre du bourgeon où elle se creuse un gîte, comme dans la noisette, pour se défendre du froid qui l'engourdit, dès qu'on ouvre le bourgeon. Au mois de février 1844 j'ai rencontré, vivant en compagnie avec ces larves, des acares analogues à celui des fig. 9 et 10, pl. 4 de cet ouvrage.

Chose bien digne d'une sérieuse attention de la part du physiologiste, que la simple succion d'un parasite puisse imprimer au bourgeon de la plante les caractères que la fécondation communique au bourgeon de la fleur : ceux du fruit!

943. La pyrale de la vigne dépose en automne ses œufs blancs très-allongés et presque cylindriques, sur les ceps, très-près du bois de l'année ; au mois de mai, la chenille qui en sort, en perforant le sommet, se jette d'abord sur les bourgeons qui s'épanouissent, et puis sur les grappes naissantes qu'elle égrène en peu de temps ; elle se change en chrysalide sur la fin de la saison avancée, et passe quelquefois l'hiver sous cette forme, pour subir sa métamorphose à l'époque de la pousse de la vigne et pondre alors ses œufs (*).

___

(*) Sur les ravages de la pyrale de la vigne, voyez *Ephem. cur. nat.*, append..

944. **Chenilles xylophages.** Lorsque vous voyez le tronc d'un orme, d'un marronnier, d'une aubépine, etc., qui se déchausse et se ronge sur son écorce et même à fleur de terre, par une ulcération qui détache l'écorce de l'aubier, laquelle s'enlève par plaques festonnées et laisse voir au-dessous une plaie soit sèche soit baveuse; si vous en faites l'autopsie sur le vivant et à coups de hache, vous ne manquerez pas de reconnaître que ces ravages profonds sont l'œuvre d'une énorme chenille lisse, rougeâtre, qui a l'air d'un ver de grand coléoptère. Cette larve ronge l'aubier au-dessous de l'écorce, se creuse en montant des galeries en vermiculation, frappe de mort l'écorce qu'elle laboure, le liber qu'elle détruit, le développement en diamètre dont elle épuise les produits. Le mal gagne l'arbre par les pieds et lui remonte au cœur, dès que l'insecte ne trouve plus dans l'aubier les sucs qui lui conviennent; l'arbre languit et ne profite guère; et il arrive une année où il s'arrête, après avoir donné, par ses premiers bourgeons, quelques signes équivoques de végétation. J'ai eu en l'année 1842 dans mon jardin un orme qui me permit d'étudier l'étendue de ces ravages; cet arbre avait à peu près vingt ans. Au commencement du printemps, m'étant aperçu de la maladie, je l'écorçai au pied, jusqu'à la hauteur de soixante centimètres, et je rencontrai là jusqu'à deux cents de ces chenilles que j'écrasai; mais je m'assurai que le travail de ces parasites ne s'arrêtait pas à la superficie de l'aubier. En effet, quoique l'écorce fût verte au-dessus de cette large perte de substance, l'arbre ne donna pas le moindre signe de vie pendant tout l'été; ses bourgeons se contentèrent de gonfler un peu. Au reste, ces chenilles devaient avoir eu pour complices de leur travail désorganisateur les larves de la callidie sanguine (*Cerambyx sanguineus* Lin.); car, dès les premiers jours d'avril, il descendit une procession innombrable

cent. 7 et 8, pag. 8. *De Constitut. epidemicâ Hungariæ inferioris,* ann. 1713;—Aldrovande, lib. 4, insect., c. 1 ; —Johnston, lib. 3, H. N. p. 86 ;— Columelle, *de Arboribus,* c. 15 ; — Théophraste, etc. — On sait à combien peu de chose se sont réduites les investigations officielles sur la pyrale, confiées dans ces derniers temps à feu Audouin, membre de l'Institut, et professeur d'entomologie au Jardin des Plantes.; la montagne académique en travail a enfanté quelques pages imprimées avec luxe et distribuées gratis. Comme exemple de la manière dont le délégué, assisté de Payen, procédait à sa haute mission scientifique, nous dirons qu'un jour, en dînant chez l'autorité locale d'Argenteuil, et entre la poire et le fromage, ce bon Audouin, tout en se frappant le front, s'était écrié : *Je donne cinq francs à celui qui m'apportera la pyrale accouplée!* Les paysans se mirent aussitôt à la recherche. Or il arriva tant de ces spécimens d'accouplement, que les émoluments et subventions du savant Audouin n'auraient pu suffire à tenir le pari, s'il n'avait jugé plus prudent de filer par une porte de derrière, sans attendre le café. Le grand naturaliste buvait ; le paysan observait ; et celui-ci en fut quitte pour les frais de sa course ; il fut puni d'avoir trop vite résolu le problème qui embarrassait le savant.

de ces coléoptères, du sommet au pied de l'arbre, et en deux jours ils avaient tous disparu. Au commencement de l'hiver j'abattis l'arbre pour en étudier les ravages ; je sciai de place en place, et je poursuivis les terriers de la chenille depuis la racine jusqu'à la couronne, à travers l'aubier et le cœur du bois ; quant aux rameaux, à chaque embranchement on remarquait une grosse nodosité d'ancienne date, qui portait les traces de plus d'une érosion. La carie à laquelle avait succombé cet arbre était donc l'ouvrage au moins d'une chenille, qui est la chenille du *Bombyx cossus*, fléau des ormes et des marronniers de nos promenades ; les jardiniers l'appellent la *coquette*.

La femelle du *Bombyx cossus* est armée d'une pondoire jaune cylindrique, douée d'un mouvement rétractile, au moyen de laquelle elle peut déposer ses œufs assez avant dans les fissures de l'écorce des arbres. Quand on pique une de ces femelles sur une planche, la pondoire tourne de gauche à droite, de droite à gauche, remonte et redescend comme pour chercher une fente où elle puisse déposer ses œufs ; en désespoir de cause elle les dissémine au hasard. Mais à l'état libre elle sait les arranger côte à côte, aussi adroitement que le font les femelles des cousins ; elle en compose comme une petite nacelle capable de flotter au-dessus des flaques d'eau que les pluies forment dans le creux des arbres. La chenille, au bout de ses deux ans de vie, rentre dans la terre, pour y filer sa coque qui a beaucoup d'analogie avec celle du grand paon de nuit ; cependant j'ai recueilli des coques de ce bombyx sur les tiges de mes rosiers ; ces coques m'ont donné des papillons femelles ; le papillon en sort au premier printemps. Les poules ne dévorent ces redoutables chenilles qu'en prenant la précaution de les mettre d'abord en lambeaux, pour leur ôter tout moyen de nuire ; quels ravages en effet n'opérerait pas ce parasite dans le gésier de la volaille, s'il y arrivait avec sa voracité et ses moyens de destruction, lui qui ronge le bois le plus dur, et finit quelquefois par couper en deux le tronc des arbres, quand il vit en société !

On reconnaît la présence de cette larve dans le tronc d'un arbre, à la sciure de bois qui tombe du trou qu'elle s'est ménagé sur l'écorce, pour ne pas se priver de l'air extérieur. On doit alors se mettre à la piste, en écorçant dans la direction qu'indique la sonde et le son creux de l'écorce, ou bien boucher exactement l'orifice avec de l'argile pétrie avec de l'essence de térébenthine et de l'aloès.

Les Romains, du temps de Pline, étaient tout aussi friands de la chenille dont nous parlons, que les Chinois le sont de la chenille du mûrier ; aussi avaient-ils l'art de reconnaître son gîte. « Les arbres, dit Pline (*),

(*) Pline, lib. 17, cap. 14.

sont plus ou moins exposés à être rongés de vers; mais aucun n'en est tout à fait exempt; les oiseaux (*) reconnaissent leur gîte au son creux de l'écorce qu'ils frappent de leur bec. Ce n'est pas d'aujourd'hui que ce mets est entré dans le luxe de la table; les chenilles préférées pour la délicatesse de leur chair sont ces énormes larves du chêne qu'on appelle *cossus*; on les accommode en beignets avec de la farine. »

Ce genre de friandise n'a pas encore disparu de la surface de la terre; et tous les peuples modernes n'en ont pas le même dégoût que nous.

Les dames de l'île Maurice regardent comme un excellent mets les grosses larves blanches qui vivent dans le tronc des arbres et qu'elles désignent sous le nom de *Moutoucs*; elles recherchent aussi les nids de grosses guêpes, dont elles mangent les larves rôties; on sait que les enfants des paysans s'amusent à sucer le miel que ces gros bourdons ont dans le ventre. Du reste le goût de ces dames a à nos yeux bien d'autres excentricités; c'est ainsi que les grosses chauves-souris, si communes dans cette île, ne sont pas non plus dédaignées par les créoles, et ces rats volants figurent comme un bon gibier dans le menu d'un de leurs dîners (**).

Les Chinois, déjà si friands des nids de l'hirondelle salangane, ne négligent pas, nous le répétons, leurs plats de vers à soie.

La larve du charançon géant des palmiers (*Curculio palmarum* Lin.) fait les délices des gourmands dans l'Inde.

D. Chenilles carnivores.

945. Nous comprenons, sous ce nom, les chenilles qui vivent spécialement de substances azotées, prises soit dans les organes des végétaux, soit dans ceux des animaux.

Les unes recherchent les tissus glutineux et musculaires ou albumineux; ce sont :

1° Chenille de la teigne des grains (*Tinea granella* Lin.). Elle se fait un fourreau soyeux en attachant les grains de blé aux surfaces sur lesquelles elle travaille; elle se sert ainsi de ses provisions, comme de tout autant de matériaux de construction; elle les ronge à l'intérieur et continue de la sorte à étendre son terrier à la manière des vermets et autres insectes. Cette chenille redoute le grand jour; son papillon est nocturne. J'avais abandonné, dans un caveau humide, une petite caisse de bon blé; je l'en retirai un an après, infesté de ces chenilles, qui avaient tellement cimenté, avec leur soie, les quatre coins du couvercle,

(*) Les pics spécialement.
(**) *Statistique de l'île Maurice*, par le baron d'Unienville, 1838, tom. Ier, pag. 259.

à l'intérieur de la boîte, que j'ai été obligé de le rompre à coups de marteau, ne pouvant plus l'ouvrir. On purge le blé de ces chenilles, en le remuant au soleil, surtout au soleil de la canicule ;

2° La chenille de l'alucite des céréales (*Alucita cerealella* Oliv.), qui habite le midi de la France, y ronge les grains de blé, en se creusant une loge dans l'intérieur, comme le font les vers de charançon.

946. Les autres préfèrent les tissus adipeux et oléagineux ; ce sont :

1° Les chenilles de la teigne des pelleteries (*Tinea pellionella*), des draps de laine (*Tinea sarcitella* et *Tinea trapezella* Lin.), qui rongent les brins de poils et de laine, en se faisant un fourreau des brins qui ne leur conviennent pas ;

2° La chenille de l'aglosse de la graisse (*Aglossa pinguinalis* Fab., *Phalæna pinguinalis* Lin.) qui vit dans le lard, la graisse et le beurre qu'elle dispute aux dermestes.

947. Le cadre de cet ouvrage ne nous permet pas de grossir ce catalogue d'un plus grand nombre d'exemples ; nous ne devons prendre, dans la classification, que les exemples qui sont dans le cas de nous fournir d'heureuses applications. Quant à ces applications au point de vue qui nous dirige, c'est-à-dire, quant à l'évaluation des effets morbides des chenilles chez l'homme et chez les animaux, nous renvoyons ce que nous avons à en dire après l'étude du groupe suivant, dont les larves ont avec ces chenilles tant de rapports de mœurs et d'habitudes.

SIXIÈME GROUPE, D'INSECTES BROYEURS, MORBIPARES : Coléoptères.

948. Les coléoptères se distinguent, sous le rapport qui domine dans cet ouvrage, de presque tous les insectes morbipares précédents, parce que l'insecte parfait peut être aussi nuisible aux plantes et aux animaux que sa larve même. L'insecte parfait a les deux ailes supérieures cornées et concaves, qui servent, pendant le repos, de couvercle protecteur aux deux ailes inférieures et de carapace à l'abdomen. Son appareil buccal est plus compliqué encore que celui des crustacés (509) ; on y distingue en général deux lèvres, l'une inférieure, l'autre supérieure, deux mâchoires latérales qui sont destinées à appréhender et à amener l'aliment, et deux mandibules cornées qui le broient et le préparent à la déglutition ; le labre inférieur et les mâchoires sont munis de palpes, organes d'exploration, de goût et d'odorat.

La larve est une chenille (934) dont tous les anneaux sont munis de pattes ; elle prend plus spécialement le nom de ver. Comme la chenille,

ce ver mue plusieurs fois ; sa nymphe diffère de la chrysalide en ce
que toutes les parties de l'insecte parfait se dessinent à travers son
maillot ; la larve de certaines espèces reste plusieurs années à se transformer en insecte parfait. Ces vers, nocturnes et amis de l'obscurité,
vivant dans la terre ou sous l'écorce des arbres, sont en général voraces :
les uns grands destructeurs de racines et d'aubier, fort peu phyllophages ;
les autres, au contraire, carnivores, ainsi que leur insecte parfait. Chez
les chenilles, les espèces carnivores sont l'exception à la règle, et encore
on en connaît peu qui dévorent la chair palpitante d'un animal vivant.

PREMIER ORDRE : Coléoptères herbivores.

949. Les larves de ces espèces rongent ou les feuilles des plantes
herbacées, ou les racines des plantes annuelles et vivaces, ou bien le
liber et l'aubier des arbres un peu vieux ; l'insecte parfait vit de feuilles
ou de fleurs. Quand on voit un légume bien arrosé se faner tout à coup
et étaler sur la terre ses feuilles en rosace chiffonnée, enlevez la motte de
terre, et vous trouverez la larve qui achève de trancher la racine de la
plante et de frapper au cœur le végétal : c'est le plus souvent la larve du
hanneton ou de l'émeraudine qui est coupable de ce ravage. De même, si
dans un excellent terrain, et après un développement non interrompu
pendant plusieurs années, vous voyez un arbre languir, s'arrêter dans sa
pousse et ne donner plus que quelques signes équivoques de végétation,
fouillez au pied, et si ses racines ne sont pas ravagées par les mêmes
larves, vous en trouverez d'autres, en soulevant l'écorce, qui labourent
l'aubier et le cœur du tronc. Il n'existe pas un cas de maladie végétale
dont nous ne puissions découvrir sur l'heure l'auteur animé, quand la
maladie ne provient ni de la pauvreté du terrain, ni de la sécheresse, ni
d'un empoisonnement par des arrosages corrosifs et désorganisateurs ;
car on n'a pas besoin d'attendre la mort du végétal pour avoir le droit
d'en faire l'autopsie.

950. LARVES et INSECTES COLÉOPTÈRES PHYLLOPHAGES, ou larves qui
vivent en rongeant les feuilles des végétaux. Nous n'en connaissons pas
qui correspondent aux pyrales, dont les larves mineuses se creusent des
terriers sous l'épiderme de la feuille.

1ª FORFICULE (forficula). Coléoptères dont la nymphe est douée de
mouvement, et dont l'insecte parfait est muni vers l'anus de deux crochets, au moyen desquels il cherche à se défendre, ce qui leur a fait
donner vulgairement le nom de perce-oreilles. Lamarck traite de préven-
tion sans fondement la crainte que ces insectes inspirent à plusieurs per-

sonnes. Pour moi, je ne me suis jamais trompé, en ajoutant plus de confiance aux craintes du peuple qu'aux dénégations des esprits forts de
cabinet ; car c'est en général le peuple des champs qui observe, et c'est
nous qui enregistrons. Les perce-oreilles à l'état parfait sont nocturnes ;
pendant le jour, on les trouve tapis dans le creux d'une feuille ou le cornet
d'un pétale. Le *dahlia* a le privilége de les attirer plus que toute autre
plante ; j'en ai trouvé jusqu'à dix dans une même fleur ; ils sortent le soir
de ce berceau de rose, et se mettent à en ronger les feuilles à belles dents ;
ce que l'on reconnaît le lendemain aux larges échancrures des feuilles.
Quand les dahlias sont jeunes et un peu trop abrités, il est souvent
difficile de les amener à bien, tant les forficules les rongent jusqu'au
cœur ; à mesure que le cœur s'épanouit et qu'une feuille se développe, on
la voit disparaître, pour ainsi dire, sous ses yeux. Mais je suis porté à
croire que ces insectes, herbivores par nature, sont dans le cas de
devenir carnivores par occasion. Exposez, en effet, sur un treillage, du
linge infecté de sueur ou de sang, des torchons de cuisine, etc., et vous
serez sûr le lendemain d'y prendre un assez grand nombre de forficules
tapies dans les divers replis. Au reste, quand même ces insectes ne cher-
cheraient pas une proie dans les diverses cavités de notre corps, il est
évident qu'ils peuvent y trouver un abri dans l'occasion ; qui les empêche
de se nicher dans l'oreille ou dans le nez d'un homme endormi dans les
champs, et d'y sommeiller au moins pendant douze heures ? Or, si cela
arrive, les forficules deviendront de la sorte morbipares, sinon par leurs
morsures, du moins et accidentellement par leur seule présence et leurs
mouvements de déplacement.

2° CRIOCÈRE (*crioceris*). La larve et l'insecte parfait vivent en rongeant
les feuilles et les tiges herbacées des lis, de l'asperge, etc. La larve du
criocère du lis (*Crioceris merdigera*) a soin de se couvrir de sa fiente
pour se protéger, pendant son sommeil diurne et par le dégoût qu'elle
inspire, contre la rapacité de ses ennemis et des oiseaux. Elle fait, la
nuit, un grand ravage aux feuilles des lis ; et quand les feuilles sont épui-
sées, elle ronge la tige et la coupe en morceaux. L'insecte parfait, à
livrée d'un magnifique rouge, est bien moins vorace que sa larve ; il est
même presque inoffensif, car les insectes parfaits ne vivent que pour
pondre.

3° ALTISE, tiquet, puce des jardins (*Altica oleracea* Lamk., *Chrysomela oleracea* Lin.). L'insecte parfait ravage, pendant la nuit surtout,
les plantations de choux, de navets, de betteraves, à l'époque où le plant
n'a que deux ou trois jeunes feuilles ; en sorte qu'on voit des semis tout
entiers qui en sont ruinés et perdus. Ce coléoptère paraît petit comme
une puce, et saute comme elle ; ses dernières cuisses, fortement enflées,

lui donnent cette faculté.. Sa livrée est d'un vert luisant; sa larve doit
vivre de racines ét dans la terre; mais on n'en connaît ni la forme ni les
habitudes; ce serait un point fort utile à éclaircir, afin d'en purger nos
champs, en atteignant les œufs ou au moins la larve de l'insecte. Les chry-
somèles, congénères de l'*altise*, attaquent les unes les feuilles de l'orme,
qui en paraissent souvent toutes festonnées (*Chrysomela ulmariensis*
Lin.), le noisetier (*Cryptocephalus coryli* Fab.), d'autres la vigne (*Cryptocephalus vitis* Oliv., ou gribouri), le peuplier (*Chrysomela populi* Lin.), etc.

4° LES CANTHARIDES (*Meloe vesicatorius* Lin.), insectes à élytres flexibles, à livrée toute verte, et à odeur spéciale très-forte, que l'on rencontre
par troupe, sur le frêne, le troëne, le lilas au printemps. C'est l'insecte
parfait qui sert aux vésicatoires; administré à l'intérieur, il a une action
qui se porte d'une manière affreuse sur les organes génitaux, et leur
communique une puissance de satyriasis qui dépasse toute croyance,
mais à laquelle le malade ne survit pas longtemps; on cite des cas d'empoisonnement par cette substance, qui ont poussé l'homme à répéter,
cinquante fois de suite, avec une égale vigueur, un acte qui ordinairement épuise les forces à la première ou à la seconde. Pauvres humains,
dont la vertu ne résiste pas à l'influence de quelques grains d'une vile
poussière!

5° Dans la *Revue élémentaire de médecine et de pharmacie* (liv. d'avril
et mai 1849, tom. II, pag. 361), j'ai longuement écrit l'histoire du charançon (*Curculio scrophulariæ*) dont la larve ronge les feuilles de la grande
scrofulaire; et j'ai pu signaler des circonstances et des rectifications
d'erreurs qui avaient échappé à Réaumur et à d'autres auteurs.

951. LARVES RHIZOPHAGES, ou larves qui vivent, sous terre, dans les
racines des plantes herbacées et des arbres :

1° LARVE DU HANNETON OU VER BLANC (*Melolontha vulgaris* Fabr.), qu'on
appelle MAN dans la Seine-Inférieure et ailleurs. C'est la larve la plus
fatale à l'agriculture; elle ronge toutes les racines qui se trouvent sur
son passage, et porte la mort dans tous les carrés de jardin; car elle
atteint quatre centimètres de long et se repaît en conséquence. Dans
certains pays, on fait suivre la charrue par les poules de la ferme, qui
savent bien, en grattant, les découvrir dans la motte que le versoir a
retournée; les cochons, qui en sont tout aussi friands, ne savent pas
aussi habilement déterrer la larve. Dans d'autres pays, les communes
donnent un prix du boisseau de hannetons que rapportent les enfants.
L'insecte parfait est fort peu nuisible par lui-même; mais il pullule
dans nos climats d'une manière alarmante. Les autres espèces de hannetons sont aussi voraces à l'état de larves; mais elles pullulent moins.

2° LARVE DE L'ÉMERAUDINE OU CÉTOINE (*Cetonia aurata* Fabr.). Après celle des hannetons, cette larve, tout aussi grosse que la première, est une des plus ravageuses. Son insecte parfait, que l'on voit si souvent, comme un chaton d'émeraude, incrusté au fond d'une rose, se contente de brosser la poussière des anthères avec les poils de ses mâchoires, et vit ainsi presque à la manière des abeilles.

3° Je serais porté à croire que c'est la larve d'une cétoine qui, en rongeant les racines du *Centaurea calcitrapa* Lin., détermine par là, sur tous les organes de la fleur, les déviations péloriques qu'une observation superficielle avait fait prendre pour des caractères spécifiques de bon aloi. J'ai, en effet, démontré ailleurs que le *Centaurea calcitrapoides*, nom sous lequel on a désigné cette monstruosité, n'était redevable de ses prétendus caractères qu'à l'érosion de ses racines (*).

4° RAVAGES DU TRICHIUS. Il y avait bien longtemps que je remarquais un pied d'un sumac (*Rhus coriaria* L.) qui végétait, chétif et languissant, à l'ombre d'une haie d'ormes, de baguenaudiers, de *rhamnus*, de lilas, d'érables de Montpellier et de faux ébéniers. Il avait fleuri, mais non porté fruit l'année 1844 ; je le trouvai mort en avril 1845 ; son tronc grêle et galeux offrait une foule de trous, traces de la perforation de quelques larves, surtout à la base et près de terre, où il s'était formé de longues galeries remplies d'une poudre onctueuse au toucher et d'un noir tellement beau qu'on l'aurait volontiers pris pour du noir de fumée. Le terreau était l'œuvre du *Trichius fasciatus* que j'y trouvai enfariné et en assez grand nombre. Ces trichies sont longues de huit millimètres, entièrement noires avec trois bandes enfarinées de jaune sur les élytres, qui sont sillonnées longitudinalement et plus courtes que l'abdomen ; les antennes courtes trilamellées ; le chaperon carré, les mâchoires hérissées de poils jaunes. La larve, qui vit de compagnie avec l'insecte parfait, atteint jusqu'à vingt-deux millimètres de long ; elle est demi-cylindrique, jaune luisant, à peau dure et écailleuse ; elle porte à l'anus deux petites cornes en croissant, et un appendice en guise de pattes ; elle a trois paires de pattes cornées près de la tête. Cette poussière, œuvre de l'érosion du sumac par une larve, donnerait peut-être une excellente couleur noire à l'industrie.

Le faux ébénier (*Cytisus laburnum* L.) est sujet à être rongé par une larve qui creuse l'aubier, et produit, sur l'écorce, de larges solutions de continuité, orifices de larges galeries où l'on retrouve la même poudre noire que chez le sumac, ce qui supposerait l'œuvre de la même trichie. La couleur jaune de l'écorce indique toujours que la larve a dirigé ses galeries sous ce point qui sonne creux ; les oiseaux insectivores ne

(*) *Nouv. Syst. de physiolog. végét.*, tom. 2, § 1465.

tardent pas à la déchirer, pour y fouiller l'objet de leur convoitise.

952. Larves xylophages de coléoptères, ou larves qui dévorent l'aubier des arbres, en se frayant des galeries sous l'écorce. Toutes ces innombrables vermiculations qui labourent la superficie d'un vieux tronc d'arbre écorcé sont l'œuvre de certaines larves plates, et comme à bords pentagonaux, blanches, ratatinées, plissées par leurs anneaux, que l'on prendrait enfin volontiers pour des vers cucurbitains. Ce sont les larves des leptures, cerambix ou capricornes, nécydales, callidies (944), buprestes et lyctus. Les bostryches rongent le bois mort et le réduisent en poussière; le bostryche typographe a reçu ce nom de la bizarrerie des figures qu'il trace sur le bois coupé. Les scolytes ne sont pas moins destructeurs, et c'est l'une ou l'autre de ces larves qui produit les fortes explosions que fait entendre, dans nos âtres, la bûche de bois qui commence à brûler ; quand ce bois détone, c'est la larve qui crève dans son gîte hermétiquement fermé par la sciure de bois. La larve du *Nosodendron fasciculare* Latr. produit ces larges ulcères de l'orme d'où découle une sanie que Vauquelin a analysée comme un produit morbide spontané, et qui n'est autre que la séve des vaisseaux éventrés par la larve; à l'époque de Vauquelin, il y avait divorce complet entre la chimie et les notions d'histoire naturelle. Les insectes parfaits font peu de mal aux plantes; ils ne vivent que pour aimer et pondre; dans toutes les classes d'animaux, l'amour ne semble se nourrir que d'aspirations et d'haleine. La gomme qui exsude des troncs et rameaux crevassés des arbres (*mimosa*, cerisier, prunier, pêcher, abricotier) véritable hémorragie des longues cellules de ces végétaux, ne saurait être que l'œuvre de l'érosion d'une larve qui éventre les réservoirs de cette séve et lui ouvre une issue au dehors.

953. Larves glutinophages, ou larves qui se creusent leur nourriture dans les organes glutineux et les tissus fortement azotés. Nous comprenons sous ce titre les larves mycétophages, les anobies des bolets (*Anobium boleti* Fabr.), le *Chrysomela quadripustulata* Lin. du bolet; les *agatidies* et les *xylophiles* des vieux troncs qui virent au développement fongueux et sentent le champignon; la *diapère* du bolet; la *phalérie des cuisines*, qui vit aussi dans les tas de blé ; les *tétratomes* des champignons ; le *bolétophage agaricole*; les larves de taupin (*elater*); les *scaphidies* des champignons vermoulus; les charançons, dont la larve se développe dans l'intérieur d'un grain de blé, d'un pois vert ou sec, ou dans la moelle des arbres, dans la noisette (*Calandra granaria* Fabr.; *Curculio nucum* Lin.; *Rhynchœnus pini* Fabr., etc.) ; les *Ptinus fur* Lin., qui dévorent nos herbiers et nos collections d'insectes ;

Les vrillettes (*Anobium striatum* Fabr.), espèces dont les larves accou-

tamées de vivre dans nos vieux meubles et d'y occasionner ces petits
trous où entrerait à peine la tête d'une aiguille, et dont l'insecte parfait
vole si souvent sur les rideaux de mousseline de nos fenêtres, comme
un petit cousin qui aurait pour ailes deux houppes soyeuses en vibration.
Cet insecte n'est pas plus gros qu'une puce de grande taille; il est de
couleur marron, a les élytres striés et le corselet bombé, de manière que
sa tête s'y cache presque par un mouvement de genou. On attribue à cet
insecte ce bruit qu'on entend souvent le soir dans les appartements, à la
faveur du silence de la nuit, bruit analogue à celui d'un mouvement de
montre, et que produirait un insecte qui creuse son trou et se tranche sa
nourriture.

954. Une autre espèce de vrillette bien voisine de la précédente, et qui
n'en est peut-être qu'une variété, opère, dans le pain longtemps gardé,
les mêmes ravages que la précédente dans le bois de nos vieux meubles;
c'est l'*anobium paniceum* d'Olivier, pl. 2, fig. 9 *a* et *b*. Le 30 mars 1856
à Boitsfort, en visitant une armoire aux vêtements, nous remarquâmes
une multitude incalculable de ces vrillettes courant sur la surface de tous
les tissus des robes; et ces tissus n'offraient pas l'ombre d'une perforation. Je me rappelai alors y avoir déposé un pain blanc tout entier, afin
de le soumettre plus tard à l'analyse (voyez tom. I, pag. 267); et je
retrouvai ce beau pain entièrement criblé de cette espèce de vrillettes
dont les larves venaient de se changer en insectes parfaits.

Jugez de ce qui serait arrivé, si un adepte du système Broussais avait
cru devoir faire usage de ce pain à l'époque où l'insecte y était niché sous
la forme d'œuf ou de larve! Je le répète, le nombre d'insectes parfaits
était incalculable; la mie n'en avait été nullement altérée, et les crottes
de la larve ne se distinguaient pas de la substance blanche du pain, qui
paraissait encore très-mangeable et fort appétissant; il n'avait du reste
pas trois mois de date.

Plus ancien de plusieurs années, ces vrillettes ne l'auraient certainement pas dédaigné.

J'avais enfermé, en 1839, dans un bocal, des fragments de pains trouvés
dans les momies égyptiennes, et qui, par conséquent, avaient au moins
trois mille ans de date. Malheureusement j'avais abandonné le bocal
dans une armoire humide, et dont les murs suintaient l'eau par tous leurs
pores. Lorsque je visitai plus tard mes pains antiques, je les retrouvai
devenus bruns comme une vieille éponge, et perforés de milliers de
petits trous, dans chacun desquels je rencontrai la vrillette striée (*Anobium paniceum*) à l'état de larve, de nymphe et d'insecte parfait; il ne restait plus de mes vieux pains pourris que les cloisons qui séparaient entre
elles ces larves archéophiles. Aussi pensons-nous que cet insecte, de même

que les mycétophages, forme le passage naturel des coléoptères nerbivores aux carnivores.

DEUXIÈME ORDRE : Coléoptères carnivores.

955. A peu d'exceptions près, les insectes parfaits de ces larves voraces sont carnassiers à leur tour :

1° Les larves des dermestes dévorent dans nos maisons le lard, les pelleteries, les tissus gras que nous perdons de vue; et l'insecte parfait a une livrée comme huilée, sombre et terne, avec des taches graisseuses blanches; quelques espèces ne dédaignent pas le cadavre et sans doute l'animal vivant (854).

2° Les larves des bousiers (*Scarabæus sacer* Lin.) vivent dans la fiente, et l'insecte parfait a soin de déposer son œuf au centre d'une boule de matière fécale, qu'il roule avec ses pattes, pour aller la placer en lieu de sûreté. Si ce sisyphe est rencontré chemin faisant par un de ses congénères qui ne soit pas occupé des mêmes soins, l'instinct de la sociabilité porte celui-ci à prêter main-forte à son concitoyen ; et ils roulent à deux la boule dépositaire de l'un des espoirs de la génération future.

3° Les géotrupes (*Scarabæus stercorarius* Lin.) creusent la terre au-dessous de la fiente où ils vivent, pour y déposer leurs œufs.

4° Les trox (*Scarabæus sabulosus* Lin.) ont l'habitude de ronger les substances tendineuses qui se dessèchent sur le sable.

5° Les boucliers (*Silpha quadripunctata* et *obscura* Lin.) ne vivent que dans les cadavres et les charognes.

6° Les fossoyeurs, porte-morts, enterreurs (*Silpha vespillo* Lin., *Necrophorus vespillo* Oliv.), accourent de loin à l'odeur des cadavres ; on les trouve au-dessous des cadavres des petits quadrupèdes, mulots, taupes, etc., occupés à creuser la fosse d'une dimension convenable, où ils les enterrent pour les dévorer à loisir et déposer leurs œufs dans ce qui en reste.

7° Les nitidules (*Nitidula obscura* Fabr., etc.) prennent moins de précaution, et dévorent les cadavres en plein air; aussi s'attachent-elles aux cadavres des animaux de toutes les tailles.

8° Les escarbots (*Hister unicolor* Lin., etc) d'une forme convexe, d'un deuil si luisant, vivent aussi dans le fumier et les cadavres, dans les bouses et le crottin de cheval.

9° Les staphylins (*Staphylinus hirtus* Lin., etc.), fort reconnaissables à leurs élytres courts, hideux à voir par leur forme et leur livrée noir sale, sont encore plus à redouter que les autres, à cause de leur audace à

se défendre et à mordre qui veut les attraper. S'ils ne vivent que de
cadavres, du moins savent-ils prouver aux vivants qu'au besoin la
chair fraîche leur conviendrait assez. On voit les larves et les insectes
parfaits se jeter avec acharnement sur les autres insectes et les ronger
à belles dents. On rencontre quelquefois une grosse larve qui, poussée
par l'ardeur de la chasse, s'aventure en plein jour dans les allées des
jardins, attachée comme un vampire à un ver de terre ou à tout autre
insecte de grande dimension. Sur le dos, elle est d'un vert bouteille
sombre et presque noir; sous le ventre, qui est fond gris, chaque anneau
porte jusqu'à neuf ou dix taches, six longitudinales noires, disposées par
trois de chaque côté, puis une grande hexagonale et transversale vert-
bouteille tendre, au-dessous de laquelle trois ou quatre autres petites
carrées, qui semblent tout autant de cristaux à facettes. L'anneau anal
est armé de deux grosses cornes, à la manière des *perce-oreilles* (950). La
tête, qui est rouge, porte des antennes à quatre articles d'un rouge brun,
bordés de blanc, et puis des palpes maxillaires et labiaux, et deux très-
fortes mandibules : c'est avec ces mandibules qu'elle saisit sa proie; si
celle-ci s'impatiente, la larve, relevant la queue, vient la piquer de ses
cornes anales pour la forcer à la résignation ; cette larve a l'air de ces
diables dont on garnit les jouets d'enfants. C'est une chose curieuse
certes que la manière dont le vampire torture les vers de terre qu'il a
attrapés dans leurs trous : on croirait voir un anthropophage acharné
sur le corps d'un malheureux vaincu. L'insecte parfait, plus complet
et plus fort, procède avec moins de rage et avec plus d'aplomb, mais
pourtant tous ses mouvements rappellent ceux de la larve; on le voit
même relever la queue pour vous piquer, comme si la métamorphose
ne l'avait pas débarrassé des deux aiguillons de la larve. « Dans la
Finlande et dans la Russie, dit Linné (*), les staphylins dévorent jusqu'au pain et aux habits de toute espèce, en sorte que les habitants
désertent leur domicile au plus fort de l'hiver, pour laisser périr ces
insectes de froid. »

10° Les cicindèles (*Cicindela campestris* Lin., etc.), à l'état de larves se
tiennent en embuscade dans les trous qu'elles se creusent dans le sable,
pour se jeter de là sur les insectes qui viennent à passer.

11° Les carabes, ou Marie-Jeanne (*Carabus sycophanta* Lin., etc.), à
belle livrée cuivrée ou d'un vert doré, qui courent si vite dans nos carrés
de jardin, sortant d'un trou pour rentrer et s'enfoncer dans un autre, ne
sont pas moins voraces par leurs larves que par leurs insectes parfaits.

12° Et ces coccinelles, bonnes *bêtes du bon Dieu*, dans le langage de

(*) *Obs. in regn. animal.*, pag. 104, *Syst. nat.*, éd. 1774.

nos enfants, insectes demi-sphériques, à livrée rouge, jaune, verte, avec
des taches noires et·blanches arrangées avec tant de symétrie ! Elles
font les mortes quand on les prend ; mais elles pondent çà et là, sur la
page inférieure des feuilles, des œufs végétants (578), d'où sort une
larve hexapode, très-grosse par devant, très-effilée par l'anus, bariolée sur
le dos de jaune et de noir, et qui fait aux pucerons une guerre d'extermination, comme la larve du syrphe (855). On trouve ces œufs tellement
agglutinés contre les nervures médianes des feuilles tendres et herbacées, que l'on croirait qu'ils sont récouverts par l'épiderme de la plante.
Ces œufs atteignent, en se développant, jusqu'à un millimètre de long,
sur un demi-millimètre de large ; ils sont ponctués comme un *dé à*
coudre ; et, quand on les observe dans l'eau, on les voit s'imbiber, de
manière que leur profil semble s'entourer d'une auréole membraneuse, au
milieu de laquelle l'œuf paraît enchatonné.

13° L'*Anthrenus musæorum*, dont la larve (528), ressemblant à un
cloporte soyeux, opère dans nos collections anatomiques et zoologiques
d'énormes ravages, et n'en opérerait pas de moins graves, si elle péné-
trait par hasard dans la charpente osseuse des animaux vivants.

14° Enfin, les dytiques (*dytiscus*), les gyrins (*Gyrinus natator*
Lin., etc.), les élophores (*Nitidula aquatica* Lin.), insectes aquatiques, et
qui, à l'état de larves et d'insectes parfaits, font une guerre acharnée à
tous les autres habitants des eaux, peuvent se développer, par l'ingestion
de leurs œufs, jusque dans le corps des animaux de grande taille (505).
Le dytique s'introduit quelquefois dans les petits bassins où l'on élève
des cyprins de la Chine ; on voit alors ces petits poissons mourir un à
un sans cause appréciable, jusqu'à ce que le hasard fasse surprendre en
flagrant délit le dytique attaché au flanc de sa victime ; un seul dytique
peut dépeupler ainsi tout un bassin et même un grand étang.

Je m'arrête à cette énumération succincte, mais qui suffit à notre sujet,
pour nous mettre en état d'indiquer les goûts et les habitudes morbipares des principaux groupes de coléoptères carnassiers.

APPLICATIONS DES INDICATIONS PRÉCÉDENTES,

ou

Effets morbides des chenilles des papillons, des larves et insectes parfaits des
coléoptères, sur les animaux et sur l'homme.

956. APPLICATIONS THÉORIQUES. Si je demandais à mes lecteurs de me
dire s'ils croient possible que les chenilles et les vers herbivores s'introduisent et vivent dans les chairs des animaux, ils éprouveraient sans

aucun doute. un certain embarras à résoudre, d'une manière ou d'une autre, la question; car il faut être un peu avancé dans les théories générales de la chimie organique, et beaucoup plus avancé que nos chimistes ne l'étaient il n'y a pas encore trente ans, pour se familiariser avec cette idée que, dans le plus grand nombre de cas, la différence qui sépare les substances animales des substances végétales n'est qu'une distinction nominale et de classification; en sorte que le parenchyme du chou, sous le rapport de la nutrition, peut être, pour certaines organisations, le succédané de la viande, et la viande le succédané du chou. Pour moi, je conçois fort bien que la chenille du chou puisse s'accommoder de nos tissus, si le hasard des circonstances en introduit l'œuf ou la larve jeune dans l'intérieur de nos organes, et qu'elle puisse s'y développer tant qu'elle s'y trouvera dans les conditions convenables à son mode de nutrition.

957. Mais nous n'éprouverons pas les mêmes hésitations à répondre, si, laissant de côté cette classe de larves habituellement herbivores, et limitant notre question à la classe des larves carnivores, nous demandons à nos lecteurs : 1° Pensez-vous que la larve de l'*Aglossa pinguinalis* (946), qui vit dans le beurre et le lard de nos boutiques, ne pourrait pas s'accommoder également des tissus adipeux d'un animal vivant, si le hasard venait lui en ouvrir l'accès? Qui l'en dégoûterait? Le développement des insectes ayant lieu en raison de la température, ces larves trouveraient certainement plus d'avantages dans la couenne, le lard, ou dans le tissu adipeux d'un animal réchauffé par la vie, que dans le beurre ou le lard refroidi après la mort. La difficulté n'est que de s'introduire dans nos tissus; difficulté plus grande quand il s'agit de l'homme dont les aliments en général passent tous par le feu, que s'il s'agit des animaux de basse-cour ou d'étable, les cochons, par exemple, à qui l'on sert à froid tout le rebut abandonné de nos boucheries et de nos cuisines. Cependant l'homme mange à froid bien des substances qui sont dans le cas d'avoir été envahies par ces chenilles; on doit donc admettre qu'il n'est pas tout à fait à l'abri de l'invasion de ces parasites lardivores. Or, si cette hypothèse se réalise, il est facile de tracer d'avance la marche, les symptômes, les accès fébriles, l'issue heureuse ou funeste de la maladie dont la larve sera l'unique cause; car cette larve vorace tranchera, de proche en proche, bien des mailles du réseau circulatoire, bien des cellules fibrillaires des muscles, bien des anastomoses et des correspondances du système nerveux; chaque place qu'elle occupera donnera lieu à une maladie d'une dénomination et d'une gravité différente.

958. De là passant aux larves hideuses et carnassières des coléoptères, nous admettrons sans peine que les bousiers, dont l'œuf éclôt dans la

fiente, puissent vivre dans le côlon des animaux qui barbotent dans la fange, et même dans celui de l'homme, si, par suite de quelque négligence des soins de propreté, d'un coup de vent et d'un de ces mille hasards qui sont capables de faire tomber un germe d'insecte dans les aliments que l'on nous sert; si, dis-je, par suite de quelqu'une de ces circonstances inappréciables, il arrive que l'œuf d'un bousier ou d'un géotrupe s'introduise dans notre canal alimentaire; or leur présence seule dans le côlon pourrait devenir la cause des plus graves désordres, en supposant même que, de leurs mandibules incisives, ces larves se contentassent de la matière des fèces, sans s'attaquer aucunement aux tissus de l'intestin.

959. Quant aux larves des staphylins, qui dévorent les insectes vivants; quant aux larves et aux insectes parfaits des silphes ou enterre-morts, qui s'attachent aux cadavres non décomposés des animaux, ce serait manquer à toutes les règles de l'analogie que de prétendre que, dans l'occasion, elles ne s'attacheraient pas avec le même acharnement aux tissus des animaux vivants. Si ces vampires s'attachaient à notre peau, nous nous en débarrasserions bien vite, car nous les verrions à l'œuvre. Mais s'ils s'insinuent jamais dans nos chairs, à l'âge où leur taille est moins visible, qu'ils pénètrent dans nos organes, à l'état d'œuf ou dans leur extrême jeunesse, jugez des ravages dont ils vont être les invisibles auteurs, selon la place qu'ils occuperont, l'organe qu'ils envahiront, et le genre de médication que les symptômes de leur présence feront adopter de préférence. Par les temps chauds et par les sécheresses opiniâtres, la poussière qui nous vient des champs peut être riche de pareils germes, et la rose des vents peut nous apporter la contagion, par un point ou par un autre. Soumettons ces idées au calcul : Un nécrophore femelle est dans le cas de pondre jusqu'à un millier d'œufs. Supposons que les champs, tenus avec une certaine propreté, n'offrent à sa progéniture qu'un seul cadavre de petit quadrupède à dévorer; ce millier de larves ne pouvant pas arriver à bien avec ce peu de provisions de bouche, toute la race de ce vorace parasite des cadavres pourra s'éteindre à cette génération. Mais supposons qu'une centaine de ces nécrophores, géotrupes, carabes, cicindèles, etc., attirés par l'odeur d'un champ de bataille, se ruent sur les corps morts abandonnés à leur propre décomposition, ces cent parasites mettront au jour approximativement jusqu'à trente mille œufs, qui, venant à bien par l'abondance des vivres, donneront trente mille insectes, dont la moitié au moins de femelles : soit quinze mille mères capables de mettre au jour en peu de temps au moins quinze millions d'œufs. Mais tout à coup les cadavres décomposés manquent à l'éclosion de tant d'œufs de para-

sites; les tissus putréfiés tombent en poussière sur le sol. Dès ce moment voilà donc quinze millions d'œufs que la force du vent peut soulever dans les airs, et amener, par la respiration, dans les organes de l'homme : contagion effrayante et pestilentielle, dont le germe sera dans les airs comme une émanation d'un foyer de putréfaction animale. Remarquez que la chaleur de la décomposition du cadavre maintiendra, même en hiver, autour de ces larves, l'atmosphère de l'été, et que la pullulation de ces insectes n'éprouvera pas d'intermittence et d'hibernation. Quant aux effets morbides que sera dans le cas de produire l'introduction de ces parasites dans nos organes, il est facile de les déduire de leurs habitudes et de leur habitation. Ces œufs, imprégnés d'une sanie putride, déposeront sur le tissu envahi le germe d'une infection que la mandibule de la larve éclose ne manquera pas d'inoculer dans les chairs; et ce sera là une inoculation de la décomposition et de la mort. De là bubons pestilentiels à l'extérieur, à l'intérieur et sur toute l'étendue du canal alimentaire; perforation des intestins, chute des membres, si la larve s'attache aux tendons; délire frénétique, si la larve prend sa direction vers le cerveau. Quel tissu pourrait résister à la voracité d'une larve qui déchire et qui broie, et qui est dans le cas de se frayer une route à travers les os, comme à travers les tissus mous? Quel spectacle effrayant que celui d'une population en proie tout à coup à de petites mais innombrables causes d'aussi rapides ravages!

960. Les contagions de cette nature peuvent se propager tout autant par le véhicule des eaux que par celui des vents. Les insectes carnassiers pullulent dans les eaux stagnantes, les mares et les marais; ils y déposent par myriades leurs œufs, que les animaux terrestres sont dans le cas d'avaler en s'abreuvant à de pareilles sources. Or les liquides de l'estomac peuvent offrir à ces œufs les conditions favorables d'incubation qui se trouvent dans les eaux croupissantes; donc, malgré tous leurs soins de propreté, les hommes, surtout ceux qui habitent les bords des rivières, sont exposés à l'invasion de ces corps organisés; il suffit pour cela qu'une grande inondation arrive à transvaser dans le lit de la rivière l'eau des marais et des mares, des eaux croupissantes enfin des environs de la localité. De là, en effet, les épidémies qui, après le débordement des rivières, viennent compliquer, de tant de façons effrayantes, les maladies qui émanent déjà de l'influence de l'humidité et de la putréfaction des matières organiques.

961. Si ces cas divers d'introduction se réalisent à notre insu, un seul de ces insectes est dans le cas de faire repasser devant nos yeux, sur un seul malade, tout le cadre du système nosologique à l'état le plus complet, et cela en se contentant de changer de place et d'organe; de pro-

mener enfin l'inflammation, l'ulcère et la fièvre dans tous les recoins de
notre économie, et de varier le thème des symptômes et des crises de
mille manières différentes ; se jouant à chaque instant de nos pronostics
et de nos divinations ; transportant la désorganisation dans le foie ou la
rate, à l'instant où nous en aurions surpris les signes dans l'estomac ; puis
dans les intestins, puis à l'œsophage, puis dans les poumons, puis dans
les muscles des membres et même jusque dans le cerveau. Quel tissu
organisé opposerait un obstacle insurmontable aux mandibules qui broient
le cœur du bois, et broieraient tout aussi facilement le plomb et le verre ?

962. DÉMONSTRATIONS PRATIQUES. De tous les temps la médecine scolas-
tisque a manifesté la plus grande répugnance à admettre comme authentiques les cas d'introduction des chenilles ou des vers dans les organes
de l'homme. Cet ordre de faits a toujours eu l'air d'ébranler jusque dans
leurs fondements les doctrines humoriques, c'est-à-dire, de tendre à
renverser le temple d'Esculape et à réduire ses pontifes et ses professeurs au simple rôle d'observateurs vulgaires : atteinte évidente portée à
une antique propriété. Quand donc nous aurons les médecins eux-mêmes
pour garants du fait, on ne pourra pas nous accuser d'une crédulité
facile ; car remarquez, bien que chacune de ces sortes de révélations
a été tout d'abord une mystification médicale, et que c'est le mystifié qui
en a fait l'aveu en se rendant à l'évidence :

1° On connaissait déjà, du temps de Pline, l'action de l'ingestion d'un
coléoptère analogue aux cantharides (*Meloe maialis* ou *proscarabœus*), que
l'on nommait bupreste, ou enfle-bœuf ; « insecte rare en Italie, dit Pline,
assez semblable au scarabée à longues pattes, qui trompe les bœufs en
se cachant sous l'herbe, se laisse dévorer et leur enfle tellement le foie,
qu'ils en crèvent (*) ». Les paysans et nos vétérinaires attribuent encore
aujourd'hui à quelque chose d'analogue la météorisation de leurs vaches
et de leurs bœufs. Mais c'est là plutôt un cas d'empoisonnement par une
espèce de cantharide, qu'un cas du genre de ceux qui nous occupent ;
c'est un venin, et non un parasite qui est la cause de cet accident.

« 2° Une femme de quarante-deux ans, dit le *Journal des Savants*, 1695 (**), se sent prise de la fièvre, le 27 août 1694, en sortant de
son jardin, où elle s'était fort échauffée à travailler. Nuit suivante, grand
mal de tête, défaillance, qui se termine par un vomissement ; *on la saigne*,
et le mal de tête redouble ainsi que la fièvre ; sueur abondante avec
syncope. La fièvre ayant diminué, on lui donna le soir un lavement et un
julep somnifère qui calma quelque peu ses grandes douleurs. La fièvre

(*) Pline, lib. 30, cap. 4.
(**) J'extrais ce cas de la *Collection académique*, tome 7, pag. 22.

se rallume jusqu'au 15 septembre, et alors un peu de relâche; mais le mal de tête continue toujours. Le 8 du même mois, la fièvre recommence plus fort qu'auparavant, et ce jour-là la malade se plaignit d'une très-grande douleur dans l'oreille droite, *sentant*, disait-elle, *quelque chose qui semblait lui ronger le dedans de cette partie* : bourdonnements, élancements tels qu'elle en tombait en syncope; puis quelque relâche, pendant lequel on la purgea. Au bout de quelques jours les symptômes recommencèrent; vésicatoires au cou, cataplasmes anodins derrière l'oreille; calme. Au commencement d'octobre, le mal recommence comme auparavant, avec de si grands élancements dans l'oreille, que la malade se vit obligée de s'instiller dans l'oreille de l'huile d'amandes amères et d'absinthe, de l'eau-de-vie, etc. ; *cinq jours* après, il sortit de son oreille cinq petites chenilles toutes vivantes, de différentes grosseurs et couleurs, les unes grosses de trois à quatre lignes et longues de six; les plus petites grosses de deux à trois lignes et longues de trois à quatre ; les plus grandes étaient entièrement blanches, et les plus petites mêlées de rouge et de blanc; il en sortit près de quatorze à diverses fois. A la fin d'octobre, la malade ayant senti redoubler les élancements dans l'oreille, y porta le doigt assez rudement, ce qui occasionna *une hémorragie considérable, et en même temps la sortie d'une chenille* vivante de l'espèce des *arpenteuses;* elle avait de dix-huit à vingt lignes de long sur cinq à six de grosseur; le ventre était entremêlé de lignes vertes et jaunes, et son dos marqué de rouge, de vert et de brun; son corps était tout couvert d'un duvet assez long; elle avait douze pattes, c'est-à-dire, quatre intermédiaires, et sur le devant de la tête deux cornes assez analogues à celles des limaçons; sa queue avait quelque rapport avec celle de la carpe. »

On ne saurait nier, à tous ces caractères, que la cause de cette violente *otite* ne fût une chenille, dont les œufs étaient sans doute tombés par hasard dans l'oreille de cette campagnarde. Les relâches et les recrudescences résultaient de la mue de ces insectes, qui paraissent avoir pris tout leur accroissement dans ce milieu de chair. Ne perdez pas de vue avec quelle facilité la marche des symptômes s'explique, dès que la sortie des chenilles vient en révéler les auteurs!

3° Andry (*) a publié une lettre qui lui avait été transmise par M. le procureur général Joli de Fleury, à qui elle avait été écrite d'Alais, en 1723, par M. de Rochebouet, alors vicaire général du diocèse d'Alais, et ensuite curé de Saint-Germain-le-Vieil, à Paris. Il y avait près de deux ans que cet ecclésiastique avait été atteint de vapeurs violentes qui

_____

(*) *De la Génération des vers dans le corps de l'homme,* tome 1, pages 332-337, édition de 1741.

l'avaient pris à une lieue de cette ville ; elles furent si terribles, que le malade se tenait le menton appuyé sur l'estomac, qu'il perdait connaissance, dès qu'il faisait un effort pour relever la tête, et qu'il éprouvait des mouvements convulsifs ; point de fièvre ni perte d'appétit. La première attaque ne tarda pas à être suivie d'une seconde moins violente, et pendant trois semaines les attaques se succédèrent jour par jour ; mouvements convulsifs par tout le corps et souvent dans les genoux, qui l'éveillaient la nuit en sursaut, et toujours dans des songes épouvantables ; le jour, idées tristes et noires. Enfin un jour, au sortir du réfectoire, il éprouva une attaque plus violente que toutes les autres ; on le reconduisit à sa chambre en le tenant sous le bras ; le médecin lui administra un purgatif fait avec séné, rhubarbe, manne, fleur de pêcher, absinthe et quelques grains de jalap ; quinze ou seize selles, mal de cœur ; eau tiède pour provoquer le vomissement, au moyen duquel le malade rend les truffes qu'il venait de manger, et puis une chenille qui vécut encore quatre minutes, et dont cet ecclésiastique adressa à Andry la figure de grandeur naturelle que nous copions ici. Le narrateur dit qu'elle était

noire comme de l'encre et luisante ; mais il est possible que la couleur naturelle de l'insecte fût altérée par la couleur de la sauce aux truffes ; car aux formes générales du dessin nous croyons pouvoir reconnaître la chenille du *Bombyx cossus* dont nous avons parlé plus haut d'une manière spéciale (944), à moins que ce ne soit la larve d'un gros coléoptère, l'une de ces larves qui vivent sous cette forme jusqu'à trois et quatre ans. Le dessinateur inhabile a donné à cette larve les caractères informes du ver à soie.

4° Le docteur Deleau Desfontaines, exerçant à Saint-Germain en Laye vers le commencement de ce siècle, rapporte un cas où figure, je le pense, la chenille dont nous venons de parler (*) : « La réunion des symptômes semblait indiquer, dit le narrateur, *un état saburral* des premières voies, et faisait en même temps soupçonner l'embarras des viscères abdominaux ; les délayants, le petit-lait, l'eau de veau, les minoratifs, les amers, les lavements anodins, les cataplasmes émollients, les vermifuges, tout fut impuissant ; en six semaines le malade expira... L'estomac

(*) *Recueil périod. de la Soc. de Méd. de Paris*, tome 15, pag. 13, an. 10.

se trouvait plissé comme une bourse avec quelques points gangréneux;
les intestins grêles étaient boursouflés et distendus par de l'air; le pan-
créas était engorgé, la vésicule du fiel vide, presque desséchée et d'une
capacité fort inférieure à sa capacité ordinaire. On y trouva dix petites
pierres biliaires dont deux ressemblaient à des œufs de serin pour la
la forme et la grosseur; le foie était diminué de volume, *dur et squirreux*
dans plusieurs de ses parties; sa couleur était pâle et livide. En le disséquant on aperçut, vers le milieu de la partie concave du grand lobe,
une espèce de cavité d'environ six à sept lignes de diamètre et de quatre
à cinq de profondeur, remplie d'une humeur épaisse et noirâtre, du
milieu de laquelle il sortit une larve encore vivante; sa longueur était
de quatre pouces, sa grosseur semblable à celle du ver à soie parvenu à
son plus grand développement; *sa couleur d'un rouge brun*, les anneaux
marqués d'un petit piquant, et la partie postérieure du corps se terminant en queue d'écrevisse. »

Le docteur Desfontaines s'était hasardé, dans sa relation, à attribuer
la maladie aux ravages de cet insecte; mais F.-J. Double, alors rédacteur en chef du journal, en sa qualité de dépositaire des saines doctrines
de la société, s'éleva hautement contre la théorie du narrateur, et il ne
vit la cause de la maladie que dans les calculs cystiques et le squirre
hépatique; en sorte qu'une chenille aussi longue et aussi vorace aurait
pu s'introduire dans le foie, y vivre et s'y développer, sans toucher le
moins du monde aux tissus de l'organe; elle y aurait vécu sans se
nourrir, si ce n'est de l'air du temps et des gaz des viscères. Quelle péti-
tion de principes se permettent les galénistes! tantôt c'est la maladie
qui produit les calculs et les squirres; tantôt, et par un revers de plume,
c'est le calcul et le squirre qui sont cause de la maladie; c'est le père
qui engendre le fils, après que le fils a engendré son père; en tout cela
la mère n'y contribue en rien. Si l'on eût demandé à F.-J. Double de cette
époque ce qui a produit les calculs et le squirre, il vous aurait répondu :
C'est la maladie. Mais si vous aviez commencé par lui demander ce qui a
produit la maladie, il vous aurait certainement répondu : Ce sont les
calculs et le squirre. Car en ce temps-là la nature avait encore horreur
du vide en médecine.

5° Nils Rosén, à la suite d'observations très-judicieuses sur l'histoire
du ténia, publié le cas suivant (*), que nous reproduisons sous sa propre
responsabilité : « Une dame eut une fièvre pourprée dont elle se rétablit
difficilement; elle ressentait des maux de tête et des douleurs aiguës dans

(*) *Mém. de l'Acad. de Stockholm*, 1772; extrait dans la *Coll. académ.*, tome 2,
page 340.

les bras, depuis l'aisselle jusqu'au coude ; le bas-ventre était quelquefois dur, enflé, constipé ; perte d'appétit, maigreur, tour des yeux livides, visage extraordinairement changé, et point d'autres symptômes. Un purgatif très-doux de feuilles de séné lui fit rendre trois espèces de cosses semblables à des cocons de chenille, grosses comme une noisette, mais plus longues. On les ouvrit et on les trouva remplies de plusieurs insectes, dont les uns étaient entiers et les autres à demi consommés, à savoir : le petit scarabée pilulaire noir, à fourreau des ailes gris (bousier ou *copris* de nos systèmes) ; le charançon noir, à trompe de la longueur du corselet (*Calandra granaria,* sans doute) ; quatre araignées tout entières ; un ver de scarabée ; plusieurs chenilles à seize pattes ; le ressort ou maréchal tout brun (taupin, *elater*) ; une petite mordelle, etc. »

Ce cas pourrait s'expliquer par quelque mauvais goût de la dame qui se serait mise à manger des insectes, comme Lalande et sa nièce dévoraient les araignées, genre d'amusement très-propre à enfermer le loup dans la bergerie et à faire entrer des petits Jonas dans le ventre de la baleine.

Il est à remarquer que les charançons ne sont pas toujours herbivores. La larve du *Curculio paraplecticus,* qui vit dans le creux des tiges du *Phellandrium aquaticum,* passe en Suède, dit Linné, « pour causer la paraplégie des chevaux qui se baignent dans les eaux où pousse cette plante ; on les en guérit en les frottant de fiente de porcs. »

« 6° En juillet 1789, dit Letual Dumanoir (*), médecin à Bayeux, la demoiselle Lefrançois, âgée de dix-sept ans, ayant les pâles couleurs et traînant une vie languissante depuis deux ans et demi à peu près, éprouve, le 15 au soir, un violent mal de tête ; il avait été précédé de maux d'estomac et de picotements dans l'œsophage qui furent suivis de convulsions ; la malade portait toujours ses mains à la gorge et paraissait près de suffoquer. Les parents, ne sachant plus que faire, l'engagent à prendre un peu d'eau sucrée tiède ; convulsions effrayantes, suivies du vomissement d'une gorgée ou deux de matière glaireuse et spumescente ; les convulsions cessent, et la mère, ayant jeté les yeux sur ce que sa fille venait de vomir, fût surprise d'y apercevoir cinq petits vers bien vivants et qui s'agitaient avec précipitation ; elle rassembla avec soin ces vers et pria le docteur de passer chez elle, après lui avoir envoyé ces objets. Le médecin les enferma dans une boîte de cristal fermant à vis ; ils avaient à peu près huit lignes de long ; ils étaient lisses, jaunes et à six pattes ; ils sautaient comme des puces, dès qu'on les touchait avec le doigt ou un stylet. Le médecin les montra au docteur Vernet et les fit dessiner.

(*) *Journ. de Méd., chir., pharm.,* page 78, tome 86, 1791.

Il les a conservés pendant un an. Pendant tout ce temps ils ne touchè-
rent en rien aux substances végétales; mais l'un d'eux étant mort, les
autres s'en nourrirent, et en quatre jours ils l'avaient dévoré en entier; un
second fut dévoré de même; enfin le troisième et le quatrième devinrent
la proie du cinquième qui grossissait singulièrement; dès lors on le
nourrit avec des mouches. Tous les mois il se dépouillait après une
mue, et il dévorait sa peau de préférence à celle des mouches. Il se
changea le 5 juin en nymphe, et au bout de quinze jours il en sortit un
scarabée que le docteur fit dessiner par M. Toustain. Ce scarabée était
d'un violet foncé, et ne vivait à son tour que de mouches. »

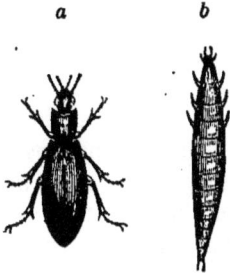

a   b

On voit les figures de la larve en *b*, et
du scarabée en *a*, que nous avons eu
soin de calquer sur les figures qui accompagnent le mémoire de Dumanoir,
pag. 83. A la courte description qu'il
donne des habitudes et de la livrée de
l'insecte parfait, ainsi qu'à sa figure,
nous croyons avoir reconnu la larve et
l'insecte parfait du *Carabus terricola*, Oli-
vier, pl. 11, fig. 124, tom. 3, pag. 57; espèce voisine du *Carabus cœrules-
cens* ou *vulgaris*, Fabric., insecte commun dans nos
jardins, qu'on voit sortir de terre et y rentrer, avec
une vivacité qui est une preuve de la voracité et de
l'instinct qui l'entraîne à la chasse. Nous en donnons
ici la figure dont nous avons supprimé les antennes,
comme l'a fait Dumanoir sur la figure ci-dessus.

7° Le docteur Bonté, médecin à Coutances (*), a
publié, sur un ver rendu par le vomissement à la suite d'un purgatif,
une observation trop incomplète, sous le rapport d'histoire naturelle,
pour nous permettre de déterminer l'insecte avec une certaine approximation. D'après lui, cette espèce n'aurait été décrite nulle part; elle
approcherait cependant de celle dont Tulpius a donné la figure sur la
planche où il a représenté le ténia (526). Par le corps ce serait une chenille
de trois lignes de long (sept à huit millimètres) et pas tout à fait une de
grosseur (deux millimètres); sa couleur en était rouge; par ses six pattes,
ce ne serait qu'un ver de coléoptère ou de certains cynips (913); la
tête paraissait fort grosse, elle était armée de deux crochets recourbés
en dessous comme ceux des vers de la viande. Mais voici des anomalies
qui ne viennent que du défaut d'observation du médecin : « Entre les

(*) *Journ. de Méd., chir., pharm.*, tome 14, page 32, 1764.

crochets aurait été un barbillon ou une corne aussi longue que l'insecte, au-dessous de la tête étaient quatre antennes (*quatre palpes, sans doute?*), deux antérieures (*les palpes maxillaires?*) plus longues, deux postérieures plus courtes (*les palpes labiaux?*); la queue recourbée et fourchue se serait terminée par deux mamelons. » Que l'auteur ait eu devant les yeux une larve de cynips ou un papillon à ailes avortées, dernière hypothèse qui expliquerait assez bien par la trompe, les fourreaux et les deux antennes, les appareils de la tête de l'insecte en question, il n'en est pas moins avéré par ce témoignage qu'il a été rendu, par le vomissement, une larve ou un insecte dont la larve avait causé tous les accidents qui avaient nécessité la visite du médecin.

8° Vétillart du Ribert, médecin au Mans (*), est moins inexact dans la description qu'il nous a donnée d'une chenille rendue, le 8 juin 1762, par le vomissement, chez une demoiselle atteinte, depuis environ trois mois, de phthisie pulmonaire. Cette chenille, dit-il, appartenait à la première classe de Réaumur : longue de onze lignes (deux centimètres cinq millimètres), elle était brune, avec trois bandes longitudinales brunes, la surface dorsale traversée dans toute sa longueur par une ligne noire, et terminée de part et d'autre par une ligne rousse qui était suivie d'une autre ligne noire; les quatre paires de pattes intermédiaires se trouvaient placées du sixième au neuvième anneau; et chaque anneau portait un petit paquet de poils en forme d'aigrette sur le milieu; cette chenille a refusé toute autre espèce d'aliment, à l'exception de la viande et du pain mâché. Or cette pauvre demoiselle ne vivait que de laitage, ainsi l'ordonnait le médecin; aussi, de juin en septembre, époque de sa mort, rendit-elle une multitude d'ascarides vermiculaires. (La note du docteur Vétillart est accompagnée d'un certificat signé de la malade, de sa tante, de deux de ses sœurs et d'une autre personne, qui attestent avoir vu sortir la chenille de la bouche du malade.)

Cette chenille, qu'à la description on pourrait bien prendre pour celle du *Bombyx chrysorrhœa* Lin., ou du *Phalœna pruni*, chenille si commune en certaines saisons sur toutes nos pomacées, ne voulait toucher qu'à la viande ou au pain mâché, par l'habitude qu'elle en avait contractée, en sortant de l'œuf dans l'estomac même; car l'habitude de la nourriture se contracte en naissant; et telle chenille, dont l'espèce est habituellement friande de feuilles de telle plante, n'y touchera pas, si, à dater du jour qu'elle vient d'éclore, on ne lui sert qu'un aliment d'une tout autre qualité; l'habitude est une seconde nature, a dit la sagesse des nations. Dans l'observation que nous venons de rapporter, le sujet ne vivant que de

(*) *Journ. de Méd., chir., pharm.*, tome 17, page 443, 1762.

laitage et de pain mâché, le parasite retrouvait ses goûts et ses habitudes
dans le pain mâché qu'on lui servait ; il était né dans cet aliment. Si le
malheur et la disette faisaient qu'on habituât l'enfant que l'on sèvre à
manger de la chair du rat et du cheval, il ne concevrait pas, à l'âge
adulte, la répugnance que nous éprouvons tous pour ce genre de nourriture.

9° Christian-Franç. Paullini (*) rapporte un cas de vomissement où
nous retrouvons encore la chenille dont nous venons de nous occuper,
ou bien une chenille assez voisine (*Phalæna wavaria*, ou *grossulariata*
Lin.). Un jeune garçon de treize ans sentait depuis longtemps dans la
région précordiale des érosions et des inquiétudes. On lui administra de
l'émétique dans un véhicule abondant, qui lui fit rendre une chenille
velue, pointillée de jaune sur un fond gris-brun, avec une grande raie
dorsale rouge ; puis un paquet d'une douzaine de plus jeunes, enfoncées
dans une racine de groseillier, et qui étaient peut-être les chenilles du
Sphinx tipuliformis qui rongent la moelle du groseillier ; puis une
feuille de groseillier, un brin de balai de bruyère, une aiguille, un fragment de tige de gramen, une plume de duvet, un morceau de cuir, et
deux morceaux de fiente de pigeon : toutes choses dont Paullini a pris
soin de donner la figure, page 40. « Tout le monde, ajoute Paullini, connaît si bien ce fait dans ma ville, que personne n'oserait le révoquer en
doute. »

La réunion d'objets aussi dégoûtants indique que cet enfant était
enclin à quelque mauvais goût, et qu'il se plaisait à manger des ordures ; ce qui est plus fréquent chez les petites filles que chez les gar-
çons. Le même auteur (*Ephem. cur. nat.*, dec. 2, ann. 6, 1687, obs. 13)
cite plusieurs cas de larves trouvées dans le cœur de l'homme et des
animaux, larves qui me paraissent se rapporter, les unes aux ichneumons,
les autres aux capricornes et aux chenilles, d'autres aux helminthes ; la
plupart s'étaient métamorphosées en insectes parfaits.

10° Théodore Zuinger (**) cite un cas analogue, encore plus extraordinaire, mais qu'il serait difficile de révoquer en doute, attesté qu'il est
par un grand nombre de témoins oculaires, tels que le curé du village,
les pères capucins du lieu, les membres de la famille et l'archiatre du
duc de Montbeillard. Il s'agit d'une jeune fille du comté de Bourgogne,
âgée de dix-huit ans, qui, pendant deux ans, ne pouvait rester assise,
se promenait sans cesse, et passa quinze semaines dans la plus complète
insomnie. Les menstrues avaient lieu par le nez, les oreilles et les

(*) *Ephem. curios. nat.*, dec. 2, ann. 5, 1686, append., page 75, obs. 119.
(**) *Ephem. cur. nat.*, cent. 7 et 8, 1719, obs. 26.

mamelles. Le vendredi saint 1688, elle tombe en syncope et rend trente-sept fourmis par le vomissement, avec hématémèse. En traversant un cimetière, elle vomit le *Meloe maiulis*, puis des masses de poils analogues aux cheveux humains; ensuite cent *forficules*, la plupart vivantes; un autre jour un colimaçon; un autre jour une grenouille; un autre jour une araignée, et enfin des morceaux de soufre. Vers la fin de 1690, elle mourut d'hydropisie. Sa sœur attribuait le commencement de cette maladie à une pomme que lui aurait donnée une femme suspecte; c'étaient là les idées du temps. Mais évidemment cette fille était affectée de mauvais goûts, et se plaisait à avaler toutes sortes d'ordures animées ou inanimées qui finirent par lui donner la mort.

J'ai soigné, en 1844, un enfant âgé de neuf à dix ans, atteint de convulsions et d'un état voisin de l'aliénation mentale qui ne lui permettait pas de garder un instant le repos; il se jetait sur tout ce qu'il rencontrait, et mangeait avec avidité tout ce qu'il saisissait, herbe, terre, linge, chiffons de papier; la nuit il décrochait les fenêtres et s'enfuyait dans les champs, comme poussé par un lutin qui l'aurait torturé. Nous avions réussi à reculer l'époque des crises, en le traitant comme s'il était atteint du ténia; mais ce pauvre enfant était exposé, par ce mauvais et invincible goût, à contracter toutes les maladies entomogènes possibles.

11° Des personnes dignes de foi m'ont certifié qu'un enfant, atteint des plus violents maux de tête, accusait sans cesse des mouvements de reptation qu'il disait ressentir dans le crâne; l'enfant mourut à la suite de cette terrible maladie. Le père consentit et exigea même, comme une dernière satisfaction, qu'on en fît l'autopsie; et l'on trouva dans les méninges la *fausse chenille* de là *tenthrède du rosier* (931). On se souvint alors que ce mal avait débuté la dernière fois que ce pauvre petit enfant avait eu occasion de flairer une prise de tabac dans une rose, fleur pour laquelle il avait toujours montré une certaine prédilection.

12° Olaüs Borrichius a vu rendre dans un crachat un ver à treize anneaux, à tête noire et aplatie, dont le corps cylindrique et dur, finissant en pointe, avait six pattes près de la tête; il était long comme la moitié du doigt. Le malade était atteint d'un abcès dans la poitrine, il avait craché plusieurs fois des morceaux de chair pourrie (*). Qui ne reconnaîtrait à cette description une larve de coléoptère?

13° Nous avons vu, le 5 août 1844, le vieux chien d'une maison voisine, se sentant pris tout à coup de vomissements qui n'avaient pas de cesse, et qu'il provoquait encore en se gorgeant d'eau. Cela dura près d'un quart d'heure, et ne cessa que lorsqu'il eut rendu tout entière et

(*) *Actes de Copenhague*, 1676, obs. 46.

encore vivante la blatte des cuisines (*Blatta orientalis* Lin.), insecte qui
abondait dans tous les murs contigus au four du boulanger situé à
notre porte. On se rappela alors que le chien avait été ronger des os
qu'on amassait dans un cabinet infesté de ces insectes; il en avait avalé
un sans le mâcher.

14° Au rapport de Thomas Bartholin (*), à Vidinge, village de Fionie,
un paysan étant à travailler dans les champs se sentit tout à coup pris
d'une cardialgie si violente, qu'il fut obligé de quitter son ouvrage et de
s'en aller chez lui, où, à la suite d'un vomissement considérable, il
rejeta, au milieu d'une matière pituiteuse, près de deux cents petits vers
vivants, velus, de la longueur de la moitié d'un travers de doigt, ayant
la tête ronde et les pieds très-visibles; à la suite de quoi il fut débarrassé
entièrement de sa cardialgie. Ce fait paraîtra extraordinaire au premier
abord; mais il est parfaitement explicable : il suffit de penser qu'en
avalant du beurre un peu vieux on est exposé à avaler des nids entiers
de jeunes *aglosses* de la graisse (*Aglossa pinguinalis*) qui, une fois leur
provision épuisée, ne manqueraient pas de se jeter sur les parois de
l'estomac et d'y provoquer tous les symptômes que nous venons de
décrire.

15° J'ai été témoin, en 1845, d'un cas pareil chez une dame âgée que je
soignais depuis cinq ou six ans, ou plutôt que j'ai préservée de bien des
maladies; car elle se porte à merveille et soutient son âge avancé
comme une femme de quarante ans; c'est à la lettre. Il y avait près d'un an
qu'elle souffrait de maux d'estomac, accompagnés de diarrhée. Je l'invitai
à bien observer ce que les médicaments lui feraient rendre. Elle m'apporta enfin des gros grumeaux de matière butyracée, pl. 13, fig. 22, qui
n'étaient autre qu'un feutre de filaments blancs et soyeux, fig. 21, pratiqué dans un morceau de beurre, et dans lequel se trouvaient les fourreaux de l'*aglosse* de la graisse. La chenille avait été digérée sans doute;
les fourreaux lisses, plissés en rouge à l'un des bouts, étaient composés
des filaments soyeux qui entrelardaient le grumeau butyracé; mais ces
filaments en formaient le tissu en se plaçant côte à côte et par couches
superposées; les fourreaux étaient longs de six millimètres. La malade
fut dès lors débarrassée de tous ses accidents. On voit le fragment de
beurre ainsi entrelardé de filaments, pl. 13, fig. 22; la figure 21 montre
les filaments qui traversaient un groupe de globules butyreux; la
figure 18 représente un fourreau entier vu à la loupe; la figure 17, son
orifice un peu plus grossi; et la figure 20, les filaments soyeux et blancs
qui en formaient le tissu, en s'agglutinant parallèlement les uns aux autres.

(*) *Actes de Copenhague*, 1677-1679, obs. 54.

16° Le 16 mai 1852, à Doullens, une dame de cinquante-quatre ans éprouva tout à coup dans la journée une douleur des plus vives dans la région des petites lèvres et dans le voisinage du clitoris; à bout de patience, elle se décide à se visiter; et elle aperçoit juste sur le siége de la douleur un point d'un noir très-prononcé qu'elle se hâte d'en détacher. C'était un coléoptère d'un bleu luisant foncé sur toutes ses parties, long de cinq millimètres et large de deux; les antennes, longues d'un millimètre et demi environ, se composaient de onze articles grêles sur la moitié inférieure et les trois derniers renflés; la tête de la largeur du corselet et le corselet plus étroit que l'abdomen, hérissé de petits poils sur les bords; les palpes labiaux plus longs que les maxillaires, et terminés par une articulation large et tronquée qui faisait coude; les tarses tétramères : à ce signalement, il est facile de reconnaître l'*Helodes violacea* de Fabricius et d'Olivier, pl. 1, fig. 2, espèce voisine de l'*Helodes phellandrii*, dont les larves vivent dans les tuyaux des plantes aquatiques, où vit aussi la larve de charançon, à laquelle on attribue la paraplégie des chevaux (962,5°).

Au reste, ces sortes de cas, révoqués en doute par les observateurs de cabinet, se présentent fréquemment dans les relations des habitants de la campagne, plus à portée que nous de les observer; ne récusons pas de pareils témoignages; l'histoire de l'insecte de la gale a dû nous servir de leçon à cet égard (716); ne le perdons pas de vue, quand il nous prend fantaisie de trancher ces sortes de questions. Je pose en fait que, si le peuple des champs savait écrire, et qu'il se méfiât moins de son propre jugement, nous aurions déjà, dans les fastes de la science, des milliers d'observations exactes qui nous fourniraient la clef de bien des énigmes, lesquelles nous mettent l'esprit à la torture et finissent par faire, de nos sciences scolastiques, des sciences de mots qu'il faut désapprendre tous les vingt ans.

963. Les chenilles et les vers de coléoptères n'ont pas la puissance de déterminer le développement de nouveaux tissus et d'organes de superfétation, comme le font les vers de cynips, d'ichneumon, de certaines mouches, etc. La manière dont ils pourvoient à leur nourriture ne les rend propres qu'à la destruction et à la déformation. Ces larves hachent les chairs, tranchent les nerfs et les vaisseaux, rongent et pulvérisent les os. Les symptômes que le malade éprouve de leur présence doivent donc être les suivants : un sentiment plus ou moins insupportable d'une reptation et du déplacement d'un ver, un bruit de petits craquements caractéristiques de l'érosion d'un os, bruit que le malade distingue parfaitement bien, quand c'est aux os du nez ou du crâne que la larve s'attaque; douleurs ostéocopes et de *spina ventosa*, quand c'est au tibia, au fémur, aux cubitus et radius, etc., que la larve a pris sa

place d'élection ; suppressions de mouvements dans les muscles dépen-
dants, quand la larve ronge le cordon nerveux qui les anime ; hémorragie, quand la larve a tranché quelques gros vaisseaux ; ou suintements,
crachats et humeurs catarrhales, striés de sang, quand elle n'a entamé
que les capillaires de la superficie d'un organe ; clapiers purulents,
quand elle se nichera au centre d'un muscle ; fistules toutes les fois
qu'elle se frayera une route du dehors au dedans ; perte de la vue, de
l'ouïe et du goût, avec des symptômes plus ou moins douloureux, quand
son érosion altérera les nerfs dont ces organes divers ne sont qu'une
expansion ; fièvres cérébrales, si la larve exerce ses ravages autour des
méninges ; hémorragies cérébrales, si elle arrive au sinus et aux gros
vaisseaux ; idiotisme, folie, fureur et rage, si elle pénètre plus avant
dans la substance cérébrale. Cause unique de mille genres de destruction, qui prendront ainsi le nom de mille genres de maladies ; à chaque
pas qu'elle avancera, elle fera naître un nouveau symptôme et une nouvelle réaction ; invisible vampire, qui en se plaçant, pour ainsi dire, au
clavier de nos souffrances, peut à son gré nous en faire parcourir, sur
tous les tons, la gamme entière en quelques heures tout aussi facilement qu'en quelques jours.

DIXIÈME CLASSE DE CAUSES MORBIPARES ANIMÉES.

ANNÉLIDES ET HELMINTHES OU VERS INTESTINAUX.

964. On entend par annélides et helminthes, que nous réunissons ici,
des vers apodes, anguiformes, sans métamorphoses, mous, et dont le
corps se plisse transversalement, par la locomotion, comme s'il était
divisé en anneaux. Quelques-uns sont articulés à la manière de certaines
plantes, en sorte que chaque articulation peut être considérée comme
un germe complet ; d'autres sont ramifiés comme les polypes. Ces animaux ne vivent que dans les liquides ou les milieux humides ; le plus
grand nombre est parasite des tissus internes des autres animaux. C'est
dans la classe des helminthes que se trouvent les vers rongeurs qui
prennent l'homme au berceau, et ne le quittent qu'à la tombe, pour
l'abandonner en pâture à d'autres genres de vers plus âpres qu'eux à la
curée (833, 955).

Tous ces animaux se distinguent par la simplicité de leur canal alimentaire, par l'immense capacité de leur péritoine, où se logent leurs organes sexuels, ce qui fait que souvent leur corps ne semble qu'un ovaire ou qu'un testicule; par la petite capacité, au contraire, de leur thorax et de leurs organes respiratoires à peine mesurables. Leur derme se fend plutôt transversalement que longitudinalement, à cause de la direction transversale des cellules et du réseau interstitiel, pour ainsi dire siliceux dont il se compose, ce qui présente une résistance presque insurmontable et à l'instrument tranchant et aux efforts de traction. Enfin, le corps est marqué, à l'extérieur, de quatre vaisseaux longitudinaux, équidistants et qui divisent la surface en quatre parties égales. La bouche est armée d'appareils plus ou moins visibles de perforation et d'un appareil de succion, espèce de ventouse qui attire les sucs dans le canal alimentaire. Ces vers sont ovipares, vivipares ou gemmipares ; hermaphrodites ou unisexuels.

 Notre but principal n'étant pas de réformer la classification de ces êtres du bas de l'échelle, nous nous contenterons de décrire les espèces, dans un ordre qui nous permette de déduire les applications nosologiques les unes des autres, dans un ordre qui fasse, de tout ce que nous allons dire, une progressive induction. Nous commencerons par les vers cylindriques; passant ensuite par les vers plats, mais libres, nous arriverons, en vertu de cette transition, aux vers plats composés et articulés, dont l'étude nous donnera la clef des vers multiples.

PREMIER GROUPE : HELMINTHES CYLINDRIQUES.

PREMIER GENRE : **LOMBRIC** OU VER DE TERRE (*Lumbricus terrestris* L.).

965. Tout le monde connaît assez la structure extérieure de ces vers qui voyagent dans la terre humide, en avalant les remblais du trou qu'ils se creusent pour s'ouvrir un chemin, et en venant les rendre, comme des excréments vermiculés, à la surface du sol. Chacun des plis de leur corps, qui en forment les anneaux, est hérissé, comme chez les larves des *mouches domestiques,* de petits piquants dirigés en arrière, qui leur servent de moyens de locomotion, les aident à avancer et ne leur permettent pas de reculer. On remarque, sur le milieu de leur corps, un renflement annulaire et plus rouge que tout le reste, que les naturalistes nomment le bât (*clitellus*).

Ces vers recherchent les lieux frais ; mais ils ne sont pas amphibies, et ils ont besoin de respirer l'air, sans autre véhicule que l'humidité.

Lorsqu'on inonde un terrain ou même un pavé sous lequel se sont réfugiés les vers de terre, on entend bientôt des petites crépitations, qui proviennent des déplacements de ces vers impatients de l'eau qui menace de les asphyxier et à laquelle ils s'empressent d'ouvrir une voie d'écoulement. Dans le corps de l'homme malade et alité, ils ne pourraient donc que rencontrer un milieu convenable.

966. Ce n'est que par de rares hasards que les lombrics terrestres sont dans le cas de s'introduire dans le canal alimentaire des animaux de grande taille, ou d'y éclore après l'introduction fortuite de leurs œufs; et l'homme, à cause de sa nourriture toujours salée et épicée, doit être moins fréquemment exposé à leur invasion que les autres animaux; la diète et le traitement antiphlogistique rigoureusement observés pourraient seuls offrir à ce ver les conditions d'existence qu'il recherche dans le sein de la terre. Les épines qui bordent ses anneaux rendraient ce cas de parasitisme plus douleureux et plus désastreux encore que ne peut l'être la présence de *ascarides lombricoïdes*.

967. Cependant les autorités ne manquent pas pour démontrer que les lombrics s'introduisent dans le corps de l'homme : Linné certifie qu'ils s'y étiolent et y deviennent blancs, ce qui les ferait facilement confondre avec les *ascarides lombricoïdes*. Godefr.-David Mayer (*) rapporte qu'une femme de quarante ans, atteinte d'une boulimie extraordinaire, de suffocation, tremblements nerveux, vomituritions, en fut débarrassée par l'expulsion d'un lombric long, cylindrique, acuminé par les deux bouts, dur, blanchâtre et un peu velu, ayant tous les caractères d'un lombric terrestre; Mayer l'avait chassé avec un mélange de coloquinte et de calomel. Pacchioni, Van Phelsum, Van den Bosch, Nils, Rosen, Buniva, Rauch, Dehaën, Rosenstein, Moutin, ont vu des malades, traités pour des maladies vermineuses, rendre, avec des ascarides, des véritables vers de terre. Pourquoi les œufs des vers de terre, ingérés par mégarde avec les aliments crus, n'écloraient-ils pas dans un milieu où séjournent quelque temps ces matières fécales que les lombrics recherchent dans la terre humide des jardins fumés avec les mêmes déjections?

(*) *Ephem. cur. nat.*, cent. 3 et 4, 1715, obs. 140.

2ᵉ GENRE : SANGSUE (*Hirudo* Lin. *Hirudo* et *Sanguisuga* Plin.).

968. Annélide ayant la propriété de faire le vide, tout aussi bien par le disque d'appréhension qui termine la partie postérieure de son corps, que par l'appareil buccal. Ces annélides amphibies nagent ou rampent sur un plan, à la manière des chenilles géomètres ; elles se gorgent du sang de leur proie et ne quittent la place que lorsque leur capacité intestinale ne peut plus en contenir davantage. Cette propriété les a fait rechercher dans tous les temps comme un succédané de la saignée, et pour dégorger les tissus enflammés ; on se sert, à cet effet, de l'espèce désignée sous le nom de sangsue médicinale (*Hirudo medicinalis* Lin.) ; mais les eaux tranquilles en renferment plus d'une espèce. La trace de la piqûre de la sangsue est circulaire, ayant un centimètre environ de diamètre, d'un rouge brun, bordée d'un rouge plus brun encore. La tache offre au centre une empreinte tricorne plus rouge encore que toute l'aire, de deux millimètres de côté environ et à côtés concaves ; c'est l'empreinte des trois lames ou lancettes à tranchant courbe, au moyen desquels la sangsue perfore la peau, pour en sucer le sang.

969. La sangsue s'attache aux jambes des animaux qui se baignent dans les eaux qu'elle habite ; et, s'ils s'y abreuvent, ils sont exposés à les avaler ; dès lors les accidents les plus terribles se déclarent, selon la place sur laquelle il a plu à l'annélide de s'attacher (*). Les habitants des Alpes, des pays plats et dépourvus de cours d'eau, sont plus exposés à cette calamité que les habitants des bords des rivières ; car la sangsue ne se plaît pas dans les eaux courantes ; elle pullule dans les flaques d'eau, dans les marais et les eaux dormantes. Les bestiaux, en tout pays, sont plus exposés à ses ravages que les hommes, et les enfants de la campagne beaucoup plus que les enfants de la ville.

970. Comme animal morbipare, la sangsue agit de deux manières violentes à la fois ; sa piqûre produit d'abord une vive douleur, surtout sur les parties maigres, tendineuses et dépouillées de tissus adipeux ; ensuite elle détermine une hémorragie, le plus souvent des capillaires, mais quelquefois aussi des gros vaisseaux, selon que les gros

(*) On a vu l'application d'une simple sangsue sur le muscle sternomastoïdien produire le trismus cervical, la flexion du cou et des accidents nerveux intenses. Ayant appliqué, un jour, quatre ou cinq sangsues sur la surface antérieure de la boîte du genou, je fus fort surpris d'entendre le malade pousser des cris affreux, qui durèrent depuis le premier moment de l'application jusqu'à ce que les sangsues lâchèrent prise. Que serait-ce si, dans l'estomac ou autres cavités splanchniques, la piqûre de la sangsue tombait sur des tissus nerveux d'une aussi grande sensibilité !

vaisseaux sont plus près de la superficie sur laquelle elle s'applique. Avec ces deux seules données il est facile d'établir, par mille et mille combinaisons, les symptômes et les caractères variables d'une foule de maladies aiguës et promptement mortelles, mais dont la cause peut échapper à toutes les suspicions du médecin. Du reste, je ne sache pas un cas semblable, dont la cause, quand elle a été reconnue, ne l'ait été sur les seules indications du malade ou par les révélations du vomissement; jamais il n'est arrivé que le médecin l'ait soupçonnée; il ne l'a reconnue qu'en l'ayant sous les yeux.

971. Quand la sangsue pénètre dans la trachée-artère, elle peut déterminer, par occlusion, une asphyxie assez prompte, mais toujours des accidents alarmants; et si elle pénètre plus avant encore dans l'organe respiratoire, jugez du trouble que sa présence et sa succion apporteront dans la fonction de cet organe, et par le sang que l'hémorragie accumulera dans les anfractuosités pulmonaires, et par le déchirement des surfaces d'application.

972. Si la sangsue s'introduit dans l'estomac, le malade se sentira pris subitement de défaillance, de déchirement d'entrailles, d'hématémèse, de convulsions atroces, accompagnées d'un sentiment d'érosion froide qui en indique le siége. Hâtez-vous, non pas de faire avaler au malade de la gomme et du sucre (transgressez tout à coup tous les axiomes de la théorie antiphlogistique), mais d'attaquer cette effrayante inflammation par les remèdes incendiaires, le vin le plus fort, l'assafœtida, le sel marin, le vinaigre; car chacun de vos tâtonnements est funeste, et la mort survient, pendant que vous vous amusez à ausculter le pouls ou les battements du cœur.

973. C'est dans son jeune âge que l'annélide est le plus à craindre, parce qu'avec ces dimensions on la soupçonne moins, et que, par une seule gorgée, il peut s'en introduire un plus grand nombre. Lorsque les sangsues viennent d'éclore, si elles s'insinuent dans nos organes, rien, avec nos méthodes d'observation médicale, n'en révélera la présence, pas plus au malade qu'au médecin; et dès lors la maladie prendra rang parmi les entités nosologiques; et les cas de ce genre sont assez nombreux :

1° D'après Hippocrate, l'hématémèse chez l'homme peut être causée par l'ingestion d'une sangsue (βδέλλα) (prædict. liv. 2, chap. 27). Les anciens, hippiatres (*Géoponiques*, liv. 13 et 16), Hérodote Pline (liv. 8, chap. 10), Dioscoride (liv. 6, chap. 32), signalent tous le danger que courent, sous ce rapport, autant l'homme que les animaux, en s'abreuvant aux eaux dormantes. L'éléphant lui-même, d'après Pline, se trouve en proie à des douleurs intolérables, dès que cette vermine s'est attachée à son palais (liv. 8, chap. 10).

2° Galien a décrit des accidents semblables ; il faisait rendre la sangsue par les émétiques. (*De loc. affect.*, lib. 4, cap. 5.)

3° Bartholin rapporte, sur le témoignage de Donzelli de Naples, qu'un prince napolitain, ayant bu à la chasse de ·l'eau d'un ruisseau, fut pris bientôt d'un vomissement de· sang ; on provoqua le vomissement médicinal, et le malade rendit une sangsue. (*Hist. anat.*, cent. 2, hist. 23.)

4° Timœus cite le cas d'un enfant qui, en buvant à un ruisseau, avala plusieurs sangsues. Arrivé chez lui, il rendit beaucoup de sang par la bouche, se plaignit de cardialgie et de coliques. Timœus prescrivit une dissolution de sel marin avec addition·d'aloès, puis une· décoction d'anis avec oxymel, pour les faire rendre par le vomissement, puis la thériaque et les semences de cresson alénois ; mais l'événement fatal devança toutes ses prescriptions polypharmaques, et l'enfant mourut dans· des convulsions comme épileptiques, avant qu'on eût pu exécuter l'ordonnance du médecin. (*Casus medicinales*, page 324.)

5° Zuinger cite le cas d'un homme qui, depuis six mois, était attaqué chaque jour de cardialgie, de convulsions, et qui s'en débarrassa par l'émétique, qui lui fit rendre en quelques jours jusqu'à quatre sangsues qui s'étaient développées dans son estomac. (*Ephem. cur. nat.*, cent. 7 et 8, ann. 1719, obs. 25 ; *cardialgiæ hirudinosæ*.)

6° On trouve dans Rodius un cas de cardialgie produite par des· sangsues qu'on avait appliquées aux narines, pour produire une hémorragie, et qui s'étaient glissées dans l'estomac, où elles déterminèrent les accidents les plus graves qui ne cessèrent que ·par l'ingestion du sel marin. (*Obs.*, cent. 11, obs. 72.)

7° Rivière parle d'un paysan atteint, depuis plusieurs jours, d'un vomissement de sang que rien ne pouvait arrêter. On prescrivit deux onces d'huile d'amandes douces, qui déterminèrent le vomissement de plusieurs caillots de sang, et d'une sangsue qui remuait encore ; le malade se rappela alors qu'il s'était abreuvé, un jour, à un ·ruisseau où abondaient les sangsues. (*Obs.*, cent. 11, obs. 72.)

8° Dana, en décrivant l'*Hirudo alpina*, atteste combien les accidents· de ce genre sont fréquents dans les Alpes et aux environs de Turin, à cause de la grande quantité de sangsues qui pullulent dans les environs· des sources où s'abreuvent les pauvres paysans. (*Mém. de la Soc. roy. de Turin*, ann. 1762-1765, tome 3, page 199.)

9° Zacutus Lusitanus,· Borelli, Etmuller,. Larrey *(Relat. chirurg. de l'armée d'Orient)*, Fortassin (*Thèse inaugur. sur l'hist. nat. et méd. des vers du corps de l'homme*, ventôse an XII=1804), F.-J. Double (*Journal général de médecine*, tome 25, page 377), Grandchamp (*ibid.*, tome 26,.

page 242, 1806), Guyon (*Journal des connaissances médico-chirurgicales*, tome 6, première partie, page 143, 1839), ont eu de fréquentes occasions d'observer des cas semblables sur les bords de la Méditerranée, en Égypte, en Asie, en Algérie et aux environs de Paris. Tantôt c'est une sangsue qui, appliquée à l'anus pour combattre des hémorragies, s'introduit jusque dans les intestins et y occasionne les plus grands ravages; tantôt c'en est une autre qui, appliquée à la vulve, s'introduit dans le vagin et jusqu'à l'orifice de l'utérus; ou bien qui, appliquée sur les gencives, et peu docile à l'ordonnance du médecin, prend sur elle de s'introduire dans l'estomac, après avoir fait plusieurs stations dans l'œsophage; enfin d'autres fois ce sont des soldats épuisés de fatigue, qui s'abreuvent à des mares bourbeuses, et en reviennent les entrailles déchirées en vomissant le sang à grands flots, etc., tous accidents dont le mécanisme seul est d'une gravité incontestable, alors même que la piqûre de la sangsue ne serait pas envenimée par les saletés putrides et les miasmes exhalés de la bourbe des marais.

N. B. C'est surtout de ces sortes de vomissements spontanés que le vomissement provoqué est le remède; *vomitus vomitu curatur*, Hipp.; car le vomissement artificiel et provoqué par le médicament arrête tous les effets de l'hématémèse, en entraînant au dehors la cause animée qui les déterminait et à qui l'action du médicament a d'abord fait lâcher prise.

974. Le commerce des sangsues, que le système antiphlogistique de Broussais avait porté à un état si florissant... pour les marchands, est tombé de beaucoup depuis la vulgarisation du nouveau système; et il finira par s'évanouir peu à peu, à mesure que disparaîtront de la scène médicale les derniers représentants de cette époque d'engouement. Dans ce temps-là, les marais du pays avaient fini par ne plus suffire à la consommation locale; le pharmacien cherchait à empoissonner de sangsues ses plus petits bassins, et se faisait éleveur de sangsues devenues presque l'unique objet de consommation de son officine. Les riverains des vastes marais de la Bulgarie, de Pinsk en Russie, etc., s'étaient mis à exploiter ce commerce spécial et sur une échelle grandiose; on y voyait des commerçants de ce genre qui, sans compter le concours des indigènes, avaient encore à leur service jusqu'à cent et plus de commis ou domestiques français. Chaque soir, après le soleil couché, les voitures se remettaient en route, après avoir fait prendre un bain à chaque sac de sangsues, que l'on avait soin ensuite d'entretenir constamment mouillé en le suspendant dans des vases contenant un peu d'eau.

3e GENRE : ASCARIDE (*Ascaris*).

Première espèce : ASCARIDE VERMICULAIRE (*Ascaris vermicularis* Lin.; *Oxyurus vermicularis* Lamk.). Pl. 14 de cet ouvrage.

975. ANATOMIE DE L'ASCARIDE ('). L'ascaride vermiculaire est un petit ver filiforme, d'un blanc de neige à l'œil nu et par réflexion, d'une longueur variable, selon l'âge, mais qui ne dépasse jamais plus d'un centimètre. La plus petite des trois figures du carré 4, pl. 14, le représente de grandeur naturelle. On le voit souvent dans les selles liquides de l'homme, s'agiter en serpentant, pour arriver à la surface, et se sauver à la nage de l'asphyxie qui le menace hors du contact de l'air. Ce ver offre trois régions assez bien limitées : 1° la région antérieure et thoracique *b* et *th*, fig. 1 (''); 2° la région abdominale, qui, sur les dix millimètres de la longueur totale, en occupe bien sept (elle s'étend de *gl* en *an*, place de l'anus, fig. 1); 3° la région caudale, qui dépasse souvent trois millimètres, de l'anus *an*, à la hauteur de laquelle elle prend naissance, jusqu'à sa pointe, qui est si acérée que la pierre à aiguiser ne saurait jamais arriver à de telles dimensions sur une aiguille d'acier.

976. Cet animal si grêle, si transparent, est doué d'une rigidité, pour ainsi dire, cornée. Quand on le soulève hors du liquide avec la pointe d'une aiguille, il casserait plutôt que de fléchir; on dirait une tige de métal qu'on essaye de sortir de l'eau, et qui semble tenir à la surface de l'eau par ses deux extrémités, comme le fléau de la balance est retenu et fléchi par le poids de ses plateaux, dès que le mouvement de la tige les isole du plan de position. Les leviers de cette rigidité résident dans quatre muscles longitudinaux et équidistants *mmm*, fig. 1, espèces de bandes ou coutures plus opaques que tout le reste du derme, et qui s'étendent depuis la tête jusqu'à l'extrémité de la queue. On en voit trois

(*) Nous avons jeté les premières bases de ce travail dans la *Gazette des hôpitaux*, 17 et 29 nov., 1, 8, 13, 20, 22, 25, 27 déc. 1838. Cette série d'articles fit époque alors, et parut à tous les praticiens le signal d'une révolution nouvelle en médecine. La société occulte s'en préoccupa vivement; elle s'agita, comme elle le fait depuis 1815, dans tous ses conciliabules ; la *conspiration du silence* lui parut plus dangereuse que le déchaînement général. Mais pourtant comment se déchaîner contre des idées que nul d'entre ces compères ne se trouvait en état d'attaquer? Il n'est pas si facile qu'on le pense de ridiculiser des faits qui s'enchaînent. Faute de mieux, la pieuse société prit le parti d'acheter le *journal* qui était le dépositaire de ces nouvelles idées; mais elle le ruina en l'achetant; et c'est ce que gagnent toujours avec elle les traîtres.

(**) Cette figure a été dessinée théoriquement, et pour mieux faire comprendre, par un simple dessin linéaire, la topographie des organes.

sur la fig. 1, et la moyenne des figures du carré 4, la quatrième étant
cachée par la médiane. Sur cette dernière figure, on voit que tous les
autres tissus sont transparents, à l'exception des muscles et de l'ovaire.
Le relief de ces quatre tendons ou muscles imprime au corps du ver une
forme légèrement tétragonale. On conçoit qu'avec un tel appareil musculaire, l'animal ne saurait se mouvoir que par des mouvements en spirale, et en décrivant d'ondoyantes sinuosités. Quant à la queue, elle
s'articule avec le corps à la hauteur de l'anus *an*, de manière qu'elle peut
se couder à angle droit, comme on le voit fig. 1, 3, 4 ; et toutes les fois
que le ver rampe sur un plan qui le gêne ou se débat contre un obstacle, il se coude de telle sorte qu'il peut plonger sa queue roide et acérée
dans les tissus vivants, avec la puissance de la perpendicularité et de
l'angle droit.

977. Le derme qui remplit les intervalles de ces quatre muscles est
un tissu corné, composé de cellules aplaties, ayant la forme de parallé-
logrammes transversaux, dont les interstices pl. 14, fig. 10, forment un
réseau vasculaire, analogue à l'épiderme d'une foule de plantes mo-
nocotylédones, mais à côtes plus prononcées dans le sens transversal
que dans le sens longitudinal, ce qui produit comme tout autant d'anneaux ou segments d'un soixante-dixième de millimètre d'épaisseur, que
l'instrument tranchant a les plus grandes peines de fendre dans le sens
de la longueur du corps du ver ; la fig. 2, pl. 14, représente les effets de
cette réticulation sur un tronçon du ver desséché. Mais ce derme présente de plus, avec l'épiderme des graminacées, par exemple, une analogie chimique : En effet, nous avons établi ailleurs que le tissu qui forme
la couche épidermique de la paille s'y trouve combiné avec de la silice et
le rend de la sorte imperméable. Or il paraît qu'il existe quelque chose
de semblable dans l'épiderme réticulé de l'*ascaride vermiculaire* ; car le
ver enfermé dans l'ammoniaque liquide ou dans l'acide sulfurique concentré s'y conserve comme dans l'eau pure, au moins pendant quarante-
huit heures à l'air libre, ce qui n'aurait pas lieu, même pendant le court
espace d'une minute de séjour dans ces menstrues, si le tissu dont nous
parlons était de nature albumineuse ou même simplement cornée. Que
si, au contraire, on a soin d'éventrer l'helminthe, avant de le plonger
dans ces réactifs, on voit se déformer, s'étendre et se dissoudre tous les
organes internes (œufs, ovaires, canal intestinal), qu'auparavant l'épiderme insoluble et imperméable protégeait contre l'action corrosive des
menstrues alcalins ou acides.

Pour apercevoir distinctement la disposition réticulée de l'épiderme,
on n'a besoin que de laisser dessécher l'animal sur le porte-objet, après
une certaine macération dans l'eau, ou bien de l'éventrer en long avec la

pointe d'une aiguille, et d'en étaler la peau sur le porte-objet dans une
goutte d'eau. Sans aucune autre préparation, il est encore facile de
lire cette structure, chez le ver vivant, sur la partie antérieure *b*, fig. 1,
pl. 14, du corps du ver. Cet organe transparent et vésiculaire, et qui sert
de ventouse et d'appareil de succion à l'animal, se présente au microscope
sous l'aspect illusoire de deux segments de cercle, accolés contre un
canal opaque, segments marqués de stries transversales du plus joli
effet ; ces stries sont les effets visuels du réseau épidermique de cette
vésicule céphalique. Le pôle antérieur de la vésicule est creusé en entonnoir, et renferme l'appareil à suçoir de la bouche *a*, appareil dont l'analogie seule est en état de faire deviner les détails (968). C'est là que doivent se renfermer les points de départ du système nerveux et du système
respiratoire, à moins qu'on ne voie les traces de ce dernier appareil dans
les deux glandes *gl*, *gl*, fig. 1, qu'on remarque dans la région thoracique.

978. Le canal alimentaire qui commence en *a* s'enfle en œsophage
œs, avant de communiquer avec la panse stomacale *st*, qui est une boule
sphérique. Puis on voit un pylore pyriforme, ou plutôt l'organe de la
digestion duodénale *duo,* qui s'amincit bientôt en un canal cylindrique
rectiligne, lequel vient se terminer sans circonvolution à l'anus *an.* Là
commence la queue, qui n'est qu'un organe de locomotion et de perforation. Quand on observe ces organes par réfraction des rayons lumineux,
et que l'animal commence à s'émacier, on obtient la fig. 3, pl. 14. Si,
au contraire, on observe par réflexion des rayons lumineux, et sur un
fond noir par conséquent, le ver se dessine, sauf quelques modifications
de position, avec l'aspect de la grande figure du carré 4, pl. 14. Mais
sur la partie postérieure, les bords du canal alimentaire se bossellent de
diverses manières, selon que le ver est à jeun ou repu et qu'on l'observe
à une époque plus ou moins avancée de sa digestion, vivant et animé,
fig. 4, pl. 14, ou desséché sur le porte-objet, fig. 3, même planche. En
sorte qu'une observation superficielle, en attachant une trop grande importance à ces accidents, serait dans le cas de multiplier les dénominations spécifiques, au moyen d'un seul et même individu observé à
plusieurs reprises différentes et à un état plus ou moins avancé de la
dessication.

979. L'ouverture de l'anus *an*, fig. 1, pl. 14, ne paraît pas distincte
de celle de la vulve, à nos moyens d'observation microscopique. Quant
aux organes internes de la génération *ov*, *ut*, ils occupent toute la région
abdominale, c'est-à-dire, les sept dixièmes de la longueur totale de
l'animal ; sur la fig. 1, pl. 14, ils occupent l'espace qui est ombré au
pointillé. On dirait, à voir cet organe si prodigieusement développé,
que l'animal n'est qu'un long ovaire muni d'une tête et d'une queue,

qu'un simple étui à œufs enfin. En effet, quand on coupe l'ascaride par
le milieu, comme on l'a fait sur la moyenne des trois figures du carré 4,
pl. 14, on voit des myriades d'œufs se répandre sur le porte-objet,
comme d'une bourse éventrée. L'ovaire est double, et chaque lobe est
divisé, par un étranglement *et*, en deux portions, l'une supérieure et qui
nous paraît être plus spécialement l'ovaire *ov*, et l'autre inférieure, qui
correspond plus spécialement à l'utérus *ut*. A la hauteur de la commissure *et* et des deux lobes, on remarque deux organes innominés *in*, qui
ont l'air de deux reins sessiles, si toutefois, avec un troisième plus inférieur, ce ne sont pas des organes spermatiques; car ces helminthes sont
hermaphrodites.

980. Lorsqu'on examine au microscope l'animal vivant, on voit, à
travers l'utérus, les myriades d'œufs dont cet organe est dépositaire,
refoulés de bas en haut, de haut en bas, par des contractions utérines
que suit bientôt la parturition ; et alors le porte-objet se couvre d'une
nuée d'œufs qu'éjacule la vulve anale *an*. Que si, par un effort de constriction désespérée, l'helminthe s'éventre à la hauteur de la commissure
et des deux ovaires, ce qui arrive assez fréquemment pendant l'observation, on voit alors sortir, de la solution de continuité, un paquet d'anses
et de filaments blancs, entortillés autour de la hernie utérine ; ce sont
les longues extrémités supérieures de l'ovaire et de l'utérus, dont les
deux cornes analogues à celles de l'utérus de la brebis, effilées d'abord,
doivent, à mesure que la capacité abdominale se développe, se développer
à leur tour en largeur, par la fécondation et l'incubation s'exerçant sur
une plus grande échelle ; ce sont des bouts qui en s'allongeant augmentent
chaque jour la capacité de l'ovaire, à mesure que l'helminthe grandit.

981. Au microscope et par transparence, ce ver s'offre sous les aspects
les plus variés, selon qu'il se présente à l'observateur à un état plus ou
moins avancé de gestation; après la ponte, il semblerait constituer une
espèce différente du même individu observé la veille de la parturition.

982. Les œufs, fig. 14, pl. 5, sont ovoïdes, légèrement gibbeux ; ils
ont environ, et par simple approximation, un douzième sur un seizième
de millimètre. Ils offrent des granulations à la surface, comme certains
granules de graisse, dont ils ont l'aspect au premier coup d'œil, fig. 9. Ils
aspirent fortement l'air qui les enveloppe; car, si on les abandonne sur
le porte-objet un instant sans liquide, et qu'on les recouvre ensuite d'une
lame d'eau, il se forme tout à coup, dans leur sein, des bulles noires
qu'il est impossible de méconnaître pour des bulles d'air. Plongé dans
l'acide sulfurique, fig. 8, l'œuf s'étend et s'éclaircit; et, à la faveur de sa
transparence, il laisse lire à l'intérieur trois zones concentriques, dont
la plus externe correspond au chorion, la suivante à l'amnios, et la plus

interne à l'embryon, fig. 8; en même temps que les tissus se colorent en carmin, ce qui y dénote un mélange d'albumine et de sucre. A la loupe, et dans leur état d'intégrité, ces œufs se présentent avec les dimensions et l'aspect de la fig. 5, pl. 14.

On peut évaluer approximativement le nombre d'œufs qu'est en état de contenir l'ovaire d'un ascaride d'un centimètre de long, ovaire, avons-nous dit, qui occupe une longueur de sept millimètres : car en donnant à l'œuf un douzième de millimètre de long, nous aurons une somme de quatre-vingt-quatre tranches transversales pavées d'œufs. Or il m'a semblé que je ne dépassais pas trop les limites de l'approximation, en admettant trente-six œufs à chaque tranche; car j'ai pu en compter jusqu'à dix-huit sur une ligne égale à la largeur du ver. Dans cette hypothèse, l'ovaire entier renfermerait donc un nombre d'œufs égal au produit de quatre-vingt-quatre par trente-six, soit : trois mille vingt-quatre œufs environ par ver. Admettons maintenant que chaque ver, en s'appliquant, par sa ventouse orale, sur la surface des intestins, y occupe à lui seul un carré d'un millimètre de côté, lorsqu'il est parvenu à la taille du ver adulte; il s'ensuivra qu'une seule ponte, parvenue à l'âge adulte, est en état de couvrir, en se nourrissant et se pressant au butin, une surface intestinale égale à une aire de trois mille vingt-quatre millimètres carrés; aire équivalente à un carré de cinquante-cinq millimètres de côté. Une pareille surface, en nosologie, commence, on le voit, à sortir du domaine des observations microscopiques.

983. *Mœurs et habitudes de l'ascaride vermiculaire.* L'ascaride vermiculaire ne vit point, comme certaines larves (815), dans les excréments humains; on ne le trouve jamais vivant ou mort au centre des cylindres excrémentiels; il périt vite plongé dans les selles liquides; il périt dans l'eau chaude, et encore plus vite dans l'eau froide; sa mort est moins prompte, si on le laisse nager à la surface des selles liquides, ou si on le tient humecté d'eau, mais non submergé, sur le porte-objet du microscope, à la température ordinaire. Le canal intestinal du ver paraît toujours incolore; or, s'il vivait de nos excréments ou du bol alimentaire, son canal intestinal se dessinerait, sur toute la longueur du corps, et cela en vertu de la transparence du derme, avec des couleurs aussi variables que peuvent l'être celles de nos aliments. C'est ainsi que les *strongles*, qui habitent les vaisseaux sanguins, ont le canal intestinal coloré en rouge; c'est ainsi que le canal intestinal du pou se dessine, à travers son corps, par la couleur rouge des caillots de sang qu'il a sucés.

984. La structure de la bouche indique assez que l'animal s'attache aux parois des organes, à la manière des sangsues (968); qu'il se nourrit par le mécanisme de la succion et de l'aspiration, et non au moyen de

solutions de continuité ; en un mot, qu'il ne déchire pas nos tissus, mais qu'il les épuise ; en sorte que les sucs qu'il digère sont toujours incolores et lymphatiques. Si la surface à laquelle il s'attache se trouve appauvrie de sucs, et que l'aspiration du parasite commence à ne plus s'exercer que sur des tissus épuisés, il peut, en plongeant sa queue roide et acérée (976) dans l'épaisseur des parois, pénétrer jusqu'aux couches des cellules turgescentes, et faire arriver de cette manière à son suçoir des liquides que lui refusaient les surfaces devenues imperméables par épuisement. Cet animal capillaire ne saurait donc causer une hémorragie sérieuse, mais seulement un simple suintement incolore, ou légèrement lavé de la couleur rouge ou jaune qu'est en état de fournir une gouttelette de sang, si toutefois la pointe de la queue venait à s'égarer par hasard à travers la paroi d'une artère ou d'une veine.

985. En y prêtant une attention un peu plus soutenue, on remarque que l'extrémité de la queue, toute cornée qu'elle est, se contourne en spirale et à la manière d'un petit tire-bouchon. Lorsque l'animal se meut dans les selles, on l'y voit reculer avec autant de facilité qu'il avance ; il décrit en serpentant des tours de spire, et pénètre à travers les selles liquides, comme une vis à travers un écrou. Il est donc évident, qu'en vertu du même mécanisme, ce ver peut pénétrer à travers les membranes dans lesquelles il plante sa queue, tout simplement en continuant de l'enfoncer ; dans ce cas, tout le corps doit suivre le mouvement de la queue ; et si, pour émigrer d'un parage dangereux ou épuisé, l'helminthe n'a que cette unique porte, il a par devers lui le pouvoir de passer à travers les cloisons fibrineuses qui le séparent d'une région plus favorable à sa sûreté et à sa nutrition. Or ce passage ne laissera pas la moindre trace de perforation accessible à nos moyens d'observation, pas plus que n'en laisserait une aiguille des plus fines ; et nous n'en possédons pas d'un calibre aussi fin que cette aiguille vivante et avide de nos sucs. On doit donc s'attendre que, malgré sa prédilection pour le canal intestinal de l'homme, l'ascaride vermiculaire pourra se rencontrer encore, par des exceptions plus ou moins fréquentes, et selon les circonstances de la digestion, dans des organes où l'anatomiste n'a pas eu, jusqu'à ce jour, la pensée de le soupçonner.

986. L'ascaride est hermaphrodite ; car, nous en sommes sûr, on n'a pas rencontré un seul individu sans ovaire et sans œufs. Mais il paraîtrait que, à l'exemple des limaces et des mollusques univalves, ces vers ne peuvent se féconder eux-mêmes, qu'ils ont besoin pour cela de s'accoupler, faisant alors réciproquement le rôle de mâle et de femelle : car, lorsque l'aiguillon de l'amour, le plus puissant des anthelminthiques, force ces parasites à abandonner leur proie, qu'un bourroulement sourd

et vagabond succède à ces gargouillements stationnaires, signes infaillibles de la présence de ces helminthes dans nos intestins, c'est qu'alors ces vers acquièrent tout à coup ce sentiment de sociabilité qui renaît, à l'époque du rut, dans le cœur des êtres les plus égoïstes. Ils se recherchent avec fureur, mais sans distinction de sexe, puisqu'ils n'ont point de sexe distinct; sans distinction d'individus, puisque tous les individus peuvent également leur suffire; s'accouplant aussi nombreux qu'ils se rencontrent, se roulant les uns autour des autres en spirale, comme les pilosités du péristome de la mousse (*Tortula muralis*), ou plutôt comme les faisceaux mouvants des serpents en orgie : la vulve contre la vulve, la queue vibrante et frappant le sol en cadence pour former les pieds de ce nouveau tout, la tête sibilante d'amour et rejetée en arrière, comme honteuse de cette promiscuité infernale, et cherchant, pour ainsi dire, à éviter un baiser, que la nature n'a donné en auxiliaire qu'à l'amour qui s'accomplit à deux. La longueur du canal intestinal ne suffit plus alors à l'impétuosité de leurs courses voluptueuses, et on les rencontre ainsi accouplés dans les déjections alvines, emportés au dehors du milieu qui les fait vivre, sans songer, même en présence du danger de mourir, à rompre les nœuds qui les enlacent. Malheur aux mortels, si ces races presque invisibles de vipères, d'aventure plus prudentes, réservent à nos entrailles les fruits innombrables de leurs immondes amours (982)!

987. L'ascaride vermiculaire n'est point vivipare, comme certains autres helminthes et les *strongles* en particulier; il ne pond que des œufs, mais des œufs qui conservent leur vertu germinative au dehors du corps humain, sur le sol, dans nos ustensiles et dans notre linge, et qui montent en poussière dans les airs avec la légèreté des grains d'amidon. Ces œufs sont donc dans le cas de revenir dans notre corps par la voie de la respiration, et par le véhicule de toute autre poussière, que dis-je? par la voie de l'alimentation, et cela en dépit de tous les soins de propreté, qui sembleraient devoir suffire à nous débarrasser de cette peste.

988. Aussi ne saurait-on recommander avec trop de soin aux personnes qui soignent les enfants, de chercher à désorganiser par le feu, la cendre et les alcalis, les helminthes qu'elles ont l'occasion d'extraire de l'anus, ou de remarquer dans les selles; et c'est sous ce rapport que les immondices qu'on laisse se dessécher, et se réduire en poudre au pied des murailles de nos habitations, sont plus dangereuses peut-être par leur poussière que par les miasmes de leur putréfaction; c'est alors, et sous cette forme physique, que la contagion vole, pour ainsi dire, sur les ailes des vents.

989. Ce n'est pas cependant que l'ascaride cherche à pondre ses œufs

dans les produits de la défécation, et à rendre nos excréments dépositaires de fœtus qui ne sauraient y vivre; rien n'est prévoyant, au contraire, pour le sort de leur progéniture, comme les animaux du bas de
l'échelle. Hors du corps humain, l'ascaride ne pond qu'en mourant;
c'est une parturition de désespoir, plutôt que de prévoyance. J'ai étudié
minutieusement, au microscope, les selles liquides et solides des personnes chez lesquelles j'avais constaté préalablement l'existence des
ascarides, et je n'y ai jamais rien observé d'analogue aux œufs de ces
helminthes. Il faut donc nécessairement admettre que le parasite confie
l'incubation de ses œufs aux tissus mêmes dont il s'alimente; et pour
arriver à son but, l'organisation de sa queue, ainsi que la position de sa
vulve, le servent admirablement. En effet, une fois la queue plongée à
angle droit dans les tissus de la surface intestinale, l'animal n'a qu'à
pondre pour que les œufs passent d'eux-mêmes de la vulve dans le trou
qu'a perforé sa queue et que ses mouvements d'ondulation tiennent
béant. Quant à la détermination spéciale des tissus dans lesquels les
helminthes déposent leurs œufs, nous nous en occuperons en recher-
chant par l'expérience les régions que l'ascaride habite et les effets morbides qu'il y détermine.

990. ÉVALUATION *à priori* DES EFFETS MORBIDES DE L'ASCARIDE VERMICU-
LAIRE. La structure et les habitudes intimes de cet helminthe ayant été
déterminées d'une manière rigoureuse, par suite de minutieuses dissections, il est possible de déduire *à priori* les effets qu'il peut produire
sur nos organes, sans craindre d'être démenti, en ce que l'induction
présentera d'essentiel, par l'expérience et par l'observation directe. Nous
allons procéder de la sorte à la démonstration; nous chercherons à prévoir avant de vérifier; la prévision rationnelle et logique est le guide le
plus sûr de l'expérience, dont l'observation directe est l'œil immédiat.

1° L'ascaride vermiculaire, ne se nourrissant que par le mécanisme de
la succion, doit agir sur nos tissus à la manière des sangsues (968); il
aspire les sucs, les attire sur la surface, à laquelle il s'attache, sucs lymphatiques ou sanguins, et détermine de la sorte, sur le point qu'il occupe,
une rubéfaction plus ou moins intense, selon la nature des tissus et le
temps qu'il y séjourne. Mais la succion d'un si petit helminthe ne produirait aucune hémorragie appréciable, alors même que son orifice
buccal serait pourvu des mêmes lames que la sangsue, parce que la
membrane épidermique, qui revêt la muqueuse du canal alimentaire,
serait encore trop épaisse pour se laisser perforer jusqu'aux capillaires
par un aussi petit appareil. Si le tissu envahi est plus lymphatique que
sanguin, la tuméfaction qui résultera de la succion de l'helminthe prendra les caractères d'une pustule, d'une tumeur, d'une phlyctène, d'un

tubercule, etc., selon les circonstances variables de la structure intime du tissu.

2° Que dis-je? cette élaboration anormale sera dans le cas de donner naissance à des tissus anormaux, lorsqu'elle s'établira sur une région favorable au développement des tissus, c'est-à-dire dans toute région soustraite à l'action du hâle qui étouffe le développement dans son germe : car, ainsi que nous l'avons déjà établi (150), la nutrition normale ne répare qu'en remplaçant; elle crée des tissus à la place de ceux qui ont vieilli et qui tombent; elle chasse au dehors les tissus épuisés, les tissus de la périphérie, en fournissant au développement des tissus plus internes qui vieilliront à leur tour : succession incessante de générations emboîtées, où les anciennes servent d'abri protecteur à celles de nouvelle formation, où les nouvelles se développent aux dépens des plus anciennes, où enfin la vie est le parasite de la mort. Donc la nutrition anormale créera des tissus anormaux aux dépens des tissus normaux; appelant le sang autour des cellules stationnaires, elle portera une vie inusitée dans leur sein jusque-là paresseux et infécond; elle les fécondera successivement en organes dont l'évolution prendra l'essor que leur tracera leur structure primitive : glandes, bubons, taches, fibrilles, expansions, fausses membranes, tissus usurpateurs capables de souder les surfaces les plus hétérogènes, d'obstruer les canaux les plus amples de notre corps. La pointe d'une aiguille, en titillant nos chairs, enfanterait toutes ces choses; pourquoi la queue acérée et siliceuse de l'ascaride n'en ferait-elle pas autant et davantage, elle dont la pointe microscopique est dans le cas, sans blesser l'intégrité de la cellule, de ménager entre les spires génératrices les plus illégitimes accouplements (19, 21)? L'ascaride vermiculaire sera ainsi le cynips et l'ichneumon de nos entrailles (909, 919).

3° Nous venons d'indiquer l'action locale de l'ascaride vermiculaire; mais de cette action locale peut découler une action générale, une influence morbide dont l'activité s'étende à toute l'économie. L'ascaride se nourrissant à la manière des sangsues, afin de mieux rendre notre pensée, prenons pour terme de comparaison le mode d'action de la sangsue; or la succion de la sangsue n'opère rien moins qu'à la manière de la saignée; la saignée n'intervertit pas le cours du sang, elle ne fait qu'ouvrir une nouvelle issue au sang veineux, au sang de retour; elle désemplit un canal, mais n'en fait pas remonter le liquide vers sa source. Appelée au contraire sur une surface par la force d'aspiration, la circulation change de direction, le sang veineux et le sang artériel étant entraînés tout à coup et ensemble vers le même point; ce qui est dans le cas d'imprimer à la circulation une impulsion inverse de la direction

normale, la veine devenant une artère, et l'artère une veine. Au moyen
de la ventouse, le sang abandonne peu à peu les régions sur lesquelles
l'aspiration maladive l'avait entraîné, avec une impétuosité funeste à
l'élaboration des organes, pour refluer, au gré de la prévoyance du
médecin, sur les surfaces par lesquelles on peut lui donner un écoulement salutaire, et désemplir le trop-plein, par une solution de continuité
facile à se ressouder. Dès ce moment, la chaleur que la circulation ac-
cumulait dans les organes internes du corps se porte sur la périphérie,
et laisse sur les régions qu'elle abandonne un sentiment de bien-être,
résultat immédiat du rétablissement de la température propice à l'élaboration des tissus. Mais si l'application de la ventouse avait lieu sur les
surfaces internes des organes, sur celles, par exemple, du canal intestinal, tous les effets consécutifs de son application auraient lieu dès lors
en sens inverse; la chaleur et la circulation qui l'engendre, abandonnant
la périphérie du corps, se porteraient, en raison de la puissance d'action
qui les appelle, sur les organes où leur accumulation est funeste et mortelle; le frisson crisperait notre derme, par suite du simple contraste de
la chaleur qui nous brûlerait intérieurement, et par suite du rapprochement des papilles dermiques que la chaleur habituelle tenait dilatées auparavant; et dès lors tout serait interverti dans l'économie, la chaleur et
le froid se succédant, dans nos organes, au gré des intermittences de la
succion des vampires qui nous dévoreraient à l'intérieur, et selon qu'ils
sommeilleraient après s'être repus, ou qu'ils se remettraient à l'œuvre,
affamés; enfin la fièvre, avec son cortége de mille et mille désordres, de
de mille et mille rhythmes divers, changerait de nom et de siége, par le
simple déplacement d'une cause unique par sa nature, multiple par ses
individualités, et capable, passez-moi l'expression, de transporter l'aspiration pulmonaire sur les organes d'une tout autre fonction.

4° Mais une telle activité anormale ayant été transportée de la sorte, et
artificiellement, sur des surfaces destinées à alimenter, par leur élaboration digestive, tous les autres systèmes d'organes du corps humain,
l'émaciation des organes non envahis en sera la conséquence immédiate,
puis le marasme et l'épuisement même des organes envahis; car tous les
produits destinés ordinairement à la nutrition générale pourront finir
par passer immédiatement au profit des parasites qui se seront prodigieusement multipliés.

5° A la moindre interruption de l'action artificielle qui entretient la
vie de ces développements anormaux, chacune de ces superfétations sera
frappée de sphacèle et de décomposition; le sang stationnaire et extravasé se décolorera en pus, le pus subira la fermentation putride; la gangrène, cette carbonisation émanée de la putréfaction, cette cautérisation

par les combinaisons ammoniacales, la gangrène envahira de proche en proche ces végétations que la vie aura cessé d'entretenir, et la mort de ces développements accessoires deviendra le poison des tissus normaux qu'ils auront envahis. Ajoutez à ces causes naturelles d'infection, dans le cas spécial de parasitisme qui nous occupe, que, si l'ascaride pique un tissu sain avec sa pointe caudale qu'il aura préalablement trempée dans le pus d'un produit morbide de sa création, l'empoisonnement des tissus vivants sera d'autant plus prompt que l'inoculation sera plus mécanique.

6° Le titillement de la pointe caudale de l'ascaride donnera lieu à un dégagement de gaz de différentes natures, dégagement inséparable de toute espèce de fermentation. L'air dont les tissus titillés étaient normalement imprégnés s'en échappera par l'issue qui lui est ouverte, et se répandra en nature sur des surfaces qui ne devaient le recevoir qu'élaboré et tamisé par le tissu cellulaire ambiant; mais ces gaz ainsi emprisonnés dans un tube distendu, soit par des liquides, soit par des fèces solides, obéissant à la loi de la pesanteur et de la légèreté spécifique, s'échapperont en montant à travers les matières solides et liquides, et détermineront ainsi dans les intestins un bruit de spumescence, de borborygme, de gargouillement, de glouglou qui se modifiera à l'auscultation, selon les modifications de la matière fécale.

7° De là ballonnement et météorisation des intestins dont le mécanisme seul, étant déjà morbide, se compliquera d'accidents plus graves, si les gaz se composent d'hydrogène sulfuré, de phosphures et sulfures ammoniacaux, c'est-à-dire, de gaz capables de promener l'empoisonnement sur les surfaces saines, mais encore plus puissamment sur les surfaces déjà décomposées et entamées par de nombreuses solutions de continuité.

8° Dans l'évaluation des phénomènes produits et par la succion et par les titillements de l'ascaride, il faut bien tenir compte de la nature chimique et de la structure intime des tissus envahis. Il est évident, en effet, que la piqûre de la pointe caudale de l'ascaride, pratiquée dans un tissu éminemment adipeux, n'aura rien moins que les résultats du même stimulus dans un tissu ou sanguin ou lymphatique, ou simplement albumineux, ou enfin dans la papille d'une dichotomie nerveuse. La même cause de désordre ne produira donc point chez les personnes douées d'embonpoint les mêmes accidents morbides que chez les personnes habituellement maigres et décharnées. On conçoit que, chez les premières, cette cause de titillations déterminera de la réplétion, des embarras gastriques; quand chez les autres, plus irritables, parce que les papilles nerveuses de la surface intestinale seront plus à découvert,

les titillements de la pointe caudale de l'ascaride provoqueront des
névralgies de tous les symptômes et de tous les genres d'intensité ; c'est
le cas d'une piqûre d'épingle qui agace si violemment telle personne,
et qui pénétrerait inaperçue jusqu'aux os chez telle autre.

9° On professe encore, dans les écoles de médecine, en dépit de nos
premières révélations (de tous les temps les Facultés ont été retarda-
taires), on professe, dis-je, que le siége des ascarides vermiculaires est
spécialement dans le *rectum* ; cependant, et nous le démontrerons plus
bas, longtemps avant nos premières publications de 1838, les archives
de la science ne manquaient pas de documents authentiques qui indiquaient que l'helminthe peut s'aventurer dans d'autres cavités du canal
alimentaire. On peut donc concevoir que ce vampire s'attache aux surfaces de l'estomac, d'où l'on peut conclure qu'il est en état de s'aventurer
dans l'œsophage ; mais, s'il en est ainsi, on ne doit nullement se refuser
à admettre qu'il puisse s'introduire et vivre plus ou moins longtemps
dans les cavités nasales, dans les voies respiratoires, dans le canal cholédoque et ses ramifications les plus ténues. Dès lors, et en transportant
par la pensée, dans ces divers organes, tous les effets immédiats que
nous avons décrits comme découlant du mode de nutrition de l'ascaride,
on aura autant d'affections diverses, de phlegmasies diverses, de fièvres
diverses, etc., que cette cause, toujours identique de désordre et de désorganisation, se portera sur la surface d'organes diversement situés et
chargés de fournir des matériaux différents à l'élaboration générale,
d'où résulte la vie d'un individu. Je pourrais donner à ces observations
le développement d'une assez longue dissertation ; en les formulant en
syllogismes, elles n'en paraîtront que plus évidentes aux esprits positifs
qui n'ont jamais assez de temps pour s'amuser à lire : Cause de gastrite,
de saburres et d'embarras gastriques, chez les personnes douées d'embonpoint ; — cause de gastralgie chez les autres, lorsque l'ascaride pullulera dans l'estomac ; d'entérite, de diarrhée, quand les ravages de l'ascaride s'étendront du duodénum sur la surface des intestins grêles ; de
coliques et de météorisation quand l'helminthe pullulera dans la capacité
du côlon ; — cause d'ictère et de pâles couleurs, d'ascite et d'hydropisie,
quand l'helminthe, s'attachant au canal cholédoque, à l'instant où l'écoulement de la bile sera suspendu, parviendra à obstruer de ses tissus parasites les divers canaux de communication de la vésicule et de l'intestin
où la bile se déverse ; — cause de maux de gorge, s'il parvient au larynx ;
de catarrhes et rhumes, s'il descend plus avant dans la trachée-artère ;
de bronchite et d'asthme, s'il s'établit sur les surfaces des bronches ; de
phthisie pulmonaire s'il s'attaque à la superficie des cellules respiratoires ; d'hépatisation de poumon et de péripneumonie, s'il s'enfonce

dans ce tissu spongieux; — cause de coryza et d'affections des voies
nasales, s'il monte, derrière le voile du palais, jusqu'aux cavités du nez;
— cause de migraine, s'il vient titiller les papilles nerveuses des sinus
frontaux; — cause d'écoulements sanieux à l'angle interne de l'œil; de
fistule lacrymale, si, réduit aux proportions du jeune âge, il se complaît
dans le canal nasal; cause d'ophthalmie, s'il pénètre dans la conjonctive, d'où il pourra introduire, dans l'intérieur de l'œil, tous les accidents morbides qui remplissent le cadre de l'oculistique, etc.; et, dans
ces diverses stations de ses innombrables migrations, cause de mille
symptômes mille fois variables, selon que la pullulation de l'helminthe
aura rencontré plus ou moins d'obstacles, que les effets de sa présence
seront devinés par l'observateur à telle ou telle époque, selon enfin les
modifications plus ou moins irrationnelles de la médication. Or, en toutes
ces inductions syllogistiques, il n'y aura de hardi que le refus d'avancer
dans la voie des conséquences et l'envie de s'arrêter arbitrairement au
premier pas; une fois que l'on aura admis que ces helminthes sont dans
le cas de s'aventurer dans toutes les localités diverses de la topographie
du corps humain, on ne saurait ne pas admettre qu'à eux seuls ils ne
soient dans le cas de devenir les auteurs de tout le cortége de désordres
pathologiques, dont je ne pousserai pas plus loin en cet endroit l'énumération.

10° Nous avons établi plus haut (985) qu'à l'aide de sa queue acérée
et de ses mouvements en spirale, l'ascaride vermiculaire a la faculté de
pénétrer fort avant et très-vite dans la substance de nos tissus mous,
de les traverser de part en part, comme le ferait une aiguille des plus
grêles, sans laisser après lui la moindre trace sensible de perforation.

S'il arrive donc que la capacité du canal alimentaire ne lui offre plus
un milieu propice à son alimentation ou aux circonstances de sa propagation, l'ascaride a, par devers lui, tous les moyens possibles d'émigrer
sans obstacle et de porter les désordres dont il est cause dans le sein des
viscères qui communiquent le moins entre eux; il peut se loger sur la
surface et dans l'épaisseur du mésentère et du péritoine, sur la surface
externe du foie, des reins, de la rate, de la vessie, de l'utérus, pénétrer
même par les trompes de Fallope, jusque dans l'épaisseur et la cavité de
l'utérus lui-même, pour y déterminer, par sa présence, tous les développements anormaux et parasites que la succion d'un ver de certaine
nature détermine et greffe, pour ainsi dire, sur tous les tissus normaux
des règnes végétal et animal; développements qui s'arrêtent au rôle
d'embarras gastriques et de simples saburres sur la surface du canal intestinal, grâce à l'effet des circonstances de la digestion et de la médication, mais qui, réfugiés dans ces milieux inaccessibles, sur ces séreuses

sans communication aucune avec le dehors, revêtiront de toute nécessité d'autres caractères, des caractères dont la variabilité dépendra entièrement de la nature des organes, de la durée de l'invasion, des habitudes et de la constitution physique de l'auteur de tant de maux.

Ces principes une fois posés *à priori*, passons à l'observation directe des effets morbides qui découlent de la présence de l'ascaride dans les organes du corps humain.

991. ÉVALUATION EXPÉRIMENTALE ET DIRECTE DES EFFETS MORBIDES DE L'ASCARIDE VERMICULAIRE. La seule méthode rationnelle d'étudier les habitudes d'un animal vivant, c'est de l'observer là où il trouve sa vie ; et si cet animal est le parasite d'un autre animal vivant, le simple bon sens indique qu'on l'étudie en son lieu et place pendant la vie de la victime ; attendre la mort de celle-ci, pour constater les mœurs du parasite, ce serait s'exposer à confondre les sympathies d'un être avec ses antipathies, et à prendre les choses qu'il redoute et évite pour celles qu'il recherche. Or, s'il est vrai que quelques helminthologues aient procédé à peu près de la sorte à l'étude des helminthes, chez un certain nombre d'animaux, il est certain qu'on a précisément procédé d'une manière toute contraire à l'égard du corps humain. Au lieu de poursuivre ce genre d'études dans les tissus de l'homme mort de mort violente, dans les cadavres que nos usages permettent de livrer au scalpel immédiatement après la mort et encore tout chauds de la vie qui les abandonne à peine, on s'est contenté, au contraire, de rechercher ces helminthes chez l'homme qui ne passe dans le domaine de l'autopsie que vingt-quatre heures après la mort, c'est-à-dire, alors que la certitude de la mort est acquise au prix de la décomposition avancée de tous les liquides et de tous les tissus, c'est-à-dire, enfin, alors que depuis un jour l'ascaride a cessé de trouver, dans nos entrailles, les conditions indispensables à son existence et à sa nutrition ; d'où il est arrivé que, prenant pour le siége habituel de cet helminthe l'asile où il se réfugie immédiatement afin de se mettre à l'abri du débordement du médicament, de la maladie et de la mort, bien des anatomistes ont été portés à penser que sa place naturelle était dans le *rectum*, et quelquefois dans le *cœcum*; et quand il leur est survenu d'en rencontrer dans d'autres tissus, ils se sont demandé si ce phénomène, jusque-là inaperçu, n'était point un phénomène après coup, un effet insolite des influences de la mort, un résultat cadavérique enfin. Aussi je ne sache pas de point d'histoire naturelle qui soit resté plus longtemps aux premières indications de l'enfance de l'art d'observer, que l'histoire des vers intestinaux de l'homme.

992. La seule manière rationnelle de vérifier ce que nous avons posé

en principe, ce sera donc d'observer l'helminthe parasite, sans altérer le moindre tissu de sa victime et par conséquent sans modifier en rien les conditions physiologiques qui conviennent à son existence; de le suivre pas à pas dans ses mouvements et ses excursions, de lire ses habitudes à travers les parois qui le protégent et le cachent à nos regards; de l'étudier comme sous verre, à tous les âges, à toutes les heures, sous toutes les influences du régime alimentaire; enfin, depuis la sortie de l'œuf jusqu'à son expulsion hors de nos viscères. Mais pour lire de la sorte, à travers tant de tissus divers, il faudra avoir recours aux yeux de lynx de l'observation et de l'autopsie, et à l'auscultation de ses propres douleurs; il faudra se décider à se poser bien longtemps, comme sujet du problème, et être homme à consacrer plus d'un jour et plus d'une année à la solution d'une question qui, pour être fort peu propre à flatter l'orgueil de l'homme ordinaire, n'en est pas moins digne de fixer toute l'attention du philosophe; car que voulez-vous? on n'est pas toujours Prométhée, pour que Jupiter daigne vous faire déchirer les entrailles par un aigle; les hommes d'aujourd'hui sont trop dégénérés pour avoir droit de prétendre à cet honneur-là.

Pour moi, je n'ai pas perdu de vue, sur ce point de la question, que j'étais homme d'aujourd'hui; et, voulant écrire l'histoire du vibrion qui en ronge d'autres plus haut placés que moi, sans qu'ils s'en doutent, je m'en suis d'abord douté, moi; puis je m'en suis convaincu, et j'ai fini par m'en constituer bien volontairement victime journalière et assidue, afin de mieux en faire connaître les ravages à autrui. Du reste, je me trouvais placé dans une position éminemment favorable à ces sortes d'observations, et dans laquelle bien des gens se trouvent placés tout aussi bien que moi, sans qu'ils prennent la peine d'en tenir compte. Des enfants en bas âge, et ses propres enfants, c'est-à-dire des enfants que l'on soigne à toute heure de la journée; une vie calme et sédentaire, une nourriture sobre, mucilagineuse, peu épicée et très-peu alcoolique, application constante de la théorie antiphlogistique qui dominait alors; il n'en faut certainement pas tant pour être bientôt envahi par ces hordes de vampires qui nous rongent à l'intérieur. Mais, ainsi que tant d'autres, j'ai longtemps ignoré que j'avais en moi l'objet d'une observation aussi intéressante; j'en ai beaucoup souffert avant de le comprendre; et à l'époque de la plus grande vogue de la doctrine physiologique, j'ai bien souvent maudit la médecine de ce qu'elle ne mettait à ma disposition que des remèdes qui empiraient mon mal, ma gastrite, mon entérite, mes douleurs atroces d'estomac; j'aurais cru alors proférer la plus ridicule hérésie si je m'étais expliqué aussi franchement qu'aujourd'hui, et si j'avais osé dire qu'après avoir laissé là la gomme et les mucilagi-

neux, j'avais enfin trouvé une guérison dans les remèdes, naguère encore
réputés incendiaires, que je prescris aujourd'hui.

Vous préciser ensuite comment la démonstration actuelle s'est fait jour
dans mon esprit, vous dire le fait particulier qui a commencé à me mettre sur la voie de la vérification de la méthode, ce serait vouloir vous
peindre un point sans dimensions, et vous faire passer par une série
indéfinie de raisonnements qui indiquent la route à l'observation, et d'observations qui amènent les contre-épreuves, que l'on perd de vue une
fois qu'on est parvenu à traduire le tout en formules exactes : il est plus
court de formuler en débutant, sauf à ceux qui exigeraient de plus
amples démonstrations, à se constituer à leur tour, comme nous l'avons
fait, les sujets d'une pareille expérience. Du reste, ce que je vais exposer
est si clair, qu'il en paraîtra trop simple et que chacun croira l'avoir
vu ailleurs ; et il est vrai que bien des choses que j'ai à dire se trouvent
ailleurs, mais éparses, démembrées, jetées là comme par hasard, et ne
se rattachant à aucune de ces généralités qui seules peuvent constituer
une vérité nouvelle. Quand on est arrivé à un résultat qui traduit les
détails en une incontestable généralité, et qu'on le confronte avec ces
détails épars sans ordre dans les livres, tout ce qu'on lit s'explique si
bien par ce que l'on vient d'apprendre, que l'on serait tenté de croire
qu'on n'a rien découvert de nouveau ; on est ensuite bien désabusé par
l'impression que cette nouveauté produit, dès le premier abord, sur l'esprit des plus érudits et des plus doctes. Voici donc comment en tout cela
j'ai procédé et raisonné :

1° Je me suis dit : S'il m'était loisible de reconnaître, dans un organe
donné, la présence de l'ascaride à un signe instantané et appréciable par
l'un de mes sens, j'aurais acquis le moyen d'écrire l'histoire des habitudes de ces helminthes, d'une manière précise, et de reconnaître les effets
de leur présence dans quelque organe que ce fût.

2° Pour arriver à ce résultat définitif, rien ne serait plus utile que
d'avoir à ma disposition un médicament quelconque, du genre des médicaments anthelminthiques, mais qui eût la propriété d'agir aussi instantanément que se montreraient les effets que l'observation directe m'aurait mis en droit de reconnaître pour les signes de la présence de
l'ascaride dans l'un de mes organes.

3° J'étais venu à bout de constater, par une série d'inductions et de
médications, que les atroces douleurs d'entrailles et surtout d'estomac
que je ressentais depuis longtemps, n'étaient que les effets immédiats de
l'ascaride vermiculaire. Il se trouva, un jour, que le hasard me porta à
avaler, au moment de ma plus forte crise, un verre d'eau saupoudré de
camphre ; j'éprouvai tout à coup, dans l'intérieur de l'estomac, un bour-

roulement qui se peignait à ma pensée comme si des myriades de vampires lâchaient prise, et se portaient en masse vers le pylore, pour échapper au médicament ingéré ; un mouvement péristaltique contractait et dilatait alternativement la panse stomacale ; et ma douleur cessa instantanément. Mais ce soulagement ne fut pas de longue durée : les douleurs revinrent de proche en proche, en partant de la région du pylore, se rapprochant peu à peu de la région cardiaque, comme pour remonter dans l'œsophage. Un nouveau verre d'eau saupoudré de camphre les faisait cesser aussi instantanément et avec les mêmes symptômes concomitants que la première fois. Je continuai à me soulager de la sorte, jusqu'à ce que j'eusse reçu l'huile de ricin destinée à me délivrer, plus en grand et plus radicalement, de ces hordes d'helminthes ; et l'effet de l'évacuation acheva de me convaincre que je ne m'étais pas abusé sur la cause immédiate du mal.

4° J'avais ainsi acquis la certitude que mes douleurs d'estomac étaient causées par les titillements des helminthes ; secondement, qu'un peu de poudre de camphre les chassait de ce viscère, mais ne les atteignait pas dans les intestins où ils se réfugiaient, et où j'éprouvais des titillements, si ce n'est aussi violents, du moins tout aussi funestes par leur influence sur les diverses digestions duodénale, iliaque et fécale (161). Par une autre série d'expérimentations, je fus conduit à penser que je pourrais atteindre ces helminthes jusque dans les intestins, en m'appliquant sur l'abdomen une dissolution alcoolique de camphre ; j'avais, en effet, constaté avec quelle facilité l'influence d'une pareille dissolution pénètre dans les tissus les plus profonds. L'expérience ne fit que confirmer mes prévisions. En effet, dès que le moindre titillement se faisait sentir dans l'une ou l'autre localité de la région abdominale, aussitôt je le faisais cesser par l'application d'une compresse d'alcool saturé de camphre ; et je pouvais chasser ainsi, à mon gré et de proche en proche, la douleur que je poursuivais.

Il devenait donc évident qu'avec la vapeur seule du camphre j'obtiendrais les mêmes résultats, à l'égard des organes sur lesquels je n'aurais pu l'administrer autrement, dans les poumons, par exemple ; car la vapeur a toutes les propriétés des molécules solides.

993. Signes auxquels on peut reconnaître la présence de l'ascaride vermiculaire dans nos organes. 1° Le premier consiste en un titillement comparable, par son effet pathologique, à la douleur que ferait éprouver la piqûre d'une pointe qui s'enfoncerait dans le tissu et en ressortirait en même temps : c'est le résultat d'une solution de continuité infiniment petite, qu'on laisserait béante et en contact avec l'air qui hématose. La plupart de ces titillements passent pour nous inaperçus, quand ils ont lieu

isolément ou en petit nombre ; ils deviennent atroces à endurer par leur somme ; les entrailles semblent se déchirer, quand ils se reproduisent à la fois sur une large surface. C'est principalement à jeun qu'on les éprouve, car c'est alors que l'helminthe affamé cherche, dans des produits artificiellement provoqués, une pâture que le travail de l'assimilation digestive lui refuse.

2° Le second signe consiste dans une impression tout à-fait analogue à celle que produit sur notre peau la succion d'une ventouse ou d'un organe d'appréhension, à l'instant où l'appareil se retire avec un certain effort : on dirait que l'on sent une ampoule déterminée par le vide, et qui retombe sur elle-même, dès que le vide cesse et que l'air vient refouler le tissu ballonné. On sent, en un mot, la surface intestinale pour ainsi dire ramenée en dedans, comme par une petite ventouse qui ensuite lâcherait prise à regret. Quand l'helminthe change de place spontanément et sans contrainte, on n'éprouve rien de semblable ; seulement, si la surface envahie par ces petites sangsues est considérable, le déplacement occasionne des mouvements péristaltiques insolites et violents, qu'on éprouve avec plaisir.

3° Le troisième consiste dans des bruits intestins qui prennent des caractères acoustiques divers, selon les milieux que traversent les gaz dégagés par les titillements de l'extrémité caudale de l'ascaride. Je les distinguerai en : *bruits spumescents*, ou bruits analogues au bruissement de l'écume, dont les petites bulles viennent crever à l'air : ce bruit se manifeste, par la présence de l'ascaride vermiculaire, sur la surface de toutes les muqueuses et de toutes les séreuses qui ne sont pas habituellement recouvertes d'une nappe de liquide ou d'une couche de matières solides, mais qui pourtant sont distendues par un certain volume d'air ; — *bruits de piston*, ou bruits analogues à celui que fait entendre le piston de la machine pneumatique, quand il s'applique violemment ; son qu'on peut rendre d'une manière imitative par la syllabe *pif* ; dans nos intestins, ce signe indique un gaz qui s'échappe à travers deux cylindres excrémentiels qui le compriment en se rapprochant ; — *bruits de sifflet*, ou bruits analogues à celui que fait entendre l'air qui s'échappe par une mince ouverture : dans nos intestins, ce signe indique un gaz qui s'échappe lentement, et à mesure que le titillement de la pointe caudale de l'ascaride l'élimine, à travers un cylindre excrémentiel qui le comprime sur la plus grande étendue de l'aire de sa base, et lui laisse un passage par un interstice étroit ; — *bruit de roulement lointain*, résultant de l'échappement, par saccades rapides, du gaz dégagé par les titillements du ver ; — *bruits de glouglou*, lorsque les gaz dégagés traversent, pour s'échapper, une matière plus ou moins liquide ; — *bruits de sabot,* ou bruit analogue à celui que la toupie d'Allemagne fait entendre en tournant; il résulte des vibrations produites par la percussion des gaz qui, en s'échappant, rencontrent le pli d'une anse intestinale; — *bruits d'aspiration* et que traduit très-bien le monosyllabe *oui*, quand on prolonge longtemps le son l'*i*; ils résultent de l'expansion d'une capacité jusque-là contractée, et qui attire à elle les gaz par une ouverture assez grande. Enfin ces divers signes acoustiques sont dans le cas de varier à l'infini, selon les circonstances infiniment variables de l'état de santé ou de l'état morbide; mais dans tous les cas, ils n'en sont pas moins la preuve infaillible de la présence des helminthes dans les intestins, et probablement de leur présence dans tout autre organe, dans lequel il n'est pas permis de supposer que ces bruits proviennent de l'air atmosphérique aspiré et expiré.

4° Le quatrième signe de la présence de ces insectes dans le canal alimentaire est que, lorsque l'on ingère dans l'estomac un anthelminthique, on rend, un instant après, des vents par l'anus; ce qui provient de ce que les ascarides, fuyant de proche en proche, vont se loger dans le côlon et dans le rectum, et y provoquent, par leurs titillements, un dégagement de gaz que cette portion d'intestins n'est point capable de tenir enfermés.

5° La *boule hystérique* est très-souvent le signe infaillible de la présence des ascarides vermiculaires, ou de l'ascaride lombricoïde, qu'une cause quelconque, ou l'influence d'un suc ou d'un médicament anthelminthique, force à remonter de bas en haut, et de parcourir, avec la rapidité que lui donne l'instinct de sa conservation, toute la longueur du canal alimentaire. Un peloton de vers accouplés, un lombric roulé sur lui-même en peloton, suffisent pour faire croire à la femme qu'une boule lui remonte de l'utérus vers la bouche; car ce sont les enfants et les femmes, à cause de leurs habitudes d'alimentation, qui sont les plus exposés à l'invasion des ascarides. Ce symptôme semble retomber dans les intestins comme une masse de plomb, et se dissiper comme par enchantement, à la suite de l'ingestion du plus faible vermifuge, ou de la plus faible respiration d'une huile essentielle, telle que fleur d'orange, eau de menthe, eau des carmes ou de mélisse, eau de Cologne, vinaigre des quatre voleurs, camphre, etc.

6° Le sixième signe est un certain prurit que l'on éprouve dans l'intérieur du nez, signe qu'on a regardé comme sympathique de la présence des vers dans le canal intestinal, alors que l'on professait la doctrine que l'ascaride n'habite que le rectum de l'homme. Mais nous croyons peu à cette entité que l'on nomme sympathie des organes les uns avec les autres. Les organes agissent entre eux par communication et par échange, et non par des influences occultes et à distance. Tout picotement est un effet immédiat d'une cause adjacente, et non le résultat mystérieux d'un rapport lointain. Quand le nez démange aux enfants, c'est que l'ascaride vermiculaire arrive sur cette surface, en se glissant derrière le voile du palais; une prise d'une poudre anthelminthique suffit, en effet, pour faire cesser ce prurit nasal, quoique l'ascaride vermiculaire continue son œuvre dans le canal intestinal. Ainsi l'absence du prurit dans le nez ne prouve pas l'absence de l'ascaride vermiculaire dans le corps de l'homme, et il peut arriver qu'un individu soit en proie à ces hordes d'helminthes, sans qu'il éprouve la moindre démangeaison dans le nez, sans qu'il ait l'haleine fétide, surtout s'il a l'habitude de priser le tabac; de même qu'on peut éprouver des démangeaisons dans le nez, sans posséder, pour cela, le moindre ascaride vermiculaire dans le canal alimentaire.

7° La présence des ascarides dans les selles signifie bien qu'on en avait dans le canal alimentaire, mais non pas qu'on en ait encore; leur absence ne signifie pas qu'on n'en ait pas, souvent bien au contraire. Les médecins, jusqu'à nous, n'ont presque jugé de la présence des ascarides, chez un individu, que lorsqu'il en rendait par les selles, espèce de preuve qui ressemble assez à cette forme de sophisme : *cet homme est sorti de sa maison, donc il y est encore.* Or, comme dans certain pays, et surtout dans les grandes villes, les soins de propreté font qu'on a rarement l'occasion d'observer les selles, il s'en est suivi que le médecin a fini par reléguer les cas de maladies vermineuses au nombre des cas les plus rares qu'une longue pratique puisse fournir l'occasion d'observer; et nous avons pu entendre un professeur de la Faculté (*), un professeur qui, pour sortir des habitudes routinières et rétrogrades de l'école, a préféré l'excentricité des aperçus à la rigueur de l'expérience, soutenir, devant tous ses élèves, que, « depuis seize ans, il n'avait jamais rencontré un seul enfant de Paris qui présentât quelques accidents vermineux. Jamais, s'écriait-il, ou presque jamais, un enfant *né et élevé à Paris* ne rend des vers; tandis que c'est le contraire en province. » Au reste, cette singularité n'a pas même le mérite de la nouveauté; car la faculté de Paris la professait déjà du temps de Bernard de Palissy; voyez ses Œuvres, édition de 1777, pag. 210.

A quoi tiennent cependant les idées scientifiques? Sur cette question, c'est en partie à la disposition locale des privés! En province, les enfants rendent leurs matières en plein air, où chacun peut en examiner la nature; à Paris, où l'on porte très-loin le soin de la propreté, nous avons des lieux pour soustraire aux regards un *caput mortuum* dont l'odeur

(*) Voyez *Gazette des hôpitaux*, 1er janvier 1842, page 62.

seule monte à la tête des habitants de la capitale, et que personne n'a fantaisie d'examiner. Comment savoir si les enfants rendent des vers, quand habituellement on n'en voit pas mêmes les fèces? Le docte professeur n'a sans doute sa clientèle que dans la haute société; la science gagne toujours à faire descendre son expérimentation dans les classes inférieures. Mais nous reviendrons ailleurs sur ce sujet.

994. Effets morbides de l'ascaride vermiculaire, tant que son action se concentre dans le canal alimentaire. L'ascaride vermiculaire est, plus spécialement que toutes les autres espèces d'helminthes, le *ver rongeur* de l'homme, celui dont tous les raffinements de notre alimentation tendent continuellement à nous débarrasser. Dès que la nourriture pèche et est en défaut, cette vermine pullule, et alors l'on n'en a jamais tant que lorsqu'on n'en rend pas. Dès qu'on en rend, c'est que l'alimentation devient un vermifuge et chasse de proche en proche cette vermine, de l'estomac vers les intestins grèles, puis vers le côlon, puis de là vers l'anus, d'où elle se répand au dehors sur les autres organes.

1° Quand les ascarides ont établi leur siége dans l'estomac, on sent dans cet organe des picotements qui y produisent un trouble que nous traduisons par l'idée de *crudités d'estomac, maux de cœur,* et plus doctement *gastrite* ou *gastralgie.* Selon le genre de nourriture que l'on prend, on peut se sentir soulagé en mangeant; on est de nouveau torturé en digérant. Si les ascarides envahissent les surfaces qui sont le mobile du vomissement, les surfaces voisines du pylore, le malade rend des eaux, de la pituite; et ce premier mouvement antipéristaltique appelant la bile dans l'estomac, on ne tarde pas à voir de la bile mêlée aux matières du vomissement. Les titillements prolongés de la pointe caudale des ascarides sur la muqueuse de l'estomac ne peuvent manquer d'y produire des saburres ou développements de tissus parasites (909), qui paralysent la faculté d'aspiration de cet organe, c'est-à-dire, sa faculté de nutrition et de digestion. La surface digérante, en effet, recouverte alors d'une surface inerte et de superfétation, n'est plus capable d'agir immédiatement sur le bol alimentaire, de le modifier d'une manière favorable à la digestion. Ces tissus parasites et fibrillaires, se feutrant par un développement indéfini, forment ces saburres et ces embarras gastriques qui ont joué un si grand rôle dans les théories de la médecine du dernier siècle.

2° Quand, sous l'aiguillon créateur des titillements de l'ascaride, ces développements anormaux ont lieu dans l'étendue du duodénum, et au-dessous de l'embouchure du canal cholédoque, ce viscère étant obstrué en totalité ou en partie, la bile et le chyme sont refoulés dans l'estomac par cet obstacle mécanique, et le vomissement a lieu quelquefois après chaque ingestion d'aliments.

3° Si l'ascaride établit le siége de sa multiplication dans le canal cholédoque et dans les ramifications de ce canal, ce qui est le cas le plus rare, il y aura dès lors suppression de la conversion du chyme en chyle, suppression de la digestion duodénale, avec tous les effets consécutifs, sur l'économie générale, de ce désordre local apporté dans l'une des plus essentielles fonctions; quelquefois aussi formation de calculs biliaires, puis ascite.

4° Chaque titillement laissera une trace d'abord analogue aux piqûres de punaise, pl. 17, fig. 17, qui s'enfleront en tubercules ou petites phlyctènes et ensuite en escarres gangréneuses, selon les modifications apportées à ces tissus par la médication et la nutrition; produits morbides dont le siége, dans toute l'étendue du canal alimentaire, sera déterminé par la prédilection de l'ascaride pour telle ou telle surface, et par la place où les modifications du traitement lui permettront de se fixer de préférence ou de désespoir; en sorte que quelquefois, et sous l'influence de telle ou telle méthode, la rubéfaction et l'inflammation produites par l'action immédiate et mécanique de l'ascaride, ou par l'action corrosive de ses effets, seront dans le cas de s'étendre sur toute la longueur du canal alimentaire, et principalement sur les tissus si délicats et si impressionnables de toute la cavité buccale, et de la langue, surtout vers les côtés, et sur les tissus tout aussi impressionnables et hémorroïdaux du rectum et du pourtour de l'anus.

5° Mais si ces titillements, causes de tant de troubles et de désordres, s'exercent sur les papilles nerveuses, ces organes de la sensibilité, au lieu de s'amortir sur des tissus cellulaires et adipeux, les convulsions les plus variées en seront la conséquence immédiate, selon que les nerfs attaqués se rapporteront à tel ou tel autre organe du mouvement, et à tel appareil de la locomotion; convulsions dont nous sommes en état de reproduire toutes les modifications sur les animaux vivants en les soumettant à la torture artificielle de titillements et de picotements analogues.

6° Les conséquences générales d'un pareil désordre seront la constipation et les selles difficiles. Le sang hématosé par les poumons, mais non alimenté par la chylification, épaissira dans les vaisseaux, et se congestionnera de place en place. De là, pouls saccadé et rapide, et puis lent et obscur; de là, les céphalalgies, la stupeur, le vertige, et plus ou moins tard la fièvre transportant son siége au cerveau; et puis enfin la progression maladive ayant lieu, les effets s'aggravant par la somme des effets, et devenant chacun à leur tour cause de milliers d'autres effets, le

diagnostic et le pronostic se refuseront aux appréciations les plus saga-
ces d'une pratique exercée ; l'esprit de l'observateur aura de la peine à
suivre les progrès du mal ; ses notes seront toujours dépassées de vitesse
par l'événement, comme la plume trop paresseuse qui se mêle de noter
une improvisation.

995. EFFETS MORBIDES DE L'ASCARIDE VERMICULAIRE SUR LES DÉPENDANCES
DE L'ORIFICE SUPÉRIEUR DU CANAL ALIMENTAIRE. Il pourra se faire que le
nombre des ascarides venant à s'accroître d'une manière alarmante, les
digestions stomacale et duodénale ne suffisent plus à l'alimentation de ces
parasites ; ou bien que l'alimentation du sujet ne convenant pas au parasite, celui-ci se voie forcé de l'éviter comme un poison ; l'helminthe aura
alors, pour se soustraire au danger qui le menace, deux issues opposées,
l'œsophage ou le rectum ; il se dirigera vers l'œsophage, quand le côlon
sera déjà envahi par les résidus d'une alimentation qui lui est nuisible,
ou bien quand l'action trop froide de l'air extérieur agissant, par suite du
peu d'épaisseur ou de la conductibilité des vêtements, sur toute la région
abdominale, maintiendra les intestins à une température qui ne convient
pas aux habitudes de ces vers. Dès ce moment l'ascaride se portera vers
la cavité buccale, d'où il pourra se diriger : 1° par derrière le voile du
palais, soit dans les cavités du nez, d'où *démangeaison et prurit insupportable* (*), soit sous les sinus frontaux, d'où *migraine et coryza* ; 2° dans la
trompe d'Eustache, d'où le tintouin, l'affaiblissement de l'ouïe, et peut-
être à la suite la perte totale de ce sens ; 3° dans la trachée-artère, puis
les bronches, puis les anfractuosités de l'organe pulmonaire, d'où le
rhume, la toux, le catarrhe, les bronchites, l'asthme, les inflammations
de poitrine, et même tous les mille désordres de la tuberculisation et de
la phthisie pulmonaire, selon que l'helminthe titillera de sa pointe caudale les tissus plus ou moins profonds des capillaires artériels ou veineux ; d'où enfin des extravasations sanguines sur ces surfaces plus ou
moins en contact avec l'air extérieur (**).

996. EFFETS MORBIDES DE L'ASCARIDE VERMICULAIRE SUR LES DÉPENDANCES

(*) Fernel a remarqué déjà que les ascarides ne remontent pas seulement des intestins dans la bouche, mais vont quelquefois, pendant le sommeil, jusque dans le nez,
lorsque la bouche est close, et qu'ils sortent par les narines (*de Morbis intestin. lumbr.*).
Levinus Lemnius a vu plusieurs fois des vers remonter ainsi et sortir par le nez (lib. 1,
cap. 21, *de Occult. nat. mirab.*). On nous fera peut-être observer qu'il s'agit ici des
lombrics et non des ascarides vermiculaires ; mais ce serait alors nier le moins, en
admettant le plus.

(**) On ne s'assurera anatomiquement de ce fait qu'en disséquant vivants des animaux à qui on aura fait contracter la phthisie pulmonaire. Redi, qui a procédé de la
sorte, a trouvé des ascarides dans les poumons d'un hérisson femelle, puis dans les

INFÉRIEURES DU CANAL INTESTINAL. Si l'action expulsante de la nutrition ou de l'ingestion d'un médicament chasse l'helminthe vers le rectum, c'est alors que le malade en signalera la présence au médecin, par le prurit et les picotements qu'il éprouvera, quelquefois d'une manière insupportable, vers l'orifice de l'anus. Sur certaines chairs, ces picotements seuls sont des causes créatrices de caroncules hémorroïdales et ensuite d'écoulements sanguins. Mais le désordre ne s'arrêtera pas dans l'orifice anal ; car l'arrivée des fèces, imprégnées de ce qui chasse l'ascaridé, portera celui-ci à déserter le fondement, pour se mettre à la recherche de régions plus propices ; et voici dès lors ce que l'on pourra observer :

1° Il n'est pas un dictionnaire qui, sur le rapport de Becker, ne fasse mention, à l'article *Nymphomanie*, de cette bonne vieille jusque-là si chaste et si décente, laquelle se sentit tout à coup dévorer du feu des Messalines, et prête à mendier à chaque instant avec frénésie, auprès du premier venu, des faveurs qu'on repousse avec horreur à son âge. Le génie infernal de ce désordre révoltant, de ce bizarre anachronisme de l'amour en délire, n'était autre que la pointe caudale de nos petits ascarides, égarés dans un sanctuaire si bien défendu ordinairement par l'âge contre toute autre espèce de séduction. Une simple injection d'une infusion de plantes amères guérit un mal contre lequel n'aurait pas manqué d'échouer toute la puissance de la morale ; cela suffit pour ramener le calme dans l'organe et la pudeur dans l'imagination, en débarrassant la pauvre victime de l'incube microscopique qui l'assiégeait nuit et jour. Si le médecin moins avisé avait perdu de vue la cause infiniment petite de cette lubricité des vieux jours, le mal aurait certainement reçu, dans nos catalogues, un cortége de caractères symptomatiques et essentiels propres à en faire une entité médicinale de nouvel ordre ; et si cette bonne vieille avait fini par succomber à l'ivresse de tant d'intempestives voluptés, l'autopsie aurait cherché dans les lobes du cerveau et du cervelet l'explication d'une anomalie dont l'expérience directe démontra heureusement le siége à l'autre extrémité du corps (*).

---

bronches et la trachée-artère de deux autres individus de cette espèce. Chez le renard, la belette, etc., il a observé le même fait, toutes les fois qu'il les a rendus malades. (*Osservaz. agli animali viventi negli animali viventi*, in-4°, 1684, pag. 20 et suiv.)

(*) Scharf rapporte un fait semblable d'une femme de cinquante ans. Bremser a vu des femmes à qui les ascarides, en s'introduisant dans le vagin, avaient causé une véritable nymphomanie. (*Traité des vers intestinaux*, traduction française, pag. 447.) Benedetti a trouvé des vers ascarides entre les parois de l'utérus et le placenta, chez une femme morte enceinte de huit mois (*Journ. gén. de Méd.* de Sédillot, tom. 45, pag. 331). Sauvages a intitulé cette maladie *pudendagra ab ascaridibus ; quam*, dit-il, *ascarides vulvæ excitant.* (Nosol. system.)

Or ce cas, qui semble unique ou fort rare dans les fastes de la science en théorie, est très-commun au contraire dans la nature et dans la réalité ; il échappe, parce qu'on ne pense pas à le deviner.

Toutes les fois qu'on éprouve à l'anus un fourmillement souvent impatientant, mais toujours incommode, et dont l'effet peut être comparé au déplacement des poils qu'une longue compression a collés sur la peau et qui, par suite de leur élasticité, reprennent leur direction première, on peut assurer sans crainte qu'on a affaire à des ascarides vermiculaires, qui sortent de l'anus et se dirigent vers des organes plus propices à leur existence et à leur propagation. On les sent ramper, tant qu'ils n'ont pas dépassé les limites du sphincter ; on en perd la trace, dès qu'ils rampent sur l'épiderme endurci et à travers les poils qui recouvrent ces surfaces. On s'en croit dès lors débarrassé ; il n'en est rien : ces vers filiformes se glissent entre les surfaces muqueuses ou pseudo-muqueuses des organes sexuels, entre le gland et le prépuce chez l'homme, entre les grandes et petites lèvres chez la femme, et ils produisent là des effets qui varient de caractère selon la place à laquelle s'attache le ver rongeur : l'érotisme plus haut ; un prurit douloureux et une simple démangeaison plus bas ; lubricité au delà, souffrance en deçà ; et la ligne de démarcation de ces deux maux de nature contraire n'a pas l'épaisseur d'un poil.

J'ai eu bien souvent occasion de m'applaudir d'avoir recommandé à des mères de famille de ne pas perdre de vue ce danger, et de se délivrer de l'ennemi qui les tourmente, en le saisissant avec un linge, et puis jetant le tout au feu, pour en détruire jusqu'aux œufs et débarrasser d'autant leur domesticité de la pullulation de cette peste.

2° Chez les enfants en bas âge, on observe des circonstances plus variées dans ces sortes de cas. Les chairs étant plus tendres à cette époque de la vie, l'épiderme habituellement plus moite et moins desséché, tous les tissus enfin de l'enfant étant encore imprégnés de la substance saccharine qui abonde chez le fœtus ; en sortant de l'anus, les ascarides semblent ne pas avoir quitté les surfaces muqueuses, surtout s'ils s'égarent sur l'épiderme des parties qui ne sont pas en contact avec la lumière. Là les vers titillent l'épiderme, comme ils titilleraient le canal intestinal. Si le repos de l'enfant, si la chaleur humide du lit favorise les migrations de ces insectes, il arrive souvent qu'on lui trouve ensuite le pourtour de l'anus, ainsi que les fesses, couverts d'une petite éruption écarlate qui cesse de s'étendre au lever de l'enfant, et disparaît spontanément ensuite au moyen de quelques soins de propreté. Mais c'est surtout chez les jeunes filles, sur le pourtour de la vulve et sur le périnée, que cette éruption est plus fréquente ; on la voit encadrer très-souvent la fente des parties sexuelles d'un ruban rose, large de deux à trois centimètres. Si l'enfant est éveillée lorsque les ascarides se glissent dans ces organes, elle ne manque pas d'y porter la main en se plaignant. J'ai vu une petite fille de deux ans qui ne nous trompait jamais à cet égard ; dès qu'elle commençait à faire la moue, à se plaindre et qu'elle bégayait le mot de *vers,* en portant la main entre ses petites jambes, sa mère l'étendait sur ses genoux, lui visitait le siége de sa petite douleur, et en détachait presque toujours un ou deux ascarides, qui s'étaient appliqués contre la surface des grandes ou petites lèvres ; dès ce moment, la jeune fille se mettait à reprendre ses jeux, comme de coutume, sans conserver le moindre souvenir de ses inquiétudes et de sa guérison.

3° Les hommes, même à l'âge mûr, sont tout autant exposés que les femmes et les enfants aux aberrations vagabondes des ascarides vermiculaires. Les personnes qui vivent habituellement de mucilagineux, qui boivent peu de vin ou en boivent de mauvais, qui prennent peu d'exercice, qui ne fument pas ou ne font pas usage d'odeurs fortes, d'odeurs anthelminthiques, ces personnes, dis-je, sont bientôt envahies d'ascarides qui deviennent la cause d'une foule de maux, lesquels peuvent présenter tout autant d'entités médicales. En thèse générale, toute personne d'un tempérament faible et facile à s'épuiser, qui ressent des désirs au-dessus de ses forces, qui veut ce qu'elle ne peut et appelle de ses souhaits désordonnés une lutte qu'elle sait devoir lui être toujours funeste ; celle dont l'imagination médite longuement les fureurs de l'orgie et dont la réalité se dissipe et s'éteint au seul souffle d'un baiser ; celle qui, les yeux ouverts, rêve des tentatives incroyables et impossibles, et qui s'éveille tout à coup en rougissant, comme au sortir d'un songe émané des enfers ; n'en doutez pas, celle-là, quelle qu'elle soit, vierge ou épouse, stérile ou mère, prêtre ou époux, dans quelque lieu qu'elle se trouve, sur les marches du sanctuaire des dieux publics ou des dieux protecteurs de la chasteté de la famille, celle-là est victime d'un accident qui vient de bien peu de chose. Toute cette tempête tient à un fil qu'un grain de sable peut rompre, à un animalcule qu'un atome d'amertume est dans le cas d'empoisonner ; et tout le délire de l'imagination qu'enflamme un aiguillon si imperceptible tombe, comme par une inspiration angélique et céleste, si on oublie un instant les impuissantes entités de la médecine, pour éclairer le traitement au flambeau de l'histoire naturelle et de l'observation des infiniment petits. Dès cet instant, le spasme de l'organe s'évanouit sous la pointe qui le débarrasse du parasite qui l'assiége, et la révélation d'un fait prosaïquement médical vaut à elle seule un long cours de morale.

4° Poussons plus loin les inductions, ou plutôt suivons les migrations des ascarides dans la continuité des organes qui leur sont perméables. S'ils s'aventurent dans le canal de l'urètre chez l'homme, ils y détermineront, par leurs titillements, une érection priapique ; s'ils s'arrêtent entre le gland et le prépuce, leurs piqûres pourront couvrir le gland d'aphtes, et épaissir les parois du prépuce en phimosis ; s'ils arrivent jusqu'aux organes spermatiques, ils détermineront, avec un violent satyriasis, des écoulements involontaires et épuisants. Chez la femme, s'ils s'introduisent dans le vagin et de là dans l'utérus, ils feront suinter, de toutes les surfaces, des liquides de nature morbide ou flueurs blanches ; ils détermineront des ulcérations utérines, causes occasionnelles de désordres d'une autre nature ; enfin, passant de là dans le péritoine par les trompes, leur présence pourra donner lieu à l'ascite et à l'hydropisie, ou à une violente inflammation (*).

5° Mais remarquez que ces ascarides, éclos d'un œuf d'un douzième de millimètre de long, ne sont pas à tous les âges visibles à l'œil nu, ni même à la loupe ; il est donc des cas de prurit, de démangeaison, de coryza, d'ulcérations des gencives, d'ophthalmie et de lubricité, qui seront les résultats des titillements des ascarides, sans que l'observation médicale puisse en reconnaître les auteurs ; c'est alors que l'analogie logique doit nous servir de guide et suppléer, pour nous conduire vers l'évidence, à l'insuffisance de nos yeux ; la similitude des effets doit nous révéler la similitude de la cause.

997. EFFETS MORBIDES DE L'ÉMIGRATION DES ASCARIDES VERMICULAIRES, A TRAVERS LES PAROIS DU CANAL ALIMENTAIRE. Que l'ascaride vermiculaire puisse passer à travers les membranes vivantes, sans y laisser la moindre trace de perforation, c'est ce qui résulte évidemment des notions que nous avons acquises, et sur la rigidité de son corps, et sur la structure siliceuse de sa pointe caudale, et sur la spiralité de ses mouvements, enfin sur la ténuité presque incommensurable de son calibre. L'acupuncture, ce procédé si offensif, n'aura jamais à sa disposition des aiguilles aussi fines. Or, ce fait une fois admis, il n'y a plus, dans tout notre corps, de tissus où l'ascaride ne puisse pénétrer, plus d'organes où il ne soit en état de s'introduire en parasite, pour y déterminer l'apparition des désordres et le développement des tissus de superfétation que nous lui avons vu déterminer sur les surfaces du canal intestinal. Et qu'on ne dise pas que, dans le sein de ces divers tissus, le ver ne trouvera plus

---

(*) Les docteurs Kuhn père et fils ont donné des soins à un enfant de six ans pris de catalepsie ; on calma d'abord ces accidents avec des frictions sur l'épine. Le malade tomba alors dans un profond sommeil et une sueur qui dura six heures. A son réveil, il poussa des cris aigus, et rendit une grande quantité d'urine chargée de plus de deux cents ascarides vivants ; et l'enfant recouvra la santé. (*Biblioth. german. médico-chirurg.* de C. Brewer, 1799, ou *Recueil périod. de la Soc. de méd. de Paris*, tom. 7, page 211.)

l'air qui alimentait sa respiration dans l'organe qu'il affectionne ; l'air
atmosphérique pénètre et imprègne tous nos organes. L'ascaride respi-
rerait dans l'épaisseur des parois du cœur ou dans celles du foie, tout
aussi bien que dans notre estomac et nos poumons mêmes ; qu'il ait la
faculté d'y émigrer, et il y respirera partout fort à l'aise. Or, quand il arrive que le canal intestinal, au lieu d'offrir à l'helminthe les conditions de
nutrition qu'il recherche, ne lui apporte plus à la place qu'une alimentation qui est pour lui un poison : cédant alors à l'instinct de sa conservation, l'ascaride doit fuir le danger avec la puissance de tous ses appareils
de locomotion. Mais si les deux bouts du canal intestinal sont envahis
par le poison, et qu'il soit pris entre deux obstacles, l'ascaride, par un
dernier effort, s'échappera donc à travers les parois, et émigrera dans
les organes les plus proches, obtenant intacte sur les séreuses l'alimentation que ne lui offrent plus les muqueuses. Que dis-je ? il vivra tout
aussi bien à l'aise, entre les gaînes des nerfs dont il paralysera l'influence,
et entre les compartiments des muscles dont il paralysera le mouvement,
devenant ainsi, par sa seule migration, l'auteur des phénomènes caractéristiques du rhumatisme, des sciatiques, des coxalgies et des mille et
mille accidents qui s'annoncent par la perte du mouvement. Mais supposons que ce poison qui le chasse soit celui de la décomposition que
j'appellerais volontiers antécadavérique ; cette décomposition qui n'est
pas encore la mort, mais qui n'est plus la vie, cette désorganisation se
communiquant de proche en proche, chassera aussi de proche en proche,
et du centre à la circonférence, ces helminthes affamés. Une fois qu'ils
seront arrivés sous le derme et l'épiderme, on verra nécessairement apparaître sur la peau les taches rubéfiées, que la piqûre de ces vers fait
naître sur la surface intestinale ; et comme la piqûre aura lieu en dedans,
la tache n'en offrira au dehors aucune trace ; la maculature versicolore,
comme doit l'être l'extravasation d'un sang qui commence à se vicier,
la maculature sera une pétéchie, pl. 17, fig. 19. Enfin un empoisonnement par ingestion occasionnera la même fuite et les mêmes résultats ; et
si les pétéchies surviennent, on les prendra pour une éruption cutanée,
pour une efflorescence, pour ainsi dire, de l'intoxication : c'est précisément ce qu'on a remarqué dans certains cas d'empoisonnement par l'arsenic, dans lesquels la dose n'avait pas été assez forte par occasionner
la mort, mais seulement une indisposition grave du canal intestinal.
Tout cela est tellement fondé en raison, que nous ne croyons pas avoir
besoin de le développer davantage.

998. ÉMIGRATION DES ASCARIDES VERMICULAIRES HORS DU CORPS HUMAIN.
Dans l'hypothèse des circonstances précédentes, les ascarides vermiculaires se portent en masse vers l'anus, pour s'échapper au dehors, s'il

n'y a plus moyen de résister au débordement qui les entraîne ou au
danger menaçant qu'ils pressentent. Le malade les dépose avec ses fèces,
s'il n'est pas alité ; mais s'il est alité à ce moment, les ascarides, en sortant
de ce milieu empoisonné pour eux, doivent se répandre et s'aventurer
dans les draps, le linge et les matelas. Quand les médecins des hôpitaux
auront inspiré à leurs élèves l'idée de poursuivre cette veine de recherches, je suis sûr qu'à la suite des maladies vermineuses qui n'offriront
pas d'ascarides à l'autopsie, on découvrira les ascarides ou leurs œufs
dans les divers tissus du lit. Où se réfugieraient donc ces milliers d'ascarides que certains malades se sentent sortir de l'anus, s'ils ne se per-
daient pas en certain nombre dans les draps ou dans les habits qui les
enveloppent? Mais, avons-nous dit plus haut, chacun de ces vers est
gros d'au moins trois mille œufs qui survivent à la mère et peuvent
éclore sans le secours de son incubation ; ces œufs sont pondus, dès que
la mère sent que la vie lui échappe ; fine poussière que peut soulever le
moindre mouvement de l'air, comme toute autre poussière, comme la
poussière d'amidon dont les grains dépassent souvent en grosseur les
plus gros de ces œufs d'helminthes. Voilà donc la contagion vermineuse
qui va se propager par le véhicule de l'air, je dirai même par le véhicule
de l'eau des rivières, lorsque l'inondation, venant à laver les immondices
des terres, entraînera dans le lit du fleuve les innombrables œufs d'helminthes que la surface du sol recélait ; voilà la contagion se propageant
de malade à malade, par les matelas et les draps de lit, et même par
les vêtements ; voilà une des causes variées de ces typhus vermineux qui
fondent tout à coup, et à certaines saisons, dans les grandes aggloméra-
tions d'hommes soumis au même régime : dans les hôpitaux, les prisons,
les colléges, dans toutes les réunions où les soins de propreté ne sont pas
dirigés sous l'influence de ces idées. Que tous ceux qui daigneront nous
lire veuillent bien ne pas laisser échapper l'occasion de vérifier ce que
nous avançons; s'ils habitent dans le sein d'une famille qui ait encore
des enfants en bas âge que l'un d'entre eux donne des signes de la présence des ascarides, et que l'on ne prenne pas les précautions que nous
venons d'indiquer en substance, l'observateur ne manquera pas, en quelques jours, de reconnaître que tous les membres de la famille sont en
proie à la contagion; les œufs d'ascarides se seront introduits dans
leurs organes par respiration et par ingestion ; ils leur auront été servis,
par les mains de leurs domestiques, jusque sur les plus beaux plats de
porcelaine et d'argent. Dans tout ce que j'expose, il n'y a de ridicule que
notre naïveté à ne pas nous en douter; aussi malins, à cet égard, que cet
oiseau qui se plante le bec en terre, pensant n'être pas vu, quand il
n'aperçoit plus personne, n'avons-nous pas contracté l'habitude de nous

croire à l'abri de tout ce qu'il ne nous est pas donné de voir? Quant à
moi, j'ai été si souvent à même d'apprécier la marche de la contagion
dont j'écris l'histoire, que je ne crains pas d'assurer qu'il n'est pas
une seule famille de la capitale, même la famille du plus incrédule médecin, qui n'ait maintes occasions de répéter mes observations propres,
sans sortir de son logement.

999. Nous venons de voir que les ascarides sont dans le cas d'être
des causes de contagion par la communication de leurs œufs; nous ajou-
terons qu'ils peuvent l'être encore de diverses manières, comme simples
véhicules. Admettons en effet que l'ascaride ait plongé sa pointe caudale dans les parois d'un organe sexuel infecté, dans l'épaisseur, soit
d'un bubon, soit d'un chancre, soit d'un aphthe, et que de là il s'échappe
pour recommencer ses titillements sur un tissu sain, n'inoculera-t-il
pas de place en place, et à chaque piqûre, le virus dont sa pointe
se sera infectée ailleurs, et ne pourra-t-il pas, dès lors, en passant d'un
individu à un autre, même sans le secours d'aucun commerce charnel,
communiquer la contagion syphilitique, au moins localement, et par de
simples accidents de détail? Pourquoi donc pas, puisque la pointe d'une
aiguille, dans les mêmes circonstances, déterminerait les mêmes effets,
et deviendrait un instrument de contagion? Observateurs trop affairés
d'une œuvre qui se continue en notre absence, nous ne notons presque
jamais que des effets dont l'artisan nous échappe. Que de mystères s'ex-
pliqueront un jour par la simple révélation d'un atome!

1000. Après une revue aussi complète, quoique succincte dans ses
termes, de tous les points de la topographie humaine que l'ascaride est
à même d'envahir, je demanderai qu'on me cite un cas morbide, dans le
nombre de ceux dont la cause est reléguée au rang des inconnues et des
entités médicales, et dont l'ascaride ne puisse pas être l'auteur, si l'occasion s'en présente; moi, je n'en vois aucun; et les observations subséquentes me donneront un jour amplement raison. Car même avant la
tombe, et au milieu de nos grandes prospérités, sur la pourpre comme
sur notre fumier, notre chair, pour parler le langage de Job, peut être
toute grouillante de vers rongeurs et tout enfarinée des débris de leurs
ravages (*).

1001. DANS QUELS TISSUS L'ASCARIDE VERMICULAIRE DÉPOSE-T-IL SES
ŒUFS? Nous avons déjà dit que, tout en habitant de préférence le canal
intestinal, l'ascaride n'y dépose pas ses œufs au hasard, et dans le véhi-

---

(*) *Induit caro mea vermes et pulverem ;* ou *Scatuit caro mea vermibus et furfu-
ribus scabiei* (Job, cap. 7, v. 5); double version de la Bible par Watable, édit. de Robert
Étienne, 1565.

cule des fèces. Ainsi que les animaux supérieurs, ceux du bas de l'échelle ont un instinct de prévoyance maternelle qui leur indique toujours pour leur ponte la place qui convient à l'incubation des œufs ; ils doivent pressentir qu'entraînée avec les fèces de l'homme, leur progéniture serait exposée à être anéantie dans sa coquille et avant d'avoir vu le jour ; l'ascaride ne pond dans un tel milieu que de désespoir, à tout hasard, et quand il a été expulsé des entrailles. Il faut donc admettre que, dans les conditions normales, c'est à nos tissus, à notre propre chair que cet helminthe doit confier sa ponte, de même que l'ichneumon ne dépose ses œufs que dans les chairs où ils pourront éclore et prospérer (916). Il ne s'agit plus, pour compléter l'histoire de l'helminthe, que de découvrir le gîte où il nous infiltre ce poison. Une semblable recherche ne saurait s'exécuter qu'à l'aide du microscope ; la dissection la plus fine ne saurait nous mettre en évidence que ce que notre vue est capable de percevoir ; et encore au microscope, comment parvenir à distinguer des œufs d'un douzième de millimètre, enchâssés dans les diverses mailles d'un tissu déchiré en lambeaux ! Ce que je désespérais d'obtenir par ce procédé direct me fut révélé par voie d'analogie, à l'occasion de l'étude que je poursuivais sur un tissu qui se détachait de lui-même. Pendant l'épidémie de grippe de 1836, conduit par mes soupçons alors encore vagues et en germe, qui se sont traduits depuis en évidence, je me mis à étudier, plus attentivement que je n'avais fait jusqu'alors, les expectorations que je rendais. Déjà, avec le simple secours de la loupe, je m'assurai que chacun de ces crachats jouissait d'une organisation lobulée, que n'offrent jamais les magmas et les *coagulum* albumineux, amorphes et produits par suite d'une tumultueuse précipitation. En les disséquant avec plus d'attention, j'arrivai à me démontrer que les grumeaux bleuâtres et lobulés que j'y distinguais par place étaient formés d'emboîtements comme glandulaires, analogues aux emboîtements du tissu adipeux, que j'ai décrit ailleurs (*). Or, en désemboîtant, jusqu'à ses divisions limites, chacun de ces lobules, j'arrivai chaque fois à étendre, sur le porte-objet du microscope, un tissu pavé de globules ovoïdes, dont l'aspect et les dimensions me représentaient exactement les œufs de nos *ascarides vermiculaires* que j'ai décrits plus haut (982). Que le lecteur en juge de ses propres yeux, par anticipation, à l'aide de nos figures : la figure 7, pl. 14, représente à la loupe un de ces grumeaux lobulés et bleuâtres pris dans un crachat ; la figure 6 représente, au microscope, la membrane d'un lobule réduit à sa plus simple expression; on la voit pavée de corps ovoïdes qui offrent la plus grande analogie de forme, d'aspect

(*) *Nouv Syst. de chim. organ.*, tom. 2, § 1486, édit. de 1838.

granulé et de dimensions, avec les œufs de l'ascaride vermiculaire que représente, au même grossissement, et d'une manière comparative, la figure 5. Si nous rapprochons cette dernière observation de tous les développements que nous avons donnés ci-dessus, sur les effets morbides et consécutifs de l'introduction de l'ascaride vermiculaire dans la trachée-artère et dans notre organe pulmonaire, nous ne pourrons nous refuser à croire que nous avons retrouvé là le gîte de la ponte de ce ver. En déposant ses œufs dans le tissu de la muqueuse, l'ascaride y a, pour ainsi dire, déposé le germe d'un développement parasite et organisé, qui, s'il continuait sans obstacles et sur une grande échelle, serait dans le cas d'obstruer le canal de la trachée, et d'y changer en une fausse membrane, un tube moulé sur ses parois, lequel finirait par produire une asphyxie par occlusion. Dans ce cas la *grippe*, passant par la *coqueluche*, aurait revêtu les caractères du *croup*, trois sortes de désordres morbides qui ne diffèrent que par leur intensité.

1002. Comme les mucosités qui découlent du nez, dans les cas de coryza ou rhume du cerveau, offrent à l'œil nu et au microscope les mêmes lobules, la même coloration et les mêmes granulations ovoïdes que les crachats de certaines affections des poumons, ce que nous venons de dire de ceux-ci doit s'appliquer immédiatement au premier genre de produits ; nous avons ainsi une preuve au moins suffisante de deux gîtes où l'ascaride vermiculaire dépose ses œufs ; et plus tard la nouvelle direction imprimée aux études microscopiques en révélera bien d'autres.

Deuxième espèce : Ascaride lombricoïde, Lombric (*Ascaris lombricoïdes* Lin.) pl. 46, fig. 4 de cet ouvrage.

1003. L'ascaride lombricoïde atteint, par rapport à l'ascaride vermiculaire, des dimensions colossales. A l'âge adulte, il affecte tellement les formes et les mouvements du lombric terrestre (965), que bien des premiers observateurs s'y sont mépris. Du reste, il ne diffère de l'ascaride vermiculaire que par l'absence de la pointe caudale, et par le plus grand développement de tous ses organes, qui met plus en évidence quelques-uns d'entre eux ; le derme offre la même indivisibilité dans le sens de la longueur du corps, la direction tranversale de ses interstices cellulaires, qui ornent son corps de rides et d'anneaux très-rapprochés, s'opposant à l'action des instruments tranchants. Le canal intestinal est rectiligne, comme chez la petite espèce, enflé en estomac et en pylore, et s'ouvrant à une faible distance du bout de la queue ; les organes de la génération, et par conséquent la capacité péritonéale, occupent les dix-neuf vingtièmes de la totalité de la longueur du corps. Quelques naturalistes prétendent avoir distingué des mâles et des femelles dans les individus qu'ils ont soumis à leurs dissections; d'après eux, le mâle se ferait remarquer par deux cornes qui lui sortiraient de l'anus. Nous sommes porté à croire que ce gros ascaride est hermaphrodite, à la manière de la petite espèce (986); que les individus, dans l'acte de la copulation, font réciproquement office de mâle et de femelle; en sorte que les prétendus mâles ne sont que des individus hermaphrodites et non encore fécondés, et dont les organes mâles ont été surpris dans l'impatience d'un érotisme qui devançait l'instant de la copulation.

1004. L'organe buccal du lombricoïde doit à ses dimensions d'être un peu mieux connu, dans ses détails, que celui de l'ascaride vermiculaire : on y remarque trois gonflements, qui le divisent en trois parties égales et saillantes, triple ventouse qui sert à l'helminthe de moyen d'application, quand il s'attache à nos tissus; l'orifice buccal est au point de réunion de ces trois ventouses, et c'est dans cet enfoncement que doivent se cacher les trois lames perforantes, dont nous avons parlé au sujet de la sangsue (968).

1005. Cet helminthe à l'âge adulte a de tout temps fixé l'attention des médecins; son histoire ne descend pas au delà de cet âge, parce qu'en médecine, ainsi que nous l'avons fait remarquer, on n'observe que ce qui se présente à nous, et l'on n'en pousse pas plus loin l'analogie. Mais ce ver qui peut parvenir jusqu'à deux pieds de long, n'est certainement pas né avec un volume aussi visible ; or, où l'a-t-on jamais trouvé dans son œuf ou dans son extrême jeunesse? nulle part dans nos tissus, du moins avec son signalement d'ascaride lombricoïde. Il faut que cette lacune dans nos connaissances à cet égard ait été comblée, dans nos systèmes helminthologiques, par quelque méprise et quelque double emploi. Il m'était souvent venu dans l'esprit, en m'occupant de cette face de notre question, que l'ascaride vermiculaire pourrait bien être le jeune âge de l'ascaride lombricoïde, lequel aurait passé de cette première forme aux modifications de la seconde, par des espèces de mues et de métamorphoses analogues à celles des insectes supérieurs. Mais une observation récente d'Owen est venue me donner un autre mot de l'énigme, et me faire retrouver, pour compléter l'histoire de l'helminthe, le fil qui nous échappait, à partir de son œuf.

1006. Le cadavre d'un Italien, mort à l'âge de cinquante ans à l'hôpital de Saint-Barthélemy à Londres, fut apporté dans l'amphithéâtre de Richard Owen. Paget, un de ses élèves, s'aperçut que les muscles étaient couverts de petites taches blanchâtres qui s'étaient déjà représentées de la même manière dans les précédentes saisons anatomiques, et que les prosecteurs n'avaient regardées jusqu'alors que comme de légers dépôts de substance crétacée. Mais l'impulsion imprimée aux études

de fine anatomie amena Richard Owen à examiner au microscope ces
petites granulations, et il reconnut que chacune d'elles était une espèce
de sac ovale, dans lequel était niché un petit ver. Il n'en fallut pas davantage pour qu'Owen vît dans ce sac un kyste, et dans ce ver le type d'un
genre nouveau, qu'il désigna sous le nom de *Trichina spiralis,* parce que
ce ver, à peine gros comme un filament, se trouvait roulé en spirale dans
cette poche kysteuse ; chaque poche ne renfermait qu'un seul ver et avait
environ un demi-millimètre de long sur un quart en largeur ; le ver avait
en général un millimètre de long sur un trentième de large. Ce cas s'est
représenté plusieurs fois, avec tous ces caractères, dans l'hôpital de
Saint-Barthélemy.

Ces circonstances ont déterminé Richard Owen à ériger en genre l'helminthe de cette rencontre, avec cette phrase fort élastique : *animal pel-
lucidum, filiforme, teres, posticè attenuatum; os lineare ; anus nullus;
tubus intestinalis, genitaliaque inconspicua (in vesicâ externâ, cellulosâ,
elasticâ, plerumquè solitarium).* Certainement dans le nombre de ces caractères, il n'en est pas un seul qui ne puisse convenir à un ver quelconque de cette dimension, et nous ne voyons pas pourquoi il était si
urgent d'ériger ainsi en genre un ver qu'on pouvait sans difficulté ranger
dans l'un ou l'autre des genres connus. Cependant afin d'évaluer avec
plus de raison l'importance ou la probabilité de cette découverte, j'ai eu
recours aux figures publiées à ce sujet et par Richard Owen (*), et par
Leblond (**), à qui Richard Owen avait fait passer des portions de
muscles affectés de ce genre d'invasion; et je n'ai pas eu beaucoup de

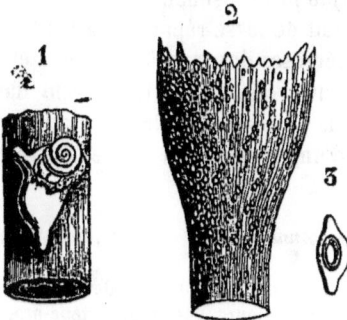

peine à me convaincre que
le *Trichina spiralis* de ces
deux auteurs n'était autre que
le jeune *Ascaris lombricoïdes,*
encore enfermé dans les enveloppes de son œuf. En effet,
il suffira d'examiner les figures ci-jointes, que nous
empruntons aux auteurs ci-
dessus cités, pour se convaincre de la justesse de
notre hypothèse. La figure

(*) *Description of a microscopic entozoon,* etc. Description d'un entozoaire microscopique qui infeste les muscles du corps humain, par Richard Owen ; insérée dans les
Trans. of the zoolog. Society of London, vol. 1, 1853, obs. 35, pag. 315-325.

(**) *Atlas du Traité des vers intestinaux* de Bremser, publié par Charles Leblond ;
Paris, 1837, pag. 31-37, planche 12.

notée 2, de grandeur naturelle, est celle d'un fragment du muscle cubital
antérieur (*flexor carpi ulnaris*), qui est couvert, jusque sur son tendon, de
ces corps ovoïdes. Si l'on veut prendre la peine de les mesurer comparativement avec les œufs d'un grand lombric, on ne manquera pas de les
trouver identiques, par l'aspect, la forme et les dimensions. La fig. 3
offre un de ces corps, ou kystes d'après Owen, grossi de vingt diamètres.
Chez les strongles, qui sont vivipares, on rencontre les mêmes œufs à
l'instant de la parturition (*); on y aperçoit le ver roulé sur lui-même,
à travers la transparence des parois. La fig. 1 représenterait, d'après
Owen, un kyste grossi également de vingt diamètres, et qui contiendrait
un *Trichina spiralis*, lequel s'en échappe avec une matière granuleuse
que les parois auraient sécrétée. Évidemment encore, il faut bien que
l'œuf grossisse avec son fœtus; et quand l'éclosion est venue, il faut bien
que le ver crève ses enveloppes. Enfin Owen a ajouté les figures grossies
des vers qui s'échappent de leur kyste; et il a dû avoir l'esprit trop préoc-
cupé de l'idée de créer un nouveau genre, pour ne pas voir que ces vers
ne pouvaient être que des petits lombrics. Mais comme une bonne figure
est toujours une bonne acquisition en histoire naturelle, le texte qui l'accompagne ne fût-il qu'une complète erreur, la rencontre d'Owen ne laissera pas que de profiter à la science, en nous donnant le moyen d'établir,
par l'observation directe, un point que nous n'aurions pu fonder que sur
l'analogie et le raisonnement.

Ces œufs de lombrics que nous avons vainement cherchés dans le canal
alimentaire, le lombric les confie donc à l'incubation des muscles (**);
mais alors il devrait le faire par suite d'une perforation intestinale, à
laquelle le malade succomberait *ipso facto*, pendant que le lombric, une
fois égaré dans le péritoine, pourrait de là se répandre, à l'aide de perforations nouvelles, entre les aponévroses des muscles les plus éloignés.
L'analogie nous force donc d'admettre que ces œufs arrivent dans ces
foyers de nutrition, par le véhicule du torrent de la circulation même,
où ils auraient passé, par suite d'une inoculation opérée, à travers les

(*) *Voyez* mon travail sur les Strongles, *Annal. des Sc. d'observ.*, tome 2, pag. 244,
pl. 7, fig. 9, 1829.

(**) Cette idée que nous avons développée, dès 1844, dans les deux éditions de cet
ouvrage, a été adoptée, sans citation comme toujours, par le rapporteur académique
de la commission qui, en 1854, a adjugé le grand prix Montyon à l'un des pieux con-
trefacteurs des principes que nous avons établis depuis 18 ans, au sujet de la génération et de la transmission des vers intestinaux. L'architecte du temple de Jérusalem,
comme vous vous en souvenez bien, ne dédaignait pas d'employer comme matériaux les
vases profanes de la savante Égypte; on sanctifie ainsi les bonnes idées des impies, en
les faisant siennes; et on les sauve par là de l'*index* qui frappe le restant du livre.

parois du canal intestinal, par le lombric maternel. Les deux crochets
sexuels que le lombric fait sortir à volonté de sa vulve lui serviraient de
lancette à cette occasion, pour ouvrir dans la chair l'incision par laquelle
ce lombric y déposerait sa progéniture. Nous citerons le cas suivant à
l'appui de cette opinion :

Wepfer (*), ayant empoisonné une cigogne femelle avec des boulettes
d'amandes amères, en présence des docteurs Christ. Hurder, Henri Scret,
Henri Huller de Stuttgard et Théod. Zwinger de Bâle, en fit l'ouverture
une heure après la mort, qui eut lieu assez promptement. On trouva dans
la trachée-artère, à la bifurcation des bronches, un paquet de vers semblables à l'ascaride vermiculaire, mais plus gros et plus longs ; il y en
avait aussi dans les bronches. Sur la surface des intestins grêles on rencontrait des inégalités en forme de verrues dures et blanches, de la grosseur d'un demi-pois ; on en comptait une vingtaine de semblables sur le
duodénum, auprès de l'orifice des conduits biliaires et pancréatiques ;
l'extrémité de l'iléum, le cœcum, le côlon et le rectum en étaient
exempts. Lorsqu'on pressait ces verrues, il en sortait des petits vers, sur
lesquels on apercevait des vaisseaux sanguins. Wepfer a trouvé les
mêmes glandes avec leurs orifices sur les surfaces intestinales des chiens.

Mais bien longtemps avant Owen, Redi avait observé les mêmes phénomènes anatomiques, et il a parfaitement bien décrit les prétendus
kystes des *trichina* d'Owen. En effet, chez un lézard d'Afrique (*Lacerto-
lino africano*), il a vu tous les muscles de l'abdomen couverts d'innombrables petites glandes ou tubercules, semblables, pour la couleur et la
grosseur, à des grains de millet, puis à de gros pois chiches, et qui renfermaient tous un ver chacun. Dans les quatre lobes du poumon droit
et les trois lobes du poumon gauche, chez un renard, il a rencontré les
mêmes glandes renfermant un ver. Plus tard il en a surpris dans les poumons d'une belette ; dans le jabot d'une autre, etc. (*Osservazioni agli
animali viventi negli animali viventi*, in-4°, 1684, pag. 20 et suiv.) (**).

En un mot, le lombric se propage par œufs ; il ne les pond pas dans

_____

(*) *Ephem. cur. nat.* dec. 2, ann. 6, 1688, append., hist. 1.

(**) Ne pourrait-on pas dire, avec une certaine raison, que Sauvages a observé
quelque chose d'analogue au fait décrit par Owen et par Redi, dans les renseignements
qu'il nous a transmis, au sujet de la maladie qu'il désigne sous le nom de *pleuritis
pestilens* (*Nos. method.*, class. 3, *Pleuritis*, 16)? C'est une maladie qui régna en Provence en 1747 et 1751, et durant laquelle on trouvait les poumons gangréneux, parsemés
de points noirs de la grosseur d'un grain de millet et pleins d'un liquide fétide ; on
remarquait les mêmes petits kystes dans les premières voies, avec force lombrics ;
assez souvent on voyait sortir ces lombrics des cadavres, immédiatement après la
mort. Ces tubercules étaient, à ne pas en douter, les œufs du lombric même enkystés
dans les tissus des poumons et du canal intestinal.

les excréments, ainsi que nous l'avons fait observer plus haut (1001); il
doit les inoculer dans les chairs de l'animal dont il est parasite ; cela est
évident. Il nous restait à trouver leur gîte ; la découverte d'Owen vient
de nous en indiquer un ; les observations ultérieures nous en indiqueront
d'autres.

1007. Que les lombrics soient dans le cas d'émigrer dans toutes les
parties du corps humain, nous n'aurons pour le démontrer qu'à recourir
à l'observation directe :

1° INTESTINS. Le lombric parcourt et habite à son gré toute la longueur des intestins, depuis le rectum jusqu'au duodénum exclusivement,
où l'écoulement alcalin et amer de la bile ne lui permet que de passer,
pour arriver dans l'estomac (*). Les signes de leur présence augmentent
en raison du nombre de ces helminthes. Quand le lombric est arrivé à
une certaine taille, il fait éprouver, par ses reptations et ses pelotonne-
ments, un sentiment caractéristique que le malade serait en état de définir. Il pique quand il s'applique ; on entend un bruit de *pif* (993, 3°) bien
distinct, quand il lâche prise. Quand il se décompose dans le côlon, il
donne lieu à un dégagement de gaz secs et froids, qui semblent faire
gercer les parois du rectum, en s'échappant par l'anus. La présence de
cet helminthe amenant la constipation, le ventre se ballonne et se distend ; le sang est refoulé vers les parties supérieures ; le malade sent dans
ses intestins une douleur qui se déplace, comme un corps mou, à travers
ses excréments endurcis, arrive dans l'estomac et jusque dans l'œsophage, pour retourner encore dans les intestins. Chez les chevaux, bœufs,
cochons, etc., que l'on dissèque immédiatement après les avoir abattus,
on rencontre le lombric indistinctement dans le côlon et les intestins
grêles. Ambroise Paré avait déjà indiqué les signes auxquels on pouvait
reconnaître la présence des lombrics dans ces intestins (*loc. cit.*, p. 735).

2° ESTOMAC. De là ils peuvent passer dans l'estomac, remonter par
l'œsophage, être rendus enfin par une espèce de vomissement. Hippocrate avait parfaitement bien vu que les femmes, surtout les jeunes filles,
et plus rarement les hommes, sont exposés à des vomissements dont la
cause est l'ascaride lombricoïde, qu'ils vomissent quelquefois (*Prædict.*,
lib. 2, n° 35, éd. de Van der Linden). Laurent Heister, le célèbre anatomiste, dit qu'une femme célibataire âgée de trente ans est prise subitement, au mois de décembre 1715, de grandes douleurs de ventre, avec
cardialgie et convulsions et puis un bruit étonnant dans l'estomac ; un
chirurgien la saigne, les symptômes redoublent et se compliquent de

(*) *Quò enim fermentum fellis non attingit, ibi lumbricorum est patria.* Van Helmont, *Sextupla digestio alimenti humani*, 82 ; opera omnia, pag. 214, edit. 1707.

tétanos et de trismus; la malade meurt au bout de trois jours. A l'autopsie on trouve un grand paquet de lombrics dans le duodénum, et à l'orifice cardiaque de l'estomac; la plupart de ces vers avaient de quinze à seize pouces de long. L'estomac, à la place où adhéraient les lombrics, était saignant et marqué d'érosions et comme de morsures. (*Ephem. cur. nat.*, cent. 5., ann. 1717, obs. 86.) Laurent Heister profite de cette occasion « pour prévenir les praticiens que, dans de semblables cas, ils aient à porter leur attention sur les helminthes, et qu'ils emploient alors les vermifuges, bien plus salutaires que les antispasmodiques... Car, ajoute-t-il, j'ai bien des fois guéri les convulsions et l'épilepsie même avec les anthelminthiques seuls. »

Pendant l'invasion cholérique de 1854, mon fils Camille a remarqué qu'une foule de cholériques qui venaient à mourir dans les hôpitaux de Paris rendaient des lombrics par la bouche et par l'anus. Le même fait m'a été rapporté de différents points de la France.

Le 28 janvier 1851, on vint nous consulter à Doullens, pour une petite fille âgée de 11 ans, qui avait déjà rendu jusqu'à cinquante gros vers lombrics, trente-cinq en un seul jour.

Le même cas s'est présenté depuis, deux ou trois fois, à notre observation; quant aux personnes qui dès le début de notre médication se mettent à rendre des lombrics par le bas ou par le haut, ces sortes d'exemples sont devenus si nombreux dans notre pratique, que nous avons cessé de les compter.

3° Arrivés au pharynx, ils peuvent se glisser, ainsi que j'en ai un exemple, derrière le voile du palais, être rendus par le nez, ou remonter jusqu'aux sinus frontaux, ou redescendre jusque dans la trachée-artère. Ces faits de migration ne souffrent pas la moindre discussion; toute dépendance du canal alimentaire, jusqu'à la trompe d'Eustache, est dans le cas de leur servir d'asile, si quelque circonstance les chasse de leur demeure de prédilection; la difficulté n'est que de savoir s'ils peuvent s'introduire dans d'autres organes, dont la capacité ne leur est perméable qu'à l'aide d'une perforation. Or, en voici la preuve :

1008. 4° PERFORATION DES INTESTINS PAR LES LOMBRICS. Dans nos écoles, nous avons perdu de vue bien des choses; car il arrive souvent que le professorat du monopole marche à reculons. Il serait bien difficile de savoir si la Faculté a une idée quelconque sur la manière dont se nourrissent les helminthes dans le corps humain; lorsqu'on veut se rendre compte des théories nosologiques qu'on y professe, on arrive à conclure que. d'après nos dispensateurs de la science, les helminthes vivraient dans nos intestins comme dans un milieu, et non comme sur une proie; qu'ils vogueraient dans l'océan des liquides et à travers la bourbe des matières fécales, sans jamais atteindre nos parois ; que tout au plus ils ne feraient que les frôler; simples complications accessoires de maladies qui se développeraient sans eux ; complications enfin inoffensives par elles-mêmes; symptômes ou effets, mais nullement cause, même occasionnelle, de la torture des intestins. Eh bien, une telle doctrine est non-seulement aux antipodes de l'analogie et de l'observation, mais encore elle est arriérée de cent soixante ans au moins (*). Leeuwenhoeck, en effet, l'avait déjà réfutée expérimentalement (**); il avait toujours vu les vers intestinaux tellement attachés à la paroi intestinale des poissons qu'il disséquait presque vivants, que l'influence des médicaments les plus forts les en détachait à peine ; et quiconque disséquera des animaux vivants s'assurera de la même circonstance. On n'a qu'à jeter les yeux sur la fig. 9, pl. 46, de l'Encyclopédie (*Atlas des vers*), figure qui représente une foule de *Tœnia infundibuliformis* adhérents à la paroi d'un fragment d'intestin de canard, et les fig. 4, 5, pl. 37, du même ouvrage, qui représentent l'échinorhynque géant sur une plaque d'intestin du cochon, pour se faire une idée juste du parasitisme de tous les autres helminthes. En un mot, tous les helminthes meurent hors du corps humain, ce qui n'aurait pas lieu s'ils ne vivaient que de chyme, de chyle ou de fèces ; car la nature ne manque pas de substances qui pourraient leur offrir le même genre d'alimentation, et dans lesquelles ils vivraient tout aussi bien que la larve de la mouche intestinale (832, 7°). Ce qu'il faut au lombric, c'est de la chair fraîche et élaborante dont il puisse aspirer les sucs; dès que la maladie altère les tissus du sujet, le parasite lâche prise; si la mort les envahit, il fuit comme au-devant du poison. Le lombric est pour nous l'une de nos sangsues intestinales; mais la succion de la sangsue laisse des traces sur les surfaces d'application; la succion du lombric doit en laisser de tout autant durables; comment concevoir en effet qu'une ventouse, appliquée constamment sur des tissus aussi mous et aussi impressionnables que le sont les mu-

(*) C'est aux ouvrages helminthologiques de Rudolphi et de Bremser que nous sommes redevables de l'opinion scolastique à laquelle nous faisons allusion. Mais ces deux auteurs ont trop peu étudié l'anatomie et les mœurs des helminthes, pour avoir pu se faire une idée juste de leur mode de nutrition et des effets morbides de leur parasitisme. Rudolphi n'avait en vue que la classification, et Bremser n'a voulu que mettre Rudolphi à la portée des patriciens et des élèves en médecine.

(**) *Videns jam hos vermes*, dit-il, *omnesque alios, quos tam in intestinis quam in stomachis piscium detexeram, firmissimè intestinis esse infixos (alioqui enim facillimè cum chylo ejicerentur), existimavi hos vermes non ex chylo in stomacho et intestinis existente alimentum suum petere, sed ex ipsis stomachi et intestinorum vasis... Vermes capita firmissima habent infixa substantiæ ex quá intestina constant.* (Arcan. natur., 1722, epist. 78, 23 janvier 1694.)

queuses, ne vienne pas en désorganiser provisoirement la paroi? la ventouse n'a pas deux manières de procéder en physiologie. La succion de
l'helminthe donnera donc lieu à une tache phlegmoneuse, qui commencera et se terminera, comme tous les phlegmons, par l'inflammation, la
tuméfaction, puis la décomposition purulente et l'escarre. Mais si le
travail de la décomposition s'étend à une certaine profondeur de l'épaisseur des parois intestinales, et que l'organe en cette place n'ait pas assez
de substance intacte pour réparer peu à peu la perte qu'il vient d'éprouver, il est évident que la mortification s'étend de proche en proche dans
le sens de l'épaisseur, l'intestin finira par se perforer en cette place. Or
une telle perforation s'opérera d'une manière d'autant plus prompte,
que l'helminthe restera plus longtemps attaché sur cet endroit de sa victime; en sorte qu'il pourra arriver qu'il finisse par s'ouvrir une voie de
la sorte jusque dans le péritoine. La théorie à cet égard est incontestable; elle est du reste amplement confirmée par les faits d'observation :

5° Bonnet parle d'un enfant qui succomba après un accès convulsif
effrayant, et chez lequel on trouva le duodénum percé par un ver lombric encore vivant. (*Hist. de l'Acad. des Sciences*, 1730, pag. 42.)

Panazzi a trouvé l'iléum criblé d'une infinité de petits trous, tacheté
d'escarres gangréneuses, et contenant une vingtaine de vers lombrics.
(*Malattia verminosa della vesica*, Venise, 1787.)

Carron, médecin à Annecy, a consigné une observation analogue, au
sujet d'un soldat qui mourut dans des coliques qu'aucun remède ne put
calmer. On trouva, sur l'iléum, des taches gangréneuses et des perforations à travers lesquelles les lombrics s'étaient introduits dans la cavité
de l'abdomen. (*Journ. génér. de méd. de Sédillot*, tom. 20, pag. 364.)

Roux a vu un ver lombric sortir par une fistule ombilicale, qui depuis
donna issue aux matières stercorales, chez un jeune homme de vingt-
deux ans. (*Gaz. des hôpit.*, 2 fév. 1841, pag. 58.)

Richard Chambers cite un cas de perforation des intestins par les vers,
dans le *Provincial medical and surgical Journal*, 19 février 1842.
(Voyez *Gazette des hôpitaux*, supplément du 17 mai 1842.)

Magon, médecin à Carentan, rapporte quatre cas mortels de convulsions que l'autopsie démontra avoir été produits par des lombrics qui
avaient perforé la membrane intestinale. Dans le premier cas, on trouva
vingt-neuf lombrics morts et disséminés dans la masse intestinale, onze
plus ou moins près de sortir de l'estomac, trente-cinq dans ce viscère,
et dix dans l'intestin grêle. Dans le troisième cas, soixante lombrics
morts dans l'estomac, dont quinze près d'en sortir par des perforations
au nombre de cent; et ainsi des deux autres. (*Journ. génér. de méd. de
Sédillot*, tom. 67, pag. 72 et suiv., 1848.)

Voyez un cas semblable dont l'observation est due à Boucher, médecin de Lille, qui l'a publiée dans le *Recueil périod. d'obs. de méd., chir., pharm.*, du docteur Vandermonde, tom. 6, pag. 332, 1757; et ensuite un cas de perforation du canal cystique par un lombric (observation de Fontaneilles, dans la *Revue médicale* de 1825, tom. 3, pag. 404); enfin un cas de tétanos vermineux, décrit par Barrère. (*Observations anatomiques*, p. 167, 1753.)

Le docteur Massazza a décrit, dans la *Gazetta medicale di Milano* 1844, un cas de fièvre typhoïde, avec taches pétéchiales nombreuses sur les bras, sur la poitrine et sur les extrémités inférieures, qu'il ne traita que par la décoction de tamarin, les sangsues sur l'abdomen, émulsions gommeuses avec huile d'olive. Aussi douleurs atroces dans le ventre, et, à dix heures du soir, évacuations sanguinolentes et mort. A l'autopsie, on trouva le duodénum perforé à un pouce au-dessous du pylore, et des lombrics dans l'iléon. (Extrait par l'*Expérience*, 19 septembre 1844, tom. 14, pag. 87.)

Nous pourrions grossir la liste de ces sortes de cas; les bornes de cet ouvrage nous imposent la nécessité d'être succinct. Les écrivains de cabinet, depuis la fin du dernier siècle, ont cherché à expliquer, d'après leur manière de concevoir la médecine, ces cas incontestables de perforation des intestins. La médecine galénique a commencé, dès cette époque, à s'alarmer de l'introduction des sciences accessoires dans le domaine des théories médicales; elle pressentait le coup que la simplicité de ces phénomènes devait porter à l'échafaudage des humeurs : les pontifes n'abdiquent pas si vite le culte des idoles. Il faut voir dans leurs prolixes dissertations, combien il leur en coûterait d'admettre qu'un lombric pût percer une paroi organisée; où en serait l'entité maladive que l'on s'était plu, dès le début, à diagnostiquer, si le ver lombric eût été le pelé, le galeux d'où venait tout le mal? Ne vaut-il pas mieux attribuer la perforation *à l'usure et à l'éclat subit d'un point très-petit des parois de l'organe*, *à un principe humoral septique, à une inflammation morte et escarotique*, comme le disait le docteur Desgranges, en 1821; ou à une *phlegmasie marchant avec une effrayante rapidité*, comme le disait Gaulthier de Claubry dans le même article (*Journ. gén. de méd.* 1821, tom. 76, pag. 145 et 164); à une coïncidence entre deux états pathologiques, comme le disait le docteur Defau en 1823, à l'occasion du travail de Serres d'Uzès sur les perforations intestinales (*Revue médicale*, tom. 10, pag. 177); admettre que la perforation des intestins n'a lieu qu'après la mort, comme le pense l'annotateur anonyme de l'observation de Chambers, dans la *Gazette des hôpitaux* (suppl. du 17 mai 1842)? L'esprit humain préfère se jeter dans l'absurde plutôt que d'abandonner une

croyance acquise avec de grands frais, et soutenue avec autorité en plus
d'une circonstance. Il en coûte tant de démentir en théorie la pratique
dont on ne s'est pas écarté jusque-là. Laissons donc là les croyants, nous
en avons assez dit pour convaincre les neutres, et cela nous suffit. Du
reste, si les lombrics ne perforaient les intestins qu'après la mort, comment auraient-ils fait pour arriver au dehors, dans le cas cité par Roux,
et dans les cas suivants :

6° Feu M. Susanne de Bréauté, en sa qualité de maire de la Chappelle,
près de Dieppe, avait été témoin d'un cas de perforation intestinale, qui,
sans les révélations de l'autopsie, aurait certainement donné lieu à une
accusation d'empoisonnement. Le 8 mars 1826, une veuve de la Chappelle
se remarie. Elle avait de son premier mariage une petite fille âgée de
trois ans, belle enfant et d'une forte santé. Cette petite assiste à la noce,
passe une excellente nuit, et s'éveille à six heures du matin pour
demander à boire. Le nouveau marié, son beau-père de la veille, lui
donne un verre de cidre (car dans ce pays, où l'on n'a que l'eau des
mares, on ne boit jamais d'eau). Aussitôt l'enfant se plaint, en poussant
des cris, que le cidre lui brûle l'estomac; bientôt elle est prise de
convulsions, et meurt au bout de deux heures, en dépit des secours qui
lui sont prodigués. Une mort aussi prompte et aussi inattendue était
bien propre à éveiller les soupçons, quand on pensait qu'elle était le
résultat de l'ingestion d'un verre de cidre administré par le nouveau
beau-père. Aussi M. de Bréauté se hâta-t-il de faire appeler le docteur
de Broutel, médecin de la ville d'Arques, à l'effet de procéder à
l'autopsie, en présence du beau-père, qui réclamait lui-même l'investi-
gation immédiate de la justice. L'autopsie a lieu, et le médecin découvre
dans l'estomac un gros paquet d'ascarides lombricoïdes, qui sans doute
avaient étouffé l'enfant en lui montant à la gorge; mais en outre,
l'estomac en avait été perforé. Sans cette circonstance, qui donnait si
bien le mot de l'énigme, ce pauvre père aurait eu bien de la peine à
établir son innocence. J'ai presque transcrit ce fait sur les registres de la
mairie, sous les yeux de M. Susanne de Bréauté.

Dans certains villages des environs de Doullens, on considère le
cidre comme un excellent vermifuge; et le fait suivant, qui se passait
le 1er avril 1851, viendrait à l'appui de cette opinion : Un jeune garçon
qui avait horreur du cidre, cédant enfin aux instances de ses camarades,
se décida à en prendre un verre; mais tout aussitôt il se vit obligé de
sortir pour aller vomir, et il rendit un paquet de lombrics. S'il n'avait
pu les vomir, il en eût été étouffé; et sa mort aurait donné lieu aux mêmes
soupçons que le cas dont nous venons de parler.

7° Lebeau, médecin au Pont-Beauvoisin, a eu l'occasion d'observer le fait d'une paysanne, âgée de quarante-cinq ans, à qui il survint entre le pubis et l'os des iles, à l'aine droite, directement au-dessus du ligament de Fallope, une tumeur qui acquit insensiblement la grosseur d'une petite pomme, avec tous les caractères d'un petit phlegmon. Cette tumeur sembla se résoudre spontanément au bout d'une quinzaine, mais, elle reparut comme ci-devant. On y appliqua du savon et de l'huile, ce qui augmenta considérablement les douleurs; l'épiderme de la tumeur s'enleva, le gonflement augmenta et s'étendit vers la cuisse; il suinta pendant plusieurs jours, par plusieurs petits trous fistuleux, une sérocité sanguinolente. La tumeur se dissipa insensiblement, en conservant une légère induration. Les douleurs avaient cessé, lorsque la malade ressentit tout à coup *comme si on lui avait percé le ventre*, puis un chatouillement extérieur qui l'engagea à examiner la tumeur. Aussitôt elle vit sortir une pointe mouvante par un des petits trous; elle appela quelqu'un, qui reconnut un ver et le tira avec assez de peine; c'était un lombric de la grosseur du petit doigt et long de sept pouces; la sortie du ver ne fut suivie de rien qui ressemblât aux matières stercorales. Les douleurs cessèrent, et la malade reprit son travail. Mais dans l'espace de six semaines, on en vit paraître encore trois qui se faisaient jour, en poussant au dehors la croûte qui bouchait le trou de la fistule; et la plaie se cicatrisa alors définitivement. (*Obs. de méd., chir., pharm.*, *rédigées* par Vandermonde, tome 6, page 96, 1757)

Dans le même recueil, tome 5, page 100, 1756, le docteur Marteau, chirurgien de l'hôpital d'Aumale, cite un cas d'ascite de deux ans de date, guéri en trois mois et qui laissa à la suite une tumeur dure et phlegmoneuse à l'ombilic, laquelle par les cataplasmes mûrit et creva. Il sortit avec le pus trois lombrics; la plaie continua à suppurer pendant six mois; et, de temps à autre, on en voyait sortir des lombrics. L'enfant qui fait le sujet de cette observation continua à s'amuser aux jeux de son âge, et il guérit totalement au bout de six autres mois.

8° Le docteur Mercier, de Rochefort, rapporte le cas d'un étranglement intestinal, avec gangrène à l'extérieur et dans la région de l'aine. On retira de la plaie inguinale un peloton de cinq vers, le lendemain deux semblables, le surlendemain un autre plus long que les deux premiers, le jour suivant quatre nouveaux; et huit jours après, guérison. (*Rec. périod. de la Soc. de méd. de Paris*, tome 13, page 194, an x.)

Le docteur Vanderbergh a été témoin d'un cas analogue. (*Annal. de la Soc. de médec. d'Anvers*, 1844.)

Burdin, le 4 janvier 1818, a vu un ver lombric s'échapper d'une tumeur à l'aine chez un homme de cinquante-deux ans. (*Journ. gén. de méd.*, tom. 66, page 331, 1819.) *Voyez*, pour des cas analogues de sorties de lombrics par des tumeurs inguinales, l'obs. 10ᵉ des *Éphém. des cur. de la nature*, déc. 2, ann. 5, 1686, p. 19, rapportée par Gunther-Christophe Schelhammer; — *Ibid.*, pag. 87, obs. 14, cas de perforation des intestins par les lombrics, rapporté par Ernest Sigismont Gras.

Willisch cite le cas d'une perforation de l'ombilic par un lombric long d'un pied, chez une jeune personne noble, âgée de seize ans. On appliqua sur la fistule un cataplasme d'absinthe, de tanaisie et de sommités de millepertuis, et la jeune fille recouvra la santé. (*Ephem. cur. nat.*, cent. 5, obs. 48, 1717.)

Jos. Lanzoni a eu à traiter une tumeur abdominale, à trois doigts vers la droite de l'ombilic, d'où il sortit plusieurs lombrics vivants. La fistule partait de la tunique interne de l'iléum. (*Ibid.*, cent. 1, 1722, obs. 39. *Voy.* encore Wepfer, *ibid.*, dec. 2, ann. 6, 1688, obs. 16.)

Engelbert de Westhoven cite le cas d'une femme qui a également survécu à la perforation de l'iléum et de la région hypogastrique par des lombrics. (*Ibid.*, cent. 7 et 8, 1719, obs. 7.)

Fréd.-Guill. Clauderus rapporte qu'une femme, âgée d'environ cinquante-six ans, fut tout à coup saisie d'une douleur à l'hypocondre droit, qui dura quelques jours; il lui survint au même endroit une tumeur, qui de jour en jour, s'éleva en pointe, devint rouge dans le milieu, et s'ouvrit : aussitôt il en sortit trois gros vers; les jours suivants, il coula par cette ouverture une liqueur jaune, épaisse et transparente, et cet écoulement dura pendant quatre ans. (*Ibid.*, dec. 2., ann. 6, 1688, obs. 191.)

Dans tous ces cas, il y a eu nécessairement perforation intestinale; perforation traumatique, plutôt que spontanée et maladive. Le malade continue toutes ses fonctions; les matières fécales suivent leur cours ordinaire; la perforation intestinale s'est donc cicatrisée; donc le tissu était sain avant la perforation intestinale; donc la perforation est l'œuvre traumatique de l'helminthe.

Je n'hésite pas à rapporter à un cas semblable la mort presque subite de Tit. Pomponius Atticus, l'ami d'Hortense, le beau-frère de Cicéron, l'homme neutre au sein des guerres civiles, et le protecteur des opprimés de tous les partis dans ce siècle d'oppressions réciproques. Il mourut à l'âge de soixante-dix-sept ans, « d'une maladie, dit Cornelius Nepos, à laquelle les médecins eux-mêmes ne prêtèrent pas plus d'attention que lui, persuadés de n'avoir affaire qu'à un ténesme qui devait se dissiper à la suite de l'administration de remèdes prompts et faciles. Trois mois se passèrent ainsi, sans que le malade ressentît d'autres douleurs que celles du traitement, lorsque tout à coup la violence du mal se

jeta sur le gros intestin (*) avec une telle intensité, qu'à la fin une fistule
putride se fit jour à travers les lombes. » L'école d'Asclépiade, en vigueur à Rome, traitait ces sortes de maladies par les mêmes antiphlogis-
tiques que de nos jours l'école de Broussais. Les helminthes se sont de
tout temps fort bien accommodés de ces sortes de recettes.

1009. 9° INVAGINATION DES INTESTINS ; PASSION ILIAQUE ET VOLVULUS ;
COLIQUE DE MISÉRÉRÉ. Si deux de nos doigts pouvaient s'introduire impunément dans la cavité péritonéale, ne nous serait-il pas facile d'enche-
vêtrer, de pelotonner ensemble diverses anses des intestins grêles, de
produire un nœud artificiel, un *volvulus*, et par conséquent de déterminer et de dissiper à notre volonté tous les symptômes de la passion
iliaque et de la colique de miséréré? Eh bien, le lombric et la sangsue,
à l'aide de la double ventouse de leurs extrémités, sont dans le cas d'o-
pérer comme le feraient ces deux doigts, de nouer et dénouer nos intestins, comme un peloton de cordes, et de produire des invaginations, dont
la longueur sera déterminée par la puissance des deux points extrêmes
de la surface intestinale sur lesquels s'appliqueront les deux extrémités
du ver. En effet, supposez qu'un lombric de trente centimètres de long
s'étende de toute sa longueur contre la paroi interne d'un des intestins
grêles, qu'il applique sa tête par sa ventouse, et son anus par ses deux
crochets de copulation contre la surface intestinale ; que, cela fait, il se
pelotonne lui-même, et se roule par des spirales qui rapprochent son anus
de sa tête, en faisant, pour ainsi dire, toucher les deux bouts ; il faudra
nécessairement bien qu'à l'aide de ce mécanisme l'anneau intestinal sur
lequel est appliquée la tête rentre dans celui sur lequel est appliquée la
queue, ou réciproquement. Dès ce moment il y aura invagination intestinale, c'est-à-dire, une anse de quinze centimètres, qui se sera introduite, comme un gant dédoublé, dans une anse de même longueur. Mais
si cette invagination dure, alors, par suite du travail inflammatoire des
contacts prolongés, l'anse invaginée ne tardera pas à contracter des ad-
hérences avec l'anse invaginante, à l'endroit où le contact sera le plus immédiat et le plus compacte. Il pourra arriver de ce travail inflammatoire,
et immédiatement après la soudure organique, que l'anse invaginée se
détache par sphacèle ; et le malade rendra alors par les selles soit une
portion d'intestin, si la désorganisation n'en a pas encore altéré les caractères anatomiques, soit une fausse membrane, si l'intestin n'est plus
reconnaissable par suite de la décomposition. Si l'on ne se doute pas de
l'œuvre du lombric, ce sera là un cas d'invagination spontanée, sous

(*) L'édition de Barbou, 1784, porte *in unum intestinum ;* je pense qu'il faut lire *in
imum intestinum.*

l'influence d'une entité maladive. Ces cas d'invagination ne sont pas rares dans la science : Juste Lipse fut délivré d'une longue maladie, à la suite d'une médecine, par la sortie d'un corps membraneux fait comme un intestin et qui lui donna tant de frayeur que, sans Heurnius qui rapporte ce fait et qui rassura son malade, il ne croyait plus devoir compter sur un moment de vie.

Paul Pereda assure avoir vu une membrane longue d'une aune, et d'une capacité à admettre la main, rendue dans un lavement. (*Schcl. ad method. curand. Mich. Paschal.*, lib. 7, c. 15.)

Andry cite un cas de ce genre, chez une personne qui en rendait souvent. (*Génér. des vers dans le corps de l'homme*, tome 2, 1741, page 437.)

Percival parle d'une fausse membrane semblable à celle du croup, et qui a été rendue par les intestins. (*Mém. de la Soc. de méd. de Londres*, vol. 2, 1789, art. 5.)

Legoupil, médecin de Valognes, a vu un cœcum, accompagné de six pouces de l'iléum et de quatre pouces du côlon ascendant, rendu par un enfant de quatre ans et demi, bien portant et qui continua à se bien porter. Et à la suite de cette observation, il rapporte une foule de cas analogues, auxquels nous renvoyons le lecteur. (*Journ. génér. de méd.*, tom. 73, pag. 1, 1820.) *Voyez* des observations analogues de Joh. Melchior Verdries et d'Heliodorus (*Ephem. cur. nat.*, dec. 3, ann. 9 et 10, obs. 60; et cent. 1, 1712, pag. 177, *de Pelliculis intestinali tunicœ similibus excretis.*)

J'ai été témoin d'un fait semblable en 1829, époque à laquelle je commençais mes études physiologiques sur l'ascaride vermiculaire. Voulant un jour me débarrasser de cette vermine, je pris un lavement d'une forte infusion de tabac, qui ne tarda pas à me faire rendre des milliers de ces petits vers blancs, et à la suite un assez long tube membraneux, assez décomposé, mais qui me parut être au moins un dédoublement de la surface interne d'une portion de l'intestin grêle plutôt que la portion en entier. J'ai vu souvent les enfants sujets aux vers en rendre de semblables, et rien ne se représente plus fréquemment à mes yeux, depuis que j'applique hardiment les vermifuges aux cas de maladies intestinales.

1010. Il serait fort possible que la présence des lombrics, au sein de ces fausses membranes, y produisît une tendance à la solidification, à l'ossification, disons le mot, à la fossilisation que les animaux mous déterminent dans tous les tissus ambiants, et que ces portions d'intestins, changeant de fonctions en cessant d'appartenir au système de l'appareil digestif, manifestassent une affinité plus grande pour les bases terreuses des sels calcaires dont sont imprégnés les résidus des aliments; qu'enfin cette anse intestinale, frappée de mort, et restant plongée dans l'obscurité d'un milieu favorable à ces sortes de transformations, devînt le noyau d'un calcul, d'un bézoard (*), d'une incrustation qui le durcirait en lui conservant sa forme; et ce serait alors le cas que rapporte Christ.-Ern. Clauder, dans les *Éphémérides des curieux de la nature*, sur une grosse noix pierreuse que traversait de part en part un paquet de lombrics, et que rendît par l'anus la femme d'un braconnier. (*Lapis lumbricis prægnans per anum excretus*, ann. 5, 1686, dec. 2, obs. 197, pag. 394, fig. 41.)

1011. De ces cas à la *passion iliaque*, au *volvulus* ou *miséréré*, il n'y a que le passage d'un mouvement à l'autre, pour l'helminthe qui en sera l'auteur. Supposez en effet un helminthe long d'un pied et se roulant sur lui-même, après avoir appliqué sa ventouse buccale sur une paroi d'intestin; ne concevrez-vous pas qu'un pareil peloton vivant soit dans le cas de boucher le passage d'une portion de l'intestin grêle, et même du gros intestin, et de forcer ainsi les fèces à rebrousser chemin, de manière à amener le vomissement de matières fécales? Ce sera alors une colique de miséréré sans *volvulus*. Mais si le lombric rapproche deux extrémités d'une anse intestinale, sans occasionner d'invagination, cette anse pourra devenir l'occasion d'un volvulus, si elle comprend en dehors, et dans la capacité du péritoine, une autre anse qui se laissera presser ainsi comme dans un nœud coulant; image imparfaite et exagérée, il est vrai, de ce qui aura lieu dans ce cas, qui pourrait plutôt être comparée au nœud de la ganse qui reste toujours en état de se dénouer. Enfin si,

(*) Les véritables bézoards sont des feutres de poils ou brins de laine, que les chevaux, les vaches et les brebis, etc., s'arrachent et avalent, et que le mouvement de l'estomac arrondit en une boule que l'on prendrait pour un fruit à coque noire et à tissu spongieux. Il est probable que ce mauvais goût des bestiaux est un instinct vermifuge, qui leur indique que ce feutrage ne peut manquer de tordre et de briser les vers qui les incommodent; le bézoard est pour eux un vermifuge mécanique. Chez les chevaux, ces boules acquièrent la grosseur d'un œuf d'autruche, et chez la brebis celle d'une prune ordinaire. Leur surface n'offre pas la plus légère solution de continuité, ni le centre, le moindre noyau; ce n'est qu'un feutre homogène sur tous les points, jaune verdâtre en dedans, noir de bouse de vache à la surface. On cite cependant quelques bézoards qui se sont formés autour d'un corps étranger : Ainsi, Salomon Reiselius parle d'un serpent qui s'était incrusté et pétrifié, pour ainsi dire, dans l'estomac d'un cerf, lequel ne parut jamais incommodé de cet accident; ce produit ressemblait à un bézoard oriental; on y remarquait des brins d'herbes assez souples et assez bien conservés; Kircher fait également mention de ce même bézoard, que l'on conservait dans le cabinet du comte de Hanau. (*Ephem. cur. nat.*, dec. 1, ann. 1, 1670-1686, obs. 14.)— Georges Sébastien Jung (*ibid.*, obs. 115) parle d'un singulier bézoard, au centre duquel se remarquait le fer d'une flèche, trouvé dans l'estomac d'un animal qui paraît appartenir au chamois. Le paquet de lombrics dont parle Clauder (1010) est de la classe de ces bézoards à noyau.

après avoir attaché sa queue sur un point de la paroi intestinale, le lombric va perforer plus haut un autre point du même organe, sa tête, prenant alors les intestins par leur surface péritonéale, sera en état de ramener vers le point occupé les anses les plus éloignées, et de nouer ainsi, avec les replis de son corps, les intestins sur une longueur plus ou moins considérable, et de produire des inextricables replis qui ne pourront plus être démêlés que par l'autopsie. Cependant on trouve des cas de guérison pour des accidents de ce genre, entre autres celui que rapporte Fages, dans le *Recueil périodique de la Société de médecine de Paris*. tom. 2, pag. 175, 1797 : Un jeune homme de vingt-sept ans est atteint à l'aine droite d'une tumeur de caractère phlegmoneux, qui se complique, dit l'auteur, d'une fièvre gastrique bilieuse. Le chirurgien plonge avec précaution le bistouri dans la tumeur, et tire du fond de l'abcès, au milieu du liquide, quatre vers *strongles* (lombrics) morts et d'une longueur considérable. Il excise une partie de la peau, lave le foyer avec de l'eau et du vin tiède, reconnaît la gangrène d'une portion d'intestin de deux pouces de longueur, et terminée par un cul-de-sac, mais par lequel aucune matière fécale ne passa. L'homme guérit, après un pansement avec des bourdonnets d'huile de térébenthine chaude, et des digestifs animés (*).

1012. 10° DANS LES POUMONS. Quand les lombrics de grande taille s'introduisent dans les poumons, on ne saurait longtemps se méprendre sur leur présence ; la menace de l'asphyxie, les mouvements tortueux du ver indiqueraient suffisamment que ces effets morbides ne sont pas dus à une mystérieuse entité. Pour qu'on s'y trompe, il faut que le lombric soit bien jeune encore ; cependant, même avec de telles dimensions, il arrive souvent qu'il se révèle aux yeux, du vivant du malade, ainsi que suffirait, pour le démontrer, le cas de vomique rapporté dans le *Recueil d'observations de médecine*, etc., t. 9, p. 446, 1758 ; le malade vomit un kyste qui renfermait une vingtaine de vers nageant dans le pus.

Mme de Sainte-Preuve, jeune dame qui professait beaucoup de confiance dans notre nouveau système, m'écrivit du château de Forsdorf près New-stadt en Autriche : « Je pense vous intéresser, en vous disant qu'à l'hôpital général de Vienne, le 12 décembre 1845, il y a juste un mois, on a fait l'autopsie d'un homme qui avait succombé à ce qu'on appelait une violente inflammation de poitrine. Grande a été la surprise des médecins, quand,

(*) Morgagni n'a pas manqué d'assigner pour cause au *volvulus*, à l'*intus-susception*, à la *passion iliaque*, la présence des vers intestinaux (*Epist.* 34 et 35, *de Intestinorum dolore*); mais cette doctrine n'a pas pris dans les facultés.

à l'ouverture du cadavre, on a vu les intestins remplis de lombrics entrelacés les uns dans les autres et cela par centaines. Le fait m'a été rapporté par un médecin témoin oculaire. » Quoique les lombrics n'ajent pas été trouvés dans les poumons, où sans doute on ne les a pas cherchés, il est évident que cette maladie de poitrine n'avait pour cause que la présence des lombrics, qui infestaient de leurs œufs ou des produits de leur succion tous les organes essentiels à la vie. Telle est en effet l'influence réciproque des organes digestifs et de l'organe respiratoire que l'un ne saurait être malade sans que l'autre le devienne à son tour, à une époque plus ou moins reculée. D'un autre côté, si le lombric allait pondre ses œufs sur les surfaces pulmonaires, au lieu de les pondre sur les surfaces aponévrotiques, l'autopsie, faite d'après les règles ordinaires, ne verrait que de la matière granuleuse et tuberculeuse dans chacune de ces petites incrustations d'œufs. Et pourquoi l'ascaride lombricoïde dédaignerait-il de déposer ses œufs dans ces tissus, puisque, ainsi que nous l'avons vu, l'ascaride vermiculaire y émigre si souvent, et pour y vivre, et pour y pondre (1001) (*)?

1013. 11° DANS L'UTÉRUS. Le lombric peut passer de l'anus, d'où le chassent des aliments vermifuges, dans l'utérus, de même que le font les ascarides (996*), et l'on s'en doutera d'autant moins, que le lombric sera plus jeune. Or les parois utérines ne sauraient manquer d'offrir à l'helminthe les mêmes conditions d'existence que les muqueuses des intestins ; l'helminthe sera donc dans le cas d'y prendre tout autant de développement que dans le canal alimentaire ; mais les symptômes et les effets morbides de la succion d'un helminthe n'étant que l'expression du mode de souffrance de l'organe envahi, il s'ensuivra que la présence prolongée du lombric dans l'utérus se traduira, soit par un écoulement qui suintera des surfaces de cet organe éminemment vasculaire, soit par la suppression ou l'altération des véritables menstrues, soit par l'intumescence et les caractères trompeurs de la grossesse, par des ulcérations et des développements insolites que la ventouse du lombric ne manquera pas de déterminer sur ces parois accessibles à l'air extérieur. Or, dans le sein de toute espèce de tumeur, il y a le germe et le type de toutes les superfétations organiques, squirres, cancers, etc. Admettez-vous la possibilité de l'introduction et du séjour des lombrics dans le sein de cet organe? De toute nécessité vous devez admettre la réalisation de ces effets ; et qui sait si la plupart des cas de parturitions de serpents, que rapportent les

---

(*) « Pectus ipsum et pulmones à lumbricis tutos non esse, multorum experientiâ satis constat.... qui eos non excretione aut vomitu, sed tussi ejectos viderant (Thom. Moufet, *Insect. sive minim. animal. theatrum*, Lond., 1634, pag. 285).

auteurs (491), ne sont pas dus à la sortie spontanée d'un lombric qui aurait grossi, et aurait acquis sa plus grande taille possible dans l'organe utérin?

1014. 12° Dans l'appareil urinaire. Quand le lombric s'introduit dans le canal de l'urètre, il y détermine les accidents morbides les plus variés, selon qu'il s'arrête à telle ou telle hauteur de ce canal chez l'homme, qu'il s'introduit et se fixe contre les parois de la vessie et qu'il se glisse dans les uretères, et cela jusqu'aux reins. Dans le canal de l'urètre, écoulements, priapismes; vers la prostate, satyriasis et éjaculations involontaires, puis rétrécissements par tuméfaction et par le mécanisme de la ventouse; dans la vessie, ulcérations des parois; et là chacun des œufs de l'helminthe pourra devenir le noyau d'un calcul, par le seul fait de l'aspiration propre à l'incubation, de même que, dans un milieu fossilisateur, l'aspiration et le triage des tissus mous deviennent le centre d'action de la formation d'un caillou; la nature chimique du calcul ne dépendra plus que de la nature des sels, dont l'urine, par un simple effet de l'élaboration et de la disposition pathologique de l'organe, se trouvera être le véhicule.

On pourrait objecter à ces propositions, 1° qu'un lombric ordinaire ne passerait pas par le canal de l'urètre, ni par les uretères; 2° que l'action chimique de l'urine finirait bientôt par le tuer dans la vessie. Nous répondrons à la première objection qu'on s'apercevrait trop vite de l'introduction du lombric dans ces canaux, si le lombric se trouvait de grande taille, pour que le malade ne s'en débarrassât pas aussitôt. Mais qui s'en apercevra pendant le sommeil, surtout si le lombric sort à peine de l'œuf, et qu'il ne dépasse pas en longueur quelques millimètres? Si ce fait se réalise, le petit lombric, par sa succion, saura bien élargir les capacités trop étroites, ou se retirer dans la vessie, dès que la capacité qu'il occupe ne suffira plus à ses dimensions. S'il prend élection de domicile dans les reins, la présence d'un pareil vampire, dans un milieu si peu en contact immédiat avec l'air extérieur, sera nécessairement la cause d'un ramollissement de la pulpe glandulaire, qui fera que l'organe rénal se prêtera au développement progressif de l'helminthe, lequel l'épuisera et en amincira les parois; et tôt ou tard cette glande ainsi émaciée finira par n'être plus qu'une fausse vessie. Nous répondrons à la seconde objection que l'urine ne répugne pas plus à l'helminthe que les excréments, et même elle doit leur répugner moins, à cause de l'innocuité des sels dont elle est le véhicule. Quant à l'action chimique de l'urine, la peau organico-siliceuse de l'helminthe ne doit pas en souffrir, puisque les tissus délicats de la vessie et de l'urètre s'en accommodent. Qu'importe à une sangsue qui s'attache à des parois vivantes, qu'il lui passe sur l'épiderme un liquide qui n'a pas la propriété de blesser même les muqueuses?

1015. Du reste, si l'on consulte les fastes de la science, on s'assurera que l'expérience et l'observation directe confirment amplement ces inductions théoriques :

1° Redi a figuré un ver lombric, long de soixante-quinze centimètres et ayant un centimètre en diamètre, qu'il a trouvé dans le rein d'un chien ; un autre, de quatre-vingt-quatorze centimètres de long, qu'il a trouvé dans le rein d'une martre. (*Osservaz. agli anim. viventi negli animali viventi*, 1684, pl. 8, fig. 1, 2.)

2° Dans une lettre adressée à Bartholin, François de l'Étang rapporte avoir trouvé, dans le cadavre d'un magistrat de la Flèche, un rein formé de quatre reins réunis en forme de fer à cheval. Un boucher, dit-il, lui en avait apporté un pareil trouvé dans une vache. A ce sujet il rappelle avoir disséqué, à l'école de médecine de Paris, un chien dont un des reins renfermait deux vers longs l'un d'un pied et l'autre d'un demi-pied; ils avaient détruit la substance intérieure du rein. (*Actes de Copenhague*, ann. 1674, 1675, obs. 7.) — Le même Bartholin rapporte, d'après Georges Wolff Wedelius, qu'un gros chien de chasse, disséqué en 1675 à Iéna, avait le rein gauche dévoré par un ver long de plus d'un pied et gros comme le petit doigt. (*Act. med. et philos. hafniens.*, tom. 3, ch. 68.) — Kerckring en a trouvé un d'une aune et un quart de long, dans le rein d'un chien de chasse (obs. 67, 69). — Godine, professeur à Alfort, ouvrit un chien qu'on venait de lui apporter dans le paroxysme de la rage, et qui était mort spontanément peu d'heures après son arrivée à l'école. Le rein gauche était trois fois plus considérable que le droit, l'artère émulgente avait deux pouces (cinq centimètres) de diamètre sur quatre pouces (dix centimètres) de long. On y découvrit un ver strongle (ver lombric), qui était logé en partie dans le bassinet et en partie dans l'artère rénale; il avait soixante-dix centimètres de long, sur trois centimètres de circonférence. Ce ver donna pendant une demi-heure des signes de vitalité. (*Journ. génér. de méd. chir., pharm. de Sédillot*, tom. 19, pag. 160.) Le même cas s'est représenté à Van Swieten. (*Comment. in* §*de rabie canina*.)—Collet a trouvé, dans le bassinet et l'urètre d'un chien, un ver rouge luisant, d'un pied de long, qu'il avait nommé *dioctophyme*, parce qu'il le croyait, à tort, différent de l'ascaride lombrical. Bosc et Alibert assistaient à la dissection. (*Journ. de physiq.*, frimaire an 11, tom. 55, pag. 458). — Duverney, en 1694, montra à l'Académie des sciences le rein d'un chien, dans lequel se trouvaient trois petits vers, et un quatrième long de deux pieds trois pouces, qui avaient rongé la plus grande partie de la substance du rein. (*Mémoires de l'Acad. des sciences*, vol. 2.).

3° Pechlin rapporte le fait d'un enfant dont le rein était distendu par un gros ver, lequel s'était ensuite frayé une issue par le côté droit. (*Obs. phys. medic.*, lib. 1, obs. 4.) — Houlier a vu, entre autres exemples qu'il cite, un avocat, nommé Beaucler, rendre par les urines un grand ver, et être guéri ensuite de ses douleurs de reins. (*Comment. in prax. cap. de ardore urinæ.*) — Vidus Vidius cite un cas semblable observé par Dalechamp. (*De curat. morb.*, lib. 10, cap. 14.)

4° Moublet, chirurgien-major de l'hôpital de Tarascon, a consigné, en 1758, dans le *Recueil périodique d'observat. de méd., chir., pharm.*, tom. 9, pag. 244, une observation dont les diverses circonstances résument presque toute la question : Un enfant est opéré, le 19 avril 1748, par le haut appareil; on lui retire une pierre grosse comme un œuf de poule. Le 8 février 1752, il est pris de fièvre, de hoquet; il n'avait pas uriné depuis vingt-quatre heures. Il accusait une douleur très-vive à la région lombaire du côté droit, une inflexibilité dans les reins, et un engourdissement dans la cuisse. Les saignées, les fomentations émollientes sur le ventre, la sonde, ne font rendre qu'une urine ardente, trouble, avec sédiment épais. Le troisième et quatrième jour, tous ces symptômes empirent; rien ne soulage. On abandonne le malade pendant dix jours; mais on avait remarqué à la région lombaire une rougeur qui amena bientôt une élévation de la peau, et fut suivie d'une tumeur résistante que l'on ouvrit le dixième jour; le pus en jaillit à la profondeur de trois travers de doigt. Saignée, application de charpie trempée dans un digestif animé. Mais la plaie ne se cicatrisa pas, et l'abcès dégénéra en ulcère sanieux. L'ulcère se ferma au bout de quelques mois; mais alors le mal prit des caractères tout aussi alarmants que la première fois. Nouvelle incision, nouveau jet de pus, et les douleurs cessent. Mais quelque temps après, l'ulcère s'étant refermé, les douleurs recommencent, et les alternatives de revers et de soulagement continuèrent quelque temps encore. Il se forme enfin une fistule à bords calleux, d'où découlait un liquide d'un odeur insupportable. Le 14 mars 1755, la mère (car ce sont toujours des gardes-malades qui font de pareilles révélations au médecin), la mère vint dire au médecin que, dans la nuit, elle avait vu dans la fistule un ver vivant qu'elle avait tiré avec les doigts; il avait cinq pouces de long, et la grosseur d'une plume à écrire. Dans l'après-midi, le chirurgien tire un second ver en vie avec ses pinces; celui-ci n'avait que quatre pouces de long. On injecte dans la fistule une dissolution de plantes amères et de calomélas; ce qui est suivi de la suppression des urines, de convulsions effrayantes qui prennent le malade dans le bain; et le malade rend un troisième ver par le canal de l'urètre, puis un autre dans la nuit. Dès lors le malade entra en convalescence, pour arriver à un état de santé qui se soutenait cinq ans après, époque de la rédaction de cette observation.

Si le médecin avait pu soupçonner, dès le début, ce que lui révéla ensuite la dernière crise, et qu'il eût basé sa médication sur ce diagnostic, il aurait épargné à son jeune malade ces longues et effrayantes souffrances.

5° Robe-Moreau, médecin à Rochefort, nous a décrit, en 1813, un cas analogue chez une dame qui, depuis douze ans, éprouvait des douleurs et coliques néphrétiques à la région lombaire droite, accompagnées de strangurie. Au bout de douze ans, il lui survint, entre l'hypocondre droit, l'ombilic et le flanc droit, une tumeur plus grosse que le poing, surmontée d'une autre tumeur très-superficielle, en raison de l'extrême amaigrissement de la malade, mais qui présentait le volume, la forme et la flexibilité du doigt auriculaire. Des élancements se faisaient sentir vers le pubis et le périnée. Le besoin d'uriner était continuel, et toujours accompagné de ténesme vésical. La malade, pendant le cours de ses longues douleurs, eut une pleurésie, une fièvre quarte, dont chaque accès était accompagné d'hémoptysie; ensuite une affection cholérique; elle devint grosse, et accoucha heureusement. Enfin, un beau matin, au commencement de l'été de 1812, la malade jette des cris affreux, comme si on lui avait arraché les parties, et sent glisser dans l'urètre un corps qu'elle croit être un caillot et qui tombe dans le vase; c'était un lombric de sept centimètres de long et de la grosseur d'une plume; et cet événement inattendu fut suivi d'un rétablissement complet. (*Journ. gén. de méd. de Sédillot*, t. 47, p. 43, 1813.)

6° Nous terminerons cette énumération par le cas suivant que décrit, en 1819, dans le même recueil (t. 66, p. 315), le docteur Delaporte, médecin à Vimoutier. Après un temps pluvieux, un horloger ressent des coliques violentes dans les diverses parties du ventre, accompagnées d'une grande difficulté d'uriner. Les émollients ne produisent aucun bon effet; le ventre est distendu; d'intervalle en intervalle, les douleurs augmentent; menace de suffocation, pouls fébrile, sueurs froides, *sentiment d'un corps globuleux qui remonte vers l'estomac, et jusqu'à la gorge* (*). Un lavement, composé d'un demi-gros de camphre et de partie égale d'assa-fœtida, fait disparaître tous ces symptômes, et procure au malade quinze jours de calme. Les mêmes symptômes se renouvellent, et cèdent à la même médication. Un mois après, dévoie-

---

(*) Qui ne reconnaît à ce signe la cause d'un symptôme qui, chez les femmes, prend le nom de *boule hystérique*? Voyez, à cet égard, ce que nous en avons dit plus haut (993, 5°).

ment considérable, trente selles par jour ; déjections séreuses, bilieuses, et même sanguinolentes, dès les premiers jours ; urine goutte à goutte, toutes les fois que le malade va à la garde-robe. Les urines deviennent de plus en plus blanchâtres, glaireuses et épaisses ; les forces s'épuisent, et l'obligent à garder le lit. Après une nuit orageuse, et des douleurs fort vives que le malade rapporte au bout de la verge, *il rend, par le canal de l'urètre, un ver lombric mort, de la longueur de six pouces environ*, puis trois onces de sang dans la journée ; et le malade reprend un peu de calme. Mais ayant voulu descendre trop tôt dans sa boutique, et vaquer à ses occupations, une rechute finit par l'emporter.

1015. *Voyez* de plus, sur les lombrics rendus par les urines, les *Ephémérides des curieux de la nature :* DÉC. 1, an. 1 ; an. 4 et 5, obs. 156, p. 198 ; an. 8, obs. 14, p. 22 ; an. 9 et 10, obs. 13 et 51 ; — DÉC. 2, an. 1, obs. 77, p. 183 et 185, obs. 104 ; an. 6, obs. 31, p. 85 ; an. 7, obs. 255, p. 478 ; — DÉC. 3, an. 1, obs. 82, p. 126 ; an. 3, obs. 117, p. 207 ; an. 4, obs. 2, p. 4 ; — CENT. 1 et 2, obs. 170, p. 363 ; — CENT. 7 et 8, obs. 100, p. 478, etc. — *Actes de Copenhague*, ann. 1677-1679, obs. 70.

1016. 13° DANS LE PÉRICARDE ET DANS LE COEUR. — On a trouvé, dans le péricarde et dans la substance du cœur, des larves de mouches, d'ichneumons, de scarabées, de papillons, qui y ont même subi leur métamorphose sans obstacle (*) ; pourquoi les ascarides, soit vermiculaires, soit lombricoïdes, ne pourraient-ils pas venir y faire les mêmes ravages que dans les reins ? N'avons-nous pas démontré qu'ils viennent pondre leurs œufs dans des tissus tout autant musculaires ? Tout tissu organisé est perméable à des helminthes qui ont à leur disposition tant de moyens de perforation ; et puis, pour transmettre leur progéniture au cœur, ces vers ont-ils donc tant de chemin à faire ? n'ont-ils pas partout le torrent de la circulation, dans les canaux duquel ils peuvent déposer leurs œufs, l'un à l'aide de sa tarière caudale, et l'autre à l'aide de ses crochets sexuels ? Charriés ainsi par le sang, ces œufs ne pourront-ils pas se fixer dans le grand réservoir même de la circulation, comme dans les artères et veines pulmonaires, et dans les diverses anfractuosités du poumon ? L'analogie ne nous conduit-elle pas, comme par la main, pour les supposer dans toutes les anses de ce méandre circulatoire ? Au reste, rien n'est fréquent comme de rencontrer des vers, soit strongles, soit lombrics,

(*) Jean-Daniel Horst (*Manuduct. ad med.*, part. 1, c. 1, sect. 2, p. m. 43) ; — Severinus (*Obs. anat. de abscess. nat.*, pag. 281) ; — David Kelner ; — Christ. Franç. Paullini (*Ephém. des cur. de la nat.*, déc. 2, ann. 6, 1687, obs. 13) ; — Baglivi (*Lettre à Andry*, relatée dans le traité d'Andry, *de la Génération des vers dans le corps de l'homme*, tom. 1, pag. 100, 1741) ; — Schenkius (*Obs. med.*, lib. 11, *de Corde*), rapportent tous beaucoup de cas semblables.

dans le cœur des animaux domestiques, que l'on peut abattre et disséquer presque tout vivants. Dès 1679, Pauthot, professeur de médecine à Lyon, a signalé l'existence de pelotons de vers longs comme le doigt, et de la grosseur d'une épingle, dans le cœur d'un chien qui ne paraissait pas en être incommodé. La figure qu'il en donne se rapporte très-bien à la filaire. (*Journal des Savants* du lundi 28 août 1679, p. 284.) Chabert, qui s'est tant occupé de la recherche des vers intestinaux, a rencontré fréquemment, et en abondance, dans le cœur des animaux, l'ascaride lombricoïde. Pourquoi n'en rencontrerait-on pas dans le cœur de l'homme, si on en cherchait sur les cadavres, encore tout palpitants, des hommes morts de mort violente? Car la décomposition cadavérique opposera toujours à ces études des obstacles dont il faut tenir compte dans les inductions. C'est là la réponse la plus péremptoire à ces interminables objections qui se représentent presque toujours, dans les rapports académiques, avec des modifications que résume l'exclamation suivante de Burdin (*) : « Quelle confiance peut-on ajouter aux diverses observations des auteurs qui rapportent avoir trouvé des vers dans le péricarde, le cœur ou les vaisseaux, lorsqu'on parcourt l'ouvrage de M. Corvisart sur les maladies du cœur, sans y trouver un seul fait analogue? » Cela ne signifie qu'une seule chose, c'est que, sur l'homme, on ne peut chercher les helminthes dans un organe que lorsqu'ils n'y sont plus, ou que, par le progrès de la décomposition cadavérique, ils sont devenus méconnaissables, en se décomposant à leur tour.

Car dans les pays du tropique, aux colonies, à la Guadeloupe et à la Martinique, où l'élévation de la température permet les inhumations, et par conséquent les autopsies, plus rapprochées de l'instant de la mort, rien n'est plus commun que de rencontrer, dans les cas de convulsions, surtout chez les enfants, de gros lombrics nichés dans le péricarde, et même dans les parois du cœur.

Lochner (**) appelle cette maladie *phthiriase* (893) *du cœur*; il a trouvé des vers dans le péricarde et dans le cœur. Sennert de même. Lower combattait cette terrible maladie en appliquant sur la région du cœur des cataplasmes composés de feuilles d'artichaut, de tanaisie, d'absinthe, cuites dans l'acide acétique concentré et mêlées à la thériaque. Borrichius faisait prendre un mélange du suc d'ail, de navet et de cresson. Les palpitations du cœur peuvent résulter non-seulement de la présence des vers dans le cœur et dans le péricarde, mais encore de leur existence

. (*) Rapport de Burdin, à la Soc. de méd. de Paris, sur l'obs. de Delaporte. (1015, 6°). (*Journ. génér. de Méd.*, tom. 66, page 338, 1849.)

(**) *Ephem. cur. nat.*, cent. 8, pag. 1, obs. 1.

dans la panse stomacale. Car leur piqûre irrite la paroi supérieure de l'estomac, et il n'en faut pas davantage pour occasionner par continuité l'irritation du diaphragme, du péricarde et du cœur. Andral a vu des palpitations de cœur guéries par l'expulsion seule d'une grande quantité de vers lombrics (*). Tous les jours je suis témoin de guérisons semblables, grâce à ma médication.

1017. 14° DANS LES VAISSEAUX SANGUINS. Si les lombrics se trouvent dans le péricarde et dans le cœur, qu'ils y soient parvenus soit à l'aide des perforations des membranes, soit par le véhicule de la circulation, il est évident que de là ils auront la faculté de se répandre dans toutes les régions du corps, selon leurs caprices ou les troubles apportés, par les mouvements musculaires, dans leur nutrition habituelle. Au reste, les strongles, dont je parlerai plus bas, vivent dans les vaisseaux sanguins du marsouin, qui ne paraît pas en être gravement affecté, et ces strongles sont d'une longueur de plusieurs pouces ; pourquoi les lombrics ne vivraient-ils pas dans les veines et artères des animaux, s'ils peuvent parvenir à s'y établir ? Les observations les plus authentiques ne manquent pas pour démontrer la vérité de cette induction ; et beaucoup d'auteurs d'une autorité incontestable en ont vu sortir par la saignée, et les ont retirés de la veine de leurs propres mains : « L'évêque d'Evreux, dit Guy Patin, est mort ici (*à Paris*) asthmatique, avec le vin émétique de Guenaut et Des Fougerais ; le jour avant sa mort, comme on le saignait, de peur qu'il n'étouffât, il sortit, avec le sang, un ver comme une plume et long d'un quartier » (*lettre du 15 mars* 1661). On peut consulter en outre sur ce point Rhodius (cent. 3, obs. 6); Riolan (*Enheir. anat.*, p. 147); Ettmuller (*Dilucid. phil.*, class. 2, *de aceto*); Andry (*Génér. des vers*, 1741; tom. 1, pag. 103, 107, 111, 113, 118); Jos. Lanzoni (*Ephem. cur. nat.* cent. 5, obs. 72, ann. 1717). On ne sera donc pas embarrassé, ce point une fois établi, d'expliquer comment il se fait que quelques observateurs en aient trouvé dans les sinus de la boîte encéphalique. Spigelius en a rencontré quatre, ronds et longs d'un palme, dans le tronc de la veine porte, où s'était formée une obstruction du foie qui avait été mortelle (**). (Spigel., *de Lumb. lato*, not.)

_____

(*) Bulletin de thérapeutique 1838, tom. 15, pag. 17.

(**) On peut bien dire de nos académies qu'elles n'ont rien appris, mais non qu'elles n'ont rien oublié. Elles oublient tant, au contraire, qu'on voit la même chose, déjà publiée plusieurs fois, se présenter à la barre de cet illustre corps, au moins une fois l'année, tantôt sous un nom, tantôt sous un autre, surtout quand la chose a été publiée une première fois par quelqu'un qui n'est pas leur ami. Il y a près de vingt ans que j'ai découvert que les tissus des moules et coquilles d'eau douce étaient doués d'une telle puissance d'aspiration, que, dès qu'on les déchire, le plus petit fragment se meut

1018. Mais la présence de ces sucçurs de gros calibre, dans les canaux de la circulation, ne saurait toujours être considérée comme inoffensive. Nous leur avons vu déterminer sur la surface des intestins, par la seule application de leur ventouse, des ulcérations, des tumeurs et des développements insolites ; la même cause déterminera nécessairement, sur les parois des veines et artères, d'analogues effets. Seulement ici ces développements parasites, n'étant pas contrariés et paralysés par la nature des produits de la digestion intestinale, seront dans le cas de revêtir des caractères moins morbides, et d'arriver à de plus grandes dimensions. Dans ce milieu inaccessible au contact immédiat de l'air extérieur, et sans cesse arrosé de ce liquide où tous les organes s'alimentent, pourquoi les organes parasites ne s'alimenteraient-ils pas aussi? Or il n'est pas rare d'en retrouver de tels dans l'intérieur des veines ; et nous profiterons de cette occasion pour les décrire plus spécialement.

1019. A la suite de certaines maladies, on rencontre çà et là, implantés organiquement sur la surface interne des vaisseaux de gros calibre, des corps de différente forme et de différente grandeur ; j'en ai vu qui avaient jusqu'à cinq centimètres de long sur trois de circonférence, dans leur plus grande épaisseur. Les anatomistes ont expliqué ce phénomène en supposant que ce n'étaient là que des dépôts albumineux, qui seraient venus s'implanter après coup sur la tunique interne de la veine ; cette opinion est inconciliable avec les lois les plus vulgaires de la physiologie et de la chimie. En effet, les précipités albumineux conservent toujours sur leur surface un aspect pelucheux et flottant ; ils n'acquièrent jamais une superficie épidermoïde consistante et tendineuse.

sur lui-même, et simule un animal dont la forme varie à l'infini, vu qu'elle dépend du mode de déchirure et de la grosseur du fragment. On avait déjà pris ces sortes de débris pour des animaux mêmes, et on les avait en outre figurés comme tels. Les tissus des grenouilles pourraient bien être doués de la même propriété ; mais enfin, les grenouilles vivant de coquillages, il n'y a rien d'étonnant que la dissection puisse retrouver dans leur corps ces petits débris *pseudozoaires ;* ensuite que ces débris, à demi digérés par l'estomac que l'on ouvre, s'échappant, avec le sang, des vaisseaux éventrés sur le porte-objet, soient pris, par un observateur peu soucieux d'exactitude et de précision, pour les représentants d'animalcules du sang. Cette possibilité s'est changée en une réalité, depuis la publication de la première édition du présent livre, qui a fait ouvrir de si grands yeux à nos académies. M. Gruby, qui avait déjà trouvé que les maladies de la peau sont le produit d'une moisissure, tandis qu'on croyait jusqu'à ce jour que la moisissure est le produit de la maladie, M. Gruby a décrit en 1843, sous le nom d'hémazoaires, ces petits débris mouvants des tissus des aquatiles. La longueur en varie, d'après lui, de quatre à huit centièmes de millimètre, la largeur varierait dans d'aussi larges limites, d'un à deux centièmes. Le même auteur, mis sur la voie par le paragraphe de ce livre, a rencontré des filaires dans le sang d'un chien. (Voyez *Comptes rendus,* tom. 17, 1843, pag. 325 et 1134.)

Enfin, il serait absurde de croire que ces magma, ainsi précipités de leur
véhicule, dénués d'organisation et de vaisseaux, vinssent se greffer et
s'implanter d'eux-mêmes sur des surfaces organisées; les surfaces
organisées repoussent et n'attirent pas; si elles commencent à se désorganiser, elles repoussent bien davantage au dehors, puisqu'elles
rejettent, sous forme d'escarres et de pus, jusqu'à leur propre substance. Or, 1° jamais on ne trouve libres et flottants dans le torrent de
la circulation les corps dont nous parlons; 2° jamais leur surface n'est
pelucheuse et amorphe; 3° jamais leur intérieur n'est spongieux et
hétérogène, comme le sont les grumeaux d'albumine que l'on précipi-
te du liquide qui la tenait en dissolution. Voici au contraire ce qu'on
remarque en les disséquant : leur superficie est d'une homogénéité constante et qui n'offre pas la moindre trace de solution de
continuité; c'est un épiderme tendineux, difficile à entamer par l'instrument tranchant, et dont l'épaisseur, assez considérable (un millimètre au moins), finit par se nuancer peu à peu et par un progrès in-
sensible, avec la substance blanche, lardacée et cotonneuse qui compose
leur intérieur, et qui abandonne à l'alcool un produit oléagineux abondant, que l'alcool, en s'évaporant, dépose sur le porte-objet en myriades
de globules microscopiques. Pour quiconque aura contracté l'habitude
d'observer au microscope les tissus organisés, il ne restera pas le moindre doute que la substance interne jouisse, autant que la substance corticale, d'une organisation cellulaire d'une extrême ténuité. Quand on
arrive au point par lequel la portion corticale adhère intimement à la
surface interne de la veine, il est impossible à l'observation la plus minutieuse de ne pas admettre que la portion corticale de ce corps parasite
se continue, par une espèce de funicule, de cordon ombilical, avec la
tunique elle-même de la veine; nulle part on ne rencontre la plus légère ligne de démarcation entre les caractères de la tunique veineuse, et
ceux de l'écorce de ces corps; on peut détacher celui-ci de celle-là, non
par un décollement, mais par une solution traumatique de continuité.
L'organisation de cette surface corticale rappelle à l'œil celle de la tunique de la veine; elle est tout aussi peu vasculaire, tout autant tendineuse, avec cependant une teinte rosée de plus. En un mot, ces corps
sont implantés sur la surface de la veine, comme l'embryon sur la surface interne du placenta, comme l'ovule végétal sur la surface du péri-
carpe, comme la cellule adipeuse sur la surface de la cellule qui l'a
engendrée. Ces corps sont donc nés sur la paroi de la veine; ils s'y sont
développés; ils ne sont pas venus s'y implanter tout formés; ils y ont
grandi à la manière des organes, dont les plus grands à une certaine
époque ont commencé par n'être en naissant que d'imperceptibles gra-

nulations. Nous avons eu bien des fois déjà l'occasion de voir combien
d'organes semblables la simple succion d'une larve ou d'un ver était en
état d'engendrer sur la surface des organes normaux; et nous pouvons
admettre en principe qu'il n'est pas un seul organe parasite et anormal
qui ne soit le produit d'une cause semblable. Donc ces prétendues
fausses membranes qu'on rencontre dans la capacité des veines, et que
nous nommerions plus volontiers des *galles animales des veines*, doivent
être le produit de la succion de quelque parasite animé (*). Or ces parasites, que l'on retrouve le plus communément dans le torrent de la circulation, sont des helminthes et surtout les lombrics et les strongles;
donc c'est à ces derniers plus spécialement qu'il faut attribuer l'origine
de ces productions, quoique cependant il ne soit pas impossible que les
vers des mouches et des ichneumons deviennent, en certains cas plus
rares, les complices de ces anomales créations. Quoi qu'il en soit de
l'auteur véritable du fait, il n'en est pas moins incontestable que des
superfétations de cette nature, qui sont capables de se développer indéfiniment dans la capacité d'un vaisseau, doivent être la cause mécanique
d'une foule de désordres les plus graves, alors même qu'ils ne feraient
que l'office de bouchon et d'obstacle : suppression de la communication
circulatoire dans les gros vaisseaux; anévrisme dans les ventricules du
cœur; varices dans les veines; anévrismes dans les artères; congestions
cérébrales et toutes les conséquences de ces désordres effrayants apportés
dans la circulation, tels doivent être les effets les plus immédiats de la
formation de ces *galles d'helminthes*.

1020. RÉSUMÉ DES EFFETS MORBIDES DE L'ASCARIDE LOMBRICOÏDE. Il n'est
pas, dans nos catalogues, une seule maladie interne que l'observation
exacte n'ait vue se reproduire par l'action du lombric, maladies aiguës
comme maladies chroniques; car il paraît certain que le lombric ne
parvient pas en quelques jours de la taille du fœtus à un pied de long,
qui est la taille ordinaire sous laquelle on le remarque le plus fréquemment. Tout me porterait même à croire, en lisant certaines observations
médicales, qu'il emploie plusieurs années pour se développer ainsi.
Epilepsie, monomanie, convulsions, tétanos, fièvres quotidiennes et de
divers autres rhythmes, vomissements de bile ou de matières stercorales,

(*) Vers la fin de mars 1842, M. le professeur Blandin me fit remettre, par l'entre-
mise de M. le docteur Alex. Thierry, pour lui en dire mon avis, un fragment de la veine
cave inférieure d'une femme, qui présentait un des lobules décrits dans cet article,
long de cinq à six centimètres et large de quinze millimètres, aminci par les deux bouts.
La dissection de ce produit pathologique ne fit qu'accroître la conviction que je viens
d'exposer ci-dessus. Quant à la maladie à laquelle avait succombé le sujet, M. Blandin
l'a décrite dans la *Gazette des hôpitaux* du 8 avril 1842.

diarrhée, inappétence, somnolence, cardialgie et syncopes, pleurésie, céphalalgie, fistules phlegmoneuses, abcès, gangrène, perforations d'intestins, épidémies et épizooties; il n'est aucun trouble général ou local que ce second parasite, ce second ver rongeur de l'homme ne soit en état de produire. Que l'on fasse le dépouillement de toutes les épidémies de fièvres qui ont eu pour descripteurs les médecins de la bonne école d'observation dans ce genre d'étude, et on n'en trouvera pas une seule dont on ne soit autorisé à attribuer l'origine à la multiplication extraordinaire des lombrics; et ces épidémies se montrent partout où l'homme fait usage de farineux, s'épargne le sel et les condiments, c'est-à-dire, les antidotes du poison qui l'assiége. Que l'on consulte à cet égard les relations des épidémies qui ont régné de 1745 à 1751, dans divers villages de la Provence (Sauvages, *Nosol. method. Phlegmasiæ*, class. 3, pleuritis, 16; et *Recueil périod. d'obs. de méd., chir., pharm.*, de Vandermonde, tom. 6, janvier 1759, pag. 64, et tom. 7, pag. 55); à Fougères, en 1757 (*ibid.*, tom. 6, pag. 380); à Toulon, en 1762 (*Journ. génér. de méd., chir. et pharm.*, tom. 16, 1762, pag. 175 et 251); à Fléchy, près d'Annecy, en 1820 (*Journ. génér. de méd.*, de Gaulthier-de Claubry, tom. 71, pag. 311-312, 1820); dans le Tarn, en 1823 (*Journ. génér. de méd.*, tom. 83, pag. 211); la relation que Forestus donne de la fièvre quotidienne et épidémique de 1545, que l'on surnomma *trousse-galant* (obs. 7, lib. 6, pag. 156); enfin, l'épidémie de Modène en 1689, dont Ramazzini disait, en la décrivant : *Verminatio nunquàm aliàs major fuit* (Th. Sydenham, *Oper. medica*, tom. 2, pag. 7) : dans toutes, on retrouvera les auteurs intestins pullulant au milieu de leurs désordres, et sortant même des cadavres, sous les yeux de l'observateur.

Paul Brand (*) décrit une dyssenterie vermineuse qui affligea toute l'armée danoise dans la Scanie, et dont il fut lui-même attaqué. On apercevait dans les selles un grand nombre de vers de différentes formes et de différentes grosseurs, qui s'agitaient comme des anguilles dans des matières putrides et sanguinolentes. Il n'hésita pas d'attribuer à ces helminthes la cause des douleurs atroces que les malades ressentaient dans les intestins et de l'opiniâtreté de la maladie. C'est alors qu'on eut recours aux vermifuges, à la décoction des sommités d'absinthe (plante que l'on trouvait communément autour de soi), mêlées au sel marin et au sal-

---

(*) *Actes de Copenhague* 1677-1679, obs. 31. Il est des pays, tels que Neuchâtel en Suisse, où l'épidémie est permanente : *Licet lumbrici*, dit Wolfang Christian, médecin ordinaire du roi de Prusse, *ubique terrarum magnas edant infantum strages, quin et ipsis adultioribus sæpenumero sint infensi; vix tamen nullibi in Helvetiâ nostrâ ferociores offendi quàm in hoc Neocomensi principatu* (principauté de Neuchâtel). (*Ephem. cur. nat.*, cent. 5 et 6, append., pag. 118. ann. 1717.)

pêtre ; remède qui avait déjà arrêté une épidémie semblable à Copenhague vingt-quatre ans auparavant.

1021. Dans les épizooties internes, même réflexion ; car le lombric de
l'homme vit tout aussi bien dans les intestins du bœuf, du cheval, de
l'âne, du cochon et de tous les animaux domestiques ; et il paraît que, vu
leur genre de nourriture, dans toute espèce d'épidémies de ce genre, les
animaux domestiques en sont les premiers affectés ; l'homme n'est pris
que lorsque les intestins des animaux ne suffisent plus à la multiplication
de l'helminthe. Au siége de Troie, nous voyons la peste attaquer d'abord
les chiens, puis les chevaux, puis les hommes. Denys d'Halicarnasse, en
décrivant l'épidémie qui ravagea Rome, fait remarquer qu'elle attaqua
d'abord les chevaux, les bœufs, puis les troupeaux et les autres quadrupèdes, ensuite les bergers et les fermiers, et se répandit ainsi sur toutes
les campagnes voisines. « Il fut fort difficile, ajoute Tite-Live (livre 41),
de procéder à l'élection des consuls, parce que la peste qui, l'année précédente, avait sévi contre les bœufs, venait de se tourner contre les
hommes ; » et ce fait d'observation antique ne s'est presque plus démenti
depuis, nous avons vu sous nos yeux et partout l'épizootie précéder l'é-
pidémie. Quand il s'agit d'une invasion de vers, la poussière alors devient contagieuse, car ses atomes sont des germes de contagion ; ce sont
des œufs d'helminthes que les animaux et l'homme avalent, soit en respirant, quand la saison est sèche et chaude et que la terre est poudreuse,
soit par le véhicule des eaux potables, quand l'inondation entraîne les
ordures des terres dans le lit des cours d'eau.

1022. AUTRES ESPÈCES D'ASCARIDES LOMBRICOÏDES. La classification compte
presque autant d'espèces d'ascarides que nous avons de quadrupèdes. Mais
il est fort possible que les différences apparentes de ces espèces ne tiennent qu'à des différences d'habitation, et que l'ascaride de l'homme, en
vivant dans les intestins du chien, du chat, etc., y dépouille sa teinte
rosée et prenne la couleur blanche qu'offrent si souvent les déjections
crétacées de ces animaux, surtout celles du chien ; la dissection ne révèle
pas d'autres caractères distinctifs entre ces diverses espèces.

Pallas (*) nous a transmis la figure d'un lombricoïde comestible chez
les Chinois et les Javanais, et qu'il regarde comme très-voisin de notre
ver de terre (635) ; on le trouve à la marée basse dans le sable des ports
de mer, à Batavia surtout ; on le prend en enfonçant dans le sable des
bouts de roseau jusqu'à un pied de profondeur, et on les prépare avec
une sauce fortement relevée et où domine l'ail. Les Chinois mangent
également avec délices les vers de terre ordinaires. En vérité, quand on

---

(*) Pallas, *Spicilegia zoologica*, fascic. 10, pag. 10, pl. 1, fig. 7.

voit des gourmands si peu difficiles sur le choix des mets, on ne
saurait croire que jamais la famine puisse excercer de grands ravages
dans la Chine et dans le Japon.

4ᵉ GENRE : **STRONGLE** (*Strongylus*).

1023. Le genre strongle est assez mal caractérisé pour qu'il renferme
les êtres les plus disparates. Nous avons décrit dans les *Annales des
sciences d'observation,* en 1829 (t. 2, p. 241), deux espèces de strongles
qui vivent dans les vaisseaux sanguins du marsouin ; et, par l'anatomie
que nous en avons publiée, on peut voir qu'ils n'ont que des rapports de
classe, et non de genre, avec les autres espèces que les nomenclateurs
ont réunies sous cette dénomination. En prenant pour type du genre le
strongle qui vit dans les intestins des chevaux, et dont la bouche est
armée comme d'une couronne de dents, à l'instar du péristome externe
des mousses (*musci*), il faudrait renvoyer dans un autre genre, et les
strongles sanguins du marsouin et beaucoup d'autres encore. Quant au
strongle géant (*Strongylus gigas,* Encycl., pl. 30, fig. 4) que Rudolphi
a distingué de l'*Ascaris lumbricoides* avec lequel, dit-il, on l'aurait trop
longtemps confondu, nous pensons que cette distinction ne s'appuie que
sur une simple modification apportée, par l'âge ou par les circonstances
de la nutrition, à l'organe buccal du lombric de l'homme. En effet,
l'organe buccal du lombric est divisé en trois coussinets d'appréhension,
par trois sillons rayonnants de l'orifice à la conférence ; mais avec un
peu d'attention, il est facile de voir que chacun de ces coussinets est
lui-même divisé par un petit sillon rayonnant. Il est évident que ce
dernier sillon, d'abord moins profond que les trois principaux, se
prononcera de plus en plus avec l'âge ; et quand le lombric sera arrivé à
une certaine taille, le lombric semblera avoir et aura réellement six
coussinets au lieu de trois. Or c'est là le seul caractère sur lequel
Rudolphi ait véritablement basé sa distinction du *Strongylus gigas,* qui,
à nos yeux, n'est autre qu'un lombric qui grandit outre mesure et sans
obstacle, quand il peut se développer dans les reins de l'homme et de
divers autres quadrupèdes (1015) ; la figure donnée par l'Encyclopédie
ne diffère en rien de celle du lombric.

5ᵉ GENRE : **TRICHOCÉPHALE** (*Trichocephalus*).

1024. Le trichocéphale (tête longue comme un fil) se fait remarquer
par l'amincissement graduel de la partie antérieure de son corps, en

sorte que nous n'avons pas de microscope assez puissant pour apercevoir les détails de la tête. Ce sont des vers qui ont les mêmes habitudes que les lombrics; le trichocéphale de l'homme atteint jusqu'à sept centimètres; après la mort du malade il aime à se réfugier dans le cœcum; quand il pullule dans les intestins, il produit une dyssenterie qui a pris le nom *morbus mucosus*. Ce ver se modifie en passant dans le corps des petits mammifères, et *vice versâ*. Nous serions tenté de croire que le ver décrit par Spigelius et par Andry (*Gén. des vers*, préf., page XIV, fig. 1, édit. de 1741) n'est que la partie antérieure altérée d'un très-long trichocéphale, plutôt qu'un fragment de ténia.

6ᵉ GENRE : **FILAIRE ET DRAGONNEAU** (*Filaria*).

1025. Les filaires sont des vers cylindriques, très-grêles, qui acquièrent une longueur démesurée, et dont la plupart sont susceptibles de vivre dans l'eau, et même dans la terre humide, en attendant une proie sur laquelle ils puissent se jeter. Ce n'est pas au sujet de la filaire que l'on pourrait professer l'opinion scolastique que nous avons dû fort longuement réfuter, en parlant des ascarides; car il n'est pas de tissus et d'organes si compactes, où l'on n'ait surpris de ces vers occupés à accomplir leurs effrayants ravages.

1ʳᵉ espèce : FILAIRE, *dracontion* des Grecs; *dracunculus* des Latins, mal à propos confondu avec les crinons; ver de Guinée des Français; *colebrilla* des Américains; *vena medena* ou *nervus medinensis* Avicenne; *vena milena* Amat. lusitan.; *Gordius medinensis* Lin.; *Filaria medinensis* Rudolph. et Lamk.).

1026. EXPLICATIONS HISTORIQUES SUR CETTE SYNONYMIE. Plutarque nous a transmis un passage d'Agatharcides, historien et philosophe du temps de Ptolomée Philométor (an du monde 3770), dans lequel nous trouvons pour la première fois la description de la maladie produite par la filaire, maladie dont Hippocrate et les auteurs suivants ne font pas la moindre mention : « Les peuples qui habitent la mer Rouge, dit Agatharcides, sont sujets à une maladie particulière; certains petits dragons, qui se trouvent dans leurs jambes et dans leurs bras, leur mangent les parties; ces vers montrent quelquefois leurs têtes au dehors; mais sitôt qu'on les touche, ils rentrent et s'enfoncent dans les chairs, en s'y contournant de tous côtés, et ils y causent des inflammations insupportables. » Plutarque ajoute que, ni avant ni depuis Agatharcides, personne n'a rien observé de semblable.

Cette observation fixa depuis l'attention de Galien, qui, n'en ayant jamais vu lui-même, et n'en parlant que d'après les personnes qui avaient voyagé en Arabie, et spécialement d'après Soranus, le premier qui en ait fait mention, ne voulut pas assurer que les dragonneaux fussent de nature vermineuse plutôt que nerveuse *(de Loc. affect.)*.

Paul d'Égine (liv. 4, chap. dern.) en parle dans le même sens ; il les appelle *crinons*, parce qu'ils ont l'air de pelotons de cheveux. Avicenne (Fen. 3, lib. 4, cap. 21) donne à ce ver le nom de *vena medinensis* et de *nervus medinensis*, du nom de la ville aux environs de laquelle il l'avait observé plus fréquemment, ne sachant si c'était une veine, un nerf ou un animal. Albucasis, autre auteur arabe, et qui, par conséquent, avait eu, comme Avicenne, occasion d'en observer sur place, en a mesuré qui avaient jusqu'à vingt palmes. Amatus Lusitanus (*Curat. medicin.*, centur. 7, cur. 64) nous a très-bien décrit la manière dont on l'extrait, en le roulant autour d'un bâtonnet (*). Aëce, Rhazès, Daleschamps en avaient parlé en témoins oculaires ; mais nul d'entre eux ne s'était prononcé sur la nature helminthique de ce dragon, et nous arrivons au siècle d'Ambroise Paré sans rencontrer une opinion plus explicitement formulée ; car, après avoir réfuté les diverses opinions des auteurs précédents, Ambroise Paré se résume en ces termes (liv. 8 des tumeurs en particulier, page 320, édit. de 1628) : « Pour donc en bref arrester quelque chose de la nature, essence et génération des dragonneaux, j'ose bien dire, sauf meilleur jugement, n'estre autre chose qu'une tumeur et apostème faite par une ébullition de sang, etc. »

Les progrès des études micrographiques ne laissèrent pas longtemps planer une pareille incertitude sur la place que le dragonneau devait occuper parmi les helminthes ; et Linné l'intitula *Gordius medinensis*. Mais, par une fatalité qui pèse assez souvent sur la micrographie, nous avons vu de nos temps un anatomiste remettre en question tout ce que la science avait acquis à ce sujet. Jacobson de Copenhague a occupé, en 1834, notre Académie, d'une singulière opinion qu'il annonçait s'être faite de la structure du *Filaria medinensis* (**). D'après lui, cette filaire ne serait qu'un tube ou fourreau rempli de vermicules : nous expliquâmes dès cette époque, dans le journal *le Réformateur*, d'où venait l'erreur de dissection de Jacobson.

(*) Jean Hugens, dans la relation de son voyage aux Indes orientales en 1579, parle de la maladie du dragonneau comme très-commune à Ormus. On voit, sur une planche de la trad. par de Bry (1628), un Indien occupé à extraire le dragonneau de la jambe d'un malade, en le roulant autour d'un bâtonnet, et un autre à qui on l'extrait du globe de l'œil par le même procédé. (Théod. de Bry, *Voyage au Congo*, pag. 49.)

(**) *Nouvelles Annal. du Musée d'hist. nat.*, tome 1er livr., pag. 80

1027. CARACTÈRES ANATOMIQUES DE LA FILAIRE DE MÉDINE. Ce ver·par-
vient quelquefois à la longueur de trois pieds, quoiqu'il reste aussi grêle
qu'un fil. On comprend qu'on pourra en faire autant d'espèces, qu'on le
trouvera plus court, surtout en l'observant chez les divers animaux autres
que l'homme. Qui aurait la hardiesse de voir la filaire de Médine ou de
l'homme dans une filaire longue d'un centimètre, et qu'on rencontrerait
dans l'œil d'une volaille ou d'un petit quadrupède? Ainsi que les lombrics, la filaire n'est presque qu'un longissime ovaire, dont la tête et la
région thoracique ne semblent qu'une des extrémités. Le canal intestinal, qui le traverse d'un bout à l'autre, étant très-exigu et facile à se
rompre, on s'explique facilement comment il sera arrivé à Jacobson de
croire que ce long corps n'était qu'un sac rempli de vermicules ; car la
filaire étant vivipare et ovipare, ainsi que les strongles, on aperçoit facilement à une certaine époque le petit ver à travers la transparence des
enveloppes de l'œuf. D'un autre côté, il est fort rare qu'en extrayant
la filaire du corps du malade, on l'obtienne en entier et dans toute sa
longueur ; la tête et la queue se détachent assez facilement du reste du
corps, sous l'effort de la traction ; or supposez que cet accident arrive
sur la filaire de la poule que représente la figure 10 de notre planche 15,
entre les deux points marqués *ov, ov'*, où commence et se termine l'ovaire,
ne croira-t-on pas n'avoir devant les yeux qu'un tube rempli d'œufs?
Telle est l'origine de l'opinion trop légèrement transmise à cet office de
la publicité que nous nommons l'Institut.

1028. La manière par laquelle la filaire s'introduit dans nos chairs,
et y décrit des sinuosités de toute espèce, nous indique suffisamment que
la structure de sa portion céphalique doit être celle de tout instrument
perforateur, celle d'une vis qui entre en taraudant. L'analogie nous indique, d'un autre côté, que cette manière de vis ne saurait être que la
disposition en spirale des piquants ou lamelles que l'on rencontre sur la
tête ou à l'orifice buccal de bien d'autres helminthes. Les souffrances
horribles éprouvées par le patient achèvent de corroborer cette hypothèse,
que la petitesse de l'organe ne nous permet pas de transformer en
observation directe.

1029. EFFETS MORBIDES DE LA FILAIRE DE MÉDINE. C'est dans les tissus
cutanés de l'homme que la filaire a presque toujours fixé l'attention des
malades et des observateurs ; c'est là qu'elle rampe à travers la couche
des muscles, des tendons et des aponévroses qu'elle laboure de ses nombreuses sinuosités. Les organes qu'elle affecte de prédilection sont la
jambe plutôt que la cuisse, l'une et l'autre malléole, les bras, les mains,
les hanches, les lombes, le scrotum, et jamais la tête ; c'est-à-dire que la
filaire recherche les tissus où elle trouve en même temps et plus d'épais-

seur et moins de frottements extérieurs : tout être animé est doué d'un instinct de prévoyance.

1030. Il survient quelquefois des circonstances qui l'obligent à abandonner la place et à se faire jour au dehors. La chair se tuméfie en cet endroit, elle s'y enflamme, parce qu'elle se désorganise au contact de l'air extérieur; on voit s'y élever ensuite une pustule de la grosseur d'un pois; c'est une phlyctène ou un phlegmon, selon la température et la nature de l'organe. Le malade éprouve sous cette place un sentiment pénible de reptation. Le second jour, si on l'ouvre avec une aiguille, on en voit sortir enfin l'extrémité libre du ver, que l'on commence à enrouler autour d'un bâtonnet, comme autour d'une bobine, avec la précaution de n'exercer tout juste, de ces efforts de traction, que ce qu'il en faut pour le décider à céder d'autant, et pour ne pas s'exposer à le rompre; on craint en effet en le rompant que ses innombrables œufs ne viennent à éclore dans la plaie qui se referme sur eux. Cependant il paraît que les Indiens préviennent les conséquences d'un pareil accident, en ayant soin d'instiller dans le gîte du ver le suc du tabac. Guill. Dampier (*), ayant eu à se débarrasser d'un pareil hôte, eut la maladresse de le rompre en cherchant à l'extraire; et il ne lui en arriva aucun mal; car l'Indien son guérisseur avait eu soin d'appliquer sur la tumeur de la poudre de tabac trois jours avant de procéder à l'extraction du ver. C'est par ce moyen mécanique que les Arabes se débarrassent de cet hôte terrible, quand leur corps n'est envahi que par un seul. L'usage des fomentations aromatiques le refoule à l'intérieur, si on ne les accompagne pas d'une médication interne. Cet helminthe n'épargne ni l'âge, ni le sexe, et les étrangers pas plus que les indigènes. Dire que la fièvre, les convulsions, le marasme, etc., sont les symptômes habituels du parasitisme de cet helminthe, ce serait répéter une phrase qui s'applique à toute espèce de ver de ce genre-là.

1031. Mais parmi les effets morbides que la filaire de Médine engendre, il en est un qui la caractérise avec une certaine spécialité. Ce ver, si grêle et si long, laboure la peau en spirales serrées; il la désorganise en se frayant des sinuosités souterraines dans l'épaisseur du derme, et sans que rien indique à l'extérieur la présence de ce fil mouvant que cache l'épiderme; la filaire, en effet, ne se décèle que lorsqu'elle se trouve dans la nécessité de sortir de ces chairs. Mais un pareil travail doit finir par laisser des traces; car c'est un travail de désorganisation, et ces traces seront d'autant plus visibles, que la filaire en aura disparu, laissant à sa suite la mortification et la flétrissure des tissus labourés.

(*) *Voyage autour du Monde*, tom. III, pag. 340, édit. de Rouen.

effet morbide qui se traduira aux yeux, sur l'épiderme, par des saillies et des sillons concentriques ou plutôt en spirales serrées, par un guillochage de tissus arides et desséchés. Dessinez ce que nous venons de décrire, sur une jambe ou sur une cuisse, et vous aurez devant les yeux la figure de la lèpre *alphos*, si commune en Arabie et en Égypte, ou de la lèpre tyrienne (*), dont la croûte d'une pustule sèche du *ruppia simplex*, fig. 6 de notre pl. 17, peut nous donner un diminutif isolé. Qui saura que ces effets de désorganisation cutanée ont pour auteurs les filaires, puisque ces filaires ne chercheront pas à sortir du corps? Ne sommes-nous pas habitués, par les doctrines de l'école, à ne juger de la présence des helminthes dans le corps que lorsque nous les en voyons sortir? En sorte que nous sommes censés ne point en avoir, tant que nous n'en rendons pas par les selles ou autrement; et cette naïveté n'a-t-elle pas force d'axiome dans tous les livres de médecine? Donc, quand un malade se trouvera envahi de filaires qui ne feront pas mine de sortir, il aura, aux yeux du classificateur, une *leuce*, une lèpre, mais non une maladie vermineuse.

1032. En raisonnant d'une manière toute contraire, qui est la seule logique, nous établirons en principe que la filaire a la faculté de s'introduire et de vivre dans tous nos tissus, et dans nos intestins même, dans le péricarde et dans le cœur, dans les poumons, dans le globe oculaire et le cerveau, tout aussi bien que dans les muscles; car elle se trouvera partout dans les mêmes conditions que dans les muscles superficiels, passant successivement des organes plus circonscrits aux organes plus développés, à mesure qu'elle augmentera en longueur par le progrès de l'âge, et prenant tout autant de noms spécifiques qu'elle se sera allongée d'un cran. Les naturalistes qui, ne portant pas leur attention au delà du résultat qui s'offrait à leurs yeux, avaient supposé que la filaire ne vivait que sous la peau de l'homme, se trouvaient fort embarrassés d'expliquer comment et par quel mode de transmission elle s'y était introduite, car la peau du malade n'offre jamais la moindre trace de perforation externe, avant l'époque où la filaire la perfore du dedans au dehors pour en sortir. Cette difficulté disparaît, dès qu'on pose la question dans les termes de notre hypothèse; car il en résulte que la filaire s'introduit dans notre corps comme s'y introduisent tous les autres helminthes : par ses œufs, et non pas seulement et exclusivement sous la forme adulte; par ingestion ou aspiration, et non par le moyen d'une perforation cutanée. Cependant il ne sera pas inutile d'évaluer le motif qui porte cet helminthe à venir ainsi labourer la peau

(*) *Voyez* Alibert, *Monogr. des Dermatoses*, planches des pag. 484-492. In-4°.

du malade. Nous avons déjà vu les lombrics pénétrer dans les régions musculaires, pour y déposer leurs œufs, pour les y mettre et à l'abri de l'action corrosive des aliments et sous l'influence de l'air atmosphérique qui se tamise, sans se décomposer, en passant à travers ces parois. Ne serait-ce pas dans un pareil but que la filaire se glisserait dans les régions cutanées? Le fait suivant semble le démontrer péremptoirement. La filaire de la poule (*Filaria gallinæ* Gmel.; *Hamularia nodulosa* Lamk.), que la fig. 12, pl. 15, représente de grandeur naturelle, et la fig. 10, grossie vingt fois environ; cette filaire, dis-je, vit dans les intestins de la poule, où on la trouve plus habituellement, quand on observe à l'instant où on tue la volaille. A un grossissement un peu plus fort, ses œufs affectent l'aspect de la fig. 11, pl. 15. Son ovaire occupe, sur la fig. 10, tout l'espace compris entre *ov* et *ov'*. Or, en examinant, le 11 octobre 1839, avec plus d'attention que de coutume, un poulet que l'on venait de plumer, j'aperçus à travers la transparence de l'épiderme, sur les muscles pectoraux et sur ceux de la cuisse, des granulations qui me faisaient l'effet de lobules adipeux jaunes et écartés les uns des autres. L'épiderme ayant été enlevé avec précaution, ces petits corps m'apparurent avec l'aspect de la fig. 9, pl. 15, enchâssés chacun dans une maille du tissu cellulaire et aréoleux, comme dans un kyste; et ce tissu aréolaire ayant été déchiré, j'eus devant les yeux les œufs que représente la fig. 8, pl. 15. L'un d'entre eux semble porter l'empâtement par lequel il tenait organiquement, comme par une surface placentaire, au tissu qui fournissait les sucs et le calorique aux progrès de son incubation. Ces œufs sont vus à un assez fort grossissement, les plus gros atteignant, à la loupe d'un demi-pouce de foyer, à peine trois millimètres, tandis que les plus petits ne dépassent pas un millimètre et demi, ce qui leur donne un cinquième de millimètre de diamètre. Leur test jaune et dur, aplati, irrégulièrement ovale, renfermait un tissu compacte et lardacé; leur structure enfin me rappelait assez bien les œufs de l'alcyonelle et de la spongille que j'ai décrits en 1828 dans un travail spécial. On les trouvait éparpillés çà et là dans le tissu aréolaire de ce poulet, par grappes de sept à huit. Il serait fort possible que de tels œufs appartinssent à l'échinorhynque de la macreuse ou du canard (*Encycl.*, pl. 38, fig. 1), si on les rencontrait sous l'épiderme des volatiles aquatiques. J'ai vainement essayé de les faire éclore, en les tenant plongés dans une masse de chair de poulet exposée à une température favorable; la putréfaction de la chair s'est sans doute opposée à l'éclosion, et je n'avais pas sous la main d'autres poulets vivants, pour leur inoculer ces œufs et en suivre le développement; c'est une expérience à reprendre. Quoi qu'il en soit, ces corps sont de véritables œufs; par la ressemblance de leur forme et la structure de leur test, ils appartiennent à la filaire de la poule ; donc, la filaire se réfugie dans les tissus cutanés, pour y disséminer ses innombrables œufs, et y remplir ce devoir irrésistible qui force tous les animaux, depuis l'éléphant jusqu'à la monade, à veiller à la propagation de leur espèce.

1033. Admettons maintenant que tous ces œufs dont l'incubation était si avancée, à en juger par leurs dimensions, fussent éclos en place, et que les petites filaires se fussent mises à exploiter pour leur compte les tissus dans lesquels le hasard les avait déposées, n'est-il pas évident que le poulet eût été attaqué de calvitie, que toutes ses plumes en seraient tombées, et qu'ensuite la chair dénudée eût offert de plus en plus le guillochage qui caractérise la maladie *alphos* ou la lèpre tyrienne? Mais si l'observateur venait à disséquer ces tissus, à cette époque de l'extrême jeunesse de la filaire, ne prendrait-il pas tous ces petits êtres pour des helminthes d'un genre nouveau, pour une nouvelle espèce de *trichina* (1006)? On ne saurait le répéter trop souvent, les observations isolées multiplient les espèces; les observations d'ensemble les réduisent et les circonscrivent d'une manière durable.

1034. FILAIRES DANS LE GLOBE DE L'OEIL. Le plus ancien exemple de l'existence de la filaire dans le globe de l'œil humain nous a été fourni par *Amatus Lusitanus*, qui écrivait vers le milieu du seizième siècle (*). Il est vrai qu'ici la filaire pourrait bien avoir été un jeune lombric, et que, d'un autre côté, étant sortie par le grand angle de l'œil elle a pu provenir des cavités nasales par le canal nasal ; cependant sa longueur (d'un demi-palme) et son épaisseur (une ligne, *linea*) nous permettent d'y voir une jeune filaire plutôt qu'un lombric ; le fait a été observé sur une fille de trois mois, et le ver fut retiré par les assistants.

Depuis l'observation publiée par Mongin (**), médecin de l'île Saint-Domingue, les médecins des îles et même de toute la zone torride des trois continents ont eu de fréquentes occasions d'observer la filaire se frayant une route dans l'épaisseur de la conjonctive des nègres, et surtout des négresses, à qui sa présence occasionne les plus cuisantes ophthalmies. Voyez, du reste, sur ce sujet et sous le rapport philologique, le catalogue qu'a publié Geschiedt de Dresde, dans le *Journal ophthalmologique* d'Ammon, et qu'a reproduit la *Revue scientifique et industrielle*, dans ses nᵒˢ de décembre 1840, pag. 410, et janvier 1841, pag. 50; puis les figures de Nordmann (*Recherches microsc. pour servir à l'hist. natur. des anim. invert.*, deuxième cah., 1832). La partie anato-

(*) Cent. 7, cur. 63. *Voyez* de plus la note de la pag. 484.
(**) *Journ. de Méd.*, 1770, tom. 32, pag. 338.

mique ayant été négligée par ces auteurs, il n'est pas étonnant qu'ils aient multiplié, comme leurs devanciers, les espèces de filaires, en raison de l'âge auquel ils les ont surprises dans l'œil ; une filaire de deux lignes ne saurait être la même espèce, dans nos méthodes de classification helminthique, que la filaire de huit à dix lignes.

Quoi qu'il en soit, la présence de ces filaires dans un organe d'une aussi grande sensibilité que l'œil ne saurait manquer d'y occasionner des souffrances et des désordres aussi variés que le parasite se complaira à ravager de régions et de chambres. S'il se glisse dans où sur le cristallin, ou dans la cornée transparente, le malade finira par être affecté de la plus complète cécité ; la filaire deviendra l'auteur d'un leucome, d'un albugo, d'une cataracte, car ses ravages détruiront l'homogénéité des sucs et des tissus, sans laquelle il n'y a pas de vision possible. Mais qui devinera la cause de ces désordres chez l'homme, si elle ne vient d'elle-même se révéler au médecin, en perforant la conjonctive et se faisant jour au dehors?

1035. Présence de la filaire dans les poumons (1012). Treutler a décrit, sous le nom d'*Hamularia lymphatica*, un ver qu'il a trouvé en abondance chez un phthisique, dont les glandes bronchiales étaient trois fois plus grandes que dans l'état naturel ; le ver était filiforme et long de vingt-six millimètres. Nous ne voyons dans ce cas qu'une jeune filaire, qui était dès lors la cause morbipare de ce cas de *phthisie pulmonaire.*

1036. Filaire dans le tissu osseux. Les douleurs ostéocopes que ressentent les malades attaqués par la filaire démontrent suffisamment que cet helminthe ne dédaigne pas les tissus cartilagineux et osseux. *Gordius medinensis in Indiis corpus intrat, dolores osteocopos inducit.* (Nysander, *Exanth. viva*, tom. 5, pag. 103, *Amœn. acad.*)

Il paraît, d'après les journaux anglais de juin 1845, que le missionnaire Wolff avait rapporté de son voyage de Bokhara un œuf de filaire implanté sous la cheville du pied, qui, un an après, l'a tenu alité et en proie aux plus cruelles souffrances.

1037. Filaires dans divers organes. Une pauvre femme d'Elseneur, d'après Olaüs Borrichius (*), après avoir longtemps souffert de douleurs dans la région hypogastrique, eut un abcès dans l'aine droite, qui s'ouvrit de lui-même ; il en sortit deux vers, l'un fort gros, mais court, et l'autre grêle comme une ficelle, mais qui avait douze pieds de long ; cette femme recouvra la santé.

Joseph Lanzoni (**) a vu rendre des filaires par les urines chez un mori-

---

(*) *Actes de Copenhague*, ann. 1676, obs. 46.
(**) *Ephem. cur. nat.*, cent. 5, obs. 72, ann. 1717.

bord, et son domestique en vit rendre au cadavre par les oreilles et par le nez ; car, ainsi que nous l'avons dit plus haut, les parasites des animaux vivants s'échappent du cadavre aussitôt après la mort de l'individu. Le même auteur a vu la filaire sortir de l'angle de l'œil droit chez un malade atteint d'une ophthalmie opiniâtre, qui se termina par la suppuration et la perte de l'œil. La filaire, auteur de ces ravages, s'échappait, si je puis m'exprimer ainsi, du cadavre de l'œil.

1038. AUTRES ESPÈCES DE FILAIRES. On a trouvé des filaires dans la cavité abdominale du singe, dans l'abdomen et les poumons des corneilles, dans le foie du cyprin, dans les viscères du hareng, dans l'abdomen et les poumons du cheval, dans les larves des coléoptères, des papillons, dans les faucheurs même, etc., et la classification en a fait autant d'espèces qu'elle les a trouvées dans des animaux différents.

Laurent Heister ([*]) a décrit une épizootie mortelle de colombes et autres volailles, qui n'était due qu'à la présence, dans leur estomac, d'une multitude de vers longs comme le petit doigt et grêles comme un fil ; les colombes mouraient émaciées. On les guérissait en agitant du mercure coulant dans l'eau (on ne doit jamais se servir d'un pareil remède pour soigner les volailles destinées à la table). Heister ne laisse pas passer encore cette occasion sans ajouter : « Il est fort probable que les épizooties de troupeaux de chevaux et autres bestiaux de grande taille doivent, plus souvent qu'on ne pense, leur origine aux vers intestinaux. » (817 ; 1007,2°.)

2° espèce : DRAGONNEAU (*Gordius* L.)

1039. Les poissons, disons-nous, ont aussi leurs filaires, dont ils se débarrassent, comme nous, avec les vermifuges qui se trouvent dans les eaux. Or, si l'on rencontre une filaire voguant dans les eaux, à l'état libre, et cherchant une proie moins rebelle que celle qu'elle vient de quitter, et qu'elle soit recueillie en cet état par un observateur naturaliste, dès ce moment celui-ci l'appellera un dragonneau (*gordius*). Mais anatomiquement le *gordius* et la *filaria* sont absolument identiques ; et si nous les avons séparés par un titre, c'est pour mieux les réunir enfin par le raisonnement ; je ne sache pas entre ces deux espèces la moindre différence. La filaire des quadrupèdes fouisseurs a la propriété de vivre dans les terrains humides et devient alors le dragonneau de terre ; la filaire des poissons peut vivre dans les eaux, et devient alors systématiquement le dragonneau aquatique ; la multiplication de ces vampires,

---

([*]) *Ephem. cur. nat.*, cent. 3 et 4, obs. 196, 1745.

dans ces deux milieux, est en raison de l'élévation de température et de la différence des climats.

1040. Les ravages du dragonneau sur l'espèce humaine n'ont jamais trouvé de meilleurs observateurs que les malades qui en souffrent; ils ont presque toujours été niés par les médecins de profession. Les naturalistes ont amplement confirmé les prétendus préjugés des hommes du peuple.

Lorsque la saison avancée les force de descendre de leurs montagnes dans les forêts de la plaine, où ils n'ont pour se désaltérer que des eaux croupies et échauffées par le soleil, les pauvres Lapons se sentent très-souvent pris de coliques atroces qu'ils nomment *ullem* ou *hotme ;* les douleurs qu'ils éprouvent à la région de l'ombilic sont si atroces, qu'ils se roulent et se traînent par terre comme des lombrics; il savent que le dragonneau qu'ils ont avalé en s'abreuvant à ces mares est la cause de tous leurs maux, car ils n'éprouvent jamais rien de tel sur la crête des montagnes où les eaux, trop froides, conservent toute leur limpidité; et de ce dragonneau Linné a fait le *Gordius aquaticus* (*). Scheuchzer a décrit la même maladie dans les Alpes; mais il en a méconnu l'auteur, et en a attribué la cause mal à propos aux vases de cuivre dont font usage les malheureux mineurs de ces régions, comme si ces ouvriers ne sauraient pas, au prix de quelques soins de propreté, se mettre à l'abri d'un empoisonnement semblable. Kempfer a suivi à peu près l'exemple de Scheuchzer, en décrivant la colique des Japonais (*colica japonica*) ; il en a fait une entité maladive, et y a méconnu l'action du dragonneau. Cependant Leeuwenhoeck, depuis 1694, avait fixé l'attention des observateurs sur cette cause morbipare, en leur rappelant que les poissons sont sujets à être dévorés par des vers intestinaux, qu'ils rendent dans l'eau, et qu'ils communiquent ainsi aux hommes qui s'abreuvent à ces étangs (**). Cependant encore, et de temps immémorial, dans les Indes orientales, les jardiniers, au rapport d'Helenus Scott, trouvent dans les terres humides, surtout dans la saison des pluies, des pelotons de dragonneaux, qui s'attachent aux jambes des Indiens, lorsqu'ils s'aventurent à marcher pieds nus, et leur donnent la maladie que nous avons décrite sous la rubrique de la filaire. Ce sont principalement les porteurs d'eau de ce pays qui y sont les plus exposés, parce qu'ils transportent l'eau dans des sacs de cuir, que le dragonneau n'a qu'à perforer pour pénétrer dans la peau du pauvre diable (***).

(*) *Flor. lappon.*, pag. 69, *de Angelicá.* Les Lapons combattent ce mal avec la racine d'angélique (219), les cendres et l'huile de tabac, le castoréum liquide.

(**) Tom. 2, part. 1ª, *Arcan. nat.*, 1795; epist. 78, 23 janv. 1694.

(***) Voyez *Revue méd.*, tom. 2, 1823, pag. 325. Le dragonneau se rencontre, avec

1041. Le dragonneau est très-fréquent dans nos eaux et dans nos terres humides; pourquoi en serait-il autrement, puisque les poissons de nos étangs et les volailles de nos basses-cours sont infestés de filaires, que tous nos insectes fouisseurs, nos larves souterraines et aquatiques, sont exposés à en être envahies? Or, comme, sous la calotte de notre ciel, les mêmes causes engendrent invariablement les mêmes effets, il faut que bien des maux dont nous ignorons la cause soient le produit des ravages du dragonneau. S'il en est ainsi, que de cas de tétanos, de douleurs ostéocopes, de rhumatismes, de tumeurs blanches aux articulations, de coliques et convulsions, de délire et fièvres cérébrales, d'ophthalmie, otite, phthisie pulmonaire, n'ont d'autre auteur que la filaire-dragonneau, qui pénètre dans le système nerveux, dans les os, dans les muscles, dans les articulations, dans l'abdomen, les intestins, le crâne, les yeux, les oreilles, les poumons du malheureux qui s'abreuve aux eaux des mares, ou de l'imprudent qui s'endort la face contre la terre humide, et en pétrit l'argile avec des doigts trop délicats pour ce genre de travail! Dès que le dragonneau sent de la chair chaude et vivante appliquée sur le sol humide où il attend, il perfore la terre, comme un lombric, pour perforer ensuite la peau, comme si c'était de la terre; et quand il s'y est introduit, on chercherait en vain par où il y est entré.

1042. Nous avons dit ailleurs (786) que l'on voit des petits vibrions nager dans les sucs pourris de la carie qui désorganise les ovaires des céréales; ces vibrions (*Vibrio tritici*) sont évidemment des petites filaires parasites de la carie, et elles auraient retenu leur vrai nom, si on les avait trouvées dans les intestins d'un animal. Comment y sont-elles parvenues? Cette question a embarrassé de tout temps les physiologistes, qui n'ont trouvé d'autre solution que d'admettre que leurs œufs y étaient parvenus de la racine, à la faveur de la circulation végétale; cette explication était bien difficile pour la nature qui a, dans le mouvement de l'air, un véhicule plus simple et plus rapide. Un coup de vent ne peut-il pas, en soulevant la poussière, venir déposer, dans les sucs de l'ovaire carié d'un épi, les œufs que la filaire aura pondus dans la

une égale fréquence, dans les sables maritimes du Groenland, de la Gothie occidentale, etc. : *Vermes minuti gordii*, dit Linné ou plutôt Nysander, *facie in Norvegia elephantiases excitare, et ulcera cacoethica nuper observavit Martinus* (*Exanth. viva*, tom. 5, *Amœn. acad.*, p. 103). C'est peut-être au dragonneau qu'il faut rapporter encore les helminthes qui ont été trouvés dans le panaris et dans le fourchet des bestiaux. *Nascuntur etiam, sub ungulis ovium, teste Columellâ* (*lumbrici*), *quales etiam nos vidimus sub unguibus panaritio laborantium.* (Thom. Mouffet, *Insect. siv. min. anim. theat.*, pag. 285.)

terre, à l'époque où celle-ci était encore humide ; ces œufs trouvent,
dans la fermentation de la carie, toutes les conditions qui favorisent
leur incubation, et ils y éclosent. Cette explication rend également
raison de l'apparition des vibrions dans la pâte de farine qui fermente
acétiquement, au contact de l'air et dans une faible quantité d'eau, enfin
dans le vinaigre qu'on abandonne dans des vases ouverts. La durée de
ces petites filaires ne doit pas être fort longue dans ces liquides, parce
que la fermentation putride ne tarde pas à y remplacer la fermentation
acide, ce qui empoisonne cette vermine à peine éclose de ses œufs.

1043. S'il en est ainsi, et que ces vibrions soient réellement des
filaires-dragonneaux, tous ces phénomènes morbides que l'on a attribués
à l'action de la carie s'expliquent avec une immense facilité, par l'action
bien autrement désorganisatrice de ces vibrions. En effet, ces vers
résistent à une température élevée, se dessèchent même complétement
sans perdre leur faculté de revenir à la vie, dès qu'on les humecte d'un
peu d'eau. On les voyait plats comme des pellicules par la dessiccation ;
on les voit gonfler, en s'imbibant, reprendre le mouvement et la vie en
reprenant leurs premières formes, et s'agiter dans la goutte d'eau, comme
si leur dessiccation n'avait été qu'un sommeil. Fontana a le premier
constaté ce phénomène de résurrection sur le vibrion et sur le rotifère ;
Bauer l'a confirmé pour le vibrion en 1824 ; et vers la même époque je
m'occupais de le vérifier, en étudiant les maladies des céréales. Or, si
l'animal éclos résiste, avec tant de puissance, à l'action d'une température
élevée, à plus forte raison il doit en être de même de son œuf. Si donc
on vient à pétrir le pain avec de la farine infestée par ces vibrions
(jeunes filaires) ou par leurs œufs, ceux qui en mangeront devront se
sentir atteints de tous les maux qui caractérisent le parasitisme des
filaires, à moins que leur mode d'alimentation ne serve aussitôt d'antidote
à ce poison animé ; et si l'infection de la farine est assez répandue pour
qu'elle atteigne une population tout entière, nous verrons apparaître ces
terribles épidémies d'*ergotisme* (340), qui s'annoncent par les vertiges, les
nausées, les dyssenteries, la fièvre cérébrale, et finissent quelquefois
par l'oblitération la plus hideuse des organes, et même par la chute des
membres. Car la filaire est coupable de tous ces fléaux-là ; elle désorganise
tout ce qui la nourrit ; et quand elle s'attaque aux ligaments des
articulations, forcé est bien que le membre se détache et tombe comme
de pourriture.

7ᵉ GENRE : **ÉCHINORHYNQUE** (*Echinorhynchus* et *Liorynchus* Rudolphi).

1044. Les échinorhynques, vers mous, cylindriques, plus ou moins allongés, portent à la partie antérieure de leur corps une tête rétractile, également cylindrique, mais effrayante à voir quand elle se déploie, à cause des crochets recourbés en arrière dont sa surface est hérissée sur un ou plusieurs rangs. On se demande, en l'observant, comment cet helminthe ne se déchire pas lui-même quand il rentre sa tête dans le fourreau, et comment il peut la retirer des surfaces intestinales dans lesquelles elle pénètre, sans les mettre en lambeaux. Le mode d'alimentation de l'homme ne paraît pas beaucoup lui convenir ; car l'autopsie ne l'a pas encore surpris une seule fois, d'une manière authentique, dans les intestins humains. Mais on en trouve une espèce géante (*Echinorhynchus gigas*) dans les intestins du cochon qu'on engraisse, et diverses autres espèces dans les intestins des poissons et des volatiles qui se nourrissent sur les bords des eaux, de poissons ou de vermine ; d'où il faut conclure que l'homme serait exposé à en être envahi à son tour, s'il se condamnait a un régime aqueux, herbacé, non alcoolique, à un régime antiphlogistique enfin.

1045. Nous terminons là la série des helminthes libres et de forme cylindrique, laissant de côté la *tétragule* de Bosc, qui n'est sans doute qu'une erreur d'observation, et la *sagittule* de Bastiani, qui ne nous paraît être qu'une larve de mouche sarcophage ou scatophage (815) que Bastiani aura trouvée dans le canal intestinal de l'homme. Bosc a cru découvrir la tétragule dans le poumon du cochon d'Inde.

1046. Nous ne saurions passer sous silence un autre genre de parasite, dont la détermination peut paraître douteuse, mais dont l'existence est incontestable ; nous voulons parler de la furie infernale (*Furia infernalis* Lin.), dont le nom indique suffisamment la puissance morbipare. Gilibert, Mickewietz, Solander, disciple de Linné (*), et Linné lui-même, ont été témoins de ses ravages ; Linné en a été atteint, et d'après lui, « la furie infernale serait un petit ver long d'un centimètre, linéaire, jaunâtre, glabre, mais hérissé sur ses deux côtés d'un rang d'aiguillons très-fins recourbés en arrière. Elle tombe du haut des airs, dit-il, et fond sur les habitants de la Bothnie, pénètre comme un trait dans leurs

(*) *Nota acta Societ. Upsal.*, vol. 1, pag. 44-58.

chairs, et peut leur causer la mort en peu d'heures, dans les plus horribles tourments. Il est si commun dans ce pays, que les enfants mêmes l'y
connaissent. L'endroit par où la furie pénètre présente un point noir
entouré d'une aréole inflammatoire, qui noircit bientôt, et s'étend en
faisant irradier la gangrène de proche en proche. Le malade est en
proie à la fièvre la plus intense, qui le jette dans une déplorable
consomption, si l'on ne se hâte ou d'extraire le ver, ou de cautériser la
place scarifiée avec de l'huile essentielle de bouleau ou de houx, ou bien
en appliquant sur la place un cataplasme de fromage frais. »

Ce ver est-il vraiment un helminthe ou une larve? c'est un point
qu'il reste à éclaircir.

DEUXIÈME GROUPE : HELMINTHES A CORPS APLATI ET NON ARTICULÉ.

PREMIER GENRE : FASCIOLE ou DOUVE (*Fasciola* Lin.).

1047. Les fascioles sont des helminthes plats, rubanés ou foliacés,
dont la bouche et l'anus sont situés sur la partie antérieure de la surface
inférieure, ce qui a fait donner à la plupart d'entre leurs espèces le
nom de *distoma* (ver à deux bouches). Les fascioles prennent, par leurs
contractions musculaires, mille contours divers, qui seraient dans le cas
de donner le change aux observateurs et de les porter à créer autant
d'espèces différentes. Quand on les conserve dans l'esprit-de-vin, elles
acquièrent la forme et les contours que représente la figure 4 de la
planche 16; ce qui leur prête une certaine analogie avec certaines
feuilles pédonculées de plantes. Il n'en est pas de même lorsqu'on les
observe vivantes. Les figures ci-après représentent la douve du foie
(*Fasciola hepatica* Lin.), que nous avons eu l'occasion d'étudier et de
dessiner, à l'instant où nous venions de l'extraire d'un foie de mouton
qu'on nous apportait de la boucherie.

A ce moment ces helminthes étaient encore en vie; ils étaient attachés
à la paroi du canal cholédoque, au milieu du produit verdâtre et alcalin
de la bile. La fig. 1 est de grandeur naturelle; les fig. 2 et 3 représentent, au grossissement de la loupe, deux individus de grandeur différente, et dans deux différents états de contorsion. L'anus, *b* fig. 2, se
trouve à la distance d'un millimètre de la bouche terminale *a*. Dans la
fig. 3, cette bouche se rapprochait de la sorte de l'anus, par des mouvements convulsifs, et comme cherchant une proie plus chaude que

celle qu'elle abandonnait. De l'anus à l'extrémité du corps, on distingue par transparence un canal que l'on prendrait pour le canal alimentaire, mais que l'analogie nous indique comme un gros vaisseau dorsal, où viennent s'alimenter toutes les anastomoses sanguines qui s'en détachent à droite et à gauche, comme tout autant de nervures secondaires de la feuille d'une plante. Ces petits canaux ramifiés étaient pleins d'un sang noirâtre en apparence coagulé. Le vrai canal intestinal ne s'étend que de *a* en *b* de la fig. 2. Le reste du corps est comme gélatineux, mou, contractile, et susceptible de déformer ses contours à chaque mouvement musculaire. On conçoit qu'un helminthe aussi plat peut, en se roulant sur lui-même, pénétrer dans les canaux biliaires les plus ténus.

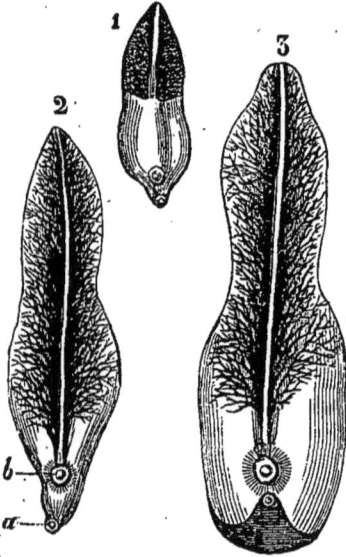

1048. Outre les deux ouvertures dont nous venons de parler, les auteurs ont figuré un corps filiforme et comme un pénis, qui pourrait bien être l'organe générateur du mâle ; comme je n'ai rien aperçu de tel, il faut croire que l'animal ne le sort qu'à l'instant où se fait sentir le besoin de la copulation.

1049. Ces fascioles sont très-communes dans le foie du mouton, et les bergers ne manquent jamais d'en diagnostiquer la présence, dès l'instant qu'ils voient un mouton attaqué d'*ascite*. On les trouve également dans le foie du bœuf, du cerf, des chèvres et chamois, des cochons, chevaux, lièvres, kanguroos, etc. L'homme y est sujet tout aussi bien que les quadrupèdes ; seulement on surprend plus rarement l'helminthe en place, parce que les autopsies humaines n'ont presque jamais lieu qu'à l'époque où commence la décomposition cadavérique, laquelle chasse ou tue ces helminthes, tandis que le boucher fait ses autopsies sur le vivant. Les conséquences immédiates de la pullulation de ces helminthes chez l'homme sont l'ictère et la coloration en jaune de tous les tissus autrement colorés, l'ascite et l'hydropisie ; enfin, tous les troubles locaux qui résultent de la désorganisation de la substance du foie, tous les troubles généraux qui résultent de l'obstruction du canal cholédoque et de la suppression de cet indispensable liquide alcalin, qui seul peut

transformer le chyme en chyle et fournir ainsi une alimentation incessante à la sanguification. D'un autre côté, les canaux infestés deviennent
osseux ; on les sent craquer et crépiter sous la pression de la main. Les
liquides coagulés participent de cette tendance à l'ossification, à la cal-
culisation ; peut-être même que les fascioles qui viennent à mourir et
que leurs œufs non éclos subissent à leur tour les conditions que leur
présence a fait naître, et deviennent les noyaux et la charpente de ces
calculs biliaires que l'on rencontre si fréquemment dans les canaux
du foie.

Fortassin (*loc. cit.*, 973, 9°) a eu occasion de lire une observation dans
laquelle on rapportait avoir trouvé deux cents fascioles dans le foie
d'une femme. Bildoo, J. Bauhin, Bonnet, Pallas, Rosen, Chabert, Brera,
Bremser, citent d'autres exemples de ce genre. D'après Moulin, cet helminthe se montre assez communément dans le foie de l'homme, en
Hollande, Suède, Norwége et Danemark.

1050. Quant à moi, toutes les fois que j'ai à soigner un malade affecté
d'ictère, je le traite comme si les fascioles ou au moins les hydatides lui
rongeaient le foie ; et cette médication dissipe tout à coup tous les symptômes de la maladie, lorsqu'elle n'offre pas d'autre complication.

1051. Les premiers observateurs de la douve, cherchant à s'expliquer
par quelle voie cet helminthe avait pu s'introduire dans le foie du mouton, ne rencontrèrent pas de solution plus ingénieuse de ce problème,
qu'en supposant que les moutons gagnaient la douve toutes les fois qu'ils
mangeaient les tiges de la crapaudine (*Sideritis glabra arvensis*) dont les
feuilles ont la forme de ce ver, disaient-ils ; et cette explication se rencontre dans le *Journal des Savants* de 1668, c'est-à-dire, dans le journal
qui a été de tout temps le plus rétribué pour être savant. On aurait pu
trouver, dans les plantes aquatiques, des feuilles plus ressemblantes que
celles du *sideritis* terrestre. Mais l'on abandonna bien vite cette explication, trop savante pour être vraie : l'observation, à cette époque,
commençait à détrôner l'imagination. On découvrit, en effet, dans les
eaux, des vers planulaires, et que l'on prendrait facilement pour des
douves, si on les surprenait dans les organes d'un animal ; ce sont les
planaires qui voguent dans les eaux des mares, se reposent sur les
feuilles submergées des nénufars, des callitriques, des potamoge-
tons, etc., comme si elles en étaient les helminthes. Supposer donc que
les douves du foie proviennent des œufs des planaires, ou de l'introduction des planaires elles-mêmes que les moutons avalent en s'abreuvant,
ce n'était certes pas trop s'écarter des règles de l'analogie ; car, sous le
rapport anatomique, les planaires ne se distinguent en rien de la douve
que nous venons de décrire ; et, quant à la différence de l'habitation,

elle s'explique de la même manière que nous avons expliqué les rapports du dragonneau et de la filaire. Les douves que rendent les poissons continuent à vivre dans l'eau, sans qu'elles paraissent avoir changé
de milieu; dans cet état de liberté, ne seront-elles pas de vraies planaires, et ne redeviendront-elles pas des douves, dès que les bestiaux
les auront avalées en s'abreuvant à ces eaux? A défaut d'expériences
directes, l'analogie nous paraît le démontrer; car il résulte des relevés
statistiques que j'ai pu faire, que les animaux et l'homme sont d'autant
plus exposés à s'infester de fascioles, qu'ils habitent des pays plus marécageux et où abondent davantage les planaires. Les moutons qui
s'abreuvent aux sources limpides ou aux grands cours d'eau y sont
moins sujets que ceux qui n'ont d'autre abreuvoir que des mares d'eau
croupie. Cependant l'introduction des douves dans les intestins des mammifères peut encore s'opérer par la dissémination des œufs à l'aide du
vent et de la poussière, ainsi que nous l'avons démontré à l'égard de
l'ascaride (998).

1052. Quant à l'incubation des œufs de la douve, on est forcé d'admettre qu'elle a lieu à la manière de celle des vers que nous avons
décrits plus haut, et que la douve confie aux tissus nerveux, cellulaire
et musculaire, le développement d'une progéniture qui disparaîtrait
bientôt du cadre de l'histoire naturelle, si la douve pondait habituellement, et sans autre souci de l'avenir; dans les canaux où coule la bile,
qui les entraînerait bientôt dans le duodénum, d'où ils seraient expulsés
au dehors par le travail incessant de la défécation. Mais nulle part, ni
dans la bile, ni dans les fèces, on n'a jamais rien observé d'analogue aux
œufs, ni de la douve, ni de tout autre helminthe; il faut donc que la
douve aille pondre ailleurs; or il est démontré que la douve a, comme
l'ascaride, la faculté de perforer les tissus les plus consistants, et d'émigrer, par conséquent, dans les organes les moins en communication
directe avec le canal cholédoque et les intestins. Nous aurons sujet de
rappeler plus bas cette induction théorique.

2° ᴳᴱNRE : **DISTOME** (*Distoma* Rudolphi; *Fasciola* Lin.); ᴠᴇRS
CUCURBITAINS des auteurs.

1053. Les distomes se distinguent spécialement des douves ou vraies
fascioles, d'abord par la forme cylindroïde légèrement aplatie de leur
corps, par le voisinage de l'anus et de la bouche, et enfin par la ven-

touse d'appréhension qui termine brusquement la partie postérieure de
leur corps, et leur permet de la sorte de s'appliquer sur une surface, à
l'aide de leurs deux extrémités à la fois et à la manière des sangsues.
Cette ventouse d'application et d'adhérence pourrait être prise au besoin pour l'orifice buccal, quand on l'observe sur un helminthe privé
du mouvement et de la vie ; c'est ce qui est arrivé à quelques observateurs. Ces sortes d'animaux sont d'une simplicité telle, ils offrent si peu
d'analogie avec l'organisation des autres helminthes, que leur place au
catalogue serait la plus grande des anomalies, si l'on était forcé de les
admettre comme des êtres indépendants ; point de canal alimentaire
distinct, et à sa place une simple communication entre les deux orifices ;
point d'organes de copulation et de fécondation, toute leur substance
ne paraissant qu'un ovaire, et l'animal complet n'étant pas plus compliqué que la gemme détachée d'une espèce quelconque de ténia. Aussi
cette dernière analogie a-t-elle été pour moi un trait de lumière ; et à
force de confronter les figures entre elles, et d'observer sur le vivant
l'histoire de ces vers, suis-je arrivé à cette conséquence, que les vrais
monostomes, distomes, polystomes de Rudolphi ne sont que des articulations isolées de ténia, des gemmes ovariennes qui se détachent et
jouissent, jusqu'à la parturition, d'une vie indépendante, que des vers
cucurbitains enfin (*vermes cucumerini* ou *cucurbitacei* des anciens). En
effet, ces vers cucurbitains, en sortant du corps, se meuvent, s'étendent,
se contractent, éjaculent leurs œufs sous les yeux de l'observateur,
comme le feraient d'autres helminthes, ainsi que l'ont constaté, bien
longtemps avant nous, une foule d'observateurs (*). On les prendrait
pour des vers d'une nouvelle espèce, avant d'en être averti, quoiqu'on
ait présentes à l'esprit les figures et l'histoire des ténias des divers animaux ; le paragraphe 1054 me fera encore mieux comprendre sur la possibilité de la méprise, car je ne me suis bien aperçu de la mienne qu'a-
près avoir fini tout mon travail sur ce sujet. Je ne serais pourtant pas
éloigné de croire que ces organes de propagation ne soient en état
d'exercer sur nos tissus un certain parasitisme, et de s'y appliquer par
leur oscule éjaculateur, pour y déposer les œufs dont ils sont gros,
comme l'œuf s'implante sur une surface placentaire ; leur parasitisme ne
serait alors qu'un parasitisme d'incubation. Si nous voulions pousser
ensuite plus loin les conséquences, nous n'hésiterions pas à faire à la
douve les applications de tous ces aperçus, et, pour nous, la douve ne
serait qu'une gemme, comme les distomes ; mais cela nous mènerait trop
loin. Il nous suffira, je pense, de renvoyer nos lecteurs à la planche 41

(*) *Voy.* Andry, *de la Génération des vers*, éd. de 1741, tom. 1, pag. 234.

de l'*Encyclopédie* : qu'ils prennent la peine de dessiner à part l'une des gemmes des fig. 2, 13, 17, 25, et qu'ils les présentent à un helminthologue, sous les noms de monostomes ou de distomes, celui-ci ne manquera pas d'en désigner le nom spécifique dans les catalogues, ou de leur imposer de nouveaux noms.

1054. DISTOME DU CHIEN, OU VER CUCURBITAIN DU CHIEN (*Distoma canis* Nob., pl. 15, fig. 1-7). Toutes les fois que les chiens commencent à rendre, non plus des excréments crétacés et durcis, mais les déjections molles, charnues et glaireuses, il est assez constant que celles-ci fourmillent de vers d'un blanc de lait, cylindroïdes, cartilagineux, qui se contractent convulsivement pour s'échapper de la matière; quelques-uns d'entre eux restent adhérents au poil du pourtour de l'anus, d'où ils pendent d'une manière dégoûtante à voir. Leur longueur, avant la contraction de leur agonie, dépasse peu deux centimètres sur trois millimètres de large. La fig 5 *b*, pl. 15, en représente, sur un fond noir, un grossi de deux fois environ, et qui exécute des mouvements de contraction. La fig. *a*, *ibid.*, le représente, alors qu'il s'est contracté sur lui-même pour mourir; il s'est élargi en se raccourcissant, et il a pris ainsi une forme quadrilatère. Une fois parvenu sur un plan solide, on le voit y cheminer à la manière des chenilles arpenteuses. A une loupe qui grossit environ vingt fois, on observe un orifice *b*, fig. 1, qui doit être considéré par analogie comme la bouche, et sur le milieu d'un des côtés du corps, l'orifice anal *a*; ces deux ouvertures communiquent entre elles par un canal simple; car on fait sortir sans difficulté en *a* le crin qu'on pousse par *b*. Dans les monostomes, l'ouverture latérale doit être fermée par la force de la contraction musculaire du ver. Quant à d'autres organes, on ne distingue que deux tissus ovariens *ov*, fig. 1, qui partent de chaque côté de l'orifice buccal *b*, et vont se perdre à la hauteur environ de l'anus *a*. On extrait, de ces ovaires, des œufs non fécondés, fig. 6, qui sont ovoïdes et infiniment petits, et des œufs fécondés sphériques, d'une magnifique nacre et d'une grande dureté, qui, sur un fond noir, se présentent à la loupe avec l'aspect de la fig. 2, et à un grossissement supérieur avec les reflets de la fig. 3. Si on les observe, au contraire, par transmission des rayons lumineux, ils ne laissent parvenir à l'œil de l'observateur que des rayons jaunes, et s'offrent avec l'aspect de la fig. 7. Ils ont en diamètre environ un trentième de millimètre. L'helminthe, ainsi que nous l'avons déjà remarqué au sujet de l'ascaride, les pond sans gène sur le porte-objet du microscope, quand on l'y observe immédiatement après qu'il est sorti de l'anus du chien. La fig. 4, quoique d'une grande exactitude, donne une faible idée de la rigidité de contraction de la ventouse caudale *c* de ce ver.

1055. Que ces œufs puissent se communiquer à l'homme, l'évidence
en résulte de leur dissémination à la surface et de la terre et du pavé
d'un appartement où l'on renferme des chiens. Ces vers, en effet, doivent
pondre là, tout aussi bien que sur le porte-objet du microscope; et dès
ce moment, on ne saurait plus calculer par combien d'accidents ces
atomes sont dans le cas de s'introduire dans les divers tissus favorables
à leur incubation ; or, les tissus vivants sont certainement de ce genre,
quelle que soit l'espèce animale qui en soit la proie. L'homme peut donc
être à son tour infesté de ce distome du chien, comme il l'est de la douve
du foie des bestiaux : son orgueil de race, il a beau faire, ne le préser-
vera pas plus de la première humiliation que de la dernière; et d'après
les détails anatomiques que nous venons de donner, on peut se faire une
idée des conséquences de cette communication contagieuse.

1056. Les enfants, soit à cause de leur mode de nutrition, soit à cause
de leur inexpérience et de leur manque de propreté, sont plus exposés
que les adultes à l'invasion de ces œufs d'helminthes ou de ténia.

On les voit languir alors ; ils sont en proie à une constipation qui fait
refluer le sang à la tête, et qui les oppresse, en refoulant les intestins et
l'estomac contre le diaphragme; la région du foie est ballonnée, le pouls
est fort et dur : quand ils vont à la selle, c'est avec épreinte, et ce qu'ils
rendent a assez l'aspect des déjections charnues des chiens ; on dirait des
morceaux de viande à demi digérés, striés de sang, et à circonvolutions
cérébriformes. Si l'infection se communique à l'adulte, comme son alimentation plus épicée s'oppose à un aussi grand développement, les
symptômes du parasitisme de ce distome s'arrêtent à une constipation
assez opiniâtre, à une impatience qui, sur des riens et à la moindre
circonstance, s'élève jusqu'à la fureur. Il compte, avec un peu d'attention, comme par tout autant de coups de fouet intimes, les instants où
l'helminthe s'applique et ceux où il se détache et lâche prise ; le sang
lui monte au cerveau et y engendre les idées les plus noires, car c'est
un sang incomplet, épaissi et prompt à se coaguler, la chylification, qui
l'alimente et le répare à l'état normal n'ayant plus lieu qu'à de faibles
intervalles et pendant les intermittences de la voracité de ces parasites
du foie.

1057. On jugera, par ces indications, de tous les genres de ravages
dont ces helminthes seraient capables, en s'introduisant dans les autres
organes du corps humain. Or dans quels organes des œufs d'un aussi
petit calibre né peuvent-ils pas pénétrer?

3ᵉ GENRE : **LIGULE** (*Ligula* Rudolphi; *Fasciola* Lin.); pl. 16, fig. 2, de cet ouvrage.

1058. Les ligules sont des douves d'une grande longueur, que nous en séparons, moins parce qu'elles s'en distinguent en réalité que pour ne pas heurter de front les habitudes de la classification. Ce sont des helminthes spéciaux aux poissons, surtout à ceux qui se rapprochent de la tanche, ainsi qu'aux oiseaux qui pêchent le poisson; ils s'attachent aux intestins; on les prend souvent pour la vessie natatoire, quand on les trouve appliqués contre le péritoine; car ils perforent les intestins, comme le feraient les ascarides. D'après Leeuwenhoeck [*], les poissons qui en sont atteints prennent de tels caractères d'émaciation, qu'à leur seule vue les pêcheurs sont en état de deviner la cause de leur maladie; ils donnent à ce ver le nom de sangle (*cingulus*). Rudolphi rapporte que les ligules que l'on trouve dans l'abdomen d'une petite espèce de poisson voisine du barbeau sont recherchées en Italie, où elles font les délices des gourmets, sous le nom de *macaroni plat*; et l'on conçoit la justesse de la comparaison, quand on se rappelle que la ligule des poissons atteint jusqu'à trente-six centimètres de longueur et quinze millimètres en largeur, et qu'on estime la qualité de sa chair par le peu de résistance que la tendreté de ses tissus oppose aux instruments tranchants et aux réactifs chimiques.

1059. Si la ligule des poissons se communique aux oiseaux piscivores, pourquoi ne se communiquerait-elle pas aux bestiaux qui s'abreuvent à l'eau des étangs, et qui peuvent en avaler soit les œufs, soit les individus jeunes? L'homme lui-même, le marin, ne se trouvent-ils pas dans une foule de circonstances favorables à cette intrusion? Sans doute nos procédés culinaires, en faisant passer tous nos mets par le feu, nous débarrassent d'avance d'une pareille peste; mais les peuples ichthyophages et qui mangent les poissons crus doivent être fréquemment exposés à ses ravages. Quant à nos marins d'eau douce, surtout ceux qui, par goût ou par besoin, pratiquent les règles de la sobriété, et mettent dans leur vin de l'eau des canaux sur lesquels ils voyagent, ceux-là ne peuvent pas toujours échapper à ce danger.

S'il en est ainsi, on conçoit, par la différence des milieux, que les

[*] *Arcan. nat.*, 1694, tom. 2, *Epist.*, 78, 23 janvier, pag. 368.— Andry est le premier auteur en France qui en ait publié la figure, et qui ait observé par lui-même les ligules de la tanche (*Gén. des vers*, tom. 1, pag. 52, édit. de 1744).

symptômes du mal seront bien plus graves chez les animaux terrestres
que chez les poissons; car nous ne sommes pas placés, comme eux, dans
un bain qui nous rafraîchisse à mesure que la fièvre nous brûle, et qui
répare à fur et mesure les désordres de la désorganisation. Nous ne
supporterions pas aussi impunément que les poissons l'action d'un
helminthe d'une certaine taille qui nous perforerait les intestins, pour
venir se loger dans la capacité de l'abdomen; et si l'ouverture de la
perforation se refermait après le passage de la ligule, celle-ci, s'attachant en grand nombre aux parois du péritoine, n'y déterminerait-elle
pas, par une succion aussi active, tous les symptômes et les effets
morbides qui caractérisent l'hydropisie et la tympanisation?

Mais si la ligule a la propriété de perforer les intestins, pour passer
dans la cavité péritonéale, on ne saurait lui refuser celle de passer dans
une cavité quelconque, en perforant les parois qui la séparent de l'abdomen. De proche en proche, elle peut pénétrer dans les plèvres et dans
les vaisseaux sanguins; pourquoi en serait-il autrement, puisque les
lombrics et les strongles y passent (1023)? Or nous avons, dans un fait
publié par Treutler (*), la confirmation la plus évidente de cette hypothèse : l'auteur a extrait de la veine tibiale d'un jeune ouvrier un ver qui,
à nos yeux, est une véritable ligule, une véritable fasciole allongée; il en
a trouvé une analogue entre les ligaments larges de l'utérus. La figure et
la description de Treutler se rapportent évidemment à une douve (1047);
seulement Treutler avait cru distinguer six pores vers la partie antérieure du corps, et en avait fait, sur ce caractère, un nouveau genre,
sous le nom d'*hexathyridium*. Mais il est évident à mes yeux que l'auteur
a pris les plis de la peau qui se contracte pour tout autant de pores.
Aussi Rudolphi, se rapprochant plus près de la vérité, n'a vu dans ce
ver qu'une planaire, et pourtant, cédant un peu trop à l'autorité de
l'inventeur, il a cru devoir les placer dans ses polystomes, sous le nom
de *Polystoma pinguicola* et *venarum* (*Linguatula* Lamk.).

1060. L'épouse du poëte prolétaire feu Voitelain nous a raconté
qu'étant encore jeune fille, elle se sentit prise de crampes d'estomac, qui,
pendant quatre mois, la firent passer par toutes les tortures infructueu-
ses de la médecine antiphlogistique de cette époque : saignées qui la
débilitaient et la jetaient en défaillance, diète qui lui déchirait les
entrailles, boissons douces et rafraîchissantes qui ne faisaient qu'augmenter le feu qui la brûlait intérieurement. Prise d'une violente nausée
à la suite de ces crises, elle rendit, entre autres matières, un ver long

(*) *Observ. pathologico-anatomicæ, auctarium ad helminth. corp. hum. continentes;*
auct. Fr. Aug. Treutler, Leips., 1793.

et gris, qui la fit reculer d'horreur; et dès ce moment, comme par enchantement, elle fut entièrement guérie; elle se souvint alors de s'être désaltérée, il y avait quatre mois, dans une mare. A la description, sans doute fort incomplète, qu'elle m'a donnée de ce ver, il me paraît probable que ce devait être ou une ligule ou bien un fragment de ténia armé de sa tête. Quand on observe la ligule dans l'eau, elle a l'air d'être velue, à cause du chatoiement de ses surfaces plissées sur les bords. La ligule s'attache aux poissons de nos étangs et de nos rivières : M. Perrin, quai Napoléon, 29, m'a apporté, le 4 juillet 1843, une ablette qui lui paraissait avoir le ventre plus gros qu'à l'ordinaire, et qui avait été pêchée dans la Seine; ce petit poisson portait dans le péritoine deux ligules qui ont servi à prendre le dessin de la pl. 16, fig. 2.

4ᵉ GENRE : **POLYSTOME** (*Polystoma* Rudolphi).

1061. Le genre polystome se distingue des fascioles et des ligules par les six ventouses sur deux rangs que l'helminthe porte sous la partie inférieure de son extrémité céphalique, et au moyen desquelles il se fixe sur les parois des organes, soit internes, soit externes, des animaux. On en trouve sur les branchies du thon, dans les poumons du lièvre, à la surface du foie de la chèvre, dans la vessie urinaire de la grenouille, dans les sinus frontaux du cheval et du chien; et quand les études anatomiques seront dirigées vers ces sortes de recherches, on trouvera de ces vers dans tous les organes de l'homme et de la femme, surtout chez les habitants des pays marécageux, et chez les personnes qui se livrent à l'élève des animaux domestiques.

TROISIÈME GROUPE : HELMINTHES APLATIS ET ARTICULÉS.

1062. Ce groupe d'helminthes offre avec les polypes une analogie incontestable d'organisation et de développement, en ce sens que leur reproduction a lieu et par gemmes qui restent adhérentes à l'individu maternel, et par œufs qui vont porter au loin la propagation de l'espèce. Les gemmes s'ajoutent bout à bout, et l'helminthe est alors articulé; ou elles naissent d'une manière divergente, et l'animal est alors comme ramifié ou tuberculé.

II.   33

PREMIER GENRE : **VER SOLITAIRE** (*) (*Tænia* Lin.; *malè Tænia* Lamk.;
'Eλμινς πλατεῖα Hipp. (**), Gal., ou VER PLAT ; *Lumbricus latus* des Latins;
Taenia Columelle, Pline, et *Tinea* dans certaines éditions fautives de
Pline), pl. 16, fig. 3, de cet ouvrage.

1063. Après les deux ascarides (975), le ténia est l'helminthe de
l'homme le plus anciennement connu, parce que c'est celui dont l'homme
est le plus communément affecté.

Quoique la nature animale de ce parasite intestinal ait été reconnue
de toute antiquité, cependant il n'a pas manqué d'auteurs depuis la
renaissance, qui n'ont vu dans ce ver qu'une simple raclure ou un dédoublement de boyaux , une mucosité destinée à lubréfier les parois des
intestins, une transformation de la pituite, un chyle coagulé. Tels ont été
Mercurialis (*De morbis puerorum*, lib. 3, cap. 7), Valleriola (*Obs. med.*,
lib. 9), Felix Platerus (*Obs.*, lib. 1), Gabucinus (*Comment. de lumbricis*,
cap. 3), etc. Quelques-uns d'entre eux ont même cru se conformer en
cela à l'opinion de l'auteur anonyme du livre *De morbis* (περι νουσων) qui
fait partie de la collection hippocratique. Ils ont été induits en erreur

(*) Le nom de *ver solitaire* a été donné, pour la première fois, au ténia de l'homme,
en 1699, par Andry (Préf., pag. 9 et 28 *de la Gén. des vers*, éd. de 1741), parce que,
dit-il, il est ordinairement seul de son espèce dans un individu. Arnauld de Villeneuve
l'avait appelé *solium*, ce qui, en supposant une faute de copiste, aurait la même signification. Le mot de *ver solitaire* est passé dans la nomenclature, et il a été adopté
généralement. Taenia et non Toenia, de ταινία, signifie ruban ; cette désignation du
ver solitaire date de Columelle. Quant à la solitude et l'isolement du ver solitaire, c'est
une opinion préconçue ; le ver solitaire coexiste toujours soit avec les ascarides vermiculaires, soit avec les lombrics, et souvent avec ses congénères. L'ancienne bonne de
feu mon ami M. Hartel avait depuis longtemps le ver solitaire, qui la tourmentait et
puis la laissait tranquille ou la quittait pour la reprendre un peu plus tard. Je la traitai
par la racine de grenadier plusieurs fois ; la seconde fois, au lieu de rendre, comme
auparavant, des longueurs de ver solitaire, elle rendit des milliers de petits ascarides
vermiculaires. Chez plusieurs autres femmes que j'ai traitées pour le ver solitaire
qu'elles avaient réellement, les premiers bols de racine de grenadier ont fait rendre
un ou deux gros lombrics. Enfin il s'est présenté à notre consultation un brave réfugié
polonais, qui écrivait en 1845 l'histoire de la révolution polonaise ; il était bien certainement envahi par les deux espèces à la fois de vers solitaires de l'homme, le *Tænia
solium* et le *Tænia lata*, dont il rendait des fragments enlacés les uns autour des
autres.

(**) Ou plutôt Polybe, gendre d'Hippocrate, dans le livre *de Morbis* (περι νουσων)
faussement attribué à Hippocrate. Ce livre, parvenu jusqu'à nous, a été ignoré de
Galien, qui affirme qu'il n'a jamais été parlé du *Tænia* dans les œuvres d'Hippocrate
ou dans celles qu'on lui attribue.

par la phrase où l'auteur dit (lib. 4, 27, edit. Vanderlinden) que, par son aspect, ce corps aurait l'air d'une raclure blanche de boyau (ὁκοῖόν περ ἐντέρου ξύσμα λευκόν). Mais la lecture de tout le chapitre démontre jusqu'à l'évidence que la signification de cette phrase ne sort pas des limites d'une simple comparaison; car partout l'auteur regarde le ver solitaire comme animé (τὸ Ξηρίον) et comme étant l'auteur, par son parasitisme, d'une grave affection intestinale; et tout ce qu'il en dit est admirablement conforme à ce que nous observons.

Un corps grêle comme un fil, et d'un décimètre au plus de longueur, terminé postérieurement par un enchaînement d'articulations ovariennes plates, qui peut acquérir une longueur de deux à trois cents aunes (*), car son développement est indéfini, telle est l'idée générale que l'on peut se faire de la structure du ténia. La tête *a*, pl. 16, fig. 3, a quatre orifices buccaux diamétralement opposés et équidistants, et situés sur l'équateur de cette sphère; ils communiquent avec le canal intestinal central; un peu plus haut se trouve, chez certaines espèces, une couronne de crochets, et quelquefois au centre un suçoir rétractile. En arrière,

---

(*) *Tænia tricenum pedum et plurium in longitudine* (Plin., lib. 2, cap. 33).

Olaus Borrichius (*Act. Hafn.*, vol. 2, obs. 47) rapporte qu'un jeune homme était attaqué d'un ver solitaire dont la longueur aurait dépassé près de huit cents pieds, si l'on avait pris soin d'assembler tous les bouts qu'il avait rendus et dont un seul avait deux cents pieds de long. Borrichius l'avait conservé dans un bocal.

Tyson (*Dissert. de Lumbrico lato*) a connu un malade qui depuis plusieurs années rendait des longueurs de *Tænia* de 7, 10, 13, 20 pieds et davantage; en sorte que si on avait assemblé tous ces bouts, on aurait eu une concaténation bien plus longue que celle dont parle Borrichius.

Tulpius (*Obs. medic.*, lib. 2, cap. 42) en a vu rendre de 40 aunes (160 pieds environ de longueur).

Jacobus OEthœus a mesuré un tænia de 250 pieds de long.

Un fermier et sa femme, des environs de Paris, que j'ai eu à traiter pour le ver solitaire, me racontaient qu'étant un jour aux champs, le mari, se sentant pris d'une forte colique, se mit à rendre un ruban de tænia tellement long qu'ils le dévidèrent en l'accrochant d'un arbre à l'autre et par un si grand nombre de tours qu'ils ne s'en rappelaient plus le nombre.

Il paraîtrait que, du temps d'Andry en 1701, les paysans s'amusaient à étaler de pareils trophées helminthiques à leurs arbres; car ce docteur a fait figurer deux fois le ver ainsi suspendu aux branches d'arbres, dans l'atlas qu'il a publié en 1701 avec privilége du roi, chez Laurent d'Houry, rue Saint-Jacques, au Saint-Esprit, sous le titre de : *Vers solitaires et autres de diverses espèces, gravés d'après nature, nouvellement découverts par M. Nicolas Andry, docteur de la Faculté de Paris;* et dans l'édition du même atlas avec texte, qui parut chez le même libraire, en 1718.

Consultez, pour de plus grandes dimensions, Linné, Goeze, Andry, Boerhaave, Muller, etc. J'ai vu rendre plusieurs échantillons de *taenia* qui, entassés, occupaient toute la capacité d'un flacon d'un quart de litre; et ils n'étaient pas complets.

cette tête se rétrécit en un long cou *b*, qui est le véritable corps dont la série des articulations semblerait le ventre. Nous avons fait observer plus haut que, chez les helminthes, la portion thoracique du corps n'en forme que la minime partie (1027); tandis que la partie abdominale, consacrée au développement de l'appareil ovarien, semble former la totalité du corps même. Chez le ténia, les mêmes rapports de développement subsistent; mais l'ovaire n'est plus qu'une annexe, et non une portion intégrante de l'abdomen; le canal intestinal s'arrête et débouche là où les articulations ovariennes commencent; c'est la queue du serpent à sonnettes, dont chaque crotale serait une articulation ovarienne. Quand le ténia est animé de la tendance de reproduction, car les ténias sont hermaphrodites et se suffisent à eux-mêmes, il leur pousse, à l'extrémité du corps, un de ces organes que la fig. 5 représente dans leurs dimensions les plus grandes. Cet organe est une gemme ou articulation, ayant une circulation à part; mais c'est une gemme pleine d'œufs, comme la gemme des plantes, que nous nommons le fruit. On distingue, sur un de ses côtés, l'ouverture vaginale *c* par où les œufs s'échappent au dehors (1054). Cette articulation peut se détacher du corps, sans que l'animal ait perdu la propriété d'en reproduire d'autres; mais, si elle reste adhérente, c'est elle qui se reproduit et se régénère, en enfantant une autre gemme qui se soude avec elle bout à bout, ou plutôt qui reste empâtée sur la gemme maternelle, dont elle continue la série, pour produire une gemme de troisième création à son tour, laquelle produira de même, et ainsi de suite à l'infini, si la capacité du corps de la proie permet à son parasite un développement illimité. La fig. 5 représente une série de six gemmes semblables, avec leurs oscules, ou ouvertures vaginales *c*, tournés tous du même côté. Cette dernière circonstance est une exception; car, en général, et lorsque le développement n'est pas entravé dans sa marche par des causes d'avortement, ces articulations ovariennes se forment d'après la loi d'alternance que nous avons fait connaître chez les tiges articulées des végétaux et chez les membres articulés des animaux. De même que les feuilles des graminées alternent entre elles, de même que l'arête, ou ligne angulaire du tibia, alterne avec la ligne âpre et anguleuse du fémur, ou celle du cubitus avec celle de l'humérus, de même l'oscule ou ouverture vaginale de chaque articulation ovarienne du ténia est placé sur le côté opposé à l'oscule de celle qui la suit et de celle qui la précède. Ainsi qu'on le voit sur la fig. 6, on trouve des articulations chez qui l'organe ovarien multiple a produit deux et quatre oscules, un pour chaque ovaire particulier.

1064. En conséquence, chaque articulation du ténia est un fruit rempli de graines plutôt qu'une gemme; c'est une grappe d'œufs enfer-

mée dans son utérus spécial; c'est un tissu destiné à propager l'animal,
et non à le nourrir; un tissu destiné à se détacher du corps de l'animal
même. Le ténia se rajeunit en s'en dépouillant; et quand le malade
rendrait des milliers de ces ovaires, il n'éprouverait pas le moindre
soulagement, bien au contraire; il n'en conserverait pas moins, dans ses
flancs, l'helminthe possédant son intégrité individuelle, et également
animé de sa première voracité. La sortie de ces articulations ovariennes
ne prouve qu'une seule chose, qui est que le malade en est infesté, et
qu'il en porte l'auteur dans ses entrailles; c'est en ce cas que l'on peut
établir ce raisonnement, qui est absurde dans tous les autres (993, 7°) :
Il en rend, donc il en a encore. Ces articulations détachées du corps du
ténia, quand elles sortent isolées les unes des autres, ont été, de temps
immémorial, désignées sous le nom de *vers cucurbitains*, à cause de leur
ressemblance avec certaines graines de cucurbitacées (*). C'est au moyen
de ces ovaires détachés que le ténia avise à la propagation de l'espèce;
car, rendus par les selles, ces œufs vont se confondre avec la poussière,
et se disséminent ensuite dans le corps des divers habitants du pays; on
est témoin alors d'une épidémie vermineuse, d'une contagion du ténia.
Ces épidémies sont fréquentes en Suède, en Russie, sur les bords de la
Baltique, à Turin, à Genève et sur tout le bord du lac Léman, dans la
Hollande, etc.

Dans l'Abyssinie, dit-on, où le ténia est endémique chez la race chré-
tienne, on accorde toujours aux condamnés trois jours de grâce, non pas
pour se pourvoir en révision, mais pour expulser leur ver au moyen de
l'écorce de *musanna* qui croît sur les bords de la mer Rouge. Singulières
superstitions d'une propreté posthume et dans le but de ne pas porter
une pareille vermine en paradis!

1065. Nous venons de dire que certaines articulations sont doubles et
quadruples des autres, sous le rapport de l'organisation, et qu'elles ont
alors, à l'extérieur, deux, trois et quatre oscules. Or, si chacun de ces
compartiments devenait fécond sur place, et engendrait comme il a été
engendré, dès ce moment, il se ferait là une espèce de bifurcation, et le
ténia semblerait bifide et à deux queues, ainsi que cela arrive chez les
lézards, dont la queue repousse après qu'on l'a coupée. Si, d'un autre
côté, le bout opposé présentait quelque chose d'analogue sur son dernier
segment, on croirait voir un ver d'une espèce nouvelle, muni d'une
tête à deux mâchoires, et d'une queue bifide (**). Dans le temps de la
croyance aux prestiges du diable, il n'en fallait pas davantage pour crier

---

(*) Οἴον σικύου σπέρμα, collect. hipp., *de Morbis*. — *Vermes cucumerini* auctorum.
(**) Voy. *Encyclop.*, pl. 44, fig. 7. — Bremser, Atlas de Leblond, pl. 4, fig. 10.

au maléfice, quand on voyait un malade rendre un produit aussi monstrueux ; et nous pensons que le monstre que Jean Wier, médecin du duc de Clèves, a figuré dans son livre, *de Præstigiis dæmonum,* avec un bec de canne, et qu'Ambroise Paré copie (page 735, éd. ci-dessus), n'était autre chose qu'une de ces déviations des concaténations du ténia. Quoi qu'il en soit, nous avons là, dans ce phénomène de déviation organique, une analogie de plus de la structure du ténia avec les dichotomies des végétaux et des polypiers flabelliformes.

1066. Le célèbre anatomiste Winslow a cru voir les injections colorées se frayer une route, par un canal intestinal qui traverserait, comme une ligne médiane, toute la longueur de la concaténation des articulations. C'est une erreur d'optique très-certainement ; car si le canal intestinal de l'animal traversait toutes ces articulations, en sorte qu'elles fussent toutes entre elles en communication directe par le tube alimentaire, il ne pourrait pas s'en détacher une seule, sans que l'intégrité du ver fût détruite. Du reste, une anatomie plus fine et faite avec plus de précautions démontre le contraire.

1067. Quand le ver veut se nourrir, il s'attache, il se cramponne aux parois intestinales, en y implantant sa couronne de crochets, s'il en possède. Aussitôt après, il applique une de ses quatre bouches contre la surface qui lui correspond, et l'attire à sa hauteur par un pli, qui permet à la bouche suivante de l'attirer à son tour et de s'y appliquer de la même manière, ce qui met le pli d'adhérence à la proximité de la troisième bouche, et celle-ci en fait autant pour la quatrième. Dès ce moment, la tête du ténia est entièrement plongée, pour ainsi dire, dans les tissus vivants, sur une place qu'il déchire par ses crochets, et qu'il épuise par une succion incessante. On conçoit par là combien les tortures du malade doivent être terribles, et combien les symptômes du mal doivent être variables, selon que le ver s'applique à telle ou telle hauteur du tube alimentaire, qu'il rencontre tel ou tel centre nerveux, qu'il a affaire à telle ou telle constitution individuelle, à tel ou tel tempérament. Les tortures qui sont du fait de l'échinorhynque (1044) ne sont qu'un simple diminutif des tortures produites par le ténia. 1° J'ai vu des cas de violente hystérie, de convulsions démoniaques, d'épilepsie, de marasme, de tétanos, de miséréré, qui étaient l'œuvre de ce monstre (*). 2° Aubert, médecin à Genève, a décrit une tumeur dans un testicule, qui avait tous les caractères syphilitiques, et qui était produite par la présence du ténia, chez un homme qui n'avait jamais gagné la

___

(*) Voy. *Journ. de Méd.,* 1763, tom. 18, pag. 441 ; — 1781, tom. 56, pag. 115 ; — 1783, tom. 60, pag. 22 ; — 1790, tom. 84, pag. 40.

maladie vénérienne (*). 3° J'ai soigné, en 1846, une jeune personne qui, depuis trois ans, était en proie à des convulsions si violentes, qu'elle se mettait à courir les champs la tête perdue. Les convulsions la reprenaient à des époques indéterminées. Le médecin du lieu avait l'imprudence de rire de ces accès, en les caractérisant plaisamment du nom d'accès hystériques. Lorsqu'on la confia à mes soins, je fus au premier abord porté à croire qu'elle était atteinte d'une maladie de cœur ; une étude plus suivie me démontra que la cause de ces désordres, qui n'avait pas le moindre rapport avec des accès hystériques, n'était autre qu'un ténia volumineux. Quand le ténia s'attachait à la paroi de l'estomac qui avoisine la région du cœur, la malade éprouvait des palpitations violentes accompagnées de détonations semblables aux détonations lointaines de la foudre ou du canon. L'usage de l'eau-de-vie camphrée délogea le ver de cette place ; il redescendit dans le côlon et y occasionna de violentes coliques. L'ingestion du laitage ou des sucreries le faisait remonter dans l'estomac d'où il lançait sa tête jusqu'à la gorge de la malade, qui éprouvait alors une constriction et des picotements insupportables ; un petit verre d'eau-de-vie camphrée le faisait redescendre tout aussitôt ; et c'est ainsi que cette jeune personne, de la conduite la plus régulière et de la plus grande sobriété, fut condamnée à se soulager, jusqu'à ce que guérison complète en advînt. Avant ce traitement, elle était prise de faims-calles, qui ne lui laissaient ni repos ni trêve ; elle se levait même la nuit pour apaiser les douleurs de la faim qui la torturait.

4° M. Eugène Delion, demeurant 38 *bis*, rue des Marais, nous a transmis un cas de guérison d'épilepsie qui n'était due qu'à la présence d'un ver solitaire. Ce cas a été attesté par le malade et sa femme, par un conseiller de la mairie de Chervey (Aube) où le fait s'est passé, par six habitants de cette commune avec légalisation de leur signature. Le nommé Plançon, de la commune de Chervey, était atteint depuis un an d'une maladie qui avait résisté à toutes les prescriptions des médecins du pays. Alarmé par les effets progressifs du mal, et sur l'invitation même des médecins, il se décida à venir à Paris réclamer les soins des maîtres de la science. Il s'adressa à M. Gerdy, qui le fit entrer à la Charité, et déclara au bout de quelques jours que, le malade étant atteint d'épilepsie, sa femme ferait bien de le conduire à Bicêtre, le mal étant incurable ; à cette époque les attaques se reproduisaient tous les huit jours. La proposition n'ayant pas été acceptée par la femme du malade, elle se décida, sur l'avis de M. Eug. Delion, à soumettre son mari au

(*) *Journ. de Méd.*, 1813, t. 47, pag. 275. Voy. de plus Andry, *de la Génér. des vers.*

traitement prescrit dans nos ouvrages, et le succès en a été si marqué, que, le 5 mars 1845, en deux mois de traitement, Plançon s'est trouvé débarrassé de sa cruelle maladie après avoir rendu un ver solitaire complet. Si ce malade retombait et éprouvait une récidive, il serait évident que cette recrudescence serait due au développement d'un nouveau ténia. Depuis lors nous avons obtenu la guérison de beaucoup d'épileptiques en les soumettant au traitement indiqué contre le ver solitaire.

5° Nous guérissons tous les jours des hydropisies, des ictères, des gastrites, des maladies de cœur, des vomissements même, analogues à ceux qu'occasionne le squirre du pylore, etc., en traitant ces maladies par les antidotes des lombrics et ensuite par ceux du ver solitaire. Dans le plus grand nombre des cas nous faisons rendre le ténia ; et dans presque tous nous obtenons un soulagement instantané.

Admettez, en effet, que le ver solitaire implante sa tête dans la paroi des intestins, ne favorisera-t-il pas ainsi une sécrétion séreuse qui viendra s'accumuler dans le péritoine, surtout si le point d'application intéresse les aboutissants du foie? Admettez que la tête du ténia s'engageant dans le voisinage et au-dessous du canal cholédoque, ses concaténations se pelotonnent dans le duodénum et y forment un piston, la bile ne remontera-t-elle pas dans l'estomac, et de l'estomac à la gorge, avec toutes les colorations que le bol alimentaire non digéré est en état de revêtir? Lorsque le peloton prendra son mouvement de va-et-vient, c'est alors que l'on pourra entendre, en auscultant, des espèces de détonations qui se traduiront au dehors par des éructations étouffantes. Si le ver se fixe dans l'estomac, de quelle affreuse gastrite ne sera-t-on pas atteint, avec crampes, étranglements, éructations, convulsions, etc., si sa tête s'engage vers l'orifice cardiaque : hoquets violents, si elle s'engage dans le point d'adhérence des intestins au mésentère, dans un ganglion nerveux qui émane immédiatement des racines de nerfs de la moelle épinière : convulsions, tétanos, épilepsie, manie, et tout le cortége enfin des maladies nerveuses, qu'à la même place une simple piqûre d'épingle produirait tout aussi violemment que la piqûre du ténia ! Ces conséquences sont si immédiates qu'on ne saurait en révoquer en doute l'évidence, une fois qu'on a admis l'hypothèse de ces déplacements du ver.

1068. Le mécanisme par lequel le ténia est en état de produire le miséréré, en interceptant le passage des matières fécales, s'explique facilement par la manière dont les segments ovariens se disposent à la suite les uns des autres. En effet, ces segments, n'étant pas traversés par le canal intestinal, doivent s'appliquer les uns sur les autres par des tours de spire indéfinis, les anses intestinales tendant sans cesse à imprimer aux nouveaux segments la direction qu'ont prise tous les autres, et, d'un autre côté, aucune fonction des organes essentiels à la vie de l'helminthe ne les intéressant de façon à les dédoubler. Or, qu'on s'imagine une centaine de mètres de ruban d'un centimètre de large, et d'aussi peu d'épaisseur qu'on puisse leur supposer, enroulés en un peloton compacte (*); en faudrait-il davantage pour obstruer un intestin, même le côlon, et à plus forte raison l'intestin grêle, et par conséquent pour forcer la matière fécale à rebrousser chemin et à se rejeter au dehors par le vomissement? Si le malade et le médecin ne soupçonnent pas l'auteur de ce désordre, la maladie prendra le nom de *colique de miséréré*.

Nous le répétons, le ténia n'a pas besoin autrement de dévider ce peloton d'ovaires ajoutés bout à bout, et qui, une fois développés, ne font plus que mûrir leurs œufs, sans rendre en rien, au vrai corps de l'animal, la nutrition qu'ils en reçoivent; leur destination étant la dissémination, ils se détachent à la file les uns des autres, en *vers cucurbitains*, dès qu'ils ont été mûris par l'incubation.

1069. On a divisé les divers ténias en deux groupes principaux : les ténias à trompe rétractile, et les ténias qui n'auraient pas de trompe de ce genre-là. Nous pensons que cette différence ne dépend que d'un mouvement musculaire de l'helminthe, que les uns auront surpris au moment où il allongeait sa trompe, et les autres au moment où il la rengainait. Quant à la couronne de crochets dont les uns seraient armés et les autres privés, c'est encore là, dans le plus grand nombre de cas, une différence d'habitude du corps; car un organe d'une telle importance peut momentanément se réduire à de moindres dimensions, mais il ne disparaît jamais tout à fait. Le ténia le mieux armé paraît dépourvu de sa couronne de crochets, dès qu'il se retire et qu'il rentre, pour ainsi dire, en lui-même, comme le font les polypes tentaculés.

DIVERSES ESPÈCES DE TÉNIA.

A. *Ténia de l'homme.*

1070. TÉNIA CUCURBITAIN, VER SOLITAIRE (*Tænia solium* Lin.), pl. 16, fig. 3, de cet ouvrage. Ce ténia, le plus anciennement décrit, cause à l'homme les plus cruelles tortures, et souvent même la mort, par la perforation des parois intestinales. Il est très-commun dans les pays marécageux, en Hollande, en Livonie. C'est celui dont les articulations ovariennes, rendues par les excréments, ont été prises, par bien des

(*) Andry en a donné une figure qui représente le ver ainsi pelotonné. *Loc. cit.*, tom. 1, pag. 33, éd. de 1741.

observateurs, pour des vers complets, qu'ils ont nommés *vers cucurbi-*
tains, à cause de leur ressemblance avec des graines de certaines cucurbitacées. La tête de ce ver a quatre oscules opposés, croisés, et sur le
devant une couronne de crochets; ses concaténations atteignent quelquefois plusieurs centaines d'aunes de longueur. Le malade qui en est
envahi maigrit et tombe dans le marasme, tout en mangeant avec une
incessante voracité; il éprouve à jeun des douleurs atroces d'estomac,
qui s'apaisent par l'ingestion des aliments. Mais si la tête du ver s'engage dans quelque centre nerveux, alors le mal se complique de tous les
symptômes des convulsions de divers noms et du caractère le plus
effrayant.

1071. TÉNIA LARGE (*Tænia vulgaris* Lin; *Tænia lata* Rud.; *Botryo-*
cephalus hominis Lamk.). Il paraît que la tête de ce ténia n'a que deux
oscules ou orifices buccaux opposés, au lieu de quatre. On le dit endémique en Russie, à Dorpadt surtout, en Suisse, etc. Ne serait-ce pas une
déviation de l'espèce précédente, un accident d'organisation? Quand on
voit le *Tænia solium* acquérir une bifurcation ovarienne, on peut bien
supposer qu'il puisse naître avec deux oscules au lieu de quatre; deux
et même un seul lui suffiraient amplement pour alimenter son estomac.
Quoi qu'il en soit, cette forme produit sur le corps humain les mêmes
effets morbides que le ver solitaire.

N. B. Si l'on n'avait que des fragments d'un ténia, pour le décrire,
on s'exposerait à faire autant d'espèces de ces helminthes, que le fragment qu'on aurait sous les yeux serait pris à une plus grande proximité
de la tête; car les articulations ovariennes sont d'autant plus longues et
plus larges, qu'elles sont plus près de leur maturité. Or l'étude analo-
gique des organes ovariens nous indique suffisamment que ces anneaux
doivent mûrir à fur et mesure que ceux qui les devancent se détachent;
en conséquence, que ces anneaux doivent être d'autant plus courts qu'ils
sont plus près de la tête; en sorte qu'à une certaine distance, ces segments ont l'air de simples rides.

B. *Ténia des animaux.*

1072. Les brebis, les bœufs, les chevaux, les chiens, les animaux
domestiques enfin, sont sujets à être envahis par des ténias, dont on a
fait tout autant d'espèces qui ne nous paraissent distinctes que par des
différences d'âge et d'habitation, c'est-à-dire de nutrition. Le ténia de
l'outarde offre un caractère assez saillant, dans les prolongements filiformes dont chaque segment ovarien est armé sur un même côté de

l'helminthe; Bloch l'a nommé pour cette raison, *Tænia villosa*. Le *Tænia nodulosa* (*T. tricuspidaria* Lamk.), que l'on trouve dans les intestins de la perche, etc., se distingue par deux aiguillons tricuspides qui sont placés au-dessous des deux lobes de la tête. Il serait inutile au but que nous poursuivons d'entrer plus intimement dans les détails de ce sujet ; nous nous contenterons d'indiquer que le *Tænia ovina* habite les intestins des agneaux; le *T. denticulata*, ceux des vaches et des bœufs; le *T. pectinata*, ceux des lièvres et lapins; le *T. perfoliata*, le cœcum et le côlon des chevaux; le *T. canina*, les intestins grêles du chien, le *T. infundibuliformis*, les intestins du faisan, de l'outarde et du canard, etc.; et nous passerons à un point de la question qui intéresse beaucoup plus la physiologie nosologique.

————

2° GENRE : **HYDATIDE** (*) (*Hydatis* Lamk.; *Taenia* Lin.; *Cysticercus* Rudolphi), pl. 16, fig. 7 de cet ouvrage.

1073. Nous venons de démontrer que les *vers cucurbitains* ne sont que des articulations du ténia développées les unes au bout des autres;

(*) Loyola qui, depuis 1815, a eu l'adresse de peupler les corps enseignants et les académies de ses adeptes, sous un masque ou sous un autre, ne manque jamais, dès leur apparition, de clouer à l'index de Rome, nos ouvrages, et de les arracher ensuite des mains de ceux qui les lisent, quand et comme il le peut; mais il en retient avec soin un exemplaire pour son usage personnel et pour servir à l'édifice du temple d'Israël. Dès qu'il y trouve une pierre toute taillée à sa convenance, il la fait ramasser par les mains de l'un de ses saints, qui la sanctifie et la purifie de sa tache originelle en la couvrant de son nom. C'est le parti qu'il a pris pour la millième fois, afin de pouvoir introduire, sans profanation aucune, dans l'enseignement universitaire, toutes les idées que renferment les paragraphes 1073-1099, une fois qu'il leur a eu reconnu les caractères de l'évidence. En effet, dès 1852, l'Académie des sciences de Paris avait mis au concours le programme suivant : « *Faire connaître, par des observations directes et des expériences, le mode de développement des vers intestinaux, et celui de leur transmission d'un animal à un autre.* »
En 1854, elle a décerné le grand prix Monthyon à un pieux adepte, qui lui a répété, au fond mot pour mot, avec des phrases un peu plus longues, tout ce que depuis 1844 nous avions établi dans ce chapitre de l'*Histoire naturelle de la santé*. A-t-elle vérifié le travail par un examen assidu? Pas le moins du monde; pourquoi prendre tant de peine? elle s'en est fiée à la parole du *cher frère*, et cela sur le simple rapport du plus incompétent de tous les autres *chers frères*. Qu'avait-elle besoin de vérifier le dire du lauréat? ce qu'il disait n'était-il pas établi depuis dix ans aux yeux du public profane, qui est toujours la voix de Dieu :*Vox populi vox Dei?* Ensuite si l'on ne doit jamais rien croire de ce que démontre un mécréant, par la raison des contraires, on ne doit dans aucun cas refuser d'ajouter foi à qui a la foi. Voyez ce document curieux dans les *Comptes rendus hebdomadaires de l'Académie des sciences*, tom. XXXVIII, n° 5, janv. 1854.

chacune de ces articulations peut être considérée comme un ovaire ou un utérus complet indépendant de tous les autres. Quand ces articulations se détachent, comme un organe mûr, de l'animal qui les supporte, elles sont bientôt expulsées avec les matières fécales, pour aller confier aux chances de la décomposition ou de la dissémination les œufs qu'elles recèlent et mûrissent. Mais ce mode de propagation de l'espèce n'est certainement pas le mode normal ; il ne doit être considéré que comme un accident indépendant de la prévoyance de l'helminthe. En effet, les animaux du bas de l'échelle ont l'instinct de déposer leurs œufs dans les tissus qui conviennent à leur incubation et à la nutrition du petit qui doit en éclore. Donc le ténia, ainsi du reste que tous les autres helminthes, doit chercher à confier ses œufs aux tissus vivants qu'il dévore lui-même ; il ne s'agit que de le surprendre sur le fait. Or, demandons-nous *à priori* sous quels traits s'offrira à nous le petit ténia, au sortir de son œuf (et cette question, jamais jusqu'ici les observateurs n'ont eu l'idée de se la poser). Les fœtus n'ont pas encore d'organes générateurs appréciables ; le petit ténia ne devra donc pas encore présenter une concaténation d'ovaires appréciable à notre vue ; il en sera réduit à ce que nous avons considéré comme le corps proprement dit du ténia, à ce que les naturalistes appellent son cou effilé surmonté de la tête. Mais ce corps lui-même sera d'autant plus petit, par rapport à la tête, que le ténia sera plus jeune ; car chez tous les fœtus le développement commence par l'organe céphalique. Eh bien, représentons-nous maintenant d'une manière graphique le ténia dépouillé de sa longue concaténation ovarienne, réduit à son cou pointillé de spirales d'hexagones noirs, cou peu développé encore et se terminant en une grosse tête munie de ses quatre oscules et de sa couronne de crochets ; et quand notre figure d'imagination aura été terminée, confrontons-la avec la fig. 6, pl. 40, de l'*Encyclopédie*, que nous avons reproduite sur la pl. 16, fig. 7, de cet ouvrage, et nous resterons convaincus que l'helminthe que nous venons de dessiner, à l'état de sa plus grande jeunesse, est exactement le même que l'helminthe libre de l'hydatide du cerveau du mouton, ou de toute autre hydatide ; c'est-à-dire que l'hydatide n'est autre que l'œuf éclos du ténia. Car deux formes identiques dans leur organisation ne sauraient appartenir à des êtres de différente origine.

1074. De même donc que les autres helminthes (1001), le ténia doit confier à d'autres tissus que ceux du canal intestinal, où il s'alimente, les œufs au moyen desquels la nature propage son abominable race. Ce résultat inattendu du raisonnement par induction et par analogie éprouvera sans doute une certaine défaveur, et ne sera pas admis, sans avoir passé par les phases de la répugnance, parce qu'on se demandera, sans trop pouvoir s'en rendre compte, comment et par quelle voie de communication les œufs du ténia auront pu se faire jour, du canal alimentaire, dans les organes les plus éloignés et les plus profonds. Cependant la possibilité du fait résulte de sa réalisation dans d'autres circonstances ; et puisque les lombrics sont en état de résoudre ce problème (1006), pourquoi les ténias ne le feraient-ils pas? N'ont-ils pas également, par devers eux, tout ce qu'il faut pour inoculer leurs œufs dans un tissu contigu, ou pour les confier au torrent de la circulation générale?

1075. En effet, ce n'est pas pour aller disséminer les œufs qu'elle recèle, hors du corps des animaux, que l'articulation ovarienne du ténia est douée d'un oscule vaginal. La dissémination n'en aurait pas moins lieu, au moyen de la décomposition putride de ses parois, si cet ovaire était resté imperforé ; la nature ne crée pas ainsi des organes inutiles et sans destination. D'un autre côté, l'observation directe nous a appris que, de cet oscule, on voit sortir quelquefois une espèce de pénis, qui pourrait bien être un organe perforateur analogue à celui des strongles et de l'ascaride; les filaments qui partent de chaque segment du ténia de l'outarde auraient dans ce cas la même destination. Quand donc le ténia veut confier ses œufs à la substance intime d'un tissu contigu au canal alimentaire, ou au torrent de la circulation, il a par devers lui deux moyens de perforer la paroi de l'organe ou la tunique de la veine : d'abord l'action de ses crochets céphaliques, et ensuite celle de chaque pénis exsertile de ses anneaux ovariens ; l'oscule de l'anneau, s'appliquant, comme une ventouse, sur l'orifice de la perforation tenue béante, y déversera les œufs dont il est plein et qu'il a mûris dans son sein; l'incubation fera ensuite le reste. Ph.-J. Hartmann (*), ayant voulu disséquer un chien qui jusque-là avait été lourd et paresseux, n'eut pas plutôt plongé son bistouri dans les parois de l'abdomen, que le chien rendit deux vers larges entrelacés l'un dans l'autre. Il découvrit, dans le jéjunum, deux empreintes assez grandes, sèches et dures comme deux escarres, dans les enfoncements desquelles la tête du ténia s'était engagée. Ce chien, quoique charnu, n'offrait aucune trace de graisse. Dans le voisinage du pylore il trouva une tumeur contenant différentes cavités ou cellules plissées d'où le stylet amena une vingtaine de petits vers plats entortillés, déliés comme des fils et longs d'un demi-pouce. Ce chien, de petite stature, avait le cœur plus gros que celui d'un veau. Un mois auparavant, Hartmann avait trouvé ces petits vers sous la forme d'hydatides. Quant à l'hypertrophie de cœur de ce chien, il est impossible de ne pas lui assigner pour cause le parasitisme de ces vers solitaires.

_____

(*) *Ephem. cur. nat.*, dec. 2, 1688, 54.

1076. Supposons donc que, se glissant dans le canal cholédoque, le ténia vienne à déposer de place en place, et de perforation en perforation, dans la substance du foie, les produits de ses diverses articulations ovariennes, il est évident que chaque perforation renfermera un assez grand nombre d'œufs dans le sein de sa cavité. Les bords de la plaie se rapprochant et se soudant de nouveau, cette cavité prendra les caractères d'un kyste rempli d'œufs. Mais ces œufs grandiront par les progrès de l'incubation; les petits éclos, s'attachant aux parois qui les couvent et les emprisonnent, leur imprimeront, par leur succion, une impulsion de ce développement, dont nous avons eu tant de fois déjà l'occasion de décrire le mécanisme, sous l'influence des insectes suceurs (909). Le kyste, c'est-à-dire, la cavité artificielle, grandira donc avec les vers qu'elle recèle, et ses parois ne seront pas distinctes de celles du tissu envahi; seulement elles prendront des caractères d'organisation et de solidité différents de tout ce qui les entoure; nous aurons alors les hydatides du foie ou une hydropisie ascite.

1077. La ladrerie du cochon provient de la présence de milliers d'hydatides incrustées dans le lard et les chairs, sous forme de petites vésicules blanches, qui ont l'air de grêlons implantés dans les muscles; ce qui faisait que les Latins désignaient cet état morbide sous le nom de *caro grandinosa, corpus grandinosum;* comme l'on dit, en province, d'un individu atteint de la petite vérole : *il lui est tombé de la grêle, il lui a grêlé, il est grêlé.* Ces hydatides, d'après notre hypothèse, seraient arrivées là de la même manière que les *trichina* ou œufs du lombric (1006).

1078. Que si le ténia confie, par de semblables perforations, ses œufs au torrent circulatoire, l'incubation ayant lieu dans les vaisseaux qui charrient ces germes, les petits ténias s'attacheront aux parois de la tunique; dès l'instant qu'ils seront éclos, ils y détermineront une varice ou une anévrisme, varice ou anévrisme qui, à la suite, ou par le développement indéfini des parois attaquées, pourra prendre les caractères d'un kyste à son tour, si les bords se rapprochent et se soudent. Mais enfin, si le torrent de la circulation transporte ces œufs jusque dans le voisinage de la pulpe cérébrale, cette colonie de vampires, établie dans un milieu aussi délicat et dans des vaisseaux d'aussi petit calibre, y déterminera bien plus vite une cavité, qui prendra tous les caractères d'une poche et d'un kyste *sui generis.* N'avons-nous pas vu les larves d'insectes transformer en pareilles poches, par leur seule incubation, les tissus qu'elles métamorphosent alors en organes de la nature la plus anormale (759)? Toutes ces inductions se tiennent par un fil si simple à dévider, qu'on les prendrait pour les résultats d'une observation directe. Ceux qui auront recours, comme nous, aux figures des deux ordres de phénomènes, figures dont les bornes de cet ouvrage ne nous permettent pas d'enrichir. ce travail, ceux-là n'auront pas besoin d'une démonstration plus détaillée, afin de se convaincre de la justesse de ces rapprochements. Au reste, Linné, qui classait d'inspiration, n'ayant pas le temps de le faire à l'aide d'une patiente observation, Linné n'avait pas hésité à mettre les hydatides au rang des ténias, comme espèces microscopiques. Ses imitateurs voulurent aller plus loin, et ils n'ont jamais fait qu'agrandir le cercle des inattentions de ce grand homme : les imitateurs ne suivent en général le modèle que dans ses écarts ; car c'est là seulement qu'on trouve quelque chose à dire, quelque lacune à combler. Linné avait séparé, comme espèce distincte, l'œuf, de l'individu ; ses imitateurs les ont séparés, comme genres et comme familles ; c'est ainsi, en tout, qu'ils ont fait du nouveau.

1078 *bis*. L'histoire si détaillée que nous venons de tracer des vers cucurbitains (1053), du ténia (1063) et des hydatides (1073) va être complétée par une curieuse observation que nous avons eu l'occasion de faire en 1854 et que nous avons publiée dans la *Revue complémentaire des sciences* (livr. de décembre 1854, tom. Ier, pag. 144) :

Nous avions observé fréquemment qu'à la suite de notre médication une foule de malades, traités pour le ver solitaire, rendaient des petites gousses noires, coriaces et de la grosseur d'une écaille de bulbe de certaines alliacées. Nous ne voyons en cela que des vers cucurbitains tannés par l'écorce de grenade ou de grenadier qui aurait noirci leurs tissus ferrugineux.

Le 25 mars 1854, un malade soumis à la médication contre le ver solitaire rendit dans ses déjections, outre des matières rubanées qui rappelaient les concaténations du ténia, fig. 1 de la planche ci-après, des excréments durcis, et dont les uns en fragments ventrus du volume d'un cornichon étaient cannelés de la manière la plus régulière ; et d'autres cylindriques incrustés de plaques blanches cartilagineuses qui piquaient vivement ma curiosité. Je les détachai et les plongeai dans l'eau pure, après les avoir lavés à grande eau ; et j'eus sous les yeux les fragments en forme de petites nacelles que représentent les fig. 2 et 4. Du fond de la nacelle (*b*) se dressaient, en flottant dans l'eau, les corps fusiformes (*a*), qui étaient implantés par leur extrémité inférieure sur le tissu cartilagineux de la plaque, comme on le voit sur la fig. 2 *b*. On distinguait sur la surface du cartilage des anastomoses de vaisseaux qui devaient servir à la nutrition et, disons le mot tout de suite, à l'incubation des fuseaux (*a*), fig. 2 et 4 : car chacun de ces fuseaux n'est autre que le développement de l'œuf du *tænia*, lequel tient par sa base à la surface interne du ver cucurbitain qui lui sert de matrice. A la suite de ce déve-

loppement de ses œufs, la matrice finit par crever sous l'effort et par se
diviser comme en éclats conchoïdes. En effet, les hydatides ou œufs du
ténia que l'on rencontre dans le lard du cochon, affectent la forme de la

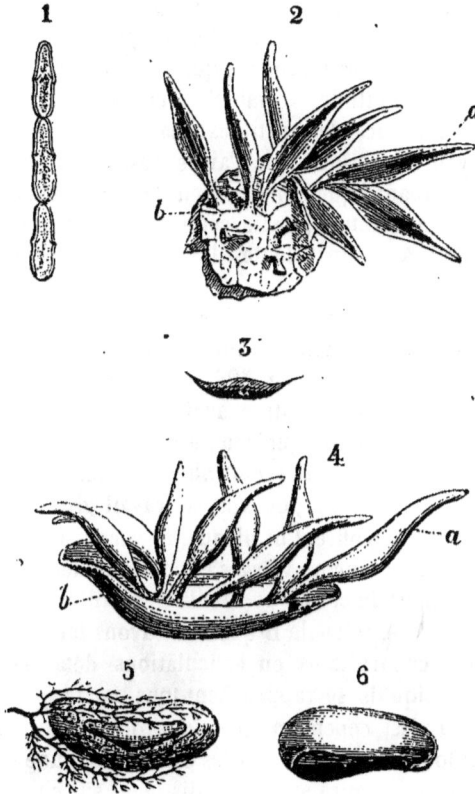

fig. 5. La fig. 6 représente la première enveloppe détachée du tissu du
lard; et la fig. 3, l'œuf végétant d'où doit sortir le fœtus hydatiforme du
ver solitaire (*), fœtus qui engendre la ladrerie. Ce sont ces fragments
de coques (b fig. 2 et 4) que rendent certains malades à la suite de l'em-

(*) Voyez l'ouvrage du jeune naturaliste P.-C.-Fr. Werner, enlevé si vite à la
science : *Vermium intestinalium brevis expositionis continuatio secunda*, Leipzig,
1786, tab. 1, fig. 11.

ploi de l'écorce de grenade, sous forme de fragments de coques de châtaignes, l'acide gallique les ayant noircies en se combinant avec leur tissu ferrugineux : on croirait que le malade avait avalé, avec la pulpe de la châtaigne, son enveloppe noire indécomposable qu'il aurait rendue ensuite avec les excréments. Il n'y a pas dans le cadre de nos études une seule observation qui ne tienne, par un côté ou par un autre, à l'une des branches qui en semblent le plus éloignées au premier abord : l'aspect, la position respective de ces fragments qui se plaquaient sur les cylindres excrémentiels, et ensuite les vermiculations que leurs nombreux fuseaux gravaient sur la surface des matières fécales, me rappelaient si bien à l'esprit le travail géologique que j'avais observé sur les cailloux roulés des sables du Brabant, que je n'eus rien de plus pressé que de faire de ceux-ci une nouvelle étude, mais cette fois comparative, et alors que j'avais présentes à l'esprit toutes les circonstances de l'observation précédente.

Je retrouvai en conséquence, sur la surface de ces cailloux, les plaques éclatées de nos vers cucurbitains, ainsi qu'on les distingue sur les divers échantillons de la planche pag. 522 ; et, entre ces éclats, le feutre des œufs végétants que la silicification avait pour ainsi dire comme injectés sans la moindre déformation quelconque ; seulement sur ces cailloux, ces œufs végétants se pressent et se multiplient d'autant plus que la taille du caillou est plus considérable ; on voit ce travail grossi en C. Les échantillons les plus petits n'offrent ni plaque, ni vermiculations ; ce sont sans doute des articulations encore vierges et non fécondées. On remarque, sur certains échantillons de ces corps silicifiés en cailloux roulants, les deux ouvertures buccale A et anale B que nous avons fait remarquer sur les distomes, vers cucurbitains ou articulations détachées du ver solitaire (1034). Quoiqu'ils se rapprochent tous par l'aspect et les niellures de la surface, il n'est cependant pas deux de ces cailloux qui affectent les mêmes contours ; et tous offrent les caractères d'une violente contraction où la silicification aura surpris le distome ; sur chacun de ces fossiles on rencontre évidemment l'une des mille formes de contraction que l'on remarque chez les vers cucurbitains vivants.

Enfin, ainsi que les anneaux du ténia, ces cailloux affectent toutes les dimensions possibles, depuis le volume d'un pois jusqu'à celui d'une galette triangulaire de 15 centimètres de côté. La planche pag. 522 représente les plus communes des formes qu'affectent ces fossiles.

Il découlerait de toutes ces considérations que chacun de ces cailloux roulants serait une des innombrables concaténations d'un gigantesque ténia, d'un ténia parasite de l'un de ces colosses des mers qui n'ont pas survécu au déluge, vers cucurbitains gigantesques à leur tour et qui se seront tannés de silice, comme les nôtres se tannent en noir par les sucs de la racine de grenadier.

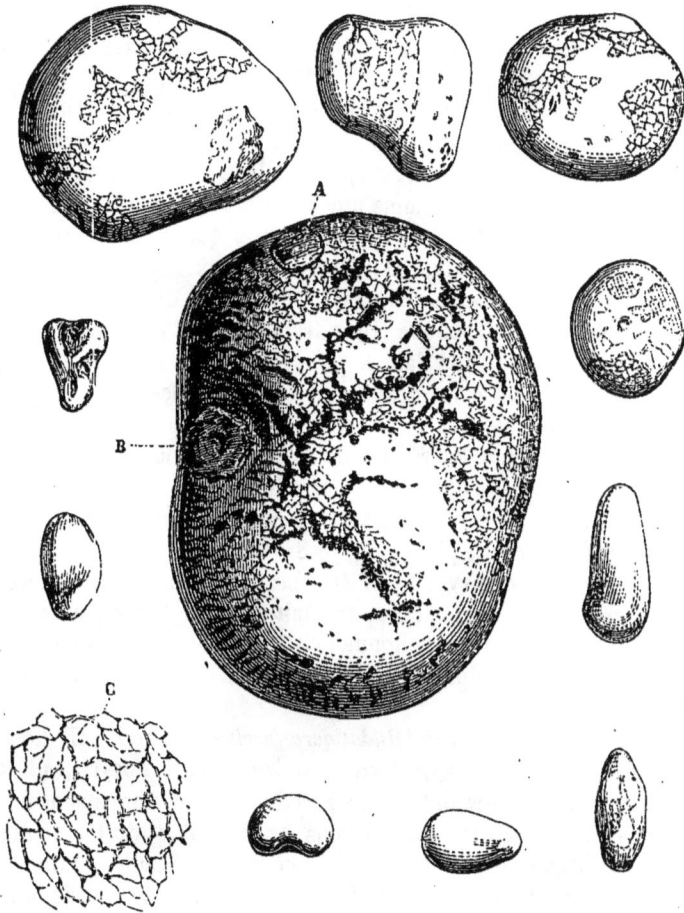

J'ai donné à ces cailloux le nom de SICYOLITHES (vers cucurbitains silicifiés).

Leur nombre devient incalculable à la surface des collines cultivées, une fois que la bêche a pu atteindre et retourner la couche argileuse où ils sont incrustés comme dans une gangue (*), ou plutôt dans une pâte dont il est toujours facile de les détacher même sans l'humecter.

(*) *Revue complémentaire des sciences appliquées*, livr. de mai 1857. tom. 3, pag. 309.

A. Évaluations des caractères spécifiques assignés aux diverses Hydatides.

1079. Hydatide globuleuse (*Hydatis globosa* Lamk.; *Cysticercus tenuicollis* Rudolph.; *Tænia hydatigena* Pall.; Encycl., pl. 39, fig. 1-5). C'est un ténia encore à l'état fœtal et portant encore à l'extrémité de son corps, comme un renflement sphérique, le vitellus qui a servi à son incubation; ce vitellus, qui fait corps avec la partie postérieure de ce ver, s'en détache ensuite comme une première articulation ovarienne, et alors l'hydatide est un vrai ténia. Le kyste qui renferme ces petits fœtus n'est que leur nid pris, pour ainsi dire, aux dépens des organes de l'animal envahi. Toute larve qui vit dans le sein d'un organe y produit un développement kystique. On a trouvé cet état du développement du ténia dans le péritoine et dans la plèvre des ruminants, du porc, etc., d'où sans doute, à un certain âge, il revient, en perforant les parois contiguës, dans les intestins d'où il était parti. A l'époque de l'observation qui a donné lieu à la création de cette espèce, la vésicule caudale (vitellus, d'après nous) avait la grosseur d'une noix.

1080. Hydatide pisiforme (*Hydatis pisiformis* Lamk.; *Cysticercus pisiformis* Rud.; Encycl., pl. 39, fig. 6-8). Ce n'est que la même espèce que la précédente, observée à un état beaucoup plus jeune encore, et dont le vitellus, moins vésiculaire, en était réduit à la simple grosseur d'un pois. L'observation qui a donné lieu à la création de cette espèce a été prise sur des individus trouvés dans le foie du lièvre, du lapin, et quelquefois de la souris.

1081. Hydatigère téniacée (*Hydatigera fasciolaris* Lamk.; *Cysticercus fasciolaris* Rud.; *Tænia vesicularis fasciolata* Goez.; Encycl., pl. 59, fig. 11-17). C'est l'espèce précédente arrivée à un développement de six a sept pouces, et présentant alors tous les caractères du ténia adulte, mais conservant encore à l'extrémité du corps sa vésicule vitelline. On l'a trouvé sous cette forme dans le foie des rongeurs, du rat, de la souris; par ses anneaux tétragones, il rappelle les caractères du *Tænia expansa* des moutons.

1082. Quand on a trouvé cet âge du ténia dans le péritoine du cheval, on en a fait l'hydatigère chalumeau (*Hydatigera fistularis*); et, dans les aponévroses des muscles de l'homme, du singe, etc., l'hydatigère lancéolée (*Hydatigera cellulosa*). ...

1083. Cénure cérébral (*Cœnurus cerebralis* Lamk. et Rudolph.; *Tænia vesicularis* Lin.). C'est l'état fœtal le moins avancé, alors que les anneaux sont encore à l'état rudimentaire, et que, par conséquent, la

vésicule vitelline se distingue moins du reste du corps, l'helminthe entier
ne dépasse pas alors quatre millimètres; et comme il n'est pas encore
tout à fait détaché des membranes de l'œuf, et que le chorion de l'œuf
adhère lui-même aux tissus qui ont servi à son incubation, il s'ensuit
que tous ces petits ténias ont l'air de faire corps avec la cavité kystique
qui les renferme, cavité dont les parois sont prises aux dépens des tissus
de l'animal envahi. On le trouve en cet état dans le cerveau du mouton.

1084. Echinocoque de l'homme (*Echinococcus hominis* Lamk. et Rudolph.;
Nouvel atlas de Bremser, par Leblond, pl. 10, fig. 1-8). C'est l'espèce
précédente trouvée dans le cerveau de l'homme et observée sous un jour
différent. Les helminthologues qui l'ont observé de leurs propres yeux
ont cru voir, dans le corps de cet helminthe, des petits renfermant
d'autres petits, etc. Ces prétendus fœtus sont les cellules du corps du ver,
cellules dans le sein desquelles apparaissent d'autres cellules, et ainsi de
suite, jusqu'aux limites de l'ampliation de nos instruments grossissants.

1085. Echinocoque des vétérinaires (*Echinococcus veterinorum* Lamk.
et Rud.; *Tænia socialis granulosa* Goez.; Eucycl., pl. 40, fig. 9-14). Un
des plus jeunes états du ténia trouvé dans le péritoine et autres viscères
des moutons, veaux, porcs, singes, dromadaires, etc.

1086. Acéphalocystes. Laennec a donné ce nom à des corps vésiculaires d'un développement anormal, mais qui ne portent aucun caractère
d'animalité et de vitalité propre, et n'offrent aucun organe qui en inter-
rompe l'uniformité; vésicules de grandeur variable, groupées en grappes
ou isolées en forme de tubercules, distendues à l'intérieur, soit par un
tissu cellulaire lâche et aqueux, ou compacte et coloré en jaune, ou
charnu, soit par un liquide albumineux, louche ou limpide : c'est assez
dire que ce sont des produits du parasitisme de quelque larve ou helminthe, et non des helminthes proprement dits. Chez les végétaux, les
galles, bédegars, etc., seraient des acéphalocystes, si l'on n'avait pas pu
découvrir l'insecte qui en est l'auteur; chez l'homme, le goitre serait
considéré par l'école comme une réunion d'acéphalocystes, si cette masse
de produits hétérogènes avait été trouvée dans l'intérieur d'un organe.
Les reins monstrueux et vésiculeux dont nous avons déjà parlé (1015)
auraient été pris pour des acéphalocystes, si l'on n'y avait pas trouvé le
lombric, dont la présence les avait ainsi déformés. Lorsque vous rencontrerez quelque chose de semblable dans les viscères d'un animal,
rappelez-vous nos principes et supposez-en l'auteur caché quelque part,
si toutefois la décomposition cadavérique ne l'a pas mis en fuite; ne
voyez que le produit d'un animal, dans tout ce qui n'offre rien d'un
animal. Un animal qui serait privé de tout ce qui caractérise les animaux,
c'est une idée impossible et dont l'expression répugne dans les termes.

L'étude de la physiologie végétale doit éclairer dans ce cas les inductions de la physiologie animale ; et dès lors on admettra en principe général que tout kyste, bien loin d'être un animal *sui generis,* n'est que le produit de la succion, de la piqûre, de la présence, du parasitisme enfin d'un animal quelconque. En outre, on peut supposer encore que la plupart des cas d'acéphalocystes observés par les anatomistes n'étaient que des hydatides ou échinocoques encore trop peu avancés dans l'incubation des œufs qui les produit, pour que les petits ténias aient pu révéler aux yeux de l'observateur les preuves de leur analogie ; car les œufs sont aussi des parasites, avons-nous déjà dit bien des fois, comme le sont les helminthes qui en éclosent ; leur incubation seule est donc dans le cas de produire, sur les tissus envahis, des développements anormaux. Or, quand ces œufs sont incrustés dans ces tissus, qui pourrait les y deviner ? ils se confondent avec les cellules du tissu même.

1087. Ovuligère de l'articulation du poignet (*Ovuligera carpi* Nob., *Nouv. Syst. de chim. organ.,* deuxième édition, tom. 2, pag. 628, pl. 12, fig. 7-11). — J'ai décrit sous ce nom un produit kystiforme et bilobé, qui se développe principalement à l'articulation du poignet, et renferme, nageant dans un liquide synovial, un très-grand nombre de petits corps blancs, de forme variable mais qui ne s'écarte pas trop de celle des œufs d'helminthes, et qui se changent en animaux mous que je n'ai pu étudier qu'après leur mort, mais qui m'ont tous paru munis d'un assez long cou, exsertile et susceptible de s'étendre et d'acquérir une longueur aussi grande que celle du corps lui-même. Les anatomistes avaient pensé que chacun de ces corps était une concrétion albumineuse ; leur structure organisée et leur analyse chimique réfutent victorieusement cette hypothèse, qui, du reste, n'était fondée sur aucun autre genre de démonstration, mais sur un aperçu à vol d'oiseau, comme on en faisait tant à cette époque.

B. Effets morbides du développement des Hydatides proprement dites, c'est-à-dire de l'incubation des œufs du ténia.

1088. Un tel développement, dans les méninges et surtout dans la pulpe cérébrale, ne saurait poursuivre son cours longtemps sans donner la mort à l'animal qu'il dévore. En sorte que jamais il n'arrivera peut-être de trouver le petit ténia assez bien caractérisé, dans ce milieu, pour qu'on ne puisse révoquer en doute son identité ; l'observation anatomique ne l'y surprendra habituellement qu'à l'état de cénure et d'échinocoque. Mais les symptômes de l'invasion suivront de près l'invasion

même; ils varieront au début selon le lieu d'élection : perte de la mémoire, si l'hydatide se développe sur la partie antérieure des deux lobes
cérébraux; perte de la sexualité, si c'est dans le cervelet; perte des
sens dont la paire de nerfs sera intéressée par la formation du kyste;
tournis, si l'un des deux lobes est envahi seul, et que l'antagonisme de
la sensation soit supprimé de la sorte; céphalalgie d'abord, puis consé-
cutivement délire furieux ou maniaque, convulsions épileptiformes,
idiotisme, léthargie, puis désordre consécutif dans la circulation privée
de l'influence nerveuse, dans la digestion et la respiration, privées bientôt du complément de l'hématisation; décomposition progressive, et sur
le vivant, des sucs nourriciers, par suite de la désorganisation de l'organe principe de la vie; et enfin mort, pour ainsi dire, par lambeaux.

1089. Si l'incubation a lieu dans les premières voies de l'organe respiratoire : mal de gorge d'abord, toux sèche, dyspnée et puis asphyxie
par occlusion. (*Journ. génér. de méd.*, tom. 32, 1807, pag. 148.)

1090. Si les poumons sont le lieu d'élection (*) : asthme, toux par
quintes, crachats sanguinolents d'abord, puis phthisie pulmonaire, sans
crachats purulents. (*Actes de Copenhague*, ann. 1674 et 1675; obs. 76
de J. Valent. Willius, à l'occasion d'une épidémie de bestiaux, et d'un
enfant mort à l'hôpital de Strasbourg en 1670. — *Thèses pathologiques*
d'Haller, tom. 4, pag. 284, obs. de Salzmann. — Séances de déc. 1822,
de l'Académie de médecine de Paris.)

1091. Si l'incubation a lieu dans l'estomac : d'abord inappétence,
digestions lentes et pénibles; déjections sans caractère fécal, et, pour
ainsi dire, chymateuses et glaireuses; tension abdominale, douleurs
plus ou moins vives aux deux hypocondres, sentiment effrayant comme
d'un déchirement, par suite de l'amincissement des parois propres de
l'estomac; et puis, quand l'éclosion aura lieu, expulsion au dehors, par
le vomissement, des kystes frappés de mort, si les parois de l'estomac
n'ont pas été tout à fait intéressées et sacrifiées dans le développement
de la superfétation parasite. (*Journ. de méd.*, tom. 55, 1781, pag. 326,

(*) Fréteau de Nantes a décrit une opération d'empyème qui fut suivie, pendant
quarante-cinq jours, de la sortie de près de cinq cents hydatides de la grosseur d'une
cerise ou d'un œuf de pigeon (*Journ. gén. de Méd.* de Sédillot, tome 43, page 421, 1812).
Le *Journal de médecine pratique* de Londres, 1785, et les *Transactions médicales* de
Londres, 1773, rapportent un cas analogue par l'opération d'une tumeur dorsale.
    Malouet (*Mém. de l'Acad. des sciences*, 1732), Beaumès (*Ann. de la Soc. de méd. de
Montpellier*, thermid. an 9), Corvisart (dans son Journal même année), Burserius
(*Inst. med. prat.*, vol. 4, p. 421), ont décrit des cas remarquables d'expectoration
d'hydatides. Bonnet (*Sepulcret. anatom.*, lib. 2, sect. 1, obs. 36; sect. 2, obs. 38) a
signalé des hydatides dans les poumons d'un asthmatique.

et tom. 84, 1790, pag. 339. — *Journ. de méd.* de Blegny, ann. 2, pag. 73; — *Biblioth.* de Planque, tom. 9, pag. 202.)

1092. Si l'incubation a lieu dans le foie, et que la communication avec les divers rameaux du canal cholédoque n'en soit pas interceptée, les hydatides une fois détachées seront rendues par les déjections, et le malade offrira tous les symptômes caractéristiques de l'ictère. James Lind en a vu rendre ainsi près de mille, de la grosseur d'un pois à un pouce de diamètre, avec tous les caractères des *Lumbrici hydropici* de Tyson. (*Journ. de méd. de Londres,* vol. 30, 1789, pag. 76. — *Journ. de méd. de Paris,* tom. 44, pag. 313, 1775; tom. 79, pag. 345, 1789; tom. 84, pag. 48, 1790.)

1093. Si le duodénum se trouvait obstrué au-dessous du canal cholédoque, les hydatides de l'ictère seraient rendues alors par le vomissement. (*Gazette des hôpitaux,* 17 décembre 1836.)

1094. On en a vu assez fréquemment rendre par les urines, à la suite de douleurs néphrétiques, ou d'un traitement antisyphilitique. (*Journ. génér. de méd.,* tom. 56, pag. 168, 1816; J.-C. Lettsom, *Mém. de la Soc. médic. de Londres,* vol. 2, 1789, art. 3.)

1095. Enfin, supposons que, perforant de leur pénis les parois intestinales, les oscules ovariens du ténia lancent leurs œufs dans la cavité péritonéale, l'incubation ayant lieu sur le péritoine ou l'épiploon, sur la membrane externe de l'estomac, du diaphragme, du foie et des ovaires de la femme, etc., l'abdomen ne tardera pas à prendre tous les caractères de l'hydropisie, quoique la cavité péritonéale ne fournisse pas à la ponction la moindre goutte de liquide. (Obs. d'Édouard Tyson, dans les *Transact. philosoph.* de Londres, ann. 1691, art. 6, n° 193.)

1096. Quand les hydatides sont logées assez profondément dans l'épaisseur des parois abdominales, il arrive fréquemment qu'à l'aide de la désorganisation des tissus, par le cautère ou les vésicatoires sur la place correspondante, il se développe une fistule, par laquelle ces hydatides se font jour au dehors. (*Journal des Savants,* ann. 1698, obs. du docteur de Mailly.)

1097. Les hydatides en grappes de l'utérus, telles que les ont figurées, entre autres auteurs, Mme Boivin (*sur la Grossesse hydatique,* 1827), ne nous semblent pas appartenir à cet ordre de faits, mais aux acéphalocystes (1086), ou plutôt à quelque chose d'analogue au cas de cancer utérin, dont nous avons déjà donné la figure (822).

J.-Valent. Willius (*) parle de plusieurs cas d'hydatides en grappes trouvées sous l'aisselle d'un enfant et dans le foie d'un lièvre. (*Voyez*

_____
(*) *Actes de Copenhague,* 1674-1675, obs. 76.

sur l'accouchement d'hydatides en grappes, *Journal des Savants*, 8 janvier 1685; — *Ephem. cur. nat.*, dec. 2, ann. 6, 1688, obs. 163; cent. 3 et 4, 1715, obs. 32 et 111.) Nous sommes porté à croire que ces grappes utérines ne sont autres que le développement insolite et morbide des fibrilles du chorion; car dans le principe chacun des rameaux de ces fibrilles est surmonté d'une ampoule (*); et ce qui vient à l'appui de notre hypothèse, c'est la description que donne Vallisnieri, dans les *Éphémérides*, cent. 4, obs. 32, des circonstances d'un accouchement : Il sortit d'abord un fœtus monstrueux renfermé dans sa membrane amnios et de la grosseur d'un œuf d'oie; sa sortie fut suivie de la grappe de prétendus hydatides, comme elle aurait été suivie de l'expulsion du chorion. Puis, au bout de cinq jours, la femme rendit en diverses fois des fragments pourris de placenta. La femme dont il s'agit avait quarante-trois ans; elle était enceinte du fait d'un vieux mari de soixante et dix ans; fécondation cacochyme; produit dégénéré.

1098. *N. B.* Nous ne nous sommes pas étendu sur d'autres genres d'helminthes qui s'attachent habituellement à la gent aquatique, et qui s'attacheraient avec une égale facilité aux animaux terrestres et à l'homme, si l'occasion s'en présentait; nous avons passé sous silence : 1° les lernées et les entomodes, qui s'appliquent aux branchies, aux nageoires, aux lèvres des poissons, et en couvrent le corps des traces rouges de leurs morsures; 2° les naïdes; 3° les *lycoris* à mâchoires en scie et cornées et à trompe d'un centimètre de long. Quel ravage ne ferait pas dans l'estomac un pareil parasite? Aussi les soles, qui en sont très-friandes, ont-elles soin de ne les avaler qu'en commençant par la queue; c'est ce que j'ai plusieurs fois observé sur des soles, dans l'estomac desquelles j'ai rencontré jusqu'à deux *Lycoris margaritacea* Lamk., digérées aux quatre cinquièmes, en commençant par la queue. On s'étonne de trouver, dans un estomac si grêle, un ver si long; car ceux que j'en ai extraits avaient vingt centimètres de long, et sept millimètres de large; j'y ai compté deux cents anneaux; chacune de leurs mâchoires, longue de six millimètres, est armée de cinq dents; ces deux mâchoires, noires et cornées, sont implantées à la base de la trompe, qui les sépare quand elle s'allonge au dehors. Le corps est bordé de poils, un sur chaque côté de l'anneau. La tête est ornée de deux colliers composés de deux rangées de points noirs qu'on a pris mal à propos pour les yeux du ver.

Dans nos eaux douces, nous avons, comme analogues, les naïdes, non moins féroces que les *lycoris*.

D'un autre côté, nous n'avons pas cru devoir nous occuper de cer-

---

(*) *Voyez* notre *Nouveau Système de chimie organique*, 1838. Atlas, pl. 12, fig. 2.

taines espèces d'helminthes qui ne nous paraissent dues qu'à des méprises et à une observation superficielle; par exemple, le nettorhynque
(bec de canard), établi par Blainville sur le dessin évidemment apo-
cryphe que le docteur S. Paisley en a publié dans les *Essais et observations de médecine de la Société d'Édimbourg*, 1742, tom. 2, pl. 416; car
ce ver, s'il a jamais existé, ne me paraît être qu'un individu à demi décomposé et mal observé du *Botryocephalus claviceps* ou du *B. rugosus* de
Lamk.; helminthes de l'anguille ou du saumon, que le malade aura rendus
après avoir mangé de ces poissons; comparez les figures des botryocé-
phales de l'*Encyclopédie*, pl. 49, fig. 1-3 et fig. 10-11, avec celles des
Essais d'Édimbourg reproduites dans l'atlas de Bremser. De même la
Spiroptera gallinulæ de Rudolphi (*Entoz. hist. nat.*, tab. 3, fig. 8, 1810)
ne me paraît être que la *Nais littoralis* mal digérée, qui habite les bords
de la mer; la bécassine observée par Rudolphi l'aura pêchée ou avalée
en dévorant un poisson.

Nous ne comprendrons pas non plus dans les helminthes, et encore
moins dans ce genre, le bicorne rude, *Ditrachyceros rudis* de Sultzer (*),
espèce de vésicule surmontée de deux cornes aussi longues que le corps,
et hérissées de filaments; Sultzer dit en avoir vu rendre, à la suite d'une
douleur fixe à l'hypocondre gauche, et à l'aide de purgatifs, un nombre
prodigieux. Il y a eu quelque méprise dans la détermination; ce ver n'a
plus été retrouvé depuis. Ne seraient-ce pas des ovaires jeunes de céréales ou autres plantes qui, ayant été ingérés par la jeune malade dans
une préparation quelconque, se seraient fixés ensuite sur la grande
courbure de la panse stomacale, ou dans l'anse inférieure du côlon descendant? Rien ne ressemble plus à ce bicorne qu'un ovaire non fécondé
de certaines graminées (*Tragus racemosus, Melica cærulescens, Triticum*
et surtout *Zea mays* Lin.); on sait que l'on fait dans l'Alsace des fritures
avec les épis non fécondés du maïs; la maladie de cette femme n'était
peut-être pas autre chose qu'une indigestion de ces sortes de mets.

RÉSUMÉ HELMINTHOLOGIQUE.

1099. 1° Il n'existe pas une seule espèce d'animal, à quelque classe
qu'il appartienne, qui n'ait, dans ses flancs, un ou plusieurs helminthes,

(*) Dissertation sur un ver intestinal, nouvellement découvert et décrit sous le
nom de Bicorne rude, par Charles Sultzer. Strasbourg, an IX-1801; in-4° de 52 pages
et 2 planches. — Nouvel Atlas de Bremser, 1837, pl. 10, fig. 13.

dans le cas où son mode d'alimentation se trouve favorable à l'incubation des œufs et au développement de ces vers.

2° Les vers intestinaux ont la faculté d'aller pondre leurs œufs dans
tous les viscères et dans tous les genres de tissus organisés et vivants.

3° L'éclosion de ces œufs peut faire croire à l'existence d'une nouvelle espèce; car en helminthologie on n'a presque, pour établir des
différences spécifiques, que la différence des dimensions et de l'habitation.

4° Quand l'helminthe est expulsé hors du corps de sa proie, il ne
laisse pas que de pondre partout où il se trouve, dans les excréments ou
sur la terre; et ses œufs, soulevés par les vents comme une fine poussière, peuvent devenir le germe de contagions et d'épidémies; car un
seul petit helminthe pond au moins trois mille œufs, et un malade rend
quelquefois les ascarides vermiculaires en nombre incalculable. Multi-
pliez le nombre des vers par celui de leurs œufs, et le hasard n'aura-t-il
pas, dès ce moment, à vos yeux, de quoi infester toute une contrée, toute
une réunion d'hommes, une caserne, un collège, un couvent?

5° Le parasitisme de l'helminthe s'opérant par succion et souvent par
perforation, on comprend qu'il n'est pas un seul cas maladif qui ne
puisse en être l'œuvre. La différence des symptômes ne dépendra que de
la localité envahie et du nombre croissant ou décroissant des générations de ces vers. Il y aura trêve et intermittence, quand l'helminthe
digérera, qu'il cuvera les sucs et le sang soustraits à son malade; accès,
quand il se remettra à l'œuvre ou qu'il changera de place, quittant une
surface épuisée pour une surface fraîche et non encore entamée; ou bien
enfin, à l'éclosion d'une nouvelle génération. Les accès quotidiens seront
dus au réveil des helminthes; et les helminthes, insectes nocturnes, dorment et digèrent le jour, et se remettent à l'œuvre le soir. Les autres
accès à plus grande distance, trois et quatre jours, seront le résultat de
la durée de l'incubation des œufs, ou celui du temps qu'il faudra à ces
hordes pour épuiser de ses sucs une surface envahie.

6° Les helminthes ne sont les vers rongeurs que des animaux vivants;
ils meurent et se décomposent en même temps que leur proie; ou bien,
à l'approche de la décomposition de la proie, le vampire s'échappe par
les issues qui lui sont ouvertes. Voilà pourquoi l'anatomie ne les
retrouve plus dans leur œuvre, et finit par attribuer leurs ravages à des
entités que forge l'imagination.

7° Si l'on veut dépouiller, par des calculs statistiques, tous les cas
d'observations complètes, surtout au temps où l'on ne négligeait ni
l'étude des urines, ni celle des fèces, on s'assurera que les neuf dixièmes
des maladies ont été l'ouvrage des helminthes, et n'ont dû leur guérison

qu'à l'usage bien compris des anthelminthiques, et leur gravité qu'à une contraire médication. Je ne sache pas une épidémie de fièvres bilieuses et intestinales, où l'on n'ait constamment observé, par milliers, les vers qui, à nos yeux, en étaient les seuls et uniques auteurs. Quand les observateurs ne relatent pas cette circonstance dans leurs descriptions, c'est que, trop imbus des doctrines galéniques de l'école, ils ont négligé d'observer les fèces, ou qu'ils ont exercé dans les pays où un louable raffinement de propreté a adopté des dispositions qui dérobent les excréments à l'odorat et à la vue.

8° Les effets généraux et locaux de l'invasion des helminthes étant connus, dès qu'ils se manifesteront à l'extérieur, nous devrons en reconnaître la cause, dût la médication ou le hasard des circonstances ne pas nous permettre de la surprendre sur le fait, par nos propres yeux.

9° Si nous joignons au nombre de ces parasites qui nous prennent au berceau et nous accompagnent jusqu'à la mort, le nombre de ceux qui ne s'introduisent dans nos tissus qu'accidentellement, nous aurons suffisamment de quoi nous rendre compte des causes de l'autre dixième des maladies qui ne sauraient être attribuées aux ravages des helminthes. A l'exception donc des maladies dont nous avons expliqué la cause et le mécanisme dans le chapitre premier de cet ouvrage, et dans la première catégorie du second chapitre, il ne nous restera plus, en fait de maladies qui ne viennent pas du parasitisme des insectes, que celles qui appartiennent aux causes que nous allons décrire dans la division suivante.

DEUXIÈME DIVISION

DE LA 1ʳᵉ SECTION DE LA 2ᵉ PARTIE.

Causes morales des maladies (50, 51).

1100. Nous diviserons cette catégorie de causes morbipares en deux groupes généraux : *causes mécaniques*, *causes morales;* les premières engendrant les *maladies mentales,* et les secondes les *maladies morales.*

1ᵉʳ GROUPE : CAUSES MÉCANIQUES DES MALADIES MENTALES.

1101. Les causes mécaniques des maladies mentales sont les causes morbipares que nous avons décrites dans cet ouvrage, toutes les fois que leurs effets se reportent plus spécialement sur l'organe cérébral, et plus exactement encore, quand ces causes ont leur siége immédiat dans les tissus de ce principe de la vie. La moindre solution de continuité, la moindre désorganisation, la moindre perte de substance, la moindre compression enfin opérée sur la pulpe cérébrale est dans le cas de jeter la perturbation dans les idées, et partant dans la volonté qui est la conséquence rigoureuse de la perception des idées, d'associer les images et les vœux les plus disparates, de faire naître les besoins les plus ridicules ou les plus affreux, de pousser aux actes les plus excentriques ou les plus criminels, de transformer le génie en idiotisme, la bonté en méchanceté, l'amour en haine, la mansuétude en fureur, et de rendre tout à coup digne de pitié ou d'horreur l'être dont jusque-là on avait envié et les belles inspirations et les idées généreuses. Un peu de glace sur la tête, l'introduction dans le cerveau d'une écharde ou d'un parasite, le simple afflux du sang dans les vaisseaux sous-crâniens, la plus noble blessure reçue au service de la plus sainte cause, un grain de sable qui s'incruste dans la substance du cerveau, si petites que soient les dimensions de ces causes, tout cela suffit pour nous rendre passibles tour à tour de toutes les peines tracées en lettres de sang dans le code pénal, ou bien des corrections que l'esprit rétrograde de nos études psychologiques se plaît à infliger, la balance de la justice à la main, dans certaines de nos maisons d'aliénés. Les différences dépendront de la place que le hasard aura assignée à la cause morbipare, de la profondeur de ses ravages, de la durée de son action. Un seul exemple, bien connu en physiologie, suffira pour faire apprécier le mécanisme de ces désordres : par le trou qu'aura opéré le trépan à travers les parois du crâne d'un animal, que l'on introduise une tige à extrémité mousse ; à la première compression, si légère qu'elle soit exercée sur la pulpe cérébrale, on verra l'animal tomber dans la somnolence ; si l'on comprime successivement davantage, il passera, de l'idiotisme aux convulsions, à l'épilepsie et à la fureur ; tout rentrera dans l'ordre, dès qu'on retirera le bâtonnet compresseur, unique cause de ces aberrations. Il est évident que les effets seront les mêmes, que la cause réside dans l'action du bâtonnet, ou dans celle d'une congestion sanguine qui se serait accumulée dans les sinus cérébraux. Il est plus évident encore que les effets seront plus effrayants et moins réparables, si la cause réside dans l'introduction d'un parasite désorganisateur. La variété des effets dépendra des diverses places qui deviendront le siége de la cause : ici, perte de la mémoire générale ou partielle ; là, perte de la parole ; plus loin, perte d'une portion de phrase, en sorte qu'après avoir prononcé la première moitié de la phrase ou du mot, le malade est dans l'impossibilité d'achever la seconde ; plus loin, perte de telle ou telle sensation, de telle ou telle faculté intellectuelle, de telle ou telle passion morale, de tel ou tel goût, de telle ou telle prédilection.

Car le cerveau n'est pas un ensemble d'organes qui élaborent, tous également, la même pensée et la même propension; en sorte qu'avec une seule de ses fractions, la nature puisse engendrer tout autant d'idées qu'avec la totalité ensemble, et que l'ensemble ne soit qu'une superfétation, un multiple emploi d'une seule de ses fractions. La pensée, si immatérielle et si peu accessible qu'elle soit à l'appréciation de nos sens, la pensée est le produit de la combinaison des élaborations des divers organes qui entrent dans le cadre harmonieux de l'organe cérébral. On dirait que l'âme, ce souffle divin, cette émanation de Dieu, se tient au centre où convergent tous les rayonnements de la masse intellectuelle, comme à un clavier télégraphique, où elle coordonne et combine les divers courants électriques, afin de les refléter par un seul.

La pensée, avons-nous dit ailleurs, est la combinaison des impressions que reçoivent nos sens, et des propensions innées dans la masse cérébrale. La vue du même objet produit sur tous les esprits l'impression la même; mais elle n'y devient pas l'occasion de la même volonté, de la même passion; l'impression est la même, la propension est individuelle et diffère selon les sujets. La même impression ne détermine pas toujours, de la part du même homme, les mêmes déterminations; donc ses propensions varient, et sont susceptibles d'empirer ou de s'améliorer. Chez tel homme la même impression détermine toujours les mêmes impulsions, les mêmes volontés, bien différentes des volontés qu'elle détermine chez un autre; l'impression ne rencontre donc pas chez celui-ci la même propension que chez celui-là, et partant ne saurait se combiner en une volonté identique. Nous connaissons la structure et la localisation des sens, organes de nos perceptions, parce qu'ils sont les véhicules de nos impressions; l'analogie indique suffisamment que nos propensions sont élaborées par des organes distincts, quoique leur structure et leurs délimitations échappent à nos recherches anatomiques.

Le fait admis comme démontré, la diversité de nos passions s'explique par le plus ou moins grand développement de ces organes des propensions, dont les produits se combinent, en diverses proportions, avec les produits des sensations ou impressions, pour déterminer le désir et la volition.

De la diversité des sens et des organes cérébraux affectés aux propensions, dérive la diversité des intelligences et partant des caractères moraux.

Mais à quel signe extérieur peut-on reconnaître les délimitations des organes des propensions dans la masse cérébrale? jusqu'à ce jour le scalpel a été inhabile à le révéler ; et, il faut le dire, la question n'a jamais été posée en ces termes et sur ces bases préliminaires.

Dès la plus haute antiquité, les hommes se sont appliqués à deviner et à préjuger les habitudes, les facultés intellectuelles et les passions de leurs semblables, sur le simple aspect de la conformation de leur tête, sur l'ensemble de leur physionomie et les particularités de leurs traits, et même d'après l'analogie de leur expression habituelle avec celle d'un animal domestique ou sauvage qu'ils avaient pu observer et étudier journellement. On donna le nom de *physiognomonique* (*) à la branche de connaissances qui eut pour objet de coordonner toutes les notions de ce genre éparses dans la mémoire des sages ou dans les livres des savants ; et la liste des auteurs qui s'en sont spécialement occupés remonte jusqu'à Aristote. Ils prenaient le titre de *physiognomones* : « Ce sont ceux, dit Cicéron, qui font profession de reconnaître les mœurs et le naturel de l'homme aux proportions de son corps, à son regard, aux traits de son visage et à la conformation de son front. » Si cette science n'a pas encore pris rang parmi les sciences exactes, c'est qu'elle s'est laissé dominer, intimider, détourner de sa veine d'observation par les nébulosités de la médecine, sa sœur et son guide ; par les incohérences de la nomenclature, l'arbitre de ses définitions et de son langage ; et surtout par l'intimidation de la théologie son pédagogue et son tyran, qui tient toujours le feu suspendu sur la tête de qui raisonne autrement et mille fois mieux qu'elle. Car il faudrait anéantir à tout jamais toutes les règles de l'analogie, qui servent de base à la physiologie générale, pour révoquer en doute les rapports immédiats et consécutifs qui existent entre la conformation du cerveau et celle des organes qui en émanent. Le cerveau, cet appareil cotylédonaire et primordial, cette origine et ce foyer de tous les développements organisés qui sont destinés à nous mettre en rapport avec le monde dont nous faisons partie, le cerveau ne saurait subir la moindre déviation de son type normal, sans que chaque organe des sens en subisse une à son tour, comme un effet varie avec sa cause. Dès ce moment, l'élaboration et la fonction de l'organe se modifieront en raison de la modification survenue à la structure, à la capacité et à la nature intime de l'organe lui-même. L'impression transmise et perçue n'étant plus la même, par suite de la différence survenue et dans l'organe qui la transmet et dans celui qui la perçoit, la volonté, ou le penchant qui est la combinaison de l'impression transmise avec la propension cérébrale, la volonté deviendra tout autre, ce qui constituera une ano-

---

(*) Sous-entendu *techne* (art, science). Physiognomonique, de *gnomoi*, lois ; *physeos*, de la nature physique de l'homme.

malie, une différence dans les habitudes, les mœurs et les passions.

Essayez de contrarier les tendances de la germination, en torturant l'expansion des organes cotylédonaires, ces deux hémisphères cérébraux de la plante, et vous obtiendrez un individu d'une tout autre structure, d'une tout autre puissance et de tout autres habitudes que la plante normale qui sert de type à l'espèce.

Pourquoi en serait-il autrement des rapports entre les deux lobes cotylédonaires qui constituent les deux hémisphères cérébraux et entre les prolongements nerveux qui en émanent, comme tout autant de rameaux, et viennent se mettre en contact avec l'atmosphère, pour en élaborer les principes en impressions, et pour transmettre les produits de leur élaboration à l'encéphale dont ils tirent l'origine et la sève de leur vitalité?

Donc la moindre différence dans la conformation du cerveau impliquera une différence proportionnelle dans la conformation des organes de tous les genres; et ces différences corrélatives seront souvent appréciables à nos moyens d'observation et par conséquent elles pourront devenir réciproquement les signes l'une de l'autre.

Le type normal, celui qui nous paraîtra le plus beau de l'espèce sera le type de l'homme le plus utile à ses semblables, c'est-à-dire le plus puissant (non pas dans l'œuvre de la destruction, pour laquelle un idiot peut réussir mieux qu'un autre, un taret et un vermisseau mieux encore que le géant de la terre ou des eaux), mais bien dans l'œuvre incessant de la création des idées ou des êtres. Comme ce type dans la réalité actuelle n'est presque jamais complet, et qu'il pèche toujours par l'absence de l'une ou de l'autre des parties qui en constitueraient l'ensemble, nous nous en sommes formé, par la pensée, un spécimen qui est la réunion complète de tout ce qui manque à chacun des autres; c'est là alors le type idéal du beau, le type de l'homme le plus aimant et le plus digne d'être aimé.

Plus on retranche du cadre physique de ce type, plus on s'en éloigne sous le rapport de la régularité des habitudes et de la moralité des passions.

Que la tête ait dans toutes ses dimensions le septième de la longueur totale du corps, que la boîte crânienne un peu plus développée sur l'arrière que sur le devant, forme une voûte peu surbaissée vers la partie supérieure; que le front légèrement incliné en arrière occupe en hauteur au moins le tiers du visage ; et l'on peut établir d'avance que les yeux sur la même ligne horizontale seront séparés entre eux par le tiers de cette ligne; que le nez se détachant finement, et par une diagonale élégante, de l'espace intermédiaire de l'entre-deux des yeux,

acquerra une longueur peu inférieure au tiers de la hauteur du visage et
avancera à sa base de la moitié de sa longueur ; que la bouche moyenne,
mais d'un beau dessin, à lèvres roses, amples mais non épaisses, sera plus
rapprochée des narines que de l'extrémité du menton, et que le menton
légèrement proéminent n'atteindra pas la perpendiculaire abaissée du
bout du nez. La chevelure sera touffue, ondoyante, noire ou blonde,
presque jamais rouge, tamisée également ; et les oreilles, attachées sous
un angle très-peu prononcé, se dissimuleront facilement et d'une manière
gracieuse sous les boucles des cheveux.

Il ne faudra pas être physionomiste, pour reconnaître à ces traits une
de ces natures privilégiées qui inspirent l'admiration et la sympathie,
que l'on peut rencontrer à toute heure de la nuit, et dans les recoins les
plus solitaires, sans qu'il vous vienne la moindre idée d'en avoir peur ;
que l'on écoute enfin avec le parti pris d'avance de les croire et de les
seconder.

Chez ces natures humaines la pensée se combinant sans gêne et sans
effort se moule pour ainsi dire dans une volonté ferme et arrêtée ; la puissance de tout concevoir et de tout prévenir éloigne de leur cœur et la
crainte, mère de la lâcheté, et l'idée de nuire en secret qui est la défense du
faible ou du trembleur. Ces êtres ne dissimulent pas, car ils n'ont rien à
craindre et rien à se reprocher (toutes leurs fonctions sont normales) :
Amants, de qui pourraient-ils être jaloux ? aimant avec leur toute-puissance de création, où trouveraient-ils le temps et une nouvelle puissance
pour être infidèles ? forts envers la nature entière, capables de se jouer de
tous les obstacles et de vaincre toutes les difficultés, partant ne se voyant
exposés à manquer de rien, comment leur viendrait-il la pensée de
nuire aux autres ? nuire, c'est ravir ; et que ravir au sein de l'abondance ?

Donc ce type physique sera le type de l'homme vrai, bon, juste, aimant par excellence, le type d'une haute intelligence d'où découlent
toutes les belles qualités du cœur.

Mais rétrécissez d'arrière en avant par la pensée cette noble conformation de tête ; comprimez d'autant les cotylédons cérébraux dans le sens
transversal ; que l'os occipital, cette boîte du cervelet, s'aplatisse ; et que
les deux pariétaux, cette boîte de l'encéphale, cédant à la pression latérale s'enflent vers le sinciput : Dès ce moment le front étroit et haut va se
dégarnir de cheveux ; le nez va s'allonger outre mesure ; les yeux vont se
rapprocher de la racine du nez ; les lèvres pâles et minces vont se pincer
séparées par une bouche petite ; le menton s'effilera en pointe jusqu'à
atteindre et dépasser même la perpendiculaire abaissée de l'extrémité
du nez.

Cet homme sans virilité, puisqu'il est sans cervelet, incapable de procréer rien de fort en réalité, ne procréera rien de fort en idées. Or, point d'idées, point de volonté arrêtée et partant point de puissance. Faible d'esprit et de corps, il sera craintif et même lâche; soumis par crainte plutôt que par dévouement. Étranger aux bonheurs de ce monde, il passera ses journées à rêver un monde meilleur. Dévot par poltronnerie, car le dévot est un trembleur, il aime moins Dieu qu'il ne le redoute; il a plus peur du diable qu'il n'adore Dieu. Ce type est pire que celui de l'eunuque; car l'eunuque n'est privé que de l'instrument, et celui-ci manque de l'âme de la virilité même. Les femmes n'en voudraient pas pour mari, fût-il jeune; les hommes les plus intéressés n'en voudraient pas pour ami, fût-il riche. Cet homme se fera moine et ermite : qu'aurait-il à trouver de mieux parmi les hommes?

Dans toutes les religions, le dévot est un égoïste; il n'aime pas, il tremble; ce n'est point un serviteur de Dieu, mais l'esclave d'une idole; toujours occupé à demander au maître qu'il s'est fait, de ne pas le frapper trop fort au jour de la vengeance dont il le croit capable. Jouir des bienfaits de la terre, c'est à ses yeux un crime; il souffre vivant, afin de ne pas souffrir après sa mort; quel intérêt aurait-il à empêcher ceux qui l'entourent de souffrir comme lui? rien ne lui coûterait pour s'assurer de ce résultat de ses veilles et de ses privations; il serait dans le cas de réaliser dans ce but le rêve infernal d'Abraham et d'offrir les siens en sacrifice.

L'homme religieux c'est tout le contraire; celui-là aime Dieu plus qu'il ne le redoute; il aime ses semblables comme des enfants de Dieu.

Le fanatisme, c'est la raison des dévots; la philosophie, c'est le flambeau des religieux.

Le dévot supplie d'une main et est toujours prêt à frapper de l'autre. L'homme religieux cherche à être utile de ses deux mains même au dévot qui le frappe; il a une tendre pitié des fous.

Entre ces deux types placés aux deux extrémités de l'échelle physiognomonique, il y a autant de types intermédiaires qu'on peut imaginer de modifications dans les détails ou l'ensemble des principaux traits; et chaque modification doit se traduire par un signe appréciable, souvent apprécié, mais qui souvent nous échappe. Le but de la science est d'arriver à en apprécier le plus grand nombre; mais malgré tous les écrits qui ont été publiés depuis deux mille ans sur ce sujet, la science n'a encore posé aucun principe digne de servir de règle (*gnomón*) dans la détermination des signes physiques (*physis*) qui peuvent servir à caractériser les penchants, les habitudes et les mœurs; la *physiognomonique* n'a pas encore justifié son titre.

L'étude de la physiognomonique comprenait anciennement les signes

tirés et de la conformation de la boîte crânienne et des traits de la physionomie. Chez les modernes la science a manifesté une certaine tendance
à séparer ces deux parties de cette science d'observation; Lavater avait
commencé en quelque sorte cette séparation (*); Gall l'a parachevée, et
il a créé, pour ainsi dire, une nouvelle science qui, à nos yeux, n'est
encore que l'ébauche d'une nouvelle méthode d'observation, qu'un programme d'études, qu'un ensemble de matériaux qu'il a livrés en mourant
aux disputations des hommes (**).

Lavater et Gall, deux hommes de génie par le pressentiment plutôt
que par l'intuition, tous deux dévorés de la passion de pénétrer plus
avant que leurs dévanciers dans les mystères des connexités du physique
avec le moral, mais dont l'un, Lavater, n'a dû sa grande vogue qu'à
l'adjonction des gravures et de l'iconographie la plus variée à ses écrits,
et dont l'autre, F.-J. Gall, a été un grand novateur, par cela seul qu'il a
donné plus d'extension à des aperçus plus vaguement formulés avant
lui, sur la signification en physiognomonique des reliefs et accidents de
surface que l'on peut distinguer sur la périphérie du crâne, cette boîte
de l'encéphale. Dressant, pour ainsi dire, la topographie du crâne, il a
cherché à assigner à chaque passion de l'âme sa région et ses limites; il
a osé localiser les passions dans chaque bosse plus ou moins prononcée
des os crâniens, comme si chaque passion faisait saillie au dehors.

Quelques applications heureuses de cette idée ont fait complétement
perdre de vue les innombrables exceptions qui viennent à chaque instant
mettre la règle en défaut.

L'homme de génie, de son vivant, avait eu un art exquis de tourner
ces difficultés; ses disciples, moins heureux et plus tranchants, ont fini par
compromettre le succès de ces études et par faire douter du tout. Car ils
ont poussé plus loin que Gall l'arbitraire dans la détermination des
passions humaines, en confondant les plus disparates, en séparant à de
grandes distances les plus voisines. En localisant les passions avant de
les avoir définies, ils ont fini par assigner enfin une place à de simples
mots sans signification. Que penser d'une nomenclature qui, sous la
rubrique de la destruction, confond le *briseur de pierres* avec le *tueur
d'hommes*, le *démolisseur* avec le *sabreur*, le MAÇON avec le CONQUÉRANT ?

(*) *Essai sur la physiognomie*, destiné à faire connaître l'homme et à le faire aimer,
par Jean-Gaspard Lavater, citoyen de Zurich et ministre du saint Évangile, in-folio,
4 vol. avec nombreuses figures, 1781-1803.

(**) *Anatomie et physiologie du système nerveux en général et du cerveau en particulier*, avec des observations sur la possibilité de reconnaître plusieurs dispositions
intellectuelles et morales de l'homme et des animaux, par la configuration de la tête,
par F.-J. Gall et Spurzheim.

Aussi commettent-ils toutes sortes de méprises à l'égard des crânes humains dont on ne leur a pas fait connaître les antécédents; et ne manquent-ils jamais de trouver toute l'application de leurs règles générales sur le crâne dont on leur dit préalablement et la vie et le nom.

Lavater a beaucoup décrit et fort peu formulé. Les quelques règles qui terminent son quatrième volume restent bien en arrière, par le nombre et la netteté, de toutes celles qu'avaient posées ses devanciers. On trouve infiniment plus de ces axiomes (et de mieux établis) dans le petit volume de *Gratarolus*, publié en 1554, que dans les quatre volumes in-folio que Lavater a publiés sur la fin du siècle passé (*).

L'habitude du monde, la fréquentation de nos semblables, les déceptions de la vie et les mystifications dont la jeunesse est passible de jour en jour, ce parallèle permanent que nous avons à établir entre la physionomie et les actes du même homme, un secret instinct d'appréciation enfin, nous rend plus habile physionomiste que ne pourrait le faire la plus longue étude des auteurs qui se sont occupés de ce sujet.

Les meilleurs livres à étudier pour nous former à la physiognomonique, ce sont les hommes dans l'intimité desquels nous vivons.

Mais si nos penchants et nos passions découlent de la conformation de nos organes, comme la vie est un développement incessant et que le développement est une transformation successive de formes, il s'ensuit que nos penchants, nos passions, notre caractère, nos goûts, nos sympathies et nos antipathies, nos besoins enfin intellectuels et moraux, se modifieront, se transformeront d'année en année, en même temps que nos besoins physiques, et que l'homme de demain commencera à différer de l'homme d'aujourd'hui.

Heureux ceux qui se modifient en s'améliorant, et dont le dernier jour ne déroge pas à leurs années passées! Indulgence envers celui qui tombe en avançant vers le but, surtout quand, le jour d'auparavant, il méritait encore notre estime! Le plus grand coupable à mes yeux, c'est l'homme inexorable; cet homme est sans mémoire ou sans justice.

Ne maltraitons pas les coupables, parce qu'ils n'ont peut-être été que des fous; n'oublions pas que dans notre sommeil et durant nos cauchemars et nos rêves, il nous arrive souvent d'être en esprit plus fous que les plus grands coupables.

(*) Voyez *Revue élémentaire de méd. et pharmacie*, livr. du 15 avril 1848, tom. 1, pag. 352, et livr. de juillet 1848 et de janvier 1849, tom. 2, pag. 55 et 234.—On trouvera, à la page 356 du 1er volume, la liste assez complète des auteurs qui, depuis Aristote, ont traité ex professo de la *physiognomonique*.

2ᵉ GROUPE : CAUSES MORALES DES MALADIES MENTALES.

1102. L'air est pur autour de nous, la nourriture est saine et abondante, nous sommes nés forts et bien constitués; nos mouvements cessent
là où commence la fatigue : un sommeil calme et abrité nous prépare à
de nouveaux exercices, à de nouveaux mouvements; nos jeux et nos
plaisirs sont imprégnés de chaleur et de lumière; nous sommes libres
de faire ce qui nous plaît, et ce qui nous plaît, nous l'obtenons sans nous
nuire; nous sommes sains enfin et féconds, et rien ne manque à nos
fonctions, ni l'organe, ni l'aliment. Mais un mot, trois syllabes nous
arrivent à l'oreille, un geste à nos regards; et tout à coup notre force se
résout en faiblesse, nos fonctions s'arrêtent, nos organes s'épuisent, la
circulation se trouble ou suspend son cours, le froid ou le feu circulent
dans nos veines; et la sueur ruisselle sur tous nos traits que revêt
la pâleur, ce résumé de tous les autres symptômes et qui les précède
tous.

Cette jeune fille, si belle de jeunesse et de santé, si insouciante dans
le présent, parce qu'elle est confiante dans l'avenir, si bonne envers tous,
parce qu'elle se sent supérieure à tous, si enjouée et rieuse, s'arrête
subitement au milieu de ses danses les plus folles; rien ne l'a touchée,
quelque chose l'a frappée, et ce quelque chose est pire que le poison;
car aussitôt après elle n'est plus belle, elle n'est plus jeune, elle pleure
et se cache le front.

Plus loin, sur cette scène de la vie, deux jeunes gens viennent de se
serrer la main, et de se ranger autour de la même table; ils trinquent à
la gloire et aux amours, ils s'aiment comme deux frères; mais un mot
leur échappe, et nos deux amis sont deux tigres altérés du sang l'un
de l'autre; ils brisent leurs verres et vont s'entr'égorger.

La veille du combat, et assis encore sur les lauriers de la veille, ce
général pâlit en lisant une dépêche, ses cheveux blanchissent tout à
coup (*); et dès ce moment ce soldat intrépide est homme à reculer.

(*) Le père de Diane de Poitiers, le seigneur de Saint-Vallier, vit blanchir ses
cheveux, peu d'heures après avoir entendu la lecture de l'arrêt qui le condamnait à
mort, comme complice de la fuite du Connétable de Bourbon.

Le maréchal de Montrevel, militaire d'une grande valeur, dînait, un jour de 1748,
chez le maréchal de Biron, lorsqu'il laissa tomber la salière sur la nappe : « Ah! je
suis mort, s'écria-t-il aussitôt, et il tomba en faiblesse; on l'emporta chez lui; la
fièvre le prit et le lendemain il n'était plus.

Marguerite de Lorraine, seconde femme de Gaston d'Orléans, frère de Louis XIII,
ne voyait jamais arriver le maître d'hôtel pour annoncer que le dîner était servi, sans

Quel est donc ce démon qui agite si vite, et porte le ravage dans nos organes, avec la vélocité de l'éclair et la puissance de la foudre? C'est une idée, une simple idée, une idée sans forme, sans point de contact avec la matière, et qui est capable de pulvériser la matière. La cause de cette maladie foudroyante n'est plus le vice de l'atmosphère, le poison des aliments, l'excès du froid et de la chaleur, la pointe du poignard, l'épine qui s'insinue dans nos tissus et les taraude, le parasite qui nous ronge et les os et les chairs, comme un vampire qui s'attache à notre existence; ce n'est point enfin une cause physique : c'est une cause morale, une cause impalpable et invisible dans le mécanisme de son action.

Essayons de la définir, c'est-à-dire, d'en reconnaître les rapports de ressemblance et de dissemblance avec les causes morbipares que nous avons énumérées dans la première division.

1103. Cette unité organisée, que nous nommons notre corps, présente deux fractions bien distinctes, l'une centrale et qui donne l'impulsion à toutes les autres, les anime, tout en s'alimentant de leurs produits, coordonne leurs efforts, rétablit et maintient leurs communications, et favorise leurs échanges; principe et fin, départ et but, centre de gravitation et d'irradiation, siége de la pensée qui prévoit, de la sensibilité qui anime, ensemble harmonieux de conducteurs innombrables, sa forme essentielle est une dichotomie rayonnante émanant d'une simple tubérosité qui lui sert de germe; son nom est le système nerveux. Tous les autres organes qui se forment à chacun de ses rameaux, comme les fleurs à la sommité des ramescences, élaborent les fluides extérieurs et en déversent les produits, comme tout autant de tributs divers, dans la circulation générale. Le système nerveux imprime à ces sucs l'impulsion et la vie; aux organes la puissance de se les assimiler, de s'en nourrir et de s'en féconder. Le système nerveux est le siége de la vie; les organes en sont les moyens.

Son essence, c'est la dualité, c'est-à-dire, la symétrie par le nombre deux. Chaque ordre d'organes est double; dès que l'un des deux corrélatifs est supprimé, il y a souffrance et défaut d'équilibre dans l'autre. Tous nos rhythmes, rhythme de la marche, des mouvements, de l'exercice, de la danse, du chant et de la parole, se résument dans la mesure à

éprouver le besoin d'aller à la selle Un jour qu'elle s'apprêtait à prendre ainsi sa course, Saint-Remy le maître d'hôtel s'arrête tout à coup, et se met à regarder sérieusement dans tous sens sa baguette, insigne de sa dignité.

— Que faites-vous donc là, Saint-Remy? lui dit Gaston.

— Monseigneur, répondit celui-ci, je cherche à voir si mon bâton serait de rhubarbe ou de séné; car aussitôt qu'il paraît devant madame, il purge.

deux temps ; les trois temps de la valse même ne sont que la moitié de la mesure suivante ; et la valse n'a véritablement que huit mesures ; qui ne sait qu'on transforme, quand on le veut, la mesure à trois temps en mesure six pour trois ? L'organe gauche alterne avec l'organe droit ; l'un agit quand l'autre se prépare ; si l'un est obligé d'agir deux fois de suite, par le silence ou l'absence de l'autre, il se fatigue sans repos, il s'épuise sans réparation. Voilà la loi de tous nos mouvements physiques et moraux.

1104. La pensée est élaborée par le système nerveux, comme le chyme par l'estomac. Mais la pensée n'est qu'une combinaison d'idées, qu'un raisonnement où, des données du passé et du présent, se déduisent les chances de l'avenir. Notre pensée n'est qu'une prévoyance qui veille à la sûreté de nos organes, et sur les moyens d'alimenter leurs fonctions. Si son instinct de prévision lui fait connaître qu'il y a péril en la demeure, que tel besoin menace de ne pas être satisfait, que le monde extérieur se refuse au monde intérieur, que telle passion va rester impuissante, telle fonction dépourvue d'aliment, la pensée, âme de la vie, suspend son impulsion ; elle détend ses ressorts, elle éteint tous ses foyers d'action, elle les plonge dans l'inaction et dans la léthargie de la tristesse, pour qu'ils aient moins à souffrir de la privation ; elle les soustrait aux angoisses de la souffrance, en les plongeant dans la quiétude de la douleur. Le désespoir est une providence qui amortit les coups de l'infortune et des tourments ; on dirait que tous nos organes vésiculaires se désenflent par les larmes et la sueur, pour ne point s'exposer à crever sous l'effort qui va nous atteindre, et dont la pensée a déjà perçu le vent.

Tous nos besoins se réduisent à trois, qui sont à leur tour fort complexes : respirer, digérer et procréer ; c'est-à-dire, s'organiser avec les matériaux de l'air, de l'eau et de la terre, et se reproduire à sa propre image. La pensée s'attriste et se jette dans les ressources du désespoir, dès que l'une de ces trois fonctions est menacée de privation et de famine.

1105. On comprend facilement que l'idée de se voir exposé à mourir d'asphyxie ou de famine nous épouvante et dérange toutes nos fonctions. Mais que l'idée d'un amour trahi, d'un mot qui nous insulte, du pouvoir qui nous échappe, nous jette dans l'abattement et dans la consternation qui mène au marasme, on éprouve un peu plus de peine à se faire une image saisissable de ces effets ; cependant le mécanisme de l'un de ces effets ne diffère pas de celui de l'autre.

L'amour qu'un sexe porte à l'autre n'est que la prescience instinctive que ce besoin de la procréation qui nous dévore peut être satisfait par tel plutôt que par tel autre individu. Si l'une des deux moitiés éprouve plus de besoin que l'autre ne peut en satisfaire, il y aura souffrance par privation; la prévision de cette inégalité de conditions est une répugnance; la prévision de l'égalité et de la réciprocité des actes, c'est l'amour. Le besoin de procréer est le meilleur physionomiste du monde; il reconnaît ce qui lui manque et ce qu'il lui faut, à un acte, à une parole, à un signe, à la combinaison de quelques lignes, à la seule sympathie du regard. Une fois que le fait est révélé, que les organes inspirés par la révélation se sont préparés à la satisfaction dont l'espoir les imprègne; malheur, si la fortune dérange ces intimes calculs et sépare ce que la nature avait mis en rapport! le rhythme est rompu, le désespoir prépare les organes au sacrifice; la tristesse amortit la douleur. Quel accès démoniaque de fureur et de rage, si l'on conservait l'intégrité de ses besoins, la soif de la jouissance, le spasme des désirs, avec la certitude que rien de tout cela ne saurait plus être satisfait par cet être que le ciel semblait avoir créé sans rivaux, dans le but de nous satisfaire! La nature, déjà si dure envers nous, se serait par trop montrée marâtre; elle a eu pitié de nous avoir fait si pauvres; en compensation, elle nous a donné la tristesse et la résignation, comme l'Église fonda les couvents en faveur des organisations non satisfaites. Notre conscience, pour que nous souffrions moins de la privation qui nous menace, nous jette dans la tristesse, et nos organes dans l'affaiblissement; elle nous rend malades, afin que nous soyons moins malheureux. Notre maladie ne ressemble en rien à toutes les autres; c'est une maladie, pour ainsi dire, de précaution. Mais des organes affaiblis par cette cause émanée de la prévision, et constitués dans un état de privation et d'épuisement, n'élaborant plus d'une manière normale, ne rendent plus en échange des produits normaux à l'économie; l'organisation est en souffrance, et est disposée dès lors à recevoir le germe de tous les autres maux.

1106. La prévoyance de l'animal ne s'arrête pas à la recherche des moyens qui doivent satisfaire le besoin qu'il éprouve de procréer et de se reproduire; elle s'étend au delà de l'accomplissement de cet acte; elle veille, pour ainsi dire, d'avance sur la conservation de ses produits; le bonheur de l'amour n'est pas celui de l'égoïsme, mais bien celui de la providence. Au fond de tous ces spasmes de délicieuse volupté, il y a plus encore que cela un sentiment intime du bonheur qu'on prépare à d'autres êtres que l'on crée à son image; sans cette loi, serait-ce donc un si grand bonheur que d'être mère, et la perspective de tant de souffrances n'en dégoûterait-elle pas à jamais les tempéraments les plus enclins à la volupté? L'instinct de la progéniture est donc gravé en lettres de feu dans tous les êtres; ils ne jouissent et ils ne se résignent à souffrir que sous l'influence de cet espoir; ils ne jouissent et ne se résignent

ensuite que dans le but de ménager à leur race les conditions favorables
à son développement et à sa conservation. Il n'est pas d'animal si féroce,
pas d'insecte et de polype si solitaire et si peu sociable, qui ne soit
animé, dans tous ses actes, du besoin de veiller sur ce qui doit lui succéder dans la place qu'il occupe au rang des êtres. La crainte qu'il
éprouve pour le sort de sa race est une cause aussi puissante de perturbations morbides que la crainte qu'il ressentirait de ses propres dangers.
Dès qu'il la croit menacée dans son existence ou dans son bonheur, il
s'enveloppe dans son désespoir; sa prévoyance paralyse le jeu de ses
organes, pour éteindre, dans l'inanition, le sentiment d'une douleur qui
les briserait du coup, comme du verre, si la réalisation de ses craintes
rencontrait ses organes dans la plénitude de leurs fonctions. Cependant
ici-bas, et au milieu du choc de tant de circonstances contraires, nul
être ne saurait être sûr d'avance que sa race échappera à tous les dangers. De là les soins que nous prenons pour prévoir le plus grand nombre de chances possibles, et pour parer le plus grand nombre de coups :
nous amassons pour soustraire nos enfants à la famine; nous bâtissons
pour les abriter et les défendre; et quand la multiplication de l'espèce
devient trop grande, et que les familles commencent à se toucher de
trop près par les coudes, c'est à qui s'arrachera et les produits et l'espace; chacun, en effet, a la prescience qu'il finira par en manquer à
quelques-uns, et nul ne veut que ce soit aux siens propres. Rivalités,
jalousies, disputes, combats, ruses, fraudes, soustractions, homicides,
et tous ces maux enfin inconnus dans la solitude, et si fréquents dans
les sociétés, émanent, comme de la boîte de Pandore, de cet état de
lutte qui existe constamment entre l'amour que nous portons aux nôtres
et la gêne que nous éprouvons à réaliser nos vœux. L'état de société
multiplie donc les causes morales de maladie, en raison directe de la
population et inverse de la superficie. Pour l'homme de la nature, pour
l'homme du désert, le cadre nosologique des causes morales est bien
pauvre; nous avons des milliers de livres moraux, pour compléter celui
de l'état de société, et l'œuvre n'est pas encore achevée; qui pourrait
dire d'avance ce que tel mot, tel signe, tel geste inoffensif est en état de
produire, chez nous, sur la santé la plus florissante jusque-là, sur la
constitution la plus robuste?

1107. Mais ce n'est pas seulement sur sa propre race que la providence de l'animal s'étend, c'est sur la conservation de toute son espèce.
Allez voir la fourmi, allez voir l'abeille, afin de juger de la puissance
de cet instinct qui nous rend nos enfants plus chers que nous-mêmes, et
les intérêts de la patrie plus chers que ceux de nos propres enfants.
Arrêtez-vous devant ce scarabée sacré qui roule la boule fécale déposi-

taire de l'incubation de son œuf, pour aller la mettre à l'abri des causes de dissolution et de destruction qui la menacent à la surface du sol ; ses forces s'épuisent à pousser ce fardeau si précieux pour la propagation de sa race ; mais, chemin faisant, un scarabée inoccupé le rencontre, et il lui prête secours sans le connaître ; l'œuf de son congénère devient son œuf adoptif ; c'est un des chaînons de sa race ; il veille sur lui avec un patriotique amour. Chez toutes les espèces d'animaux, l'amour de la mère semble se concentrer sur ses enfants, sa prévoyance dépasse peu les limites de la famille ; le mâle, au contraire, éprouve un amour moins exclusif ; l'amour des siens n'exclut jamais l'amour de sa race ; celui-ci est même une extension de celui-là. La mère veille sur un berceau, le père veille sur la patrie ; il veille avec amour, avec tendresse, avec volupté, avec enthousiasme, avec dévouement ; il aime à se faire tuer pour elle. La mère meurt souvent avec joie, pourvu qu'on sauve son enfant ; le mâle meurt avec orgueil, pourvu qu'on sauve sa patrie : « Malheur à qui l'insulte, malheur à qui la trahit ! Arrière celui qui la sert mal, ou pas assez ! A moi de prendre cette place que tu ne remplis pas ; de monter le premier sur cette brèche, où tu tardes d'arriver ; de faire bien ce que tu fais si mal ; d'être plus utile que toi, à toi et à tous les autres ! C'est un besoin irrésistible qui m'y pousse ; c'est une passion qui me dévore ; c'est une rivalité qui ne me laisse pas dormir ! »

Envie d'aller plus vite, de faire mieux, qui nous porte à atteindre ceux qui nous précèdent et à les dépasser ; à être enfin le premier de tous, si nous nous sentons meilleurs et plus utiles que tous. Ambition, sublime fureur, quand elle n'est pas une manie ridicule ! passion plus terrible que la prévoyance qui nous porte à assurer notre sort, que la prévoyance qui nous porte à nous reproduire ; ou plutôt passion d'une intensité multipliée par le nombre des êtres qui en sont l'objet. L'ambition d'être chef d'escouade, par rapport à celle d'être chef d'une nation de 35 millions d'habitants, semble être, en violence, comme 4 est à 35 millions ; ce qui la contrarie est une cause d'indisposition dans le premier cas ; c'est la cause des plus terribles émotions et des plus grands désordres intellectuels et physiques dans l'autre ; l'ambitieux en meurt ou en devient fou.

1108. Toutes nos passions ont leur jeu régulier ; mais toutes ont aussi leurs aberrations ; car elles ne s'exercent pas toutes d'une manière complète. Nos vices et nos ridicules ne sont que d'incomplètes vertus ; ce sont des défauts d'harmonie et d'à-propos. Un grand courage dans des organes émaciés porte à des actes ridicules ; il en est de même soit d'une grande capacité de mère dans une trop grande incapacité d'amour, soit de l'association d'un grand dévouement à la patrie avec une petite portée d'esprit. Nos prétentions ridicules sont comparables à des têtes de géants sur des corps de pygmées ; ce sont des excès de prévoyance qui dépassent le but. L'avarice est l'aberration de l'économie ; la jalousie, une aberration de la rivalité ; la vanité, une aberration de l'ambition ; l'ambition une aberration du dévouement à la patrie.

1109. Le vol et l'homicide, l'adultère et le viol, ne sont pas des aberrations, mais des explosions de passions violentes et comprimées ; ce ne sont pas des ridicules, mais des actes affreux, car ils accusent des besoins en souffrance ; ils accusent non pas les vices d'un homme, mais bien ceux de la société, qui cherche ensuite à se faire illusion sur sa propre culpabilité, en se vengeant de celle d'un autre, à qui elle aurait pu donner une meilleure direction.

1110. D'après tout ce que nous venons d'exposer, on pourrait diviser les maladies provenant d'un défaut d'équilibre entre notre aptitude et nos moyens, en deux catégories, renfermant l'une les maladies de la sensation, et l'autre celles de l'intelligence ; les maladies du cœur et celles de l'esprit ; les souffrances et les hallucinations ; les maladies enfin que j'appellerais volontiers les premières *pseudopathiques* et les secondes *pseudologiques* (*).

1111. J'entendrais par MALADIES PSEUDOPATHIQUES, celles qui viennent de la conscience de notre aptitude et de notre impuissance, impliquant nécessairement un état de souffrance, sans apparence de lésions externes et organiques. Oh ! que l'on souffre ici-bas quand on conçoit ce qu'on ne peut atteindre et qu'on a un cadre qu'on ne saurait remplir ; qu'on éprouve le besoin d'aimer, sans rencontrer celui qui est digne de l'être, et qu'on ne peut l'espérer qu'au ciel ; quand on sent combien on pourrait être utile, si les forces physiques ne se refusaient pas à l'exécution de l'idée, alors qu'on rencontre sur sa route des obstacles qu'on ne saurait renverser qu'en froissant tous les sentiments de son cœur, et sans lutter contre tous les bons instincts de sa propre nature ; quand on vit au sein de l'abondance, à laquelle, nouveaux Tantales, il nous est refusé de toucher !

1112. Les MALADIES PSEUDOLOGIQUES proviennent d'un vice de raisonnement et d'une fausse appréciation des choses de ce monde. Ces sortes de maladies, qui supposent un défaut de symétrie et d'équilibre entre le centre des sensations et les organes qui nous transmettent les impressions, émanent soit de l'état inachevé de nos sens, soit du défaut d'harmonie dans la conformation de l'encéphale.

Je rangerai dans cette catégorie un des exemples les plus extra-

(*) *Pseudos* faux, *pathos* passion, et *logos* raisonnement.

ordinaires de ces sortes d'affections, qui se soit jamais présenté à ma longue pratique, et que je désignerai par MALADIE PSEUDOLOGIQUE ALTERNANTE :

1113. Une jeune dame, elle avait alors vingt ans, d'une haute naissance, d'une grande beauté et d'une admirable douceur de caractère, se trouvait depuis bien des années, quand j'eus l'occasion de la connaître, affectée d'un tic qui la portait à interrompre toutes ses actions, même les plus pieuses, par des mouvements assez cavaliers, et toutes ses paroles, même les plus affectueuses, par des expressions qui lui faisaient aussitôt baisser les yeux. On ne pouvait pas entretenir avec elle la plus légère conversation face à face, sans se sentir le visage couvert d'une petite pluie fine qu'on se contentait d'essuyer sans la moindre espèce de dégoût, tant la bouche d'où elle était sortie était empreinte d'un aimable sourire, et sans avoir les oreilles offensées par un juron de charretier, que réparait immédiatement une bonne et douce parole que l'on aurait voulu graver dans son cœur. Elle avait épousé fort jeune le fils de l'un des plus illustres généraux de la république qui soient morts au champ d'honneur; brave militaire lui-même, qu'elle chérissait beaucoup, malgré la grande disproportion de son âge. Elle avait une piété sincère et sans bigoterie, de la charité pour les pauvres, qui ont bien prié Dieu, mais en vain, pour que leur seconde providence fût mieux récompensée du bien qu'elle faisait. Je l'ai entendue, en distribuant des vêtements aux pauvres enfants et du pain à leurs mères, leur dire : *Voilà, mes enfants, priez pour moi*, et ajouter aussitôt avec frénésie : *Que la peste te crève!* et puis reprendre avec douceur, et comme si elle n'avait pas plus gardé le souvenir de ce mauvais compliment, que les pauvres n'en gardaient rancune : *Tiens, mon petit ange, tu seras bien gentil avec tout cela*. Elle dialoguait ainsi, et pendant tout le temps qu'on voulait bien l'entendre, l'affabilité et l'insulte, les bénédictions et les malédictions, accompagnant chaque bonne action d'un mauvais geste et d'une plus mauvaise parole. On l'écoutait sans rire, tant chacun la plaignait. Je l'ai vue à genoux, sur les dalles de la chapelle de son château, dans l'attitude de l'attendrissement et de la ferveur, interrompre chaque verset de la sublime prière du Christ, par un juron que je n'oserais pas me permettre d'écrire. Elle savait broder et peindre le paysage; et avant de déposer sur la toile son coup de pinceau, elle partait d'une exclamation furibonde, relevait ses jupes, frappait du pied, faisait faire le moulinet à son pinceau au-dessus de la tête; et à la suite de tous ces mouvements, et quand chacun croyait qu'elle allait crever la toile, on était fort étonné de voir le bout du pinceau reprendre le trait, juste à la place où elle l'avait laissé, et continuer le contour avec une pureté de dessin à laquelle un artiste consommé aurait pu porter envie.

On entendait ses cris, ainsi entrecoupés, des environs du château; et ces cris ne cessaient qu'à l'heure où le sommeil venait la surprendre; elle ne recouvrait ses moments lucides qu'en dormant, et alors elle avait l'air d'une vierge au repos.

Sa manie était de dire tout ce dont elle avait honte, de faire tout ce qui lui faisait de la peine, de révéler tout ce qu'elle voulait avoir de plus secret. Cette pauvre affligée était un ange; car il ne lui est jamais échappé la révélation de la moindre faute et du moindre défaut. Malheur au profane qui aurait tenté de lui faire la cour! le mari l'aurait su à la minute; il fallait se résoudre à l'aimer sans le lui dire, bien sûr que cette âme naïve et chaste ne le devinerait pas.

Quand elle vous surprenait à proférer une expression dont elle n'avait pas encore connaissance, mais dont elle soupçonnait le sens graveleux, elle venait, en faisant patte de velours et vous grondant avec une gravité affectueuse, provoquer, par un reproche adroit, l'explication de ce mot, qu'on ne pouvait plus reprendre et qui devenait sa propriété; et dès que le sens lui en était connu par une définition exacte, l'ange devenait un démon, et poussait comme un cri de triomphe dont le juron faisait les frais. Pendant huit jours, elle en entrelardait toutes ses phrases.

Je me concertai un jour avec une autre personne, pour remplacer son vocabulaire en entier; et je fis tomber, non loin d'elle, la conversation qu'elle écoutait de toutes ses oreilles, sur la gravité de chacune de mes expressions, dont j'avais recueilli, disais-je, la liste dans mes visites d'observation par les mauvais lieux. Elle ne me quitta plus que je n'eusse fait preuve pour elle de la même complaisance; son attention était entièrement absorbée; elle écoutait, comme si elle avait dormi, sans pousser un cri, sans me lancer au visage la plus légère de ses bruines; quand ma liste fut épuisée, elle la savait par cœur. Elle se redresse alors en bondissant, soulève ses jupes jusqu'aux genoux, pour les laisser retomber jusqu'à la cheville, pousse autant de cris qu'il y avait de mots, les interrompant par des phrases interrogatives et d'une philologie décente; tout le jour à la promenade, et le soir au salon, mon vocabulaire eut les honneurs du dialogue; les autres jurons furent détrônés par les miens; elle lançait ceux-ci avec la verve d'un triomphe. Et tous les assistants ébahis se demandaient ce qu'elle voulait donc dire, et d'où venait ce nouveau, mais inoffensif baragouin; car aucun de mes mots, on le devine bien, n'avait jamais été usité dans aucune espèce de langue : ce n'étaient que des *abracadabra* que j'avais forgés le matin. J'avais ainsi ramené sa folie à la décence qu'elle aimait tant, et qu'elle suivait si peu :

..... *Video meliora proboque,*
Deteriora sequor (*).....
Le bien me plaît,
Le mal m'entraîne.

Lorsque je publiai pour la première fois, dans cet ouvrage, la description de cette singulière maladie, le portrait de la pauvre et noble affligée parut si ressemblant que chacun, dans les familles du faubourg Saint-Germain, à la simple lecture, en désignait sur-le-champ le modèle, objet de leur sympathie; et que je n'arrivai pas dans un seul des hôtels de ce grand quartier, où je comptais autant de clients parmi les riches que parmi les pauvres, sans qu'on m'interrogeât à ce sujet, pour s'assurer qu'on avait deviné juste. Le bruit en vint à cette jeune dame, qui, en fait d'occupations d'esprit, peut se livrer avec succès à toutes, excepté à la lecture : on le conçoit, car à chaque phrase le livre lui échappe des mains; et, avant qu'elle n'ait retrouvé le feuillet après avoir ramassé le livre, une nouvelle crise le fait voler à dix pas plus loin. A force de s'entendre lire mes quelques lignes, elle avait fini par les savoir par cœur, sans jamais avoir pu réussir de ses propres yeux à les lire.

Nous étions alors en 1846, époque où je commençais à être l'enfant gâté de tous les partis, surtout de ceux qui s'étaient trouvés jusque-là à une plus grande distance du mien.

Elle apprit un soir que j'avais accepté à dîner dans une petite réunion intime d'un des hôtels les plus aristocratiques du faubourg; elle fait aussitôt atteler, se jette dans sa voiture, en y empilant une pyramide d'in-folios, comme dans un déménagement forcé. Au milieu de ces causeries qui suivent le repas, et où l'échange bienveillant des idées semble venir en aide au travail de la frugalité, j'entends de loin, et comme derrière les coulisses, une voix de bonne fée dont le timbre me paraissait connu et devenait de plus en plus distinct en grossissant de proche en proche; mes hôtes me regardaient comme pour me demander : Comprenez-vous et devinez-vous?

Mais avant d'avoir le temps de répondre, la porte s'ouvre avec la brusquerie que je connaissais si bien; la visiteuse s'élance d'un bond à la place qu'on lui avait ménagée, et elle me reconnaît aussi bien que je la reconnaissais elle-même; elle était aussi jeune qu'autrefois.

(*) MÉDÉE dans Ovide, métam. liv. 7. v. 20.

Puis voilà des bonjours, mais des bonjours! des apostrophes, des élans d'une joie qui semblait lui rappeler nos anciennes années; et, phénomène qui tenait du merveilleux, au milieu de cette petite grêle d'exclamations, pas un petit juron, pas une petite bruine! Pendant ce temps, ses gens déballaient les gros in-folios sur la grande table, in-folios richement reliés et qui ne pesaient pas plus qu'un étui à chapeau. Chacun savait ce qu'ils renfermaient; elle s'empresse sans préambule de me l'apprendre, en les ouvrant elle-même. C'était un spécimen artistique de ma vieille passion et de la sienne, c'est-à-dire, de la passion que nous avions quand j'étais, ce qu'elle était toujours, encore jeune. C'était tout un herbier de fleurs qu'elle avait fait plus que cueillir, qu'elle avait fait naître de ses propres mains, des fleurs admirables de vérité et qu'elle avait composées avec du papier sans colle et une palette à lavis. Jamais je n'ai rien vu de plus approchant de la nature. Je croyais d'abord à un procédé de dessiccation tout particulier, à une espèce d'embaumement botanique. Chaque plante avait son cadre en creux, ce qui permettait à chacun de ces cadres d'être un feuillet d'herbier, sans que les plantes en fussent froissées.

Je défie tous les artistes les plus habiles, les fabricants de fleurs les plus artistes, de réussir jamais à reproduire, avec un pareil succès, un seul de ces chefs-d'œuvre d'art, de goût et de patience, qui me passaient sous les yeux par centaines, et dont chaque petite fibre avait dû coûter à notre belle et bonne affligée un accès d'irritabilité, un cri de désespoir et un mouvement convulsif à tout mettre en lambeaux de cet ouvrage de Pénélope.

Un tel chef-d'œuvre avait obtenu des médailles d'honneur à toutes les expositions de la capitale. Ces témoignages d'admiration ne suffisaient pas à notre noble artiste; elle avait voulu avoir le mien, que je n'avais pas le temps de lui exprimer, tant mon admiration était mise en exercice. Imaginez en effet le pétale le plus aranéeux d'une fleur et le plus transparent à travers l'inextricable réseau de ses veinules, le filament d'étamine le plus ténu et le plus capillaire, le fil le plus aérien de la *bonne Vierge qui file*, la feuille la plus gaufrée, la plus recroquevillée, la plus découpée, la plus frangée, duvetée, crépue de toute la Flore; or, sur chacun de ces points, dans ce recueil, l'art pouvait soutenir la comparaison la plus rigoureuse avec la nature.

— Oh! que c'est beau! m'écriai-je chaque fois, ne retrouvant que ce mot au service d'un étonnement qui ne laissait plus de place à l'analyse, oh! que c'est beau! Et qui donc, excepté moi, aurait pu croire, avant de l'avoir vu, que vous fussiez, madame, capable de pareils chefs-d'œuvre!

— Oui, vous, vous, me répondait-elle, qui n'avez pas changé à mon égard ; car on change beaucoup autour de moi ; on se fatigue de moi ; et puis les femmes sont souvent méchantes ; mais rompons là-dessus : on dit que vous avez parlé de moi dans votre livre ; j'ai cherché partout ce passage et je ne l'ai pas trouvé : dans quel chapitre donc, s'il vous plaît ?

— C'était pourtant bien facile ! Dans le chapitre de l'amabilité, de la toute bonne amabilité !

— Toujours le même, il n'a pas changé !

Et là-dessus mille questions sur ce que j'avais fait depuis, sur ce que j'étais devenu ; elle ne savait pas un mot de toute mon histoire qui, à cette époque pourtant, était passée à l'état de vieille légende. Je vous l'ai déjà dit, parmi les occupations de l'esprit et de l'art, il n'y avait pour elle qu'une seule chose impossible, c'était la lecture ; parmi les occupations du cœur, une seule n'était pas la sienne, c'était la malveillance ; or les journaux qui couvraient sa table n'auraient pu que lui mal parler du parti que je défendais depuis seize ans de la plume et de l'épée, arborant fièrement mon drapeau jusque sur le banc des assises, jusque dans les cachots où tout se froisse, où tout se ternit.

Les événements de 1848 nous ont rejetés de nouveau, tous les deux, à la même distance que ceux de 1830. Cette dame doit avoir 55 ans aujourd'hui ; et s'il m'est donné de la revoir encore un jour (Dieu me pardonne de vouloir mettre un temps d'arrêt au cours de ses lois), je suis sûr de la retrouver la même, aussi affligée sans doute, mais aussi jeune qu'en 1828, et de recevoir encore en pleine poitrine, et comme souvenir de notre jeunesse, une de ces petites ondées fines comme la rosée et qui semblent partir du cœur, pures comme une bonne parole.

Vraiment on cherche à s'expliquer avec effroi, à la vue d'un pareil exemple, comment il se fait que la nature, si conséquente dans ses œuvres, ait associé de la sorte les grâces de la beauté au ridicule des grimaces, la chasteté du cœur à l'impudicité du langage, la décence des goûts à la liberté la plus effrénée des gestes, et qu'elle ait donné l'enveloppe de telles apparences à un diamant si pur. Il faut bien peu de chose à la perfection d'un engrenage pour que la machine manque entièrement son but ! et la machine humaine, une fois dérangée, ne se refait plus.

1114. *Mens sana in corpore sano*, voilà l'homme normal, l'homme modèle, l'homme fort, l'homme juste (*) ; *mens sana in corpore non sano*

(*) La force et la faiblesse de l'esprit sont mal nommées ; elles ne sont en effet que la bonne ou mauvaise disposition des organes du corps. (LA ROCHEFOUCAULD, réflex. mor. 44.)

voilà l'homme malade et souffrant; *mens non sana in corpore sano*, voilà l'homme triste, mélancolique et affligé, il en devient ou maniaque ou fou; *mens insana in corpore non sano*, c'est l'agonie, c'est le prélude de la mort.

Pensée, lien commun, combinaison intime des impressions venues du dehors et des propensions élaborées au dedans; élaboration invisible de produits visibles et matériels; centre de toutes les élaborations et qui les harmonise et les féconde toutes; cause incessante de maux physiques, par tes écarts autant que par ton activité même; sentinelle avancée de nos joies et de nos revers, ne prends pas des chimères pour des réalités! N'avons-nous pas d'assez tristes réalités dans nos sociétés oublieuses et marâtres? Règle notre avenir, sans trop affliger notre présent! Comment pourrons-nous conjurer l'orage qui nous menace, si tu engourdis nos membres de frayeur, et nos organes de désespoir? Apprends-nous à considérer le malheur comme une mauvaise chance, le bonheur comme un mot, le devoir comme un besoin, les torts comme une souffrance, la vie comme une tâche à remplir, le travail comme l'acquit de notre dette, la mort comme une loi, et à ne voir en nous que de simples atomes en face de l'humanité et de l'univers. Tu nous soustrairas ainsi à la moitié des maux qui nous affligent.

FIN DU SECOND VOLUME.

Paris. — Imp. Vᵉ P. LAROUSSE et Cⁱᵉ, rue Montparnasse, 19.

www.ingramcontent.com/pod-product-compliance
Lightning Source LLC
Chambersburg PA
CBHW031351210326
41599CB00019B/2731

www.ingramcontent.com/pod-product-compliance
Lightning Source LLC
Chambersburg PA
CBHW031353210326
41599CB00019B/2751